U0224464

汾西师家沟古建筑群修缮工程报告

汾西县文化和旅游局
山西省古建筑保护研究所 编著

王春波 主编

文物出版社

图书在版编目（CIP）数据

汾西师家沟古建筑群修缮工程报告/汾西县文化和旅游局，山西省古建筑保护研究所编著；王春波主编. -北京：文物出版社，2020.5

ISBN 978-7-5010-6451-9

Ⅰ.①汾… Ⅱ.①汾… ②山… ③王… Ⅲ. ①古建筑-修缮加固-研究报告-汾西县 Ⅳ.①K928.75 ②TU746.3

中国版本图书馆CIP数据核字(2019)第272162号

汾西师家沟古建筑群修缮工程报告

编　　著：汾西县文化和旅游局　山西省古建筑保护研究所
主　　编：王春波

装帧设计：晨　舟
责任印制：陈　杰
责任编辑：周　成　陈　峰

出版发行：文 物 出 版 社
地　　址：北京市东直门内北小街2号楼
邮　　编：100007
网　　址：http: //www.wenwu.com
邮　　箱：web@wenwu.com
印　　刷：北京荣宝艺品印刷有限公司
经　　销：新华书店
开　　本：889mm × 1194mm　1/16
印　　张：31
版　　次：2020年5月第1版
印　　次：2020年5月第1次印刷
书　　号：ISBN 978-7-5010-6451-9
定　　价：480.00元

本书版权独家所有，非经授权，不得复制翻印

编　委　会

主　　编：王春波

副 主 编：王玉富

　　　　　刘耀辉

编 撰 者：王春波

　　　　　王玉富

　　　　　刘耀辉

　　　　　许钦宝

　　　　　王新平

　　　　　王晋君

　　　　　王高孝

序　一

前些年承担了一些山西省内的文物保护规划编制项目，如侯马晋国遗址、曲村—天马遗址、霍州州署大堂、襄汾普净寺、汾城古建筑群、师家沟古建筑群等等，工作期间与山西的文物保护同行结缘，也爱上了这座规模宏大的中国古代建筑博物馆。

山西是我国文物存量最为丰富的省份，被誉为中国古代建筑的宝库，唐、宋、辽、金时期的木构古建筑留存至今的近200座，元代木构建筑近400座，明清各类型古建筑更是留存有几万座，古建筑中的木雕、砖雕、泥塑、彩绘更是精美绝伦，“地上文物看山西”透视出社会对山西古建筑的高度认同。

山西的古建筑类型十分丰富，衙署、府邸、寺庙、祠堂、书院、戏台、票号、店铺功能齐全，殿堂、楼阁、塔幢、瓦房、窑洞风格多样，木构、砖雕、石作、泥塑、壁画营造技艺与材料运用工巧艺高，充分展现了中国传统天人合一的思想，以及人类顺应自然、利用自然的聪明智慧和建筑文化的延续传承。

山西地势东北高西南低，多为黄土覆盖的高台地，台上起伏不平，台下河谷纵横，地貌类型复杂多样。山西古建筑即是这样一种特殊自然地貌环境与人文环境高度结合的产物，其中大量传统聚落中的民居古建筑群无疑是最具有代表性的类型。

师家沟古建筑群位于山西省中部偏南的汾西县僧念镇师家沟村，处在残垣沟壑地貌之中，村庄建筑选址于三面高台怀抱的沟壑中，多组院落通过靠崖窑、箍窑与砖木建筑灵活组合，形成错落有致多层标高的生活平台，构成了东、西、北三面地势高于村落基地的空间形态，正符合了《汾西县志》“汾地山岗，宜潦畏旱，涧河沟渠下湿处，淤漫成地，易于收获高田”的地理环境及“宁种一亩沟，不种十亩垣”“垒堰如垒仓，漫地如存粮”的谚语。师家沟村的师家是一个以农耕为业的农户家庭，清初因为在经商经学方面的业绩成为当地望族，由此师家的宅院也不断扩展，由最初的祖宅逐步发展到祠堂、宅院、窑舍、私学、醋房、染坊、油房、盐店、药店、当铺、街坊、墓地等功能俱全的聚落，同时也具备了完善的古道路系统、明暗排水沟渠系统、防御系统等设施。师家沟古建筑群至今还保留有大量砖雕、木雕、匾额，以及纹样繁多的槅窗和精细的装饰，体现了厚重的乡土人文气息，是农、商、文结合的山西传统村落代表。

由于地理位置偏远，年久失修，师家沟古建筑群的保存状态不佳。2012年保护规划编制前期进行现场调研时，评价认为现存的100余座文物建筑保存较好和一般的不足35%，其他65%以上的建筑或是院落已经残破不完整，或是主体结构残损，门窗等装修缺失，已存在安全隐患；或是主体结构已经全部或部分坍塌。究其原因，有自然因素如水患等影响，地方政府将大部分住民迁出，导致建筑无人居住，无人进行日常维护是重要的原因。

2013年国家文物局批复了《山西省汾西师家沟古建筑群保护规划》，同时也启动了师家沟古建筑群文物保护修缮工程。这项工程分两期，历经7年，使师家沟古建筑群的文物建筑得到妥善维护，《汾西师家沟古建筑群修缮工程报告》一书即是地方民居建筑保护修缮和价值延续工程的最好记录。

文物建筑修缮的一般性原则已经被社会广泛了解和接受，如大家熟知的“不改变原状”“整旧如旧”“最小干预”原则。但是实施过程之中，地方民居与具有规定范式的官式建筑的修缮工程还是有很大的不同，本次师家沟古建筑群保护修缮工程特别强调了“可再处理”“保持地域性和营造手法独特性”的原则，这对大量乡土类型的文物建筑是必不可少的。修缮中也有重建和恢复的部分，设计明确了基本依据，如为了其他部分安全的重建是被允许的，对衬窑的重建能够保证上部砖木建筑安全的需要；在屋顶坍塌，但墙体和部分柱子保留情况下对建筑进行恢复也被允许。对于民居类文物建筑的维修，最重要也是最为特殊的一点就是要详细调查和考证当地材料与施工工法，修缮中对材料做法也给出了要求。此书对维修工程存在问题的讨论也很有意义，如在文物保护规划中村庄入口诸神庙后部已经全部塌毁，拟实施遗址保护，但修缮工程中权衡了地方民众的情感诉求，同时考虑该处为村中唯一公共活动空间、少量建筑和大量地面遗迹尚存等情况后，确定恢复；对多座建筑屋面材质和做法不统一的情况，也积极讨论应如何处理。

作者王春波先生多年从事山西古建筑维修设计工作，同时也经常在文物修缮工地进行指导，对山西古建筑有着特殊的情感和了解。在我们编制各项保护规划的调研过程中经常得到王春波先生的指导，学习到山西不同地区古建筑的演化变迁、结构与构造营建技术，特别是地方工法的细节差异，受益匪浅。

近些年，国家不仅十分重视文物建筑的保护修缮工作，同时特别强调了文物的活化利用及保护传承体系建设，强调文物保护利用成果更多更好地惠及人民群众。我们相信经过保护维修后的山西古建筑，特别是民居类文物建筑群，通过多样化的利用途径，能够为地方文化传承和经济社会发展起到更为重要的作用。

2020年3月

序 二

汾西师家沟民居作为我国民居建筑中的瑰宝，越来越受到人们的关注和喜爱。它依山就势的恢弘气势、错落有致的独特风格已经成为摄影爱好者和“驴友”的打卡之地。

1996年冬，我接到时任山西省古建筑保护研究所所长柴泽俊先生交给我的任务，对汾西师家沟民居中的“成均伟望”院落进行勘察、保护设计。这是我第一次来到师家沟，之后的几年间，从太原到师家沟往返多少次我已经记不得了，但它的每一个院落，每一块牌匾、木雕、砖雕、每一扇窗棂深深印记在我的脑海里，都成了我的朋友。2000年之后我开始对各院落进行全面勘察并着手编制保护方案，直到2017年第二期修缮施工结束。

师家沟民居三面环山，南边临河，避风向阳，是中国传统生活居住的首选风水宝地。它充分利用现有地形，建筑采用就地取材、依山而建，与自然山川融为一体。在建筑个体上大量使用木雕门窗、砖雕墀头、影壁、书法牌匾，通过这种艺术表达体现出宅院主人的品行与理想，赋予建筑本身更多的文化含义。“福”“禄”“寿”是这里较为突出的乡村文化主题。精美的木雕艺术珍品随处可见；务本、敦本、敦厚、流芳、事理通达等各具特色的书法牌匾诠释、传承着主人对仁、义、礼、智、信儒家文化思想精髓的追求。

作为师家沟民居保护修缮的项目主持人，我始终把“不改变原状”“最小干预”“可再处理”等原则贯彻始终，在具体的保护工程方案中一以贯之。师家沟民居的主要文物价值在于其为典型的黄土高原民居建筑形式，真实反映了吕梁山区人民的历史生活画面，且保存完整、规模较大。它采用了最为传统、成熟的窑洞砌筑技术，构筑基本建筑院落、道路（隧道）及防御体系（各院落之间的联络通道）。

师家沟一眼望去最引人注目的当属颇具黄土高原特色的窑洞。窑洞建筑与传统木构坡屋顶建筑的最大区别是屋顶平坦，使得它便于利用现有坡地地形，形成宽大、平坦的院落平面。每一个完整院落都是顺应山势自然形成的多层递进院落，通常以修建最底层“衬窑”的形式开始构筑上部庭院，这是吕梁山区传统建筑的一个重要特点，“衬窑”也就成为必须的基础建筑设施，其建筑使用功能往往成为临时居住、堆放农具，甚至蓄养牲畜的场所，且大多无门窗设置。“衬窑”的功能决定了它的地面一般为灰土地面，在后期维修时由于修复设计师的经验思维惯性，极易将衬窑内的原始灰土地面改变为方砖铺墁，改变了原状，某种程度上违背了建造者的初衷，使后人无法理解原有的生活、劳作方式。

设计之初，我多次住在师家沟村民家里，深入到每一个院落，反复琢磨设计方案，特别是如何将我的保护理念贯穿在方案中颇费了一番心思。回想整个过程，制定方案相对容易，但如何将方案顺利实施，如何将我的设计理念贯彻于修缮施工中，尤其是如何使房屋所有者理解我的保护理念，并与我达成共识比较困难。好在经过反复不懈的沟通，终于达成一致，这为我接下来的工作，特别是“最小干预”原则在实际操作中得以顺利实施奠定了良好的基础。

作为文物保护工作者，应始终坚守“可再处理”原则。因为我们的认识水平与技术手段是有很大的发展空间的，所有保护、修缮措施并不是最完美的，所以我们的保护手段必须做到可逆性。但由于人们常常盲目追求所谓新技术，而忘了古人最初使用的加固修缮措施通常是最具有“可再处理”原则的方法。我想也许这才是文物保护的“初心”。因此我们不论走多远，不论使用何种新技术都不能忘记出发时的路。

在测绘时我发现师家沟民居的砖砌窑洞，在砌筑拱券时没有采用清代官式的拱券矢高等于拱券半弦长，或“三心券”的做法，而是采用极具特色的吕梁山区做法，即矢高远大于拱券半弦长，曲线更似半椭圆，提高了传统窑洞的采光率。

回首师家沟修缮的整个过程，许多部门、许多人都留下他们的奉献、足迹和汗水。这当中既有给予师家沟民居保护修缮以政策、资金支持的国家文物局、山西省文物局的各级领导；也有临汾市文物局、汾西县文物局这些基层文物工作者的默默守护与配合；还有为师家沟保护项目做出贡献的研究设计者刘耀辉、郑庆春（已故）、肖迎九、张娇娇等；还有修缮人员王晋君、王高孝等施工的能工巧匠们。特别要感谢在调查、勘测中深入居民住户、奔走宣传文物保护政策的汾西县文物局王玉富局长和他的同仁们，以及师家沟村民的付出奉献！这些名字在师家沟保护传承的历史上都是最闪亮的一笔，他们也是文物保护中最忠实、最直接的默默守护者！

王春波

2020年3月

目 录

第一章 调查与研究 …… 1
第一节 概述 …… 3
第二节 历史沿革 …… 4
第三节 价值评估 …… 6
第四节 保护范围及建设控制地带 …… 7
第五节 村落的布局 …… 8

第二章 保护修缮设计 …… 37
第一节 修缮原则与性质 …… 38
第二节 保护维修工程范围及内容 …… 45
第三节 修缮工程材料要求及做法 …… 63
第四节 日常保养工作计划 …… 69

第三章 拆解与修缮 …… 71
第一节 师家沟古建筑群一期保护工程施工组织设计 …… 72
第二节 重点院落施工记录 …… 120

实测与设计图 …… 147

彩色图版 …… 333

后 记 …… 475

实测与设计图目录

一　巩固院总平面图……………………148
二　树德院大门大样图…………………149
三　树德院倒座平面图…………………150
四　树德院倒座立面图…………………151
五　树德院倒座剖面图…………………152
六　树德院倒座梁架及门窗大样图……153
七　树德院过厅平面图…………………154
八　树德院过厅正立面图………………155
九　树德院过厅背立面图………………156
一〇　树德院过厅侧立面图……………157
一一　树德院过厅剖面图………………158
一二　树德院过厅门窗大样图…………159
一三　树德院正房一层平面图…………160
一四　树德院正房二层平面图…………161
一五　树德院正房立面图………………162
一六　树德院正房剖面图………………163
一七　树德院正房门窗大样图一………164
一八　树德院正房门窗大样图二………165
一九　敦本堂大门平面图………………166
二〇　敦本堂大门正立面图……………167
二一　敦本堂大门背立面图……………168
二二　敦本堂大门剖面图………………169
二三　敦本堂过门平面图………………170
二四　敦本堂过门正立面图……………171
二五　敦本堂过门背立面图……………172
二六　敦本堂过门剖面图………………173
二七　敦本堂正房平面图………………174
二八　敦本堂正房立面图………………175
二九　敦本堂正房剖面图………………176
三〇　敦本堂正房门窗大样图…………177
三一　敦本堂一进北厢房平面图………178
三二　敦本堂一进北厢房立面图………179
三三　敦本堂一进北厢房剖面图………180
三四　敦本堂二进北厢房平面图………181
三五　敦本堂二进北厢房立面图………182
三六　敦本堂二进北厢房剖面图………183
三七　敦本堂门窗大样图………………184
三八　竹苞院总平面图…………………185
三九　竹苞院纵剖面图…………………186
四〇　竹苞院正房一层平面图…………187
四一　竹苞院正房二层平面图…………188
四二　竹苞院正房立面图………………189
四三　竹苞院正房剖面图………………190
四四　竹苞院东厢房一层平面图………191
四五　竹苞院东厢房二层平面图………192
四六　竹苞院东厢房立面图……………193
四七　竹苞院东厢房剖面图……………194
四八　竹苞院倒座平面图………………195
四九　竹苞院倒座立面图………………196
五〇　竹苞院倒座侧立面图……………197
五一　竹苞院倒座剖面图………………198
五二　竹苞院影壁大样图………………199
五三　竹苞院大门二门平面图…………200
五四　竹苞院二门平立剖面图…………201
五五　竹苞院二门大样图………………202
五六　竹苞院大门大样图………………203

五七 瑞气凝总平面图……………………… 204
五八 瑞气凝纵剖面图……………………… 205
五九 一进院正房平面图…………………… 206
六〇 一进院正房立面图…………………… 207
六一 瑞气凝大门平立面图………………… 208
六二 瑞气凝大门侧立剖面图……………… 209
六三 马棚平面图…………………………… 210
六四 马棚立面图…………………………… 211
六五 马棚剖面图…………………………… 212
六六 诒穀处及角楼平面图………………… 213
六七 诒穀处正立面图……………………… 214
六八 诒穀处背立面图……………………… 215
六九 诒穀处侧立面图……………………… 216
七〇 诒穀处剖面图………………………… 217
七一 诒穀处一层院平面图………………… 218
七二 诒穀处二层院平面图………………… 219
七三 诒穀处正房立面图…………………… 220
七四 诒穀处正房剖面图…………………… 221
七五 诒穀处西厢房一层平面图…………… 222
七六 诒穀处西厢房二层平面图…………… 223
七七 诒穀处西厢房立面图………………… 224
七八 诒穀处西厢房剖面图………………… 225
七九 诒穀处东厢房平面图………………… 226
八〇 诒穀处东厢房立面图………………… 227
八一 诒穀处东厢房剖面图………………… 228
八二 诒穀处下院平面图…………………… 229
八三 诒穀处下院立面图…………………… 230
八四 诒穀处下院剖面及大样图…………… 231
八五 瑞气凝石木作大样图………………… 232
八六 循理、处善院总平面图……………… 233
八七 循理处善院1-1、2-2剖面图 ……… 234
八八 循理院大门平立剖面图……………… 235
八九 循理院大门背立面图………………… 236
九〇 循理院大门大样图…………………… 237
九一 循理院二门平立面图………………… 238
九二 循理院二门背立面、剖面图…… 239
九三 处善院一进西厢房、月亮门平面图………………………………… 240
九四 月亮门立剖面图……………………… 241
九五 循理处善院正房立剖面图………… 242
九六 处善院二进东厢房平面图………… 243
九七 处善院二进东厢房立面图………… 244
九八 循理院二进东厢房平面图………… 245
九九 循理院二进东厢房立面图………… 246
一〇〇 正房门窗大样图…………………… 247
一〇一 理达务本院总平面图……………… 248
一〇二 理达务本院纵剖面图……………… 249
一〇三 理达院大门平面图………………… 250
一〇四 理达院大门立面图………………… 251
一〇五 理达院大门剖面图………………… 252
一〇六 理达院倒座房平面图……………… 253
一〇七 理达院倒座房立面图……………… 254
一〇八 理达院倒座房侧面图……………… 255
一〇九 理达院倒座房剖面图……………… 256
一一〇 理达院倒座房大样图……………… 257
一一一 理达院东厢房平面图……………… 258
一一二 理达院东厢房立面剖面图………… 259
一一三 理达院东厢房门窗大样图………… 260
一一四 理达院正房平面图………………… 261
一一五 理达院正房立面、纵剖面图…… 262
一一六 理达院正房剖面图………………… 263
一一七 理达院正房门窗大样图…………… 264
一一八 务本院大门平面图………………… 265
一一九 务本院大门立面图………………… 266
一二〇 务本院大门剖面图………………… 267
一二一 务本院正房平面图………………… 268
一二二 务本院正房立面图………………… 269
一二三 务本院正房剖面图………………… 270
一二四 务本院西厢房平面图……………… 271
一二五 务本院西厢房立面图……………… 272

一二六　务本院西厢房剖面图……………273
一二七　务本院东西厢房门窗大样图……274
一二八　务本院影壁大样图………………275
一二九　流芳院总平面图…………………276
一三〇　流芳院正房一层平面图…………277
一三一　流芳院正房二层平面图…………278
一三二　流芳院正房立面图………………279
一三三　流芳院正房剖面图………………280
一三四　流芳院正房门窗大样图…………281
一三五　流芳院正房二层随墙门大样图…282
一三六　成均伟望院总平面图……………283
一三七　成均伟望院立面图………………284
一三八　成均伟望院1-1剖面图 …………285
一三九　涵辉及南侧院总平面图…………286
一四〇　涵辉及南侧院纵面图……………287
一四一　涵辉院正房平面图………………288
一四二　涵辉院正房立剖面图……………289
一四三　涵辉院北厢房平面图……………290
一四四　涵辉院北厢房立面图……………291
一四五　涵辉院北厢房剖面图……………292
一四六　涵辉院南厢房平面图……………293
一四七　涵辉院南厢房立面图……………294
一四八　涵辉院南厢房剖面图……………295
一四九　祠堂总平面图……………………296
一五〇　祠堂剖面图………………………297
一五一　祭堂平面图………………………298
一五二　祭堂立面图………………………299
一五三　祠堂南厢房平面图………………300
一五四　祠堂南厢房立面图………………301
一五五　祠堂南厢房剖面图………………302
一五六　诸神庙总平面图…………………303
一五七　诸神庙1-1、2-2剖面图 ………304
一五八　诸神庙正殿平面图………………305
一五九　诸神庙正殿立面图………………306
一六〇　诸神庙正殿剖面图………………307
一六一　诸神庙正殿门窗及瓦作大样图…308
一六二　诸神庙大门平立面图……………309
一六三　诸神庙戏台平面图………………310
一六四　诸神庙戏台立面图………………311
一六五　诸神庙戏台剖面图………………312
一六六　诸神庙西衬窑平面图……………313
一六七　诸神庙西衬窑立面图……………314
一六八　诸神庙东配殿平面图……………315
一六九　诸神庙东配殿立面图……………316
一七〇　诸神庙东配殿剖面图……………317
一七一　西务本院之衬窑总平面图………318
一七二　西务本院之衬窑立面图…………319
一七三　西务本院之衬窑门窗大样………320
一七四　西十孔衬窑平立面图……………321
一七五　药铺总平面图……………………322
一七六　药铺正房平立面图………………323
一七七　药铺正房剖面图…………………324
一七八　药铺正房门窗大样图……………325
一七九　药铺南房平面图…………………326
一八〇　药铺南房立面图…………………327
一八一　药铺南房剖面图…………………328
一八二　药铺门窗大样图…………………329
一八三　药铺上院平面图…………………330
一八四　药铺上院正房平面、立面图……331
一八五　药铺上院正房剖面图……………332

彩色图版目录

一　师家沟巩固院全景……………………334
二　树德院正房二层现状………………334
三　树德院二进正房平身科斗栱………335
四　树德院二进正房柱头两侧云墩……335
五　树德院二进正房二层梁架结构……336
六　树德院二进正房二层梁头细部……336
七　树德院二进正房二层门窗…………337
八　树德院二进正房二层明间匾额……337
九　树德院二进正房二层明间
　　脊檩题记………………………………338
一〇　树德院二进正房二层台明…………338
一一　树德院二进正房柱础石……………339
一二　树德院二进正房瓦作………………339
一三　树德院二进东厢房正立面…………340
一四　树德院二进西厢房门窗式样………340
一五　树德院一进过厅南立面……………341
一六　树德院一进过厅北立面……………341
一七　树德院一进过厅梁架………………342
一八　树德院一进过厅题记………………342
一九　树德院一进过厅墀头………………343
二〇　树德院倒座正立面…………………343
二一　树德院倒座梁架……………………344
二二　树德院倒座门窗细部………………344
二三　树德院倒座匾额……………………345
二四　树德院倒座墀头局部………………345
二五　树德院一进西厢房…………………346
二六　树德院一进西厢房神龛……………346
二七　敦本堂院门…………………………346
二八　敦本堂院门檐部及匾额……………347
二九　敦本堂院门背立面…………………347
三〇　敦本堂院二门正立面………………348
三一　竹苞院全景…………………………348
三二　竹苞院正房正立面…………………349
三三　竹苞院正房明间门窗………………349
三四　竹苞院正房次间门窗………………350
三五　竹苞院南厢房………………………350
三六　竹苞院北厢房………………………351
三七　竹苞院倒座…………………………351
三八　竹苞院倒座梁架……………………352
三九　竹苞院北跨院………………………352
四〇　竹苞院南跨院………………………353
四一　竹苞院南门…………………………353
四二　竹苞院二门正立面…………………353
四三　竹苞院二门檐部斗栱及木雕………354
四四　竹苞院二门板门式样………………354
四五　竹苞院大门正立面…………………354
四六　竹苞院大门背立面…………………355
四七　竹苞院大门外影壁…………………355
四八　竹苞院内影壁………………………355
四九　竹苞院大门匾额……………………355
五〇　竹苞院北门匾额……………………356
五一　竹苞院倒座匾额……………………356
五二　正房二层勾栏做法…………………356
五三　竹苞院倒座墀头及脊饰……………357
五四　竹苞院倒座勾头及滴水脊饰………357
五五　瑞气凝院落全景……………………357

五六　瑞气凝院门……358
五七　瑞气凝院门门额局部……358
五八　瑞气凝二层院一进正房与二进正房相接处……359
五九　瑞气凝院马棚正立面……359
六〇　瑞气凝院马棚背立面……360
六一　瑞气凝院马棚明间门廊……360
六二　瑞气凝院马棚明间门廊背立面……361
六三　瑞气凝二层二进（赐福院）正房……361
六四　瑞气凝二层三进（诒穀处）门楼……362
六五　瑞气凝二层三进（诒穀处）门楼檐部木雕……362
六六　诒穀院正房……363
六七　诒穀院南厢房……363
六八　诒穀院北厢房……364
六九　诒穀院北厢房二层梁架……364
七〇　诒穀院北厢房二层平身科斗栱……365
七一　诒穀院倒座遗址……365
七二　诒穀院正房踏步……366
七三　诒穀院正房一层明间门窗……366
七四　诒穀院正房一层次间门窗……366
七五　诒穀院正房二层插廊墀头……367
七六　诒穀院北厢房二层墀头……367
七七　诒穀院北厢房二层后檐墀头……367
七八　瑞气凝院一层工院内院正房正立面……368
七九　瑞气凝院西南角楼……368
八〇　瑞气凝院三层院正房……369
八一　瑞气凝院三层院南厢房遗址……369
八二　诒穀院二层东门外景……370
八三　师家沟循理、处善院全景……370
八四　循理大门……371
八五　循理大门背立面……371
八六　循理二门……372
八七　循理二门背立面……372
八八　循理院正房……373
八九　循理正房窗大样……373
九〇　循理正房门上匾额……373
九一　循理二进院东厢房……374
九二　循理二进院西厢房……374
九三　循理一进院西厢房遗址……375
九四　处善大门背立面……375
九五　北海风正立面……376
九六　北海风背立面……376
九七　处善二门遗址……376
九八　处善院正房……377
九九　处善院二进东厢房……377
一〇〇　循理处善二进院地面铺设规制……378
一〇一　处善一进院东厢房遗址……378
一〇二　月亮门……379
一〇三　循理大门两侧影壁……379
一〇四　循理大门柱础石……380
一〇五　循理院院墙脊饰……380
一〇六　循理一进院东厢房墀头……380
一〇七　月亮门墀头……381
一〇八　上马石……381
一〇九　大门铺首……381
一一〇　房门门锁……381
一一一　东山气砖雕匾额……382
一一二　循理院二门敦厚堂木雕匾额……382
一一三　循理院正房次间上槛墙做法……383
一一四　务本院门楼……383
一一五　务本院门楼檐部砖雕……384
一一六　务本院门楼背面檐部……384
一一七　务本院内独立影壁……385
一一八　务本院工房遗址……385
一一九　务本院正房……385
一二〇　务本院东厢房……386
一二一　务本院西厢房……386
一二二　务本院正房门窗……387

一二三　务本院倒座遗址……………………387
一二四　务本院内地面铺墁…………………388
一二五　务本院正房窗棂细部………………388
一二六　理达院大门外景……………………389
一二七　理达院门楼雀替及匾额……………389
一二八　理达院倒座西山墙嵌入式影壁……390
一二九　理达院西厢房………………………390
一三〇　理达院正房…………………………390
一三一　理达院倒座…………………………391
一三二　理达院倒座梁架……………………391
一三三　理达院正房明间门窗………………392
一三四　理达院倒座门窗隔扇………………392
一三五　理达院倒座明间匾额………………393
一三六　理达院倒座东次间墀头及匾额……393
一三七　流芳院外景…………………………394
一三八　流芳院大门正立面…………………394
一三九　流芳院大门背立面…………………395
一四〇　流芳院正房一层……………………395
一四一　流芳院正房廊下地面………………396
一四二　流芳院正房窗棂大样一……………396
一四三　流芳院正房窗棂大样二……………397
一四四　流芳院正房窗棂大样三……………397
一四五　流芳院正房北侧廊门………………398
一四六　流芳院北厢房遗址…………………398
一四七　流芳院院落地面……………………398
一四八　流芳南跨院正房……………………399
一四九　流芳南跨院南门……………………399
一五〇　流芳南跨院衬窑……………………400
一五一　流芳院南立面………………………400
一五二　成均伟望院鸟瞰……………………401
一五三　成均伟望院东立面…………………401
一五四　成均伟望院大门南立面……………402
一五五　成均伟望院一进院西厢房…………402
一五六　成均伟望院一进院正房……………403
一五七　成均伟望院西便门…………………403
一五八　成均伟望院一进院西角门楼………404
一五九　成均伟望院一进院西角门楼檐部细部……………………………………404
一六〇　成均伟望院西跨院正房……………405
一六一　成均伟望院西南角门门墩石………405
一六二　成均伟望院大门西山随墙影壁……406
一六三　成均伟望院二进院正房……………406
一六四　成均伟望院二进院西厢房…………407
一六五　成均伟望院三进院正房……………407
一六六　成均伟望院三进院东门……………408
一六七　大夫第鸟瞰…………………………408
一六八　大夫第门楼…………………………409
一六九　大夫第门墩石之一…………………409
一七〇　大夫第门墩石之二…………………409
一七一　大夫第随墙影壁……………………409
一七二　大夫第正房…………………………410
一七三　大夫第北厢房………………………410
一七四　大夫第南厢房………………………411
一七五　大夫第倒座…………………………411
一七六　大夫第倒座梁架……………………412
一七七　大夫第倒座门窗隔扇………………412
一七八　大夫第正房踏步……………………413
一七九　大夫第正房明间门窗………………413
一八〇　大夫第正房次间窗棂………………414
一八一　涵辉院及南侧院全景………………414
一八二　涵辉院大门…………………………415
一八三　涵辉院正房…………………………415
一八四　涵辉院正房室内……………………416
一八五　涵辉院北厢房………………………416
一八六　涵辉院南厢房………………………417
一八七　涵辉院南厢房梁架…………………417
一八八　涵辉院南厢房室内…………………418
一八九　南侧院门……………………………418
一九〇　南侧院正房…………………………419
一九一　南侧院南厢房………………………419

一九二　南侧院外侧石板道路……………420
一九三　涵辉及南侧院正房上部院落及道路……………420
一九四　祠堂内现存碑刻……………421
一九五　祠堂大门外景……………421
一九六　祠堂院内景……………421
一九七　祠堂北厢房……………422
一九八　祠堂南厢房……………422
一九九　祠堂屋顶现状……………423
二〇〇　诸神庙……………423
二〇一　诸神庙外景……………424
二〇二　诸神庙山门现状……………424
二〇三　诸神庙正殿……………425
二〇四　诸神庙正殿内景……………425
二〇五　诸神庙正殿抱厦柱础石……………426
二〇六　诸神庙正殿前醮盆……………426
二〇七　诸神庙西配殿……………426
二〇八　诸神庙东配殿……………427
二〇九　诸神庙石碣……………427
二一〇　诸神庙戏台正立面……………428
二一一　诸神庙戏台后场枕头窑……………428
二一二　诸神庙戏台后场内景……………429
二一三　诸神庙西耳殿窗……………429
二一四　诸神庙西配殿上部衬窑……………429
二一五　"天章光被"石牌坊……………430
二一六　石牌坊周边环境……………430
二一七　石牌坊屋面脊饰……………431
二一八　明楼夹杆石侧立面……………431
二一九　次楼石雕雀替……………431
二二〇　明楼石雕雀替……………432
二二一　明楼匾额题记……………432
二二二　北次楼匾额……………433
二二三　南次楼匾额……………433
二二四　村中打麦场……………434
二二五　村北打麦场……………434
二二六　村中石板路……………435
二二七　村中隧道内路面……………435
二二八　村东环形石板路……………435
二二九　村西环形石板路……………436
二三〇　村南环形石板路……………436
二三一　村东环形路拐角构造……………437
二三二　村中隧道口……………437
二三三　西十孔衬窑……………437
二三四　西十孔衬窑酥碱墙体……………438
二三五　流芳院外东侧院……………438
二三六　东务本院正房……………439
二三七　东务本院南厢房……………439
二三八　东务本院北厢房……………440
二三九　竹苞院外东三孔窑……………440
二四〇　西务本院……………441
二四一　师文保宅院正房……………441
二四二　厢房及院内地面……………442
二四三　正房次间窑洞内构造……………442
二四四　药铺院正房……………442
二四五　药铺院南厢房遗址……………443
二四六　药铺院北厢房遗址……………443
二四七　药铺院入口……………444
二四八　药铺院南入口外景……………444
二四九　药铺院正房门额……………445
二五〇　药铺院南厢房墀头……………445
二五一　药铺院上院正房……………445
二五二　竣工后的师家沟全景……………446
二五三　竣工后的贞洁坊……………447
二五四　竣工后的巩固、流芳院落全景…447
二五五　竣工后的巩固树德院全景………448
二五六　竣工后的巩固树德院倒座正立面……………448
二五七　竣工后的巩固树德院倒座梁架…449
二五八　竣工后的巩固树德院一进西厢房正立面……………449

二五九　竣工后的巩固树德院
一进东厢房正立面……………… 450
二六〇　竣工后的巩固树德院过厅正立面 450
二六一　竣工后的巩固树德院过厅梁架… 451
二六二　竣工后的巩固树德院
二进正房正立面…………………… 451
二六三　竣工后的巩固树德院
二进正房二层梁架……………… 452
二六四　竣工后的巩固树德
二进院东厢房正立面…………… 452
二六五　竣工后的巩固院走廊…………… 453
二六六　竣工后的巩固院敦本堂大门…… 453
二六七　竣工后的巩固院敦本堂
二门正立面………………………… 453
二六八　竣工后的巩固院敦本堂
一进东厢房正立面……………… 454
二六九　竣工后的巩固院敦本堂
二进正房正立面…………………… 454
二七〇　竣工后的巩固院敦本堂
二进西厢房正立面……………… 455
二七一　竣工后的巩固院敦本堂
二进东厢房正立面……………… 455
二七二　竣工后的竹苞院大门…………… 456
二七三　竣工后的竹苞院南门…………… 456
二七四　竣工后的竹苞院正房正立面…… 456
二七五　竣工后的竹苞院北厢房正立面… 457
二七六　竣工后的竹苞院南厢房正立面… 457
二七七　竣工后的竹苞院倒座正立面…… 458
二七八　竣工后的竹苞院二门檐部……… 458
二七九　竣工后的竹苞院二门墀头……… 459
二八〇　竣工后的竹苞院二门门墩石…… 459
二八一　竣工后的竹苞南跨院正房……… 459
二八二　竣工后的瑞气凝全景…………… 460
二八三　竣工后的瑞气凝二进院全景…… 460
二八四　竣工后的瑞气凝一进正房……… 461
二八五　竣工后的瑞气凝马棚正立面…… 461
二八六　竣工后的瑞气凝诒穀处大门
正立面……………………………… 462
二八七　竣工后的瑞气凝诒穀处
大门檐口细部…………………… 462
二八八　竣工后的瑞气凝诒穀处
正房正立面……………………… 463
二八九　竣工后的瑞气凝诒穀处
东厢房正立面…………………… 463
二九〇　竣工后的瑞气凝诒穀处
西厢房正立面…………………… 464
二九一　竣工后的瑞气凝诒穀处
倒座遗址………………………… 464
二九二　竣工后的瑞气凝二层正房……… 465
二九三　竣工后的瑞气凝诒穀处全景…… 465
二九四　竣工后的循理处善院落全景…… 466
二九五　竣工后的循理院二门正立面…… 466
二九六　竣工后的循理院
二进正房正立面………………… 467
二九七　竣工后的循理院二进地面……… 467
二九八　竣工后的循理院处善月亮门…… 468
二九九　竣工后的处善大门……………… 468
三〇〇　竣工后的北海风大门及外景…… 469
三〇一　竣工后的务本院正房…………… 469
三〇二　竣工后的务本院西厢房………… 470
三〇三　竣工后的务本院门楼细部……… 470
三〇四　竣工后的理达院入口处………… 471
三〇五　竣工后的理达院大门门墩石…… 471
三〇六　竣工后的理达院正房…………… 472
三〇七　竣工后的理达院倒座…………… 472
三〇八　竣工后的理达院倒座梁架……… 473
三〇九　竣工后的理达院倒座屋面
（仰视）………………………… 473
三一〇　竣工后的理达院南跨院………… 474
三一一　竣工后的理达院西厢房………… 474

第一章

调查与研究

汾西县师家沟古建筑群（图1）位于县城东南6公里的僧念镇师家沟村。师家沟村落是建筑在黄土高原沟壑型山地上的经典窑居建筑群，与建在平地上的北方民居、江南民居以及南方的山地民居有很大的不同，在中国民居类型中具有别具一格的景观独特性，拥有非常高的历史文物价值和人文景观价值。师家沟民居于1996年被直接列为山西省级文物保护单位，并确定保护范围，2006年被批准为第六批全国重点文物保护单位，2008年被建设部和国家文物局公布为中国历史文化名村。

由于中国历史悠久，疆域辽阔，自然环境多种多样，社会经济环境不尽相同。在漫长的历史发展过程中，逐步形成了各地不同的民居建筑形式，这种传统的民居建筑深深地打上了社会结构、地理环境、民间民俗、文化的烙印，生动地反映了人与自然的关系。从建筑平面构成上大体可分为典型的北方四合院式民居，福建的碉楼、围屋民居，山陕式窑洞式院落民居，江南地区的水归堂式民居院落以

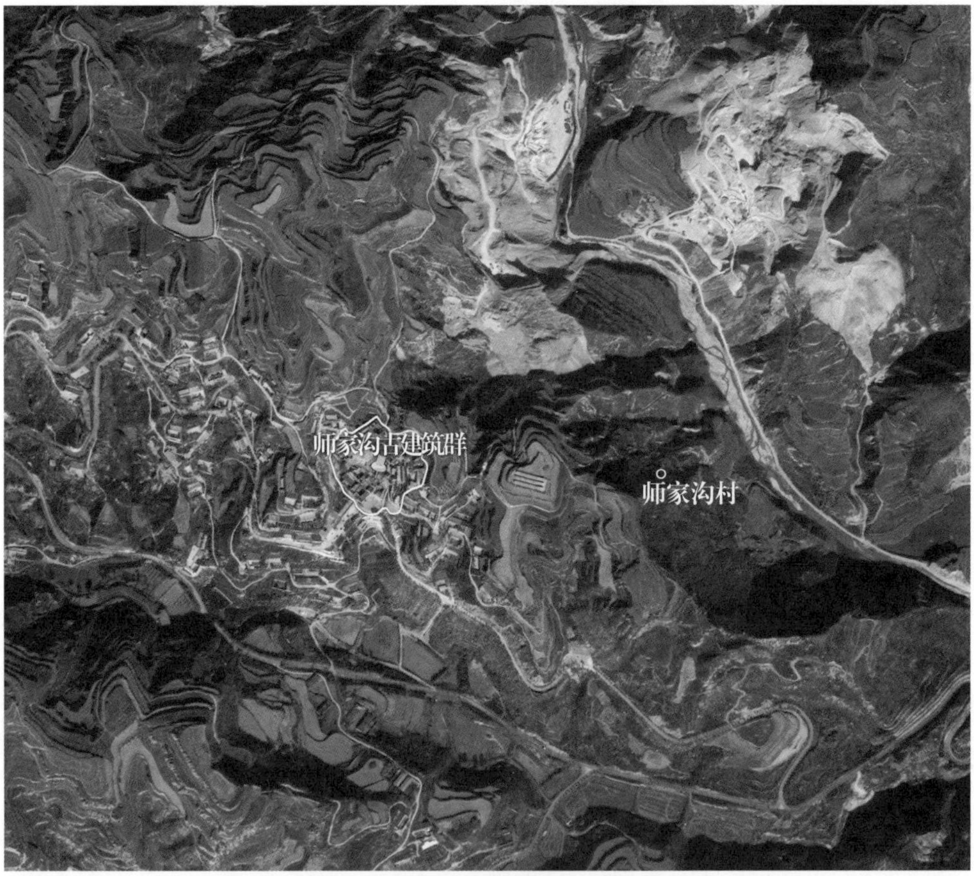

图1　汾西师家沟古建筑群区位图

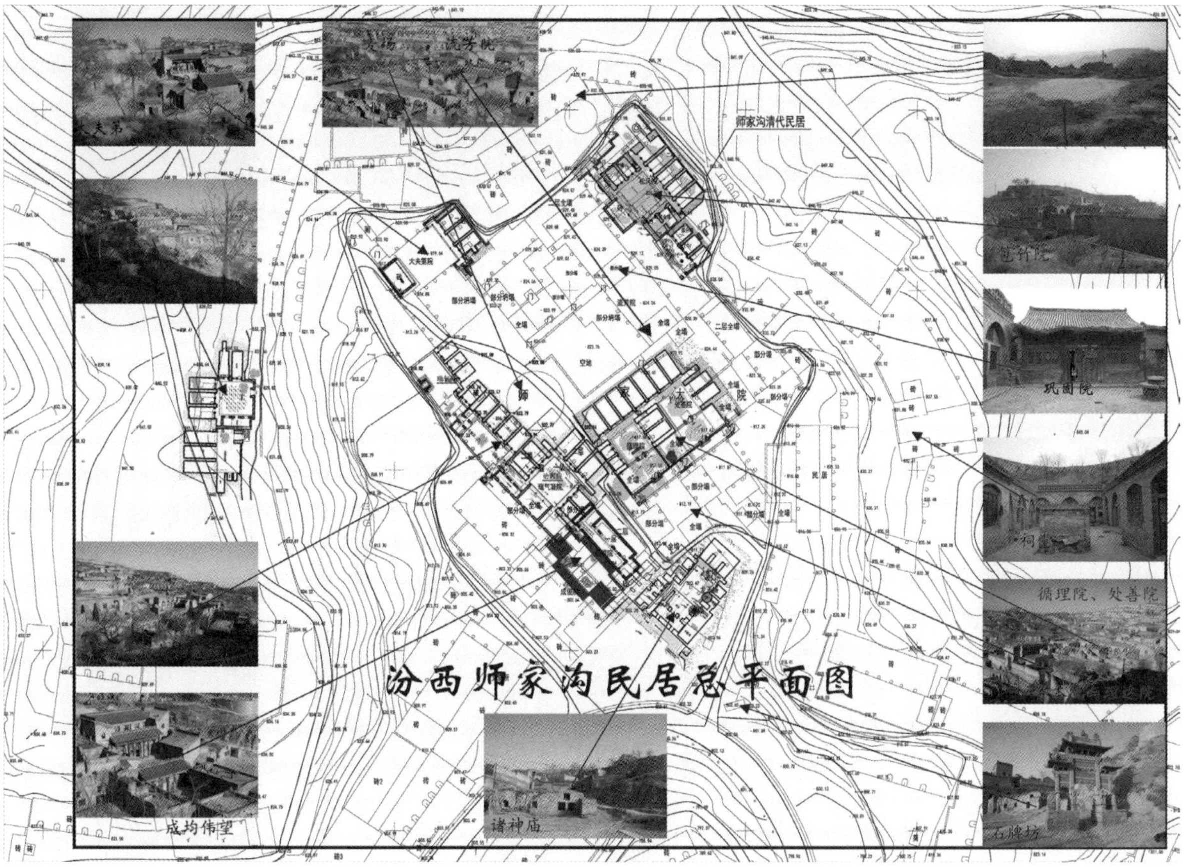

图2　师家沟古建筑群总平面图

及藏式碉房民居等等。

山西民居从建筑形式上分大体为两种：木构架民居和窑洞式民居。由木结构建筑组合而成的四合院落式民居大多集中在晋南盆地、晋中盆地和晋东南地区；窑洞式院落民居大多集中在吕梁山区。由于受地形的影响，特别是山区地形的变化，山西古村落的空间布局形式有四种，即散点型、条带型、团堡型和层叠型。汾西师家沟古建筑群就是典型的层叠型空间布局形式（图2）。

根据窑洞修筑方式的不同，窑洞又可分为靠崖式窑洞、下沉式窑洞、独立式箍窑等三种形式。下沉式窑洞一般出现在沟壑丰富的丘陵地带，如山西平陆、陕西陕北等地；由于山区地形的狭窄，汾西师家沟古建筑群大多采用独立式箍窑或靠崖式窑洞与木构建筑相结合的独特民居。师家沟民居的主要院落大多是以独立式箍窑的窑顶作为上层院落的院面，增加院落面积，两侧厢房一般采用木构硬山或悬山建筑，正房则利用地形高差的悬殊建造独立式箍窑，使其屋顶的平面成为再上层的院落基址。

第一节　概述

据汾西县“勍香遗址”“古郡遗址”考古发现，早在七千多年前的仰韶文化时期，汾西一带就有人类活动。唐虞、夏属冀州，为纳总甸腹地。商仍属冀州。周初名彘。春秋属晋国。战国属魏，后属赵。秦属河东郡。西汉为彘县地，亦属河东郡。三国属魏，属平阳郡。西晋也属平阳郡。北齐置临汾县，属临汾郡。隋开皇十八年(598)改临汾县为汾西县，隋末废，属临汾郡。唐武德元年(618)复置汾西县，属吕州。贞观十七年(643)属晋州。五代属晋州。北宋属河东路平阳府。金初属汉东南路平阳府。贞祐三年(1215)属霍州。元属晋宁路。明、清属平阳府。民国初属阳府。河东道。1927年属山西省。1946年8月29日，属晋绥边区吕梁行署第九专署。1949年10月，属晋南专区。1950年1月，属临汾专区。1954年9月，属晋南专区。1958年6月，与霍县合区设霍汾县。1958年10月，撤销霍汾县，并入洪洞县。1959年9月，复置霍汾县。1961年5月，恢复汾西县建置，属晋南专区。1971年5月至今属临汾地区。

师家沟村所在的东南部，地势较低，平均海拔1000米左右，为盆地边缘残垣沟壑区。该村位于山体向阳面，三面环山，负阴抱阳，随山就势建造窑洞，并利用窑洞顶部平坦屋面造就宽阔院落，改变了山地平坦地面狭小的弊病，形成独特的村落形态。村南一条节令河蜿蜒而过，汇入村东对竹河，为村民提供了可靠水源。

地质：汾西县地处吕梁山大背斜东侧，为背斜中轴隆起部与临汾断陷盆地的过渡地带。地质构造较为复杂，西部为基岩山地，平均海拔1200～1300米，部分地区基岩裸露。地层由奥陶系灰岩二叠砂岩等岩石组成，受断层河流影响，形成断崖陡壁与深切河谷伴生。山丘与谷涧并存，地下有溶洞潜伏，形成水资源奇缺、植被覆盖较差的自然状态。

气候：全县属温带大陆性气候，四季分明，气候特点为冬季少雪严寒，春季多风干旱，夏季炎热多雨，秋季阴雨连绵。因海拔高差悬殊，气候垂直分带较为明显。

气温：年平均气温10.3℃，一月份最冷，平均−4.6℃，七月份最热，平均22.4℃。极端最低温度−19.2℃，极端最高温度33.5℃，平均日温差9.3℃，全年无霜期187天。冻土深度1米。

降雨：年平均降水521.0毫米，年降水量最大为118毫米，年降水量主要集中在六、七、八月份，为403.7毫米，占全年降水量的73%。

风速：春、冬季多偏西北风，夏、秋季多偏东南风，全年以偏东南风为主，平均风速2.8米／秒，年平均八级大风，日数为10天，最大风速29米／秒。

地震：临汾地区位于山西地震带的西南部，抗震设防烈度为8度。

第二节　历史沿革

师家是清代在蒲州一带经营生意的商人。从始祖师文炳定居师家沟开始，经近百年的艰苦创业到第三代师法泽才逐渐发展壮大。师法泽生于乾隆初年，幼年孤贫。师法泽成年后开始做生意，由于正值乾隆盛世，封建商业经济迅猛发展，师代家族耕读传家，农商合一，兼营钱庄、当铺，放高利贷，滚动发展，资金不断积聚壮大，逐步跻身于晋商行列，并占有一席之地。

汾西师家沟的师家宅院正是这时兴起，始建于乾隆三十二年（1767），老宅共八座四合院，分别坐落在上下两层台地之上，太极八卦式布局，十六个小院均由梯、廊、门、洞相互联系，其中有三座小型圆洞拱门，居中的循理、处善院的正房中间入口上方的格栅中有一个太极八卦图，整座院落布局为“八卦套九宫，三圆十六处”的风水建筑群体形式[1]。该院外围由一圈高墙围绕，四面有八个门与外界相连，关闭之后可使内外完全隔绝。

在经商的同时，师家很注重文化教育。师家在第五代、第六代同门的28人中，获监生、贡生、增生、武生等功名者多达11人。“儒商结合”大大提高了师家的社会地位，尤其是师法泽的孙子师鸣凤，是师家官场上最显赫的人物，当年，师鸣凤在湖南任知县时，和清代名臣曾国藩兄弟有很深的交往，这是师家成为名门望族的主要原因之一。师家的势力逐渐扩大后，师家沟的建设也随之开始，规模越来越大，师家一度成为山西省中南部地区的名门望族。

从清代咸丰年间（1851～1861）到光绪年间（1875～1908）师家沟的建筑规模基本完成，占地面积十余万平方米。之后，由于种种原因，师家开始走向衰败，师家沟的兴盛繁荣逐渐褪去。师家沟历经240多年风雨剥蚀，昔日的鼎盛虽已逝去，但建筑遗存仍保存完整。

后来，师家沟发展成为两大家族：师氏家族和要氏家族。师家沟现有的100多户600余人口当中，要氏家族人占了近一半。师家沟民居的布局比较独特，村中有一条不规则的环道，将村落分成了内外两部分：环道里面是民居，大多数是四合院（以窑洞为主）的形式，环道外面是作坊、寺庙等公共建筑。

总之，师家沟主要建筑形成之时，正是清中期，此时正值山西晋商文化发展的鼎盛时期。明崇祯七年（1634）汾西县编户六里，师家沟村名为僧念里二甲，民国十二年（1923）划为3区56个村，该村始终称“师家沟”。

师家沟村是以家族血缘聚居的村落，现村中过半人口为师姓，另一大半多为要氏家族，牛氏、李氏家族仅占少数。据现存师氏家族人中的《师氏家谱》记载：康熙中期，师家先祖——师文炳定居于此。此时，村中要氏、牛氏、李氏、孔氏已久居此存。

第三代——师法泽是师氏家族开始发展的第一代人。清乾隆十一年（1746）师法泽从要氏第六代——要珍处购置第一块土地，乾隆三十四年（1769）在该地建起师家沟村的第一座大院——“巩固”院。根据地契及家谱考证：乾隆十七年到乾隆四十九年（1752～1784），开始收购同村人的土地与房屋，兴建了一个以师家为中心的住宅群落。清道光二十九年（1849）师法泽长孙师鸣凤任湖南省湘乡县知县。任职期间曾国藩、曾国荃尚未进入仕途，为推荐、提携曾氏兄弟他颇费心血，也为师家后来的荣耀打下坚实基础。光绪三年，曾国藩之弟曾国荃时任山西巡抚，为其题写匾额“大夫第”，并悬挂于“大夫第”院落大门上，“文革”期间被毁。

由上述可知：师家沟民居始建于清乾隆三十四年（1789），以后历经80余年的陆续建设。初建时为4个院落，建筑占地面积13393.9平方米，嘉庆年间增建4个院落，道光年间增建2个院落，咸丰年间除增建两个院落外，还增建了祠堂、学堂、醋房、染坊、油房、盐店、药店、当铺等生产、生活建筑，还增加了石牌坊和石板路。目前保留有文物院落14个，另有村口的石牌坊和村内667.7米长的石板路。

[1]　薛林平等：《师家沟古村》，中国建筑工业出版社。

第三节　价值评估

（一）历史价值

师家沟民居形成的过程处于中国农耕经济向官商经济转化的时期，是中国传统官商经济在吕梁山区的实物体现。师家几代人从农耕走向经商，从一个侧面反映了山西晋商发展的历程，特别是晋商发展鼎盛时期的鲜明写照。

师家沟民居建筑的发展兴衰历史充分反映了中国封建社会经济中官商结合的特点。个人财富的积累与官员个人仕途的发展紧密相连，与官员个人的升迁存在唇亡齿寒的依附关系。师家沟民居建筑是中国封建经济畸形发展的真实反映，是研究中国古代经济发展、经济兴衰的又一例证，具有较高的经济历史价值。

师家沟民居建筑主要以吕梁山区的窑洞建筑为主，辅助设置木构建筑。其窑洞建筑平面与立面形式，特别是其平面组合形式是研究中国窑洞建筑发展、研究中国传统风水理论的重要实物，具有较高的窑洞建筑发展历史价值和风水理论发展历史价值。

（二）艺术价值

师家沟民居没有采用山西明清官商常用的城堡式建筑形式，而是充分利用沟坝地形，采用灵活分散的布局，每个家庭均有自己的独立住宅，有着相对的秘密性。但在整体方案上又有统一的共同道路、排污设施。整体布局和群体组合上有着鲜明的宗族特点，同时又体现了中国古代天人合一思想对自然的尊重。

由于窑洞建筑立面形式的单一性，造就了其追求门窗形式的多样性。特别是窗棂图案的变换达百种以上，是中国窗棂艺术的博物馆，对于研究中国平面图案艺术具有较高的艺术价值。

此外，师家沟民居保存有大量的砖雕、木雕，还有大量的木刻匾额。匾额字迹功力深厚、刚劲有力，是宝贵的书法艺术作品。其木雕、石雕、砖雕，分别装饰着斗栱、雀替、挂落、栋梁、照壁、柱础石、匾额、帘架、门罩等各个方面，体裁多样，内容丰富。仅以“寿”字为例，变化多样的窗棂图案多达一百〇八种。

（三）科学价值

师家沟民居利用了当地的土、砖、木地方材料，采用窑洞拱券内填黄土，或先挖土窑后裱砖面的拱券结构形式，达到了冬暖夏凉的效果，是中国传统建筑低技节能，充分利用地形、地貌，扩大使用空间建筑的重要实例。

拱券技术上，为提高拱券高度，师家沟民居窑洞没有采用传统的锅底券和圆顶券，而是在圆顶券的基础上做了相应演变，具有鲜明的独特性、地域性。大大提高了窑洞的采光量，在不增加跨度、不增加平水高的条件下，比传统窑洞的采光量增加了20%以上，具有非常实用的研究科学价值。

师家沟民居采用了高大的青砖外墙，形成防御性很强的院落。同时院落之间通过门道、暗道、地道相连，组成共同防御逃生的安全体系，这种独特的防御特点在山西晋商大院建筑中实属罕见，具有独特性。

第四节　保护范围及建设控制地带

根据《山西省汾西县师家沟古建筑群文物保护规划》第六章规定如下：

保护区划

（1）保护区划定为保护范围和建设控制地带两个级别。同时为有效保护，将建设控制地带再细划分为Ⅰ类和Ⅱ类。

（2）保护区划根据文物分布情况，以及村落选址要素，结合地物地标制定。保护区划成不规则块状，总面积42.97公顷。

（3）保护范围总面积7.49公顷，东西长约460米，南北长约580米：包括全部师家沟古民居群及传统空间、石牌坊、龙王庙、祠堂等，并将北面山头的墓阙划入（图3）。

四至：

东：村东面山体的山脊线；

南：山地公路一线；

西：村西面山体的山脊线；

北：村北面山顶的古墓阙周边辐射30米。

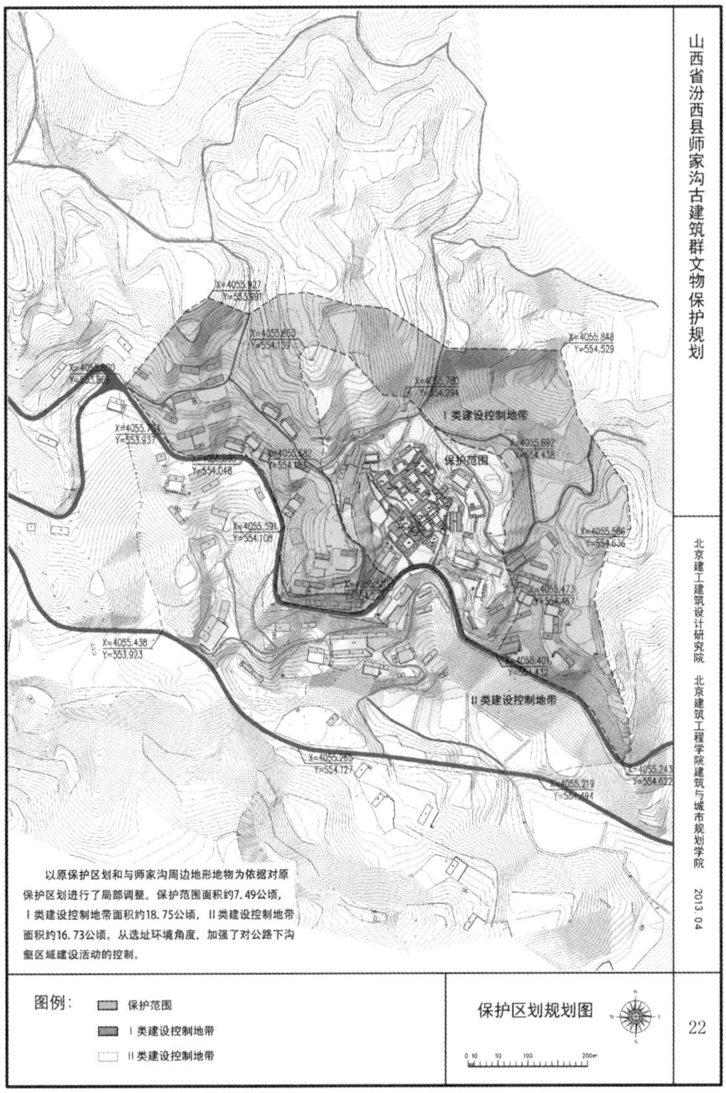

图3　保护区划规划图

（4）Ⅰ类建设控制地带总面积18.75公顷。

四至：

东、西、北三个方向的保护规划以外约100米左右的山体等高线；

南侧沿山地公路沿线，起点为西侧三向交叉口，终点为保护范围以东230米。

（5）Ⅱ类建设控制地带总面积16.73公顷。

四至：

东西两侧为：与Ⅰ类建设控制地带东西两端位置相同的沟谷处；

南北两侧为：山谷上的山地公路和山谷下的山地公路之间。

第五节　村落的布局

根据师家沟地形分析可知，村落依山就势建于山腰两块相连的坡地上，村落与群山交错生长，相互辉映，宛如从大地中自然生长出来一般。

（一）平面布局

院落朝向几乎一般向东南，一般向西南。这主要是由于地形因素所致，但从其建筑历史可知，早期建造的房屋，多选择开阔平坦的地基，且多为东南方向。后期建造的房屋，其平面选择性较小，且多为西南方向。根据汾西县常年气象资料显示，“南偏东35°”是汾西县的最佳日照方向，全年日照时间为2823.5小时，比正南方向日照时间长357小时。而师家沟民居最早建造的多为南偏东35°。因此，选择东南向轴线利于院落采光。

（二）剖面组织

由村落航拍鸟瞰图可看出，村落大致分为三个主层，层层上升（表一）。由于采用了山区常用的——“衬窑”这一概念，使狭窄的山区地形，营造出较大的平坦空间。师家沟村民智慧地利用窑洞的平屋顶这一特点，将其屋面作为上层院落的院面，即扩大了使用空间，同时又丰富了建筑立面。

窑洞之间的层次组织院落，下层窑洞的屋顶形成上层窑洞的院落，甚至是有意为之，如：诸神庙西侧为增设、增宽道路，加设衬窑。

表一　师家沟村院落层次关系

梯度	院落
第一主层次	成均伟望院落、牌坊、诸神庙；务本、理达院和成均伟望院的二层形成第一主层次的副层
第二主层次	成均伟望三层院落、循理院、处善院、瑞气凝二层、诒榖处二层院
第三主层次	巩固一层院、大夫第二层院、竹苞一层院、流芳一层院；巩固二层院、竹苞二层院、流芳二层院形成第三主层次的副层

图4　师家沟村院落层次分析图

（三）建筑组团

位于师家沟环状巷道中的9座院落在水平空间上形成3个组团：成均伟望院与瑞气凝院形成组团A，循理、处善院与理达、务本院形成组团B，竹苞院、流芳院、巩固院与大夫第院落形成组团C。其中间的麦场形成村庄核心或称之为“福地”（图4、5）。

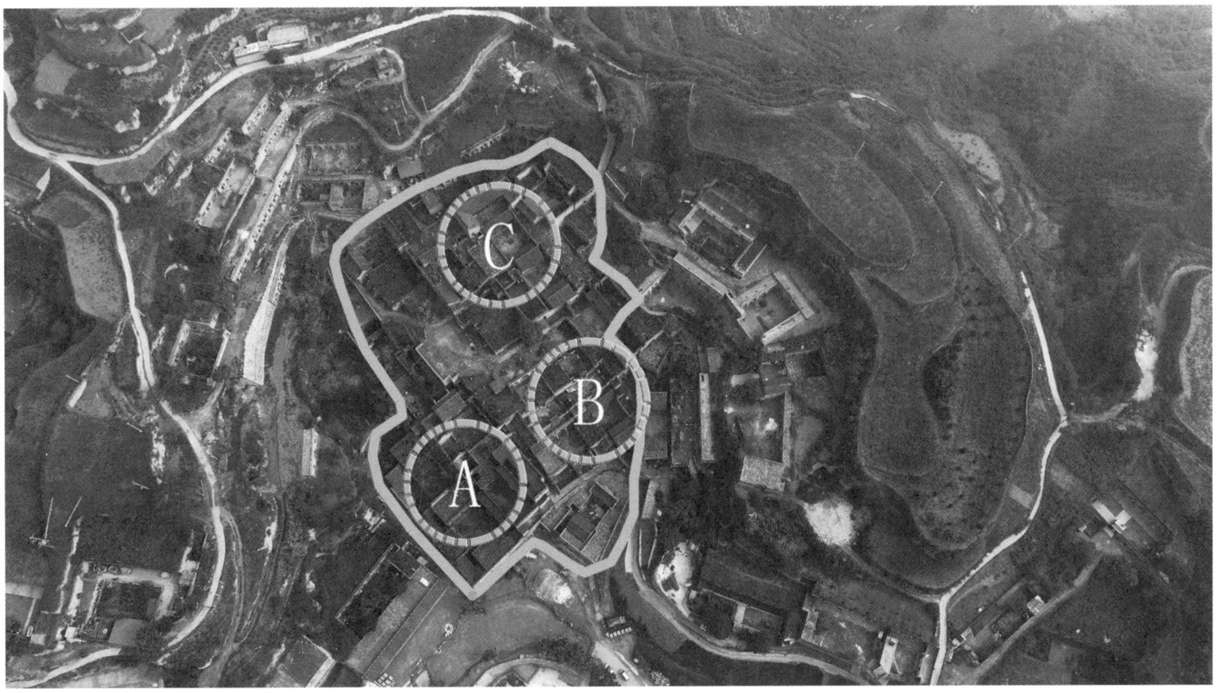

图5　师家沟村院落关系图

组团C规模最大，雄踞地势最高处，其下分散为组团A和组团B两个分支，三者形成三角形楔入两边山峰之间的凹陷处。村落形成先敞开、后收紧的倒“V”字形。组团A与B距离较近，位于前三层次；组团C与组团A、B距离稍远，位于后三个梯度上。造成上述原因除地形条件外，还与主人在家族中的地位紧密相关。组团C中的巩固院为其师氏的“大家长”师法泽营建，地位、地势最高。组团A、B的屋主人均为师法泽的子孙，表现出尊敬与谦逊。

组团内部院落形成并联或串联，且彼此相连的院落除有明道相连外，还有暗道相通。

（四）街巷空间形态

师家沟村中主要道路共两条：一条环形巷道和中部一条南北主干道，均用石板铺就而成。

1. 环形巷道

地势起伏较大，限制了师家沟村的道路布局，没有采用传统的网格结构，也没有采用中轴线结构，而是结合地形、地貌和建筑布局，形成一条围绕院落组团的环线。

环线的开口端设在村口的牌坊处，石板铺就的环线街道，随地势、地貌而变化，宽窄、坡度不一，道路紧紧与建筑相接，简洁实用。由于院落的主要入口在西南角，因此，东环道主要与院落的偏门或后面相接，加之东部地形较为陡峭，无法使人驻足。

西南环道与较多的院落相连，且地势平缓，人气较旺；且西南环道西侧有油坊、醋坊等店面，故而西南环道自然承担起街市功能。

2. 主干道

主干道由村口牌坊内侧开始，从中部斜向西北，与环道相交在大夫第门前，中间穿过村中麦场即福地。

主干道空间处理丰富。由开阔到狭窄，继而又开阔，给人以明朗—压抑—明朗的节奏感。平面上蜿蜒曲折，似有曲径通幽之感。

（五）排水系统

村落位于三山环抱之中。东、西侧为两两山脉之间形成的冲沟，东、西、北三面地势均高于村落用地。因此形成一个三面汇水之地，极易遭受雨水的冲刷。因此，村中的排水系统是确保村落安全的保障。

师家沟村的防洪思想是以“排”为主，疏导水流。顺应等高线变化，利用排水沟、地漏、排水口等将地势较高的水流逐级向下排出。村中排水方式多样，或直接从屋顶排到路面，或是排到院内地面，由散水坡收集于地漏，排入地下排水沟。村中环形道和主干道是其排水的主要渠道。

（六）各院落建筑历史沿革与建筑现状

为研究方便，现将师家沟民居院落组成列表如下：

序号	院落名称	院落组成与形式	建筑组成	建筑数量	修缮情况
1	成均伟望	三进三层组合形式	大门，二门，一进东西厢房，一、二、三进正房，二进东西厢房、西便门	10	2004年修缮，倒座塌毁，未复原
2	大夫第	一进二层组合	大门、东西厢房、二层正房	4	2006年修缮
3	竹苞院	一进院两侧设跨院	大门、二门、影壁二个、东西厢房、二层正房、厅堂、旁门，跨院正房、大门	11	未修
4	瑞气凝、诒穀处院	三进并列三层院落	大门3个，二门，一、二、三进正房，马棚，东西厢房，正房，倒座，工房3座	15	未修
5	务本院	一进四合院	大门、正房、东西厢房、倒座	5	未修
6	理达院	一进四合院	大门、正房、东西厢房、倒座	5	未修
7	循理院	两进四合院	街门，大门，二门，一、二进东西厢房，二进正房，影壁5个	13	未修
8	处善院	两进四合院	街门，大门，二门，一、二进东西厢房，二进正房，影壁5个，两院过门	14	未修
9	巩固院	两个并列两进四合院	街门，过门，大门2，二门，一、二进东西厢房2座、二进正房2座、过厅、倒座	17	未修
10	流芳院	一进三合院和南侧跨院	大门、东西厢房、正房、跨院正房	5	未修
11	涵辉院	一进三合院	大门、东西厢房、正房	4	未修
12	涵辉西院	一进三合院	大门、西厢房、正房	3	未修
13	诸神庙	下沉式窑洞	山门、东西配殿、正殿、戏台、东配窑	6	未修
14	祠堂院	二进四合院	大门、一、二进东西厢房、正房	6	未修
		合计		118座	

图6　巩固院鸟瞰图

1. 巩固院建筑历史沿革与建筑现状

巩固院位于村落的北部，西与大夫第相邻，东接竹苞院落，南邻流芳院落（图6、7）。大门设于西南角。藏山运气，背山面水，风水极佳。院落布局方正，由两个并列院落组成。最早建造的东侧院——树德院落即祖院，由两进院落组成：中轴线上由南向北依次为倒座、过厅、正房，两侧为厢房，院门设在过厅西南角。西侧院落即敦本堂，为小两进，中轴线由南端分别设院门、二门，北端设正房，两侧为窑洞式厢房。两院落在南端设街巷相连，西南端设“巩固”院大门。

历史沿革　树德院建于清乾隆三十四年（1769），清咸丰九年（1859）建造正房二层书楼。为师家第三代师法泽营建。敦本堂建造年代不详，但根据《师氏家谱》等旁证可知，其营造时间应略晚于祖院。巩固院的营建经历了近百年的完善，形成今日之规模。

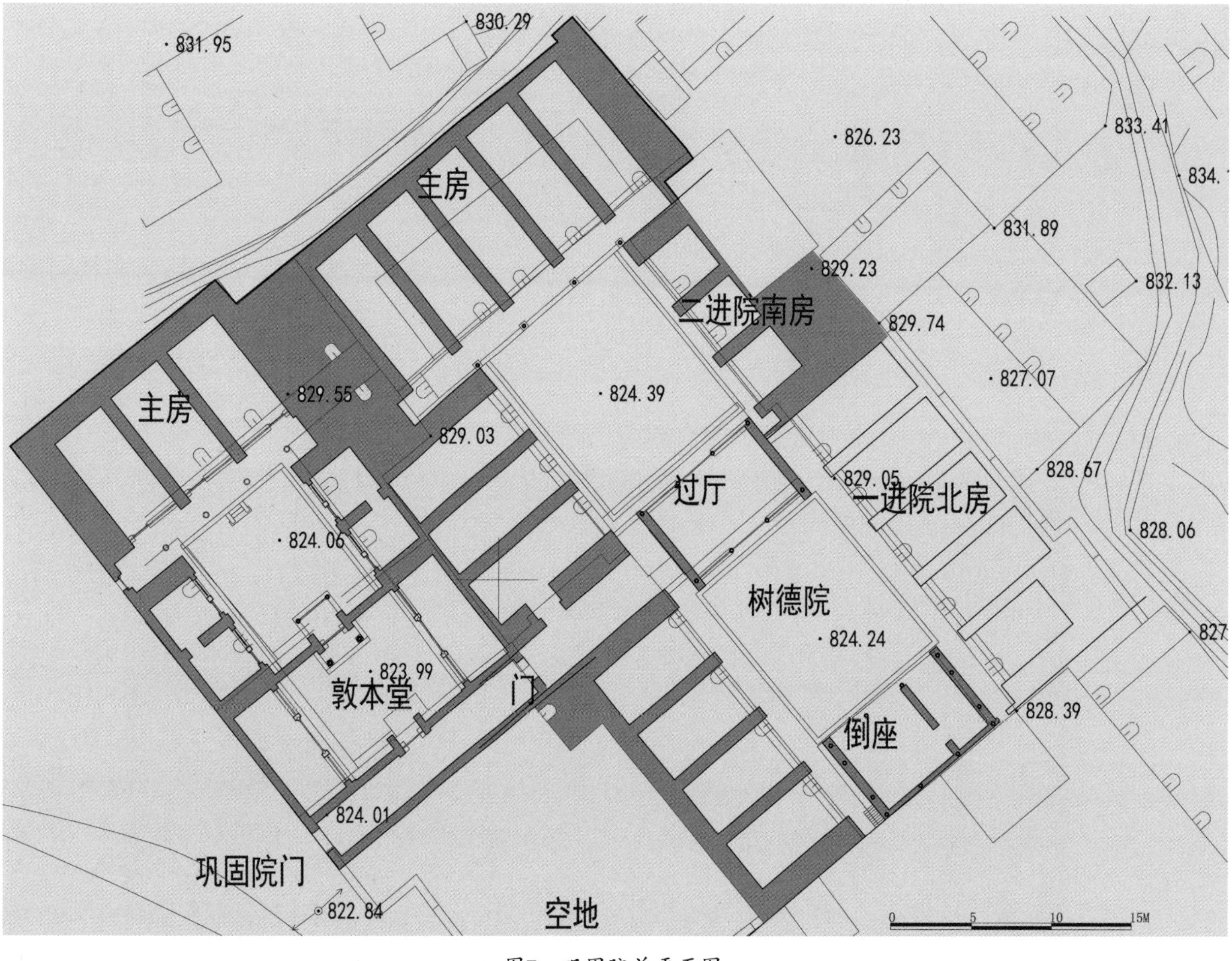

图7　巩固院总平面图

建筑形制与残损现状　为研究表述方便，现列表如下：

序号	院落	建筑名称	建筑形制描述	残损现状综述	备注
1	树德院	二进正房	一层五孔砖窑，前插廊。二层为“凹”形木构硬山，面阔五间，进深两椽为清咸丰九年（1859）建造	二层塌毁一半，一层保存较好，仅窗棂有部分缺损	
2		二进东西厢房	三孔砖窑	保存较好，无破坏性病害。	
3		一进东西厢房	四孔砖窑	东厢房保存较好，无破坏性病害。西厢房南窑塌毁严重	
4		过厅	面阔三间，进深四椽硬山建筑，建于乾隆三十四年（1769）	塌毁严重，仅东次间保存较好	
5		倒座	建于乾隆六十年（1795），面阔三间进深四椽硬山	濒临倒塌，屋面破损严重。门窗破损严重，窗棂仅留基本图案	
6		院门	单孔拱门	板门不存	
7		院落地面与排水系统	前后院落向过厅的西侧排水，从大门暗沟排出。一进地面方砖45°斜铺，四边为条砖铺设；二进院落方砖十字对缝，条砖镶边	一进院地面约有30%残损，排水沟堵塞，地面沉降不均匀；二进院地面较为完整。排水沟堵塞。地面较平整	
8	敦本堂	二进正房	面阔三间砖窑，前檐插廊	檐部屋面破损严重，门窗有人为改造现象。主体建筑无破坏性病害	
9		二进东西厢房	均为2孔砖窑	保存较好，仅门窗有人为改造了50%	
10		一进东西厢房	西厢房不存，东厢房为面阔三间，进深两椽的单坡硬山建筑	屋面破损严重，濒临倒塌。南次间窗不存	
11		二门	建于嘉庆三年。面阔一间木构门楼，前檐设两柱，后檐为垂莲柱。前后设匾额，分别上书“敦本堂”“沣白家风”。两侧设影壁	屋面破损严重，木构件保存完整，两侧影壁有局部砖缺失	
12		院门	砖砌仿木构建筑。匾额上书“瑞云传远”。两侧设影壁	屋面破损严重，木构件保存完整。两侧影壁方心不存	
13		院落地面与排水系统	一进院地面为方砖45°斜铺，条砖镶边。二进院地面亦为45°斜铺，条砖镶边	一进院地面约有80%地面砖不存。二进院保存较好，仅约30%的地面破损严重	
14		巩固院门与过门	巩固院门为砖砌拱形门，上设“巩固”砖匾。过门前设仿木砖砌拱门，后为两椽单坡屋面	巩固院门保存较好。过门木构屋面坍塌，仿木椽飞破损约50%	
15		磨房	位于巩固院的南侧，为一单孔窑洞。现院内临时建筑两个简易木房，为今人所建。北侧为巩固院长廊的影壁墙体，影壁方心为方砖菱形拼砌，总宽18.7米	磨坊门窗不存，窑洞顶部女儿墙体缺失5.2米；长廊影壁不存，仅剩墙高0.8米；院落杂土堆积，排水不畅	

2. 竹苞院建筑历史沿革与建筑现状

竹苞院位于师家沟民居的东北角，巩固院的东侧（图8）。其中轴线为东西走向，坐东向西，为一进四合院落，两侧分别设窄小跨院。

“竹苞”院得名于外院大门上砖匾题名。村人也叫仓库院。清末师家生意遍布五省十八县，字号遍布天下，生意兴隆，钱财满仓，不免有马贼盗匪注意，道光三十年（1850），师家第二门第六代师

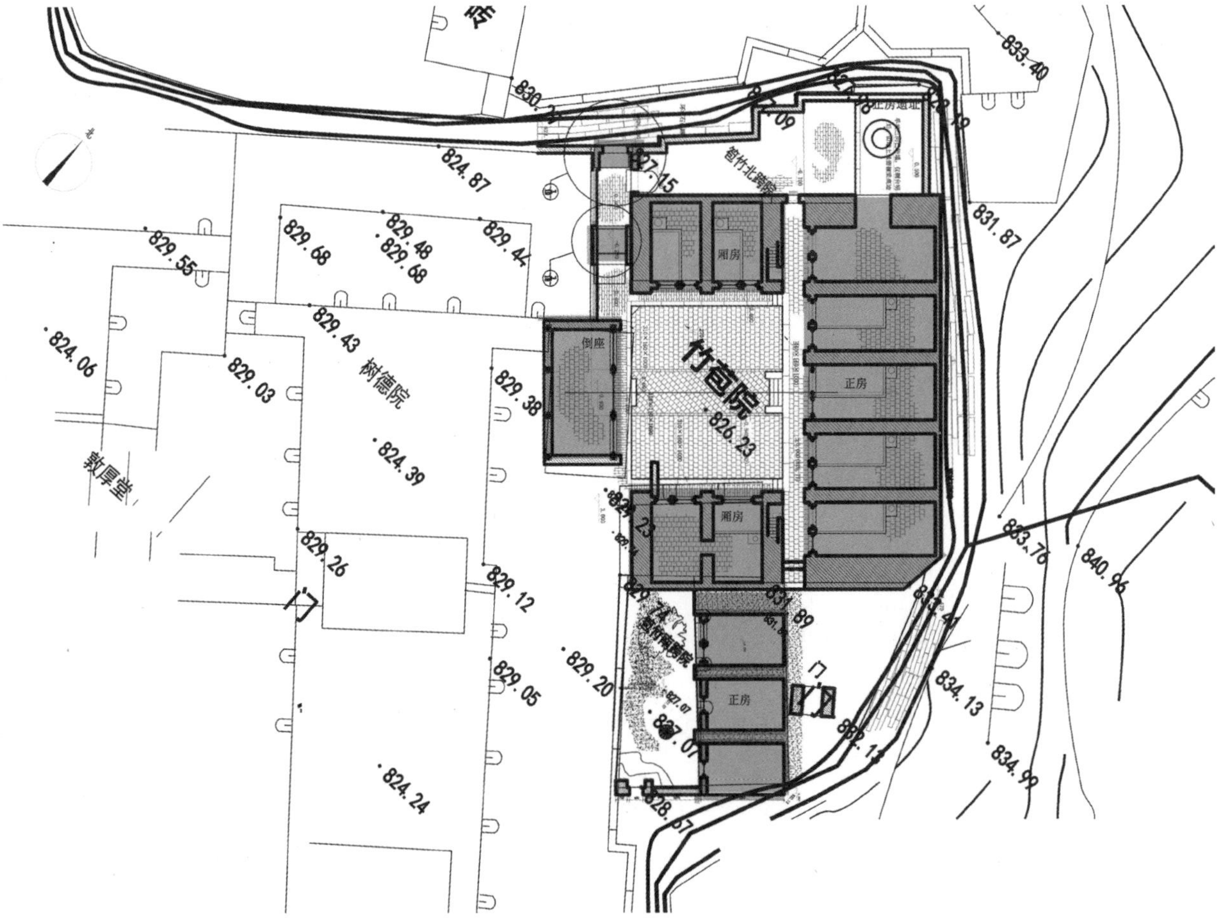

图8 竹苞院位置图

炳成官场得意，生意兴隆，修建该院，并加盖银库，单进两层左右配跨院。布局简单方正，并雇佣陕西省武功县武艺超群的保镖看守此院。在倒座南侧，设暗道通向树德院。

竹苞院的主轴线与巩固院轴线相垂直。正房居东北朝西南，使得正房与厢房均有较好的采光。院门设在院落的西北角，由厢房与树德院正房形成狭窄通道，在巷道北端设大门，在厢房与树德院正房之间设二门。大门与二门之间东侧，设通往北跨院的砖砌拱形门，使得院落主人与佣人之间居住互不打扰。

该院落正房与厢房均为两层建筑组成，且二层建筑之间设通道自成体系，并在二层正房南侧设随墙门，上书“南山寿”，可抵达院外的环村石板路。

由倒座和南厢房之间空隙，设通往南跨院通道。南跨院由树德院的东厢房与山体之间自然形成的坑洞修葺而成。在山体侧瓦洞筑窑，厢房侧自然成为院墙，南端单独设院门，环村石板路从窑顶盘绕而过。从造型上看为地坑院窑，与山体融为一体。

历史沿革　竹苞院建于清道光三十年（1850），为师家第二门第六代师炳成营建。近百余年没有改动，只是呈现出岁月的摧残痕迹。

建筑形制与残损现状　为研究表述方便，现列表如下：

序号	院落	建筑名称	建筑形制描述	残损现状综述	备注
1	竹苞院	正房	一二层均为五孔砖窑，但二层中三间作前插廊，并在次梢间之间设山墙	二层插廊塌毁，窗棂有部分缺损。为人为改造	
2		东西厢房	一层为两孔砖窑，二层为面阔三间，进深三椽的硬山建筑	一层保存较好，二层木构仅剩两山墙与后檐墙	
3		二门	等级较高，平板枋上中设一朵五踩华栱，两端各设半朵五踩斗栱。门匾上书“松茂”，板门上下边框设铁质花式包皮、门钉	严重变形，但木构件保存尚好。为树德院正房山墙变形所致	
4		倒座	面阔三间，进深四椽硬山建筑，建于道光三十年（1850）	保存较好，仅屋面存在局部漏雨，望兽仅存一个	
5		影壁	位于南厢房的西端，主要为遮挡通往南跨院道路	主体保存较好，方心砖雕图案尚存，屋面筒板瓦、正脊缺失严重	
6		院落地面与排水系统	院落向西排水，从二门、大门暗沟排出。地面方砖错缝铺墁，平缝顺院落宽，中设甬道，采用45°方砖斜铺，条砖平铺为边	院落地面保存较好，排水沟有堵塞现象	
7	北跨院	正房	面阔三间木构单坡建筑，现仅存台明、柱础石	木构架不存，仅剩台明与柱础石	
8		院墙	院墙厚近1500毫米，高达5.87米。并在上部设置方心花墙，平面布置呈折线	保存较好，仅有部分墙体塌落，约5米长	
9		院门	位于狭长院落的西端，为随墙拱形门	保存较好	
10	南跨院	门楼	设置在院落南端的高台上。为砖砌拱形门，屋面为窑洞式平顶	屋面坍塌，仅剩两墙垛。台明、踏道残缺严重。板门不存	
11		正房	面阔三间窑洞	窑洞南侧严重变形，拱券局部坍塌，为排水不畅所致。院落地面塌陷严重。屋内地面铺砖不存	
12		大门及影壁	为随墙拱形门，上书“竹苞”砖匾。影壁设置大门对面，石板路外侧，为中设条砖布设的方心，上覆筒板瓦、正脊屋面的砖砌影壁，宽2380毫米，高3.6米	大门保存较好，门额上部存有裂缝，宽约10毫米，竹形砖雕镶边缺失800毫米长	

3. 瑞气凝院建筑历史沿革与建筑现状

瑞气凝院落位于环村石板路西侧（图9）。院落群分组顺着等高线而建，线性布置相对自由。院落群共三层，首层由内外两院组成，二层为三进院落，三层为一进院落。每层院落标高基本一致，第二层院落为其主要院落群，院落群大门——“瑞气凝”位于院落群北侧，然后依次经过两个辅院进入主院——“诒穀处”。建筑以靠崖窑和箍窑为主，兼有少量木构建筑。木构建筑与窑洞建筑结合的典范，也是师家沟民居建筑的主要特色之一。

首层外院直接与环村石板路相接，并直面西山，没有院墙和院落，仅为面阔五孔的靠崖窑，其建筑简陋、实用。应是常用雇工生活起居的地方，其最初的建造目的，应是为解决二层的一二进院落地面空间而建，扩大了主院的使用空间。

首层内院与外院建筑结构相同，均为靠崖窑，也是为解决二层院落的诒穀院地面空间而建，其使用目的也是雇工生活起居的住所。所不同的是其为独立空间，为封闭院落，北端设高大的二层角楼。

二层院落分主院与辅院。辅院由两进院组成，由最北端的砖砌拱形瑞气凝大门而入一进院，院东

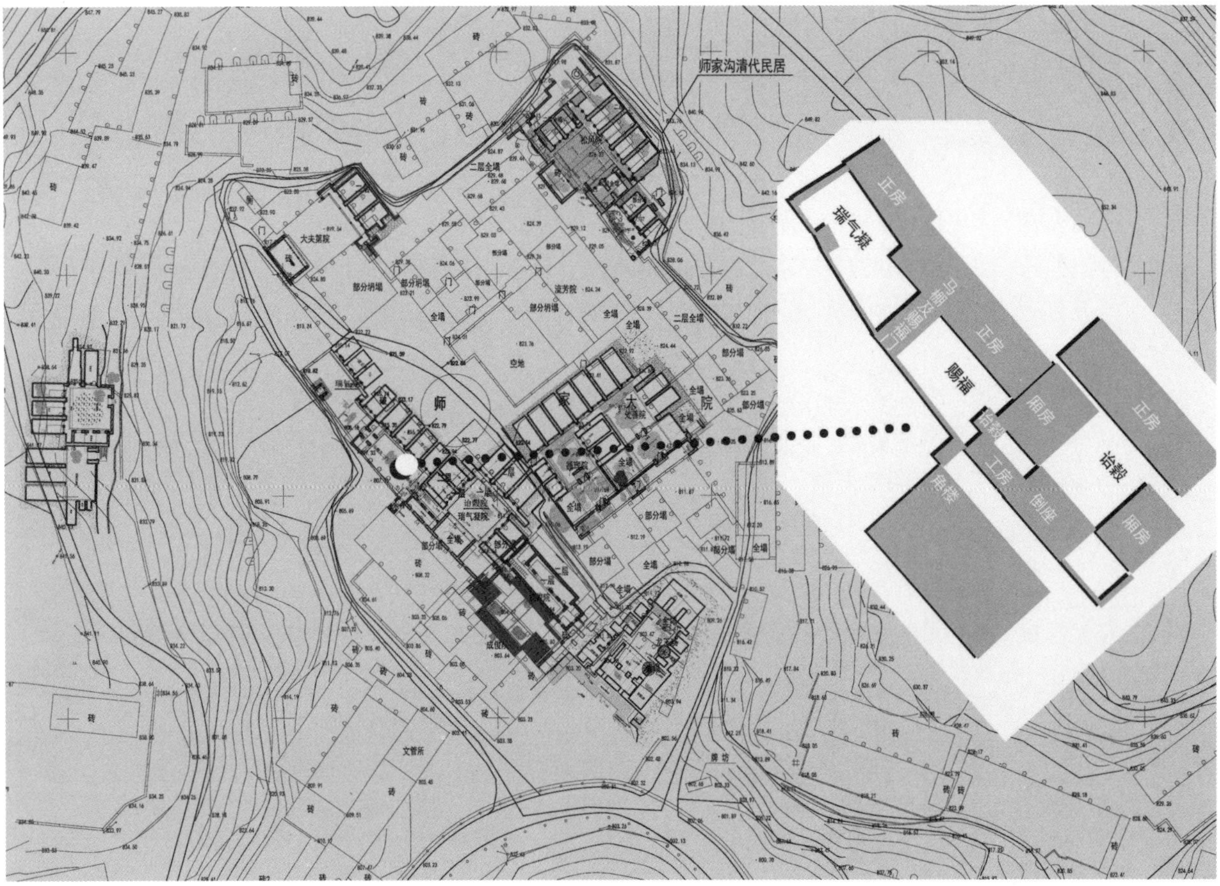

图9　瑞气凝院落位置图

靠崖建造三孔砖窑，其左侧设置二进面阔三间，进深两椽硬山顶二进院门，上书“赐福”。明间为过道，两次间分别放置马槽，应为喂养马匹的马棚。

与一进正房并列的是二进院正房，亦为靠崖窑5孔。在其正房最左端，建造一面阔一间的木构门楼，上书“诒榖处”，即进入了瑞气凝院落群组的空间序列中心院落。

诒榖处院为平面方形的规制四合院落，与竹苞中心院落一致，亦是由二层建筑组成的四合院落。正房为双层靠崖窑，明三间暗两间，共5孔。二层原有木构插廊，现不存，塌毁年代不详。

两厢房下为两孔砖窑，上为面阔三间，进深三椽的硬山建筑。南厢房二层建筑不存。倒座现仅剩台明和两山墙、后檐墙，从现存柱础石和三面墙体的遗迹中可知，原为面阔三间进深三椽的双坡木构硬山建筑。

三层院落的入口有两处，一是由诒榖处的二层北侧进入，另一处是由瑞气凝一进院落的正房南端设砖楼梯进入。其院落顶部就是师家沟村落中心广场——福地，也是夏季麦收的打麦场。由下层赐福院正房形成的院落，其布局与赐福院相同，亦是“凹”字形平面布置。正房为5孔靠崖窑，两侧设置木构建筑各三间。现两侧厢房均已经塌毁，仅剩台明与山墙。

历史沿革　瑞气凝院建造年代不详，但从相关院落和《师氏家谱》等旁证推断，其建造年代与“成均伟望”院落相近，为清末咸丰七年（1857）左右。

建筑形制与残损现状 为研究表述方便，现列表如下：

序号	院落	建筑名称	建筑形制描述	残损现状综述	备注
1	瑞气凝院	正房	为靠崖三孔砖窑。台明设虎头砖。三孔窑洞室内互不相同，各自独立。窑洞内分别设置土炕和炉灶。应为雇工临时用房。窗棂图案简洁，为方格式样。门额上无题字	由于窑洞的财产所属，致使后人将该院中部增设围墙。窑顶靠崖部分坍塌，排水不畅。北次间窑门窗人为改造，明间窑和南次间窑门窗缺失50%，女儿墙缺失20%，屋面坍塌杂土与女儿墙体平	
2		大门与围墙	为前檐仿木砖券拱形门，后檐为木构单坡建筑。拱门上方设砖刻匾额，上书“瑞气凝”	整体保存较好。屋面破损严重，望兽缺失，板门不存。大门左侧围墙垛口不存，其余墙体上的压沿石缺失约12米	
3		院落地面与排水	院落条砖错缝顺砖铺墁，无丁字砖。平缝与正房面宽平行。在与二进正房相交处的院落高出一砖，并设虎头砖分割，中部设方形踏石，形成院落空间区分。排水方向均向大门处排出，在大门两侧设排水口，排入环村石板路	地面铺砖保存较好，但缺失约30%，破损且严重影响排水通畅的约50%	
4	赐福院（二层二进院）	马棚（二门）	面阔三间、进深两椽硬山建筑。明间中设两隔墙为通道，两次间为喂养马匹的马棚。马槽位于东侧向里。马棚望板采用荆藤主干（黄栌[1]）绑扎铺设	主体木构架保存较好。屋面存在局部漏雨，正脊、望兽不存，屋檐严重变形。明间轴线地面上铺设条石，两侧条砖顺缝铺设，在与隔墙相交处设一条丁字砖护边	
5		正房	位于院落北端，为5孔靠崖窑。且最西梢间窑位于马棚外，即一进院内。在其西端设置砖楼梯，通往三层院落	最北端梢间窑塌毁严重，砖楼梯仅存部分台级，约5步。室内地面铺墁约有40%的残缺。门窗缺失50%	
6		院落地面与排水系统	院落向马棚处排水，从马棚暗沟排出到一进院落（瑞气凝院）。地面条砖错缝顺砖铺墁，平缝垂直正房面宽，在与台面或围墙交接处设置两条丁字砖护边	院落地面保存较好，排水沟有堵塞现象。地面铺砖约有30%的条砖破损严重，妨碍排水的顺利流出	
7	诒穀处院	正房	三孔靠崖窑两层，两侧设半个耳窑，并与主窑垂直。二层设插廊，现不存。台明锁扣仅踏步处采用压沿石，其余均为虎头砖	插廊木构架不存，仅剩山墙、卯口与柱础石。门窗保存完好	
8		厢房	一层为两孔箍窑，二层为面阔三间、进深三椽硬山建筑，望板采用荆藤主干（黄栌）绑扎铺设。	南厢房二层不存，一层向西严重倾斜，濒临坍塌。北厢房结构保存较好，仅窗棂缺损较多，二层屋面缺乏日常管理，屋面檐口变形，无正脊	
9		诒穀处	前设两柱悬山门楼，门额上书“诒穀处”，后檐为单坡硬山屋面，门中位置与原围墙相同	保存较好。仅屋面筒板瓦破损，局部屋面漏雨；檐口勾头、滴水部分缺失	
10		西南耳房	面阔三间、进深两椽单坡硬山建筑。明间设板门，两次间设窗，后檐两次间设拱形窗	主体构件保存较好，但屋面变形严重，有檩木滚动现象	
11		倒座	主体结构不存，仅剩两山与后檐墙。台明、柱础石尚存	台明上垃圾堆放，排水不畅，地面铺砖仅留20%。后檐六边形窗棂仅存一半	
12		院落铺墁及排水	条砖顺正房面宽顺缝铺墁，仅在两厢台明处设置丁砖一条，与倒座台明相接时，先设一砖方砖，再设一砖条砖与台明相接。排水口设置南厢房与倒座相接位置，并设暗沟排出院外	地面铺墁保存较好，仅个别铺砖缺损。排水暗沟有堵塞现象	

[1] 黄栌，一种落叶灌木，花黄绿色，叶子秋天变成红色。木材黄色，可制器具，也可做染料。

13	一层工院	外院正房	设置赐福院下，应是为增大赐福院落而建。为5孔靠崖窑，门窗设置简洁。应为雇工居住生活场所	主体结构保存较好。门窗部分缺失，女儿墙缺3.7米	
14		内院正房	为增大诒穀院落而建。位于诒穀院倒座和西南耳房的正下方。为5孔靠崖窑。窗棂图案均为简洁的方格窗或与一马三箭相似，但中缺一条方格的窗棂	主体结构保存较好，但窑面砖缺失或酥碱、风化严重。缺失约40%，风化或酥碱的约有30%。窗心屉缺失约60%。板门大部分不存。室内地面杂乱，地面铺砖仅存20%。该院落地面铺砖不存，且杂土堆积，杂草丛生，排水不畅	
15		角楼	平面近似方形，一层为砖砌高墙，南北向设拱形门洞，内设大型板门。二层为面阔一间的卷棚硬山建筑，由赐福院进入	主体结构保存较好，但二层木构件不存。室内散落塌毁的屋面构件。前后檐窗心屉不存。二层侧面板门不存	
16		院落铺墁及排水	内院地面铺墁不存，其铺设方法无考。但从二层院落地面铺设方法推算，应为条砖顺正房铺设。外院地面为环村石板路	内院落地面铺砖不存，且杂土堆积，杂草丛生，排水不畅。外院地面为环村石板路，在该正房前保存较好	
17	三层院落	正房	3孔靠崖窑，台明设置虎头砖。其右侧设置拱门、砖体通往村中福地	明间窑拱位置上部裱砖严重塌落，窑顶覆土塌陷。门窗缺损严重，仅留一个板门，一个天窗窗心	
18		厢房	厢房位于住房两端前方。南厢房为面阔三间，进深三椽的硬山建筑。西山墙开六边形窗。北厢房建筑形制不详，但从遗迹上看应为木构硬山建筑无疑	南厢房仅存台明、两山与后檐墙，台明上建筑垃圾、杂草丛生，但地面砖铺设形制尚存，保留有约30%	
		过门	位于由诒穀院二层进入赐福院上层入口处，为砖砌拱形门，上设双坡屋面	仅剩两山墙，屋面不存，板门破损、变形	
19		院落地面与排水	院落地面铺墁为条砖铺墁。顺砖与正房面宽垂直，与台明和围墙相接时设丁字条砖一道。排水口设置在院落北端，并设暗沟通向瑞气凝正房屋顶	屋面杂草丛生，杂土堆积。地面铺砖仅存总面积的10%。排水暗沟堵塞。院内已经失去排水系统，雨水全部渗入下层窑洞墙体内，对窑体存在安全隐患	

4. 循理院与处善院建筑历史沿革与建筑现状

循理院与处善院为两大并联式结构院落（图10、11），两院正房为一座建筑。循理、处善院落共

图10　循理、处善院落空间分析图

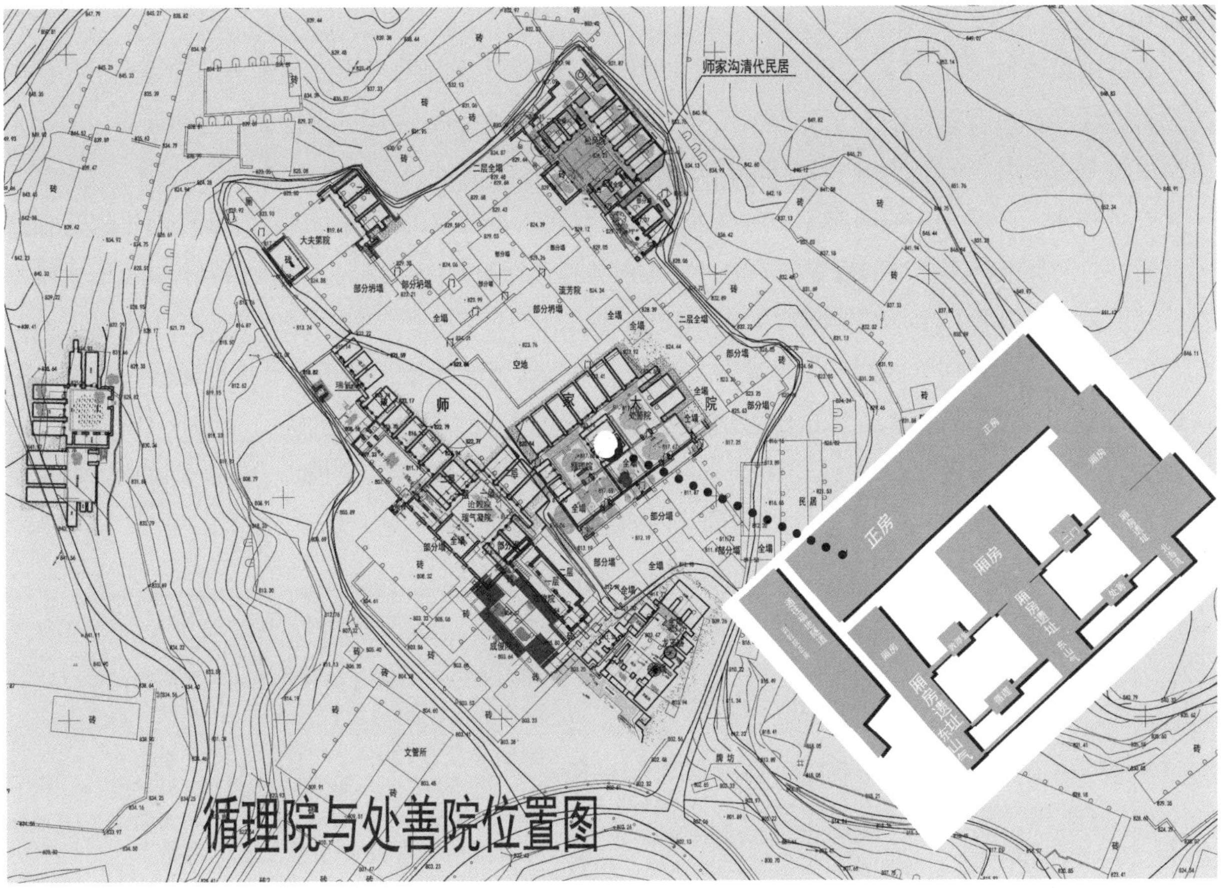

图11　循理院与处善院位置图

享一条半公共走廊，西端拱门命名为东山气，东端拱门命名为北海风，中设两坡硬山月亮门（原有匾额名称，现字迹模糊）。

循理、处善两院均为两进三合院落，格局一致，方正严谨。呈东南—西北纵轴式布置，且两轴平行。院内由垂花门分出内外两院，内院有正房、左右厢房，是主人日常生活起居的地方，外院仅左右厢房，院中还有磨盘一个，应是客房或是佣人的房间。

正房为7孔靠崖窑，循理院正房分得3孔，处善院分得4孔，其中明间窑被处善院分得，但被中间的厢房遮挡。因此，从院内视觉感官上仍各为3孔正窑。两院中间厢房为窑洞中间设隔墙，一房两户。内部空间分割，但外部空间为一个建筑。两院内部空间交流设置在中间厢房与正房之间的砖砌拱门，门上悬挂砖雕扇形匾额“春秀”二字。

院内垂花门、院门两侧围墙上均设随墙影壁。影壁是循理和处善院落应用最多的院落，每院共有影壁7个。为防止内外院落通视，保证内院的私密性，在垂花门后中轴线上设置独立影壁；为防止内外院隔墙的单调，在垂花门两侧内外设置随墙影壁；在大门两内侧围墙亦设随墙影壁。

两院建筑造型上，娴熟地运用窑洞建筑和木构双坡建筑的特点、特性，给人以不同空间视觉感受。外院两厢房均为木构坡屋顶建筑，内院正房与两厢均采用窑洞建筑。同时也反映出主人对建筑的喜欢。

外院中设甬道，为方砖45°斜铺。其余院面均为条砖顺院落轴线铺墁，平缝与厢房面阔平行。内院无甬道设置，在垂花门台明与正房台明之间采用方砖45°斜铺，形成巨大方心，与两厢房台明、正房踏道相交处采用条砖顺其相应的建筑面宽方向铺设。

院落排水 公共走廊的两端东山气与北海风的台明下是两院的总排水口。院落内的排水是根据前低后高、两侧低的实际地形设置的。内外院均向其独立厢房的南端排入，在内隔墙和围墙下设排水孔，分别排到东山气和北海风台明下的排水暗道流出。

历史沿革 循理、处善两院落本属一家，师氏第三代师法泽膝下五子分家后，循理院归五子师奋云，处善院归三子师凌云。但由于后期家道败落，逐步变卖。循理院的内院门楼上书“敦厚堂”；处善院的内院门楼题字不存。根据走访上述院落由来，循理院、处善院应稍晚于巩固大院内的树德院（建于清乾隆三十四年，1769），且与巩固院内的敦本堂属同时期的建筑作品。

建筑形制与残损现状 为研究表述方便，现列表如下：

序号	院落	建筑名称	建筑形制描述	残损现状综述	备注
1	循理院	正房	为三孔靠崖砖窑，前设插廊不存	插廊塌毁，窗棂有部分缺损，东次间门窗为人为改造	
2		内院厢房	为两孔箍窑。西厢房上部设十字镂空女儿墙，后檐与村内主路隧道相接。东厢房与处善院西厢房为一座独立箍窑，前后均设台明、压沿石，但在窑洞内设隔墙分属于两个院落	西厢房保存较好，东厢房门窗变更较大，为人为改造。西厢房拱券上有顺拱券方向裂缝，宽约10～20毫米，应为窑顶覆土排水渗漏使覆土膨胀、推挤所致。东厢房保存较好，无明显安全隐患，但人为更改了原室内布局空间，成为循理院的单独厢房	
3		敦厚堂垂花门	前檐是仿木垂花门，后檐设椽檩坡屋面硬山建筑	屋顶不存，仅剩前檐两个仿木垂莲柱和门框、敦厚堂匾额	
4		外院厢房	面阔三间、进深三椽硬山建筑	两厢房均塌毁。现仅剩台明与两山墙、后檐墙	
5		影壁	共7个。垂花门后中轴线上影壁与门宽相同，方心为180×180方砖十字对缝铺设。垂花门两侧随墙影壁下设砖雕供案图案，方心为280×280方砖45°斜铺。循理门两内侧随墙影壁方心为285×285方砖十字对缝铺设，但在每块方砖上阴刻铜钱线纹	7座影壁均保存较好。独立影壁正脊、望兽缺失。影壁墙头有局部缺失，长约1.3米，需补配墙头。勾头滴水不存	
6		循理门	为面阔一间、进深两椽悬山建筑。前檐设柱，后檐为墙体支撑檩木。门墩石、柱础石制作精良。望板采用荆藤主干（黄栌）绑扎铺设	主构件保存完整，但屋面破损严重。压沿石保存完整，但边角风化严重。门板、门闩不存	
7		院落地面与排水系统	院落向西南排水，从内围墙暗沟排到外院。内院院落中心采用45°方砖斜铺对缝，与台明相接处为条砖顺建筑面阔顺风铺设。外院中轴线上设置45°方砖斜铺对缝的甬道，两边顺厢房面阔顺缝铺设条砖	院落地面保存较好，缺损约占总面积的40%。地面有轻微变形。排水沟有堵塞现象	

8	处善院	正房	为四孔靠崖砖窑，前设插廊不存，现仅存台明、柱础石	插廊塌毁，窗棂仅存天窗棱条，门窗为人为改造	
9		内院厢房	西厢房与循理院东厢房为同一建筑。东厢房与循理院西厢房规制相同，为两孔独立箍窑	西厢房门窗位置拱洞人为砖墙封堵，门窗不存。东厢房整体结构保存较好，但南半部拱券以上砖墙向外倾斜，为上部排水堵塞、渗漏所致	
10		敦诚堂垂花门	从现存台明、门墩石与山墙判断，其建筑形式与敦厚堂门楼相同	屋面、门框、板门均不存，仅剩台明、门墩石和两山墙	
11		外院厢房	面阔三间、进深三椽硬山建筑	两厢房均塌毁。现仅剩台明与两山墙、后檐墙	
12		影壁	共7个。其布设、规制与循理院相同	仅剩处善门两侧影壁，但其西层影壁中的神龛不存。其余墙体影壁均不存。现存内隔墙为后人简易补配	
13		处善门	建筑形制与循理门一致	屋面不存。仅剩台明、柱础石、木柱、平板枋、板门、铁质铺首等	
14		院落地面与排水系统	院落地面铺设规制与循理院完全相同	保存较好，但有局部缺失，约占总量的20%	
15	公共走廊	东山气	砖砌拱门，前檐为叠涩檐，后檐为木檩、椽望，上覆瓦顶。台明下设排水暗沟。拱上设匾额，上书“东山气”。望板采用荆藤主干（黄栌）绑扎铺设	板门尚存，但变形破损严重。匾额上存10毫米裂缝延伸到檐口。其南侧山墙有10～20毫米的通长裂缝，为前后基础不同沉降所致，但趋于稳定。屋面椽望糟朽、筒板瓦缺失约30%，勾头滴水缺90%	
16		北海风	与东山气门相对，且建筑形制相同。拱上设匾额，上书“北海风”。望板采用荆藤主干（黄栌）绑扎铺设	板门不存，踏步缺失2块，从拱券向上存2道裂缝，宽约20毫米，应为砖体结构本身砌筑所致。望兽不存	
17		月亮门	位于两院中的公共走廊位置，为双坡硬山建筑，脊檩下设墙体，中开圆形门。两山前后墀头，保存较好，在其台明下西南角设上马石一块	仅剩砖砌墙体，两破屋面不存，檐檩尚存，但糟朽严重。荷叶墩保存较好	
18		地面与排水系统	在两循理与处善门外设方砖45°对缝斜铺，其余为垂直道路方向顺缝条砖铺设。排水方向由月亮门向两边东山气与北海风流出	地面铺砖保存较好。有部分缺损，约占总量的30%。地面均不变形，影响排水。排水暗沟堵塞	

5. 务本院与理达院建筑历史沿革与建筑现状

务本与理达院（见图12）位于循理与处善院落的正下方，均为一进四合院落。与循理与处善院落相似，正房亦为一座建筑。院落轴线与上层院落一致，即斜向东南，后有靠山，前无遮挡。

空间布局　理达院分为主院与跨院，主院为四合院落，有正房4孔砖窑，前檐带木构插廊，两侧设厢房，均为2孔箍窑，倒座为木构面阔三间，进深四椽的硬山建筑；其南侧有一三角形院落，用做工院。工院由大门——理达门楼而入，在其右侧与倒座山墙形成窄巷，进入工院。工院依地形，东侧筑1孔大靠崖窑和1孔小靠崖窑，南侧依围墙建造单坡木棚。工院与主院虽共用同一大门，但主人与雇工进出院内互不影响，有效隔离了公共空间和私密空间。

主院内部空间局促，四面合围，院落进深较小，加之倒座屋檐遮挡，院落日照情况较差。冬季稍显阴冷，夏季院内气温凉爽宜人。正房台明高达0.6米，正中及两厢设踏道，插廊面阔与正窑面阔相

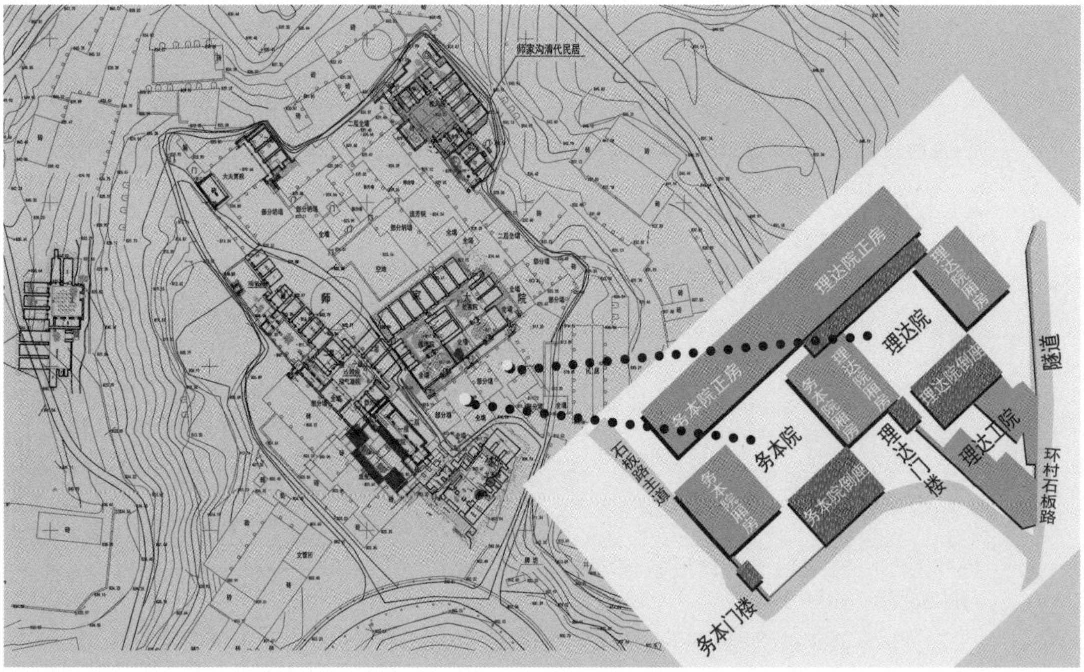

图12　务本与理达院位置图

同，屋面正脊为灰陶脊饰，图案为铜钱与牡丹，象征富贵。檐下七朵斗栱，均为民间常见的坐斗出耍头式梁头，两翼设卷草或云纹异形栱。

务本院位于理达院西侧，为一四合院落。由3孔靠崖窑正房、两侧2孔箍窑和木构建筑建筑形式的倒座组成。

大门——务本门楼位于院落的西南角，为砖券仿木拱门。拱券上做砖雕斗栱两朵，中设砖雕匾额，上书“务本”二字。斗栱规制较高，为五踩计心造，雕刻工艺精湛。下设砖雕平板枋与垂莲柱，两柱之间设雕饰华丽的通间雀替，四只蝙蝠飞于梅花如意之间，中间砖雕篆体“寿”，与民间五福捧寿寓意相吻合。

正房为4孔靠崖窑，前檐插廊现已不存，但保留方形石柱两根，应为插廊檐柱。明间板门上设匾额，上书“长春”二字，体现主人的追求与情怀。由大门而入，其左侧为面阔三间、进深两椽的单坡硬山工房，现已塌毁。

倒座为面阔三间、进深四椽的硬山建筑，其建筑形式与理达院倒座一致，但不知何因、何时塌毁。

务本院落长宽比接近1∶1，由狭窄巷道进入后，更加凸显院落的宽敞明亮。作为院落序列中心，四面围合的院落是主人生活起居、会客、做活及交流的场所。

从建筑布局与规模上看，该院落主人应是自给自足的富裕农家，其工房应是储藏农具、杂物的地方，而非雇工居住场所。

两院落地面铺设不同，但与其他院落相比十分简洁。务本院落仅为条砖铺设，中间无任何装饰图案。理达院落在正房与倒座之间设由45°方砖对缝铺设的甬道，两侧一条砖路牙。其余地面为方砖错缝铺设，平缝与正房面宽一致。

历史沿革　务本与理达院建造年代不详，但从建筑位置分析应略早于其上院即循理、处善院的建造年代，均为清中后期。

建筑形制与残损现状　为研究表述方便，现列表如下：

序号	院落	建筑名称	建筑形制描述	残损现状综述	备注
1	理达院	主院正房	为四孔靠崖砖窑，前设插廊。望板采用荆藤主干（黄栌）绑扎铺设	插廊屋面破损严重，东次间窗不存，仅剩板门	
2		主院厢房	为两孔箍窑。西厢房上部设双层十字镂空女儿墙，与正房相接侧面设砖梯通往屋顶。两孔窑洞门窗样式不同，从其槛墙设置位置判断北窑门窗应为后人更改。南窑门窗应为原构。东厢房仅窗框为原构，其窗棂样式应为后人补配	厢房主体结构保存较好，东厢房门窗变更较大，为人为改造。西厢房北窑门窗及其槛墙均为后人改建。两厢女儿墙损坏严重，缺失约40%。西厢房南侧山墙有2到4条裂缝，宽在20毫米左右。应由窑顶排水不畅所致。两窑顶均存在排水不畅，杂草丛生等病害	
3		主院倒座	位于中轴线偏东，面阔三间、进深四椽硬山建筑。明次间均设隔扇门	屋顶坍塌40%，主体梁架保存尚好。东次间缺中间两扇隔扇门，西次间缺一扇隔扇门。明间匾额题字板虽散落，但保存较全	
4		跨院厢房	为单孔窑与两个附窑	主体结构保存较好。门窗破损严重，但格式尚存	
5		影壁	共2个。分别位于理达门内外。倒座与大门相对山墙中设影壁，下为砖雕供案图案，方心为280×280方砖45°斜铺。理达门外，务本院倒座山墙外位置设独立影壁，现仅剩下半部，从残剩部分看出，其方心为条砖顺缝铺设。底座为须弥座式	倒座山墙影壁保存较好。门外影壁仅存约30%	
6		理达门	为面阔一间，进深两椽悬山建筑。前檐设柱，后檐为墙体支撑檩木。门墩石、柱础石制作精良	主构件保存完整，但屋面破损严重。压沿石保存完整，但边角风化严重	
7		院落地面与排水系统	院落由北向南排水，从台明暗沟，通过大门排到外院。院落中心采用45°方砖斜铺对缝为甬道，两侧设一条砖镶边。两侧为方砖错缝顺正房面阔铺设	院落地面保存较好，缺损约占总面积的40%。地面有轻微变形。排水沟有堵塞现象	
8	务本院	正房	为三孔靠崖砖窑，前设插廊不存。现仅存台明、柱础石、石质廊柱	插廊塌毁。西次间天窗及门上走马板不存	
9		厢房	东厢房与理达院西厢房为同一建筑。两厢房规制相同，为两孔独立箍窑。东厢房两孔窑之间设神龛。窗为8×8方格窗棂	西厢房南窑窗棂后人补配，北窑走马板不存。窑体中部有裂缝两道，为上部排水堵塞、渗漏所致，女儿墙缺20%。东厢房主体结构保存较好，无裂缝等病害，仅个别砖体有酥碱现象，两窑之间神龛仅存洞龛，仿木屋檐及底座不存；仅板门、天窗尚存，其余窗等木装修均不存或后人添配	
10		务本垂花门	前檐仿木垂花门，后檐设檩木椽望单坡硬山	屋面破损严重，勾头滴水不存	
11		工房	面阔三间，进深三椽硬山建筑	现仅剩台明与两山墙、后檐墙。山墙与后檐墙均为院落围墙，墙体缺损严重	
12		影壁	共1个。位于通往院落的通道口处，与倒座面阔一致。为独立影壁，下设叠涩式简易须弥座，方心为6×6方砖十字对缝铺设，阴刻铜钱方孔	保存较好。正脊望兽不存	
13		倒座	位于中轴线偏东，面阔三间，进深四椽，双坡硬山建筑	屋面不存。仅剩台明、柱础石。两山墙山际部分不存，前后檐墀头保存完整	
14		院落地面与排水系统	院落地面为条砖顺正房面阔铺设，无甬道设置。排水由前向倒座右侧角，即东南排入，暗沟由院落东南角院排向环村石板路上	保存较好，但有局部缺失，约占总量的60%。院落泛水较小，故排水不畅，通往院外排水暗沟堵塞	

6. 流芳院建筑历史沿革与建筑现状

流芳院位于树德院的南侧，其轴线与树德院轴线相垂直。其大门正对师家沟村福地，与树德院、敦本堂、竹苞院标高一致，属于同一台地。

平面布局 流芳院为一进四合院与南跨院组成。流芳院坐东面西，大门设置在主房前右方向的西北角，通过由倒座和树德院倒座后檐组成的巷道，进入院内。正房为两层，一层为3孔靠崖窑，前檐设插廊；二层为单坡面阔五间硬山木构建筑的书楼，现已烧毁。书楼两山墙墀头保留完整，墀头为砖雕圆形铜钱。直观反映了我国传统的读书思想——“学而优则士”。

两厢房均为面阔三间、进深四椽的双坡硬山建筑，现仅剩台明与山墙。

主院倒座仅剩台明遗迹，其建筑形式无从查考。

流芳院两院之间交通以暗道、暗门为主。联系较为隐蔽，各院对外均有出入口。主院正房北侧廊下设“松风”拱门，通往主房二层，正房南侧廊下设“水秀”拱门通往跨院。

跨院由3孔正窑和面阔三间的硬山倒座组成。正窑为靠崖窑，南端设拱门砖梯，通往房顶。倒座仅剩四面墙体，前檐门窗框尚存，从两山墙的现存形式上判断，应为进深两椽的单坡建筑。

流芳院门楼为前檐设两木柱，中设砖砌拱门的悬山建筑，后檐仅设檩椽两椽设山墙的硬山建筑，是师家沟民居中典型、规制最高的门楼，如瑞气凝院内的诒穀处门楼。跨院南端出口设简易随墙月亮门，无屋面设置。

历史沿革 流芳院为第四门师奋云后代师五常所住。传说师五常的长子师彦成少有才学，才华出众，官至六品顶戴。在乡拔贡后入京候考时被王爷暗杀，师五常一怒火烧流芳院正房二层书房，扬言师家四门之后再不读书。现今流芳院正房二层仍有烧毁的痕迹。因此，其建筑年代应比树德院、竹苞院稍晚，即清中晚期作品。

建筑形制与残损现状 为研究表述方便，现列表如下：

序号	院落	建筑名称	建筑形制描述	残损现状综述	备注
1	主院	主院正房	为二层建筑。一层为三孔靠崖砖窑，前设插廊。望板采用荆藤主干（黄栌）绑扎铺设。二层为面阔五间单坡硬山建筑。台明前设五步踏道	插廊屋面破损严重，北次间窗不存，仅剩板门。二层仅剩台明和墙体	
2		主院厢房	两厢房均为面阔三间、进深四椽的双坡硬山建筑。南厢房两次间后墙设拱门，通往跨院	两厢房均已塌毁。仅存台明和墙体	
3		主院倒座	仅存遗迹，建筑形式无从查考	杂物、杂土堆积如山，遗迹掩盖殆尽	
4		流芳大门	为前檐设两木柱，中设砖砌拱门的悬山建筑，后檐两椁木直接搭设在两侧山墙上，形成硬山式建筑。台明地面顺面宽条砖铺设。台明前设礓蹉踏道，两侧设垂带	前檐木柱不存，仅剩一个柱础石，后檐屋面不存，仅剩檐口跳梁卯口。板门严重变形	
5		院落地面与排水系统	院落由东向西排水，从大门台明下暗沟，通过大门排到外院。院落中心采用45° 方砖斜铺对缝为甬道，两侧设一条砖镶边。两侧为方砖错缝顺正房面阔铺设	院落地面铺设规制保存较好，缺损约占总面积的40%。地面存在变形，有排水不畅现象。排水沟有堵塞现象	

6	跨院	正房	为三孔靠崖砖窑。明次间窗棂样式分为三种，仅南次间为原构。明间天窗亦为原构。室内条砖顺面宽铺设。其左侧设拱门砖梯，通往房顶	北次间门窗及封堵墙体均为后人砌筑。明间窗为后加。台明压沿石缺失40%。室内地面破损60%	
7		倒座	为面阔五间，进深两椽单坡硬山建筑。明间、梢间设门，两次间设方窗。外侧山墙开拱门，通往院外	仅剩四面墙体、台明、门框、窗框。压沿石缺失50%	
8		月亮门及“福”字影壁	位于正房和倒座山墙之间。砖砌圆形随墙门。圆形福字影壁位于月亮门对门，与主院、跨院之间入口	墙头缺失30%，圆形门券砖仅剩下部，匾额不存。券砖缺80%	
9		院落地面与排水系统	院落地面为条砖平缝垂直正房面阔铺设，无甬道设置。排水由北向南排到月亮门墙角，由暗沟排到环村石板路上。院落下部由2孔衬窑撑起	铺设规制保存较好，但缺失严重，约占总量的70%。院落杂土堆积，故排水不畅，通往院外排水暗沟堵塞。衬窑坍塌	

7. 成均伟望院落建筑历史及现状

成均伟望院位于村落的南侧，诸神庙的西南侧，为三层三进院落，是师家沟民居中规模最大、保存最完整的院落。院落名称的来自于其一进西南门楼匾额题字“成均伟望”四字。

历史沿革　建造年代不详，经查阅《师氏家谱》与相邻院落关系等旁证推断，其建造应为清末咸丰七年（1857）左右，为师家第六代传入师克昌所建。

平面布局与空间分析　成均伟望院为三进四合院与西跨院组成，坐北面南，中轴线布局，三层院落依据自然地形，逐渐抬高，每层升高仅一座建筑高度，一进院落面积最大，第二、三层院落由于受地形限制逐渐变小。大门设置中轴线最南端，但后人将原硬山大门改为窑洞式倒座。现前檐墙外仍保留有两根石雕拴马桩、后檐墙明间拱券门痕迹、两山出挑的墀头就是硬山大门的最好例证。西侧设砖砌拱券门进入西侧跨院。

每进院落均配置窑洞式或木构硬山式厢房，形成完整的四合院落布局。在道路布局上，二、三进院落由一进院落的西南门楼而出，顺一进西厢房后檐墙外，向北逐层登高进入二进与三进院落。

在空间造型上，当地匠师充分利用窑洞平顶的特性，将每进院落的正房构筑为窑洞建筑，为丰富立面，正房窑洞前均设木构插廊，形成了丰富的立面造型。三进院落完全建筑在二进正房的窑顶之上，为形成封闭空间，将三进正房建筑为平面“凹”字形，与外界完全独立。为生活方便，在东侧设小拱券门“瑞云”，直达村内南北石板主路。

建筑形制与残损现状　为研究表述方便，现列表如下：

序号	院落	建筑名称	建筑形制描述	残损现状综述	备注
1	一进院落	正房	为五孔靠崖砖窑，前设插廊三间悬山式。望板采用木板铺设。台明前设五步踏道。明次间板门位置均设在正房左侧，窗棂图案为明间、两次间、两梢间三种。檐下设通间木雕雀替	2006年进行了修缮，保持至今。插廊屋面局部破损，门窗保存完好	
2		东西厢房	两厢房均为三孔独立砖窑。两厢房窗棂图案一致，每间开门位置均设在南侧，形成门户对应	保存较好，仅女儿墙局部破损，破损长度约25.6米	
3		大门	现为木构平屋顶的倒座建筑。原为面宽三间硬山建筑，现仍保留两山墙的四个墀头、前檐墙外的石雕拴马桩一对、前檐墙明间开门痕迹	台明平面及两山墙为原构	
4		成均伟望门楼	为面宽一间，进深两椽的悬山门楼，门楼檐柱上设三踩斗栱，平身科出45°华栱，平板枋外侧通长刻制木雕装饰，阑额下设通间木雕雀替，极为华丽。门额设“成均伟望”匾额，门墩石采用抱鼓石形式，台明前设礓蹉踏道，两侧设垂带	2006年修缮	

5	二进院落	正房	为五孔靠崖砖窑，前檐设面宽三间的木构悬山插廊，檐下设通间木雕雀替。为减小明、次间跨度，在明间设设双柱。明次间窗棂样式为一种。室内条砖顺面宽铺设。其左侧设拱门砖梯，通往三进院	2006年修缮	
6		东西厢房	为面阔三间，进深三椽单坡硬山建筑。明间设四扇隔扇门、次间设四扇隔扇窗。无垂脊设置	2006年修缮	
7		二进院落西南大门	砖砌随墙拱门	2006年修缮	
8	三进院落	三进正房	平面呈“凹”字形，正房面阔五间，两侧厢房面阔一间、进深三椽硬山建筑。明间设板门，其余均设方形棂窗	2006年修缮	
9		院落地面与排水系统	院落地面为方砖错缝铺墁，平缝与中轴线垂直；中轴线上设甬道，为方砖45°错缝斜铺。排水由北向南、由高到低，排到院落西侧，排到环村石板路上	铺设规制保存较好，2006年修缮	

8. 大夫第院落各建筑历史及现状

大夫第院落得名于清光绪二年至六年（1876～1880）山西巡抚曾国荃为其所题匾额“大夫第”，“文革”期间被毁，现已不存。大夫第坐落于师家沟中北部，依山势坐东面西，紧靠巩固院的敦本堂正房，且低于敦本堂一个台地。

大夫第的东、北、南三侧均高出西侧地面约4米，故其利用这一地形，采用西北常见的地窨式窑洞法，将东、北、南采用箍窑建筑将其三面修整、砌筑，屋顶与相应地面相平，与地形完美结合；西侧、西北角则采用传统的木构建筑，构筑硬山倒座和悬山门楼。为增加使用空间和建筑美观，在正房上部构筑与“成均伟望”三进院正房相同的“凹”平面单坡硬山建筑，极大丰富了画面感。

为保证倒座房屋的基础坚固，在其外下侧，又砌筑了师家沟民居常用的衬窑。大夫第西侧衬窑院位于大夫第与瑞气凝院落之间的坡地，是构成由大夫第院落通往村中福地的必经之路，同时也是稳定、建成大夫第院落的重要基石。院前为村中环形石板路。

历史沿革 大夫第为师家长子师登云一门居住。据家谱及村人调查，该院落始建于清嘉庆八年（1803）。

建筑形制与残损现状 为研究表述方便，现列表如下：

序号	建筑名称	建筑形制描述	残损现状综述	备注
1	正房	为5孔靠崖砖窑，前设插廊。望板采用荆藤主干（黄栌）绑扎铺设	插廊屋面檐口局部破损，雀替、门窗较好。无较大病害	2006年修缮
2	厢房	为三孔靠崖窑。上部设双层十字镂空女儿墙，与正房相接，侧面设砖梯通往屋顶。三孔窑洞门窗样式相同，仅南厢房西次间门窗上天窗原窗棂不存	北厢房保存较好，无明显病害。南厢房由于其西侧土质的流失，致使西山墙外倾，西次间拱券变形，有坍塌危险	
3	倒座	位于中轴线西端，面阔三间、进深四椽硬山建筑。明次间均设隔扇门	保存较好，无明显病害	
4	倒座下衬窑	为五孔靠崖窑与一个附窑	主体结构保存较好。明间与两次间裱砖风化较为严重，面积约4平方米。门窗仅存较为完整，但门板缺失不存，窗棂仅局部缺失。窑顶女儿墙残缺较多，仅剩部分残迹。院落杂土堆积，荒草遍地，特别是院落与环形石板路之间的护坡变形、缺损严重。其次南侧与瑞气凝院落相接处的院落土方不存，造成该院落残缺不全，并造成该建筑不稳定的安全隐患	

5	影壁	位于倒座北山墙，与大门相对。下为砖雕供案图案，方心为280×280方砖45°斜铺	保存较好	
6	院落地面与排水系统	院落地面为方砖斜铺，无甬道设置。排水由前向倒座左侧角，即西北排入，暗沟由西北南角向院外排到环村石板路上	保存较好，但有局部缺失，约占总量的10%。院落泛水较小	

9. 涵辉院及南侧院院落建筑历史及现状

涵辉院位于环村石板路外侧，村西端（图13），与大夫第院落二层属同一台地上且隔沟相望。为两组并列一进三合院落。

历史沿革　未发现任何题记和记载。但从村人的口耳相传中得知，该院落主人非师姓人家。从建筑等级与规模上看，虽不能与石板路内院落相比，但该院主人生活也应较为殷实。根据师家沟村发展历史，其环村石板路外建筑一般晚于村内建筑的规律，故涵辉院及西侧院应为清晚期作品。

建筑布局与空间分析　涵辉院落由于正房为3孔靠崖窑，且地形为南北宽、东西窄，故其院门设在与正房相对的东北角；南北两侧布置厢房，厢房建筑形式却不对称，这是师家沟民居中唯一孤例。南厢房为面阔三间、进深三椽的双坡硬山建筑，北厢房为2孔靠崖窑。院内厕所设在东南角，也是院落主房的右下角。其厕所布局与其他传统院落相同。

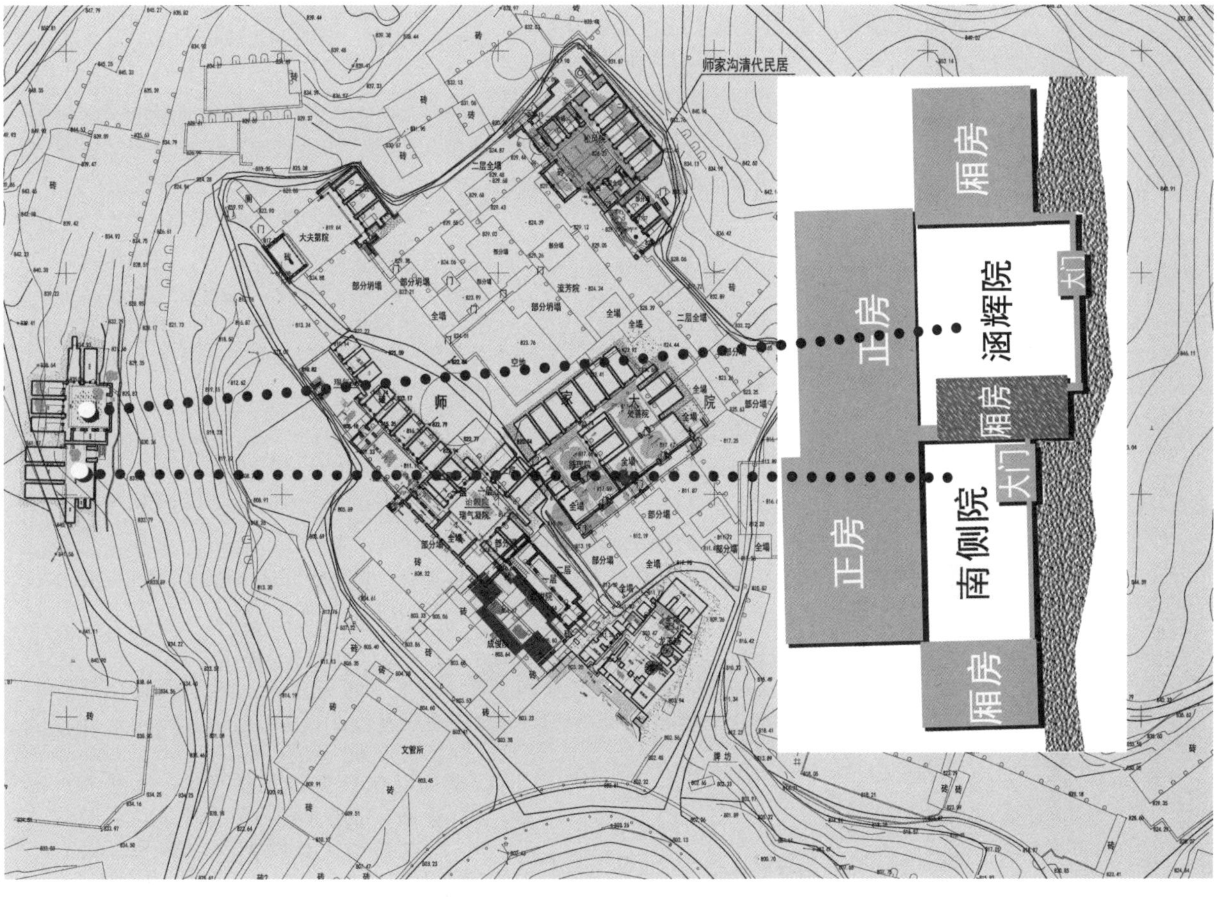

图13　涵辉院及南侧院位置图

西侧院落与涵辉院相邻，地形相同，因此格局相似。正房为3孔靠崖窑，西厢房亦为3孔靠崖窑，但由北向南窑洞跨度依次变小，最南端为厕所。院落门楼亦设置在东北角。

两院空间入口均为一处，院落宽大于院落深。由于院落坐西面东，且西部仅靠山体，故阳光照射仅为其他院落的一半。两院正房为一座建筑，是同时建造的，但两院无内门相通。

建筑形制与残损现状　为研究表述方便，现列表如下：

序号	院落	建筑名称	建筑形制描述	残损现状综述	备注
1	涵辉院	正房	为一层三孔靠崖砖窑。檐部设置简易仿木构屋檐，拱上分别设置小短柱，分别位于拱顶中和两拱中间，共形成七间，柱上设一层砖形成的平板枋，再上为两层砖形成檐檩，紧接为仿木砖飞。飞子由条砖雕刻。明间窗为8×8方格，中间设梅花形方心。左右两次间为8×8方格。明次间窗棂样式分为三种，仅南次间为原构。明间天窗亦为原构	整体结构保存较好。局部构件缺损，如：砖飞缺12块，仿木短柱缺3个。西次间窗心屉缺失。局部砖缺损严重约30块。局部缺损窗棂。压沿石变形、移位或缺失，缺失约3.2米。地面砖缺约30%	
2	涵辉院	南厢房	均为面阔三间、进深两椽的单坡硬山建筑。梁架结构三架无廊式。为明间开门，两次间设窗。屋面为两端各设三垄筒瓦，其余中设干槎瓦。无垂脊设置，望板由荆藤主干（黄栌）绑扎铺设	板门、西次间窗心屉不存。望兽缺一个半，正脊完整。檐口残损严重，连檐瓦口破损严重。内墙皮脱落严重，砖砌炉台破损	
3	涵辉院	北厢房	现存为2孔靠崖窑，外侧一孔窑已坍塌，仅剩窑址，台明略低于正房台明，北窑在其尽头又掏小窑，应为储藏室。两窑洞内无通道。窗为8×8方格。女儿墙上端铺设压沿石	南窑严重变形，濒临倒塌，为南侧水土流失，致使南侧水平推力丧失。压沿石缺失约2.8米	
4	涵辉院	涵辉大门	为砖砌拱门的悬山建筑，后檐仅设檩椽单椽、设山墙的硬山建筑。台明地面顺面宽条砖铺设。台明高出院外地面一步。后檐屋面瓦件铺设同西厢房屋面	前檐由于拱券右腿坍塌，致使拱顶、匾额向下位移，产生裂缝，严重变形。板门不存，屋面破损严重。望兽缺一个半。勾头缺12个，滴水缺28个	
5	涵辉院	院落地面与排水系统、围墙	院落由西向东排水，从大门南侧围墙下暗沟排除。院落采用条砖顺正房面阔铺设。院落右下侧设置简易砖垒厕所。围墙为砖砌，无装饰，墙头为压沿石铺设	院落地面铺设规制保存较好，缺损约占总面积的70%。地面存在变形，杂草丛生、垃圾遍地，无法排水。排水沟有堵塞现象。墙头压沿石缺失8.5米，墙体缺损2立方米	
6	西侧院	正房	为三孔靠崖砖窑。窗棂均为8×8方格，无明次间之分。檐部为两层叠涩砖檐。室内条砖顺面宽铺设	明间、北次间板门不存。明间拱券破损严重。台明压沿石缺失30%。室内地面破损70%。女儿墙基本不存，仅剩残段烟筒	
7	西侧院	厢房	为三孔靠崖砖窑，但由北向南，其跨度依次变小，最南一孔为厕所。其余明间可能为储藏室，有门框，无门板、窗户；北次间有门窗，似为居住	门板缺失，门框上的封堵砖不存。压沿石缺失约3米。地面铺砖不存	
8	西侧院	大门	位于院落东北角，为砖砌拱形门。前檐拱券较小，后檐拱券较大	拱顶塌落，板门不存。台明设礓蹉踏道。垂带不存	
9	西侧院	院落地面与排水系统	院落由西向东排水，从大门南侧围墙下暗沟排除。院落采用条砖顺正房面阔铺设。院落右下侧设置简易砖垒厕所。围墙下为毛石垒砌，中部为立条砖铺设四层，上部两层十字花墙后铺平砖	院落地面铺设规制保存不全，几乎不存。地面存在变形，杂草丛生、垃圾遍地，无法排水。排水沟有堵塞现象。墙体缺损约3立方米	

10. 祠堂院建筑历史及现状

祠堂位于师家沟环村石板路东侧山上，整体院落坐东面西，为小两进院落、是其村落的最高位置。从地形上判断，与村内诸神庙的建筑形式相同，均为地窨式窑洞。

历史沿革　据收藏于祠堂内的清同治二年（1863）《敦诚堂序》碑中记载："闻之礼曰，君子将营宫室、宗庙为先……咸丰乙卯岁（1855），□祠构材□用，将以有为也。……择日卜吉为堂，于室之东上建台，阁下列廊房经营造作，而后祖宗之神灵有所依附，而昭穆之位置得其序，子孙之供奉作得其宜。……敦诚堂费钱三百吊，敦厚堂费钱四百吊。师五常、师赞成立。"

由此可知，师氏祠堂应建于1855至1863年间。师五常为流芳院落主人，师赞成与师五常的儿子师彦成为同一代人，应是敦厚堂的后人。

从"阁下列廊房□营造□"一句可知，阁应为楼阁，为二层以上建筑，但从现存遗迹上看，未发现祭堂屋顶有任何建筑遗迹。故此处"阁"之意应为是村落中最高处。廊房应为现一进院两侧后人砌筑的简易双坡房屋位置。

建筑布局与建筑空间　祠堂为两进院落，为地窨窑即下沉式地坑窑洞建筑。中轴线由东向西，最东段也是院落最高处为祭堂，为3孔靠崖窑；两侧各为3孔靠崖窑，但屋面低于祭堂屋面。一进两侧现为双坡砖房，应为20世纪70年代作品。大门亦为近年建筑。大门台明尚存，前檐遗留两柱础石，后檐为砖砌山墙、单坡硬山屋面，与瑞气凝院内的诒穀处门楼建筑形式相同。

祠堂是祭祀祖先的场所，因此，其空间营造庄重、规整肃穆，是其营造的主要气氛。入口仅为大门一处，与村内民居的其他院落有着明显区别，进出有序。一进、二进院落由中间的砖砌影壁一分为二，形成两个空间，给人一个调整、整理衣帽的空间。一进院落宽小于二进院落宽，说明由于祭堂为窑洞建筑，活动空间狭小，除重要族人进入祭堂内，其余族人应在二进院中祭祀、膜拜。

现祠堂已经改为村人居住场所。

建筑形制与残损现状　为研究表述方便，现列表如下：

序号	院落	建筑名称	建筑形制描述	残损现状综述	备注
1	一进院	厢房	现为双坡硬山屋面，应为20世纪70年代建筑	非原建筑，为后人改建。根据碑文记载，原为廊房	
2		大门	前檐为面阔一间、进深两椽的单坡悬山建筑。后檐为两侧砌筑山墙的硬山建筑，中设拱形门洞	仅剩柱础石，原构不存	
3		院落地面与排水系统、围墙	院落由东向西排水，从大门南侧围墙下暗沟排除。院落采用条砖顺正房面阔铺设	院落地面铺设规制保存较好，缺损约占总面积的20%。地面存在变形，杂草丛生、垃圾遍地，无法排水。排水沟有堵塞现象	
4	二进院	祭堂	为三孔靠崖砖窑。窗棂均为8×8方格，无明次间之分。檐部为两层叠涩砖檐。室内条砖顺面宽铺设	保存较好，无结构性病害。窗棂更改为玻璃窗	
5		厢房	为三孔靠崖砖窑	保存较好。窗棂下半部改为玻璃窗	
6		影壁	位于院落中，无方心	方心不存，缺正脊、望兽。为后人居住时增设	

11. 诸神庙建筑历史及现状

诸神庙位于村落的最南端，也是进入村落的入口必经之处。诸神庙坐东北面向西南，为一进地坑式院落。充分利用三侧高、南侧低的地形，采用地窨式构筑方法与环境融为一体。

历史沿革 据庙内正殿西侧的清光绪二年（1876）《重修诸神庙》碑碣中记载："自来神道设教，建立庙宇，此诚乡曲之盛举也。我村有龙王、马王、牛王诸神行宫，创自先辈，迁于中叶，迄今百有余年。山颓木坏，不堪触目。今岁春，村人聚议整理。有曰改作之，有曰张大之，余曰否。当此时势艰难，阊里空虚，不如因其旧基，工费省轻则可矣。于是择日鸠工，坠者起之，缺者补之。后增财神、盛王二尊，保聚完固无事壮观，集众腋而为裘，策群力而成功。兹将好善者之乐施，与夫首事者之辛勤，均足被金石而远耀，流管弦而常新。

贡生：师五常撰文。

童生：师恒德书丹。旹光绪二年岁次丙子春三月重修碑序"

由此可知：

（1）据师家第四门之子师五常[1]的记述，诸神庙"创自先辈"，故最迟是祖父辈师法泽时期，也就是清中叶的乾隆年间就存在。从民俗、民风习惯上分析，传统道教庙宇是与村落紧紧相依的关系。目前最早记载师家沟村名的史书为明崇祯七年（1634）《汾西县志》中的方舆志，当时村名为"僧念里二甲"，因此，此庙创建最迟应在明代。

（2）庙内原先供奉龙王、马王、牛王三神，到清光绪二年（1876）修缮后，又添加了财神、盛王二神。

清光绪二年（1876）的修缮基本保持了原创建时期的规模，没有"改作之"或"张大之"，而是采用了"缺者补之"的方法，与我们现在的修缮原则不谋而合。

建筑布局与建筑空间分析 诸神庙为地窨式院落，与传统庙宇布局相同，由大殿、戏台、厢房围合而成。所不同的是除戏台为木构与窑洞组合建筑外，其余均为窑洞建筑。

大殿采用该村落建筑中的最高等级建筑，即前檐作木构插廊，后檐为窑洞建筑。此处窑洞为供奉神灵和膜拜的地方，因此，采用了又一窑洞建筑形式——枕头窑，只不过加大了两窑腿的厚度。由此产生三个效果：一个是光线的昏暗，只有靠过去使用的蜡烛采光；另一个是增大进入殿堂的过程；再其次是增加了膜拜的空间。加大前檐三孔窑洞的进深，给人心灵上的压抑，达到神秘、遥远效果，感觉无法主宰自己的命运。

两厢配殿虽然仍采用与大殿相同的靠崖窑建筑形式，但其建筑与村内其他窑洞建筑类似，采用传统的单孔窑洞，生活气息浓厚。窑洞上部女儿墙仍然采用十字花墙，上部采用压沿石封口。

东西配房分别位于戏台两侧。东配房仅能从戏台入内，因此应为演员化妆、生活的地方；西配房为两孔靠崖窑，与山门紧紧相接，也应是庙宇管理人员或剧团演员生活的地方。

---

[1] 流芳院落主人。

在西配房与西配殿相接处又砌筑一无门窗窑洞，即保护扩大了上层地面的空间，又使两窑洞的结构更加稳定。

戏台位于中轴线的最南端，与大殿相对。戏台分为前台与后台，前台为面阔三间、进深三椽的硬山建筑，后台为前檐开两个门的枕头窑。与传统窑洞不同的是后檐开两方窗，应是方便演员化妆时的采光。

建筑形制与残损现状　为研究表述方便，现列表如下：

序号	院落	建筑名称	建筑形制描述	残损现状综述	备注
1	诸神庙	大殿	为面阔三孔的靠崖枕头窑，前檐设三间木构插廊。台明前设五步踏步，砂石质。明间廊下放置砂石醮盆。殿内神像及神龛不存	整体结构保存较好。前檐廊不存，仅剩柱础石。前檐裱砖坍塌约80%，砖券拱顶坍塌约1～2米。窑洞内有后人砌筑砖砌一道。枕头窑西北角坍塌。窑洞排水不畅，有杂土堆积。殿内地面铺砖缺损约60%	
2		东西配殿	均为2孔靠崖窑。两厢房均在中设板门，门上设窗，而无侧窗。窑跨较小，为2.6米多。均在窑洞靠近大殿位置的上部镶嵌石碣，分别为清光绪二年（1876）《重修诸神庙》和布施碣	破损严重。两厢房均为南侧窑坍塌前半部，已经威胁到整体窑洞安全。板门不存，仅剩门框2个。上部女儿墙仅剩40%，室内地面缺失约60%	
3		东西配房	西配房为为2孔靠崖窑，且内设拱门相同。右侧设板门，左侧设直棂窗，中上设方形直棂窗。 东配房为单孔靠崖窑，由东配殿进入，无对外门，与戏台相接处设拱形门。在其拱洞的南端设呈“品”字形的三个方窗。拱洞方向与东配殿垂直	西配房保存较好，但南窑门窗、封堵面砖不存。女儿墙缺失约2米。 东配殿破损严重，濒临倒塌。与东配殿相交处坍塌约4米，地面保存尚好，仅缺损2～3平方米。两配房屋面保存较差，杂草、杂土堆积，致使排水堵塞，影响窑体安全。女儿墙全部缺失。压沿石缺失6米	
4		戏台	戏台分为前后台，前台为面阔三间，进深三椽或四椽的硬山建筑，后台为前开三个拱门的枕头窑，窑洞建筑结构为箍窑。戏台台明高710毫米。枕头窑后檐开两个拱形窗，用于改善采光	前台木构建筑不存，门窗仅剩木框。后檐裱砖坍塌约70%，覆土裸露。前台台口上建筑垃圾堆积，杂草丛生。前台东侧山墙坍塌约3米	
5		山门	位于庙宇的西南角。前檐设两方形抹角的砂石柱，上置木枋、檩、椽的悬山单坡屋面，后随院墙设拱形门洞。台明高出院外地面三个踏步500毫米	悬山门楼坍塌，仅剩两砂石柱，其中一根断裂成两段；门板不存，仅剩上部伏兔。台明压沿石不存	
6	诸神庙上院	衬窑	位于庙宇上部的西侧，为南北两组三孔窑洞组成。北侧三孔为明间设板门，两侧设窗，明间与北次间相通，南次间与南侧组窑洞相通。南侧窑外均不设门窗，应为储藏或临时备用窑洞，其主要功能应为支撑上部路面	整体结构保存较好，仅局部存在砖体酥碱或缺失现象，共约6平方米。北侧组窑门窗仅剩木框，板门、窗心不存。上部女儿墙局部缺失约5米	
7		院落地面与排水系统	院落由北向南排水，从大门台明、围墙下暗沟排除。院落采用方砖顺大殿面阔铺设，未发现甬道设置。院落顶部地面铺砖不存，但从其建筑形制上分析，应有砖面铺设，保证排水通畅	院落地面杂土堆积，暗沟堵塞，排水不畅。地面铺砖仅剩约5平方米。上层院落铺砖、踏步均不存。现为杂土、杂草覆盖	

12. “天章光被”石牌坊

“天章光被”石牌坊位于师家沟村口，坐西面东，是表彰师自省的妻子赵氏、师五音的妻子张氏的贞洁牌坊。师自省39岁时，染病身亡，其妻赵氏30岁；师五音也是英年早逝，其妻刘氏26岁，二人均终生未改嫁他人，伺奉公婆，抚养儿女直至终老。师五音的儿子师炳成做官时，将此情呈报皇上后，清咸丰七年钦赐建造这座贞洁坊。明楼上刻上联为“圣德醍醐天宠渥”，下联“王言纶綍国思多”，横批“天章光被”，次楼上刻上联为“袍笏报名荣梓里”，下联“簪缨品望耀金涯”。

历史沿革 据牌坊所刻题记所知，建于清咸丰七年（1857）。

建筑形制 为四柱三楼歇山顶式石牌坊。明间两柱分别设置石狮式样的夹杆石，两次楼石柱设抱鼓石式样夹杆石。两次楼设置台明，明间为过道。总高6.3米。檐下设石斗栱，为一斗三升状。屋檐脊部举折近九举，檐部举折近四举，举折变化幅度较大，非常规之屋面。

残损现状 该牌坊为当地砂石材质，质地松软，风化严重。明楼屋脊缺半个鸱吻，北次楼鸱吻上部缺损。中间屋顶、斗栱、柱、枋等保存较好，但已经有最少5毫米深度，由于较高，无人触及，故保存较好。

损坏严重区域是夹杆石以下部分，由于游人极易触碰，酥碱、风化部位极易脱落，且下部风化深度有30～50毫米的深度。

13. 打麦场

打麦场共有两处，一处位于村中，呈方形，面积约420平方米；另一处位于村北，与竹苞院相邻，呈不规则圆形，面积约243平方米。

从风水学角度讲此为福地，但在实用功能上来说，是秋后的碾压麦谷、晾晒作物的场地，也是收获的场地。因此，称之为福地。

残损现状 由于近年农业现代机械的发展，以及当地种植农业的变化，两处打麦场多年来几乎未用做打麦、晾晒粮食等与农业相关的工作。因此，两处打麦场逐渐被其他工作蚕食，用作养鸡场、临时建筑等。杂土堆积、杂草丛生是其主要病害。

14. 环村石板路现状

环村石板路是师家沟民居的主要特色之一。石板路由村中环道和一主干道组成。总长约667.6米，平均宽1.5米。最宽处为2.2米，最窄处为1.2米。

石板路由矩形条石铺就，采用当地石材。条石宽一般在300～400毫米左右，长在1000毫米左右，厚在200毫米左右。铺就方式有以下两种：第一，条石顺路延伸方向铺设，每排4到5个条石组成路的宽度；第二，路边两侧顺路竖向各铺一块条石，中间采用横向与纵向结合铺设。一般宽度随地形而定。

残损现状 破坏形式主要以丢失为主，其他为地面石条流失造成错位、位移或建筑垃圾、生活垃圾掩埋等病害。

15. 师家沟附属建筑

（1）西十孔衬窑

西十孔衬窑位于村西一台地之上，是为其上层院落砌筑护坡、围挡土坡之用。由南向北共十孔，每孔由地形而确定进深，中部进深较大，两侧较小。其主要功能除为扩充上层院落空间外，也是村民饲养牲畜、储存农具等的库房。

病害：窑面残缺、酥碱等病害较多，约占总面积的30%；窑顶女儿墙体坍塌不全，几乎全无；室内条砖铺墁全无；门窗残缺不全，仅剩2个窗，1个板门，其余板门、窗棂均不存。窑洞前台明不存，且台明前自然土坡坍塌严重，接近窑体。坍塌长约12.6米。

（2）隧道口外三孔衬窑

隧道口外三孔衬窑位于诸神庙上隧道口外，为墙砖垒砌。

病害：台明仅存3.1米，其余不存。门窗不存，后人改为现代门窗；室内地面改为水泥抹面，窑顶女儿墙缺失4.2米；窑顶存在高低不平、雨水淤积现象；窑洞南侧护坡存在坍塌现象，塌方长约6.7米。

（3）祠堂南侧院

祠堂南侧院位于村东的祠堂南侧，原为一坐北面南的四合院落，现存仅为东窑与南窑两座房屋。东窑面阔三间、砖券窑顶；南窑亦为三孔砖窑。

病害：南窑西一孔窑顶局部坍塌，坍塌面积约占西一间的50%；压沿石不存，室内地面铺砖不存；门窗仅存门窗框。窑顶杂草遍地，存在雨水淤积现象。

东窑保存较好，但门窗仅剩门窗框，台明压沿石丢失严重；室内铺砖缺失60%；窑顶杂土堆积，荒草遍地，存在雨水淤积现象。院落格局尚保存，但缺乏日常保养，杂物堆积，高低不平，排水较差。

（4）流芳院外东侧院

流芳院外东侧院位于流芳院东侧，为两个建筑组成。一座坐东面西，为5孔砖窑；另一座坐北面南，为3孔砖窑。两建筑平面呈“L”形，院落为两层台地，东南高，西北底。

病害：东窑北一间窑脸坍塌；门窗框尚存，板门、窗棂缺失严重，仅存2组窗棂；台明压沿石不存；室内地面铺砖仅存40%；窑洞长期无人管理，水土流失严重。

北窑破损严重，由于西侧基础下沉，导致拱券开裂、脱节严重，有坍塌危险；门窗不存，地面铺砖缺失；台明压沿石不存，窑顶水土流失，有漏雨现象。

院落存在严重水土流失、雨水淤积现象，荒草遍地，是建筑破损的主要原因之一。

（5）东务本院

东务本院位于村东山腰上，与祠堂毗邻。东务本院落基本保存完整，为一四合院落。该院落结合地形，三面靠山，形成下沉式院落。正房坐东面向，为3孔砖窑；两厢房为4孔砖窑，倒座为面阔三间硬山木构建筑，现已坍塌，仅剩台明、墙体。院门位于倒座北侧，为砖砌拱券门。

病害：除倒座为坍塌性病害外，其余各建筑保存均较好，仅局部构件缺失。如：门窗的板门、走马板、窗棂等；台明的压沿石缺失约12.8米；室内地面铺砖缺失约87.65平方米。院落铺墁缺失95.8平方米。

（6）竹苞院外东三孔窑

竹苞院外东3孔窑位于竹苞院的东南侧，与村中环形石板路相邻。为一面阔三间的窑洞。其功能应为雇工居住或工具储存。

病害：该窑洞北侧土方坍塌，是其主要病害，直接影响其建筑安全。门窗不存，仅剩窗口，台明压沿石不存，雨水倒灌随时发生；室内地面铺墁不存。

（7）西务本院

西务本院由西务本院和衬窑院组成，位于师家沟村西北，衬窑为五孔坐西面东的砖砌窑洞，窑洞随地形进深各不相同。其建筑主要目的是为创造务本院之院落，其次用于生产工具、牲畜饲养等使用用房。故其地面铺墁为条砖；仅明间、南梢间设门窗，北梢间为厕所，其余均无门窗设置。

西务本院坐西面东，大门位于院落东北角，正房为三孔砖砌箍窑。无厢房设置。

历史沿革 建筑年代不详。根据村人记忆和师家家谱推理，应为清末到民国期间。

残损现状 正房无明显病害，保存较好。衬窑窑体拱券无塌落、裂缝等危险病害。主要病害集中在窑面上。

①窑顶女儿墙杂乱，后人随意补砌。残损及后人随意补配面积约22.5平方米。

②窑面墙体有酥碱、缺失现象，南窑南侧窑腿有坍塌现象，面积约3平方米。地面残损面积约65.77平方米。

③衬窑院有后人随意垒砌砖砌围墙、猪圈等，与环境极不相衬。

④衬窑东侧护坡为毛石、青砖混合垒砌，整体稳定，但局部有缺失、隆起等病害。坡体上杂草丛生，影响护坡安全。护坡残损病害面积约8平方米。

⑤明间与南梢间门窗不存仅剩门窗框。

（8）师文保宅院

师文保院落位于该村西侧山腰上，为三间西窑和两间北窑洞组合成“L”形的院落。院落之南为饲养牲畜、碾压米面的生产区，北侧为生活区，两区之间设夯土矮墙加以区分。矮墙高在1.5米左右。

西窑坐西面东，面阔三间。其前部为砖券，后半部位利用土崖，人工掏挖成拱券，是典型的山西吕梁山区一种窑洞组合形式。其优点是即降低了造价成本，同时又避免了完全掏挖土窑后，其外表立面经常受到雨水侵蚀后的坍塌。这是当地匠人的智慧，最大限度地利用自然，而非改造自然。

主要病害：

①西房或西窑明间拱券上有部分坍塌、裂缝，面积约2平方米；女儿墙体随意干摆垒砌，长约15.4米；门窗构件局部丢失，如窗棂、走马板等；窑洞内地面铺砖缺损面积约12.5平方米；台明压沿石缺失3.6米长。窑顶存在排水淤积现象。

②北方保存较好，但窑顶存在淤积现象；女儿墙体随意干摆垒砌，长约8.14米；拱券局部缺损约2.3平方米；神龛不存。窑洞内地面铺砖缺损面积约8.5平方米。

院落、围墙、门楼破损较多。门楼为简易搭建，非原制；围墙为后人干摆垒砌；院落地面与西窑台明几乎接近，有雨水倒灌之隐患；生活区与生产区的夯土隔墙塌落约8米长。

（9）油坊院

油坊院位于村落西南的山腰，与村民新修体育场相邻，为一面阔三间窑洞。由于长期缺乏日常保养，加之修建体育场时开挖土方，造成油坊北侧土方流失，基础下沉。

油坊为前半部砖砌与后半部人工掏挖土窑组合而成的“砖土窑”。油坊主要病害是北侧土方流失造成的基础下沉，使得窑洞拱券开裂；窑面向外倾斜，造成在北侧窑内侧1.5米处位置出现通体裂缝；面临坍塌危险。明间窑洞由于后部水土流失，其土窑部分已经坍塌见天。

门窗、压沿石不存，仅剩门窗框；窑顶上部水土流失、有淤积现象。院落现为村民临时种植蔬菜、果树的田地。

（10）药铺院

药铺院位于循理、处善院的东侧，为一坐东面西的独立四合院落。现仅存正房，两厢房仅剩山墙与后檐墙，院门仅剩围墙与台明。正房为明三暗五的窑洞，两厢房为面阔三间硬山木构房屋。

病害：正房保存较好，仅局部如门窗的窗棂或板门缺失；无危险性病害。

两厢房仅剩两山墙、后檐墙及台明。但两山墙和后檐墙均保留有梁柱檩的榫卯痕迹，步架、举折清晰。

院落与门楼，院落地面铺设条砖，局部缺失约占总量的40%；围墙位于正房对面的西侧，上部均不存，仅存墙高1.6米左右；门楼仅剩两山墙残迹。

药铺上院位于药铺院东上部，与药铺院落为同一轴线，为面阔六间的砖砌窑洞，原院门不存，仅剩遗址。

病害：正房保存较好，仅局部有缺损现象。如门窗缺失部分棂条、走马板不存、压沿石局部缺失等等。院落地面保存较好，局部缺失约占总面积的30%。

第二章

保护修缮设计

师家沟民居数量众多，建筑种类多样，并由于历史的冲刷与居民使用程度的强弱，造成病害种类的多样性。因此，根据文物建筑病害的轻重缓急、建筑历史研究与价值评估的客观、准确发掘程度制定分次保护、渐行渐近式的修缮、保护，从而尽最大限度地探寻采取最小干扰的科学方法。

第一节　修缮原则与性质

（一）修缮步骤原则与规划

根据师家沟现存规模较大、病害种类较多的现状制定分两期保护计划。

第一期修缮项目选择原则

消除安全隐患，保持建筑安全的稳定性。

具体残损现状表现如下：

（1）对有局部残损的建筑制定修缮方案。

（2）消除由于排水、水土流失、地基下沉等外部因素导致的病害。

（3）对于濒临倒塌的建筑实施抢救性保护。

（4）对于局部残损导致建筑继续损坏的病害，必须及时修补，如屋面漏雨等。

（5）清理已经塌毁建筑的台明，保证建筑遗迹不会遭到继续损坏，为二期恢复或遗址保护提供可靠的物质基础、建筑历史信息。

（6）制定针对师家沟古建筑群保存、保护特点的日常保养工作计划。

第二期修缮项目选择原则

（1）完成第一期保护计划后，根据师家沟民居的历史价值、艺术价值、科学价值以及保存、保护现状，对已经塌毁的建筑进行有序、有据的重点恢复，以及遗址保护。恢复的依据主要考虑下列两点因素：

a．必须有确切的复原依据。b．该构筑物的恢复与否，直接影响文物建筑的安全，如雨水侵蚀对建筑的损坏。

（2）对环村石板路外的半商业用房如油坊、当铺等进行勘察、保护。

（3）对附属文物建筑的保护。如各院落连接处的构筑物保护。

（二）具体实施项目与时间

第一期保护修缮计划的具体措施

师家沟民居一期保护工程，于2013年底开工，2014年11月竣工。针对师家沟12个院落，106座建筑，环村石板路、打麦场及福地按采取的修缮性质列表如下：

序号	院落名称	日常保养	遗址保护	现状整修	重点修复
1	巩固院落	树德院二进东西厢房、一进东厢房		树德院二进正房、树德院院门、院落地面与排水系统；敦本堂二进正房、二进东西厢房、二门、院门、院落地面与排水系统；巩固院门、过门	树德院过厅、一进西厢房、倒座；敦本堂一进东西厢房
2	竹苞院		北跨院正房遗址	正房、东西厢房、倒座、影壁；北跨院院墙、院门；大门及影壁、院落地面与排水系统	二门、南跨院正房、院门
3	瑞气凝院		诒穀处倒座三层厢房	一进正房、大门及围墙、院落地面及排水；赐福院马棚、院落地面及排水；诒穀处院正房、西南角房、诒穀院门、北厢房、院落地面及排水；一层工院内外正房、角楼、院落地面及排水；三层正房、院落地面及排水	赐福院正房、诒穀处南厢房、三层过门
4	循理院		外院厢房	正房、内院厢房、循理门、影壁、围墙、院落地面及排水	敦厚堂门
5	处善院		外院厢房	正房、内院厢房、处善门两侧影壁、围墙、院落地面及排水；北海风、东山气	敦诚堂门及影壁、处善门、月亮门
6	务本院		工房、倒座	务本院门、影壁、正房、厢房、院落地面及排水	
7	理达院			主院正房、厢房；跨院厢房、影壁、理达门、院落地面及排水	主院倒座
8	流芳院		跨院倒座，主院厢房、倒座、正房二层	主院正房、院落地面及排水、正房二层门楼、院落地面及排水	衬窑、月亮门及福字影壁、门楼
9	涵辉院			正房、南北厢房、院落地面及排水	大门及围墙
10	南侧院			正房、南厢房、院落地面及排水	大门及围墙
11	祠堂院	祭堂、南北厢房、大门		影壁、院落地面及排水	
12	诸神庙			正殿、东西配殿、东西配房、衬窑、院落地面及排水	山门
13	福地	日常保养面积656.8平方米			
14	打麦场	日常保养面积233.2平方米			
15	环村石板路			现状整修267.1米	重点修复430.6米
16	石牌坊	日常保养			
	合计	16处	11座	70座	24座

第二期保护修缮计划的具体措施

第二期保护修缮计划又分为两次进行，第一次于附属文物建筑：

序号	院落名称	建筑形制	修缮性质	修缮范围
1	西务本院之衬窑院落	五孔坐西面东的砖砌窑洞及院落	现状整修	5孔砖窑的现状整修、院前护坡、院落地面与排水系统
2	大夫第西侧衬窑院落	为一字排列的6孔砖窑	现状整修	6孔砖窑及院落地面与院前护坡砌筑与夯填
3	师文保宅院	三间西窑和两间北窑洞组合成“L”形的院落	现状整修	5孔砖窑、大门、院落地面、围墙及排水
4	油坊院	三孔砖窑及院落	重点修复	三孔砖窑、北侧护坡加固、踏道、院落地面及排水
5	西十孔衬窑	10孔砖窑	现状整修	10孔砖窑及窑前护坡加固整修
6	循理、处善院外更夫室及院落	两间单坡硬山建筑及院落	重点修复	更夫房及院落
7	隧道口外三孔衬窑	三孔砖窑	现状整修	砖窑的现状整修及南侧护坡加固
8	祠堂南侧院	原为一进四合院落，现仅剩南窑与东窑	现状整修	主南窑洞窑的现状整修及院落地面及排水
9	药铺院	一进四合院落，正房为5孔砖窑，两厢房为三间硬山木构建筑，大门	现状整修、重点修复	正房现状整修、厢房和大门重点修复、院落地面及排水
10	药铺院之上院	一字7孔砖窑及院落	现状整修	7孔窑现状整修、院落地面及排水
11	流芳院外东侧院	5孔东窑与3孔北窑	现状整修	东窑、北窑现状整修，护坡加固、院落地面整修及排水疏通
12	东务本院	一进四合院落，正房、东西厢房均为三孔砖窑，倒座木构硬山三间坍塌，大门一间	现状整修	正房、东西厢房、大门、院落地面及排水现状整修；倒座遗址保护
13	竹苞院外东三孔窑	3孔砖窑	现状整修	3孔砖窑加固、整修
14	巩固院之磨坊院	单孔窑、北侧影壁围墙	现状整修	单孔窑、院落的整修，北侧影壁围墙，放置磨、碾等生活用具
	合计	14处，21座建筑		21座建筑现状整修或重点修缮

因结合北京建筑大学编制的《汾西县师家沟古建筑群保护规划》第九章展示与利用规划中的相关规定进行合理恢复。展示利用所恢复的项目：

序号	院落名称	建筑形制	修缮性质	修缮范围
1	竹苞院正房二层插廊	一进二层四合院	重点修复	二层插廊的复原
2	务本院正房前廊、南房	一进四合院落	重点修复	正房插廊与南房的复原
3	诸神庙正殿前廊及戏台前台木构建筑	一进院落	重点修复	正殿前廊及戏台前台木构建筑的复原
4	成均伟望院落及南房	三进院落	日常保养、重点修复	一进南房的复原，其他房屋日常保养
5	诒穀院正房二层插廊及南房	三进院落	重点修复	正房二层插廊及南房的复原
	合计	5处		8座建筑现状整修或重点修缮，11座建筑日常保养

（三）修缮原则

1. 不改变文物原状的原则

按照《中华人民共和国文物保护法》对不可移动文物进行修缮、保养、迁移，必须遵守“不改变文物原状”的原则和在修缮时遵循“最小干预”的科学理念，尽最大可能利用原材料，保存原有构件，使用原有工艺，尽可能多地保存历史信息，保持文物建筑的特性。

师家沟古建筑群中有部分建筑中残留大量的民俗、民风历史信息，如流芳院落正房二层书房被火烧的原因，存在一定的民间传说，故均保留现在残毁状。但如后期住户或单位为适应其自身使用方便而在室内外重新划分的隔墙应全部拆除。即只保存能够反映时代特征、特殊历史现象的相关信息载体。

2. 安全为主的原则

保证修缮过程文物的安全和施工人员的安全同等重要，文物的生命与人的生命是同样不可再生的。安全为主的原则，是文物修缮过程中的最低要求。

贯彻文物工作的“保护为主、抢救第一、合理利用、加强管理”的方针。即最大限度地消除或减轻病害，不得因追求外形的完整、美观，而复制、补配未影响文物安全、未产生安全隐患的缺失建筑或构件。

3. 质量第一的原则

文物修缮的成功与否，关键是质量，在修缮过程中一定要加强质量意识与管理，从工程材料、修缮工艺、施工工序等方面要符合国家有关质量标准与法规。尽量选择使用与原构相同、相近或兼容的材料，使用传统工艺技法。

对于师家沟古建筑群修缮中使用的材料，必须与原材料一致。特别是压沿石等石质材料，必须与原材料一致，不得从外地购买，尽可能采自当地。

4. 可逆性、可再处理性的原则

在修缮过程中，坚持修缮过程的可逆性，保证修缮后的可再处理性，为后人的研究、识别、处理、修缮留有更多的空间，提供更多的历史信息。

必须认识到修缮文物的过程是逐渐长期完善、长期研究认识、长期维护保养的过程，不应强调一次到位，尽善尽美。要留有充足的空间使后人能够继续完善。此外，在修缮中应最大限度地减少对文物的扰动，因为任何修缮措施从绝对意义上讲，都不是尽善尽美的。

5. 尊重传统，保持地方风格的原则

任何文物建筑都具有其唯一性，不同的地方有不同的建筑风格与传统手法。在修缮过程中要加以识别，尊重传统。承认建筑的多样性、传统工艺的地域性和营造手法的独特性，要保留和继承。

文物之所以能够得到人们充分的喜爱，就是其具有鲜明的时代性、地域性和民族性、唯一性，具有较高的历史价值、科学价值、艺术价值。因此，严禁采用其他地方或其他文物建筑的修缮手法，惯性地修缮文物建筑。

（四）修缮依据

法律法规依据：

（1）《中华人民共和国文物保护法》和《中华人民共和国文物保护法实施条例》的有关规定

（2）《中国文物古迹保护准则》

（3）《山西省文物修缮工程管理办法》

（4）《山西省文物保护工程质量监督管理办法（试行）》

（5）《古建筑修建质量评定标准》（北方地区）

（6）《中华人民共和国国家标准古建筑木结构维护与加固技术规范》GB50165

（7）《古建筑消防管理规则》

（8）《山西省文物建筑构件管理办法》

（9）《山西汾西县师家沟古建筑群保护规划（颁布版）》

资料依据：

（1）《山西省汾西县师家沟古建筑群修缮工程勘察报告》和实测图。

（2）现状遗物的做法、用材规格、整体风格、地域特点、时代特征、功能需求等方面的考察记录及研究性成果。

（3）历史照片、当地历史文献以及周边村落时代、功能、形制相近文物建筑或构件。

（五）修缮性质的确定

按照《中国文物古迹保护准则》第四章第二十八条和《古建筑木结构维护与加固技术规范》GB50165—92的要求，根据古建筑群残损的不同程度，采取的保护措施主要为日常保养、防护加固、现状整修、重点修复。

日常保养：主要是建筑保存较好、结构稳定的文物建筑。故本案所指的修缮内容是应对其进行检查，清理屋面杂草，补配个别缺损的勾头、滴水、窗棂等，剔补风化严重的砖块，检查院落排水沟渠的畅通。

防护加固：主要是建筑结构出现安全隐患的文物建筑。如由于水土流失造成窑体出现倾倒隐患的，涵辉院落北厢房、诒穀院的东厢房等。

此外，遗址保护加固也为此范围。即清理遗址（台明）上的建筑垃圾，加固山墙、后檐墙头上的活动砖块，铺设台明地面、柱础石（归位）及台明周边散水，保证排水通畅。清理垃圾时应逐个检查遗留下的建筑构件（砖、瓦、木构件），妥善保存，待复原时使用。

原址重建：这里主要是指诸神庙的戏台前台恢复和成均伟望院落的南房等。

原址重建的必要性，主要参照下列因素：

（1）该建筑对师家沟古建筑群的历史、科学、艺术价值的影响程度。

首要考虑其建筑的存在对建筑院落整体产生的影响。反映当地的民风、民俗，是民居建筑历史价值最主要的表现之一。如：诸神庙是师家沟清代民居中唯一的庙宇，也是村口的重要建筑，特别是在当地村民中具有重要地位。

（2）该建筑的恢复依据是否充足。

此次恢复的建筑大部分为木构硬山建筑，且该遗址的山墙、台明柱础位置、后檐均保留。故其步架、举折、开间均可考，恢复依据充足。如：成均伟望院落的南房、务本院的南房、诒穀院的南房等。

（3）《汾西县师家沟古建筑群保护规划》展示与利用的第9.2.4条、第9.4.2条之规定[1]。

（4）该建筑的存在对其他建筑是否产生安全影响。

师家沟民居存在大量窑顶上再建建筑现象，即俗称衬窑。因此，衬窑的安全严重影响到上部主要建筑的安全。如：流芳院东侧跨院下的衬窑为2012年6月雨季中塌落。该建筑的存在与否，严重影响到流芳院落的布局、交通等问题，影响到上层建筑空间布局、建筑安全。

现状整修：除成均伟望院落、大夫第院落分别在2004年、2006年进行过修缮外，其余建筑均未做过整修，甚至未做过日常保养。因此，其他院落除上述原址重建项目、防护加固项目、日常保养，以及重点修复外，均做现状整修。

现状整修项目主要是针对主体结构保存较好，仅存在个别装修损坏、缺失，墙面砖缺损，地面砖缺失等病害所采取的措施。

重点修复：

这里主要是指以木结构为主的建筑，如：巩固院中的树德院的过厅、倒座；诒穀院的东厢房等濒临倒塌，建筑结构出现失稳、严重倾斜的建筑。此外，如环村石板路的缺失、位移等严重影响村内的排水通畅。

（六）施工中须注意事项

（1）所有建筑在维修前，必须对不能拆卸的门窗、墀头等较脆弱构件采取防护、保护措施，防止施工中对其带来的意外伤害。

（2）施工前对各南房、戏台、诸神庙正殿前廊的柱础位置进行再次超平，对出现沉降的位置必须采用三七灰土夯实恢复标高。

（3）所有补配构件必须采用与原材质相同的材质。

（4）所有维修建筑在维修前必须搭设保护棚，防止雨水侵蚀构件和保证施工作业人员的工作环境良好。

[1]　第9.2.4条，适当考虑民俗风情的住宿接待功能。第9.4.2条，古建筑核心展示区：师家沟村古建筑群有着浓郁的地方特色，可将典型大院作为民俗展示馆，让游人进入民居内，亲身感受建筑的文化内涵。部分建筑可兼顾本体居民的居住及游客参观需求。

（5）对有题记构件必须采取单独的保护措施，杜绝一切损坏题记的可能。

（6）建议施工单位恢复原村西南的古砖窑烧制青砖。这样既节省了运输费用，同时又符合了与原材料一致的设计思路。

（7）石料的开采应在建设控制范围以外，且与现存石材一致的地方开采，不应在外地购置。

（8）所有新补配木构件均要采取做旧断白，色彩要与周边环境色一致。对原旧构件必须清理表面污垢、灰尘，检查、加固旧构件。

（9）剔补原则：

a．第一块剔补砖应满足酥碱深度超过50毫米，且酥碱表面积达到砖表面的100%，并且是酥碱最严重的。

b．其后剔补砖墙时应遵循不得在同一位置同时剔补两块以上砖体，即剔补后的砖块不能出现连成片的状态为基本原则。

c．新剔补砖之间必须有旧砖相隔，不得相接。剔补下一块砖时，应寻找相对酥碱最严重的砖体，且与刚剔补的砖相隔。

d．达到的效果似乎没有剔补过，别人不仔细看好像还需剔补。

（10）所有新恢复的瓦顶屋面，应严格按照施工程序实施，防止雨水倒流，侵蚀椽望。

（11）对于修缮设计图中未标注或未发现，但在修缮落架时新发现的其他病害，亦应及时修缮加固。修缮预算中增加的不可预见费用，即为其目的。

第二节　保护维修工程范围及内容

（一）巩固院落

序号	院落	建筑名称	残损现状综述	修缮性质	修缮措施与内容	备注
1	树德院	二进正房	二层塌毁一半，一层保存较好，仅窗棂有部分缺损。与竹苞院落相接的山墙严重变形	现状整修	1．整修台明，补配缺失的压沿石、地面砖及窑内砖炕、砖灶。2．按现存二层明、次间恢复次、梢、尽间，并揭瓦翻修现存椽望。3．拆砌与竹苞院落山墙，恢复原状。4．补配窗棂。5．揭瓦翻修插廊屋面椽望。6．清理所有墙面、门窗上的污垢	
2		二进东西厢房	保存较好，无破坏性病害	日常保养	1．整修台明，补配缺失的压沿石、地面砖及窑内砖炕、砖灶。2．整修门窗，补配缺失构件。3．补配女儿墙，加固、整修现存女儿墙。4．整修窑顶，疏通排水通道	
3		一进东厢房	东厢房保存较好，无破坏性病害	日常保养	内容同上	
4		一进西厢房	西厢房南窑塌毁严重	重点修复	1．依照现存南窑的前半部拱，恢复后半部分，并加固、重筑窑腿。2．补配门窗。3．整修台明，补配缺失的压沿石、地面砖及窑内砖炕、砖灶。4．补配女儿墙，加固、整修现存女儿墙。5．整修窑顶，疏通排水通道	
5		过厅	塌毁严重，仅东次间保存较好	重点修复	1．将椽望以上部分构件、门窗落架整修。2．检查檩木、五架三架梁、檐山柱等构件，调整、加固现存梁架，并加铁箍、扒钉等铁活加固、连接其整体性。3．依据现存构件，采用相同材质补配缺失构件。4．整修台明，补配缺失的压沿石、地面砖。5．检查、加固、补配两山墙墙体、影壁砖雕椽飞，特别是墙头部分砖体。6．检查、加固、清扫门窗、匾额等外立面。7．对椽望以上部分重做断白，油饰色彩接近门窗黑旧色	
6		倒座	濒临倒塌，屋面破损严重。门窗破损严重，窗棂仅留基本图案	重点修复	1．将椽望以上部分构件、门窗落架整修。2．检查檩木、五架三架梁、檐山柱等构件，调整、加固现存梁架，并加铁箍、扒钉等铁活加固、连接其整体性。3．依据现存构件，采用相同材质补配缺失构件。4．整修台明，补配缺失的压沿石、地面砖。5．检查、加固两山墙墙体，特别是墙头部分砖体。6．检查、加固、清扫门窗、匾额等外立面。7．对椽望以上木构部分重做断白，油饰色彩接近门窗黑旧色	
7		院门	板门不存	现状整修	1．整修台明，补配缺失的压沿石、地面砖。2．揭瓦亮椽，整修屋面。3．补配板门。4．加固、整修拱门及两山墙体	
8		院落地面与排水系统	一进院地面约有30%残损，排水沟堵塞，地面沉降不均匀；二进院地面较为完整。排水沟堵塞。地面较平整	现状整修	1．根据院面泛水坡度，对院落地面进行全面超平，调整院落标高，防止局部隆起，使排水通畅。2．补配缺失地面砖。对于破裂地面砖破裂块数大于4块者，并且表面面积小于50%的才能考虑更换、挖补。3．检查疏通排水暗沟，并加铁箅子，防止树叶、树枝等杂物堵塞暗沟	

9	敦本堂	二进正房	檐部屋面破损严重，门窗有人为改造现象。主体建筑无破坏性病害	现状整修	1．整修台明，补配缺失的压沿石、地面砖及窑内砖炕、砖灶。2．揭瓦翻修插廊屋面椽望。3．清理所有墙面、门窗上的污垢。4．补配缺失的门窗局部构件。5．补配、加固、整修现存女儿墙。6．整修窑顶，疏通排水通道	
10		二进东西厢房	保存较好，仅门窗有人为改造了50%	现状整修	1．整修台明，补配缺失的压沿石、地面砖及窑内砖炕、砖灶。2．整修门窗，补配缺失构件。3．补配女儿墙，加固、整修现存女儿墙。4．整修窑顶，疏通排水通道	
11		一进东厢房	屋面破损严重，濒临倒塌。南次间窗不存	重点修复	1．将椽望以上部分构件、门窗落架整修。2．检查檩木、五架三架梁、檐山柱等构件，调整、加固现存梁架，并加铁箍、扒钉等铁活加固、连接其整体性。3．依据现存构件，采用相同材质补配缺失构件。4．整修台明，补配缺失的压沿石、地面砖。5．检查、加固两山墙墙体，特别是墙头部分砖体。6．整修、补配门窗。7．检查、加固、清扫门窗、匾额等外立面。8．对椽望以上部分重做断白，油饰色彩接近门窗黑旧色	
12		一进西厢房	仅存两山墙、后檐墙及台明	重点修复	1．整修、加固现存墙体。2．清理台明，不得扰动现存柱础石位置。3．依据东厢房样式恢复西厢房。4．明次间面阔尺寸依据现存柱础石位置适当调整	
13		二门	屋面破损严重，木构件保存完整，两侧影壁有局部砖缺失	现状整修	1．整修、加固、补配现存墙体、影壁。2．整修台明，补配缺失的压沿石、地面砖。3．揭瓦亮椽，整修屋面。4．依据现存墙脊补配缺失部分。5．整修板门、门框等装修及木构架。6．清理影响环境、排水的砖堆、煤堆等	
14		院门	屋面破损严重，木构件保存完整。两侧影壁方心不存	现状整修	1．整修、加固、补配现存墙体、影壁。2．整修台明，补配缺失的压沿石、地面砖。3．揭瓦亮椽，整修屋面。4．依据现存墙脊补配缺失部分。5．整修板门、门框等装修及木构架。6．修缮屋面时特别注意保护砖雕博风头、椽飞、垂莲柱、雀替等，采用特别防护措施。7．补配影壁方心	
15		院落地面与排水系统	一进院地面约有80%地面砖不存。二进院保存较好，仅约30%的地面破损严重	现状整修	1．根据院面泛水坡度，对院落地面进行全面超平，调整院落标高，防止局部隆起，使排水通畅。2．补配缺失地面砖。对于破裂地面砖破裂块数大于4块者，并且表面面积小于50%的才能考虑更换、挖补。3．检查疏通排水暗沟，并加铁箅子，防止树叶、树枝等杂物堵塞暗沟	
16	两院走廊	巩固院门	巩固院门保存较好	现状整修	1．整修、加固、补配现存墙体、影壁。2．整修台明，补配缺失的压沿石、地面砖。3．揭瓦亮椽，整修屋面。4．依据现存墙体补配缺失部分。5．补配板门、整修门框等装修及檩木	
17		过门	过门木构屋面坍塌，仿木椽飞破损约50%	现状整修	1．整修、加固、补配现存墙体、影壁。2．整修台明，补配缺失的压沿石、地面砖。3．揭瓦亮椽，整修屋面。4．依据现存正脊补配缺失部分。5．补配板门、整修门框等装修及木构架。6．对椽望以上部分以及新配板门重做断白，油饰色彩接近周边木构件黑旧色	

注：院落坡度的确定：1．根据正房台明下的标高与排水口处标高差值确定院落泛水坡度。2．暗沟铁箅子采用手工打制，大小超过排水口10～20毫米即可。形状为圆形，图案采用铜钱式样，即内为方孔。

（二）竹苞院

序号	院落	建筑名称	残损现状综述	修缮性质	修缮措施	备注
1	竹苞院	正房	二层插廊塌毁，窗棂有部分缺损。为人为改造	现状整修	1．整修台明，补配缺失的压沿石、地面砖及窑内砖炕、砖灶。2．清理所有墙面、门窗上的污垢。3．补配缺失门窗或改造的构件。4．补配、加固、整修现存女儿墙。5．整修窑顶，疏通排水通道。6．加固插廊山墙墙体砖块。保持原状	
2	竹苞院	东西厢房	一层保存较好，二层木构仅剩两山墙与后檐墙	现状整修	1．整修台明，补配缺失的压沿石、地面砖，及窑内砖炕、砖灶。2．清理所有墙面、门窗上的污垢。3．补配缺失门窗或改造的构件。4．补配、加固、整修现存女儿墙。5．整修窑顶，疏通排水通道。6．加固两山墙、后檐墙体砖块。保持原状。7．清理、整修二层地面，疏通排水	
3	竹苞院	二门	严重变形，但木构件保存尚好。为树德院正房山墙变形所致	重点修复	1．整修、加固、补配现存墙体。2．整修台明，补配缺失的压沿石、地面砖。3．揭瓦亮椽，整修屋面。4．在整修完树德院正房山墙后，再归安屋面构件。5．整修板门、门框等装修及木构架、斗栱。6．与树德院正房山墙相接的山墙采取拆卸重砌。7．制定墀头保护施工方案	
4	竹苞院	倒座	保存较好，仅屋面存在局部漏雨，望兽仅存一个	现状整修	1．将椽望以上部分构件落架整修。2．检查檩木、五架三架梁、檐山柱等构件是否存在糟朽，调整、加固现存梁架，并加铁箍、扒钉等铁活加固、连接其整体性。3．依据现存构件，采用相同材质补配缺失构件。4．按传统工艺恢复屋面。5．整修台明，补配缺失的压沿石、地面砖。6．检查、加固、补配两山墙墙体，特别是墙头部分砖体。补配望兽。7．检查、加固、清扫门窗、匾额等外立面。8．对椽望以上部分重做断白，油饰色彩接近门窗黑旧色	
5	竹苞院	影壁	主体保存较好，方心砖雕图案尚存，屋面筒板瓦、正脊缺失严重	现状整修	1．补配缺失的正脊、望兽。2．清理墙面、补配砖博风、砖飞、勾头、滴水。3．挖补砖块破损深度达30毫米以上的砖块	
6	北跨院	正房	木构架不存，仅剩台明与柱础石	遗址保护	1．清理、整修台明。2．按原规制恢复地面铺砖，并保证泛水为7%。3．原柱础石不得扰动，恢复原状。寻找缺失的柱础石，按照原遗迹安放	
7	北跨院	院墙	保存较好，仅有部分墙体塌落，约5米长	现状整修	1．按原制、原材料补配墙头、墙体缺失部分。2．不得大规模拆卸墙体。3．清扫墙面，对新补配砖体按其周边砖块颜色做旧	
8	北跨院	院门	保存较好	现状整修	1．清理、整修台明。2．清理、清扫墙面、墙头，补配缺失的女儿墙。3．整修板门	
9	下院	门楼	屋面坍塌，仅剩两墙垛。台明、踏道残缺严重。板门不存	重点修复	1．清理台明、踏道、山墙。2．按图纸恢复屋檐、踏道、板门	
10	下院	正房	窑洞南侧严重变形，拱券局部坍塌，为排水不畅所致。院落地面塌陷严重。屋内地面铺砖不存	重点修复	1．清理窑面、室内外地面。2．补配缺失的窑拱砖，加固拱券。3．整修补配门窗。4．整修台明，补配缺失的压沿石、地面砖，及窑内砖炕、砖灶。5．清理所有墙面、门窗上的污垢。6．补配、加固、整修现存女儿墙。7．整修窑顶，疏通排水通道。排水方向向东，即排向石板路。窑面泛水为2%	
11	下院	大门及影壁	大门保存较好，门额上部存有裂缝，宽约10毫米，竹形砖雕镶边缺失800毫米长	现状整修	1．整修台明，补配缺失的压沿石、地面砖。2．拆砌匾额以上裂缝处的一砖宽重新砌筑，补配缺失的匾额花砖。3．整修板门，补配缺失的女儿墙、望兽	
12	下院	院落地面与排水系统	院落地面保存较好，排水沟有堵塞现象	现状整修	1．根据院面泛水坡度，对院落地面进行全面超平，调整院落地面标高，防止局部隆起，使排水通畅。2．补配缺失地面砖。对于破裂地面砖破裂块数大于4块者，并且表面面积小于50%的才能考虑更换、挖补。3．检查疏通排水暗沟，并加铁箅子，防止树叶、树枝等杂物堵塞暗沟	

注：院落坡度的确定：1．根据正房台明下的标高与排水口处标高差值确定院落泛水坡度。2．暗沟铁箅子采用手工打制，大小超过排水口10～20毫米即可。形状为圆形，图案采用铜钱式样，即内为方孔。

（三）瑞气凝院

序号	院落	建筑名称	残损现状综述	修缮性质	修缮措施	备注
1	瑞气凝院	正房	由于窑洞的财产所属，致使后人将该院中部增设围墙。窑顶靠崖部分坍塌，排水不畅。北次窑门窗人为改造，明间窑和南次间窑门窗缺失50%，女儿墙缺失20%，屋面坍塌杂土与女儿墙体平	现状整修	1．拆除院内隔墙，恢复院落原状。2．整修台明，补配缺失的虎头砖、地面砖，及窑内砖炕、砖灶。3．清理所有墙面、门窗上的污垢。4．补配缺失门窗或改造的构件。5．补配、加固、整修现存女儿墙。6．整修窑顶，疏通排水通道。7．可在土崖下部加筑黄土减缓坡度，并采取种植当地草皮的方法，加固窑顶后部崖壁，防止水土流失	
2		大门与围墙	整体保存较好。屋面破损严重，望兽缺失，板门不存。大门左侧围墙垛口不存，其余墙体上的压沿石缺失约12米	现状整修	1．整修、加固、补配现存墙体。2．整修台明，补配缺失的压沿石、地面砖。3．揭瓦亮椽，整修屋面。4．依据现存墙体补配缺失部分。5．补配板门、整修门框等装修及檩木	
3		院落地面与排水	地面铺砖保存较好，但缺失约30%，破损且严重影响排水通畅的约50%	现状整修	1．根据院面泛水坡度，对院落地面进行全面超平，调整院落地面标高，防止局部隆起，使排水通畅。2．补配缺失地面砖。对于破裂地面砖破裂块数大于4块者，并且表面面积小于50%的才能考虑更换、挖补。3．检查疏通排水暗沟，并加铁箅子，防止树叶、树枝等杂物堵塞暗沟	
4	赐福院(二层二进院)	马棚（二门）	主体木构架保存较好。屋面存在局部漏雨，正脊、望兽不存，屋檐严重变形。明间轴线地面上铺设条石，两侧条砖顺缝铺设，在与隔墙相交处设一条丁字砖护边	现状整修	1．将椽望以上构件落架整修。2．检查檩木、架梁、檐山柱等构件是否存在糟朽，调整、加固现存梁架，并加铁箍、扒钉等铁活加固、连接其整体性。3．依据现存构件，采用相同材质补配缺失构件。4．按传统工艺恢复屋面，但须指出，其望板应按原制为荆藤主干（黄栌[1]）绑扎铺设。5．整修台明，补配缺失的压沿石、地面砖。6．检查、加固、补配两山墙墙体，特别是墙头部分博风砖体。补配望兽、正脊。7．整修马槽，清理垃圾、杂物。拆除马棚前后砖堆。8．检查、加固、清扫门窗、匾额等外立面。9．对椽望以上部分重做断白，油饰色彩接近门窗黑旧色	
5		正房	最北端梢间窑塌毁严重，砖楼梯仅存部分台级，约5步。室内地面铺墁约有40%的残缺。门窗缺失50%	重点修复	1．清理建筑上的杂土、杂草。2．按现存塌毁的半截窑洞恢复前端。3．恢复砖梯。4．整修台明，补配缺失的压沿石、地面砖，及窑内砖炕、砖灶。5．整修补配门窗。6．整修窑顶，疏通排水通道。补配女儿墙	
6		院落地面与排水系统	院落地面保存较好，排水沟有堵塞现象。地面铺砖约有30%的条砖破损严重，妨碍排水的顺利流出	现状整修	1．根据院面泛水坡度，对院落地面进行全面超平，调整院落地面标高，防止局部隆起，使排水通畅。2．补配缺失地面砖。对于破裂地面砖破裂块数大于4块者，并且表面面积小于50%的才能考虑更换、挖补。3．检查疏通排水暗沟，并加铁箅子，防止树叶、树枝等杂物堵塞暗沟	

[1] 黄栌，一种落叶灌木，花黄绿色，叶子秋天变成红色。木材黄色，可制器具，也可做染料。

7	诒穀处院	正房	插廊木构架不存，仅剩山墙、卯口与柱础石。门窗保存完好	现状整修	1．整修台明，补配缺失的压沿石、地面砖。2．清理所有墙面、门窗上的污垢。3．补配缺失门窗或改造的构件。4．补配、加固、整修现存女儿墙。5．整修窑顶，疏通排水通道。6．加固插廊山墙墙体砖块。保持原状，暂不恢复	
8		南厢房	南厢房二层不存，一层向西严重倾斜，濒临坍塌	重点修复	1．制作拱形磨具，在窑内对东西两窑进行全部支顶，解除对西窑的水平推力。2．拆卸西窑，重新砌筑。不得野蛮拆卸，防止砖块破碎。3，按原制恢复西窑。4．补配、加固、整修现存女儿墙。5．整修窑顶，疏通排水通道。6．补配、整修门窗。整修台明，补配缺失的压沿石、地面砖及窑内砖炕、砖灶	
9		北厢房	北厢房结构保存较好，仅窗棂缺损较多，二层屋面缺乏日常管理，屋面檐口变形，无正脊	现状整修	1．整修台明，补配缺失的压沿石、地面砖。2．清理所有墙面、门窗上的污垢。3．补配、整修缺损门窗或改造的构件。4．补配、加固、整修现存女儿墙。5．整修窑顶，疏通排水通道。6．将二层椽望以上构件落架整修。7．检查檩木、架梁、檐山柱等构件是否存在糟朽，调整、加固现存梁架，并加铁箍、扒钉等铁活加固、连接其整体性。8．依据现存构件，采用相同材质补配缺失构件。9．按传统工艺恢复屋面，但须指出，其望板应按原制为荆藤主干（黄栌）绑扎铺设。10．检查、加固、补配两山墙墙体，特别是墙头部分博风砖体。补配望兽、正脊	
10		诒穀处	保存较好。仅屋面筒板瓦破损，局部屋面漏雨；檐口勾头、滴水部分缺失	现状整修	1．整修、加固、补配现存墙体。2．整修台明，补配缺失的压沿石、地面砖。3．揭瓦亮椽，整修屋面。4．依据现存墙脊补配缺失部分。5．整修板门、门框等装修构件。6．清理墙面、木构件上的污垢、尘土	
11		西南耳房	主体构件保存较好，但屋面变形严重，有檩木滚动现象	现状整修	1．整修、加固、补配现存墙体。2．整修台明，补配缺失的压沿石、地面砖及窑内砖炕、砖灶。3．揭瓦亮椽，调整梁架，整修屋面。4．依据现存墙脊补配缺失部分。5．整修前后檐门窗、门框、窗口等装修构件。6．清理墙面、木构件上的污垢、尘土	
12		倒座	台明上垃圾堆放，排水不畅，地面铺砖仅留20%。后檐六边形窗棂仅存一半	遗址保护	1．清理台明，并清捡遗留木、砖构件，不得扰动柱础石。2．整修铺设压沿石、地面砖。3．加固、稳定柱础石。4．地面泛水为0.7%。5．加固两山、后檐墙头砖块，防止脱落	
13		院落铺墁及排水	地面铺墁保存较好，仅个别铺砖缺损。排水暗沟有堵塞现象	现状整修	1．根据院面泛水坡度，对院落地面进行全面超平，调整院落地面标高，防止局部隆起，使排水通畅。2．补配缺失地面砖。对于破裂地面砖破裂块数大于4块者，并且表面面积小于50%的才能考虑更换、挖补。3．检查疏通排水暗沟，并加铁箅子，防止树叶、树枝等杂物堵塞暗沟	

14		外院正房	主体结构保存较好。门窗部分缺失，女儿墙缺3.7米	现状整修	1．清理窑面、室内外地面。2．补配缺失的窑拱砖，加固拱券。3．整修补配门窗。4．整修台明，补配缺失的压沿石、地面砖，及窑内砖炕、砖灶。5．清理所有墙面、门窗上的污垢。6．补配、加固、整修现存女儿墙	
15	下院	内院正房	主体结构保存较好，但窑面砖缺失或酥碱、风化严重。缺失约40%，风化或酥碱的约有30%。窗心屉缺失约60%。板门大部分不存。室内地面杂乱，地面铺砖仅存20%。该院落地面铺砖不存，且杂土堆积，杂草丛生，排水不畅	现状整修	1．清理窑面、室内外地面。2．补配缺失的窑拱砖，加固拱券。3．整修补配门窗。4．整修台明，补配缺失的压沿石、地面砖，及窑内砖炕、砖灶。5．清理所有墙面、门窗上的污垢。6．重新砌筑塌落墙体，剔补酥碱严重砖块	
16		角楼	主体结构保存较好，但二层木构件不存。室内散落塌毁的屋面构件。前后檐窗心屉不存。二层侧面板门不存	现状整修	1．清理一、二层地面，清捡遗留下的砖木构件，待修缮时使用。2．按现存山墙上檩木所在位置、大小恢复梁架。3．按传统工艺恢复卷棚屋面。4．补配门窗，整修一层大门板门。5．清理墙面、门窗上的尘土、污垢。6．整修台明，补配缺失的压沿石、地面砖	
17		院落铺墁及排水	内院落地面铺砖不存，且杂土堆积，杂草丛生，排水不畅。外院地面为环村石板路，在该正房前保存较好	现状整修	1．根据院面泛水坡度，对院落地面进行全面超平，调整院落地面标高，防止局部隆起，使排水通畅。2．补配缺失地面砖。对于破裂地面砖破裂块数大于4块者，并且表面面积小于50%的才能考虑更换、挖补。3．检查疏通排水暗沟，并加铁箅子，防止树叶、树枝等杂物堵塞暗沟	
18		正房	明间窑拱位置上部裱砖严重塌落，窑顶覆土塌陷。门窗缺损严重，仅留一个板门，一个天窗窗心	现状整修	1．清理建筑上的杂土、杂草。2．按现存塌毁的痕迹恢复窑面。3．恢复砖梯。4．整修台明，补配缺失的压沿石、地面砖，及窑内砖炕、砖灶。5．整修补配门窗。6．整修窑顶，疏通排水通道。补配女儿墙。7．整修正房右侧崖壁。按现存护坡砖墙整修砌筑。砖护坡基础埋置深度必须在1米以上，且放脚	
19		厢房	南厢房仅存台明、两山与后檐墙，台明上建筑垃圾、杂草丛生，但地面砖铺设形制尚存，保留有约30%	遗址保护	1．清理杂土、杂草，清捡砖木构件。2．不得扰动柱础石位置，并加固后恢复原状。3．整修台明，铺墁地面。地面泛水为0.7%。4．加固两山墙头活动砖、砖博风等	
20	三层院落	过门	仅剩两山墙，屋面不存，板门破损、变形	重点修复	1．清理、整修山墙、地面台明。2．将椽望以上构件落架。3．检查檩木、构件是否存在糟朽，调整、加固现存梁架，并加铁箍、扒钉等铁活加固、连接其整体性。4．依据现存构件，采用相同材质补配缺失构件。5．按传统工艺恢复屋面，但须指出，其望板应按原制为荆藤主干（黄栌）绑扎铺设。6．整修台明，补配缺失的压沿石、地面砖。7．检查、加固、补配两山墙墙体，特别是墙头部分博风砖体。补配望兽、正脊	
21		院落地面与排水	屋面杂草丛生，杂土堆积。地面铺砖仅存总面积的10%。排水暗沟堵塞。院内已经失去排水系统，雨水全部渗入下层窑洞墙体内，对窑体存在安全隐患	现状整修	1．根据院面泛水坡度，对院落地面进行全面超平，调整院落地面标高，防止局部隆起，使排水通畅。2．补配缺失地面砖。对于破裂地面砖破裂块数大于4块者，并且表面面积小于50%的才能考虑更换、挖补。3．检查疏通排水暗沟，并加铁箅子，防止树叶、树枝等杂物堵塞暗沟	

（四）循理院与处善院

序号	院落	建筑名称	残损现状综述	修缮性质	修缮措施	备注
1	循理院	正房	插廊塌毁，窗棂有部分缺损，东次间门窗为人为改造	现状整修	1．整修台明，补配缺失的压沿石、地面砖。2．清理所有墙面、门窗上的污垢。3．补配缺失门窗或改造的构件。4．补配、加固、整修现存女儿墙。5．整修窑顶，疏通排水通道。6．不得扰动柱础石、抱头梁枕石等原插廊卯口痕迹	
2	循理院	内院厢房	西厢房保存较好，东厢房门窗变更较大，为人为改造。西厢房拱券上有顺拱券方向裂缝，宽约10～20毫米，应为窑顶覆土排水渗漏使覆土膨胀、推挤所致。东厢房保存较好，无明显安全隐患，但人为更改了原室内布局空间，成为循理院的单独厢房	现状整修	1．整修台明，补配缺失的压沿石、地面砖。2．清理所有墙面、门窗上的污垢。3．补配缺失门窗或改造的构件。4．补配、加固、整修现存女儿墙。5．整修窑顶，疏通排水通道。6．对西厢房出现的裂缝，采取拆卸裂缝以上砖体，重新砌筑。应注意新砌筑砖与旧砖的结合。7．按新砌筑砖周边砖颜色对新砖做旧，使颜色差别降到最小	
3	循理院	敦厚堂垂花门	屋顶不存，仅剩前檐两个仿木垂莲柱和门框、敦厚堂匾额	重点修复	1．清理墙体上部活动砖体。2．制定、实施砖雕垂莲柱、砖椽飞的保护措施。3．按设计图恢复屋面。整修台明、地面	
4	循理院	外院厢房	两厢房均塌毁。现仅剩台明与两山墙、后檐墙	遗址保护	1．清理杂土、杂草，清捡砖木构件。2．不得扰动柱础石位置，并加固后恢复原状。3．整修台明，铺墁地面。地面泛水为0.7%。4．加固两山墙头活动砖、砖博风等	
5	循理院	影壁	7座影壁均保存较好。独立影壁正脊、望兽缺失。影壁墙头有局部缺失，长约1.3米，需补配墙头。勾头滴水不存	现状整修	1．清理墙面污垢、尘土。2．补配缺失的正脊、望兽。3．补配墙头缺失的勾头、滴水	
6	循理院	循理门	主构件保存完整，但屋面破损严重。压沿石保存完整，但边角风化严重。门板、门闩不存	现状整修	1．整修台明压沿石、地面砖。2．将椽望以上构件落架。3．整修木构件，更换糟朽严重的椽、檩，重新搭构屋面。4．补配板门、门闩、铺首	
7	循理院	院落地面与排水系统	院落地面保存较好，缺损约占总面积的40%。地面有轻微变形。排水沟有堵塞现象	现状整修	1．根据院面泛水坡度，对院落地面进行全面超平，调整院落地面标高，防止局部隆起，使排水通畅。2．补配缺失地面砖。对于破裂地面砖破裂块数大于4块者，并且表面面积小于50%的才能考虑更换、挖补。3．检查疏通排水暗沟，并加铁箅子，防止树叶、树枝等杂物堵塞暗沟	

8	处善院	正房	插廊塌毁，窗棂仅存天窗棱条，门窗为人为改造	现状整修	1．整修台明，补配缺失的压沿石、地面砖。2．清理所有墙面、门窗上的污垢。3．补配缺失门窗或改造的构件。4．补配、加固、整修现存女儿墙。5．整修窑顶，疏通排水通道。6．不得扰动柱础石，抱头梁枕石等原插廊卯口痕迹	
9		内院厢房	西厢房门窗位置拱洞人为砖墙封堵，门窗不存。东厢房整体结构保存较好，但南半部拱券以上砖墙向外倾斜，为上部排水堵塞、渗漏所致	现状整修	1．整修台明，补配缺失的压沿石、地面砖。2．清理所有墙面、门窗上的污垢。3．补配缺失门窗或改造的构件。4．补配、加固、整修现存女儿墙。5．整修窑顶，疏通排水通道。6．对东厢房出现的裂缝，采取拆卸裂缝以上砖体，重新砌筑。应注意新砌筑砖与旧砖的结合。7．按新砌筑砖周边砖颜色对新砖做旧，使颜色差别降到最小。8．拆除西厢房人为封堵墙面，恢复门窗，按设计图在窑内中砌筑隔墙	
10		敦诚堂垂花门	屋面、门框、板门均不存，仅剩台明、门墩石和两山墙	重点修复	依照敦厚堂垂花门恢复	
11		外院厢房	两厢房均塌毁。现仅剩台明与两山墙、后檐墙	遗址保护	1．清理杂土、杂草，清捡砖木构件。2．不得扰动柱础石位置，并加固后恢复原状。3．整修台明，铺墁地面。地面泛水为0.7%。4．加固两山墙头活动砖、砖博风等	
12		影壁	仅剩处善门两侧影壁，但其西层影壁中的神龛不存。其余墙体影壁均不存。现存内隔墙为后人简易补配	现状整修	垂花门两侧围墙与影壁按照敦厚堂相应位置恢复	
13		处善门	屋面不存。仅剩台明、柱础石、木柱、平板枋、板门、铁质铺首等	重点修复	1．整修台明压沿石、地面砖。2．将椽望以上构件落架。3．整修木构件，更换糟朽严重的椽、檩，重新搭构屋面。4．整修板门，补配门闩	
14		院落地面与排水系统	保存较好，但有局部缺失，约占总量的20%	现状整修	1．根据院面泛水坡度，对院落地面进行全面超平，调整院落地面标高，防止局部隆起，使排水通畅。2．补配缺失地面砖。对于破裂地面砖破裂块数大于4块者，并且表面面积小于50%的才能考虑更换、挖补。3．检查疏通排水暗沟，并加铁箅子，防止树叶、树枝等杂物堵塞暗沟	
15	公共走廊	东山气	板门尚存，但变形破损严重。匾额上存10毫米裂缝延伸到檐口。其南侧山墙有10～20毫米的通畅裂缝，为前后基础不同沉降所致，但趋于稳定。屋面椽望糟朽、筒板瓦缺失约30%，勾头滴水缺90%	现状整修	1．整修台明压沿石、地面砖。2．将椽望以上构件落架。3．整修木构件，更换糟朽严重的椽、檩，重新搭构屋面。4．整修板门，补配门闩。5．对墙体裂缝处进行拆卸重新砌筑，但仅限于裂缝两侧砖块，不得扩大面积	
16		北海风	板门不存，踏步缺失2块，从拱券向上存2道裂缝，宽约20毫米，应为砖体结构本身砌筑所致。望兽不存	现状整修	1．整修台明压沿石、地面砖。2．将椽望以上构件落架。3．整修木构件，更换糟朽严重的椽、檩，重新搭构屋面。4．补配板门、门闩、铺首。5．对墙体裂缝处进行拆卸重新砌筑，但仅限于裂缝以上部位，不得扩大面积	
17		月亮门	仅剩砖砌墙体，两破屋面不存，檐檩尚存，但糟朽严重。荷叶墩保存较好	重点修复	1．拆卸现存檩木、驼墩。检查加固檩木。2．按现存檩木卯口恢复木构件，椽望、瓦顶。3．望板应为荆藤主干（黄栌）绑扎铺设。4．整修台明	
18		地面与排水系统	地面铺砖保存较好。有部分缺损，约占总量的30%。地面均不变形，影响排水。排水暗沟堵塞	现状整修	1．根据院面泛水坡度，对院落地面进行全面超平，调整院落地面标高，防止局部隆起，使排水通畅。2．补配缺失地面砖。对于破裂地面砖破裂块数大于4块者，并且表面面积小于50%的才能考虑更换、挖补。3．检查疏通排水暗沟	

（五）务本院与理达院

序号	院落	建筑名称	残损现状综述	修缮性质	修缮措施	备注
1	理达院	主院正房	插廊屋面破损严重，东次间窗不存，仅剩板门	现状整修	1．整修台明，补配缺失的压沿石、地面砖及窑内砖炕、砖灶。2．揭瓦翻修插廊屋面椽望。3．清理所有墙面、门窗上的污垢。4．补配缺失的门窗局部构件。5．补配、加固、整修现存女儿墙。6．整修窑顶，疏通排水通道	
2		主院厢房	厢房主体结构保存较好，东厢房门窗变更较大，为人为改造。西厢房北窑门窗及其槛墙均为后人改建。两厢女儿墙损坏严重，缺失约40%。西厢房南侧山墙有2到4条裂缝，宽在20毫米左右。应由窑顶排水不畅所致。两窑顶均存在排水不畅、杂草丛生等病害	现状整修	1．整修台明，补配缺失的压沿石、地面砖；2．清理所有墙面、门窗上的污垢。3．补配缺失门窗或改造的构件。4．补配、加固、整修现存女儿墙。5．整修窑顶，疏通排水通道。6．对西厢房出现的裂缝，采取拆卸裂缝以上砖体，重新砌筑。应注意新砌筑砖与旧砖的结合。7．按新砌筑砖周边砖颜色对新砖做旧，使颜色差别降到最小。8．拆除西厢房北窑门窗及槛墙，依照南窑式样、规制恢复	
3		主院倒座	屋顶坍塌40%，主体梁架保存尚好。东次间缺中间两扇隔扇门，西次间缺一扇隔扇门。明间匾额题字板虽散落，但保存较全	重点修复	1．将椽望以上部分构件、门窗落架整修；2．检查檩木、五架三架梁、檐山柱等构件，调整、加固现存梁架，并加铁箍、扒钉等铁活加固、连接其整体性。3．依据现存构件，采用相同材质补配缺失构件。4．整修台明，补配缺失的压沿石、地面砖。5．检查、加固、补配两山墙墙体、影壁砖雕椽飞，特别是墙头部分砖体。6．整修、加固明、次间匾额。7．检查、加固、清扫门窗、匾额等外立面。8．对椽望以上部分重做断白，油饰色彩接近门窗黑旧色	
4		跨院厢房	主体结构保存较好。门窗破损严重，但格式尚存	现状整修	1．整修台明，补配缺失的压沿石、地面砖。2．清理所有墙面、门窗上的污垢。3．补配缺失门窗或改造的构件。4．补配、加固、整修现存女儿墙。5．整修窑顶，疏通排水通道。6．剔补风化、酥碱严重砖块。应注意新砌筑砖与旧砖的结合。7．按新砌筑砖周边砖颜色对新砖做旧，使颜色差别降到最小	
5		影壁	倒座山墙影壁保存较好。门外影壁仅存约30%	现状整修	1．整修、清理院内影壁，补配缺失构件。2．拆除院门外影壁上部后人堆砌杂砖，在原影壁残留部分上按设计图补砌影壁	
6		理达门	主构件保存完整，但屋面破损严重。压沿石保存完整，但边角风化严重	现状整修	1．整修、加固、补配现存墙体。2．整修台明，补配缺失的压沿石、地面砖。3．揭瓦亮椽，整修屋面。4．依据现存墙脊补配缺失部分。5．整修板门、门框等装修构件。6．清理墙面、木构件上的污垢、尘土	
7		院落地面与排水系统	院落地面保存较好，缺损约占总面积的40%。地面有轻微变形。排水沟有堵塞现象	现状整修	1．根据院面泛水坡度，对院落地面进行全面超平，调整院落地面标高，防止局部隆起，使排水通畅。2．补配缺失地面砖。对于破裂地面砖破裂块数大于4块者，并且表面面积小于50%的才能考虑更换、挖补。3．检查疏通排水暗沟	

8		正房	插廊塌毁。西次间天窗及门上走马板不存	现状整修	1．整修台明，补配缺失的压沿石、地面砖。2．清理所有墙面、门窗上的污垢。3．补配缺失门窗、走马板。4．补配、加固、整修现存女儿墙。5．整修窑顶，疏通排水通道。6．不得扰动柱础石、抱头梁枕石等原插廊卯口痕迹	
9		厢房	西厢房南窑窗棂后人补配，北窑走马板不存。窑体中部有裂缝两道，为上部排水堵塞、渗漏所致，女儿墙缺20%。东厢房主体结构保存较好，无裂缝等病害，仅个别砖体有酥碱现象，两窑之间神龛仅存洞龛，仿木屋檐及底座不存；仅板门、天窗尚存，其余窗等木装修均不存或后人添配	现状整修	1．整修台明，补配缺失的压沿石、地面砖；2．清理所有墙面、门窗上的污垢。3．补配缺失门窗或改造的构件。4．补配、加固、整修现存女儿墙。5．整修窑顶，疏通排水通道。6．剔补风化、酥碱严重砖块。应注意新砌筑砖与旧砖的结合。7．按新砌筑砖周边砖颜色对新砖做旧，使颜色差别降到最小。8．依照现存神龛，恢复砖雕神龛	
10	务本院	务本垂花门	屋面破损严重，勾头滴水不存	现状整修	1．整修、加固、补配现存墙体。2．整修台明，补配缺失的压沿石、地面砖。3．揭瓦亮椽，整修屋面。4．依据现存墙脊、砖椽、飞补配缺失部分。5．整修板门、门框等装修。6．清理墙面、木构件上的污垢、尘土。7．制定、实施保护砖雕施工方案，确保施工中无损伤	
11		工房	现仅剩台明与两山墙、后檐墙。山墙与后檐墙均为院落围墙，墙体缺损严重	遗址保护	1．清理杂土、杂草，清捡砖木构件。2．不得扰动柱础石位置，并加固后恢复原状。3．整修台明，铺墁地面。地面泛水为0.7%。4．加固两山墙、后檐墙墙头活动砖块等，不得添加新砖，保持原状	
12		影壁	保存较好。正脊望兽不存	现状整修	补配正脊望兽，清理墙面	
13		倒座	屋面不存。仅剩台明、柱础石。两山墙山际部分不存，前后檐墀头保存完整	遗址保护	1．清理杂土、杂草，清捡砖木构件。2．不得扰动柱础石位置，并加固后恢复原状。3．整修台明，铺墁地面。地面泛水为0.7%。4．加固两山墙、后檐墙墙头活动砖块等，特别是砖博风及博风头、墀头等砖雕构件。不得添加新砖，保持原状	
14		院落地面与排水系统	保存较好，但有局部缺失，约占总量的60%。院落泛水较小，故排水不畅，通往院外排水暗沟堵塞	现状整修	1．根据院面泛水坡度，对院落地面进行全面超平，调整院落地面标高，防止局部隆起，使排水通畅。2．补配缺失地面砖。对于破裂地面砖破裂块数大于4块者，并且表面面积小于50%的才能考虑更换、挖补。3．检查疏通排水暗沟	

（六）流芳院

<table>
<tr><th>序号</th><th>院落</th><th>建筑名称</th><th>残损现状综述</th><th>修缮性质</th><th>修缮措施</th><th>备注</th></tr>
<tr><td>1</td><td rowspan="5">主院</td><td>主院正房</td><td>插廊屋面破损严重，北次间窗不存，仅剩板门。二层仅剩台明和墙体</td><td>现状整修</td><td>1．整修台明，补配缺失的压沿石、地面砖及窑内砖炕、砖灶。2．揭瓦翻修插廊屋面椽望。3．清理所有墙面、门窗上的污垢。4．补配缺失的门窗局部构件。5．补配、加固、整修现存女儿墙。6．整修窑顶，疏通排水通道。7．二层建筑采用遗址保护，即整修台明、地面、院面，加固剩余墙体。8．整修二层院门，补配缺失瓦件、椽望、正脊、望兽。9．检查、加固、清扫门窗、匾额等外立面。10．对椽望以上部分重做断白，油饰色彩接近门窗黑旧色</td><td></td></tr>
<tr><td>2</td><td>主院厢房</td><td>两厢房均已塌毁。仅存台明和墙体</td><td>遗址保护</td><td rowspan="2">1．清理杂土、杂草，清捡砖木构件。2．不得扰动柱础石位置，并加固后恢复原状。3．整修台明，铺墁地面。地面泛水为0.7%。4．加固两山墙、后檐墙墙头活动砖块等，不得添加新砖，保持原状</td><td></td></tr>
<tr><td>3</td><td>主院倒座</td><td>杂物、杂土堆积如山，遗迹掩盖殆尽</td><td>遗址保护</td><td></td></tr>
<tr><td>4</td><td>流芳大门</td><td>前檐木柱不存，仅剩一个柱础石，后檐屋面不存，仅剩檐口跳梁卯口。板门严重变形</td><td>现状整修</td><td>1．整修台明，补配缺失的压沿石、地面砖。2．恢复檐柱、屋面椽望、屋面瓦件。3．清理所有墙面的污垢，整修板门。4．补配缺失的门附件。5．补配、加固、整修现存女儿墙。6．整修窑顶，疏通排水通道</td><td></td></tr>
<tr><td>5</td><td>院落地面与排水系统</td><td>院落地面铺设规制保存较好，缺损约占总面积的40%。地面存在变形，有排水不畅现象。排水沟有堵塞现象</td><td>现状整修</td><td>1．根据院面泛水坡度，对院落地面进行全面超平，调整院落地面标高，防止局部隆起，使排水通畅。2．补配缺失地面砖。对于破裂地面砖破裂块数大于4块者，并且表面面积小于50%的才能考虑更换、挖补。3．检查疏通排水暗沟</td><td></td></tr>
<tr><td>6</td><td rowspan="5">跨院</td><td>正房</td><td>北次间门窗及封堵墙体均为后人砌筑。明间窗为后加。台明压沿石缺失40%。室内地面破损60%</td><td>现状整修</td><td>1．整修台明，补配缺失的压沿石、地面砖及室内砖炕、砖灶。2．清理所有墙面、门窗上的污垢。3．拆除北次间门窗，依据明间式样补配。4．补配、加固、整修现存女儿墙。5．整修窑顶，疏通排水通道</td><td></td></tr>
<tr><td>7</td><td>倒座</td><td>仅剩四面墙体、台明、门框、窗框。压沿石缺失50%</td><td>遗址保护</td><td>1．清理杂土、杂草，清捡砖木构件。2．不得扰动柱础石位置，并加固后恢复原状。3．整修台明，铺墁地面。地面泛水为0.7%。4．加固两山墙、后檐墙墙头活动砖块等，不得添加新砖，保持原状</td><td></td></tr>
<tr><td>8</td><td>月亮门及“福”字影壁</td><td>墙头缺失30%，圆形门券砖仅剩下部，匾额不存。券砖缺80%</td><td>重点修复</td><td>1．清理杂土，清捡遗留影壁方心“福”砖块等。2．依据现状补砌塌毁部分。3．将“福”字砖块拼接到方心内，缺失部分应由书法家研究拼对剩余部分，且不可为节省工期随意拼对。4．补配月亮门圆形拱券。5．补配围墙缺失部分</td><td></td></tr>
<tr><td>9</td><td>衬窑</td><td>为两孔砖砌靠崖窑，西窑2012年6月坍塌，仅剩东窑</td><td>重点修复</td><td>依照原实测图纸、现存砖墙基础恢复</td><td></td></tr>
<tr><td>10</td><td>院落地面与排水系统</td><td>铺设规制保存较好，但缺失严重，约占总量的70%。院落杂土堆积，故排水不畅，通往院外排水暗沟堵塞。衬窑坍塌</td><td>现状整修</td><td>1．根据院面泛水坡度，对院落地面进行全面超平，调整院落地面标高，防止局部隆起，使排水通畅。2．补配缺失地面砖。对于破裂地面砖破裂块数大于4块者，并且表面面积小于50%的才能考虑更换、挖补。3．检查疏通排水暗沟</td><td></td></tr>
</table>

（七）涵辉院及南侧院

序号	院落	建筑名称	残损现状综述	修缮性质	修缮措施	备注
1	涵辉院	正房	整体结构保存较好。局部构件缺损，如：砖飞缺12块，仿木短柱缺3个。西次间窗心屉缺失。局部砖缺损严重约30块。局部缺损窗棂。压沿石变形、移位或缺失，缺失约3.2米。地面砖缺约30%	现状整修	1．整修台明，补配缺失的压沿石、地面砖及砖炕、砖灶。2．清理所有墙面、门窗上的污垢。3．补配缺失门窗或改造的构件。4．补配、加固、整修现存女儿墙、砖飞、短柱等砖构件。5．整修窑顶，疏通排水通道。6．剔补风化、酥碱严重砖块。应注意新砌筑砖与旧砖的结合。7．按新砌筑砖周边砖颜色对新砖做旧，使颜色差别降到最小。8．依照现存神龛，恢复砖雕神龛	
2		西厢房	板门、西次间窗心屉不存。望兽缺一个半，正脊完整。檐口残损严重，连檐瓦口破损严重。内墙皮脱落严重，砖砌炉台破损	现状整修	1．整修台明，补配缺失的压沿石、地面砖及砖炕、砖灶。2．将椽望以上构件落架整修。3．检查檩木、架梁、檐山柱等构件是否存在糟朽，调整、加固现存梁架，并加铁箍、扒钉等铁活加固、连接其整体性。4．依据现存构件，采用相同材质补配缺失构件。5．按传统工艺恢复屋面，但须指出，其望板应按原制为荆藤主干（黄栌）绑扎铺设。6．检查、加固、补配两山墙墙体，特别是墙头部分博风砖体。补配望兽、正脊	
3		东厢房	南窑严重变形，濒临倒塌，为南侧水土流失，致使南侧水平推力丧失。压沿石缺失约2.8米	现状整修	1．整修台明，补配缺失的压沿石、地面砖及砖炕、砖灶。2．清理所有墙面、门窗上的污垢。3．补配缺失门窗或改造的构件。4．制作窑拱磨具，支顶两孔窑洞。5．将南窑拆卸后重新砌筑。加筑南侧窑腿夯土，并采用砖砌封护。6．整修窑顶，疏通排水通道。7．剔补风化、酥碱严重砖块。应注意新砌筑砖与旧砖的结合。8．按新砌筑砖周边砖颜色对新砖做旧，使颜色差别降到最小	
4		涵辉大门及围墙	前檐由于拱券右腿坍塌，致使拱顶、匾额向下位移，产生裂缝，严重变形。板门不存，屋面破损严重。望兽缺一个半。勾头缺12个，滴水缺28个	重点修复	1．整修台明，补配缺失的压沿石、地面砖。2．恢复屋面椽望、屋面瓦件。3．清理所有墙面的污垢，补配板门。4．补配缺失的门附件。5．补配、加固、整修现存围墙	
5		院落地面与排水系统、围墙	院落地面铺设规制保存较好，缺损约占总面积的70%。地面存在变形，杂草丛生、垃圾遍地，无法排水。排水沟有堵塞现象。墙头压沿石缺失8.5米，墙体缺损约2立方米	现状整修	1．根据院面泛水坡度，对院落地面进行全面超平，调整院落地面标高，防止局部隆起，使排水通畅。2．补配缺失地面砖。对于破裂地面砖破裂块数大于4块者，并且表面面积小于50%的才能考虑更换、挖补。3．检查疏通排水暗沟	

6		正房	明间、北次间板门不存。明间拱券破损严重。台明压沿石缺失30%。室内地面破损70%。女儿墙基本不存，仅剩残段烟筒	现状整修	1．整修台明，补配缺失的压沿石、地面砖及砖炕、砖灶。2．清理所有墙面、门窗上的污垢。3．补配缺失门窗或改造的构件。4．补配、加固、整修现存女儿墙等砖构件。5．整修窑顶，疏通排水通道。6．剔补风化、酥碱严重砖块。应注意新砌筑砖与旧砖的结合。7．按新砌筑砖周边砖颜色对新砖做旧，使颜色差别降到最小。8．依照现存神龛，恢复砖雕神龛	
7	西侧院	厢房	门板缺失，门框上的封堵砖不存。压沿石缺失约3米。地面铺砖不存	现状整修	1．整修台明，补配缺失的压沿石、地面砖及砖炕、砖灶。2．清理所有墙面、门窗上的污垢。3．补配缺失门窗构件及槛墙。4．补配、加固、整修现存女儿墙等砖构件。5．整修窑顶，疏通排水通道。6．剔补风化、酥碱严重砖块。应注意新砌筑砖与旧砖的结合。7．按新砌筑砖周边砖颜色对新砖做旧，使颜色差别降到最小	
8		大门	拱顶塌落，板门不存。台明设礓蹉踏道。垂带不存	重点修复	1．整修台明，补配缺失的压沿石、地面砖。2．恢复拱形门，拱顶设置排水坡度与排水口槽。3．清理所有墙面的污垢，补配板门。4．补配缺失的门附件。5．依据现存围墙砌筑材料和砌筑方法补配、加固、整修现存围墙	
9		院落地面与排水系统	院落地面铺设规制保存不全，几乎不存。地面存在变形，杂草丛生、垃圾遍地，无法排水。排水沟有堵塞现象。墙体缺损约3立方米	现状整修	1．根据院面泛水坡度，对院落地面进行全面超平，调整院落地面标高，防止局部隆起，使排水通畅。2．补配缺失地面砖。对于破裂地面砖破裂块数大于4块者，并且表面面积小于50%的才能考虑更换、挖补。3．检查疏通排水暗沟	

（八）祠堂院

序号	院落	建筑名称	残损现状综述	修缮性质	修缮措施	备注
1	一进院	厢房	非原建筑，为后人改建。根据碑文记载，原为廊房	日常保养	由于为非构，故暂时做日常保养，防止损坏影响其他建筑	
2		大门	仅剩柱础石，原构不存	日常保养	1．不得扰动柱础石位置，并加固后恢复原状。2．整修台明，铺墁地面。地面泛水为0.7%。3．加固两山墙、后檐墙墙头活动砖块等，不得添加新砖，保持原状。4．待二期保护方案实施时再行复原	
3		院落地面与排水系统、围墙	院落地面铺设规制保存较好，缺损约占总面积的20%。地面存在变形，杂草丛生、垃圾遍地，无法排水。排水沟有堵塞现象	现状整修	1．根据院面泛水坡度，对院落地面进行全面超平，调整院落地面标高，防止局部隆起，使排水通畅。2．补配缺失地面砖。对于破裂地面砖破裂块数大于4块者，并且表面面积小于50%的才能考虑更换、挖补。3．检查疏通排水暗沟	
4	二进院	祭堂	保存较好，无结构性病害。窗棂更改为玻璃窗	日常保养	1．检查窑体、窑洞是否存在安全隐患。2．补配后人更改的门窗构件。3．整修窑顶，使排水通畅。4．竖立保护窑后土崖保护标准，不得扰动崖体	
5		厢房	保存较好。窗棂下半部改为玻璃窗	日常保养		
6		影壁	方心不存，缺正脊、望兽，非祠堂建筑	现状整修	拆除，恢复原貌	

（九）诸神庙

序号	院落	建筑名称	残损现状综述	修缮性质	修缮措施	备注
1	诸神庙	大殿	整体结构保存较好。前檐廊不存，仅剩柱础石。前檐裱砖坍塌约80%，砖券拱顶坍塌约2到1米。窑洞内有后人砌筑砖砌一道。枕头窑西北角坍塌。窑洞排水不畅，有杂土堆积。殿内地面铺砖缺损约60%	现状整修	1．清理台明、室内杂土，拆除殿内隔墙，清理窑面浮土、杂草。2．重新砌筑塌毁窑面，并填充素土，夯实覆土。3．整修台明、稳固柱础石，不得扰动柱础石位置，补配地面砖。4．整修窑顶，铺设条砖，使排水通畅，补配女儿墙。5．砌筑窑面时应预留抱头梁等卯口、枕石。考虑到殿内采光与通风，门窗暂不恢复。6．整修踏步、补配垂带	
2		东西配殿	破损严重。两厢房均为南侧窑坍塌前半部，已经威胁到整体窑洞安全。板门不存，仅剩门框2个。上部女儿墙仅剩40%，室内地面缺失约60%	现状整修	1．清理台明、室内杂土；清理窑面浮土、杂草。2．重新砌筑塌毁窑面、窑拱，并填充素土，夯实覆土。3．整修台明、稳固压沿石，补配地面砖。4．整修窑顶，铺设条砖，使排水通畅。5．补配门窗、女儿墙	
3		东配房	东配殿破损严重，濒临倒塌。与东配殿相交处坍塌约4米，地面保存尚好，仅缺损2～3平方米。两配房屋面保存较差，杂草、杂土堆积，致使排水堵塞，影响窑体安全。女儿墙全部缺失。压沿石缺失6米	现状整修	1．清理台明、室内杂土；清理窑面浮土，清除树木。2．重新砌筑塌毁窑面、窑拱，并填充素土，夯实覆土。3．整修台明、稳固压沿石、补配地面砖。4．整修窑顶，铺设条砖，使排水通畅。5．补配女儿墙	
4		西配房	西配房保存较好，但南窑门窗、封堵面砖不存。女儿墙缺失约2米	现状整修		
5		戏台	前台木构建筑不存，门窗仅剩木框。后檐裱砖坍塌约70%，覆土裸露。前台台口上建筑垃圾堆积，杂草丛生。前台东侧山墙坍塌约3米	现状整修	1．整修台明，清理杂土，暂保留东侧树木[1]。2．加固现存山墙，不重新添配墙体。3．整修、铺设台明及室内地面，不得扰动柱础石。4．整修窑顶，铺设条砖，使排水通畅。屋面泛水2%。5．补砌后檐塌毁砖砌、女儿墙。6．门窗暂不恢复，整修门框、窗口	
6		山门	悬山门楼坍塌，仅剩两砂石柱，其中一根断裂成两段；门板不存，仅剩上部伏兔。台明压沿石不存	重点恢复	1．清理台明、地面。2．将折断石柱粘接、加固后恢复原位。3．恢复阑普、屋面。4．整修台明、地面，补配压沿石、地面砖。疏通排水口	
7	诸神庙上院	衬窑	整体结构保存较好，仅局部存在砖体酥碱或缺失现象，共约6平方米。北侧组窑门窗仅剩木框，板门、窗心不存。上部女儿墙局部缺失约5米	现状整修	1．清理、整修台明、地面，补配缺失构件。2．剔补酥碱深度超过30毫米的砖体，整修女儿墙，补配缺失构件。3．整修、补配门窗。4．整修、补配上部石板路，使排水通畅	
8		院落地面与排水系统	院落地面杂土堆积，暗沟堵塞，排水不畅。地面铺砖仅剩约5平方米。上层院落铺砖、踏步均不存。现为杂土、杂草覆盖	现状整修	1．根据院面泛水坡度，对院落地面进行全面超平，调整院落地面标高，防止局部隆起，使排水通畅。2．补配缺失地面砖。对于破裂地面砖破裂块数大于4块者，并且表面面积小于50%的才能考虑更换、挖补。3．检查、疏通排水暗沟	

注：该庙中有部分窑顶坍塌，如：东西厢房、东配房，在恢复拱券时，应严格按照现存拱券曲线恢复，不得按经验制作拱券曲线磨具。

[1] 北侧墙体上生长树木不予移除的主要原因是，其一，戏台暂不恢复。其二，树木的生长不会继续损坏其他墙体。其三，树木本身可证明该建筑破损的时间长短。其四，参考了中国艺术研究院艺术家的意见。

（一〇）环村石板路

环村石板路由环村路和主干路组成，全长667.7米，宽平均1.5米，毁坏不存约400.6米。恢复时应按照现存地段的条石铺法的规制、大小、材质、色泽铺设。不得采用与现存石材材质不符的石材。故应仍在当地寻找相同石材。对现存路面石材不得更换，可调整其标高、加固其地基。清理路面垃圾时，应有文物管理部门人员在场，及时收集原保留下的建筑构件、文物遗构等说明以及证明该村落历史、建筑的物证，待第二期修缮时，研究、复原。

（一一）福地与打麦场

福地位于村中，其修缮原则为：1．清理场地，恢复其原夯土层地面。2．清理后人随意砌筑的猪圈、临时垒砌矮墙等与场地无关构筑物。3．与电力部门联系，将场地内的两电线杆移走。

村北麦场其修缮原则为：1．清理场地，恢复原夯土层地面。2．清理后人随意构筑的铁丝网，移走场地内的树苗。3．依据原地形，平整场地，夯实地面。4．放置石碾，恢复其原有使用功能。

（一二）石牌坊

贞洁石牌坊位于师家沟村口。为四柱三楼式，纯砂石雕刻而成。修缮原则：日常保养。1．清理场地，砌筑台明，防止雨水冲击基础。2．设置铁栏杆，防止游人触摸等。3．检查屋面构件、梁柱构件，发现问题及时沟通，并会同设计方共同提出解决方案。

（一三）附属文物建筑

序号	院落	建筑名称	工程范围	修缮性质	修缮措施与内容	备注
1	西务本院之衬窑院落	衬窑	衬窑及其院落护坡、地面	现状整修	1．整修台明，补配缺失的压沿石、地面砖及窑内砖炕、砖灶。2．补配门窗缺失构件，整修现存门窗框。3．拆砌女儿墙，剔补墙面酥碱砖体。剔补原则详见上述施工注意事项。4．检查、消除拱券内病害。5．清理所有墙面、门窗上的污垢。6．整修窑顶，疏通排水通道。7．清理厕所粪便，禁止今后使用	
2		院落与护坡		日常保养	1．整修院面，按设计图规定，保证院面泛水坡度。2．整修、加固护坡。3．拆除后人红砖砌筑的围墙，恢复院落原状。4．利用现状排水通道，整修院落地面，疏通排水通道。泛水坡度在3%左右	
3	大夫第西侧衬窑院落	6孔衬窑	6孔衬窑本体	现状整修	1．整修台明，补配缺失的压沿石、地面砖及窑内砖炕、砖灶。2．补配门窗缺失构件，整修现存门窗框。3．拆砌女儿墙，剔补墙面酥碱砖体。剔补原则详见上述施工注意事项。4．检查、消除拱券内病害。5．清理所有墙面、门窗上的污垢。6．整修窑顶，疏通排水通道。7．清理厕所粪便，禁止今后使用	
4		院落	院落及地面	日常保养	1．整修院面，按设计图规定，保证院面泛水坡度。2．增修、加固护坡，夯土院落南侧与北侧一致。3．整修护坡与环形石板路之间空隙，以种植当地一种草为宜。4．利用现状排水通道，整修院落地面，疏通排水通道。泛水坡度在3%左右	

5	师文保宅院	西窑与北窑	院落西窑与北窑本体及屋面上山坡治理	现状整修	1．整修台明，补配缺失的压沿石、地面砖及窑内砖炕、砖灶。2．补配门窗缺失构件，整修现存门窗框。3．拆砌女儿墙，剔补墙面酥碱砖体。剔补原则详见上述施工注意事项。4．检查、消除拱券内病害。5．清理所有墙面、门窗上的污垢。6．整修窑顶，疏通排水通道。7．加固、整修窑内檩木	
6		大门	大门本体	重点修复	1，补修台明。2．拆除屋顶，整修墙体。3．按设计图纸恢复屋面。4．补配板门、整修门框等装修及木构架。5．对椽望以上部分以及新配板门重做断白，油饰色彩接近周边木构件黑旧色	
7	师文保宅院	院落与围墙	院落地面及围墙整修	现状整修	1．院内夯土墙体按现状重新夯筑。2．院落地面标高、铺墁按设计图纸整修。3．院围墙按设计图纸砌筑。4．院外、北房东侧按设计要求整修、种植当地草木。5．利用现状排水通道，整修院落地面，疏通排水通道。泛水坡度在3%左右	
8	油坊院	3孔砖窑	3孔窑体及屋面上山坡治理	重点修复	1．按设计图加固北侧土崖，砌筑毛石踏道。2．将拱券以上部分落架、重新砌筑。采用灰桩加固地基。3．整修台明，补配缺失的压沿石、地面砖及窑内砖炕、砖灶。4．清理所有墙面、门窗上的污垢。5．补配缺失门窗或改造的构件。6．补配、加固、整修现存女儿墙。7．整修窑顶，疏通排水通道	
9		院落	院落地面整修	现状整修	1．整修院面，按设计图规定，保证院面泛水坡度。2．保留现存种植的果木。3．利用现状排水通道，整修院落地面，疏通排水通道。泛水坡度在3%左右	
10	西十孔衬窑	十孔衬窑	十孔窑体及屋面整修	现状整修	1．整修台明，补配缺失的压沿石、地面砖及窑内砖炕、砖灶。2．补配门窗缺失构件，整修现存门窗框。3．拆砌女儿墙，剔补墙面酥碱砖体。剔补原则详见上述施工注意事项。4．检查、消除拱券内病害。5．清理所有墙面、门窗上的污垢。6．整修窑顶，疏通排水通道。7．清理厕所粪便，禁止今后使用	
11		护坡	门前护坡	现状整修	1．整修院面，按设计图规定，保证院面泛水坡度。2．整修、加固护坡	
12	循理、处善院外更夫室及院落	更夫房	建筑本体	重点修复	1．清理台明、踏道、山墙。2．按图纸恢复屋檐、踏道、板门	
13		院落	院落为务本院西厢房屋面，地面铺砖	现状整修	1．整修院面，按设计图规定，保证院面泛水坡度。2．条砖铺地。窑面泛水为2%	
14	隧道口外三孔衬窑	3孔砖窑	窑洞本体及院落整修	现状整修	1．整修台明，补配缺失的压沿石、地面砖及窑内砖炕、砖灶。2．补配门窗缺失构件，整修现存门窗框。3．拆砌女儿墙，剔补墙面酥碱砖体。剔补原则详见上述施工注意事项。4．检查、消除拱券内病害。5．清理所有墙面、门窗上的污垢。6．整修窑顶，疏通排水通道	
15	祠堂南侧院	南窑与东窑	院落建筑本体	现状整修	1．整修台明，补配缺失的压沿石、地面砖及窑内砖炕、砖灶。2．补配门窗缺失构件，整修现存门窗框。3．拆砌女儿墙，剔补墙面酥碱砖体。剔补原则详见上述施工注意事项。4．拆砌坍塌窑洞，检查、消除其他窑洞拱券内病害。5．清理所有墙面、门窗上的污垢。6．整修窑顶，疏通排水通道。7．可在土崖下部加筑黄土减缓坡度，并采取种植当地草皮的方法，加固窑顶后部崖壁，防止水土流失	
16	祠堂南侧院	院落	院落铺墁及排水设施疏通	现状整修	1．根据院面泛水坡度，对院落地面进行全面超平，调整院落地面标高，防止局部隆起，使排水通畅。2．补配缺失地面砖。对于破裂地面砖破裂块数大于4块者，并且表面面积小于50%的才能考虑更换、挖补。3．检查疏通排水暗沟，并加铁箅子，防止树叶、树枝等杂物堵塞暗沟。4．利用现状排水通道，整修院落地面，疏通排水通道。泛水坡度在3%左右	

17	药铺院	正房	正房本体	现状整修	1．整修台明，补配缺失的虎头砖、地面砖， 及窑内砖炕、砖灶。2．清理所有墙面、门窗上的污垢。3．补配缺失门窗或改造的构件。4．补配、加固、整修现存女儿墙。5．整修窑顶，疏通排水通道	
18		两侧厢房、大门	两厢房本体	重点修复	1．清理遗址，拆除后人砌筑的猪圈等违章建筑。2．整修台明，补配缺失的压沿石、地面砖。3．依据设计图和现存山墙痕迹搭筑木构建筑	
19		院落地面与排水	院落地面铺设条砖，及排水疏通	现状整修	1．根据院面泛水坡度，对院落地面进行全面超平，调整院落地面标高，防止局部隆起，使排水通畅。2．补配缺失地面砖。对于破裂地面砖破裂块数大于4块者，并且表面面积小于50%的才能考虑更换、挖补。3．检查疏通排水暗沟，并加铁箅子，防止树叶、树枝等杂物堵塞暗沟。4．利用现状排水通道，整修院落地面，疏通排水通道。泛水坡度在3%左右	
20	药铺院之上院	正房	正房本体	现状整修	1．整修台明，补配缺失的虎头砖、地面砖， 及窑内砖炕、砖灶。2．清理所有墙面、门窗上的污垢。3．补配缺失门窗或改造的构件。4．补配、加固、整修现存女儿墙。5．整修窑顶，疏通排水通道	
21		院落地面	院落地面整修，保留原建筑遗址	现状整修	1．清理院面的杂土、杂草。2．保留原大门遗址。3．整修院面，补配缺失的地面砖。疏通排水通道	
22	流芳院外东侧院	东窑	东窑本体	现状整修	1．清理窑面、室内外地面。2．补配缺失的窑拱砖，加固、砌筑坍塌的拱券。3．整修补配门窗。4．整修台明，补配缺失的压沿石、地面砖，及窑内砖炕、砖灶。5．清理所有墙面、门窗上的污垢。6．补配、加固、整修现存女儿墙	
23		北窑	北窑本体	现状整修	1．清理建筑上的杂土、杂草。2．按现存塌毁的痕迹恢复窑面。3．恢复砖梯。4．整修台明，补配缺失的压沿石、地面砖，及窑内砖炕、砖灶。5．整修补配门窗。6．整修窑顶，疏通排水通道。补配女儿墙。7．整修正房右侧崖壁。按现存护坡砖墙整修砌筑。砖护坡基础埋置深度必须在1米以上，且放脚	
24		院落	院落地面整修、地面铺墁、院落台地护坡	现状整修	1．清理杂草、垃圾。2．整修院面。3．依据设计图纸和清理出的遗迹恢复地面铺砖、踏步、护坡。4．利用现状排水通道，整修院落地面，疏通排水通道。泛水坡度在3%左右	
25	东务本院	正房	正房本体	现状整修	1．清理建筑上的杂土、杂草。2．按现存塌毁的痕迹恢复窑面。3．恢复砖梯。4．整修台明，补配缺失的压沿石、地面砖，及窑内砖炕、砖灶。5．整修补配门窗。6．整修窑顶，疏通排水通道。补配女儿墙	
26		两厢房、大门	厢房及大门本体	现状整修	1．清理建筑上的杂土、杂草。2．按现存塌毁的痕迹恢复窑面。3．恢复砖梯。4．整修台明，补配缺失的压沿石、地面砖，及窑内砖炕、砖灶。5．整修补配门窗。6．整修窑顶，疏通排水通道。补配女儿墙	
27		倒座	倒座现状整修	遗址保护	1．清理杂土、杂草，清捡砖木构件。2．不得扰动柱础石位置，并加固后恢复原状。3．整修台明，铺墁地面。地面泛水为0.7%。4．加固两山墙头活动砖、砖博风等。5．院外山墙及后檐墙应按现存最高位置补修砌筑，保证院落的防盗安全	
28		院落地面与排水	地面铺墁、院落围墙及排水疏通	现状整修	1．根据院面泛水坡度，对院落地面进行全面超平，调整院落地面标高，防止局部隆起，使排水通畅。2．补配缺失地面砖。对于破裂地面砖破裂块数大于4块者，并且表面面积小于50%的才能考虑更换、挖补。3．检查疏通排水暗沟，并加铁箅子，防止树叶、树枝等杂物堵塞暗沟	
29	竹苞院外东三孔窑	3孔砖窑	窑洞本体、屋面上山坡整治	现状整修	1．整修台明，补配缺失的压沿石、地面砖。2．清理所有墙面、门窗上的污垢。3．补配缺失门窗或改造的构件。4．补配、加固、整修现存女儿墙。5．整修窑顶，疏通排水通道。6．砌筑北山墙，加固北山坍塌土坡	
30	巩固院之磨坊院	正房及院落	正房本体及院落地面、围墙	现状整修	1．整修台明，补配缺失的压沿石、地面砖。2．清理所有墙面、门窗上的污垢。3．补配缺失门窗或改造的构件。4．补配、加固、整修现存女儿墙。5．利用现状排水通道，整修院落地面，疏通排水通道。6．依据设计图及现存围墙，恢复围墙及影壁	

注：院落坡度的确定。1．根据正房台明下的标高与排水口处标高差值确定院落泛水坡度。2．暗沟铁箅子采用手工打制，大小超过排水口10～20毫米即可。形状为圆形，图案采用铜钱式样，即内为方孔。

（一四）因展示利用所恢复的项目

序号	院落	建筑名称	范围	修缮性质	修缮内容	备注
1	竹苞院正房二层插廊	插廊	插廊柱础石、柱、梁架、屋面。木构的油饰断白	重点修复	1．依据设计图纸和现存卯口恢复插廊；2．所有椽均采用扒钉、铁箍与檩木及下层砖体连接，保证椽望的出挑安全。3．为保证稳固性，所有廊柱均向内形成20～30毫米的侧角	
2	务本院	正房前廊	插廊梁架、屋面，柱础石、柱的整修加固。木构的油饰断白	重点修复	1．依据设计图纸和现存卯口恢复插廊。2．所有椽均采用扒钉、铁箍与檩木及下层砖体连接，保证椽望的出挑安全。3．为保证稳固性，所有廊柱均向内形成20～30毫米的侧角	
3	务本院	南房	南房的地面到屋面；后檐墙的拆卸重砌、两山墙的局部拆砌、加固；木构的油饰断白	重点修复	1．拆卸后檐墙体，加固基础，依据原制恢复；依据设计图纸和现存卯口恢复南房。2．柱础的复制应依据现存柱础石式样。3．按现存后檐窗，补配缺损窗棂，并加内窗扇。4．补配、加固、整修两山墙。5．整修台明，补配缺失的压沿石、地面砖。6．对新木构件进行油饰断白保护、加铁箍防止开裂。木柱的设计直径仅为标准值，实际选材误差允许10～20毫米	
4	诸神庙	正殿前廊	插廊柱础石、柱、梁架、屋面。木构的油饰断白	重点修复	1．依据设计图纸和现存卯口恢复插廊。2．所有椽均采用扒钉、铁箍与檩木及下层砖体连接，保证椽望的出挑安全。3．为保证稳固性，所有廊柱均向内形成20～30毫米的侧角	
5	诸神庙	戏台前台木构建筑	戏台台口柱础石、木柱、梁架、屋面的制作安装；木构的油饰断白	重点修复	1．依据设计图纸和现存卯口恢复南房。2．柱础的复制应依据现存柱础石式样。3．按现存后檐窗，补配缺损窗棂，并加内窗扇。4．补配、加固、整修后檐墙。5．整修台明，补配缺失的压沿石、地面砖。6．对新木构件进行油饰断白保护、加铁箍防止开裂。木柱的设计直径仅为标准值，实际选材误差允许10～20毫米	
6	成均伟望院落	南房	拆除前檐墙体和后檐上部部分墙体；重新砌筑槛墙及墙体；制安柱础石、木柱、梁架、门窗、屋面等。木构的油饰断白	重点修复	1．拆除后人砌筑两山墙之内新建筑，依据设计图纸和现存卯口恢复南房。2．柱础的复制应依据现存柱础石式样。3．按现存后檐窗，补配缺损窗棂，并加内窗扇。4．补配、加固、整修后檐墙。5．整修台明，补配缺失的压沿石、地面砖。6．对新木构件进行油饰断白保护、加铁箍防止开裂。木柱的设计直径仅为标准值，实际选材误差允许10～20毫米。7．对椽望以上部分重做断白，油饰色彩接近门窗黑旧色	
7	成均伟望院落	一、二进正房廊部	廊部屋面筒板瓦局部揭瓦、勾抿。面积约13平方米	日常保养	1．清理屋面杂土、杂草。2．勾抿屋面。3．局部揭瓦屋面，补配缺失的勾头、滴水	
8	成均伟望院落	三进正房、东西偏房	屋面筒板瓦局部揭瓦、勾抿。面积约68平方米	日常保养	1．清理屋面杂土、杂草。2．勾抿屋面。3．局部揭瓦屋面，补配缺失的勾头、滴水	
9	成均伟望院落	两侧厢房	屋面女儿墙补筑、加固，及排水疏通。长度约25米	日常保养	1．整修女儿墙。2．补配缺失的女儿墙砖体。3．整修变形位置的女儿墙体	
10	成均伟望院落	西跨院窑洞	屋面女儿墙补筑、加固，及排水疏通。长度约25米	日常保养	1．整修女儿墙。2．补配缺失的女儿墙砖体。3．整修变形位置的女儿墙体	
11	成均伟望院落	院落地面	地面铺砖局部揭墁、勾抿，面积约70平方米	日常保养	保留破损地砖，补配缺失地砖，按原制替换	
12	成均伟望院落	两门楼	屋面筒板瓦局部揭瓦、勾抿，面积约6.7平方米	日常保养	1．对屋面揭瓦亮椽，更换糟朽椽望、飞。2．补配缺失筒板瓦。3．重新宽瓦	

第三节　修缮工程材料要求及做法

（一）地面工程

1. 砖加工

砖的规格、品种、质量等必须符合传统建筑材料的要求，加工应严格遵守原建筑物砖的时代特点和设计要求。按原有砖施工的实际尺寸定砖的厚度和长度。砍砖要求十成面，不得有“花羊皮”，不得有“棒锤肋”“肉肋”及“倒包灰”。加工成品砖尺寸要一致，棱角必须整齐。

2. 细墁方砖、条砖地面

细墁方砖：做好基层处理，对经检查合格进场的加工砖码放整齐，做好半成品保护，施工中轻拿轻放，以防碰坏棱角。首先沿两山各墁一趟砖，然后冲趟，确认无误，拴好拽线一道卧线进行样趟，达成“鸡窝泥”保证方砖平顺，砖缝均匀、严密，均匀浇浆，麻刷沾水将砖肋刷湿，砖校均匀挂灰，先铺墁，再用礅锤将砖叫平叫实，铲尺缝后墁干活，按卧线检查砖棱，进行刹趟，并擦干净，做好成品保护。

条砖墁地：做好三七灰土垫层，对经检查合格进场的加工砖码放整齐，做好半成品保护，施工中轻拿轻放，以防碰坏棱角。首先沿两山铺墁，各墁一趟砖调平，然后冲趟，确认无误，拴好拽线一道卧线铺砂进行样趟，保证条砖平顺，砖缝均匀。严密。全部墁完后用细砂灌缝，扫净浮砂，做好样品保护。

3. 台明石归安、补配

对踏步台阶和垂带恢复、归安、补配，确定规格和式样，并进行加工。台明石、踏步石、垂带石等各种构件均应按原遗物图案、风格及设计图纸的要求，按当地古建传统做法进行加工制作。石料选料时应注意石料的完整及色彩的一致性等，裂缝、隐残不应选用。

石活安装：根据原有的形式式样进行打细和石活安装：首先根据设计图纸要求和原位置尺寸，进行放线，根据检线将石活就位铺灰作浆，确定石活位置、标高，找平、找正、垫稳，新旧接茬自然，无误后灌浆，为了防止灰浆溢出需预先进行锁口，石活间连接的榫与榫窝交接牢固。安装完成后，交工前进行洗剁处理。

4. 散水铺墁

应清理台明四周或墙体周边，按现存散水位置、标高、式样，进行补配、重墁，坡度保持在10%。

5. 素土与灰土夯实

要分层夯实，每步虚填厚度不超过20厘米，其压实系数应大于0.93。

（二）围护结构工程

1. 墙体加固

工艺要求：按原墙所用砖规格制作，保证砖的压力在65号以上，且砍磨规整，砌筑规矩，清理整洁。

黏结剂：砌筑墙体时施白灰糯米混合灰浆，将糯米煮烂加入白灰膏中搅拌均匀后施用，白灰糯米浆配比（重量比）为白灰膏：糯米=100：3。白灰膏须提前6个月淋好的陈白灰。首先剔除墙体糟酥部分，然后进行清水冲洗缝内杂物，冲洗时须控制水流量，防止水过量致使基础软化。对墙体裂缝表面处理、剔槽清理封缝灌浆。

2. 墙体砌筑

砖的规格、式样、品种、质量等遵守原建筑物砖的时代特点和尺寸要求。按原有砖的实际尺寸定砖的厚度、长度、式样进行加工。加工砍砖要求同地面砖。

3. 拆除

对酥碱部位进行剔凿挖补，用肩铲子将留槎部位剔净，保证槎子砖的棱角完整，尽量剔成坡槎，保证挖补部位最上一皮砖为一个单块砖，灌浆饱满，增加墙体的耐久性。

4. 抹灰

抹灰前墙面应下竹钉，钉麻揪。麻揪应分布均匀呈梅花状，采用麻相互搭接，麻应采用质量好的长线麻，所使用的灰应符合原建筑物的材质，且应符合传统建筑材料的要求。揪子眼必须平整，抹灰后无漏麻现象。

在抹底前应根据室内墙阴阳角做护角，要求垂直结牢。抹墙面采用麦秸泥打底，用大杠刮抹找平、槎毛。整面墙完成后要全面检查其平整度，阴阳角方正，检查垂直和平整度情况。

白灰中掺入适量黄土，抹灰层与基层之间必须粘接牢固，无脱层、空鼓、爆灰和裂缝等现象。护角周围的抹灰表面整齐、光滑。表面平整度的允许偏差8毫米，立面垂直的允许偏差8毫米。

（三）木构架工程

材料的选择与加工。所有大木构件和椽飞（望板除外），均需用无节、无朽、无裂痕的一等针叶松制作、添配和墩接。而且所有圆材、负重构件，必须用轴心材制作，不得用方材加工或拼接。斗栱构件依原构材质用榆槐木（本地产）制作。装修部分的构件须用一等红松或旧红松修补添配。

1. 梁架、椽飞、望板加固做法

对劈裂和糟朽程度还不足以影响屋顶构件荷载的梁、额枋、檩条等构件，采取局部加固、剔槽填补及防腐的措施进行处理。其做法是，据劈裂程度以及裂缝大小而定，裂缝小者将缝内杂物及尘土清理干净之后施环氧树脂或鱼鳔粘固，若裂缝较大者即粘固后再加铁箍1～2道。对一些糟朽不太严重的构件只做清理及渗刷防腐剂即可，对一些糟朽严重影响其整体受力的构件，进行剔除、粘接加固和加铁箍处理，同时进行渗刷防腐剂。

针对一些劈裂、糟朽、变形现象非常严重，且失去自身作用不能继续使用的少部分构件，予以更换，不留隐患。更换时需选用与原构件材质相同的材料或强度高于原材料的材质，制作时必须以原构件的做法及风格为依据，不得使用低于原材料材质的材料或改变原构件的风格、手法。

梁额的加固：对梁额裂缝较小者施环氧树脂溶液灌注，之后施木楔补平，对裂缝较大者灌注后加铁箍锚固。在灌注环氧树脂黏结剂之前，先清理缝内杂物，并施鼓风机将缝内尘土吹净，施环氧树脂渗透剂将裂缝表面湿润，再灌注黏结剂，并施木质形材为填料进行加填处理，根据构件实际毁坏程度而决定加设铁箍数量。

糟朽的处理：对糟朽深度在3厘米以内、长度不超过100厘米、宽度不超过15厘米，且糟朽程度未超过整个构件面积四分之一的，采取整体防腐、剔补加固的方法。具体做法是，先将糟朽部分剔除干净，然后施以有机氯合剂进行防腐处理，然后，施干燥木条依原样及尺寸用环氧树脂粘接修整，最后施铁箍锚固。

构件复制：对糟朽、断裂严重直至不能继续使用的构件，需予以更换，更换时没有特殊情况必须按原构件的材质、手法及风格进行复制。

椽飞、望板：在更换椽子时应注意，先换檐椽，后换脑椽和花架椽。将所换檐椽经过整理加工后可用作脑椽和花架椽，所复制的椽、飞为落叶松材质。此处望板分为两种：一种望板为规格为厚2厘米的落叶松板材，柳叶缝看面刨光，铺钉牢固。另一种为荆藤主干（黄栌）绑扎铺设。

梁架、柱、檩等大木构件的复制、补配必须按原材质、原风格、原做法制作。木材的选用、加固必须严格按照《古建筑修建质量评定标准》（北方地区）、《中华人民共和国国家标准古建筑木结构维护与加固技术规范》GB50165中的规定执行，木材必须无节、无朽、无裂痕、无虫害；含水率必须小于12%。

2. 檩件更换添配

首先根据原有檩件的时代特点和木材的材质品种、尺寸大小以及榫卯形制进行加工。檩两端与梁搭接处榫卯必须按照原样制作。安装榫卯应牢固，安装后不驾马，不滚动。

3. 补配、更换垫板、椽飞，添配望板、连檐、瓦口

各种更换添配加工制作的构件，应严格按原尺寸、式样和形式进行加工制作。严格按照当地古建传统操作程序加工制作。为使各部件尺寸准确，需放实样、套样板、画线制作。作样板经检验合格后，方可成批加工制作。檐椽、飞椽、望板的安装，检查各构件的数量及位置编号。木构件安装必须符合设计位置要求。旧椽子严禁翻转使用，新更换的椽子可集中使用，椽子找平时不得过多砍伤桁檩，可用通常垫木或砍刨椽尾找平，压尾子的望板应尽量减薄。

4. 柱子

柱子是大木结构中的一个重要构件，主要功能是用来支撑梁架的。由于年久失修，柱子受干湿影响往往有劈裂、糟朽现象。尤其是包在墙内的柱子。由于缺乏防潮措施，柱根更容易腐朽，丧失了承载能力。根据不同的情况，应做不同处理。

当木柱有不同程度的腐朽而需整修、加固时，可采用下列剔补或墩接的方法处理：

当柱心完好，仅有表层腐朽，且经验算剩余截面尚能满足受力要求时，可将腐朽部分剔除干净，经防腐处理后[1]，用干燥木材依原样和原尺寸修补整齐，并用耐水性胶粘剂粘接，如系周围剔补，尚需加设铁箍2～3道。

当柱脚腐朽严重，但自柱底面向上未超过柱高的1/4时，可采用墩接柱脚的方法处理。墩接时，先将腐朽部分剔除，再根据剩余部分选择墩接的榫卯式样，如“巴掌榫”“抄手榫”等。施工时，除应注意使墩接榫头严密对缝外，还应加设铁箍，铁箍应嵌入柱内。

墙内柱的墩接采用“巴掌榫”，墩接柱与旧柱的搭接长度最少为40厘米左右，用直径1.2～2.5厘米螺栓连接，或外用厚5毫米、宽10厘米的铁箍二道加固。

明柱的主要病害是其干缩所引起的裂缝。根据《古建筑木结构维护与加固技术规范》GB50165-92，第6.6.1条进行修复。即：

对木柱的干缩裂缝，当其深度不超过柱径（或该方向截面尺寸）1/3时，可按下列嵌补方法进行修整：

（1）当裂缝宽度不大于3毫米时，可在柱的油饰或断白过程中，用腻子勾抹严实。

（2）当裂缝宽度在3～30毫米时，可用木条嵌补，并用耐水性胶粘剂粘牢。

（3）当裂缝宽度大于30毫米时，除用木条以耐水性胶粘剂补严、粘牢外，尚应在开裂段内加铁箍2～3道。若柱的开裂段较长，则箍距不宜大于0.5米。铁箍应嵌入柱内，使其外皮与铁箍外沿齐平。

当对木柱的干缩裂缝，当其深度超过往径（或该方向截面尺寸）1/3时，应按《古建筑木结构维护与加固技术规范》GB50165-92，第6.6.2条进行修复[2]。

本案中无须更换木柱。

（四）木门窗维修

木门窗的种类分为两类，即板门与隔扇，常见的残破情况及修理方法如下：

[1] 根据《古建筑木结构维护与加固技术规范》GB50165-92，第5.1.4条。柱脚的表层腐朽处理采用高含量水溶性浆膏铜铬砷合剂敷于柱脚周边，并围以绷带密封，使药剂向内渗透扩散。脚跟心腐处理，采用氯化苦熏蒸。施药时，柱脚周边须密封，药剂应能达柱脚的中心部位，一次施药，其药效可保持3～5年，故须定期更换。

[2] 第6.6.2条 当干缩裂缝的深度超过本规范第6.6.1条规定的范围或因构架倾斜、扭转而造成柱身产生纵向裂缝时，须待构架整修复位后，方可按本规范第6.6.1条第三款的方法进行处理。若裂缝处于柱的关键受力部位，则应根据具体情况采取加固措施，或更换新柱。

1. 板门

板门是由厚板拼装而成的，由于原建时，所用木料不干及年久木料收缩出现裂缝现象，细小裂缝可待油饰断白时用腻子勾抿，一般裂缝要用通长木条嵌补粘接严实，裂缝较宽时，也可按各种裂缝的总和宽度，补一块整板，木条或整板要与门厚度相同。

2. 隔扇

隔扇窗主要病害表现为两种：一是框架变形或松动；二是棂条的缺失。这是师家沟民居门窗的主要病害。

框架变形或松动：采取摘卸正窗，按原制将松脱的抹头榫卯重新拼装，在接缝处要加楔、灌胶粘牢。

棂条的缺失：按原制及设计图纸，按原材质重新制作、补配。

（五）屋面分部工程

1. 苫背具体做法

望板或荆芭铺钉完毕之后，先抹2厘米护板灰，护板灰用泼灰和麻刀加水调匀，材料配比（重量比）为泼灰：麻刀=20：1；苫背采用掺灰泥背，用生灰块拨制，抹背不少于两遍，找出弧线，灰背采用黄土、泼灰掺麦秸加水搅拌而成，为防止屋顶生草，所用黄土须为深层土，用料配比（体积比）为泼灰：黄土=55：45。厚度最薄处不少于100毫米。灰背分两层抹制，灰背需和缓平整并层层拍实，面层应不少于“三浆三压”。

2. 宽瓦做法

先宽瓦，后调脊，清洗底、盖瓦，采用3：7灰泥宽瓦。首先根据屋面和瓦的尺寸大小进行分中号垄，屋面分垄必须正确。根据分中号垄进行冲垄。根据屋面面积大小而定冲垄数。先冲边垄，拴好“齐头线”“楞线”和“檐口线”，再冲屋面中间的瓦垄。要求屋面所冲的垄曲线平滑、均匀一致。采用传统掺灰泥宽瓦。冲垄、宽底瓦必须保证三搭头。盖瓦满沾月白浆、底瓦满沾白灰浆。

檐头、脊根和腰线三条线。底盖瓦的瓦脸灰、捉节灰应饱满不得有脱落和洞眼。盖瓦夹垄灰分二次进行，要密实、光滑、直顺，应符合相应古建操作要求。屋面完成后瓦件清扫干净，各条脊和瓦面刷浆色泽应均匀一致。

3. 调脊

垂脊自下而上依次垒砌，各层下砌后用麻刀灰和瓦片分层填平。其上各层脊、兽件做灰和使碰头灰要足。头缝填灰须平整。脊兽桩钉牢，吻兽位置准确周正平稳。各条脊均要平直顺向，各构件接口平整、严实，角度、直顺高低一致。调正脊要挂通直线。调垂脊（岔脊或戗脊）拉线找好弧度，自角端部开始，依次安装垒砌。按原位置安装垂兽，然后做兽后部分，内用灰泥装满，至最顶端留一段，望兽安装好后再封口。安望兽前安好桩子，涂好防腐涂料，望兽内用灰泥装满，垒砌牢固。

（六）日常保养项目

1. 屋面除草清垄

（1）拔草时应“斩草除根”，即应连根拔掉。

（2）要用小铲将苔藓和瓦垄中的积土、树叶等一概铲除掉，最后用水冲净。

（3）要注意季节性。由于杂草和树木种子的传播季节性很强，所以这项工作的时间应安排在种子成熟之前。

（4）在拔草拔树过程中，如造成和发现瓦件揿揭、松动或裂缝，应及时整修。除了进行人工除草外，还可以采用化学除草法，即用化学除草剂进行除草。这种方法对消灭杂草及其后代有着显著的效果。喷洒起来也较容易，一般只需升高喷雾器的喷枪就可以操作，不用上房，因此可以节省大量的人力。使用化学草剂时应注意：①除草剂有很强的选择性。②应尽量在杂草萌芽期使用。③应注意是否会对瓦面追成污染。④不要对人、畜造成伤害。

（5）当采用化学处理方法除草时选用的除草剂应符合下列要求：

①对人、畜无害不污染环境；

②无助燃起霜或腐蚀作用；

③不损害古建筑周围绿化和观赏的植物；

④无色且不导致瓦顶和屋檐变色或变质；

⑤不得使用氯酸钠或亚砷酸钠除草。

2. 抽换底瓦和更换盖瓦

底瓦破碎或质量不好，可以进行抽换。抽换底瓦的方法是先将上部底瓦和两边的盖瓦撬松，取出坏瓦，并将底瓦泥铲掉，然后铺灰用好瓦按原样铺好。如果盖瓦破碎或质量不好时，必须更换盖瓦。先将破瓦拿掉并铲掉盖瓦泥，用水洇湿接槎处后铺灰将新瓦重新宨好，接槎处要勾抹严实。

3. 局部挖补

先将瓦面处理干净，然后将需挖补部分的底盖瓦全部拆卸下来，并清除底、盖瓦泥（灰）。如泥（灰）背酥碱脱落，应铲除干净，用水将槎子处洇透后按原有作法重新苫背。待泥背干后开始宨瓦（宨瓦前仍要洇透旧槎）。新旧槎子处要用灰塞严接牢，新、旧瓦搭接要严实，新旧瓦垄要上下直顺，囊度要与整个屋面囊度一致。

（1）剔补原则与方法：

①第一块剔补砖应满足酥碱深度超过50毫米，且酥碱表面积达到砖表面的100%，并且是酥碱最严重的。

②其后剔补砖墙时应遵循不得在同一位置、同时剔补两块以上砖体，即剔补后的砖块不能出现连成片的状态这一基本原则。

③新剔补砖之间必须有旧砖相隔，不得相接。剔补下一块砖时，应寻找相对酥碱最严重的砖体，且与刚剔补的砖相隔。

④达到没有明显剔补痕迹的外观效果。

（2）所有新补配木构件均要采取做旧断白，色彩要与做旧的建筑周边环境色一致。因此，做旧材料调色必须按每个建筑、每个部位的就近色进行调色，不得统一调色、配置。

对原旧构件必须清理表面污垢、灰尘，检查、加固旧构件。

（七）注意施工中的新发现

修缮施工过程中，如发现新的题记和隐匿结构、小型塑像，墙内隐蔽构造及牌匾、字迹等情况，应即时报告主管部门，进行测绘、临摹、拍照、鉴定，并妥善收藏，以供考证研究之用。如因发现而需变更修缮方案和技术设计，应即时报请上级主管部门研究定夺。

第四节　日常保养工作计划

文物建筑的损毁是一个量变的过程，保存状况的变化不易察觉，加上缺乏日常维护和管理，久而久之，量变引起质变，文物建筑就面临“非修不可”的境地了。其所需做的往往是管理人员检查一下漏水，疏通一下排水，或者清理一下白蚁。

本工作计划按照师家沟古建筑群的实际情况制定。

（1）每两组院落应配备一名固定保护员。较大院落，如瑞气凝院落应配备专职一名固定保护员。共需固定保护员最少8名。

（2）每个独立四合院落可设置一个活动垃圾箱。每天定时、定点将垃圾清理到村外指定垃圾站运走。村内不设永久垃圾场。

（3）每天对所属建筑院落进行保洁、清理，检查排水通道，疏通排水。逢雨季应及时检查排水流量是否迅速，并结合当地气象部门记录降雨量与排水速度表格，为改善排水通道提供依据，使院落或屋顶无积水现象。

（4）对建筑与建筑或院落与院落之间的自然山体进行日常保养，防止水土流失或塌落，影响建筑安全。对环村石板路以内的自然山体、土坡，应有意培养种植当地草苗，但每一块自然地，必须只留一种草，不得出现两种以上，形成小景。同时为控制生长有序，要定时修剪，保持一定自然形状，避免规则的几何形状。

（5）每年根据当地气候，定期、定时清理瓦屋面，清理杂草。最少每年一次。

（6）逢雨季应及时检查屋面，特别是木构屋面漏雨情况，若发现，应及时局部揭瓦、勾抿修补，防止扩大。

（7）对出现墙体开裂、墙体酥碱、护坡坍塌、建筑倾斜等安全隐患时，应及时记录其发生时间、变化速度。及时与设计部门联系制定观察记录工作计划。

记录方法：在开裂的缝隙两侧，用铅笔刻画两条平行线，每日观测两线距离，并记录。

（8）村内的旱厕所不得继续使用，并清理内部垃圾。在村口外设置公共厕所。

（9）当地县政府、文物管理部门应制定日常管理经费，保证上述工作的顺利进行。

（10）加强人员培养与培训。师家沟清代民居的价值挖掘有待进一步深入；定期对管理人员进行文物保护理念与保护知识的培训，特别是与师家沟民居管理相关的文物保护知识。每年最少2次／人。

第三章

拆解与修缮

根据保护修缮设计文件，汾西县师家沟古建筑群分为两期完成。

师家沟古建筑群一期保护工程，于2013年底开工，2014年11月竣工。由北京同兴古建筑工程有限责任公司实施；主要项目为师家沟12个院落，106座建筑，环村石板路、打麦场及福地。

师家沟古建筑群二期保护工程，于2017年3月底开工，2017年12月竣工。由五台县第二建筑有限公司实施；主要项目为师家沟西务本院衬窑等14处院落。

第一节　师家沟古建筑群一期保护工程施工组织设计[1]

作为本工程的施工方，我公司通过认真研究和分析施工图纸，广泛听取有关古建专家的意见和建议，独立编制了师家沟古建筑修缮工程的施工组织设计。本施工组织设计涵盖了施工图中本工程所包括的施工范围内的全部工程内容，并且着重从承包商的角度，阐述了我公司对山西省汾西县师家沟古建群保护修缮工程的工程质量、工期、安全、文明施工，特别是关于质量、工期等工作进行统一管理的设想，以期高质量、高效率地全面履行我公司作为承包商的职责。

为在将来的施工过程中，使本施工组织设计能切实指导施工，为精品工程服务，编制之前，我公司组织相关人员学习国家、山西省及临汾市的相关法律、法规，充分了解本地区的地方建筑特点、市场行情，熟悉图纸，研读招标文件，掌握了我公司所施工的范围、区域和管理职责；编制过程中，我公司多次有幸邀请到有关专家指导我们的编制工作，专家们提出来大量的、宝贵的、科学的实施性很强的建议，从而使我公司结合本工程特点，有针对性地编制了本施工组织设计；在此，特对各位专家的关注表示衷心的感谢！本施工组织设计对山西省汾西县师家沟古建群保护修缮工程所涉及的主要分部、分项工程的施工方案及施工工艺作了详尽的介绍。

根据本工程的特点，结合本工程的施工难点，并充分考虑到本工程的社会重要性，在本施工组织设计的施工方案中，重点介绍了主体结构和装饰装修工程施工方案，在管理方面，详细阐述施工组织设计保证体系、劳动力、机械的配备，以及工期、工程质量、安全与文明施工及总体协调管理的各种措施；同时，我公司在本施工组织设计中又对工程回访和维修服务等方面做出了各种承诺，这些将作为合同条款列入施工承包合同中，使其具有相应的法律效力。我公司承诺派有丰富同类工程施工经验

[1]　本节由北京同兴古建筑工程有限责任公司执笔。

的项目经理和技术负责人带领多次紧密合作的施工管理人员进驻现场；所有施工管理人员必须持证上岗，并且在施工过程中，我公司将对他们的工作进行连续考核，以确保本工程施工的管理水平。为确保实现“树精品，创优质”的目标，我公司严格按照ISO9002质量认证体系的要求进行管理，定期派人员赴现场检查考核现场的管理工作。

（一）编制依据

（1）根据工程设计方案图纸、勘察资料等有关资料

（2）根据国家规范、规程、标准、法规、图集、图纸会审等有关技术资料编制，本工程所涉及的国家质量验收规范、地方规程有：

GB50300—2001《建筑工程施工质量验收统一标准》

GB50202—2002《建筑地基基础工程施工质量验收规范》

GB50203—2011《砌体工程施工质量验收规范》

GB50204—2002《混凝土结构工程施工质量验收规范》

DBJ04—226—2003《山西省建筑工程施工质量验收规程》

DBJ04—214—2004《山西省建筑工程施工资料管理规程》

GJJ39—91《古建筑修建工程质量检验评定标准（北方地区）》

GB50165—92《古建筑木结构维护与加固技术规范》

《建筑机械使用安全技术规程》

《施工现场临时用电安全技术规范》

《建筑工程质量检验评定标准》

《建筑施工安全检查标准》

《古建筑修建工程质量检验评定标准》

《建筑地面规程施工及验收规范》

《古建筑施工规范及验收规范》

《中国园林建筑施工技术》

《中国古建筑修缮技术》

《汾西师家沟古建筑群一期修缮设计方案》

（3）根据公司质量管理体系程序文件及质量管理手册、环境／职业健康安全管理体系程序文件及环境／职业健康安全管理体系管理手册。

（4）我单位的技术装备、人员素质、管理水平及施工能力编制。

（二）工程概况

1. 院落修缮工程内容

（1）根据院面泛水坡度，对院落地面进行全面超平，调整院落标高，防止局部隆起，使排水通畅。

（2）补配缺失地面砖。对于破裂地面砖破裂块数大于4块者，并且表面面积小于50%的才能考虑更换、挖补。

（3）整修台明，补配缺失的压岩石，地面砖及窑内砖炕、砖灶；稳固柱础石，不得扰动柱础石位置。

（4）对于出现裂缝的墙体，采取拆卸裂缝以上砖体，重新砌筑，应注意新砌筑砖与旧砖的结合。

（5）清理墙面污垢、尘土；补配、加固、整修现存女儿墙。

（6）整修屋顶及窑顶，疏通排水通道。

（7）清理门窗上的污垢，补配缺失门窗或改造的构件。

（8）检查檩木、梁架、檐山柱等构件是否存在糟朽，调整、加固现存梁架，并加铁箍、扒钉等铁活加固。

（9）对部分单体砖雕进行补配；实施保护砖雕方案，确保施工中无损伤。

2. 环村石板路

环村石板路由环村路和主干路组成，全长667.7米，宽平均1.5米，毁坏不存约400.6米。恢复时应按照现存地段的条石铺法的规制、大小、材质、色泽铺设。不得采用与现存石材材质不符的石材。故应仍在当地寻找相同石材。对现存路面石材不得更换，可调整其标高、加固其地基。清理路面垃圾时，应有文物管理部门人员在场，及时收集原保留下的建筑构件、文物遗构等说明，证明该村落历史、建筑的物证，待第二期修缮时研究、复原。

3. 福地与打麦场

福地位于村中，其修缮原则为：（1）清理场地，恢复其原夯土层地面。（2）清理后人随意砌筑的猪圈、临时垒砌矮墙等与场地无关的构筑物。（3）与电力部门联系，将场地内的两根电线杆移走。

村北打麦场修缮原则为：（1）清理场地，恢复原夯土层地面。（2）清理后人随意构筑的铁丝网，移走场地内的树苗。（3）依据原地形，凭证场地，夯实地面。（4）放置石碾，恢复其原有使用功能。

4. 师家沟古建筑群一期保护工程内容

（1）对劈裂（干裂）木构件进行裂缝修补、加固；对变形构件进行适当调整、加强；歪闪构件予以复位，榫卯节点予以补强；对糟朽构件进行挖补、包镶、墩接处理和更换、修补；不配缺失、残损构件。

（2）拆除现有台明，保证檐口回水，恢复青石阶条和踏步，采用方砖重新铺墁地面。

（3）铲除墙体下碱水泥砂浆，剔补、修整酥碱青砖；铲除现有墙体水泥砂浆和白灰砂浆抹面，修补内外墙身酥碱土坯和抹灰；内外墙面刷浆。

（4）墙体开裂、歪闪等情况，现主要采用裂缝灌浆的方法进行加固。屋顶瓦面全部重新揭瓦，添配残损和丢失的吻兽和瓦件，粘接修补残损吻兽；苫背全部挑顶翻修。

5. 维修原则

（1）本次修缮主要涉及的是师家沟全村保留下来的传统民居的14组院落，两个麦场，村内环村石板路，村口牌坊等木构架、屋面、地面、墙面和装修部位进行修缮。

（2）对所有建筑进行局部落架维修，不得采用全部落架。

（3）有统一规定的，要按统一规定做，没有统一规定的要按当地常见的做法做。

（4）如果建筑物没有不修缮过的历史记录，在修缮中应保持原状，不予改动。

（5）如果建筑物后期修缮时改变了原有的做法，维修时要予以纠正，以使其符合原则。

（6）维修时要尊重当地的技术传统，符合建筑物的年代特征。

（7）拆除新做的门窗，恢复原貌。

6. 各方情况简介

建设单位：山西省汾西县文物旅游局

设计单位：山西省古建筑研究保护所

现修缮保护院落14个，另有村口石牌坊和村内667.7米长的石板路，占地面积13393.9平方米。其中院落分别为：（1）成均伟望院，三进三层组合形式。（2）大夫望院，一进二层组合。（3）竹苞院，一进院两侧设跨院。（4）瑞气凝院，三进并列三层院落。（5）务本院，一进四合院。（6）理达院，一进四合院。（7）循理院，两进四合院。（8）处善院，两进四合院。（9）巩固院，两个并列两进四合院。（10）流芳院，一进三合院和南侧跨院。（11）涵辉院，一进三合院。（12）涵辉西院，一进三合院。（13）诸神庙，下沉式窑洞。（14）祠堂院，二进四合院。

（三）施工部署

本工程为古建筑修缮工程，涉及文物保护、木构复建，结构根据《中华人民共和国文物保护法》第十四条规定，古建筑在进行修缮、保养、迁移的时候必须遵守不改变文物原状的原则。施工中以现状测绘研究为依据，恢复建筑原有的整体风貌，尽量利用建筑的原有材料，必须换新的部分应采用相似的材料及构造做法;推测复原的部分应与当时做法基本吻合。并在维修中提高木材的防火、防腐、抗虫的能力。在体现建筑中要符合国家现行有关标准。

1. 工程目标

我公司的质量方针是“质量为本、塑造精品、竭诚服务、利国益民”。我们将遵循ISO9001质量体系认证的原则和承诺，做到用户至上，信用第一，信守合同，缩短工期，提高质量，改善服务，保证工程质量达到国家先进水平，提供国内一流服务，赢得用户的信任和惠顾。本工程主要指标如下：

（1）质量目标

本工程质量达到“合格”标准。

（2）工期目标

总工期9个月。

（3）安全目标

杜绝重大伤亡事故的发生，进场安全教育率达100%。

（4）技术档案

竣工的工程技术档案资料真实、完整、齐全，符合档案管理标准及甲方归档要求。

（5）保修服务

①基础设施工程、房屋建筑的地基基础工程和主体结构工程，为设计文件规定该工程的合理使用年限。

②屋面防水工程为五年。

工程竣工交验后，向顾客提供该工程保修单，按国家规范规定保修半年后及时组织人员回访，发现问题立即解决并认真填写回访处理记录。

（6）文明施工

本工程施工全过程按《建筑工程施工现场管理规定》做到安全文明施工，达到地级安全文明施工优良工地。

2. 项目部组织机构

（1）项目班子的组成

本工程质量目标为合格，为达到预定的工程质量目标，组建一个技术过硬、施工经验丰富、工作作风扎实的项目领导班子是实现目标的关键。本项目班子主要成员如下：

项目经理	沈鹏扶	负责施工现场全面管理
项目技术负责人	王益民	负责全面技术管理工作
瓦作工长	徐汉高	负责现场瓦作管理工作
质检员	周　彬	负责具体质量检验工作
木作工长	孙文达	负责具体木作管理工作
安全员	王　磊	负责具体安全管理工作
资料员	王　桐	负责现场资料管理工作
油饰员	陈中明	负责现场油漆彩画管理工作

（2）项目管理人员职责

①项目经理

负责项目全面管理工作，履行合同约定的质量责任，是工程质量第一责任人，主持施工组织设计的编制，建立项目的质量管理体系，健全项目部管理制度和项目成员岗位责任制。

②项目技术负责人

贯彻执行国家规范、标准，掌握公司程序文件和有关规章制度，在项目经理的领导下，负责项目技术、质量、试验管理工作，监督工程项目实施全过程。

组织相关人员编制施工组织设计、重要分项施工方案、技术措施，对关键工序进行技术交底。负责分项工程检查报验，解决施工过程中存在的技术质量问题，负责分部工程、竣工工程的报验和技术资料的归档报送。

③施工工长

熟悉图纸、施工组织设计和质量标准规范，按施工组织设计、工艺标准和程序文件组织实施工程施工。

负责做好施工前准备工作及技术交底，提前落实满足施工用各种物资，协调施工中各工序间、班组间、工种间的配合，负责施工过程中的工序检查，做好成品保护工作，并负责工程测量放线、抄平、观测工作，及时填写隐蔽工程记录，做好工程施工日志，对发现问题及时纠正。

④项目技术员

熟悉国家规范、标准、施工图纸及设计文件，负责技术文件、信息归档资料的收集、整理，向有关人员发放、传递。

协助工长对班组进行技术交底，协助项目工程师解决施工中的技术质量问题，编制测量、放线、沉降观测的方法、方案，指导测量放线，并及时编制冬雨期施工技术措施，协助质量员进行监视测量。

⑤项目材料员

熟悉有关建材的检验标准和公司物资管理程序，按规定对进场材料进行验收，负责向供应商索取进场材料、配件的检验报告和合格证，通知相关人员进行见证取样、复验、验证。

负责材料、成品的存放、保管、发放，对不合格材料进行识别和处置，不合格材料禁止发放用于工程。

⑥项目质量员

熟悉施工图纸，掌握施工质量验收规范、标准及一般检测方法，参加图纸会审，协助项目工程师编制施工组织设计中质量创优章节，对施工过程跟踪检查，对检验批及分项工程进行自评，监督相关人员质量责任制落实情况，参加分项、分部、单位工程竣工验收。做好质量日志。

及时收集整理工种工程原始操作记录，按规定建立健全质量管理台账，并完善台账内容，按时上报报表。

⑦项目试验员

熟悉建材和工程检验标准、规程，掌握原材料取样，试块制作和一般项目检验方法。

负责本工程各种原材、试验的取样、送检，并收集整理试验报告。负责混凝土、砂浆开盘，试块制作、养护，现场土的试验工作，随时记录当地气象预报和现场测温工作，及时对施工过程的监视、测量和记录传递归档。

3. 任务划分及管理

本工程为我公司总承包，对工程的工期、质量负全面责任，负责合同内容的实施和施工管理。

4. 施工准备

（1）施工现场准备

①我公司中标本工程后，将在收到中标通知书后3天内派有关人员进驻施工现场，进行现场交接的准备，其重点是对各控制点、控制线、标高等进行复核，对目前的施工现场进行调整准备，以使整个现场能符合我公司的布置原则及要求，这些工作拟在进场前全部完成。

②绘制现场施工平面布置图，搭建施工设施，清理场地，放出新建工程开挖线，将生产设施按平面布置图合理安排，做好现场排水、运输道路。

③临时供水、供电方案。

施工用水、用电均从场外建设单位提供的位置引入现场，引至搅拌机、木构件加工车间、钢筋加工车间等施工用处。线路采用地埋，埋深600毫米。

④临时排水

修整现场主要道路，路面向一侧排水并设排水沟。

搅拌站砂、石堆放场及钢筋、木构件加工场地等地面硬化，用水集中处设排水沟，集中排往附近的污水管沟。

⑤临时设施

依据施工现场平面布置图，搭设钢筋加工车间、木构件加工车间、水泥库、搅拌机棚、宿舍等临设，所搭临设达到地级安全文明工地标准要求。

（2）各种资源准备

劳动力需用量计划（见附表）

材料需用量计划（见附表）

机械设备需用量计划（见附表）：垂直运输采用自升式龙门架一台、汽车吊一台，土方开挖采用挖掘机一台，基础回填采用蛙式打夯机夯实（详见附表）。

（3）技术准备

自进场之日立即着手技术准备，一方面使有关人员能仔细阅读施工图纸，了解设计意图及相关细节，另一方面开展有关木工翻样，施工翻样，图纸会审，技术交底等技术准备工作，同时根据施工需要编制更为详尽的施工作业指导书，以使从工程开始就受控与技术管理，从而确保工程质量。

（4）机具准备

自进场后，对中、小型机具将按进场计划分批进场，设专人对其维修保养，并使其所有进场设备均处于最佳运转状态。

（5）材料准备

我公司将根据翻样单，落实有关材料供应商报业主通过，同时进行由我公司组织的采购工作，及时组织前期的周转材料进场，以确保顺利施工。

（6）人员准备

在接到中标通知书3天内项目班子、总承包管理部人员及相关人员立即进场，做好前期准备工作及承担起施工总承包管理职责。开工前10天，所有施工管理人员将全部就位，而施工人员将根据现场需要分批进场，并在公司内部准备各类专业的施工操作人员。

（四）施工进度总进度计划

1. 施工总进度计划

本工程计划总工期为9个月。依据本工程的规模和特征，综合各单体的工程量和场内运输情况，结合招标文件对施工工期的要求，我们详尽编制工程施工进度网络计划，力求客观全面地表达我们对工程的理解，做到在保证工程质量、工程安全的前提下达到工程最快、最合理。

2. 施工进度计划网络图（见本章附图）

（五）修缮施工方案及施工方法

修缮施工原则

统筹考虑师家沟古建筑群修缮工程建筑惨状以及经费、施工力量、工期、气候等条件限制的现实可能，“以保护第一、抢救为主”的方针，区别轻重缓急，特制订以下施工方案。

根据现场勘察，部分建筑地基沉降及盐碱严重，在原有排水系统遭到破坏和失修的情况下，造成建筑墙基返潮、酥碱，以致沉陷开裂，木构架歪斜等病害；各建筑屋面均用当地灰瓦与脊饰，质地疏松，易吸湿，滋生苔藓，排水不利，进而风化酥碱，断裂残损。苫背瓦用草泥采用当地大孔土，黏性差，易透水吸湿，冻胀松动，并滋生杂草，遭受各建筑屋面已普遍松动，甚至脱落渗漏，断面造成椽望甚至梁架糟朽；由于失修和长期不合理使用，不少建筑门窗、梁枋、屋面瓦件、部件墙体等均有不同程度的损坏、缺失；乃至有些已经被后人改装而失去原有式样。

由于上述因素及相应残损或病害程度不同，视具体情况结合有关古建筑修缮标准及传统工艺研究出分类修缮的施工方案。

（1）修缮时必须遵循“保持古建筑原性制，原结构、原材料、原工艺的原则进行修缮”。

（2）以国家现行的相关规范为依据，根据现状勘察报告和测绘按实际情况进行维修。

各分项工程维修要点及步骤

1. 拆除

（1）准备工作

拆除前应做好充分的准备。

清理现场：拆卸后的各种砖、瓦、木、石等大量构件需在现场码放清点。拆除前首先应清除附近的杂草树木，平整场地，划出码放构件的范围，并为运输车辆留出通道。

支搭临时工棚：拆下木构件中，如斗栱，带有彩画的梁枋及有雕刻的构件，应存放于库房内免受风吹雨淋，如无现成的库房，应支搭临时的工棚，紧固程度视工期而定，时间短的可用竹竿席棚，时间长的顶部应加铺油毡。

准备拆卸器材：施工前应将所需杉镐、脚手架、铅丝、起重设备等准备齐全。遇有琉璃雕花构件和其他艺术构件，应准备包扎用的草绳、旧棉花和纸张等。此外如防火器材，防雨设备等都需要事先准备齐全。

钉编号木牌：为防止拆除过程中，构件错乱丢失和安装时不被按错，在拆除前应根据每座建筑物的结构情况，绘制拆除记录草图，并按结构顺序分类编号注明图上，同时并制作编号小木牌，写明编号及构件名称，拆除前钉于构件上。大构件应不少于两枚，便于码放后查找。木牌尺寸一般为6厘米×4厘米×1厘米。拆下构件应填写登记单以便查核。

（2）绘制拆除记录草图及编号

拆除记录草图依结构分为椽飞、檩枋、梁架、额枋、柱子等不同的图样，线条粗略以简明为准，凡建筑物周围都有的构件如柱子、额枋等，可按照水平面，自建筑物的某一固定点起始，逆时针旋转，逐渐依次编号。我们的习惯自西北角开始，逆时针旋转编号。此种方法适用每号只有一个构件的情况。

椽子、飞檐椽，根据椽、飞分布情况，画单线平面俯视草图，各步架分别注明根数、做法（斜搭掌或乱大头）、翼角起翘部位视距角梁的尺寸，各角各面翘起椽、飞数目，并自起翘点向翘起方向逐根编号，如东南角椽1、2……

檩、枋及角梁：依据结构位置画线草图，依不同构件分别进行编号，四周交圈的正心檩，挑檐檩自西北角起逆时针旋转编号，不交圈的檩枋，习惯上自左向右排列，如：脊檩1、2……脊枋1、2……角梁、子角梁编号顺序同正心檩。

梁架：首先画总编号图，标明位置、号数，每攒斗栱依不同种类画出草图，一般包括角梁，柱头科、平身科或殿内金柱柱头科。此种草图，结构简单，可利用设计文件中的斗栱平面图。结构复杂的需改为分层平面图。然后从下到上，从左到右依照安装顺序编号编写出各攒斗栱构件的分号。

额枋及柱：按结构层次，分别画出平板枋、额枋、柱子的平面草图，先外檐后内檐，内外檐的号码可连续排列，也可分别编号。

门窗：一般应画平面图或立面草图，总号一般可指明部位如前檐明间，分号自左向右如“前檐明间隔扇1”“前檐明间隔扇2”，间数多时总号可改为自左向右，编号为“装修一”“装修二”。

其他构件如天花藻井、柱础，压檐石等编号方法基本相同。

（3）拆除前先要用脚手架承托和用戗杆支顶其大木受力构件，使其不能摇晃和倾斜，支撑期间有专业人员检查各个受力点是否受力，在万无一失的情况下才可上人进行作业，由上到下进行屋面拆除，把屋面上残存的脊兽，多加人力，小心用可以承担其重量的绳子吊下，然后转移到指定的安全地点进行除苔清理。揭瓦前对瓦顶式样、瓦顶尺寸、瓦件吻兽数量、底瓦搭接情况以及瓦件残损情况进行整理登记，并对艺术构件进行编号，待安装时按编号复位。揭瓦从檐头开始，先拆除勾头、滴水；然后进行坡面揭瓦，自瓦顶一端开始，一垄筒瓦，一垄板瓦进行，以免踩坏瓦件。坡面揭完，依次拆卸翼角小兽、戗脊、垂兽、正脊，最后拆卸大吻。在拆卸大吻时，先将各块之间的连接取下，将有雕饰的部分扎好，由上而下逐块拆卸。拆卸瓦件工具为瓦刀、小铲等，不得使用大镐大锹，必须保证原件完好，必须轻拆轻卸，随时从施工架上运走，在安全场地顺序分类整齐，然后，铲除灰泥背，及时运出，做好现场文明施工。

2. 室内外地面工程

（1）地面修缮

①地面：由于室内外地面已非原状，在做地面处理时需全部拆除，砖的规格、品种、质量及工程作法必须符合设计要求。

廊下地面为细墁地面，基层必须坚实，结合层的厚度应符合施工规范规定或传统常规做法。所用砖均需经过砍磨，外观应平整，砖的棱角完整。表面无灰浆、泥点等脏物，砖缝均匀，灰浆饱满，真砖实缝；院内泛水不低于5%，廊子泛水不少于3%。

②面层和基层必须结合牢固，砖块不得松动。地面砖必须完整，不得缺掉角、断裂、破碎。

③廊子及庭院等需要自然排水的地面，应符合以下规定:泛水适宜。排水通畅，无积水现象。

④铺设散水：建筑周边铺砌散水，坡度为2%，铺墁前须先进行抄平，找准散水位置，散水下筑打厚15厘米3：7灰土一步，散水用条砖铺墁。边缘栽立仔边一行深入地面以下。

⑤水泥地面揭除重铺

水泥抹面处理：室内、台明现有水泥地面和水泥砖揭起，灰渣清除，露出原地面垫层砖块，清扫冲洗干净后，抹50毫米厚（视地坪至垫层的深度予以调整）C15掺豆石混凝土垫层一道，拍实抹平，并按1.5米×1.5米分块，沥青灌缝；规格一致，铺墁时须超平挂线，分中号趟，打泥薄厚一致，挂油灰均匀，灌足白灰浆（灰浆须随用随煮），刹趟、铲尺缝、墁水活，成活后要求表面光洁平整，纵横缝齐直，待干燥后，表面刷聚氨酯清漆两道封护，以提高砖面的耐磨强度。

⑥砖地面碎裂，残缺面积小的，可以局部揭除重墁

面积大时，需全部揭除重墁。揭除重墁时，首先做好原样记录，然后逐行挨块轻轻揭除。依规格和残毁程度分类码放，查清数量。铺墁前，应清除砖上灰迹；铺墁时，先清理旧垫层，垫层如有残毁，须重新制作，然后超平、分中号趟，按原制铺墁面砖。

（2）铺设要求

①施工工序：基层清理→基层找平→铺设→勾缝清洁。

a．基层清理：基层找平之前，基层必须清理干净，如基层是混凝土预制板需凿毛。

b．基层找平：根据楼地面的设计标高，用1：2.5（体积比）干硬性水泥砂浆找平，如地面有坡度排水，应做好找坡，并找出基准点，在基准点拉水平通线进行铺设。在基层铺抹干硬性水泥砂浆之前，应先在基层表面均匀抹素水泥浆一遍，增加基层与找平层之间的黏结度。

c．铺设：铺设地砖之前，在底子灰面上先撒上一层水泥，再稍洒水随即铺地砖，具体有两种铺设方法。其一，留缝铺设法，根据尺寸弹线，铺缝均匀，不留半砖，从门口开始在已经铺好的地砖上垫上木板，人站在板上铺装。铺横缝时用米厘条铺一皮放一根，树缝根据弹线走齐。随铺随用棉纱布洗擦干净。其二，满铺法，无须弹线，从门口往里铺，出现非整块时用切割机切割补齐。铺完后用小喷壶浇水，等砖稍稍吸水后，随手用小锤沿板拍打一遍，将缝拨直，再拍再拨，直到平实为止。留缝铺设取出米厘条，用1：1水泥砂浆勾缝，满铺地砖用1：1水泥砂浆扫缝（沙子需经过砂网

过筛）。铺完一片，清洁一片，随即覆盖一层塑料薄膜进行养护，3～5天内不准上人踩踏，以确保装饰工程质量。

②施工注意事项

a．铺设地砖前应注意剔选，凡外形歪斜、缺角、脱边、敲曲和裂缝的不得使用。颜色和规格不一的应分类堆放。

b．事先预排，使得砖缝分配均匀。遇到突出的管线、支架等物体部位应用整砖套割吻合，不能用碎瓷砖凑合使用。

c．为了防止空鼓和脱落，地面基层必须清理干净，泼水湿透。

3. 屋面瓦作修缮及安装工程

（1）瓦件清理及维修

拆下的瓦件要铲除苔泥，擦拭干净，从中挑出典型的瓦件，以此为标准进行挑选，不合格的另行码放，酌情挑选取用，筒瓦四角完整或残损部分在瓦高的1/3以下者，板瓦缺角部分不超过瓦宽的1/6者，勾头、滴水花纹损坏而轮廓尚完整者，脊筒无雕饰的残长1/2以上者以及有雕饰的仅雕饰有残损者，可继续使用，吻兽脊筒等艺术构件的残件，要尽量粘补使用。断裂瓦件的修复需将断裂面清理干净，用丙酮刷洗后，用618环氧树脂粘牢，花纹等突出部分残坏者，以麻刀青灰掺少量水泥堆补形成，刷砖面灰打点，凡缺少必须重新烧制时，瓦件和吻兽脊筒按原尺寸、原式样及早做计划，送窑厂进行复制。

（2）屋面苫背工程

①施工准备：

a．择好麻刀，做到松散干净。

b．用生石灰烧滑秸，堆积闷烧半月以上至滑秸柔软为好。

c．备好泼灰，须洒水翻倒两次泼匀闷透，再行筛灰，去掉灰渣。

d．泡青灰浆，以备泼浆灰和轧青灰背使用。

e．泼浆灰应分层进行，每20厘米泼灰洒一层较浓的青浆，逐层摊平洒匀，存放半月后使用。

f．闷好滑秸泥。灰泥比为1∶3，滑秸体积约为灰泥体积的15%。

g．调整好脚手架，做好安全防护。

②主要工序：

a．用大麻刀灰勾抹望板缝隙。缝隙过大时，可补木条再抹灰，与望板抹齐抹平。待灰干后，钉好脊桩、吻桩、兽桩，并在望板上面按设计要求刷好防腐涂料。

b．用木抹子顺屋面望板坡度抹深月白麻刀护板灰一层，厚1～2厘米。稍干后分层抹滑秸泥背，每层厚度5厘米左右，檐头和脊部稍薄，泥背上皮低于博风与连檐2厘米为宜，每苫完一层后，用拍子将泥背拍打密实。

c．泥背干透后在上面抹大麻刀青灰背一层，厚2～3厘米，同时将麻刀抖匀，用抹子拍进青灰背内，再洒青灰浆一遍，用抹子赶匀。拍麻刀、洒青浆均不应淹过抹下道青灰背的槎口。然后踩着软板梯刷青灰浆用抹子或轧子轧青灰背，做到“三浆三轧”，浆由稠至稀，“抹子花”由长宽到窄短，最后一遍用轧子尖轧活不“翻白眼”平整光亮为好。

d．尖山屋面还要在屋脊处拴线抹扎肩灰，线的两端拴在两坡博风交点上楞，扎肩灰宽30～50厘米，上面以线为准，下面分别与前、后坡青灰背抹平。

e．重要建筑应从正脊向下搭麻辫至瓦面中腰节，并将麻辫抖散均匀拍轧进青灰背里。其他粘压麻、钉麻、贴油衫纸、粘三麻布等做法按照设计要求与原建筑做法进行。

③质量要求：应符合《文物建筑工程质量检验评定标准》第九章第二节的规定。

④注意事项：

a．泼灰筛好后应移至不受雨淋的干净场地堆积起来，或搭棚或用苫布盖严。

b．苫背时每层要一次苫完，遇雨时须用苫布将灰背盖好。

c．轧活时不得穿硬底鞋上房。沿边操作时不得站在连檐和博风楞口上。

d．在屋面上轧灰背，要握紧工具，放稳浆桶，防止滑落。

（3）瓦作安装工程

①操作工艺：

审瓦、沾瓦→分中、号垄、排瓦当、钉瓦口→屋面挑脊→冲垄→瓦檐头勾、滴→宼底瓦→宼盖瓦→捉节夹垄→刷浆。

审瓦、沾瓦：瓦件、脊件在运至屋面以前，必须集中逐块“审瓦”。有裂缝、砂眼、残损、变形的瓦（脊）件不得使用。板瓦还必须逐块用瓦刀或铁器敲击检查，发现微小裂纹、隐残和瓦音不清的应及时挑出来。屋面的底瓦要沾瓦，在运至屋顶之前必须集中用生石灰浆“沾瓦”，底瓦应沾小头（窄头），沾浆长度不小于本身长的4/10。分中、号垄、排瓦当、钉瓦口：在檐头找出整个房屋横向中点做出标记，这个中点就是屋顶中间一趟底瓦的中点（底瓦做中），然后将各垄盖瓦的中点平移到屋脊扎肩灰背上，做出标记，称“分中、号垄”。

在已确定的中间一趟底瓦和两端瓦口之间赶排瓦口。如果拍不出“好活”，应适当调整几垄“蛐蜒当”的大小。瓦口位置确定好以后，将瓦口钉在连檐上。

宼底瓦一般分为如下四个顺序：

a．开线:先在齐头线，楞线和檐线上各拴一根短铅丝（叫作“吊鱼”）。

“吊鱼”的长度要根据线到边垄底瓦翅的距离确定，然后“开线”，按照排好的瓦当和脊上号好垄的标记把线的一端固定在脊上，其高低以脊部齐头线为准。另一端拴一块瓦，掉在檐头房檐下，此线称“瓦刀线”，一般用三股绳或小帘绳。瓦刀线的高低以“吊鱼”的底棱为准，瓦刀线的囊与边垄的囊不一致时，可在瓦当线的适当位置绑上几个钉子来进行调整。底瓦的瓦当线应拴在底瓦的左侧（盖瓦时拴在右侧）。

b．宼瓦:拴好瓦刀线以后，铺灰（或泥）瓦底瓦。掺灰泥宼瓦，可在铺泥后再泼上白灰浆，底瓦灰（泥）的厚度一般为40毫米，底瓦要窄头向下，从下往上依次摆放，底瓦的搭接密度应能做到“三搭头”。檐头和脊根部为则应“稀瓦檐头密瓦脊”。底瓦要摆正，无侧偏，灰（泥）饱满。底瓦垄的高低和直顺程度都应以瓦刀线为准。每块底瓦的“瓦翅”宽头的上楞都要贴近瓦刀线。

c．背瓦翅：摆放好底瓦以后，要将底瓦两侧的灰（泥）顺瓦翅用瓦刀抹齐，不足的地方用灰（泥）补齐，“背瓦翅”一定要将灰（泥）“背”足、拍实。

d．扎缝：“背”完瓦翅后，要在底瓦垄的缝隙处（称作蛐蜒当）用大麻刀灰赛眼塞实，并将“扎缝”灰盖住底瓦垄的瓦翅。

宽盖瓦，勾瓦脸：按楞线到边垄盖瓦瓦翅的距离调整好“吊鱼”的长短，然后以吊鱼为高低标准“开线”。瓦刀线两端以排好的盖瓦垄为准。盖瓦的瓦刀线应拴在瓦垄的右侧。宽盖瓦的灰（或泥）应比宽底瓦的灰（或泥）稍硬，用木制的“泥模子”把灰（或泥）“打”在蛐蜒当上边，扣放盖瓦，盖瓦不要紧挨底瓦，应留有适当的“睁眼”，宽盖瓦要熊头朝上，安放在前熊头上要挂熊头灰（节子灰），安放是从下往上依次安放。上面的筒瓦要压住下面筒瓦的熊头，并挤严挤实熊头上挂抹的素灰。该瓦垄的高低、直顺都要以瓦刀线为准，每块盖瓦的瓦翅都要贴近瓦刀线。如遇盖瓦规格有差异时，要掌握“大瓦跟线，小瓦跟中”的原则。琉璃瓦的底瓦宜勾抹瓦脸。掺灰泥宽盖瓦，应在扣盖瓦前在盖瓦泥上铺抹一层月白灰（即驼背灰）。底瓦盖瓦每宽完一垄，要及时清理瓦面，擦瓦面。

捉节、夹垄：将瓦垄清扫干净后用小麻刀灰（掺颜色）在筒瓦相接的地方勾抹、捉节。然后用夹垄灰（掺颜色）粗夹一遍垄。把“睁眼”初步抹平，操作时要用瓦刀把灰塞严拍实。第二遍要细夹垄，睁眼处要抹平，上口与瓦翅外棱抹平，瓦翅要“背”严、“背”实，不准高出瓦翅。下脚应直顺，与上口垂直，夹垄灰与底瓦交接处无小孔洞（蛐蛐窝）和多余的“嘟噜灰”，夹垄灰要赶光轧实。夹垄后要及时将瓦面擦干净。

挑正脊：

a．工艺流程：

捏当沟→砌压当条→砌群色条→安放正吻→砌正通脊→砌盖脊筒瓦→勾缝、打点

b．捏当沟：按脊件的宽度确定当沟的位置，挂线用麻刀灰粘稳当沟。当沟的两边和底棱都要抹麻刀灰，卡在两垄盖瓦之上。

c．砌压当条：在正当沟之上拴线铺素灰砌一层压当条，压当条的八字里口和当沟口齐。

d．砌群色条：在压当条之上拴线铺灰砌群色条。群色条应当与压当条出檐齐。

e．安放正吻：正吻应在群色条上。

f．砌正通脊：在群色条之上、两端正吻之间，拴线铺灰砌正通脊。

g．砌盖脊筒瓦：在正脊筒子(正通脊)之上拴线铺灰，砌放扣脊筒（盖脊筒瓦）。

h．勾缝、打点：用小麻刀灰（掺色）打点勾缝，并将瓦件、脊件表面擦拭干净。

挑垂脊：

a．工艺流程：

捏斜当沟→砌压当条→砌三连砖→安垂兽→砌垂脊筒子→瓦扣脊筒瓦。

b．捏斜当沟：在垂脊位置的两侧拴线“捏斜当沟”。里侧斜当沟与正脊当沟交圈，外侧斜当沟与吻下当沟交圈。斜当沟应稍向外倾斜。

c．砌压当条：垂脊端头用灰砌直撺头。

d．砌三连砖：压当条之上用麻刀灰砌三连砖。

e．安垂兽：在“兽后筒瓦”之后的压当条以上用灰砌垂兽座，在垂兽座之上安装垂兽，而后挑垂脊的兽后部分。

f．砌垂脊筒子：在垂手之后，压当条之上拴线用灰砌“垂脊筒子”，每块垂脊筒子都要用铅丝拴在一起。

g．瓦扣盖脊筒瓦：在垂脊筒子上挂线铺灰安装“盖脊筒瓦”（也叫扣脊筒瓦）。

②安装要求：

a．屋顶瓦件缺损、规格不一。要对瓦件进行检查、分类，将继续使用的瓦件进行剔补、擦抹。修缮时屋面严禁出现漏水现象。瓦的规格、品种、质量、配比等必须符合设计要求。先做屋脊，再铺盖屋面，同时做屋面泛水，最后做瓦头。檐口瓦挑出檐口不小于50毫米。

屋面不得有破碎瓦，底瓦不得有裂纹隐残；底瓦必须粘浆；底瓦的搭接密度必须符合设计要求或古建常规做法压4露6；瓦垄必须笼罩，底瓦伸进筒瓦的部分，每侧不小于筒瓦的1/3。泥背、灰背、苫背垫层的材料品种、质量、配比及分层做法等必须符合设计要求或古建常规做法；苫背垫层必须坚实，不得有明显开裂。

望板之上铺护板灰一道，用以保护椽望。护板灰上施垫层(滑秸泥)二层，垫层八成干后苫青灰背，末层刷浆赶压3～4遍，隔日时，留软茬应不得少于10厘米。灰背层面不允许有裂缝，表面光平，无灰棋子及麻刀泡。然后铺筒板瓦。青灰泥配方为白灰：松煤：麻刀=100：6：6，厚度为2厘米左右。为减轻屋盖自重，前后坡中腹部应用屋瓦“垫囊”，有利于瓦垄的安装和雨水的排泄。屋面外观整洁，浆色均匀。

b．铺瓦灰浆或砂浆的材料品种、质量、配比等必须符合设计要求或古建常规做法。铺瓦时底瓦无明显偏歪，底瓦间缝隙不应过大，檐头底瓦无坡度过缓现象，勾抹瓦脸严实，铺瓦灰泥饱满严实。

c．夹垄灰不得出现爆灰、断节、空鼓、明显裂缝等现象。粘接牢固，表面无气泡、翘边、裂缝、明显露麻等现象，下脚平顺，无野灰。

d．屋脊的位置、造型、尺度及分层做法必须符合设计要求或古建常规做法。瓦垄必须伸进屋脊内。

e．瓦垄应直顺，屋面曲线适宜。

f．捉节夹垄应背严实，捉节严实，夹垄坚实，下脚整洁，无裂缝、翘边等现象。

g．苫背和宽瓦过程必须前后对称进行。大木梁架长平拨正，椽望钉齐，望板刷二道防腐沥青，先苫100：3.5青麻刀灰一道，厚15毫米，用麻刀青灰砌檐口砖须磨制加工，底层丁砖伸出连檐8厘米，上两层为顺砖，上盖筒瓦，做工须得细致，待护板灰初步晾干，再分3次苫背90毫米厚掺灰泥背（材料配比为四成泼制过筛白灰，六成无杂质砂性黏土），总厚平均60～80毫米（视建筑规模大小而定），分三次苫齐（每次扎实厚度最大不超过30毫米）并分层拍实抹平，每层苫好后，须初步晾干，再进行下一道。苫泥背时还必须在木架折线处拴线垫囊，要求分层进行，折襄和缓一致。待灰泥背苫好晾干，再苫100：3.5麻刀青灰，总厚度30毫米，分两次苫齐（每次扎实后为15毫米），分层赶轧平实表面刷浆压光。灰背干燥后，分档号垄钉瓦口，以4：6掺灰泥（材料配比同泥背）宽瓦。所用瓦件，使用前须过手检验，发现有破裂及烧制变形者不得使用。用100：3.5麻刀青灰勾缝，素灰勾宽瓦脸，月白灰捉节夹垄，其中脊部老桩子三块瓦的底瓦有上部盖瓦、檐头三块底瓦及勾头以100：3.5麻刀灰铺设，操作中要求宧瓦泥饱满，瓦翘酌情宧稀，但整个瓦面水平方向须疏密一致。用瓦顶者，瓦顶须钉入木基层，钉帽安装牢固。宧瓦完成后，整个瓦面须当均垄直，曲线和缓，底瓦不仄不偏，盖瓦不挑丝，瓦面擦拭干净。（水槽入口处须抹一个半径15厘米扇面形逐渐加深的级坡，便于排水）表面刷浆压光，完后清扫干净。

4. 椽望修缮及安装

（1）椽望的修缮

①椽子的修整和更换

修缮中应尽量使用旧椽，残坏旧椽符合局部糟朽不超过原有直径的2/5且檐椽钉孔不超过直径1/4（但椽头糟朽不能承托连檐时则应更换构件）、劈裂深度不超过1/2椽径、长度不超过全长的2/3，椽尾虽劈裂但仍能钉钉，弯垂因受力超重弯曲长度2%（自然弯曲不在此限）。

选料应注意尽量使用旧料，可用不合格的檐椽改作或花架椽。新料应用一等杉木，按原式的长度，直径砍制，应保证圆椽的大头尺寸。不用枋料，以免发生弯曲起翘，影响质量。制作时保证顶面取平，便于铺钉望板。檐椽后尾和其他椽子的两端构造做法应以铺钉方法不同而异：有椽花的应保留椽花，椽子端部制作燕尾榫，并注意椽花的连接情况，保证榫接牢固；斜拱掌式的要求在椽花相接处锯成斜面，尖端锐角为30度左右。

②裂缝处理

细小裂缝用腻子勾抿严实。较大裂缝（3毫米以上）嵌补木条，用环氧树脂胶粘牢，并在外围用20毫米宽铁腰子包钉加固。

③糟朽处理

糟朽处应将朽木砍净，用拆下的旧椽料按糟朽部位的形状、尺寸复制后再用环氧树脂胶粘牢。椽子顶面（底面为看面）糟朽在10毫米以内，只将糟朽部分砍干净，不再钉补。

④飞椽

飞椽头部的糟朽部分凡不影响钉大连檐的应继续使用。尾部残留长度的头尾比例保持在1/2者用环氧树脂灌缝粘贴牢和用铁腰子加固后继续使用。更换新椽时宜用一等红松厚板（厚度与飞椽高度相等），每两根联合锯截。有卷杀的按原则砍出。

⑤望板

没有糟朽的旧望板应继续使用，否则更换。新换望板宜用厚25毫米的落松木板，宽度在150毫米以上，长度最短应在1米以上。柳叶缝横铺，底面刨光、平整，涂刷红土粉。用迈步钉钉望板，错茬铺钉，不得有五块以上处在同一接缝处。

⑥连檐、瓦口

如未糟朽坏应继续使用，但该部位因极易折断面多需更换。更换应用优质落松木，式样几何断面尺寸应按原制。小连檐的长度应在翼角翘起部分的长度加上1米以上，避免安装时发生“死弯”现象。制作时要沿水平方向锯成四等份。至起翘部分锯缝逐渐加长，每节长约300毫米。安装前先在水中浸透，按翘起的弧度初步捆绑成形。翼角大连檐的所有的木料应无结疤，制作时两根联合锯截。

椽、望、连檐制作:选用优质落松木制作。

（2）屋面木基层及木构架部件安装必须符合以下规定：

①椽、飞椽、连檐、望板等构件安装：

各种椽子、飞椽必须钉牢固，闸挡板齐全牢固；椽头雀台不大于1/4椽径，不小于1/5椽径；椽子按乱头做法时，上下两段椽的头尾交错搭接长度不得小于3倍的椽径；大连檐、小连檐、里口木延长续接时，接缝处不得齐头直墩。横望板错缝窜档不大于800毫米，望板对接，其顶头缝不小于5毫米。

椽子更换尽量使用旧料，首先考虑的是建筑物本身的旧椽料。

飞椽为方形构件，后尾逐渐减薄，头部与尾部的长度比为3∶1，俗称“一飞二尾”。飞椽头部受雨淋易糟朽，凡不影响钉大连檐的应继续使用，尾部易劈裂，尖端极薄更易折断，残留长度的头尾比例保持在1∶2，以上的列为可用构件。裂缝长不超过头部1/2，深不超过直径1/2的可继续使用，但应用环氧树脂灌缝粘牢或用铁腰子加固。更换时常用一等红松厚板，每两根联合锯截后刨光。

②椽、翘飞椽安装应符合以下规定：

大连檐、小连檐下皮无鸡窝囊，上皮略有鸡窝囊但不明显，椽挡基本均匀，翘飞头、翘飞母与大、小连檐伏实，基本无缝隙，椽侧面与地面垂直（或与连檐垂直），翘飞椽与翼角基本相对。

③翼角椽飞的加固与更换：

中国古代建筑的翼角部分，都向上翘起飞椽的式样做法与正身的椽飞略有不同。就我们调查所知，翼角的椽子的铺钉方法，大体分为三种式样：直铺、斜铺和介于两者之间的。直铺的在中国只见于石雕、壁画等间接资料，绝大多数都是属于斜铺的式样。由于时代、地区不同，各个建筑物的制作方法也不完全相同。常常借助于修理的机会将翼角的椽飞在拆除前逐一编号，记明位置，拆卸后逐一量出尺寸，绘出式样图，作为修复的依据。这样经过不断的资料积累，来寻出不同地区不同时代的制作方法的规律，以保证修理工作的高度科学性。

翼角部分易弯垂、漏雨，椽飞的后尾常被砍薄、削尖，更易劈裂糟朽。首先在拆卸过程中要精心工作，不要造成新的损伤。关于残毁情况的检查标准、维修加固等方法，与正身椽飞相同。

更换翼角椽飞、选料与正身椽飞相同。凡需重新配置的，应按原做法严格按照它的式样、尺寸进行一根一根的复制。

5. 檩的处理

（1）归安梁架和檩回归原位后，如榫头完好，在接头两侧各用一枚铁锔子加固，铁锔子用Φ10钢筋制成，长300毫米，如檩条头折断或糟朽时，取出残毁榫头，另加银锭榫头，一端嵌入檩内用胶粘贴，安装时插入相接的卯口内。

（2）裂缝处理

首先通过力学方法判断裂缝的部位，走向对檩的有效断面是否有影响。如无影响，则嵌入木条，用环氧树脂粘牢，裂缝较长时另加铁箍；若有效断面减少，如断面上有横向裂缝，减小了断面宽度，则须加铁箍，使上下部分协同受力。

（3）糟朽处理

现根据力学计算确定剩余截面可否承载，如在安全承载范围内，将糟朽处砍净后依原制补配钉牢，糟朽深度在10～20毫米以内只需砍净不再补配，否则原样更换。

（4）檩的更换

更换新檩需要旧料或干燥的新料（木材含水率15%以下），以原构件的式样和尺寸复制。所用树种最好与原件一致，无法做到时用一等落叶松。制作时要求两端榫卯吻合。

6．梁枋维修

（1）大梁的维修

侧面裂缝长度不超过梁长的1/2，深度不超过1/2，用2～3道铁箍加固。裂缝宽度超过5毫米时，以木条嵌实补严实，并用环氧树脂粘牢，然后加铁箍。铁箍的大小按大梁的高度尺寸和受力情况而定，长按实际需要而定，劈裂长度、深度超过上述规定且没有严重糟朽和垂直断裂时，加铁箍前须在裂缝内灌注环氧树脂，并将裂缝外口用环氧树脂勾缝，防止漏浆现象，勾缝凹进表面约3～5毫米，留待做旧。预留两个以上的灌浆孔，人工灌浆。

材料重量配比为：

E—44环氧树脂	100
#501活性稀释剂	10
多乙烯多胺（固化剂）	13
聚酰胺树脂	20～30

勾缝用环氧树脂腻子，在上述灌浆中加适量的石英粉即可。梁底发生断裂时，对剩余截面进行力学计算，小于极限应力的80%以下时更换。

（2）额枋

劈裂的处理与大梁相同。因梁架歪闪而发生拨榫时，如榫头完好，回归原位后，在柱头处用铁活联结左右额枋头。榫头劈裂、折断或糟朽时，可补换新榫头，方法如下：额枋厚度较大，原构件榫头宽约为枋宽的1/4～1/5时，将残毁榫头锯掉，用应杂木按原尺寸、式样复制。后尾加长榫头4～5倍，嵌入额枋中，用环氧树脂粘牢，并用螺栓与额枋连接牢固。如额枋宽度较窄，更换榫头的后尾应适当减薄。

（3）梁枋糟朽

先对剩余进行力学计算，如在安全承载极限范围之内则应进行修补：将糟朽部分剔除干净，边缘稍加修整，然后依照糟朽部分的形状用旧料补完整，胶粘牢固，钉补面积较大时加铁箍。糟朽严重超过安全极限时，须严格按照原来的式样尺寸复制，最好选用与原构件相同树种的干燥木材，并做到以下几点：

①榫卯样式尺寸除依照原件复制外并须核对与之搭交构件的榫卯，新制构件应尽量与之搭交严密。

②梁枋断面四边抹楞的，应仔细测量其尺度，找出其砍制规律进行制作。

7. 柱的维修

柱子是古建筑的承力构件，且与地面直接相连，受潮严重，东配殿的柱子都有不同程度的糟朽，在维修过程中按以下方案施工。

（1）裂缝处理

柱子裂缝超过0.5厘米宽，用旧木条粘牢补严。缝宽达3～5厘米以上，深达柱心的，先用长木条粘补，然后加铁箍。箍应嵌入柱内，其外皮与柱面平齐。

（2）糟朽的整修与加固

对于柱心完好，仅有表层糟朽且经验算在安全限度内的，可将糟朽部分剔除干净，经防腐处理后，用干燥木材原制修补整齐，并用环氧树脂粘接，柱脚糟朽但自柱底向上未超过柱高的1/4时，用墩接的方法处理。

①木料墩接

先剔除糟朽部分，在依据剩余部分选择使用巴掌榫或抄手榫，施工时应注意榫头严密对缝，用特制夹具加安铁箍，使铁箍嵌入柱内。

②石料墩接

柱脚糟朽部分高度小于200毫米时，用石料墩接。露明柱将石料加工小于原柱子100毫米的矮柱，周围厚木板包镶钉牢，并在与原接缝处加铁箍一道。

③防腐处理

墙内柱先刷二道沥青做防腐处理，然后用板瓦包裹随砌随包，在柱根处留出通风洞，保证空气流通，确保墙同柱不受潮、不糟朽。

8. 斗栱

补配缺失的构件，恢复原有斗栱的结构。检修斗栱，粘接加固断裂部分，如有丢失要补齐。

（1）斗栱构件的更换：更换构件的木料需要相同树种的干燥材料或旧木料，依照标准样板进行复制。根据我们的经验，先做好更换构件的外形，榫卯部分暂时不做。中小型的整理工程时（多为部落架和不拆斗栱）留待安装时随时更换构件所处部位的情况临时开卯，以保证搭交严密。遇有落架大修或迁建工程时，整个斗栱都要拆卸下来。此种情况时，在修理时应一攒一攒地进行。凡是应更换的构件就可随时比照原来位置进行复制，并随时安装在原位，以待正式安装。各斗栱之间的联系构件，如正心枋、外拽枋等构件的榫卯应留待安装时制作。

斗栱构件的修补和更换时，对其细部处理尤应特别慎重。例如栱瓣、栱眼、昂嘴、斗栱、耍头和一些带有雕刻的异形栱等，他们的时代特征非常明显，有时细微的改变都会说明时代的不同。因此在复制此类构件时不仅外轮廓需严格按照标准样板，细部纹样也要进行描绘，将画稿翻印在实物上进行精心地雕刻以保证它原来的式样和特征。

（2）整体修配斗栱的方法：

木构架建筑柱子有生起时，柱高自明间向两侧逐渐高起，影响斗栱也向两侧随着生起。各横向构件如正心枋、外拽枋等也略有斜度，此种情况下残毁比较严重时，如果依照前述方法一攒一攒分别进行整理，安装时由于生起的影响则搭接不易严实。为避免此缺点，常常采用整体修配的方法。一种方法是在修补之前，在施工现场按原来存在情况先进行一次安装，然后逐件修配。此法简称“地上修配”。另一种方法是在梁架安装时进行，即在立柱之后，在施工上边安装边修配，此法方法各有优点。具体步骤如下：

地上修配：

①在施工现场的空地上依照建筑物柱头平面的实际尺寸画出各攒斗栱的中心线，画线时要用木工用的大木尺（俗称杖杆），以保证与正式安装的尺寸一致。

②在各攒斗栱中线垒砌砖石垫块，高度以明间柱头为0点，用水准仪进行超平。垫块的高度差与建筑物的柱生起的实际情况应完全相同。

③将各攒斗栱置于超平的砖石垫块进行预安装，一般是边安装边装修。

④依据各构件的残毁情况，逐件进行修补、粘贴或更换。方法如前述，修配好的构件及时安装在原来的位置。

⑤各攒斗栱构建修配完毕经过检查合格后再进行拆卸，或在原来地方保存，等待进行正式安装。

架上修配：

基本方法与地上修配相同。只是不在现场寻找空地和支搭临时的砖、石垫块，而是当柱子安装完毕后在施工架上按各攒斗栱的原来位置逐层安装，逐层检查修配，最后修配完毕也就安装完毕了。此种方法免除了在现场预先安装后二次拆卸的手续，但延长了整体梁架的安装的工期。

9. 结构安装松动处理

拆卸重建的古建筑，由于卯、榫的永久变形，一般缝隙较大，不如新构件安装紧密度高，一般的缝隙可采取楔榫加固，对于较大松动的特点，应在安装后采取扁钢制作铁件进行二次连接，以保证结构的强度稳定。

具体做法：用4～5毫米的钢板制成“角铁”等构件。在需加铁件部位预先按铁件大小和形状刻出凹槽，然后将刷过防锈漆的铁件和螺栓埋入凹槽，并箍紧结点，留出3毫米的深度，刮腻子“做旧”。这样处理即提高了结构强度，又不改变古建筑原貌。全部木构件安装结束后，钻生二道，即刷出二次生桐油，做防晒防腐处理。

10. 整体梁架的打牮拨正和加固

（1）打牮拨正屋面拆除后，首先将影响所及的瓦顶、椽望拆下，清理构件间榫卯间的空隙，有加固铁活的应暂时取下。仔细检查各构件的残损情况，遇有非主要构件糟朽不能承重时，拆卸后再进行拨正。遇有重要构件不能承重时，改用其他方法。檩、枋、垫板等都不必落架，墙身完好时可不动，但必须掏挖柱门，将影响工作的装修编号堆放整齐。打牮所用立牮杆、卧牮杆、千斤顶或其他工具必须具有足够的承载力，必要时须经验算，并预先制订施工方案。木构架首先活动松开，然后进行归安复位，先从梁架检查，把梁架的各构件调整完之后，将屋面上的檩枋椽望整理复原，再将檐柱及其他相关柱子都吊直扶正，找出侧脚。为保证施工操作安全，在宽瓦和墙身工程未完之前不要撤去戗杆。发戗时，所有操作人员都要集中精力，听从指挥，协调统一，稳健、果断、准确、注意安全，以免发生事故。打牮拨正要根据实际情况分数次进行，每次调整不宜过大；打牮拨正时，应随时注意周围构件的情况，如遇有特殊音响或其他未预计的情况时，及时停止工作，待查明原因补救措施后再继续进行。

（2）加固措施

柱头连接：在重新安装与额头时，在柱头及额枋上皮加连接铁活，使用周围柱子连为整体。

檩头连接：各檩头接缝处加铁锔子加固。

为防止整体木构架发生歪闪情况，通常在进行搭牮拨正后，或在重新安装时进行加固，通常的有以下几种。

①柱头连接：柱与额枋连接，仅凭较小的榫卯，遇震害最易拨榫、歪闪，通常在重新安装时，于柱头及额枋上皮加连接铁活，使周围柱连接为整体，增强构架的刚度。

②檩头连接：檩是构架横向连接的主要构件，檩头经常拨榫，为此在大型修理时，打牮拨正或重新安装，常在各檩头接缝处加铁扒锔或铁加固。

③外廊加固：有周围廊的重檐建筑物，檐柱与老檐柱的联系主要靠挑尖梁，但其后尾插入老檐柱内榫头，多为直榫。当发生檩外滚或柱下沉时常易拔出。因而外廊向四面闪出的现象是常见的，明、清时代的建筑物虽然比较普遍地增加了穿插枋，但后尾仍是直榫，并未彻底解决此种弱点。加固的方法，一种是在挑尖梁上皮较隐蔽处用铁拉杆，以加强与老檐柱的连接。另一种方法是在挑尖梁尾部底皮，用偏头螺栓与老檐连接牢固。

11. 铺钉椽望

椽子采用椽花固定或以巴掌榫搭接，用钉钉牢，打牮拨正后经验收无误后，排当放线铺钉，椽子排列遵循原位，操作中要求椽当均匀。斜搭式要求椽身垂直，上下巴掌平整严密，与檩木钉牢固，发现有豁掌或榫头残坏者不得使用。采用椽头花做法者，椽子应与椽花榫接牢固，望板需铺钉平直密实，厚薄一致，水平缝不得留有空隙，垂直接头须错茬铺钉，不得有三块或400毫米以上的垂直接缝。飞椽铺钉中要求通线确定进出，四角起翘一致，大小连檐安装牢固，起翘适度。

12. 基础、台基、散水、雨水明沟

基础采用三七灰土两步夯实，砌筑红砖基础或桑墩。

调整补配柱础。

台明周边整修及阶条石归安。

在台明外侧1.5米以内做条砌散水，台明外侧2米以内做三七灰土散水。

按照GB25-90有关规定，本工程所有修缮建筑外墙或台明以外2米之内的范围，铺设不透水的散水层，坡度不得小于5%，散水外缘略高于散水平整后的场地，建筑场地平整后，坡度在建筑物周围6米内，不小于2%，在建筑物6米以外，不宜小于5‰，散水垫层用2步灰土，然后铺砌条砖，并用桃花

灰浆灌浆，要求白灰现场制，即泼即用。灰土垫层应超出散水边缘500毫米。

雨水明沟，排水系统不变，明沟恢复为城砖白灰勾缝砌筑。施工前须测定标高，确定合适的排水坡度。

13. 墙体维修与砌筑

（1）墙体维修

风雨侵蚀导致了墙体的局部风化、剥落、裂缝现象，需重新砌筑。

在建筑中，墙体外倾鼓、断裂的墙体，因其基础沉降、载体折断等原因，其墙身应予重新砌筑。拆除前应由上而下划定拆除线，并对原墙尺度、砌筑手法进行记录，始拆墙身，墙身拆除中不得使用大型机械生退硬捣的快速性办法操作，尤其对以保留的接槎段应缓行剔灰，抽出砖块、拆除墙身。保存情况能继续使用的砖同时要即时统计、剔灰、码放。首先记录、分析其原隐蔽工程的工艺做法规制，为新砌提供参考，所获资料留档存查。

择砌：部分建筑墙体地基保存尚可，局部砖壁松动、残缺，非通深、通长的裂缝处，采用择砌的方法。择砌前应将其范围规定，并在相应的位置供临时加固、支托的实施，即木柱戗撑，内外壁板夹固于嵌入角钢并以三脚架维护支顶的综合方法进行操作。确保其墙体免于因局部择砌而发生二次损伤。择砌用料及手法同原制，与原墙相结部位剔除残灰碎砖后经水浸泡，灰浆满灌、保证墙身结构稳定。

①损毁墙体照原制重砌，并照原材料，层次抹灰、砍磨。

②人为改变原材料或新增的墙体一律恢复到原有式样。

③墙体整体完好仅局部酥碱者，先剔除酥碱部分，然后按原制尺寸砍磨，原位镶嵌，内部要用灰背实，非结构局部轻微裂缝灌青灰浆填实，勾缝封闭。

④墙体外皮完好而青砖空鼓的，在青砖上打孔（Φ10），里面用过筛的白灰泥浆灌注，灌注时观察泥浆对空鼓青砖的压力程度和漏浆现象，防止灌浆液浸坏外包青砖以及浸湿原有墙体，导致原土坯墙倒塌，用同样方法多灌注数次，直到空鼓墙体落实为止。

⑤墙身完好后，基础下沉的处理（墩接处理）

为保护古建筑原有风貌，墙身在不拆除的情况下，对基础要进行加固补强，鉴于这是一项细致危险的施工任务，特制定以下施工方案。

基础开挖基槽前，必须对建筑梁体和墙体上部进行支撑牢固，做到具有足够的支撑强度和支撑力，做到人、物安全万无一失。

每次开挖基槽1～1.5米，基槽宽度视墙体厚度而定（离墙角60厘米），挖到规定深度后，确定轴线，进行灰土夯实→青砖砌安→接缝塞实。

拆除支撑等连续作业，墩接完一段接下一段，要对基础红砖和青砖甩下砖茬，以备接下段时砖茬对号。

（2）墙体砌筑

①施工工艺：

丝缝墙

A．施工准备

a．基底工程施工完毕，基层清理干净。

b．砖已进行砍磨加工，并经过验收合格。砖的规格、品种、质量符合设计要求，有出厂合格证明和试验检测报告。

c．灰浆的品种、配合比符合设计要求。

d．墙体的组砌方式已确定。

B．施工方法及技术措施

a．丝缝墙操作工艺流程：施工准备→拴线、衬脚→打灰条砌砖→背里、填馅→灌浆、抹线→打点→墁水活→耕缝

b．弹线样活：弹出墙体衬脚线索，按所采用的砖缝排列形式，把砍磨加工完的砖进行试摆。

c．拴线、衬脚：按照弹线的位置挂拽线、卧线、罩线，在第一层砖下边的低洼处补衬脚，第一层砖采用厚120毫米、与墙同宽的木板砌筑。

d．摆砖、打站尺：将砖干摆，平缝、立缝紧密相触，都不挂灰，用片石在砖的后口底面背撒，在两端背别头撒，不得出现落撒和露头撒。摆完一段砖后，用平尺板以卧线和罩线为标准，检查墙面平直度。

e．丝缝墙打灰条：在砖的露明侧的砖棱上打上灰条，灰缝宽度为2～4毫米。

f．背里、填馅：随外墙干摆或丝缝墙砌筑，砌筑里皮的糙墙，里外皮之间的空隙要用碎砖砌实。

g．灌浆、抹线：背里填馅完成后开始灌浆，灌浆分三次灌入，先稀后稠，第一次灌“半口浆”即只灌1/3，最后填平灌足。随后用瓦刀刮去浮灰，再用麻刀灰抹线锁口，每七层抹线一次。

h．刹趟：灌完浆后用平尺板检查平整度，将砖上棱高出的部分用磨头磨平。

i．墁活、打点、冲水净面：墙面砌完后，将砖与砖之间接缝处高出的部分磨平，并将砖表面的砂眼、小孔填平补齐，随后再用磨头沾水将墙面磨平，整片墙砌完后，用清水和软毛刷将墙面清扫、冲洗干净。

j．丝缝墙耕缝：丝缝墙砌完后，用平尺板对齐灰缝，灰缝不齐之处打点补齐，然后耕压出缝子，先耕横缝、后耕竖缝、耕缝深度2～3毫米。

淌白墙

淌白墙操作工艺流程：弹线、样活→拴线→砌砖→背里、填馅→灌浆、打点灰缝→淌白缝子→描缝。

a．弹线、样活：先将基层清扫干净，然后弹出墙体厚度、长度及八字的位置、形状等。根据设计要求，按砖的砖缝排列形式进行试摆。

b．拴线：按照弹线的位置在墙的两端拴好立线（曳线）。在两端曳线之间拴“卧线”，即砌砖用线。

c．砌砖：砌普通淌白墙用“淌白拉面”或“淌白截头”砖，其淌白缝子，宜采用“淌白顺肋”砖，也可使用淌白截头砖。淌白墙的外棱灰应为月白灰或老浆灰，灰缝的宽度应为4～6毫米（城砖为6～8毫米）。

砌砖时应注意：

a．砖应“上跟棱，下跟线”，即砖的上棱应以卧线为标准。

b．砌砖时，应先对砖的外观进行适当检查再砌筑，不方整的砖不能用在墙的转角处，表面破损或棱角不齐的不能用于外皮，墙高在视平线以下时（称“低头活”），应将砖棱较好的一侧朝上放置，超过视平线时（称“抬头活”），应将砖棱较好的一侧朝下放置。

c．随时注意控制砖的立缝宽度，防止游丁走缝。

d．背离、填馅

随外墙同时砌好里皮砖（背里），里外皮之间的空隙要用碎砖砌实。背里砖或填馅砖与外皮砖不宜紧挨，应留有适当的“浆口”。

c．灌浆

每砌完一层砖后要用石灰浆灌浆。灌浆前应将灰缝的空虚之处补齐，以免漏灌浆。灌浆时，既应注意不要有空虚之处，又要注意不要过量，否则，易将墙面撑开。灌完浆后可用灰浆将灌过浆的地方抹住，即抹线（锁扣）。

f．打点墙面

淌白墙全部砌完后，要对砖缝过窄处用扁子作“开缝”处理，以使灰缝宽度更加均匀。“开缝”主要针对立缝进行，也可以针对砖的高低错缝进行适当的调整。

g．打点灰缝

打点用灰要用老浆灰（内掺短麻刀或锯末），如文物原状为深月白灰，应保持原做法不变。用小木棍或钉子等顺砖缝镂花（划缝），划缝的深度不小于5毫米。然后用清水将砖缝湿润，随后用小鸭嘴将老浆灰或深月白灰“喂”进砖缝。灰应与砖墙“喂”平，然后轧平。缝子打点完毕后，用短毛棕刷子蘸少量清水（蘸水后轻甩一下），顺砖缝刷一下，即打“水茬子”。

最后，要用扫帚对墙面进行擦扫，以便将墙面上的余灰和灰渍擦掉，使墙面更加干净整洁。

h．淌白缝子

墙面可采用与丝缝墙类似的做法，即用老浆灰打灰条砌筑，灰缝2～4毫米。最后耕缝的做法，不墁水活，也不需用水冲洗墙面。

i．描缝

如文物建筑原状为淌白描缝做法，应在普通淌白墙打点灰缝之后，再用自制的小排刷蘸烟子浆或墨汁沿平尺板将灰缝描黑。为防止在描的过程中，墨色逐渐变浅，每两笔应相互反方向描，描出的缝线应宽窄一致，横平竖直。

②墙体砌筑要求：

a．砖的品种、规格、质量必须符合设计要求。

b．灰浆的品种必须符合设计要求，砌体灰浆必须密实饱满，砌体水平灰缝的灰浆饱满度不得低于80%。

c．砖的组砌方式、墙面的艺术形式及砖的排列形式等符合传统作法。

d．砌体内外搭接砌好，拉结砖交错设置，填馅严实，无“两张皮”现象。

e．墙面清洁美观，棱角整齐，灰缝横平竖直，深浅均匀一致，接茬搭痕。

f．墙体砌筑质量控制。

g．轴线位移：用经纬仪或拉线进行轴线精确控制。

h．顶面标高：用水准仪或拉线，进行两端水平标高的偏差分析与纠正。

i．垂直度：用经纬仪或吊线进行控制，控制时分两种情况处理，第一种，按“收分”的外墙控制；第二种，按垂直的墙面控制。

j．墙面平直度：用2米靠尺横竖斜搭进行，用楔形塞尺调整纠偏。

k．水平灰缝平直度：拉2米或5米线，用尺量进行控制。

l．水平灰缝厚度（10层累计分析）：用皮数杆实际比较，用尺量进行调整控制。

m．墙面游丁走缝：用吊线和尺量检查，以底层第一皮砖为准。

14. 石构件维修

（1）局部硬伤

按应补配部位，选择同质荒料作为雏形，参照相同部位构件纹样进行仿制，要预留2～3毫米荒料，待安装后再凿去做细成活。新旧接茬处要求做成糙面并清除尘污。断面大于100毫米者于两接缝处萌入扒锔，用环氧树脂粘牢，接缝时要求环氧树脂涂到距外口约2毫米处为好，缝隙再用同色石粉掺环氧树脂勾抿严实。最后用錾子修正，以看不出接缝为佳。

（2）风化酥碱

将表面风化部分剥掉，直到露出硬茬。选配同质荒料进行仿制，要求预留2～3毫米荒料，形成雏形，进行粘接，粘接要求同上。

15. 窑洞的修复与保护方案

窑洞破坏的主要类型：

（1）局部坍塌

①窑脸局部剥落和碎落　主要现象：窑脸顶部、底部，发生土体崩解，剥落病害，这一现象在黄土边坡的阴坡面尤为严重。发生原因及分析：由于雨水、节理裂缝的作用下，土壤层松散破碎，易风化，从而容易造成窑脸出现凹槽。

②窑顶局部滑塌　主要现象：这类灾害主要发生在窑脸顶部土体，使部分土体稳定性降低而脱离母体，产生局部滑塌。发生原因及分析：当崖面陡峭或窑顶存在古土壤风化层，在暴雨季节或连阴雨季节时，使崖面土层及古土壤风化层受到水的侵蚀而发生滑塌。

（2）洞内土层剥落，洞顶掉皮　主要现象：黄土窑洞内部拱圈的土体出现干缩现象，从而发生土体开裂，土层剥落。发生原因及分析：①受黄土高原干旱、半干旱气候的影响，使得黄土窑洞内部拱圈的土体出现干缩现象。②因为黄土中节理作用，垂直裂缝隙发育使土体失稳，从而发生灾害。

（3）整体坍塌　主要现象：整体坍塌多发生在土崖高度较小或是窑顶保护层厚度较小的边跨洞，以及人工削坡过大的地带，古滑坡或填方地带。发生原因及分析：①在雨季，雨水的入渗，增大了土层重量，同时也破坏了窑洞本身的结构性和完整性，从而引起中间跨裂缝或坍塌，窑洞坍塌。②地震、泥石流也常常引起坡体发生滑动而产生窑洞整体滑塌灾害。

（4）裂缝　主要现象：是指窑洞内部的拱圈或墙体发生土层，泥层开裂的现象，它是窑洞最常见的破坏形式。裂缝既可以发生在边跨，也可发生在中跨窑洞。发生原因及分析：①结构性裂缝，是由于热胀冷缩引起的比较浅的缝隙。②构造性裂缝，是由于拱圈断裂或是错位而引起的比较深的裂缝。

（5）潮湿　主要现象：此类灾害多发生在春夏之交，窑洞内壁会出现潮湿的情况以及墙底潮湿泛碱的现象。发生原因及分析：①当室外空气含水量比较大，室外空气进入洞内后，一旦洞壁温度低于空气露点温度，就会在壁面出现冷凝情况，这才是洞内潮湿的最大原因。②再就是地下渗透、通风不良等原因。预防措施：①加强窑洞的空气流通设计，必要时辅助于机械通风。②针对地下渗透，预先采用白干土制造隔水层。

（6）窑洞冒顶　主要现象：窑洞上部拱圈发生变形破坏的现象。发生原因及分析：①窑洞建筑过程中未按建筑规程进行施工。②在窑顶存在古土壤分化层。预防措施：①遵守建筑规范。②注重窑低地层的选择。

以上的修缮手段：

（1）传统手段：①局部支撑法，圆木支撑，洞顶木支撑。②建造整体围护结构：采用砖护面墙，夯实土坯衬砌圈等手段，可以挺高洞壁的整体稳定性。

（2）有针对性的新型修缮手段：①土体结构主动加固技术——针对裂缝控制重用的主要加固技术，有锚固系统，复合土钉结构，混凝土隔梁等方案，其中预应力锚杆柔性支护作为一种先进的技术已被应用于土体工程，并得到了很好的效果。全锚固短锚杆柔性支护技术是由短锚杆（一般在5米以内）、钢筋网喷射混凝土的薄面层、锚杆支座组成与窑洞土体形成整体结构，促进土窑洞的稳定性。②加筋修复——针对裂缝，洞顶掉块等问题。

16．雕饰构件的修复与保护方案

木雕刻构件，是历史文物的重要体现，在修复中以延续现状缓解损失为主要目标，在修复施工中要精心保护其几何形体、彩绘现状、油漆等外饰材料。

（1）具体方案：用软毛刷清理构件表面灰尘，并用无污染无腐蚀清洗剂清洗构件表层灰尘污垢，并固化。

在清洗、固化前要做实验，确保构件的历史真实性和可延续性。

（2）施工方法：拆卸时首先搞清楚该构件的榫卯等与之相接件的内部结合方法，而后慢慢按照安装时的倒序方法进行。应细观察，推敲有无暗钉、暗销等，以免意外损伤文物。拆下后轻放。

拆下后用30毫米厚泡沫板将四周垫衬，外部用草绳密密裹缠，裹缠松紧要适度，以缠后泡沫板与构件间不松动为宜。

装箱时把无雕饰面向下，件与件不得挤压太紧，以不松动为宜，件与件只能相靠，不准重叠。

箱装满封盖后在箱盖上明显位置标明品名、件数及所在位置；写明注意事项，注意事项为不可重压、不可雨淋、轻搬轻放、严禁污染等字样；画出向上方向标示。一切工作完成后交给运输班组，运至保存仓库内，交保管员编号、造册入库存放。

复位安装时应按编号等有关标示进行试装、

该工程的任何构件皆属文物，必须认真保护。除做好以上工作外，对各构件不能有一件丢失。

（3）木雕饰件的修补与新置

雕刻构件，是历史文物的重要体现。在修复中以延续现状缓角损失为主要目标。在修复施工中要精心保护其几何形体、彩绘现状、油漆等外饰材料。

对木雕饰件的修补与新制作，除按照同原材种、规格、式样及相关规定施工外。本工程配备的匠师应有丰富的饰件经验，应有相当高的工艺水平，有较强的文物保护意识。

17. 抹灰工程

（1）室内抹灰工程包括麻刀灰、石灰砂浆。抹石灰砂浆每遍厚度为7～9毫米；抹灰面层用麻刀灰，厚度一般不大于2毫米。

各抹灰层之间及抹灰层与基体之间必须粘接牢固，无脱层、空鼓，面层无爆灰和裂缝（风裂除外)等缺陷。表面光滑、洁净、线脚顺直清晰。石灰砂浆、水泥砂浆抹灰表面应表面光滑、洁净，接槎平整。

（2）门窗框与墙体间的缝隙填塞密实，表面平顺。

18. 木装修制作与安装工程

装修为后人改动，已非原貌，需重新制作门窗，要严格按照设计图纸制作，恢复门窗旧制，保留地方风格。制作时遵循原风格、式样、花纹，使之线条流畅，表面光洁，花纹均匀，落地平整，深浅一致，表面略有疵病但不影响观感。

（1）制作的门窗无明显凹凸、裂缝、板面外口有泛水。

（2）框制要求光、平、无刮痕，线条直顺，线肩严实平整。

（3）槛窗、隔扇、门的大边与上下抹头交角必须做大割角双榫实肩，大边与中抹头交角为人字双榫蛤蟆肩。边框的表面光、平、无戗槎、刨痕、锤印、栉子，门窗、隔扇大边的裁口起线支圈，线条直顺。仔屉、棂条、花心等须相交处肩角严实，胶榫饱满无松动，棂条空档均匀一致，对应棂条直顺，交点平严。

19. 油漆做旧断白

清理底层采用刮铲打扫。凡是古建筑的木作部分，包括木结构、木基层、木装修，其露明的木表面，都要进行油饰。应先清扫，后刮铲、然后再清扫。清理底层的缝隙采用撕缝的方法：①用油工专用铲刀，把缝口两边的直角铲成八字楞的坡口，使缝口呈漏斗状，以便做地仗时使腻子容易挤进缝隙的深部。②遇缝无论是构造缝或自然劈裂缝，均作撕缝处理。大缝大撕，小缝小撕，坡口宽度应是原缝口的两倍。③遇缝内嵌有木条时，应视木条两边为两道缝，分别作撕缝处理。不仅缝口两边要铲成八字坡楞，木条的边楞也要铲成八字。④铲完缝口坡楞，还应把刀尖插入缝内，随缝隙对于新作的木构件必须将表面的积尘、灰浆点、雨淋痕迹等，用油工专用的铲刀刮铲一遍，见新木，再用小笤帚清扫一遍，然后才进行下一道地仗工序。对于旧活，除铲要在较完好的面上满过一遍铲刀，铲除油痱子。对有常年积尘的走向来回划动几次，使封内两侧之木棉便于做地仗，能吸收油质。⑤旧活时，缝隙中一般都嵌有木条或地仗灰，凡是活动了的都必须剔出来，只有在缝内结合牢固，不懂的不要剔除。对于剔开的缝隙也要用刀尖在缝内划动几下，并用硬鬃刷子把缝隙内的积尘、灰颗粒等清扫干净。

在旧活时遇到雕刻花活，要清除其上之旧地仗，采取剔、刻、刮的清理方式。只有先用小刻刀进行刻剔。刻剔时应按原雕饰的走刀方向，在阴角处把油皮拉开，在小平面上把油皮地仗铲下来，对四边的残面的油皮活灰底疤，用薄刀尖刀刮净。无论花纹有多么细碎，包括平面、侧面、斜面、立楞、阴角、弧面、各个凹面纹理等，都要拉齐、铲净、刮光。透雕的掏里部位也不能漏掉。后用笔将花纹描清楚，叫“过谱子”。专用工具扁子把所有粗糙之处“扁光”修复。

油漆严禁脱皮，漏刷及反锈。必须做到无透底。大面处无流坠、皱皮。色泽光亮，均匀一致，五金、玻璃基本干净。先将构件的浮尘清理干净，满批腻子，干燥后用砂纸将凹处磨平，再刮第二层腻子，大木构件桐油二遍。

抹灰表面亦必须清扫灰土，满批腻子，然后刷喷涂料二遍。

抹灰前做好原材料检验和试配工作，是否符合要求。

涂料施工首先要做色板，经建设方同意后进行大面积施工。

（六）修复施工技术措施

1. 台明石、踏步台阶和垂带归安

（1）石料制作：各种材料均选用和操作应按《古建筑修建工程质量检验评定标准 · 北方地区》（CJJ 39—91中华人民共和国行业标准）的要求和古建传统做法为依据进行加工制作。石料选料时应注意石料的裂缝、隐残、纹理不顺、污点和石铁等。裂缝、隐残不应选用，对于纹理不顺、污点和石铁等不严重的，使其可用于隐蔽处虑。石料加工根据使用位置和尺寸的大小，合理选择荒料，然后进行打荒，为了保证安装时尺寸合适，有的阶条石可留一个头不截，待安装时按实际尺寸截头，剁斧要求三遍斧，第一遍只剁一次，第二遍剁两次，第三遍剁三次，一至三遍的剁活力度由重至轻。第三遍使用的剁斧应锋利。

（2）石活安装：根据设计图纸要求有的需要进行打细和石活安装。首先根据设计图纸要求各殿座柱顶石和阶条石栓通线安装，所有石活均应按线找规矩，按线安装。柱顶石安装应注意柱顶石的平整和水平标高一致。根据拴线将石活就位铺灰作浆，将石活找好位置、标高，找平、找正、垫稳，无误后灌浆。安装完成后，交工前进行洗剁交活。

（3）散水：铺墁散水首先做好基层处理，首先施3：7灰土分层夯打密实并做土壤干容重试验。注意对经检查合格进场的加工砖码放整齐，做好半成品保护，施工中轻拿轻放，以防碰坏棱角。其次用掺灰泥铺墁，厚度控制在5厘米左右。砖缝控制在5毫米左右。

条形石制作允许偏差和检验方法

项 次	项目	允许偏差（毫米）	检 验 方 法
1	厚度	±3	尺量检查
2	宽度	±3	尺量检查
3	长度	±3	尺量检查

砌体尺寸位置的允许偏差和检验方法

项次	项目	允许偏差(毫米)								检 验 方 法
		毛石砌体		料		石砌体				
				毛料石		粗料石		半细料石	细料石	
		基础	墙	基础	墙	基础	墙	墙、柱	墙、柱	
1	轴线位置偏移	20	15	20	15	15	10	10	10	经纬仪或拉线尺量检查
2	基础和墙顶面标高	±25	±15	±25	±15	±15	±15	±10	10	水平仪或尺量检查
3	砌体厚度	±30 −0	+20 −10	+30 −10	+30 −10	+15 −0	+10 −5	+10 −5	+10 −5	尺量检查
4	墙面垂直度	–	30	–	30	–	25	20	15	经纬仪或垂线检查
5	表面平整度	–	−20	–	20	–	15	–	–	细石料用2米靠尺和楔形塞尺检查，其他用两直尺垂直于交缝拉2米线和尺量检查
6	清水墙水平缝直直度	–	–	–		–	10	7	5	拉10米线或尺量检查

2. 地面及院墙分部工程

建筑物内之地面施方砖砍磨错缝细墁，院中地面须先硬化地面再施方砖铺墁。室内外墁地之砖全部施300毫米×300毫米×60毫米青砖铺墁，施工时将砖下部四角砍除，保证灰浆饱满，做到平整稳固。

（1）砖加工

砖的规格、品种、质量等必须符合传统建筑材料和《古建筑修缮工程质量评定标准（北方地区）》中相关规定的要求。加工应严格遵守设计图砖的时代特点和尺寸要求。按设计尺寸进行加工制作。同一规格的砖必须大小一致。砍磨各种砖须棱角整齐。手工砖标号达75号以上，机制砖达100号。

（2）细墁方砖地面

殿内方砖墁地面：为防止渗水，侵害建筑基础，墁地前，打两步三七灰土。做好基层处理，经检查合格进场的加工砖码放整齐，做好半成品保护，施工中轻拿轻放，以防碰坏棱角。首先由技术熟练的技工沿两山各墁一趟砖，然后冲趟，确认无误，拴好拽线一道卧线进行样趟，铺墁地砖前须将砖下四角砍去以达“鸡窝眼”作用，保证方砖平顺，砖缝严密，均匀浇浆，按卧线检查砖棱，进行刹趟，并擦干净，做好成品保护。手工砖标号达75号以上，机制砖达100号。

墁砖地面允许偏差和检查方法

<table>
<tr><td>项次</td><td colspan="3">项　　目</td><td>标准(毫米)</td><td>允许偏差(毫米)
细墁　糙墁</td><td>检验方法</td></tr>
<tr><td rowspan="3">1</td><td rowspan="3">糙墁地面青砖缝</td><td rowspan="2">方砖</td><td>尺　四</td><td>4</td><td>1　　±1</td><td rowspan="4">尺量检查</td></tr>
<tr><td>尺　二</td><td>3</td><td>1　　±1</td></tr>
<tr><td colspan="2">四丁砖(斧刃)</td><td>3</td><td>1　　±1</td></tr>
<tr><td>2</td><td colspan="3">细墁地面砖缝</td><td>1</td><td>±1　　1</td></tr>
<tr><td>3</td><td colspan="3">每平方米表面平整</td><td>1</td><td>2　　4</td><td>1米靠尺检查</td></tr>
<tr><td>4</td><td colspan="3">砖缝直顺</td><td>1</td><td>2　　2</td><td>3米线抻线检查</td></tr>
<tr><td>5</td><td colspan="3">地面整体坡度</td><td>1</td><td>每米±2</td><td>用坡度尺检查</td></tr>
</table>

注：糙墁地面除仿青砖外，一般用于室外。

（3）地面及排水工程

建筑物内之地面施方砖砍磨错缝细墁，院中地面须先硬化地面再施方砖铺墁。室内墁地之砖全部施300毫米×300毫米×60毫米青砖铺墁，且施工时将砖下部四角砍除，保证灰浆饱满，做到平整稳固。手工砖标号达75号以上，机制砖达100号。方砖进行各项抽检合格方可使用。

3. 主体结构分部工程

（1）木构梁架

木构架所用木材材质须符合《古建筑修缮工程质量评定标准（北方地区）》中相关规定的要求。材种、规格设计要求，复建和增建工程木材全部为东北一级落叶松，装修为一级红松。在木构架构件制作和安装的全过程中必须节约用材，要做到综合用材、材尽其用，严防资源浪费。

施工前须有合理的配料单，配料单须以设计图纸为准一次性编制完成，制出配料表。木构架各构件按实际使用尺寸应放加工余量，各构件毛料须在安装后隐蔽处注该构件专用名称，不得错位。直径或面宽350毫米以内构件下料口歪斜不大于20毫米，直径或面宽350毫米以上构件下料口歪斜不大于30毫米。

木构架制作、安装程序如下：

①放样——按设计图纸或原构件放足尺寸大样，排柱头杆，开间杆，出样板，样板用材为胶合板或不易变形的干燥板材。

②配料——按样板、设计图纸尺寸，数量放加工余量，编制配料单，按配料单定料。

③加工——按样板和设计图纸加工。

④试组合（汇榫头）——按图将相关的两根或两根以上构件在加工现场试组合后分开。

⑤安装——按设计图纸之尺寸，复核平面等尺寸，且质量合格后，在建筑现场安装。

（2）构件的制作放样

①木构件制作前的准备工作

A．利用丈杆法进行放样，以保证操作的准确性

B．圆形构件的初加工，共五步骤：

a．画十字中线

b．画八方线

c．砍刨八方

d．画十六方中线

e．砍刨十六方

②柱子构件的制作放样

A．在初加工的基础上，对柱子两头原十字中线进行校准后，进行细加工

B．选择柱面弹墨线

C．定柱顶和柱脚榫及额枋卯，用点或短线标注

D．根据额枋位置画出卯口的口眼线

柱子制作的允许偏差和检验方法

项次	项　　目	允许偏差(毫米)	检验方法
1	柱高(H)	±1／1000H	实测检查
2	柱直径(D)或截面宽(B)	±1／100D	实测检查
3	柱根、柱头子、卯眼底面和内壁平	±2	尺量与搭尺检查

注：H为柱高，D为柱径，B为截面宽。

③梁类构件的制作放线

A．在初加工的基础上，进行两头端面上垂直平分中线，以中线为准用方尺画出水平线

B．将两头的“三分线”分别用墨斗弹在梁身的各面上

C．定梁头长（一般按一檩径）度、檩径中线、各步架（瓜柱位置）中线等

D．画出各相交构件的卯榫线

E．各线画好后，进行编号

梁制作的允许偏差和检验方法

<table>
<tr><th>项次</th><th colspan="2">项目</th><th>允许偏差（毫米）</th><th>检验方法</th></tr>
<tr><td>1</td><td colspan="2">梁长度（梁两端中线间距离）</td><td>±5</td><td>用丈或钢尺校核检查</td></tr>
<tr><td rowspan="2">2</td><td rowspan="2">梁截面尺寸</td><td>高度（H）</td><td>±1/30H</td><td rowspan="2">尺量检查</td></tr>
<tr><td>宽度（B）</td><td>±1/20B</td></tr>
<tr><td>3</td><td colspan="2">角梁长度</td><td>±5</td><td>尺量检查</td></tr>
</table>

④枋类构件的制作放样

檐（额）枋，明、清时代枋与柱结构一般施以燕尾榫形制，榫肩线按柱子半径画弧，使肩线成弧线，燕尾榫长、宽均为柱径的1／4，本方案严格遵照原遗构件为准，进行放样。

枋子制作的允许偏差和检验方法

项次	项目	允许偏差（毫米）	检验方法
1	枋子截面高度	±3	尺量检查
2	枋子截面宽度	±3	尺量检查
3	枋子长度	±3	尺量检查
4	承椽枋椽窝中—中尺寸	±3	尺量检查

⑤檩构件制作放样

分位置画线，两檩搭交时做十字卡腰榫卯，榫卯深各半。本方案严格遵照原遗构件为准进行放样。

桁（檩）的制作安装的允许偏差和检验方法

项次	项　目	允许偏差（毫米）	检验方法
1	桁长度	±5	尺量检查
2	桁径（指金盘至檩底垂直高度）（D）	±2/100D	尺量检查
3	扶脊木椽窝中-中距离	±5	尺量检查
4	桁檀接点通长中线相对差	±2	尺量检查
5	桁檩通长高低差	±5	尺量检查

⑥椽构件制作放样与圆柱放线制作基本相同。

⑦角梁件制作放样

椽、望类制作允许偏差和检验方法

项次	项目		允许偏差（毫米）	检验方法
1	露明檐椽或飞椽	圆椽方椽椽径	±1/20D	尺量检查
		截面高或宽	±1/20H（D）	尺量检查
2	露明望板板缝		±2～3	尺量检查

大木选材标准表

构件类别	腐朽	木节	斜率	虫蛀	裂缝	髓心	含水率
柱类构件	不允许	活节：数量不限，每个活节最大尺寸不得大于原木周长1/6 死节：直径不大于原木周长的1/5，且每2米长度内不多于2个	组纹斜率不大于12%	不允许（允许表面层有轻微虫眼）	外部裂纹深度和径裂不大于直径的1/3，轮裂不允许	不限	不大于25%
梁类构件	不允许	活节，在构件任何一面，任何15厘米长度上所有木节尺寸的总和不大于所在面宽1/3 死节：直径不大于20毫米且每2米中不多于1个	组纹率不大于8%	不允许（允许表面层有轻微虫眼）	外部裂缝深度和径度不大于直径的1/3，轮裂不允许	不限	不大于25%
枋类构件	不允许	活节，所有活节构件任何一面，任何15厘米内的尺寸的总和不大于所在面的1/3榫卯部分不大于1/4。死节：直径不大于20毫米且每延长米中不多于1个，榫卯处不允许有节疤	组纹斜率不大于8%	不允许	榫卯不允许，其他部位外部裂缝和径裂不大于木材宽厚的1/3，轮裂不允许	不限	不大于25%
板类构件	不允许	任何15厘米长度内木节尺寸的总和，不大于所在面宽的1/3	组纹斜率不大于10%	不允许	不超过厚的1/4，轮裂不允许	不限	不大于20%
桁檩构件	不允许	任何15厘米长度上所有活节尺寸的总和不大于圆周长的1/3每年木节的最大尺寸不大于周长的1/6。死节不允许	组纹斜率不大于8%	不允许	榫卯处不允许，其他部位裂缝深度不大于檩径1/3（在对面裂缝时用两者之和）	不限	不大于20%
椽类构件（重点古建筑圆椽尽量使用杉圆木）	不允许	任何15厘米长度上所有活节尺寸的总和不大于圆周长的1/3，每个木节的最大尺寸不大于圆周长的1/6。死节不允许	组纹斜率不大于8%	不允许	外部裂缝不大于直径的1/4，轮裂不允许	不限	不大于10%
连檐类	不允许	正身连檐任一面15厘米长度上所有木节尺寸的总和不大于面度的1/3，翼角连檐活节尺寸总和不大于面度1/5	不允许	不允许	正身连檐裂缝深度不大于1/4翼角，连檐不允许	不允许	不限

注：1．含水率系指构件全面截面的平均含水率。2．不得使用杨木。

大木安装允许偏差和检验方法

项次	项目	允许偏差（毫米）	检验方法
1	整缝梁架上下中线相对	5	吊线检查
2	各间桁檩平直跟线与垫板枋子叠置缝隙	4	接线与尺量检查
3	山花板、博缝板接缝	2～2.5	尺量检查
4	搭角檩榫	3%檩径	檩径塞尺检查
5	箍头枋榫	5	塞尺检查
6	每缝梁总高度	±10	尺量检查
7	檩子通长直须	10	拉通线尺
8	枋子与柱子抱肩	5	塞尺检查
9	中线或升线的垂直偏差	3	吊线检查

⑧斗栱件制作放样按设计图

斗栱选材标准表

名称	缺陷种类及允许程度							备注
	腐朽	木节	斜纹	虫蛀	裂纹	髓心	含水率	
大木	不允许	构件任何一面任何15厘米长度上所有木节的总和不得大于所在面的1/2，死节不允许	12%	不允许	不允许	不允许	18%以下	
翘、昂、耍头、撑头木	不允许	构件任何一面任何15厘米长度上，所有木节的总和不得大于所在面的1/4，死节不允许		不允许	不允许	不允许	18%以下	
单材、足材	不允许	构件任何一面任何15厘米长度上，所有木节的总和不得大于所在面宽的1/4，死节不允许	10%以内	不允许	不允许	不允许	18%以下	
正心枋内外拽枋	不允许	构件任何一面任何15厘米长度上，所有木节的总和不得大于所在面宽的1/3		不允许	不允许	不允许	18%以下	

斗栱制作允许偏差及检验方法

项次	项目	允许偏差（毫米）	检验方法
1	各斗栱十字口刻半深度	1	对照样板检查
2	袖榫深线一致	1	对照样板检查

斗栱安装允许偏差和检验方法

项次	项目	允许偏差（毫米）	检验方法
1	全攒斗栱高低	5	拉线检查
2	翘、昂、耍头等伸出构件竖直对齐跟线	3	搭尺与尺量检查
3	昂、翘、耍头等构件出进跟线	5	拉线检查
4	斗与上下构件接触实严	1/6	尺量检查

4．瓦作分部工程

（1）苫背

苫背是屋顶工程重要工序之一，即用防水、保温材料在望板上做垫层，其功能是用于室内保温和调整屋面曲线。具体做法是：泥背使用掺灰泥，要求用生灰块泼制，抹背不少于两遍，找出昂弯。望板铺钉完毕之后，先于其上撒2厘米护板灰，用于保护望板，其配料为泼灰和麻刀加水调匀而成，材料配比（重量比）为泼灰：麻刀＝20：1。之后开始苫灰背，灰背所用材料是黄土及泼灰掺麦节加水搅拌匀施用，为减轻屋顶荷载及保温效果和防止屋顶生草，所用黄土须深层土，并且配料时加大泼灰比例，其用料配比（体积比）为黄土：泼灰＝100：50。平均厚度不少于100毫米。垫层背找昂要和缓平整、并层层拍打严实（要“打拐子”以防止瓦面下滑）。灰背用青麻刀。要求二遍，面层应不少于 “三浆三压”，青灰背拍麻刀要匀不要厚、待将麻刀揉实入骨后方可溜浆。擀轧后顺抹子花出亮交活，不得有灰拱子、麻刀泡和裂缝，同时须经有关检查部门验收后方可进行下一道工序。

（2）瓦筒板瓦

先宼瓦后调脊，宼瓦前清扫干净以保证瓦与灰泥的（3：7灰）黏结力。根据屋面和瓦的尺寸大小进行准确无误的分中号垄。钉瓦口雀台为1厘米。根据分中号垄进行冲垄。根据屋面面积大小而定冲垄多少垄。先冲边垄，拴好“齐头线”“楞线”和“檐口线”再冲屋面中间的瓦垄，以筒瓦坐中。要求屋面所冲的垄曲线平滑、均匀一致。传统掺灰泥宼瓦，冲垄、宼瓦底瓦必须保证三搭头，底、盖瓦宼瓦前清扫干净。盖瓦满沾月白浆、底瓦满沾白灰浆。底盖瓦的瓦脸灰、捉节灰应饱满，不得有脱落和洞眼。盖瓦夹垄灰分二次进行，要密实、光滑、直顺，必须符合相应古建操作要求。屋面完成后瓦件清扫干净，各条脊和瓦面刷浆提色，色泽应均匀一致。

（3）调脊

垂脊自下而上依次垒砌：当勾瓦－抱口瓦－基座砖－安砌吻、兽等。各层下砌后用麻刀灰和瓦片分层填平后苫小背。其上各层脊、兽件做灰和使碰头灰要足。头缝严，点填馅平整。脊兽桩钉牢，吻兽位置准确、周正平稳。各条脊均要平直顺向，各构件接口平整、严实，角度一致、直顺高低一致。调正脊要挂通直线。调垂脊（岔脊或戗脊）拉线找好弧度，自角端部开始，依次安装垒砌。按原位置安装小马兽、截（垂）兽，然后做兽后部分，内用灰泥灌满，至最顶端留一段，等吻安装好后再封口。安正吻前安好吻桩子，涂好防腐涂料，吻内用灰泥装满，垒砌牢固。

（4）捉节夹垄

宼瓦工序完成后开始捉节夹垄，先将瓦垄清理干净，并将瓦节中的灰剔出一部分，之后清理干净淋水少许，用小麻刀灰掺烟煤在筒瓦与筒瓦及筒瓦与底瓦相接处勾抹压实。

筒板瓦屋宼瓦允许偏差和检查方法

项次	项目			允许偏差(毫米)	检 验 方 法
1	底瓦侧偏			6	观察与抻线尺量检查
2	盖瓦睁眼	1号	标准35毫米	6	
		2号	标准30毫米	±10	
		3号	标准25毫米	±10	
		小10号	标准15毫米	±10	
3	走水当纵向（1～3瓦）			±7	
4	瓦面跳丝每延长米			<3	

5. 墙体分部工程

（1）墙体砌筑

墙体砌筑为淌白墙，灰缝不大于5毫米。砌筑外墙砖灰浆挂石灰膏，砌体灰浆必须密实饱满；砌体水平灰缝的灰浆饱满度不得低于80%。砌筑用的砖必须符合砖的规格、质量设计要求。砖体砌筑外观应平整洁净，细作，表面不得刷浆或灰水。所有出挑的硬件必须拉结牢固，无松动。

（2）抹灰

①墙面抹靠骨灰

抹灰前墙面应下竹钉，钉麻揪。麻揪应分布均匀呈梅花状，搭接适宜，麻应使用质量好的长线麻。所使用的灰符合原建筑物的时代特点、规格、品种、质量等，必须符合传统建筑材料的要求。墙体必须平整，抹灰后无漏麻现象。

②抹底灰

在抹底前应根据室内墙阴阳角做护角，要求垂直结牢。抹墙面混合砂浆底灰，要在冲筋灰完成后2小时左右进行，以薄抹分层装档、找平（垂直水平刮找），并用木抹子槎毛。整面墙完成后要全面检查其平整度，阴阳角方正，靠尺检查垂直和平整度情况。

③抹罩面灰

灰料为白灰中适当掺黄土，抹灰层与基层之间及各抹灰层之间必须粘接牢固，抹灰层应无脱层、空鼓，面层无爆灰和裂缝。护角周围的抹灰表面整齐、光滑。表面平整度的允许误差4毫米；立面垂直的允许偏差4毫米。

6. 装饰工程

（1）基本情况

本项装饰工程包括油漆彩画、构件断白及墙面粉刷工程，其中包括地仗、油饰、断白、彩画、墙面粉刷工程施工。

①施工工艺流程：

基层处理——地仗——油饰——彩画——粉刷

②分项工程施工工艺及操作要点：

A．基层处理：木构件在地仗施工前应对构件表面的旧地仗灰皮及油皮进行砍净挠白处理，整体构件采用汁浆界面处理。粉刷墙面应做汁底胶处理。

B．油饰彩画地仗根据建筑结构部位采取单皮灰和一麻五灰地仗工艺做法；连檐瓦口椽头单披灰（四道灰）；椽望、斗栱、槛窗、隔扇屉、楣子的雕刻花饰单披灰（三道灰）；上架檩、垫、枋、博风板、山花，下架槛框、隔扇边框、柱子均做一麻五灰地仗。

C．油饰采用传统操作工艺做法，在地仗基层表面满刮血料腻子，槎头道、二道铁红光油，三道罩面光油，连檐瓦口朱红色，椽望依据现存旧色处理。

D．彩画根据原有图案确定做法。

（2）技术措施

①油饰及地仗施工，应严格按传统工艺做法，材料加工调配遵循古建规范进行操作，针对油饰做法制作样板。

②装饰基层表面应保持充分干燥条件，地仗麻灰层结实严密，保证装饰面的平整。

③装饰施工应合理安排工序，严禁雨天施工，并采取防雨遮拦措施。

④装饰施工前应对临界成品如石活表面、墙面进行遮拦贴护，以免造成交叉污染。

各项墙体抹灰工程允许偏差和检查方法

<table>
<tr><th>项次</th><th colspan="2">项目</th><th>允许偏差(毫米)</th><th>检 验 方 法</th></tr>
<tr><td rowspan="2">1</td><td rowspan="2">抹灰</td><td>2米以下</td><td>2</td><td rowspan="6">靠尺或塞尺检查</td></tr>
<tr><td>2米以上</td><td>3</td></tr>
<tr><td rowspan="2">2</td><td rowspan="2">阴、阳角垂直度</td><td>1米以下</td><td>1</td></tr>
<tr><td>1米以上</td><td>2</td></tr>
<tr><td rowspan="2">3</td><td rowspan="2">墙面垂直度</td><td>2米以下</td><td>2</td></tr>
<tr><td>2米以上</td><td>4</td></tr>
</table>

木装修选材标准

<table>
<tr><th colspan="3" rowspan="2">项目</th><th colspan="2">槛框、榻板</th><th colspan="2">门窗</th><th colspan="2">仔屉</th><th colspan="2">裙板、绦环板</th></tr>
<tr><th>内檐</th><th>外檐</th><th>内檐</th><th>外檐</th><th>内檐</th><th>外檐</th><th>内檐</th><th>外檐</th></tr>
<tr><td rowspan="5">活节</td><td rowspan="5">节径</td><td>不计个数时其最大尺寸应小于（毫米）</td><td>10</td><td>20</td><td>10</td><td>15</td><td>5</td><td>5</td><td>10</td><td>20</td></tr>
<tr><td rowspan="2">计算个数时任何15毫米长度内木节尺寸的总和应大于（毫米）</td><td colspan="2">材宽（B）</td><td colspan="2">材宽（B）</td><td colspan="2">材宽（B）</td><td colspan="2"></td></tr>
<tr><td>1/3B</td><td>1/2B</td><td>1/4B</td><td>1/3B</td><td>1/4B</td><td>1/3B</td><td>10毫米</td><td>20毫米</td></tr>
<tr><td rowspan="2">任何延长米中不超过（个）</td><td rowspan="2">2</td><td rowspan="2">4</td><td rowspan="2">2</td><td rowspan="2">4</td><td rowspan="2">1</td><td rowspan="2">2</td><td colspan="2">每平方米</td></tr>
<tr><td>2</td><td>5</td></tr>
<tr><td colspan="3">死节</td><td colspan="2">允许包括在活节总数中</td><td colspan="2">允许包括在活节总数中</td><td colspan="2">不允许</td><td colspan="2">允许包括在活节总数中</td></tr>
<tr><td colspan="3">髓心</td><td colspan="2">不露出表面的允许</td><td colspan="2">不露出表面的允许</td><td colspan="2">不允许</td><td colspan="2">不允许</td></tr>
<tr><td colspan="3" rowspan="2">裂缝</td><td colspan="2">深度及长度不大于厚度及材长的</td><td colspan="2">深度及长度不大于厚度和材长的</td><td colspan="2" rowspan="2">不允许</td><td colspan="2" rowspan="2">不允许</td></tr>
<tr><td>1/5</td><td>1/3</td><td>1/6</td><td>1/4</td></tr>
<tr><td colspan="3">斜纹、斜率（%）</td><td>10</td><td>15</td><td>6</td><td>10</td><td>2</td><td>4</td><td>15</td><td>不限</td></tr>
</table>

注：裙板应按木纹纵向使用

槛、框、榻板安装允许偏差和检验方法

<table>
<tr><th>项次</th><th colspan="2">项目</th><th>允许偏差(毫米)</th><th>检 验 方 法</th></tr>
<tr><td>1</td><td colspan="2">槛、框安装的水平和垂直</td><td>3</td><td>吊线检查</td></tr>
<tr><td>2</td><td colspan="2">槛、框里口窜角</td><td>5</td><td>用杆掐量或尺量检查</td></tr>
<tr><td rowspan="2">3</td><td rowspan="2">抱柱与柱交接处的抱豁分缝</td><td>内檐</td><td>1</td><td>塞尺检查</td></tr>
<tr><td>外檐</td><td>2</td><td>塞尺检查</td></tr>
<tr><td>4</td><td colspan="2">榻板安装平面直顺、高低</td><td>±3</td><td>拉通长直线检查</td></tr>
</table>

边框制作允许偏差和检验方法

项次	项目	允许偏差(毫米)	检　验　方　法
1	皮楞（翘曲）	2	边框放在平台上用楔形塞尺检查
2	窜角（对角线长度差）	3	用杆掐量或尺量检查

大门、隔扇、槛窗等木装修安装允许偏差及检验方法

项次	项目	允许偏差(毫米)	检　验　方　法
1	实榻门、攒边门的上下口与立缝宽度	2	观察与尺量或用塞尺测量检查
2	隔扇、槛窗抹头	2	拉线或用尺测量检查
3	屏门安装四周分缝、对口缝	2	观察与尺量或用塞尺测量检查

（七）其他

1. 雨期施工措施

为保证工程质量，确保工期，特制定如下保证措施：

（1）雨期施工期间，要加强与气象站的联系，预先了解三天内天气情况，以确保施工质量。

（2）雨施前对施工现场排水系统检查、疏通或加固，保证水流畅通，并防止场地周围地面水流入场地。

（3）雨后施工现场要进行全面检查，特别是脚手架，如遇架子基础下沉，立柱悬空时，要及时用木板填紧。

（4）雨天施工时，要防止雨水冲刷砂浆，砂浆稠度适当减少，收工时应覆盖砌体表面。

（5）要及时测定砂、石含水率，掌握其变化幅度，及时调整配合比，对已浇筑而尚未硬化的砼，要防止雨水渗透或冲刷。

（6）施工现场龙门架垂直运输架上要安装避雷装置，同时将卷扬机金属外壳可靠接地。

（7）木结构施工时，现场设1000平方米木作加工车间一座，对木构件的成品、半成品做好防雨工作。

2. 夏季施工措施

夏季气温较高，且空气湿度较大，因此夏季施工以安全生产为主题，以“防暑降温”为重点，只有抓好安全生产，才可确保工程质量。

（1）对高温作业人员进行就业前和暑前的健康检查，检查不合格者，均不得在高温条件下作业。

（2）炎热时期组织医务人员深入工地进行巡视和防治观察。

（3）积极与当地气象部门联系，尽量避免在高温天气进行大工作量施工。

（4）对高温作业者，供给足够的合乎卫生要求的饮料、含盐饮料。

（5）采用合理的作息制度，根据具体情况，在气温较高的条件下，适当调整作息时间，早晚工作，中午休息。

（6）改善宿舍、职工生活条件，确保防旱防暑降温物品及设备落到实处。

（7）根据工地实际情况，采取三班制的方法，缩短一次连续作业时间。

（8）确保现场水、电供应畅通，加强对各种机械设备的围护与检修，保证其能正常操作。

（9）在高温天气施工的如混凝土工程、抹灰工程，应适当增加其养护频率，以确保工程质量。

（10）加强施工管理，各分部分项工程坚决按国家标准规范、规程施工，不能因高温天气而影响工程质量。

3. 施工要点

（1）施工前，要首先依据现场实际情况做好文物保护措施，确保保护范围内一切文物的安全。施工期间，安全工作必须始终如一地排在重要议事日程上。施工场地禁烟、禁火、禁游人。安全设备必须齐全，电路、水路必须可靠，消防器材必须齐备，工地要有专人值班看护，以保证施工过程的顺利，文物、人身双安全。

（2）遵守国家现行有关施工及施工验收规范进行施工。

（3）严格保护旧构件的安全。古代建筑是由数以千计的构件组合搭套而成，因此保护古代建筑就必须从保护每个构件开始。从拆卸、检修到安装都必须保证原有构件的安全。经加固能用者要继续使用，尽可能地减少更新更换，存放旧构件的工棚，要安全、通风，防止雨雪侵蚀和狂风的袭击。

（4）严格保护木构架的安全。虽然为此支搭了保护框架和防避风雨棚，但古建筑结构复杂，施工期长，因此保护框架和防避风雨棚必须经常检修。遇有风雨更应及时检修加固，要做到防风、防雨、防潮湿。

（5）施工过程中要注意科学方法。施工前后要各安一个坐标点，为了施工顺利和检修方便，不致将同类构件相互交错，需在施工开始前描绘各种构件的编号草图和大小构件登记表。然后根据编号书写编号木牌钉挂于构件上，每件两牌。小型构件（如斗栱）可根据草图上的编号，在拆卸时用同一方位墨写于构件的隐蔽部位。同时将各个构件的编号名称和规格打印在登记表上，据此有顺序地分类存放、检修、加固、安装。在施工过程的每一阶段，都要做详细的记录，包括文字、图纸、照片、留取完整的工程技术档案资料。如果发现新情况或发现与设计不符的情况，除做好记录以外，须及时通知有关方面。

（6）材料的选择与加工。所有大木构件和椽飞（望板除外），均需用无节、无朽、无裂痕的一等落叶松制作、添配和墩接。而且所有圆材、负重构件，必须用轴心材制作，不得用方材加工或拼接。斗栱构件依原构用榆槐木（本地产）制作。装修部分的构件须用一等红松或旧红松修补添配。

加固中选用各种化学材料，必须有出厂合格证，并符合国家或主管部门颁发的产品标准，地方传统原料必须满足优良等级的质量标准。

（7）保证施工的质量

文物建筑修缮工程的质量，直接关系到文物保护，所以在施工过程中，必须增强质量意识，严格质量要求。任何一个失误，都会影响建筑的整体质量，所以每个项目、每个程序都必须认真对待，以确保施工质量。古建筑维修工程，是科学性、技术性很强的工作，一方面要求我们最大限度地保存其历史、艺术、科学价值，另一方面要求我们尽量减少失误。

（8）保护彩画

施工开始，对部分建筑有彩画（哪怕是隐约可见的彩画）和书有题记的构件，均应事先除尘，再用细纸、棉花、防雨布、草绳包扎严实，绳索吊动要加设木板垫片。防止拆卸时损坏彩画和题记，安装时亦然。

施工中如发现新的题记、壁画、碑碣和其他文物，都应认真保护，拍摄照片，临摹绘图，并采取措施予以保护，严防损坏。需要归安于建筑之上或建筑之内者，应及时提出，研究解决。

（9）白灰过淋，黄土过筛，砂子洗净，麻刀不朽，灰土拌后不超过12小时，麻刀拌灰需打碎拌匀，灰泥背须压抹严实，筒板瓦下灰泥坐牢等等，虽为施工技术知识常识，但仍需经常检查。如发现问题，应及时纠正。

（10）建筑施工脚手架：建筑内需搭设满堂红脚手架，以满足支撑梁架荷重，同时还需搭设彩画清污保护架。外部搭设双排承重脚手架，用以檐头的施工需要。除此之外，还需搭设屋面脚手架及临时脚手架。所有架木搭设需坚实牢固，达到承受的要求和保护功能，做到万无一失。

（八）各项管理及保证措施

1. 质量保证措施

（1）建筑工程质量验收的划分及执行标准（见附表）

①检验批质量应符合以下规定：

a．主控项目均应达到标准要求。

b．一般项目中每个项目都应有80%以上检测点的实测数值在规定范围之内，其余20%不能大于质量验收规范规定的150%。

②分项工程质量等级应符合以下规定：执行GJJ39—91《古建筑修建工程质量检验评定标准（北方地区）》

A．合格

a．保证项目必须符合相应质量检验评定标准的规定。

b．基本项目抽检处（件）应符合相应质量检验评定标准的合格规定。

c．允许偏差项目抽检的点数中，建筑中有70%及其以上的实测值应在相应质量检验评定标准的允许偏差范围内。

B．优良

a．保证项目必须符合相应质量检验评定标准的规定。

b．基本项目抽检处（件）应符合相应质量检验评定标准的合格规定。其中有50%及其以上处（件）符合优良规定，该项即为优良；优良项数应占检验项数的50%及其以上。

c．允许偏差项目抽检的点数中，建筑中有90%及其以上的实测值应在相应质量检验评定标准的允许偏差范围内。

③分部工程的质量等级应符合以下规定：

A．合格：所含的分项工程质量全部合格。

B．优良：所含的分项工程质量全部合格，其中有50%及其以上为优良。

④单位工程的质量等级符合以下规定：

A．合格

a．所含的分部工程质量应全部合格。

b．质量保证资料应基本齐全。

c．观感质量的评定得分率应在70%及其以上。

B．优良

a．所含的分部工程质量应全部合格，其中有50%及其以上为优良，建筑工程必须含有主体和装饰分部工程。

b．质量保证资料应基本齐全。

c．观感质量的评定得分率应达到85%及其以上。

（2）工艺流程质量控制图（见附图）

（3）重点工程的施工方法、关键的分项技术措施、控制点处的检查，控制措施及检验方法。

a．木材含水率要求：用作承重构件的木材，不宜采用刚采伐的木材，梁、柱、檩、椽等，含水率不能大于20%（可采用表层检测法，在表面20毫米深处的含水率不应大于16%）；板才、斗栱及装修等小木作，不应大于当地平衡含水率，装修材料应经过烘烤方可使用。

b．圆柱、圆椽等圆构件要用放八卦线的方式滚锛、刨圆，梁、枋、飞椽等构件要按照图示断面尺寸进行选料加工。在选料制作中，对于承重受弯、受压的构件，尤要注意腐朽、霉变、木节、裂缝、虫蛀、斜纹、生长年轮的情况是否符合标准。按照《古建筑木结构维护与加固技术规范》中的承重结构木材材质标准参照执行。

2. 工期保证措施

（1）组织措施

①在公司范围内调集精兵强将，组织正常二班工作制，在施工高峰期和工程连续的情况下，必要时组织昼夜三班作业，做到人停施工不停。

②运用流水网络计划技术，组织好平行流水，主体交叉作业。保证按时完工。

③在施工中建设单位提供可靠的资金保证，保障工程款随工程进度按期拨付以确保工程物资的及时到位，不阻碍施工顺利进行。

④加强与甲方、监理等相关单位的组织与协调配合。

（2）技术措施

①严格按规范、规程、作业指导书要求施工，避免因质量问题返工而造成工期延误。

②修缮前，要首先依据现场实际情况作好文物本体的保护措施，确保修缮时施工人员和文物本体的安全。特别是在拆除屋面后，应防止对木构架的损坏。在施工的整个过程中，一定确保文物和施工人员的安全，杜绝盲目施工以及抢工期而忽视安全。

③在修缮过程中的每一个阶段，都要做好施工记录，留取完整的施工档案资料。如发现新情况或与设计不符的情况，除做好记录外，及时与主管部门和设计单位进行联系，以便调整或变更设计方案。

④修缮中所用建筑材料必须满足合格质量标准，以确保修缮质量。

⑤严格按照《文物保护法》及有关规定规范文物周边环境。

⑥现场项目部有健全管理组织机构，并同建设单位、设计单位紧密配合解决现场有关问题，对内集中统一安排现场的施工要素，统筹安排施工进度。

⑦维护进度计划的严肃性，以施工组织设计的总进度为主要目标，分阶段落实。并及时解决施工中的问题。

⑧实施网络统筹施工，保证各阶段施工要素的落实，抓主导工序，安排足够的劳动力，并加强施工队伍的管理，在可能的条件下组织双班作业。

合理地利用空间，进行结构、装饰、安装主体交叉作业，在工作面允许的条件下尽可能地抢进度。

⑨熟悉施工图纸，做好施工图的深化和方案的确定，有针对性地做好技术交底，做到细致、完整，并有记录。

⑩及时做好各种施工记录，保证工程技术资料与工程同步。

⑪做好隐蔽工程的检验验收记录。

（3）保证劳动力的技术措施

①对保证工期和质量的生产班组或外包工队，按定额工日给予工期奖和质量奖。

②严格考勤制度，实施劳动纪律奖罚。

③合理组织流水施工，以确保按时完成各分项工程任务。

④为生产工人创造良好的环境，做好生产的准备工作，实施人性化管理。

（4）缩短工期措施

①实行小流水快速施工法，组织流水施工，以实现缩短工期的目的。

②分工程采用新技术、新工艺、可提高功效、缩短工期、保证质量。

③与施工作业班组签订合同，对于分享工程一次合格、施工进度提前的按其提前的程度发给工期奖。

④开展劳动竞赛。比质量、比速度，对于质量好、施工进度快的给予奖励，以确保生产工人的积极性。

3. 夜间施工技术措施

夜间施工要有足够的照明设施。施工场地要做好脚手架清理工作，不乱堆物，保持工作面上整洁。脚手架的转角、各层楼梯口的出入口等处相应安装36V安全照明灯。现场配备手电筒若干，以备检查之用。夜间严禁进行搭、拆脚手架等高空危险作业，以确保安全。如有特殊情况，需经工地负责人批准，并采取相应措施后方可进行。施工用水、电线路尽可能排放整齐，不准乱接乱拉，以防出现意外事故。夜间施工要有相应的安全措施。

4．通病消除、预防措施

（1）砌体组砌方法不正确、灰缝不饱满

砌筑前，先根据实际情况进行试摆，对现场砖的尺寸进行实测，确定组砌方法，调整竖缝宽度。

采用“三一”砌砖法砌筑，砖提前1～2天浇水湿润，严禁干砖上墙，砌体灰缝砂浆饱满度要保证在85%以上。

砌筑砂浆要随拌随用，保证砂浆和易性。

砌体严格按砌体质量验收规范要求留槎，并做好砌体拉结筋的留置。

（2）标高和室内几何尺寸

主体施工阶段要及时弹出标高和轴线控制线，准确测量，认真记录，并确保现场标识清楚。

严格控制各层斗栱构件的安装误差，尽量减小安装的累计误差，控制好柱头标高的一致和整体建筑标高。

（3）油漆、彩绘涂刷不匀、交叉污染

涂刷前，基层表面污物、油、水等须清理干净，基层表面进行找平处理。

每次涂刷不宜太厚，且选择适宜的刷子，控制油漆的黏度。

各道涂饰彩绘时要做好遮挡，避免交叉污染，保持材料、操作工具及环境的洁净。

5．成品保护措施

（1）地基与基础工程

基坑人工及机械开挖

①基坑开挖前，先将地下管道等设施拆迁、改线，测量坐标点应用细混凝土将四周封闭，并设置醒目标志以防碰损。

②距离基坑四周边0.8米以内不得堆放土方，0.8米以外堆土高度不宜超过1.5米，以防压踏基坑。

③基坑四周应做好排水设施，以防雨水侵入。

④回填土、灰土地基施工完后，应尽快进行下道工序的施工，以防止雨淋，对受雨淋的土层，应除去松软层，重铺夯实。

（2）主体工程

①木材堆放地要有醒目的防火标志。

②对已成型的木构件，要按不同规格、型号码放起来，搭设防雨棚，严禁不同规格的构件混堆，并要防止碰撞损坏。

③斗、栱类构件安装完毕后，用防护网保护，以防上道工序施工损坏。

④施工过程中，搬运工具或设备上必须轻拿轻放，半成品表面接触的梯子、工具必须用麻布包好。

（3）装饰装修工程

①上料时，不得碰撞门口和栏杆。

②刷油漆时，要防止油漆、刷浆污染已完工的各种地面层。严禁在各种面层上堆、拉、砸、压各种物体。

③门窗制品应储存在仓库内，并按品种、规格分类堆放，底面应搁在垫板上。

④门窗安装好后，应将其固定死，防止损坏变形。

⑤严禁在安装好的门窗上支设架杆、架板，以免造成棱子弯曲变形和损坏。

6. 安全保证措施

（1）安全体系措施

①项目安全管理体系组织机构图（见附图）。

②建立施工现场安全组织机构，由项目经理、工长、专职安全员组成安全管理机构小组，负责监督检查施工现场的安全设施，并负责对进入本现场的施工人员进行安全教育，作好安全交底记录。

③施工现场实行“安全六制度”，即安全技术交底制、安全例会制、定期检查制、大型机械设备验收制、持证上岗制、安全生产责任制。

（2）安全技术措施

①作好安全教育、安全交底、安全检查、遵守国家各项安全技术规范、法规。

②作好周边围护（包括基坑周边围护），有效防止坠物伤人。

③高空作业时，危险区要有醒目标志，非作业人员禁止入内。

④施工现场用电线路根据总平面图布置，并应符合施工现场临时用电技术规范要求。

⑤高空作业人员作业时，必须正确使用安全带，并避免超载使用安全带。

7. 消防控制措施

（1）施工项目部必须制定消防管理制度，配备专人负责消防管理工作，开展消防安全活动和宣传教育，指导和培训义务消防员，按规定配置消防器材，建立消防档案。

（2）施工现场要有醒目的消防标语牌，施工现场道路要畅通，夜间设照明，并加强夜班巡逻，不准在高压线下搭设临时建筑物或堆放易燃物。焊、割作业点与氧气瓶、乙炔气瓶距离不小于10米，与易燃物品距离不小于30米。

（3）木工加工棚、仓库等易燃场所应按规定设置灭火器具，并定期检查，同时配备灭火沙3～5袋及消防水池，蓄水量4～6立方米，木制品仓库严禁使用碘钨灯和60瓦以上白炽灯等高温灯具。

（4）不准在宿舍、工棚烧水做饭，严禁使用电炉，严禁乱挂、乱接、乱绑电线、各电器开关等。

（5）施工现场有可能产生火源的工种，操作完毕必须认真清理现场，避免发生火灾。

（6）易燃、易爆、有毒物品应设专门库房，并有消防器材，严格领用制度，操作现场有严禁用火的标志。

（7）各种消防器材按防火要求布置，并随时检查，保持完好，高空作业、电气线路、机械设备、消防要有检查制度，发现问题及隐患及时纠正，保证施工顺利进行。

8. 环保控制措施

（1）对施工人员进行环保意义教育，施工中的建筑垃圾做到分类堆放，能重复利用则利用，不能利用运到环保部门指定地点倾倒。

（2）施工现场和四周符合业主和市容区的管理要求，及时清理清扫垃圾。道路场地经常洒水，防止尘土污染。

（3）水泥和其他易产生扬尘物、细颗粒散材料，安排在库内存放或严密遮盖，运输时要防止遗洒、飞扬，卸运时采取码放措施，减少污染。

（4）运输车辆进出现场清理黏附的泥土，以防污染街道。

（5）施工现场的设施搭设及管理，未注明处均按《建筑施工安全文明工地实施细则》要求实施。

（6）噪音控制措施

①项目部应在各个施工阶段的交底中提出降噪要求。

②施工现场搭设围墙及临时设施，来减少噪音扩散。

③搅拌机防护棚封闭，有效减少噪音扩散。

（7）粉尘排放控制

①现场堆放的土方、砂等应在表面洒水，使其临时固化，起到防尘作用。

②水泥库封闭严密，落地灰及时清扫。

（8）污水排放控制

①建立雨水排放系统，防止现场严重积水。

②清洗搅拌机作业的污水，禁止随地排放，必须临时设置排水管道，在合理位置设置沉淀池，废水二次利用。

（9）废弃物控制

①废弃物分类码放，回收可利用的物品。

②项目部设置专人负责督促将废弃物运输到指定位置，保持现场清洁。

9. 文明施工措施

（1）所有进入现场的施工人员进行法纪、道德、文明施工教育，并强调遵守建设单位的规章要求。争作文明守法有道德的施工人员。

（2）现场的道路、搅拌站包括砂石场、钢筋加工场地采取硬化处理，运输地车辆和外运杂物车辆设有篷布，杜绝抛撒。维护城市市容、市貌整洁卫生和施工区内的良好环境。

（3）施工现场的临时设施按建设单位审批的平面图布置，搭设临设整齐统一，进场大门周正大方，尽量美观，符合《建筑施工安全文明工地》标准要求。

（4）施工产生的污水采用有组织排水到污水坑，沉淀后再排到污水道。

（5）施工垃圾等废弃物按指定地点堆放或倾倒，做到现场及城建文明，并保持四周环境卫生。食堂、宿舍保持内外整洁卫生，结合现场给排水设备设置水冲式厕所、污水处理坑和垃圾堆放点。

（6）现场用电线路、用电设施安装符合施工平面要求和临时用电安全规程要求。

（7）现场设施搭设、材料堆放均符合施工平面布置，做到场容场貌整齐，现场材料用具及时成方码垛。

（8）污水沉淀池、临时水管等应距建筑物距离不少于10米，防止浸入地基。

10. 本工程采用的新技术、新工艺、新设备

（1）分项操作参用本公司先进的操作工艺规程：

①屋面木基层施工工艺

②瓦屋面施工工艺

③斗栱构件制作、安装工艺

（2）计算机辅助管理应用，在本工程中的预算，工料分析、劳资、财务、技术方面的使用。

11. 质量保修服务措施

我公司不仅重视施工过程中的质量控制，而且也同样重视对工程的保修服务。从工程交付之日起，我方的工程保修工作随即展开。在保修期间，我公司将依据《工程质量保修书》，本着对用户服务、向业主负责、让用户满意的态度，以有效的制度、措施作保证，以优质、迅速的维修服务维护用户的利益。

（1）保修期限与承诺

①保修期限自工程竣工验收并取得《建设工程质量合格证》之日起计算。

②本工程承诺保修期限：

A．地基基础工程和主体结构工程设计规定的合理使用年限。

B．屋面防水工程和外墙面的防渗漏保修期限为5年。

C．其他项目的保修期限为2年。

（2）定期回访制度

在公司工程管理部门的监督指导下，自本工程交付之日起三年内，每年两次组织回访小组对该工程进行回访，小组由公司主管经理带队，分公司相关部门及项目经理等参加。

在回访中，对业主提出的任何质量问题和意见，我方将虚心听取，认真对待，同时做好回访记录，对凡属施工方面责任的质量缺陷，认真提出解决办法并及时组织保修实施。对不属于施工方面质量问题，也要耐心解释，并热心为业主提出解决办法。

在回访过程中，对业主的施工质量问题，责成有关单位、部门认真处理解决，同时应认真分析原因，从中找出教训，制定纠正措施及对策，以免类似质量问题的出现。

（3）保修项目内容及范围

我公司作为工程的总承包方，对整个工程保修负全部责任，部分分包商所施工的项目将由我公司责成其进行保修。

（4）保修责任

建筑安装工程在保修期内发生质量问题时，由使用单位填写《建筑工程质量修理通知书》，通知我公司派驻现场保修负责人（或用电话通知）。我公司自接到《建设工程质量修理通知书》或电话通知后，立即组织保修，如我公司未派人维修时，建设单位有权按原设计标准自行组织返修，所发生全

部费用由我方承担。

（5）保修措施

①工程交付后，与业主签订房屋建筑工程质量保修书，并建立保修业务档案。保修期内，我公司将立即成立工程保修小组，成员由工程经验丰富、技术好、处理问题能力强、工作认真的原项目经理部的施工管理人员及作业人员组成。在工程交付使用后的半年至一年内，保修小组将驻扎在现场，配合业主做好各种保修工作，同时，将向业主提供详尽的有关技术说明资料，帮助业主更好地了解建筑使用过程中的注意事项。

②工程保修小组在接到业主维修要求后，立即到达故障现场与业主商定处理办法，能自行处理的质量问题，保证在1～3日内给予解决。不能自行处理的问题及时上报公司工程管理部门迅速研究解决。

③对于一般质量问题，保修工作将在24小时内完成，较大的质量问题，保修工作将在合理的工作时间内完成。

④在保修期间，保修小组将充分听取业主意见。对业主提出的质量问题，认真分析、研究、制定维修方案。对屋面等容易跑、冒、滴、漏的部位，准备好工具和材料，随时发生问题，随时进行解决，确保维修质量。保修实施时认真做好成品及环境卫生的保护工作，做到工完场清。

公司技术管理部门配合保修小组对保修工作进行技术指导，公司工程管理部门监督保修小组工作并做好保修的验收工作，材料部门负责供应保修中所需用的材料、机械、工具。如业主提出的保修要求与合同规定有出入时，公司合同管理部门负责处理解释，并做到使业主满意。

⑤屋面的保修措施

对屋面等容易发生渗漏的分部分项工程我们在施工中作为关键工序对待，采取“预防为主”的方针，在施工过程中严格按照ISO9001标准、施工质量验收规范进行施工，严格执行工程质量责任制和施工工序“三检制”。假如出现质量问题，将采取如下措施：

A．找出渗漏点及范围。

B．分析渗漏原因制定专项维修方案，经公司总工程师批准后执行。

C．材料部门负责供应保修中所需用的材料、机械、工具，随时发生问题，随时进行解决，确保维修质量。

D．保修实施时认真做好成品及环境卫生的保护工作，工作完毕必须做到场地清理干净。

E．公司技术管理部门负责对保修工作进行技术指导，公司工程管理部门监督保修小组工作并做好保修的验收工作。

F．工程保修小组在维修过程中，未按“规范”“标准”和设计要求施工，造成维修延误或维修质量问题由我公司负责。对待用户热情礼貌、态度诚恳，处处为用户着想，以优质的服务赢得业主信赖的现场维修人员，公司将给予一定的物质奖励。对待用户态度生硬冷淡，工作不负责任，经用户两次以上投诉的现场维修人员，公司将给予一定的罚款，情节特别严重的，除罚款外，将解聘维修人员劳动合同。

（6）保修记录

维修工作完毕后，经用户检查达到要求后，保修小组人员要认真填写《回访问题处理记录》，并上报公司工程管理部门。

（九）施工配合

修缮工程是一项多工种协同作业的工作，要在计划工期内保质保量地完成施工任务，避免不了各工种间的交叉作业。各工种间的密切配合，是保证工程顺利进行、实现优质工程目标的关键。在施工中，应结合本工程要求高、系统多、结构复杂的特点，各工种、各协作单位应统筹安排，协调配合，优质高效地完成施工任务。

1. 组织措施

施工现场成立工程领导小组。由业主挂帅，监理组织协调，施工单位全面组织实施，为确保工程质量而努力。

工程领导小组职责

强化施工现场的目标管理。由业主组织每月召开两次协调会议，主要安排布置相关工作，并且通报各单位近期的施工现状。

积极协调参建各方的工作关系，使之在工程中形成一股合力，为着共同的目标齐心努力。

按照工程质量要求，对各分部分项工程施工质量检查验收，严格实施过程监控。

对各单位进行阶段考核，以有效保证阶段工程质量目标的落实。并按照现场管理办法对各单位进行奖罚。

设立各专项检查小组，以便落实各专业项目的检查工作。专项验收小组职责如下：

专项验收小组由组长牵头组织每周开展综合检查，对各分项分部工程进行检查验收，验收合格后方可进行下道工序的施工。

以山西省工程质量监督总站规定的内容作为参考进行现场检查形成原始记录。记录最终由监理单位进行收集整理，作为评定各单位施工质量的依据。

从质量、工期、安全、文明施工、环境管理、技术资料、成品保护等方面对各单位工作情况进行检查，检查结果由监理单位进行汇总，为工程领导小组提供详尽的数据资料。

根据检查出的问题不定期召开专业会议，积极协调并解决各小组施工单位在施工过程中存在的问题。

验收小组要经常沟通，协调不同小组施工单位之间存在的矛盾，做好施工过程的监督工作。

2. 管理要求

项目部在组织施工作业前，应结合工程实际及总体目标要求，认真制定详细的、操作性强的施工方案和质量策划。明确提出工程质量预控措施、施工过程质量控制要点、检查验收标准等。做到切实可行，能够指导施工。

项目部应注重各专业规范、标准，并注重各专业作业条件和作业环节的衔接，坚持工艺标准，控制工序过程质量，落实工序质量的自检、互检、交接检的“三检”制度，并随着工程进度及时记录和完善工程技术资料。

项目部应认真执行项目管理办法及质量奖罚措施。对所出现的影响到总体质量目标实现的问题，项目部有权向施工班组发出书面通知，督促其整改，并按照项目管理办法进行处罚。

3. 总体配合措施

各施工工序约束严格，程序固定化，每道工序的质量工期均影响工程的整个效果，所以对工序质量时间控制作为管理重点。

各段工序熟练，施工速度、质量相对稳定，但因工作面头绪多，组织立体交叉流水作业，各工序管理的松散性及相互交叉影响是整个工程质量、工期成败的关键。所以我公司在总结建筑施工经验的基础上，各专业协调配合，采取各种管理、技术措施，确保整体效果。

凡进入施工现场工人班组，必须遵守现场管理制度，服从项目部统一规划、平衡。在生活、生产加工、施工库房、施工用电、施工用水等方面划分区域，建立施工现场统一指挥协调小组负责各专业单位之间的施工程序。建立现场协调会制度，及时解决各专业工种施工中存在的问题及矛盾，并以会议纪要形式记录，各单位签字、盖章，即具备法律效力，对各方均有约束。

以统一的施工计划、施工程序规划为指导，确保整个工程优质、高速、按期交付使用。

（一〇）附图

质量控制程序图

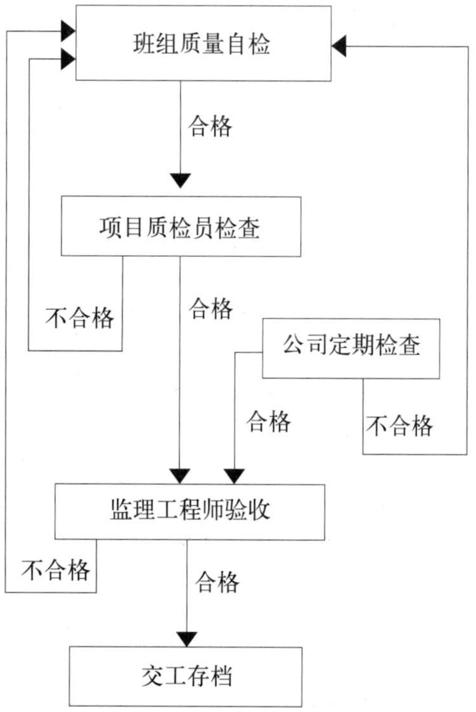

质量监督检查系统图

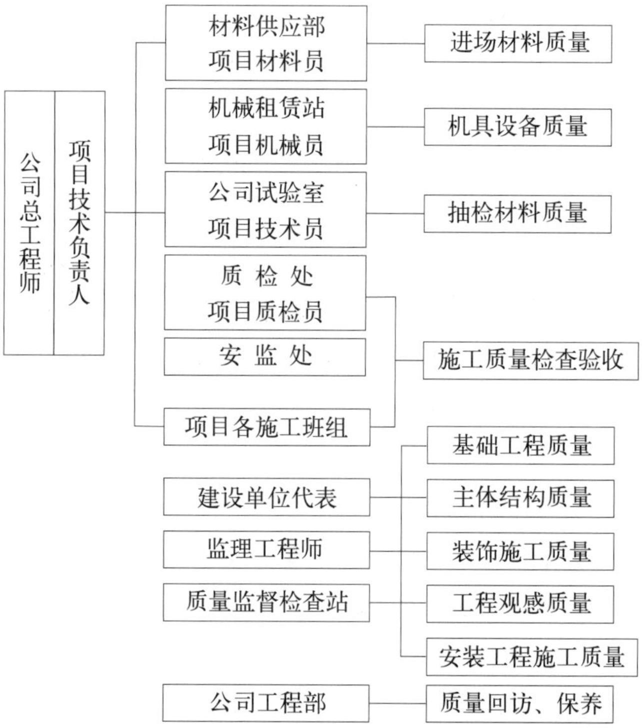

安全管理体系图

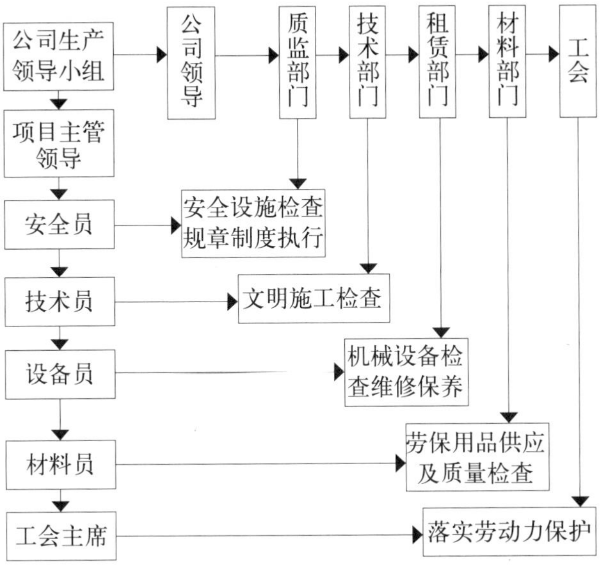

安全及环境保证体系图

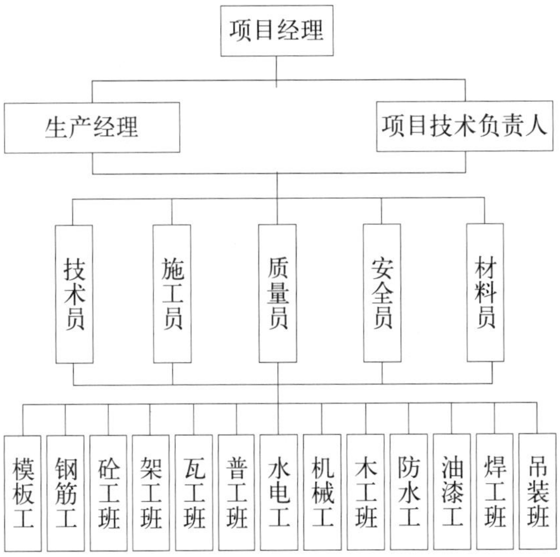

附表一：拟投入本项目的主要施工设备表

序号	机械或设备名称	型号规格	数量	国别产地	制造年份	额定功率（kw）	生产能力	用于施工部位	备注
1	汽车泵		2	长沙	2006			结构	
2	反铲挖掘机	EX330	2	徐州	2006	169	1.3立方米	基础	
3	自卸汽车	STERY	12	徐州	2005	185	10立方米	基础	
4	钢筋调直机	GJ6—4/8	4	山东	2006	5.5		结构	
5	木工圆锯	MJ105	4	北京	2007	2		结构	
6	木工平刨	MB503A	4	天津	2005	7.5		结构	
7	木工压刨	MB106	4	天津	2005	7.5		结构	
8	蛙式打夯机	HW20	12	北京	2006	1.1		土方	
9	手电钻	J/Z—13	4	慈溪	2006	0.21		机电	
10	电子经纬仪	ET—02 2	2	广州	2008	2		检测	
11	水准仪	TOPCON	2	西安	2008	0.1		检测	
12	卷尺	10米	10		2013			检测	

附表二：劳动力计划表

单位：人

工种	按工程施工阶段投入劳动力情况				
	拆除	整修	结构	装修	竣工清理
木工		30			
瓦工		14			
架子工	15	15	15	15	15
抹灰工		1	1	10	
防水工		1	1	5	
油漆工		1		20	
焊工		1	5	5	
电工	1	1	1	5	
水暖工		1	1	10	
起重工	3	1	5	3	
力工	20	10	15	15	20
合计	39	76	44	88	35

第二节 重点院落施工记录[1]

（一）巩固院落

工程名称：汾西县师家沟古建筑群修缮工程　　　　　　表格编号：敦本堂—B1

工序	敦本堂正房				
作业时间	2014. 3. 25				
实施前	图纸索引	敦本堂勘察19～22	表格索引	敦本堂—B1	照片索引
	正房及插廊损坏严重		 DSC00031		DSC00031
实施中	图纸索引	敦本堂修缮19～24			
	根据残损特点选择择砌的方法，边拆边砌。基本工序为：剔除旧砖、样活、拴线、逐层摆砌、做旧		 DSC02005		DSC02005 DSC00725 DSC01290 DSC01429 DSC01868 DSC02005 IMAG0267 IMAG5171 IMAG4734 IMAI0001(706) IMAI0001(1121)
实施后	图纸索引	敦本堂修缮19～24			
	符合规范要求		 正房顶		正房顶 IMAI0001(35435)
施工相关资料		监理相关资料		文物及修缮技术信息资料	
资料员签字：		监理工程师签字：		资料审核人签字：	

[1] 施工记录中实施前、实施后、实施后的照片分别择其一张为代表，选入表格。

工程名称：汾西县师家沟古建筑群修缮工程　　　　表格编号：树德院—B3

<table>
<tr><td colspan="2">工序</td><td colspan="4">树德院倒座</td></tr>
<tr><td colspan="2">作业时间</td><td colspan="4">2014.3.24</td></tr>
<tr><td rowspan="2">实施前</td><td>图纸索引</td><td>树德院倒座勘察</td><td>表格索引</td><td>树德院—B3</td><td>照片索引</td></tr>
<tr><td colspan="2">树德院倒座、过厅损坏严重</td><td colspan="2">
树德院倒座1863</td><td>树德院倒座1863
DSC00023</td></tr>
<tr><td rowspan="2">实施中</td><td>图纸索引</td><td>树德院修缮04～09</td><td colspan="2"></td><td></td></tr>
<tr><td colspan="2">根据残损特点选择择砌的方法，边拆边砌。基本工序为：剔除旧砖、样活、拴线、逐层摆砌、做旧</td><td colspan="2">
DSC00654</td><td>DSC00654
IMAG0037
DSC00521
DSC02469
DSC03750
DSC04307</td></tr>
<tr><td rowspan="2">实施后</td><td>图纸索引</td><td>树德院修缮04～09</td><td colspan="2"></td><td></td></tr>
<tr><td colspan="2">符合规范要求</td><td colspan="2">
IMAI0001(35414)</td><td>IMAI0001(35414)
IMAI0001(35415)</td></tr>
<tr><td colspan="2">施工相关资料</td><td colspan="2">监理相关资料</td><td colspan="2">文物及修缮技术信息资料</td></tr>
<tr><td colspan="2"></td><td colspan="2"></td><td colspan="2"></td></tr>
<tr><td colspan="2">资料员签字：</td><td colspan="2">监理工程师签字：</td><td colspan="2">资料审核人签字：</td></tr>
</table>

（二）循理、处善院

工程名称：汾西县师家沟古建筑群修缮工程　　　　　　表格编号：循理院—B1

<table>
<tr><td colspan="2">工序</td><td colspan="4">循理院西厢房</td></tr>
<tr><td colspan="2">作业时间</td><td colspan="4">2014.9.15</td></tr>
<tr><td rowspan="2">实施前</td><td>图纸索引</td><td>循理院西厢房勘察22、23</td><td>表格索引</td><td>循理院—B1</td><td>照片索引</td></tr>
<tr><td colspan="2">东西厢房、墙体、影壁及屋面损坏严重</td><td colspan="2">
IMAG0311</td><td>IMAG0311
IMAH0002(4171)
IMAH0001(8711)
IMAH0001(8711)</td></tr>
<tr><td rowspan="2">实施中</td><td>图纸索引</td><td>循理院西厢房修缮24</td><td colspan="2"></td><td></td></tr>
<tr><td colspan="2">根据残损特点选择择砌的方法，边拆边砌。基本工序为：剔除旧砖、样活、拴线、逐层摆砌、做旧</td><td colspan="2">
IMAI0001（26）</td><td>IMAI0001（26）
IMAG5867
IMAH0001(1468)
IMAH0001(8689)
IMAH0001(8818)
IMAH0001(8889)
IMAI0001(960)
IMAH0229(5638)
IMAH0001(10488)
IMAH0001(1470)
IMAI0001(1613)</td></tr>
<tr><td rowspan="2">实施后</td><td>图纸索引</td><td>循理院西厢房修缮24</td><td colspan="2"></td><td></td></tr>
<tr><td colspan="2">符合规范要求</td><td colspan="2">
IMAI0001(35478)</td><td>IMAI0001(35478)
IMAI0001(35479)</td></tr>
<tr><td colspan="3">施工相关资料</td><td colspan="2">监理相关资料</td><td>文物及修缮技术信息资料</td></tr>
<tr><td colspan="3"></td><td colspan="2"></td><td></td></tr>
<tr><td colspan="3">资料员签字：</td><td colspan="2">监理工程师签字：</td><td>资料审核人签字：</td></tr>
</table>

工程名称：汾西县师家沟古建筑群修缮工程　　　　表格编号：处善堂—B2

<table>
<tr><td colspan="2">工序</td><td colspan="4">处善院二门及影壁、地面</td></tr>
<tr><td colspan="2">作业时间</td><td colspan="4">2014.9.15</td></tr>
<tr><td rowspan="2">实施前</td><td>图纸索引</td><td>处善院二门勘察12</td><td>表格索引</td><td>处善堂—B2</td><td>照片索引</td></tr>
<tr><td colspan="2">二门及影壁、地面损坏严重</td><td colspan="2">
处善院二门台明0263</td><td>处善院二门台明0263
处善院内251</td></tr>
<tr><td rowspan="2">实施中</td><td>图纸索引</td><td>处善院二门修缮15</td><td colspan="2"></td><td></td></tr>
<tr><td colspan="2">根据残损特点选择择砌的方法，边拆边砌。基本工序为：剔除旧砖、样活、拴线、逐层摆砌、做旧</td><td colspan="2">
IMAI0181(2500)</td><td>IMAI0181(2500)
IMAH0002(4322)
IMAH0001(4487)
IMAH0001(4792)
IMAH0001(5278)
IMAH0001(6395)</td></tr>
<tr><td rowspan="2">实施后</td><td>图纸索引</td><td>处善院二门修缮15</td><td colspan="2"></td><td></td></tr>
<tr><td colspan="2">符合规范要求</td><td colspan="2">
IMAI0001(35483)</td><td>IMAI0001(35483)
IMAI0001(35489)</td></tr>
<tr><td colspan="3">施工相关资料</td><td colspan="2">监理相关资料</td><td>文物及修缮技术信息资料</td></tr>
<tr><td colspan="3"></td><td colspan="2"></td><td></td></tr>
<tr><td colspan="3">资料员签字：</td><td colspan="2">监理工程师签字：</td><td>资料审核人签字：</td></tr>
</table>

（三）务本与理达院

工程名称：汾西县师家沟古建筑群修缮工程　　　　表格编号：　务本院—B2

<table>
<tr><td colspan="2">工序</td><td colspan="4">务本院厢房</td></tr>
<tr><td colspan="2">作业时间</td><td colspan="4">2014.4.17</td></tr>
<tr><td rowspan="2">实施前</td><td>图纸索引</td><td>务本院西厢房勘察8～10</td><td>表格索引</td><td>务本院—B2</td><td>照片索引</td></tr>
<tr><td colspan="2">厢房、地面及屋面损坏严重</td><td colspan="2">
DSC03878</td><td>DSC03870
DSC03878</td></tr>
<tr><td rowspan="2">实施中</td><td>图纸索引</td><td>务本院西厢房修缮9</td><td colspan="2"></td><td></td></tr>
<tr><td colspan="2">根据残损特点选择择砌的方法，边拆边砌。基本工序为：剔除旧砖、样活、拴线、逐层摆砌、打站尺、打点墙面、做旧</td><td colspan="2">
IMAH0001(3028)</td><td>IMAH0001(3028)
IMAG0551
IMAH0001(3360)
IMAH0001(6255)</td></tr>
<tr><td rowspan="2">实施后</td><td>图纸索引</td><td>务本院西厢房修缮9</td><td colspan="2"></td><td></td></tr>
<tr><td colspan="2">符合规范要求</td><td colspan="2">
IMAI0001(35470)</td><td>IMAI0001(35476)
IMAI0001(35470)</td></tr>
<tr><td colspan="3">施工相关资料</td><td colspan="2">监理相关资料</td><td>文物及修缮技术信息资料</td></tr>
<tr><td colspan="3"></td><td colspan="2"></td><td></td></tr>
<tr><td colspan="3">资料员签字：</td><td colspan="2">监理工程师签字：</td><td>资料审核人签字：</td></tr>
</table>

工程名称：汾西县师家沟古建筑群修缮工程　　　　表格编号：理达院—B3

<table>
<tr><td colspan="2">工序</td><td colspan="4">理达院南、北厢房</td></tr>
<tr><td colspan="2">作业时间</td><td colspan="4">2014.4.16</td></tr>
<tr><td rowspan="2">实施前</td><td>图纸索引</td><td>理达院厢房勘察WX9、11</td><td>表格索引</td><td>理达院—B3</td><td>照片索引</td></tr>
<tr><td colspan="2">北厢房损坏严重</td><td colspan="2">
理达院北厢房394</td><td>北厢房394
IMAG0331</td></tr>
<tr><td rowspan="2">实施中</td><td>图纸索引</td><td>理达院厢房修缮WX8～10</td><td colspan="2"></td><td></td></tr>
<tr><td colspan="2">根据残损特点选择择砌的方法，边拆边砌。基本工序为：剔除旧砖、样活、拴线、逐层摆砌、做旧</td><td colspan="2">
IMAH0001(4427)</td><td>IMAH0001(4427)
IMAG0238
IMAG0375
IMAG1465
IMAH0001(3877)</td></tr>
<tr><td rowspan="2">实施后</td><td>图纸索引</td><td>理达院厢房修缮WX8～10</td><td colspan="2"></td><td></td></tr>
<tr><td colspan="2">符合规范要求</td><td colspan="2">
IMAI0001(35335)</td><td>IMAI0001(35335)
IMAI0001(35336)</td></tr>
<tr><td colspan="2">施工相关资料</td><td colspan="2">监理相关资料</td><td colspan="2">文物及修缮技术信息资料</td></tr>
<tr><td colspan="2"></td><td colspan="2"></td><td colspan="2"></td></tr>
<tr><td colspan="2">资料员签字：</td><td colspan="2">监理工程师签字：</td><td colspan="2">资料审核人签字：</td></tr>
</table>

（四）瑞气凝

工程名称：汾西县师家沟古建筑群修缮工程　　　　表格编号：瑞气凝—B3

<table>
<tr><td colspan="2">工序</td><td colspan="4">瑞气凝三进院</td></tr>
<tr><td colspan="2">作业时间</td><td colspan="4">2014.5.15</td></tr>
<tr><td rowspan="2">实施前</td><td>图纸索引</td><td>瑞气凝勘察34</td><td>表格索引</td><td>瑞气凝—B3</td><td>照片索引</td></tr>
<tr><td colspan="2">三进院损坏严重</td><td colspan="2">
DSC05752</td><td>DSC05752
DSC05830
DSC05659
DSC05808
DSC05708
IMAH0001(827)</td></tr>
<tr><td rowspan="2">实施中</td><td>图纸索引</td><td>瑞气凝修缮32</td><td colspan="2"></td><td></td></tr>
<tr><td colspan="2">根据残损特点选择择砌的方法，边拆边砌。基本工序为：剔除旧砖、样活、拴线、逐层摆砌、做旧</td><td colspan="2">
IMAG1017</td><td>IMAG1017
IMAG0537
DSC07315
IMAH0001(1862)
IMAH0001(3431)
IMAG0053
IMAG0132
IMAG1130
IMAG5136
IMAH0001(4010)
IMAH0002(4202)</td></tr>
<tr><td rowspan="2">实施后</td><td>图纸索引</td><td>瑞气凝修缮32</td><td colspan="2"></td><td></td></tr>
<tr><td colspan="2">符合规范要求</td><td colspan="2">
三进西厢房二层</td><td>三进西厢房二层

三进正房2</td></tr>
<tr><td colspan="2">施工相关资料</td><td colspan="2">监理相关资料</td><td colspan="2">文物及修缮技术信息资料</td></tr>
<tr><td colspan="2"></td><td colspan="2"></td><td colspan="2"></td></tr>
<tr><td colspan="2">资料员签字：</td><td colspan="2">监理工程师签字：</td><td colspan="2">资料审核人签字：</td></tr>
</table>

（五）竹苞院

工程名称：汾西县师家沟古建筑群修缮工程　　　　　　　　　　表格编号：竹苞院—B1

<table>
<tr><td colspan="2">工序</td><td colspan="4">竹苞院大门、二门及影壁</td></tr>
<tr><td colspan="2">作业时间</td><td colspan="4">2014.4.15</td></tr>
<tr><td rowspan="2">实施前</td><td>图纸索引</td><td>竹苞院勘察18～22、34～35</td><td>表格索引</td><td>竹苞院—B1</td><td>照片索引</td></tr>
<tr><td colspan="2">大门、二门及影壁损坏严重</td><td colspan="2">
DSC01917</td><td>DSC01917
DSC01112</td></tr>
<tr><td rowspan="2">实施中</td><td>图纸索引</td><td>竹苞院修缮18～21、27</td><td colspan="2"></td><td></td></tr>
<tr><td colspan="2">根据残损特点选择择砌的方法，边拆边砌。基本工序为：剔除旧砖、样活、拴线、逐层摆砌、做旧</td><td colspan="2">
IMAG6675</td><td>IMAG6675
DSC01143
DSC01664
20140408_145737
DSC04220
IMAG5045
IMAG5517
IMAG5518
IMAG7060
IMAH0001(6679)
IMAH0001(7247)</td></tr>
<tr><td rowspan="2">实施后</td><td>图纸索引</td><td>竹苞院修缮18～21、27</td><td colspan="2"></td><td></td></tr>
<tr><td colspan="2">符合规范要求</td><td colspan="2">
IMAI0001(35387)</td><td>IMAI0001(35387)
IMAI0001(35390)</td></tr>
<tr><td colspan="2">施工相关资料</td><td colspan="2">监理相关资料</td><td colspan="2">文物及修缮技术信息资料</td></tr>
<tr><td colspan="2"></td><td colspan="2"></td><td colspan="2"></td></tr>
<tr><td colspan="2">资料员签字：</td><td colspan="2">监理工程师签字：</td><td colspan="2">资料审核人签字：</td></tr>
</table>

工程名称：汾西县师家沟古建筑群修缮工程　　　　　　　　表格编号：竹苞院—B2

<table>
<tr><td colspan="2">工序</td><td colspan="4">竹苞院倒座、厢房及正房</td></tr>
<tr><td colspan="2">作业时间</td><td colspan="4">2014.5.18</td></tr>
<tr><td rowspan="2">实施前</td><td>图纸索引</td><td>竹苞院勘察4～17、24～28</td><td>表格索引</td><td>竹苞院—B2</td><td>照片索引</td></tr>
<tr><td colspan="2">倒座、厢房及正房损坏严重</td><td colspan="2">
DSC01130</td><td>DSC01130
DSC01124
DSC01123
DSC01125</td></tr>
<tr><td rowspan="2">实施中</td><td>图纸索引</td><td>竹苞院修缮4～17、22～26</td><td colspan="2"></td><td></td></tr>
<tr><td colspan="2">根据残损特点选择择砌的方法，边拆边砌。基本工序为：剔除旧砖、样活、拴线、逐层摆砌、做旧</td><td colspan="2">
IMAG0575</td><td>IMAG0575
IMAG0430
IMAG1727
IMAG2223
IMAG3185
IMAH0001(8279)
IMAH0001(5785)
IMAH0001(7584)
IMAH0001(9254)
IMAH0001(8693)
IMAH0001(10071)</td></tr>
<tr><td rowspan="2">实施后</td><td>图纸索引</td><td>竹苞院修缮4～17、22～26</td><td colspan="2"></td><td></td></tr>
<tr><td colspan="2">符合规范要求</td><td colspan="2">
IMAI0001(35392)</td><td>IMAI0001(35392)
IMAI0001(35393)
IMAI0001(35394)
IMAI0001(35395)</td></tr>
</table>

施工相关资料	监理相关资料	文物及修缮技术信息资料
资料员签字：	监理工程师签字：	资料审核人签字：

（六）诸神庙

工程名称：汾西县师家沟古建筑群修缮工程　　　　表格编号：　诸神庙—B1

工序	诸神庙垂花门、戏台枕头窑				
作业时间	2014.8.30				
实施前	图纸索引	诸神庙勘察16、17、21～23	表格索引	诸神庙—B1	照片索引
	大门及戏台枕头窑损坏严重		 诸神庙外墙35		35 229
实施中	图纸索引	诸神庙修缮16～19、23～25			
	根据残损特点选择择砌的方法，边拆边砌。基本工序为：剔除旧砖、样活、拴线、逐层摆砌、打站尺、打点墙面、做旧		 IMAH0001(3570)		IMAH0001(1566) IMAH0001(1657) IMAH0001(1941) IMAH0001(2034) IMAH0001(2530) IMAH0001(2790) IMAH0001(4863) IMAH0001(5254) IMAH0001(7545) IMAH0001(7208) IMAI0545(2761)
实施后	图纸索引	诸神庙修缮16～19、23～25			
	符合规范要求		 IMAI0001(35351)		IMAI0001(35351) IMAI0001(35352)
施工相关资料		监理相关资料		文物及修缮技术信息资料	
资料员签字：		监理工程师签字：		资料审核人签字：	

工程名称：汾西县师家沟古建筑群修缮工程　　　　表格编号：诸神庙—B2

<table>
<tr><td colspan="2">工序</td><td colspan="4">诸神庙正殿</td></tr>
<tr><td colspan="2">作业时间</td><td colspan="4">2014.8.23</td></tr>
<tr><td rowspan="2">实施前</td><td>图纸索引</td><td>诸神庙勘察3～6</td><td>表格索引</td><td>诸神庙—B2</td><td>照片索引</td></tr>
<tr><td colspan="2">正厅窑损坏严重</td><td colspan="2">
DSC07860</td><td>DSC07860
DSC07888</td></tr>
<tr><td rowspan="2">实施中</td><td>图纸索引</td><td>诸神庙修缮3～6</td><td colspan="2"></td><td></td></tr>
<tr><td colspan="2">根据残损特点选择择砌的方法，边拆边砌。基本工序为：剔除旧砖、样活、拴线、逐层摆砌、打站尺、打点墙面、做旧</td><td colspan="2">
DSC08889</td><td>DSC08889
IMAH0001(201)
IMAH0001(795)
IMAH0001(4529)
IMAH0001(7036)
IMAI0001(403)
IMAI0001(435)
IMAI0001(1648)
IMAI0001(2184)
IMAI0001(2345)
IMAI0545(2799)</td></tr>
<tr><td rowspan="2">实施后</td><td>图纸索引</td><td>诸神庙修缮3～6</td><td colspan="2"></td><td></td></tr>
<tr><td colspan="2">符合规范要求</td><td colspan="2">
IMAI0001(35341)</td><td>IMAI0001(35341)
IMAI0001(35349)</td></tr>
</table>

施工相关资料	监理相关资料	文物及修缮技术信息资料
资料员签字：	监理工程师签字：	资料审核人签字：

（七）涵辉院

工程名称：汾西县师家沟古建筑群修缮工程　　　　表格编号：涵辉院—B2

<table>
<tr><td colspan="2">工序</td><td colspan="4">涵辉院正院南厢房、大门及地面</td></tr>
<tr><td colspan="2">作业时间</td><td colspan="4">2014.6.24</td></tr>
<tr><td rowspan="2">实施前</td><td>图纸索引</td><td>涵辉院勘察8～12</td><td>表格索引</td><td>涵辉院—B2</td><td>照片索引</td></tr>
<tr><td colspan="2">南厢房、大门及地面损坏严重</td><td colspan="2">
涵辉院大门331</td><td>涵辉院大门331
涵辉院内902
IMAG3136</td></tr>
<tr><td rowspan="2">实施中</td><td>图纸索引</td><td>涵辉院修缮8～12</td><td colspan="2"></td><td></td></tr>
<tr><td colspan="2">根据残损特点选择择砌的方法，边拆边砌。基本工序为：剔除旧砖、样活、拴线、逐层摆砌、做旧</td><td colspan="2">
IMAH0001(6411)</td><td>IMAH0001(6411)
IMAG3141
IMAG4005
IMAG4120
IMAG4675
IMAG5060
IMAH0001(6900)
IMAH0001(7287)
IMAH0001(7861)</td></tr>
<tr><td rowspan="2">实施后</td><td>图纸索引</td><td>涵辉院修缮8～12</td><td colspan="2"></td><td></td></tr>
<tr><td colspan="2">符合规范要求</td><td colspan="2">
IMAI0001(35384)</td><td>IMAI0001(35384)

IMAI0001(35378)</td></tr>
<tr><td colspan="2">施工相关资料</td><td colspan="2">监理相关资料</td><td colspan="2">文物及修缮技术信息资料</td></tr>
<tr><td colspan="2"></td><td colspan="2"></td><td colspan="2"></td></tr>
<tr><td colspan="2">资料员签字：</td><td colspan="2">监理工程师签字：</td><td colspan="2">资料审核人签字：</td></tr>
</table>

工程名称：汾西县师家沟古建筑群修缮工程　　　　表格编号：涵辉院—B1

<table>
<tr><td colspan="2">工序</td><td colspan="4">涵辉院正院正房及北厢房</td></tr>
<tr><td colspan="2">作业时间</td><td colspan="4">2014.6.27</td></tr>
<tr><td rowspan="2">实施前</td><td>图纸索引</td><td>涵辉院勘察3～7</td><td>表格索引</td><td>涵辉院—B1</td><td>照片索引</td></tr>
<tr><td colspan="2">北厢房及正房损坏严重</td><td colspan="2">
涵辉院大院0337</td><td>涵辉院大院0337
IMAG2364</td></tr>
<tr><td rowspan="2">实施中</td><td>图纸索引</td><td>涵辉院修缮3～7</td><td colspan="2"></td><td></td></tr>
<tr><td colspan="2">根据残损特点选择择砌的方法，边拆边砌。基本工序为：剔除旧砖、样活、拴线、逐层摆砌、做旧</td><td colspan="2">
IMAH0001(2903)</td><td>IMAH0001(2903)
IMAG3596
IMAG5958
DSC08608
IMAI0001（421）
IMAG7749
IMAH0001(1291)
IMAH0001(2903)
IMAH0001(3081)</td></tr>
<tr><td rowspan="2">实施后</td><td>图纸索引</td><td>涵辉院修缮3～7</td><td colspan="2"></td><td></td></tr>
<tr><td colspan="2">符合规范要求</td><td colspan="2">
IMAI0001(35383)</td><td>IMAI0001(35383)
IMAI0001(35380)</td></tr>
<tr><td colspan="2">施工相关资料</td><td colspan="2">监理相关资料</td><td colspan="2">文物及修缮技术信息资料</td></tr>
<tr><td colspan="2"></td><td colspan="2"></td><td colspan="2"></td></tr>
<tr><td colspan="2">资料员签字：</td><td colspan="2">监理工程师签字：</td><td colspan="2">资料审核人签字：</td></tr>
</table>

（八）涵洞南侧窑洞

工程名称：汾西县师家沟古建筑群修缮工程　　　　表格编号：涵洞南侧窑洞修缮—B1

<table>
<tr><td colspan="2">工序</td><td colspan="4">涵洞南侧窑洞修缮</td></tr>
<tr><td colspan="2">作业时间</td><td colspan="4">2017.3.25</td></tr>
<tr><td rowspan="2">实施前</td><td>图纸索引</td><td>涵洞南侧窑洞勘察1～3</td><td>表格索引</td><td>涵洞南侧窑洞修缮—B1</td><td>照片索引</td></tr>
<tr><td colspan="2">门窗不存，后人改为现代门窗；室内地面为水泥抹面；女儿墙缺失；券顶高低不平，雨水淤积；墙面部分酥碱、残缺</td><td colspan="2">
036</td><td>036、370</td></tr>
<tr><td rowspan="2">实施中</td><td>图纸索引</td><td>涵洞南侧窑洞修缮1～4</td><td colspan="2"></td><td></td></tr>
<tr><td colspan="2">整修台明；拆砌后人所砌窑口，补配门窗；拆墁室内地面；拆砌女儿墙；剔补墙面酥碱砖、勾抿灰缝；整修券顶；清理所有墙面、门窗上的污垢，做旧</td><td colspan="2">
078</td><td>015、392、418、006、047、007、008、013、075、088、001、074、051、080、012、078</td></tr>
<tr><td rowspan="2">实施后</td><td>图纸索引</td><td>涵洞南侧窑洞修缮1～4</td><td colspan="2"></td><td></td></tr>
<tr><td colspan="2">符合设计及规范要求</td><td colspan="2">
035</td><td>014、009、035</td></tr>
<tr><td colspan="2">施工相关资料</td><td colspan="2">监理相关资料</td><td colspan="2">文物及修缮技术信息资料</td></tr>
<tr><td colspan="2"></td><td colspan="2"></td><td colspan="2"></td></tr>
<tr><td colspan="6">资料员签字：　　　　监理工程师签字：　　　　资料审核人签字：</td></tr>
</table>

（九）药铺院

工程名称：汾西县师家沟古建筑群修缮工程　　　　　　表格编号：药铺院修缮—B1

<table>
<tr><td colspan="2">工序</td><td colspan="4">药铺院修缮正房</td></tr>
<tr><td colspan="2">作业时间</td><td colspan="4">2017.3.8</td></tr>
<tr><td rowspan="2">实施前</td><td>图纸索引</td><td>药铺院勘察2～4</td><td>表格索引</td><td>药铺院修缮—B1</td><td>照片索引</td></tr>
<tr><td colspan="2">窑内砖炕、砖灶及地面缺失；部分窑口裂缝、门窗件缺失；墙面部分酥碱、残缺</td><td colspan="2">
034</td><td>231、034</td></tr>
<tr><td rowspan="2">实施中</td><td>图纸索引</td><td>药铺院修缮2～4</td><td colspan="2"></td><td></td></tr>
<tr><td colspan="2">整修砖炕、砖灶及室内地面；整修窑口、补配缺失件；整修台明；整修女儿墙；剔补墙面酥碱砖、勾抿灰缝；清理所有墙面、门窗上的污垢，做旧</td><td colspan="2">
171</td><td>080、171、176、003、011、122、114、107、062、068、120、076、142、023、024、181</td></tr>
<tr><td rowspan="2">实施后</td><td>图纸索引</td><td>药铺院修缮2～4</td><td colspan="2"></td><td></td></tr>
<tr><td colspan="2">符合设计及规范要求</td><td colspan="2">
042</td><td>177、178、042</td></tr>
<tr><td colspan="2">施工相关资料</td><td colspan="3">监理相关资料</td><td>文物及修缮技术信息资料</td></tr>
<tr><td colspan="2"></td><td colspan="3"></td><td></td></tr>
<tr><td colspan="2">资料员签字：</td><td colspan="3">监理工程师签字：</td><td>资料审核人签字：</td></tr>
</table>

工程名称：汾西县师家沟古建筑群修缮工程　　　　　　　　表格编号：药铺院修缮—B5

<table>
<tr><td>工序</td><td colspan="5">药铺院修缮北房</td></tr>
<tr><td>作业时间</td><td colspan="5">2017.4.11</td></tr>
<tr><td rowspan="2">实施前</td><td>图纸索引</td><td>药铺院北房勘察9～12</td><td>表格索引</td><td>药铺院修缮—B5</td><td>照片索引</td></tr>
<tr><td colspan="2">仅剩西山墙和后檐墙</td><td colspan="2">
022</td><td>022</td></tr>
<tr><td rowspan="2">实施中</td><td>图纸索引</td><td>药铺院北房修缮9～12</td><td colspan="2"></td><td></td></tr>
<tr><td colspan="2">清理遗址，拆除后人砌猪圈。按图恢复北房；清理所有墙面、门窗上的污垢，做旧</td><td colspan="2">
051</td><td>017、079、068、018、014、199、003、090、002、005、072、088、069、051</td></tr>
<tr><td rowspan="2">实施后</td><td>图纸索引</td><td>药铺院北房修缮9～12</td><td colspan="2"></td><td></td></tr>
<tr><td colspan="2">符合设计及规范要求</td><td colspan="2">
040</td><td>038、040</td></tr>
<tr><td colspan="2">施工相关资料</td><td colspan="2">监理相关资料</td><td colspan="2">文物及修缮技术信息资料</td></tr>
<tr><td colspan="2"></td><td colspan="2"></td><td colspan="2"></td></tr>
<tr><td colspan="6">资料员签字：　　　　监理工程师签字：　　　　资料审核人签字：</td></tr>
</table>

工程名称：汾西县师家沟古建筑群修缮工程　表格编号：药铺院之上层院北两孔窑修缮—B1

<table>
<tr><td colspan="2">工序</td><td colspan="4">药铺院之上层院北两孔窑修缮</td></tr>
<tr><td colspan="2">作业时间</td><td colspan="4">2017.5.16</td></tr>
<tr><td rowspan="2">实施前</td><td>图纸索引</td><td>药铺上院北两孔窑勘察1～3</td><td>表格索引</td><td>药铺院之上层院北两孔窑修缮—B1</td><td>照片索引</td></tr>
<tr><td colspan="2">窑前后檐墙均坍塌，窑内、窑顶及窑前堆满垃圾</td><td colspan="2">
016</td><td>004、015</td></tr>
<tr><td rowspan="2">实施中</td><td>图纸索引</td><td>药铺上院北两孔窑修缮1～3</td><td colspan="2"></td><td></td></tr>
<tr><td colspan="2">按图整体修复；清理所有墙面、门窗上的污垢，做旧</td><td colspan="2">
105</td><td>004、128、059、183、137、218、089、060、113、030、103、076、095、101、078、146、180、147</td></tr>
<tr><td rowspan="2">实施后</td><td>图纸索引</td><td>药铺上院北两孔窑修缮1～3</td><td colspan="2"></td><td></td></tr>
<tr><td colspan="2">符合设计及规范要求</td><td colspan="2">
044</td><td>102、032、040</td></tr>
<tr><td colspan="2">施工相关资料</td><td colspan="2">监理相关资料</td><td colspan="2">文物及修缮技术信息资料</td></tr>
<tr><td colspan="2"></td><td colspan="2"></td><td colspan="2"></td></tr>
<tr><td colspan="2">资料员签字：</td><td colspan="2">监理工程师签字：</td><td colspan="2">资料审核人签字：</td></tr>
</table>

（一〇）竹苞院东侧窑

工程名称：汾西县师家沟古建筑群修缮工程　　　　表格编号：竹苞院东侧窑修缮—B1

<table>
<tr><td colspan="2">工序</td><td colspan="4">竹苞院东侧窑修缮</td></tr>
<tr><td colspan="2">作业时间</td><td colspan="4">2017.5.22</td></tr>
<tr><td rowspan="2">实施前</td><td>图纸索引</td><td>竹苞院东侧窑勘察1～3</td><td>表格索引</td><td>竹苞院东侧窑修缮—B1</td><td>照片索引</td></tr>
<tr><td colspan="2">女儿墙缺失；券顶高低不平、杂草丛生，雨水淤积；山墙坍塌；部分窑口裂缝、门窗件缺失；墙面部分酥碱、残缺；窑内砖坑、砖灶及地面缺失；台明缺失</td><td colspan="2">
110</td><td>110、111、112、113、115、224</td></tr>
<tr><td rowspan="2">实施中</td><td>图纸索引</td><td>竹苞院东侧窑修缮1～4</td><td colspan="2"></td><td></td></tr>
<tr><td colspan="2">整修女儿墙；整修券顶；整修窑口、补配缺失件；整修砖坑、砖灶及室内地面；剔补墙面酥碱砖、勾抿灰缝。砌筑山墙、后檐墙；清理所有墙面、门窗上的污垢，做旧</td><td colspan="2">
122</td><td>122、099、170、193、171、138、155、121、124、123、153、013、033、035</td></tr>
<tr><td rowspan="2">实施后</td><td>图纸索引</td><td>竹苞院东侧窑修缮1～4</td><td colspan="2"></td><td></td></tr>
<tr><td colspan="2">符合设计及规范要求</td><td colspan="2">
024</td><td>024、008</td></tr>
</table>

<table>
<tr><td>施工相关资料</td><td>监理相关资料</td><td>文物及修缮技术信息资料</td></tr>
<tr><td></td><td></td><td></td></tr>
<tr><td colspan="3">资料员签字：　　　　监理工程师签字：　　　　资料审核人签字：</td></tr>
</table>

（一一）西务本院之衬窑

工程名称：汾西县师家沟古建筑群修缮工程　　　　表格编号：西务本院之衬窑修缮—B1

<table>
<tr><td colspan="2">工序</td><td colspan="4">西务本院之衬窑修缮</td></tr>
<tr><td colspan="2">作业时间</td><td colspan="4">2017.4.6</td></tr>
<tr><td rowspan="2">实施前</td><td>图纸索引</td><td>西务本院之衬窑勘察1～3</td><td>表格索引</td><td>西务本院之衬窑修缮—B1</td><td>照片索引</td></tr>
<tr><td colspan="2">女儿墙为后人随意补砌；墙面部分酥碱、残缺，南侧窑腿有坍塌现象；窑内地面缺失；窑口坍塌、门窗不存；台明缺失</td><td colspan="2">
007</td><td>007、008、009、010、011、012、013、091、091</td></tr>
<tr><td rowspan="2">实施中</td><td>图纸索引</td><td>西务本院之衬窑修缮1～4</td><td colspan="2"></td><td></td></tr>
<tr><td colspan="2">拆砌女儿墙；剔补墙面酥碱砖、勾抿灰缝；拆砌坍塌墙面；拆砌后人所砌窑口，补配门窗；清理室内杂物、拆除后人砌猪圈，拆墁室内地面；整修台明；整修院面；清理所有墙面、门窗上的污垢，做旧</td><td colspan="2">
022</td><td>020、085、109、110、092、118、017、018、086、087、073、007、120、093、049、090、121、071、070、079、013、010、033、009、025、031、010、019、020</td></tr>
<tr><td rowspan="2">实施后</td><td>图纸索引</td><td>西务本院之衬窑修缮1～4</td><td colspan="2"></td><td></td></tr>
<tr><td colspan="2">符合设计及规范要求</td><td colspan="2">
060</td><td></td></tr>
<tr><td colspan="2">施工相关资料</td><td colspan="2">监理相关资料</td><td colspan="2">文物及修缮技术信息资料</td></tr>
<tr><td colspan="2"></td><td colspan="2"></td><td colspan="2"></td></tr>
<tr><td colspan="6">资料员签字：　　　　监理工程师签字：　　　　资料审核人签字：</td></tr>
</table>

（一二）大夫第衬窑

工程名称：汾西县师家沟古建筑群修缮工程　　　　表格编号：大夫第衬窑修缮—B1

<table>
<tr><td colspan="2">工序</td><td colspan="4">大夫第衬窑修缮</td></tr>
<tr><td colspan="2">作业时间</td><td colspan="4">2017.3.18</td></tr>
<tr><td rowspan="2">实施前</td><td>图纸索引</td><td>大夫第衬窑勘察1、2</td><td>表格索引</td><td>大夫第衬窑修缮—B1</td><td>照片索引</td></tr>
<tr><td colspan="2">女儿墙缺失；墙面部分酥碱、残缺；部分窑口裂缝、门窗件缺失；院内垃圾、杂土堆积荒草遍地</td><td colspan="2">
013</td><td>013、012、011</td></tr>
<tr><td rowspan="2">实施中</td><td>图纸索引</td><td>大夫第衬窑修缮1～3</td><td colspan="2"></td><td></td></tr>
<tr><td colspan="2">拆砌女儿墙；剔补墙面酥碱砖、勾抿灰缝；整修窑口、补配缺失件；整修台明；整修院面；清理所有墙面、门窗上的污垢，做旧</td><td colspan="2">
010</td><td>017、070、010、011、009、010、025、059、116、010、062、086、031、001、050、061、076、017、049、002、077、083、080、008</td></tr>
<tr><td rowspan="2">实施后</td><td>图纸索引</td><td>大夫第衬窑修缮1～3</td><td colspan="2"></td><td></td></tr>
<tr><td colspan="2">符合设计及规范要求</td><td colspan="2">
067</td><td>067</td></tr>
<tr><td colspan="2">施工相关资料</td><td colspan="2">监理相关资料</td><td colspan="2">文物及修缮技术信息资料</td></tr>
<tr><td colspan="2"></td><td colspan="2"></td><td colspan="2"></td></tr>
<tr><td colspan="6">资料员签字：　　　　监理工程师签字：　　　　资料审核人签字：</td></tr>
</table>

（一三）师文保宅院

工程名称：汾西县师家沟古建筑群修缮工程　　　　表格编号：师文保宅院修缮—B1

<table>
<tr><td colspan="2">工序</td><td colspan="4">师文保宅院修缮</td></tr>
<tr><td colspan="2">作业时间</td><td colspan="4">2017.5.14</td></tr>
<tr><td rowspan="2">实施前</td><td>图纸索引</td><td>师文保宅院勘察1～8</td><td>表格索引</td><td>师文保宅院修缮—B1</td><td>照片索引</td></tr>
<tr><td colspan="2">券顶临时种植；女儿墙后人随意干摆垒砌；墙面部分酥碱、残缺；部分窑口裂缝、门窗件局部缺失；台明沉降；院面缺失；围墙后人随意干摆垒砌；门楼简易搭建</td><td colspan="2">
099</td><td>099、108、112</td></tr>
<tr><td rowspan="2">实施中</td><td>图纸索引</td><td>师文保宅院修缮1～10</td><td colspan="2"></td><td></td></tr>
<tr><td colspan="2">拆砌女儿墙；剔补墙面酥碱砖、勾抿灰缝；整修窑口、补配缺失件；整修台明；整修院面；按图拆砌围墙、门楼；清理所有墙面、门窗上的污垢，做旧</td><td colspan="2">
074</td><td>068、099、060、073、134、094、108、083、089、087、158、152、081、094、087、101、091、077、064、065、063</td></tr>
<tr><td rowspan="2">实施后</td><td>图纸索引</td><td>师文保宅院修缮1～10</td><td colspan="2"></td><td></td></tr>
<tr><td colspan="2">符合设计及规范要求</td><td colspan="2">
061</td><td>080、133、061、155、162</td></tr>
<tr><td colspan="3">施工相关资料</td><td colspan="2">监理相关资料</td><td>文物及修缮技术信息资料</td></tr>
<tr><td colspan="3"></td><td colspan="2"></td><td></td></tr>
<tr><td colspan="6">资料员签字：　　　　监理工程师签字：　　　　资料审核人签字：</td></tr>
</table>

（一四）西十孔衬窑

工程名称：汾西县师家沟古建筑群修缮工程　　　　　表格编号：西十孔衬窑修缮—B8

工序	西十孔衬窑南四～八窑修缮				
作业时间	2017.4.25				
实施前	图纸索引	西十孔衬窑勘察1～7	表格索引	西十孔衬窑修缮—B8	照片索引
	券顶高低不平、杂草丛生，雨水淤积；女儿墙缺失；墙面部分酥碱、残缺。部分窑口裂缝、门窗件缺失；窑内砖炕、砖灶及地面缺失；台明、院面缺失		 037		037、046、044、045、042、043、080、072、125
实施中	图纸索引	西十孔衬窑修缮1～7			
	整修券顶；拆砌女儿墙；剔补墙面酥碱砖、勾抿灰缝；整修窑口、补配缺失件；拆墁室内地面；整修砖坑、砖灶；拆砌坍塌墙体；整修台明；整修院面；清理所有墙面、门窗上的污垢，做旧		 081		032、085、098、075、069、081、067、073、117、080、131、108、109、105、070、077、072、085、075、092、076、128、085、115、018
实施后	图纸索引	西十孔衬窑修缮1～7			
	符合设计及规范要求		 073		110、062、112、065、017、073

施工相关资料	监理相关资料	文物及修缮技术信息资料
资料员签字：	监理工程师签字：	资料审核人签字：

（一五）东务本院

工程名称：汾西县师家沟古建筑群修缮工程　　表格编号：东务本院修缮—B6

<table>
<tr><td>工序</td><td colspan="5">东务本院修缮西房</td></tr>
<tr><td>作业时间</td><td colspan="5">2017.5.31</td></tr>
<tr><td rowspan="2">实施前</td><td>图纸索引</td><td>东务本院勘察1～3</td><td>表格索引</td><td>东务本院修缮—B6</td><td>照片索引</td></tr>
<tr><td colspan="2">券顶高低不平、杂草丛生，雨水淤积；女儿墙前倾斜；墙面部分酥碱、残缺。部分窑口裂缝、门窗件缺失；南山墙外鼓；台明沉降；院面缺失</td><td colspan="2">
011</td><td>236、011</td></tr>
<tr><td rowspan="2">实施中</td><td>图纸索引</td><td>东务本院修缮1～4</td><td colspan="2"></td><td></td></tr>
<tr><td colspan="2">整修券顶；拆砌女儿墙及坍塌墙体；剔补墙面酥碱砖、勾抿灰缝；整修窑口、补配缺失件；整修台明；整修院面；清理所有墙面、门窗上的污垢，做旧</td><td colspan="2">
196</td><td>210、233、183、175、196、197、117、116、223、206、188、153、194、216、221、008</td></tr>
<tr><td rowspan="2">实施后</td><td>图纸索引</td><td>东务本院修缮1～4</td><td colspan="2"></td><td></td></tr>
<tr><td colspan="2">符合设计及规范要求</td><td colspan="2">
052</td><td>052</td></tr>
<tr><td colspan="2">施工相关资料</td><td colspan="2">监理相关资料</td><td colspan="2">文物及修缮技术信息资料</td></tr>
<tr><td colspan="2"></td><td colspan="2"></td><td colspan="2"></td></tr>
<tr><td colspan="6">资料员签字：　　监理工程师签字：　　资料审核人签字：</td></tr>
</table>

工程名称：汾西县师家沟古建筑群修缮工程　　　　　　表格编号：东务本院修缮—B9

<table>
<tr><td>工序</td><td colspan="5">东务本院修缮院内</td></tr>
<tr><td>作业时间</td><td colspan="5">2017.7.7</td></tr>
<tr><td rowspan="2">实施前</td><td>图纸索引</td><td>东务本院勘察2～14</td><td>表格索引</td><td>东务本院修缮—B9</td><td>照片索引</td></tr>
<tr><td colspan="2">院面缺失；后人搭建猪圈、鸡窝等</td><td colspan="2">
003</td><td>001、002、003、164、036、037</td></tr>
<tr><td rowspan="2">实施中</td><td>图纸索引</td><td>东务本院修缮2～18</td><td colspan="2"></td><td></td></tr>
<tr><td colspan="2">清理遗址，拆除后人砌猪圈、鸡窝等。拆墁院内地面；整修台明；重砌院墙；清理所有墙面、门窗上的污垢，做旧</td><td colspan="2">
298</td><td>328、282、284、290、336、354、389、219、298、296、325、204、213、227、280、054、291、263</td></tr>
<tr><td rowspan="2">实施后</td><td>图纸索引</td><td>东务本院修缮2～18</td><td colspan="2"></td><td></td></tr>
<tr><td colspan="2">符合设计及规范要求</td><td colspan="2">
051</td><td>034、020、051、094</td></tr>
<tr><td colspan="2">施工相关资料</td><td colspan="2">监理相关资料</td><td colspan="2">文物及修缮技术信息资料</td></tr>
<tr><td colspan="2"></td><td colspan="2"></td><td colspan="2"></td></tr>
<tr><td colspan="6">资料员签字：　　　　监理工程师签字：　　　　资料审核人签字：</td></tr>
</table>

（一六）施工中遇到的几个问题

1. 现状保护与复原的矛盾解决

诸神庙是师家沟村内主要庙宇，也是村内唯一庙宇。从建筑历史、师家沟民居价值评估来看，该庙宇破损严重，为遗址状态。

正殿为前檐设三间木构抱厦，后为砖砌枕头窑。现抱厦不存，仅剩台明与柱础石，正殿窑洞西部坍塌，并填实。

戏台原构为：前台为三间卷棚硬山木构建筑，后台为枕头窑。但现状是戏台不存，仅剩台明；后台枕头窑保存较为完整，仅有局部拱顶塌陷、地面缺损、门窗不存等问题。

西配殿保存相对较好。主体结构较好，门窗仅剩门窗框，墙体局部酥碱，明间窑洞拱券存在局部变形等。

东配殿坍塌严重。拱券的前檐墙体几乎不存，仅剩后部拱券，且窑顶生长的树木直径达150毫米左右。由此可知，该建筑坍塌已有数十年之久。

山门前部门楼不存，前檐两根石柱丢弃在庙墙外，其中一根呈断裂状态。

因此，在设计方案里，采用遗址保护、排除险情为主要工作目标。即：利用山门石柱归位，恢复山门；其他殿宇以清理、加固，保存现状为主，呈遗址状态。但在施工实施阶段，当地村民对该庙宇有着强烈的寄托感，建议恢复。

为此，我们进行了认真讨论。文物保护遵循的“不改变原状”“最小干预”等基本原则，但也应该考虑当地受众的情感。该庙宇是师家沟唯一一个公共场所，村中的娱乐、非物质文化遗产的展示等活动，均需展示场所，利用率较高。另外，虽然殿宇局部坍塌，但柱、梁、屋盖形制遗存清晰，复原依据充足，故经设计方、甲方及村民代表讨论，决定在二期修缮中给予恢复。

2. 关于一个屋面所用望板材料多样的修缮选择

师家沟民居多处木构屋面的望板材质呈多样性，如：理达院正房插廊的望板材质为柴栈；瑞气凝院马棚屋面望板90%以上面积为柴条，中间部位约有2平方米为黄栌材质；瑞气凝院诒榖处门楼的望板材质为灰陶材质的望砖，檐口部位为木质望板等等。根据上述不同现象，依据师家沟民居价值分析、特点，分析其产生的原因，设计方采取了逐项确定、不得统一的原则。

瑞气凝院诒榖处门楼由于其建筑规制较高，一定是诒榖院主人心目中的重要建筑，前檐檐口部位出现局部木望板材质，与后期简易维修具有一定关系，故决定替换檐口部位木望板，改为望砖铺设。

理达院正房插廊的望板材质现状勘察时认为是黄栌，但在施工修缮时发现为柴栈，故修缮时施工方与设计方沟通后仍采用柴栈材质。

瑞气凝院马棚是该院落等级最低的建筑，其当初的建设者一定是以安全、经济为主要原则，因此通过价值评估，屋面望板材质多样的特点仍旧保留。

3. 关于施工方面的不足与提高

（1）照片记录缺乏文字说明

施工记录中，对照片的记录应有补充文字说明。如：是施工的哪个环节、施工方法、材料配比、施工大小工人数及用时等等。为今后传统工艺的传承及国家文物保护政策的制定，提供基础数据。

（2）施工技术人员重经验，轻解读设计文件

施工技术人员未完全理解设计思想，即“最小干预”原则，根据自己以往的经验实施修缮工作。如，大夫第衬窑的修缮，原设计思想是祛除安全隐患的前提下，最大限度地保留原酥碱墙面，并提出剔补方法和原则（见第二章第三节的相关内容）为：a．第一块剔补砖应满足酥碱深度超过50毫米，且酥碱表面积达到砖表面的100%,并且是酥碱最严重的。b．其后剔补砖墙时应遵循不得在同一位置、同时剔补两块以上砖体，即剔补后的砖块不能出现连成片的状态为基本原则。c．新剔补砖之间必须有旧砖相隔，不得相接。剔补下一块砖时，应寻找相对酥碱最严重的砖体，且与刚剔补的砖相隔。d．达到没有剔补痕迹的效果。

（3）瓦木匠技术工艺普遍降低

由于古建筑工程工作环境差、工资低、工时长，造成瓦木匠后继无人。由于现在普遍瓦工的技术低下，如在替补或砌筑中，往往砖用灰量不准，造成砌筑灰浆外溢得过多，从而造成墙面白灰污染面过多，需二次加工墙面，刷墙、勾缝等工序。除增加用工量外，最主要的是造成墙面污染痕迹，无法彻底消除，感观效果不佳。

（4）砖、瓦、木、石等建筑材料的个性化不足

由于古代建筑大多为因地制宜，即：砖、瓦为当地自己烧制，尺寸不一，甚至是同一时代的不同年代的砖瓦也存在尺寸差异。因此，修缮时，采购回来的新旧砖均需二次加工，造成砖材料表面的机械切割、磨制痕迹过重。筒板瓦尺寸变化较小，在这方面不太明显突出。

由于近些年的修缮工程均采用商业性质的招投标做法，故施工单位不会提前购买材料，临时购买材料致使木材湿度较高（虽然采用了工业烘干技术，但远不如自然烘干法）。

由于各地的环保制度的健全，石材的补配只能采取购买的方法，无法在当地采买，致使补配石材质的色彩与文物建筑的原石材差异过大。

建议研制小型、数字化、快捷的烧制灰陶工具车。文物保护单位应定期采购木材、定制砖瓦石材料的储备，为今后的维修、保养做好充分准备。

实测与设计图

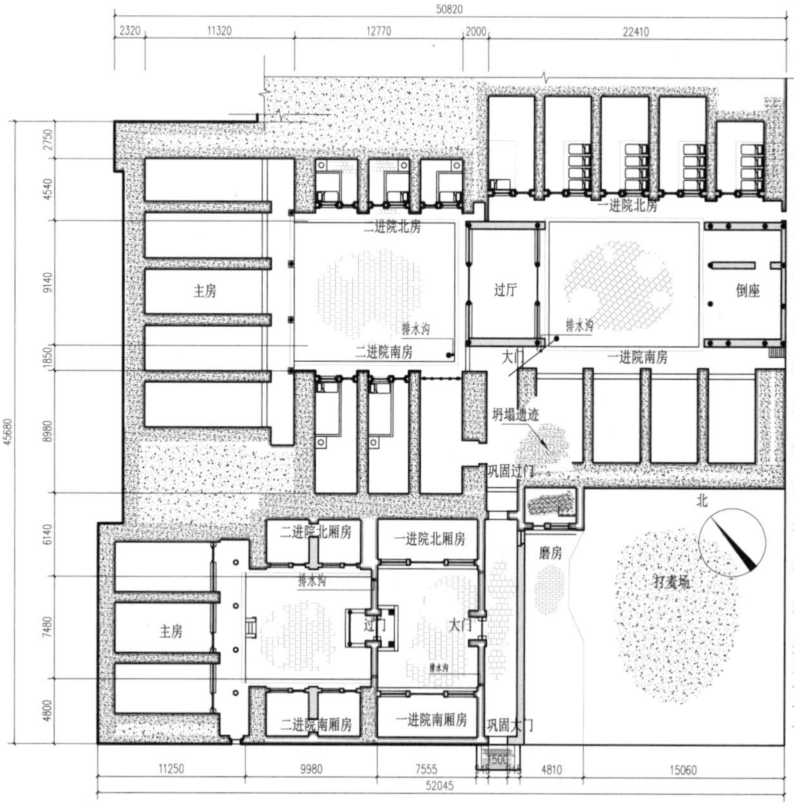

树德院：

1. 整座院落及各建筑的格局、建筑规制保持完整。

2. 大门、一二进南北厢房正房一层、过厅均保存完整，仅局部存在破损，如门窗、屋面、女儿墙等。

3. 倒座近年来因屋面漏雨南梢间坍塌，并导致整体倾斜。一进南厢房西一间砖券坍塌。

4. 主房二层因大面积坍塌导致仅存三间。

5. 院落方砖（270×270×60）铺墁，铺墁采用四周两路对墁，中间方砖斜墁。

6. 院内雨水排放采用地表找坡的方法，排至院落一角后，采用暗排水沟排放到院外，最后通过自然地平进入村落的排水系统。

——院落地面方砖破损达60%，院落高低不平，排水不畅。

——暗排水管沟堵塞，雨水无法排放到院外，目前靠地表蒸发雨水。

——成因：年久失修，缺少日常的保养维护。

敦本堂：

1. 整座院落的格局及各建筑的规制保持完整，无破坏性病害。

2. 正房、大门、过门、影壁墙体完整，仅存在屋面瓦件脱落、椽望糟朽等现象。

3. 一进院北房基本完整，一进院南房除三面共用墙外仅剩建筑基址。

4. 二进院北房、南房基本保持原有风貌，但装修为后人更换。

5. 巩固大门前檐保存完好，入口礓磋及地面杂乱，后檐坍塌，大门全部丢失。

6. 巩固过门仅存门洞拱券，前檐全部坍塌，后檐仅存檩和几根椽。

7. 院落方砖（270×270×60）铺墁，铺墁采用四周两路对墁，中间方砖斜墁。

8. 院内雨水排放采用地表找坡的方法，排至院墙角后，采用排水口排放到院外，最后通过自然地平进入村落的排水系统。

——院落地面方砖破损达80%，院落高低不平，排水不畅。

——排水口堵塞，雨水无法排放到院外。

——成因：年久失修，缺少日常的保养维护。

巩固院勘察实测总平面图

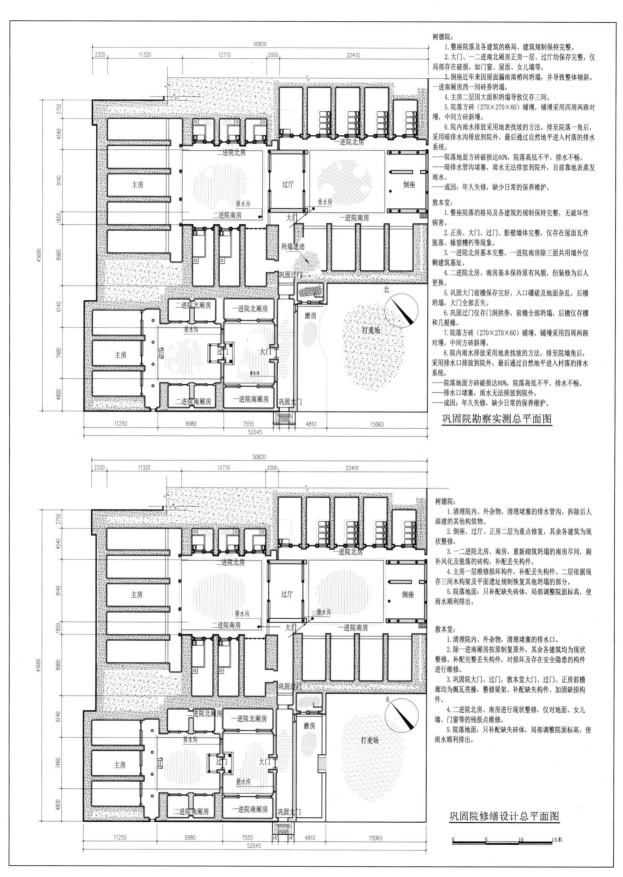

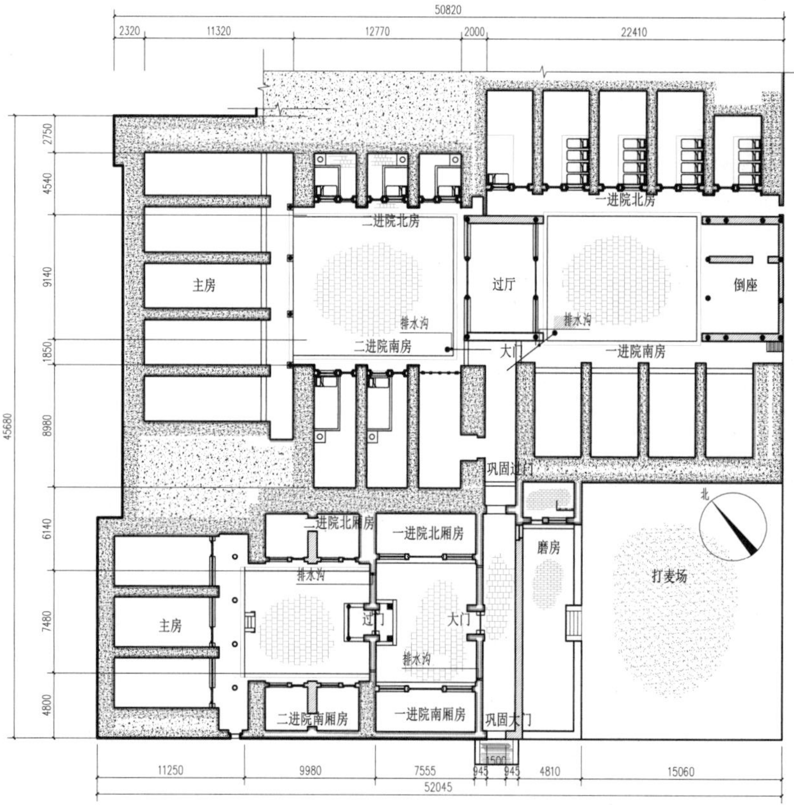

树德院：

1. 清理院内、外杂物，清理堵塞的排水管沟，拆除后人添建的其他构筑物。

2. 倒座、过厅、正房二层为重点修复，其余各建筑为现状整修。

3. 一二进院北房、南房，重新砌筑坍塌的南房尽间，剔补风化及脱落的砖构，补配丢失构件。

4. 主房一层维修损坏构件，补配丢失构件。二层依据现存三间木构架及平面遗址规制恢复其他坍塌的部分。

5. 院落地面：只补配缺失砖体，局部调整院面标高，使雨水顺利排出。

敦本堂：

1. 清理院内、外杂物，清理堵塞的排水口。

2. 除一进南厢房按原制复原外，其余各建筑均为现状整修。补配完整丢失构件，对损坏及存在安全隐患的构件进行维修。

3. 巩固院大门、过门，敦本堂大门、过门、正房前檐廊均为揭瓦亮椽，整修梁架、补配缺失构件、加固缺损构件。

4. 二进院北房、南房进行现状整修，仅对地面、女儿墙、门窗等的残损点维修。

5. 院落地面：只补配缺失砖体，局部调整院面标高，使雨水顺利排出。

巩固院修缮设计总平面图

0 5 10 15米

一 巩固院总平面图

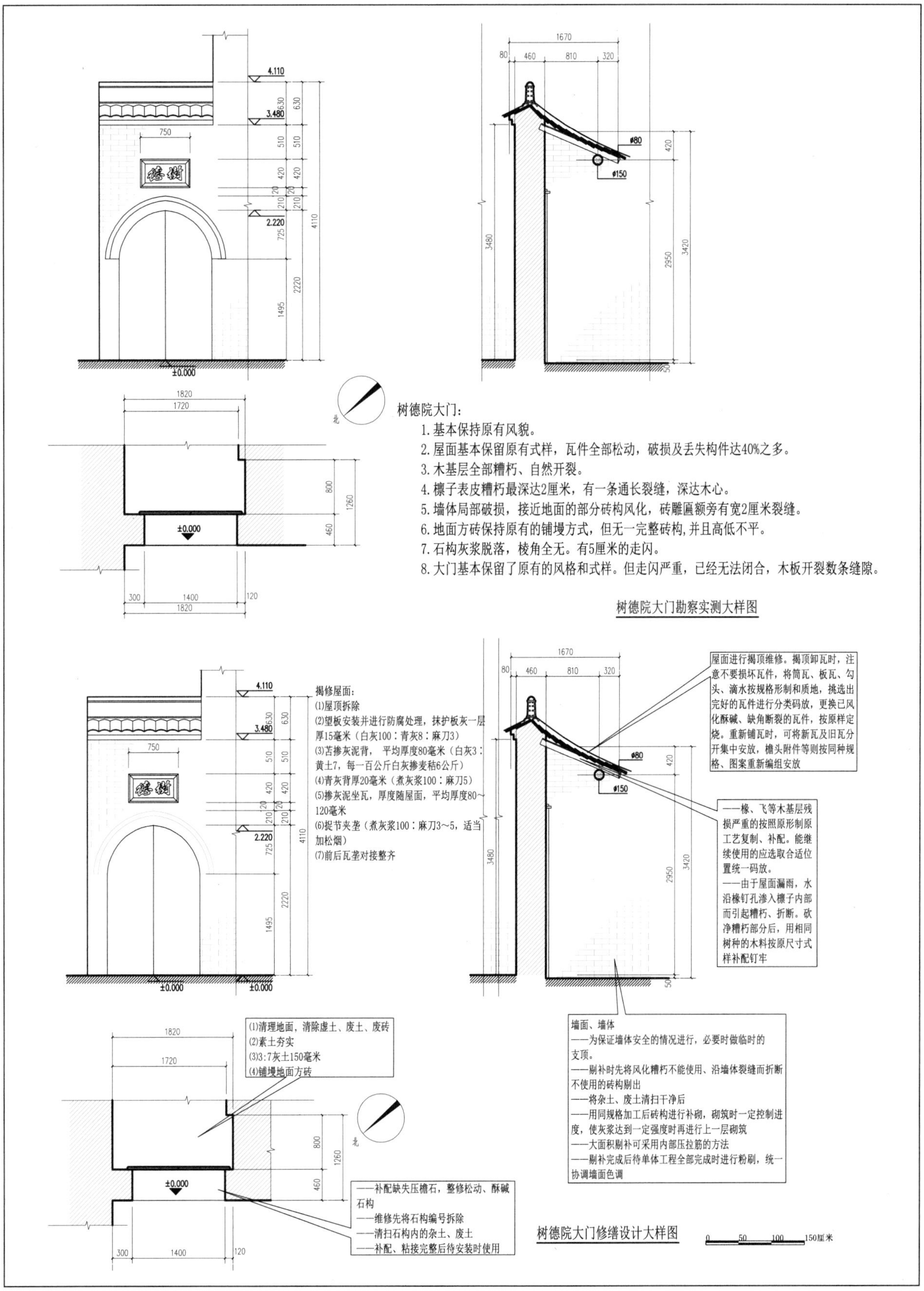
树德院大门：
1. 基本保持原有风貌。
2. 屋面基本保留原有式样，瓦件全部松动，破损及丢失构件达40%之多。
3. 木基层全部糟朽、自然开裂。
4. 檩子表皮糟朽最深达2厘米，有一条通长裂缝，深达木心。
5. 墙体局部破损，接近地面的部分砖构风化，砖雕匾额旁有宽2厘米裂缝。
6. 地面方砖保持原有的铺墁方式，但无一完整砖构，并且高低不平。
7. 石构灰浆脱落，棱角全无。有5厘米的走闪。
8. 大门基本保留了原有的风格和式样。但走闪严重，已经无法闭合，木板开裂数条缝隙。
树德院大门勘察实测大样图
揭修屋面：
(1)屋顶拆除
(2)望板安装并进行防腐处理，抹护板灰一层厚15毫米（白灰100：青灰8：麻刀3）
(3)苫掺灰泥背，平均厚度80毫米（白灰3：黄土7，每一百公斤白灰掺麦秸6公斤）
(4)青灰背厚20毫米（煮灰浆100：麻刀5）
(5)掺灰泥坐瓦，厚度随屋面，平均厚度80～120毫米
(6)捉节夹垄（煮灰浆100：麻刀3～5，适当加松烟）
(7)前后瓦垄对接整齐
屋面进行揭顶维修。揭顶卸瓦时，注意不要损坏瓦件，将筒瓦、板瓦、勾头、滴水按规格形制和质地，挑选出完好的瓦件进行分类码放，更换已风化酥碱、缺角断裂的瓦件，按原样定烧。重新铺瓦时，可将新瓦及旧瓦分开集中安放，檐头附件等则按同种规格、图案重新编组安放
——椽、飞等木基层残损严重的按照原形制原工艺复制、补配。能继续使用的应选取合适位置统一码放。
——由于屋面漏雨，水沿椽钉孔渗入檩子内部而引起糟朽、折断。砍净糟朽部分后，用相同树种的木料按原尺寸式样补配钉牢
(1)清理地面，清除虚土、废土、废砖
(2)素土夯实
(3)3:7灰土150毫米
(4)铺墁地面方砖
墙面、墙体
——为保证墙体安全的情况进行，必要时做临时的支顶。
——剔补时先将风化糟朽不能使用、沿墙体裂缝而折断不使用的砖构剔出
——将杂土、废土清扫干净后
——用同规格加工后砖构进行补砌，砌筑时一定控制进度，使灰浆达到一定强度时再进行上一层砌筑
——大面积剔补可采用内部压拉筋的方法
——剔补完成后待单体工程全部完成时进行粉刷，统一协调墙面色调
——补配缺失压檐石，整修松动、酥碱石构
——维修先将石构编号拆除
——清扫石构内的杂土、废土
——补配、粘接完整后待安装时使用
树德院大门修缮设计大样图
0 50 100 150厘米

二　树德院大门大样图

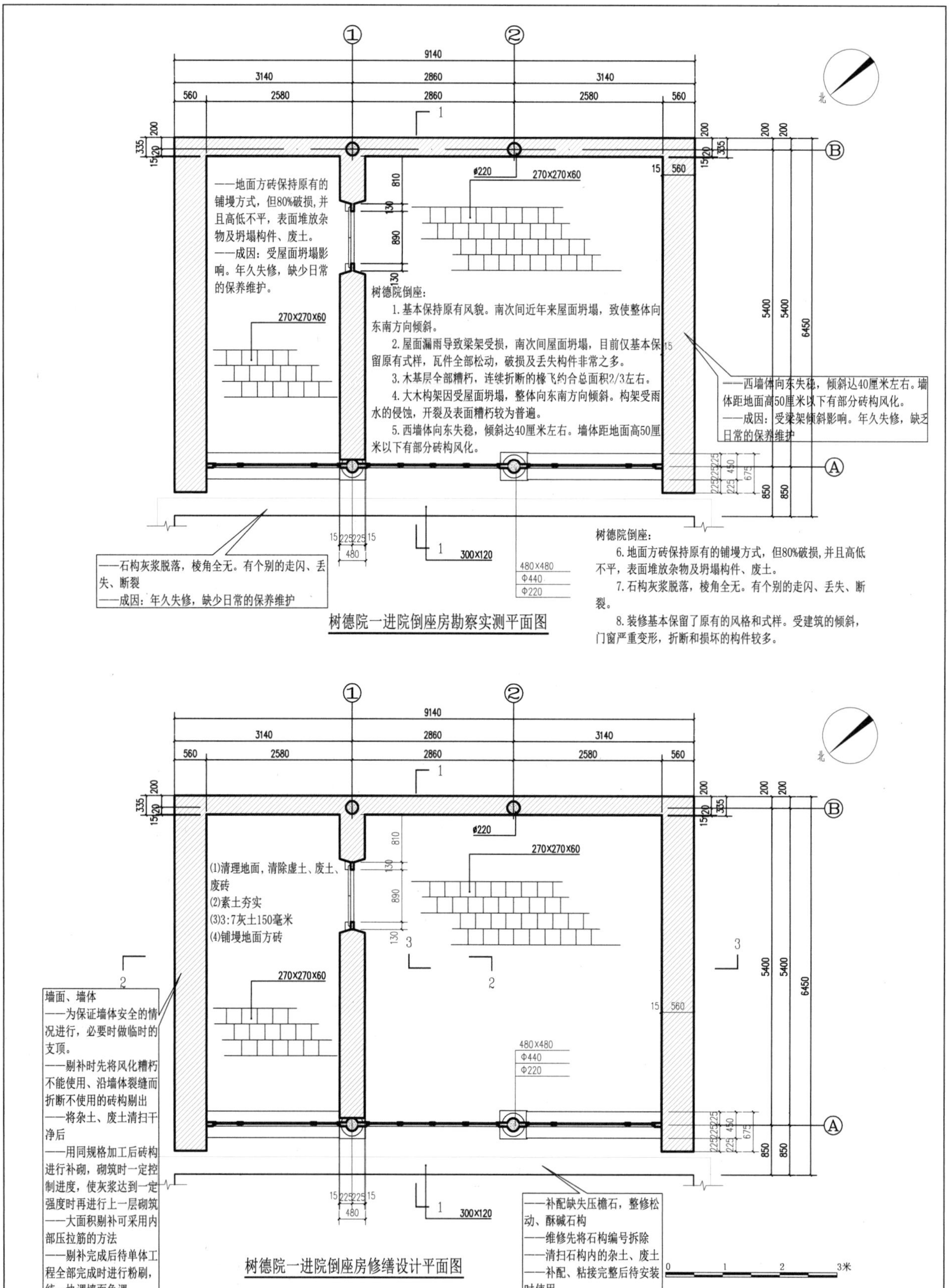
——地面方砖保持原有的铺墁方式，但80%破损，并且高低不平，表面堆放杂物及坍塌构件、废土。
——成因：受屋面坍塌影响。年久失修，缺少日常的保养维护。
树德院倒座：
1. 基本保持原有风貌。南次间近年来屋面坍塌，致使整体向东南方向倾斜。
2. 屋面漏雨导致梁架受损，南次间屋面坍塌，目前仅基本保留原有式样，瓦件全部松动，破损及丢失构件非常之多。
3. 木基层全部糟朽，连续折断的椽飞约合总面积2/3左右。
4. 大木构架因受屋面坍塌，整体向东南方向倾斜。构架受雨水的侵蚀，开裂及表面糟朽较为普遍。
5. 西墙体向东失稳，倾斜达40厘米左右。墙体距地面高50厘米以下有部分砖构风化。
——西墙体向东失稳，倾斜达40厘米左右。墙体距地面高50厘米以下有部分砖构风化。
——成因：受梁架倾斜影响。年久失修，缺乏日常的保养维护
——石构灰浆脱落，棱角全无。有个别的走闪、丢失、断裂
——成因：年久失修，缺少日常的保养维护
树德院倒座：
6. 地面方砖保持原有的铺墁方式，但80%破损，并且高低不平，表面堆放杂物及坍塌构件、废土。
7. 石构灰浆脱落，棱角全无。有个别的走闪、丢失、断裂。
8. 装修基本保留了原有的风格和式样。受建筑的倾斜，门窗严重变形，折断和损坏的构件较多。
树德院一进院倒座房勘察实测平面图
(1)清理地面，清除虚土、废土、废砖
(2)素土夯实
(3)3:7灰土150毫米
(4)铺墁地面方砖
墙面、墙体
——为保证墙体安全的情况进行，必要时做临时的支顶。
——剔补时先将风化糟朽不能使用、沿墙体裂缝而折断不使用的砖构剔出
——将杂土、废土清扫干净后
——用同规格加工后砖构进行补砌，砌筑时一定控制进度，使灰浆达到一定强度时再进行上一层砌筑
——大面积剔补可采用内部压拉筋的方法
——剔补完成后待单体工程全部完成时进行粉刷，统一协调墙面色调
——补配缺失压檐石，整修松动、酥碱石构
——维修先将石构编号拆除
——清扫石构内的杂土、废土
——补配、粘接完整后待安装时使用
树德院一进院倒座房修缮设计平面图
9140
3140
2860
560
2580
5400
6450
850
270×270×60
ø220
480×480
Φ440
Φ220
300×120
0 1 2 3米
北

三 树德院倒座平面图

树德院倒座：

1. 基本保持原有风貌。南次间近年来屋面坍塌，致使整体向东南方向倾斜。
2. 屋面漏雨导致梁架受损，南次间屋面坍塌，目前仅基本保留原有式样，瓦件全部松动，破损及丢失构件非常之多。
3. 木基层全部糟朽，连续折断的椽飞约合总面积2/3左右。
4. 大木构架因受屋面坍塌，整体向东南方向倾斜。构架受雨水的侵蚀，开裂及表面糟朽较为普遍。
5. 西墙体向东失稳，倾斜达40厘米左右。墙体距地面高50厘米以下有部分砖构风化。
6. 地面方砖保持原有的铺墁方式，但80%破损，并且高低不平，表面堆放杂物及坍塌构件、废土。

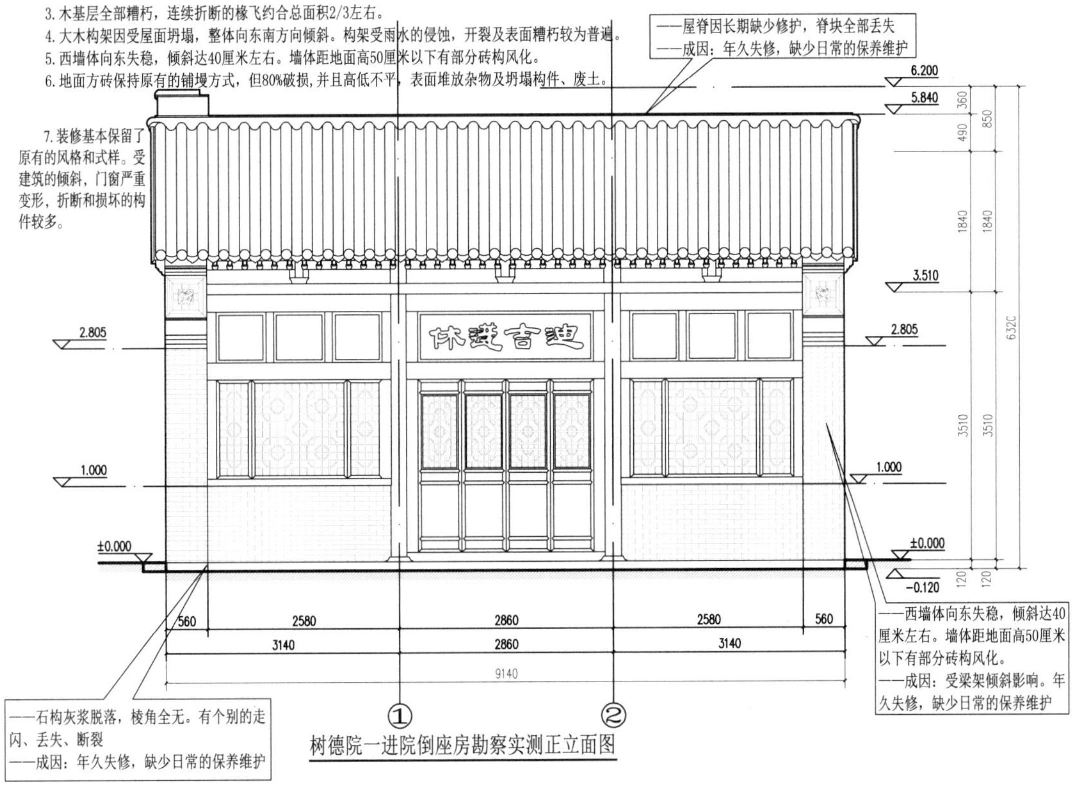

树德院一进院倒座房勘察实测正立面图

揭修屋面：

(1)屋顶拆除
(2)望板安装并进行防腐处理，抹护板灰一层厚15毫米（白灰100：青灰8：麻刀3）
(3)苫掺灰泥背，平均厚度80毫米（白灰3：黄土7，每一百公斤白灰掺麦秸6公斤）
(4)青灰背厚20毫米（煮灰浆100：麻刀5）
(5)掺灰泥坐瓦，厚度随屋面，平均厚度80～120毫米
(6)捉节夹垄（煮浆灰100：麻刀3—5，适当加松烟）
(7)前后瓦垄对接整齐

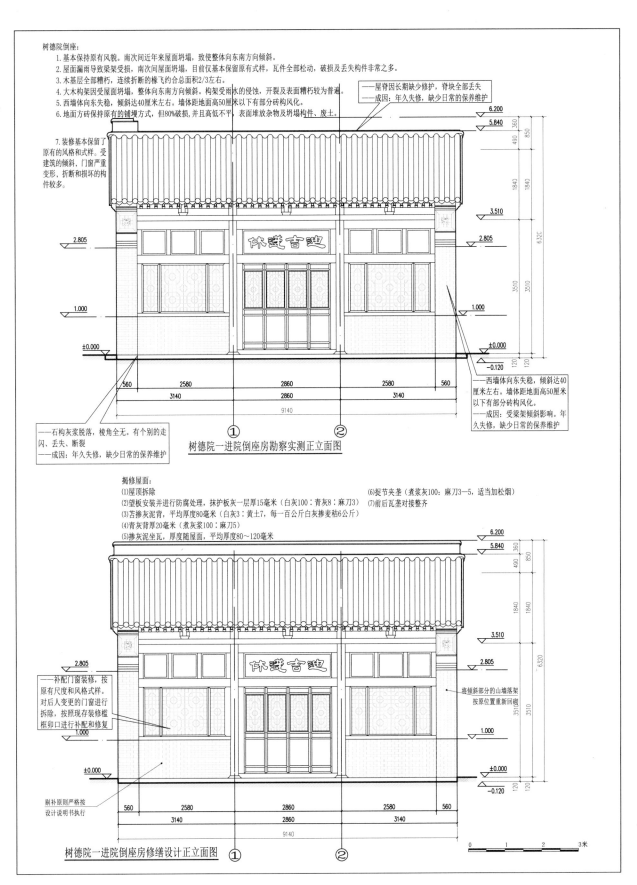

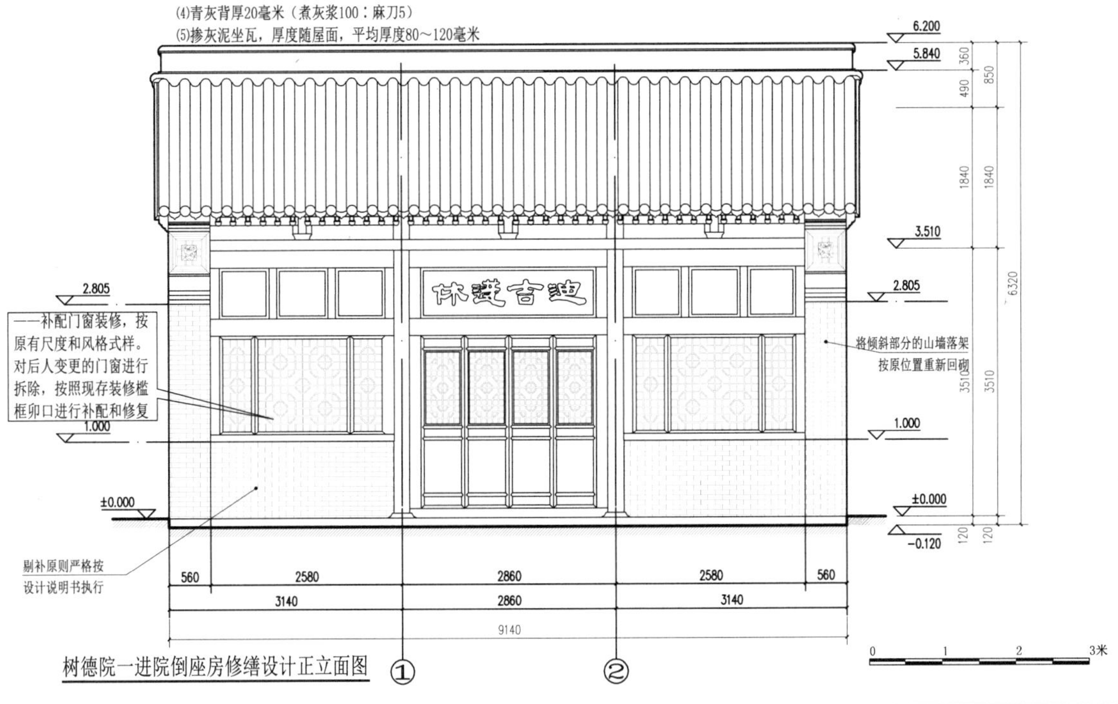

树德院一进院倒座房修缮设计正立面图

四　树德院倒座立面图

树德院倒座：

1. 基本保持原有风貌。南次间近年来屋面坍塌，致使整体向东南方向倾斜。

2. 屋面漏雨导致梁架受损，南次间屋面坍塌，目前仅基本保留原有式样，瓦件全部松动，破损及丢失构件非常之多。

3. 木基层全部糟朽，连续折断的椽飞约合总面积2/3左右。

4. 大木构架因受屋面坍塌，整体向东南方向倾斜。构架受雨水的侵蚀，开裂及表面糟朽较为普遍。

5. 西墙体向东失稳，倾斜达40厘米左右。墙体距地面高50厘米以下有部分砖构风化。

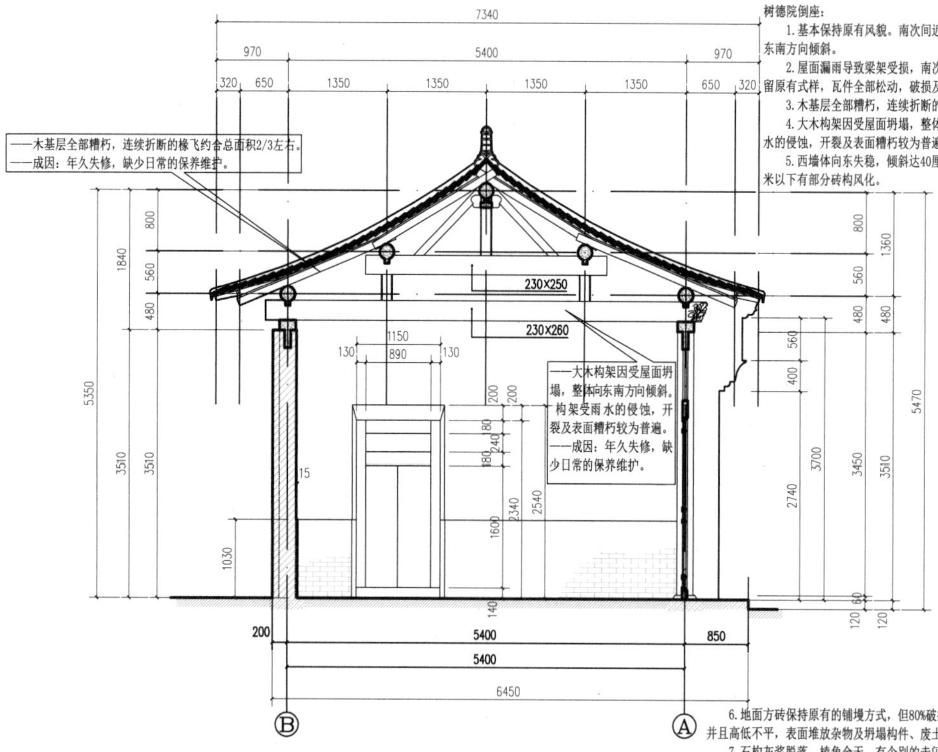

树德院一进院倒座房勘察实测1—1剖面图

6. 地面方砖保持原有的铺墁方式，但80%破损，并且高低不平，表面堆放杂物及坍塌构件、废土。

7. 石构灰浆脱落，棱角全无。有个别的走闪、丢失、断裂。

8. 装修基本保留了原有的风格和式样。受建筑的倾斜，门窗严重变形，折断和损坏的构件较多。

屋面进行揭顶维修。揭顶卸瓦时，注意不要损坏瓦件，将筒瓦、板瓦、勾头、滴水按规格形制和质地，挑选出完好的瓦件进行分类码放，更换已风化酥碱、缺角断裂的瓦件，按原样定烧。重新铺瓦时，可将新瓦及旧瓦分开集中安放，檐头附件等则按同种规格、图案重新编组安放。

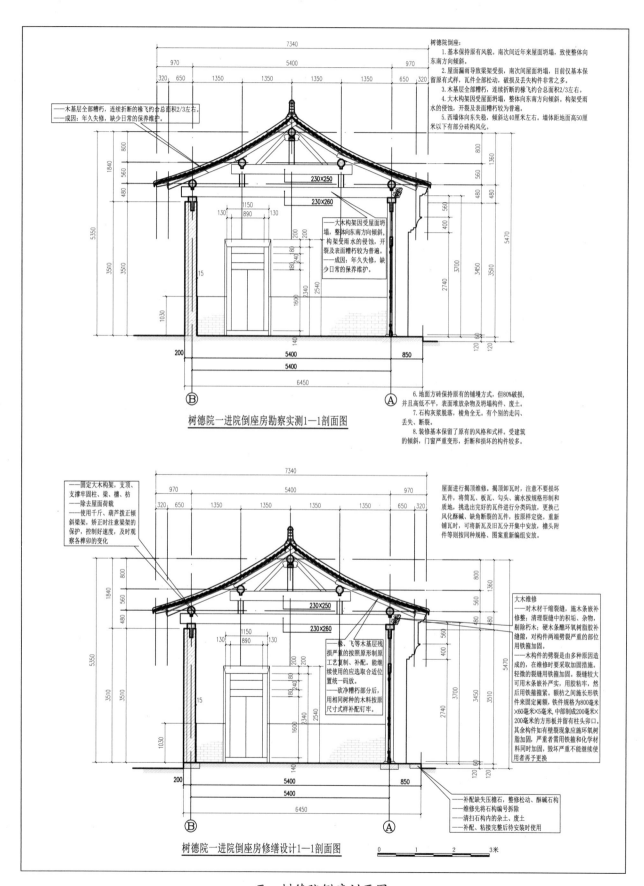

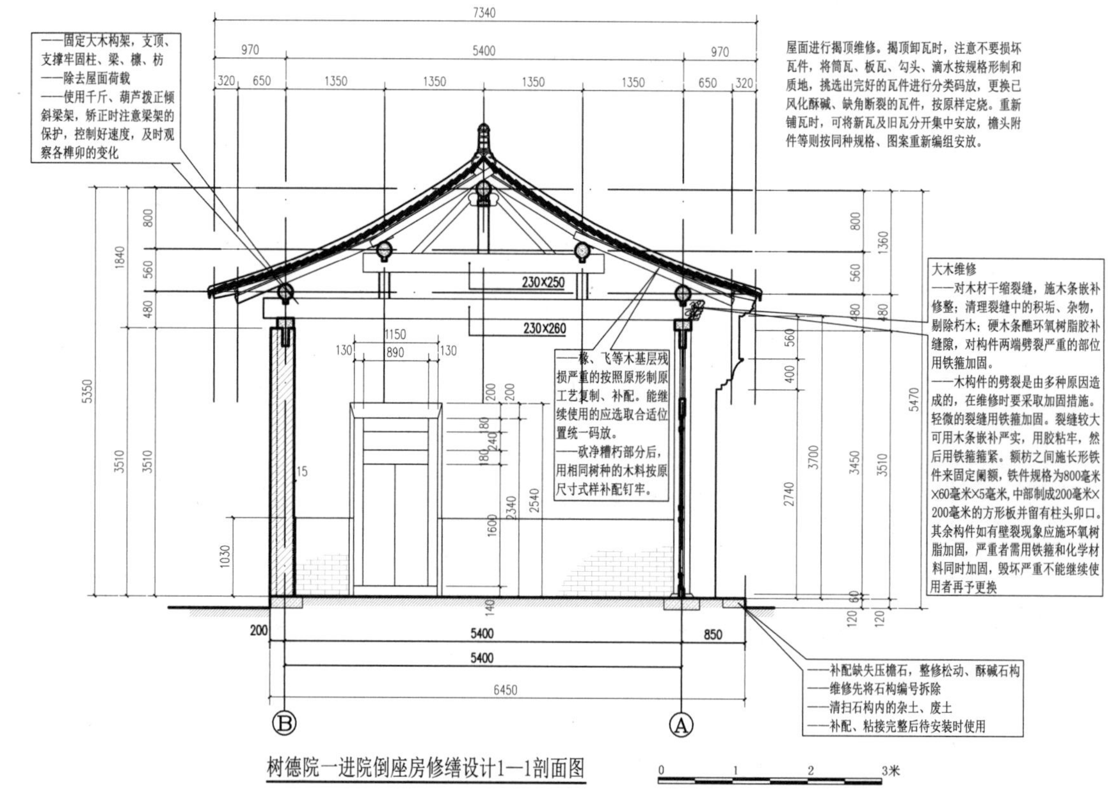

树德院一进院倒座房修缮设计1—1剖面图

0 1 2 3米

五 树德院倒座剖面图

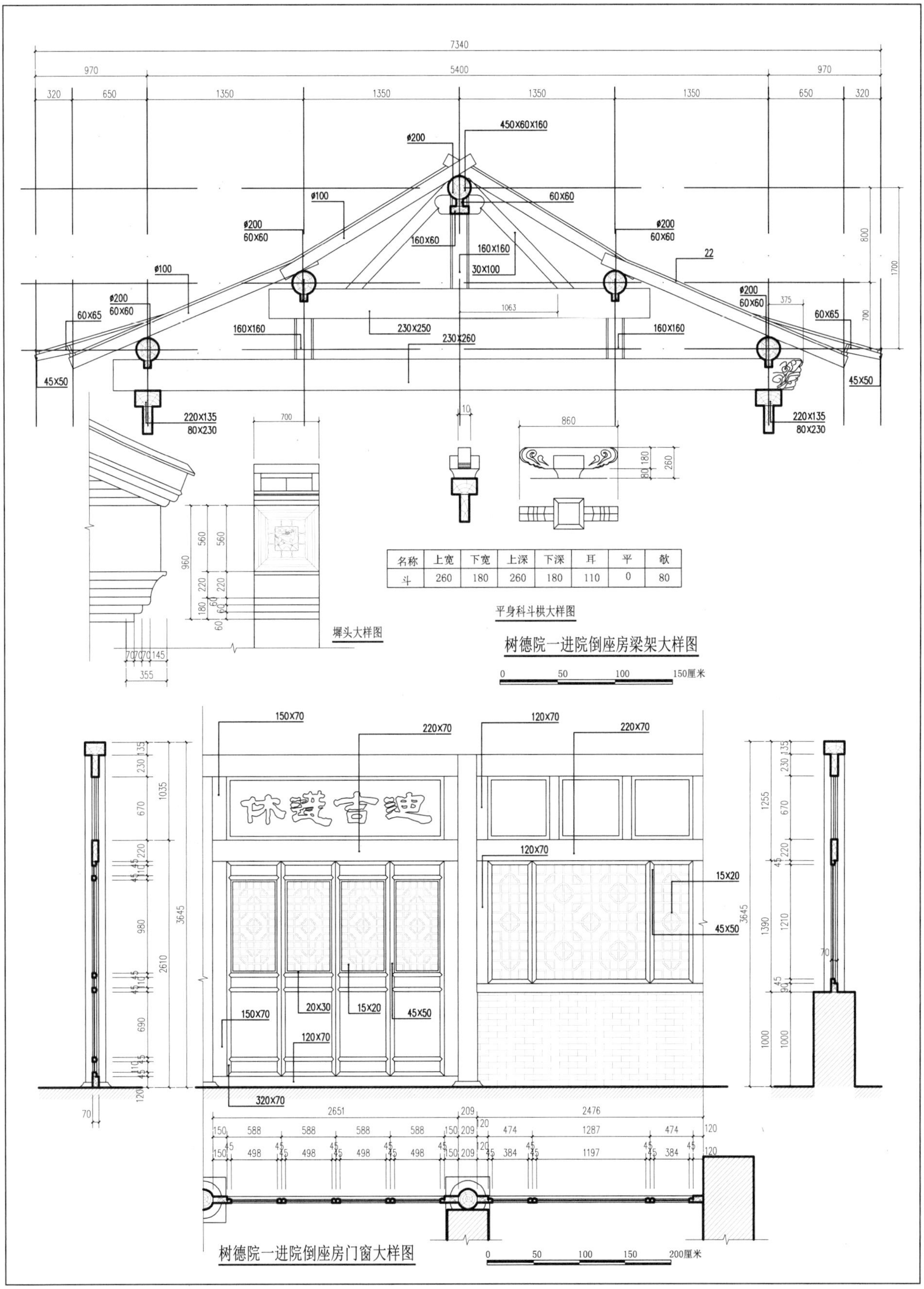

名称	上宽	下宽	上深	下深	耳	平	欹
斗	260	180	260	180	110	0	80

六　树德院倒座梁架及门窗大样图

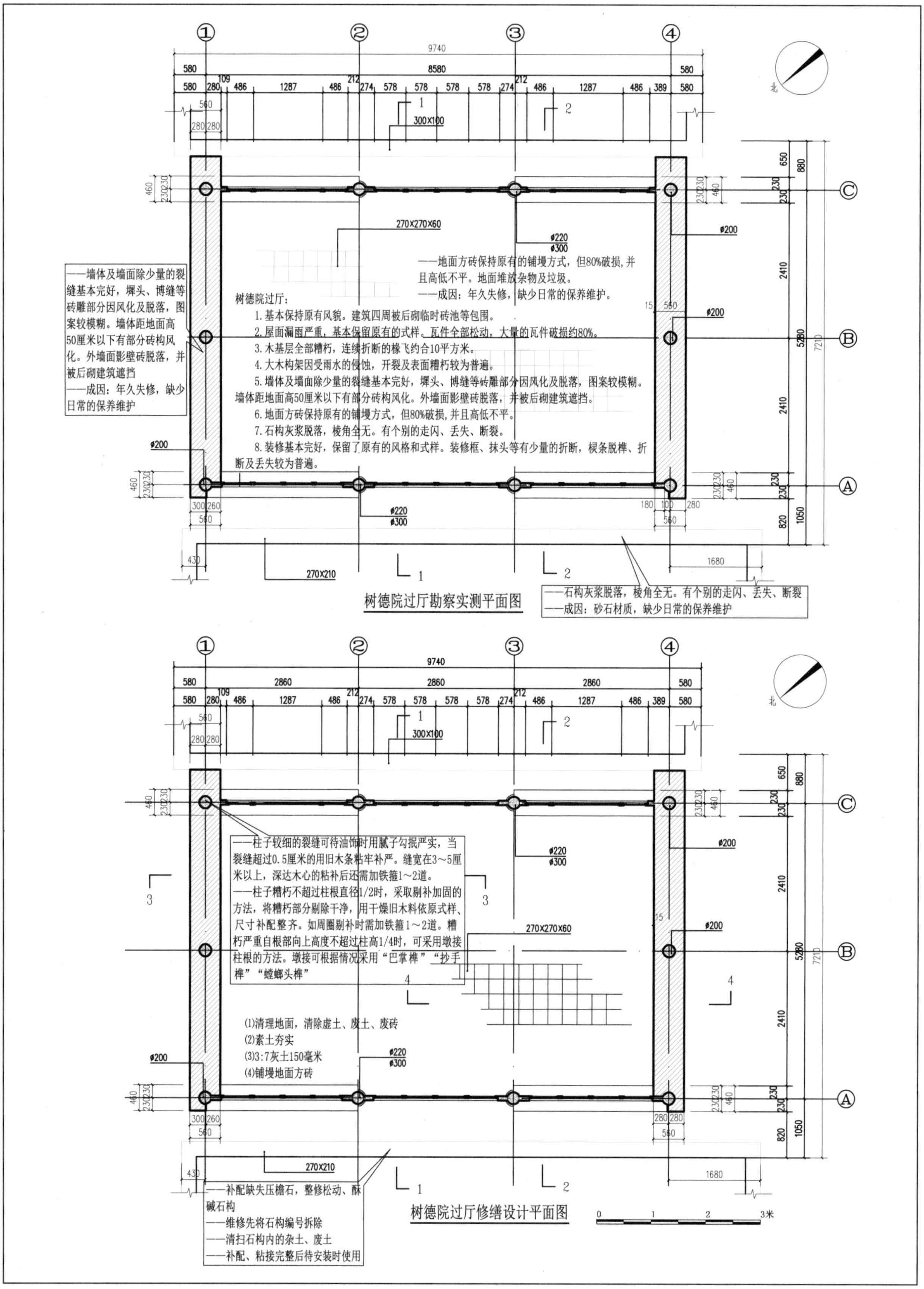
——墙体及墙面除少量的裂缝基本完好，墀头、博缝等砖雕部分因风化及脱落，图案较模糊。墙体距地面高50厘米以下有部分砖构风化。外墙面影壁砖脱落，并被后砌建筑遮挡
——成因：年久失修，缺少日常的保养维护
——地面方砖保持原有的铺墁方式，但80%破损，并且高低不平。地面堆放杂物及垃圾。
——成因：年久失修，缺少日常的保养维护。
树德院过厅：
1.基本保持原有风貌。建筑四周被后砌临时砖池等包围。
2.屋面漏雨严重，基本保留原有的式样。瓦件全部松动，大量的瓦件破损约80%。
3.木基层全部糟朽，连续折断的椽飞约合10平方米。
4.大木构架因受雨水的侵蚀，开裂及表面糟朽较为普遍。
5.墙体及墙面除少量的裂缝基本完好，墀头、博缝等砖雕部分因风化及脱落，图案较模糊。墙体距地面高50厘米以下有部分砖构风化。外墙面影壁砖脱落，并被后砌建筑遮挡。
6.地面方砖保持原有的铺墁方式，但80%破损，并且高低不平。
7.石构灰浆脱落，棱角全无。有个别的走闪、丢失、断裂。
8.装修基本完好，保留了原有的风格和式样。装修框、抹头等有少量的折断，棂条脱榫、折断及丢失较为普遍。
——石构灰浆脱落，棱角全无。有个别的走闪、丢失、断裂
——成因：砂石材质，缺少日常的保养维护
树德院过厅勘察实测平面图
——柱子较细的裂缝可待油饰时用腻子勾抿严实，当裂缝超过0.5厘米的用旧木条粘牢补严。缝宽在3～5厘米以上，深达木心的粘补后还需加铁箍1～2道。
——柱子糟朽不超过柱根直径1/2时，采取剔补加固的方法，将糟朽部分剔除干净，用干燥旧木料依原式样、尺寸补配整齐。如周圈剔补时需加铁箍1～2道。糟朽严重自根部向上高度不超过柱高1/4时，可采用墩接柱根的方法。墩接可根据情况采用“巴掌榫”“抄手榫”“螳螂头榫”
⑴清理地面，清除虚土、废土、废砖
⑵素土夯实
⑶3:7灰土150毫米
⑷铺墁地面方砖
——补配缺失压檐石，整修松动、酥碱石构
——维修先将石构编号拆除
——清扫石构内的杂土、废土
——补配、粘接完整后待安装时使用
树德院过厅修缮设计平面图
0 1 2 3米

七 树德院过厅平面图

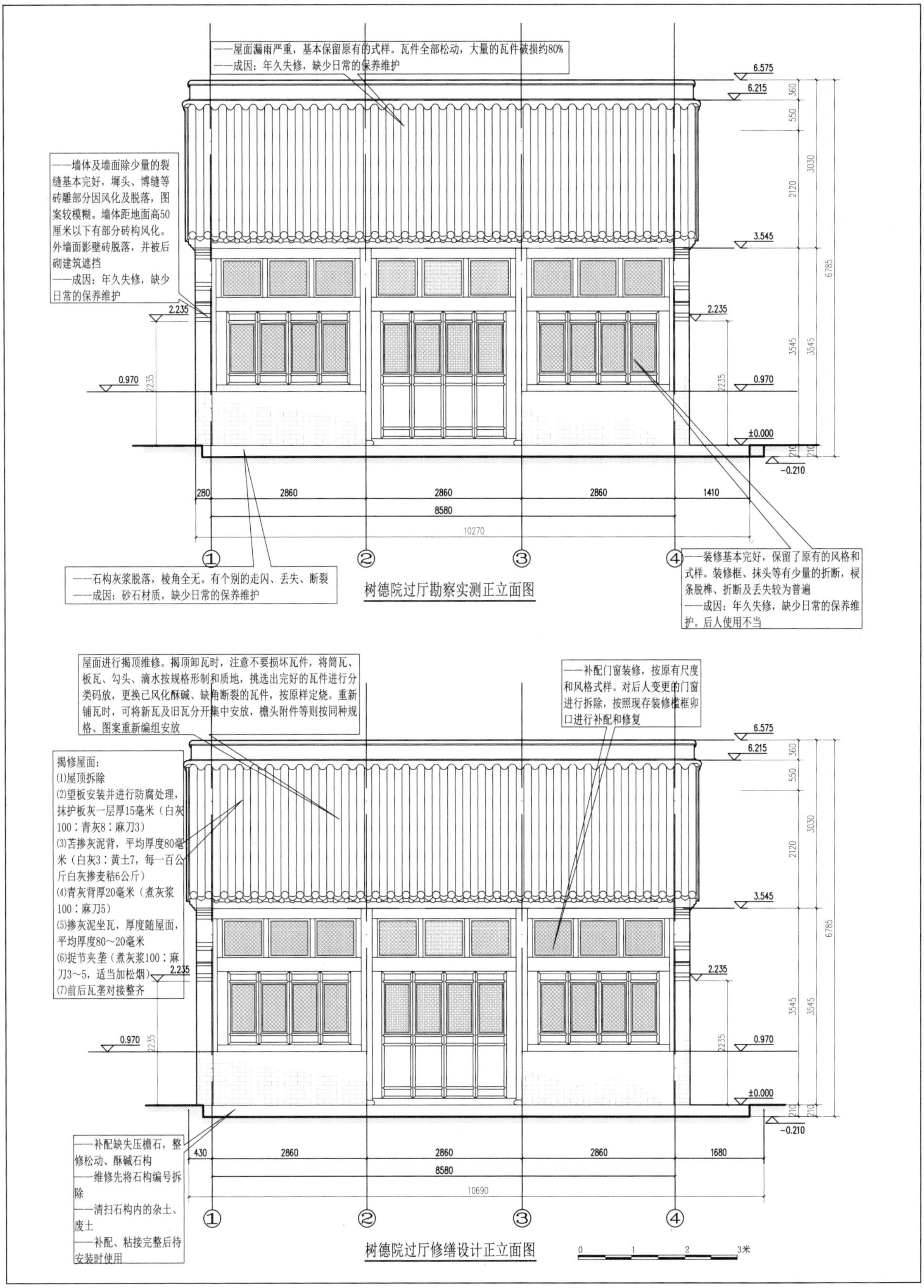
——屋面漏雨严重，基本保留原有的式样。瓦件全部松动，大量的瓦件破损约80%
——成因：年久失修，缺少日常的保养维护
——墙体及墙面除少量的裂缝基本完好，墀头、博缝等砖雕部分因风化及脱落，图案较模糊。墙体距地面高50厘米以下有部分砖构风化。外墙面影壁砖脱落，并被后砌建筑遮挡
——成因：年久失修，缺少日常的保养维护
——石构灰浆脱落，棱角全无。有个别的走闪、丢失、断裂
——成因：砂石材质，缺少日常的保养维护
——装修基本完好，保留了原有的风格和式样。装修框、抹头等有少量的折断，棂条脱榫、折断及丢失较为普遍
——成因：年久失修，缺少日常的保养维护。后人使用不当
树德院过厅勘察实测正立面图
屋面进行揭顶维修。揭顶卸瓦时，注意不要损坏瓦件，将筒瓦、板瓦、勾头、滴水按规格形制和质地，挑选出完好的瓦件进行分类码放，更换已风化酥碱、缺角断裂的瓦件，按原样定烧。重新铺瓦时，可将新瓦及旧瓦分开集中安放，檐头附件等则按同种规格、图案重新编组安放
——补配门窗装修，按原有尺度和风格式样。对后人变更的门窗进行拆除，按照现存装修槛框卯口进行补配和修复
揭修屋面：
⑴屋顶拆除
⑵望板安装并进行防腐处理，抹护板灰一层厚15毫米（白灰100：青灰8：麻刀3）
⑶苫掺灰泥背，平均厚度80毫米（白灰3：黄土7，每一百公斤白灰掺麦秸6公斤）
⑷青灰背厚20毫米（煮灰浆100：麻刀5）
⑸掺灰泥坐瓦，厚度随屋面，平均厚度80～20毫米
⑹捉节夹垄（煮灰浆100：麻刀3～5，适当加松烟）
⑺前后瓦垄对接整齐
——补配缺失压檐石，整修松动、酥碱石构
——维修先将石构编号拆除
——清扫石构内的杂土、废土
——补配、粘接完整后待安装时使用
树德院过厅修缮设计正立面图
6.575
6.215
3.545
2.235
0.970
±0.000
-0.210
360
550
2120
3030
6785
3545
2235
210
280
430
2860
1410
1680
8580
10270
10690
①
②
③
④
0
1
2
3米

八　树德院过厅正立面图

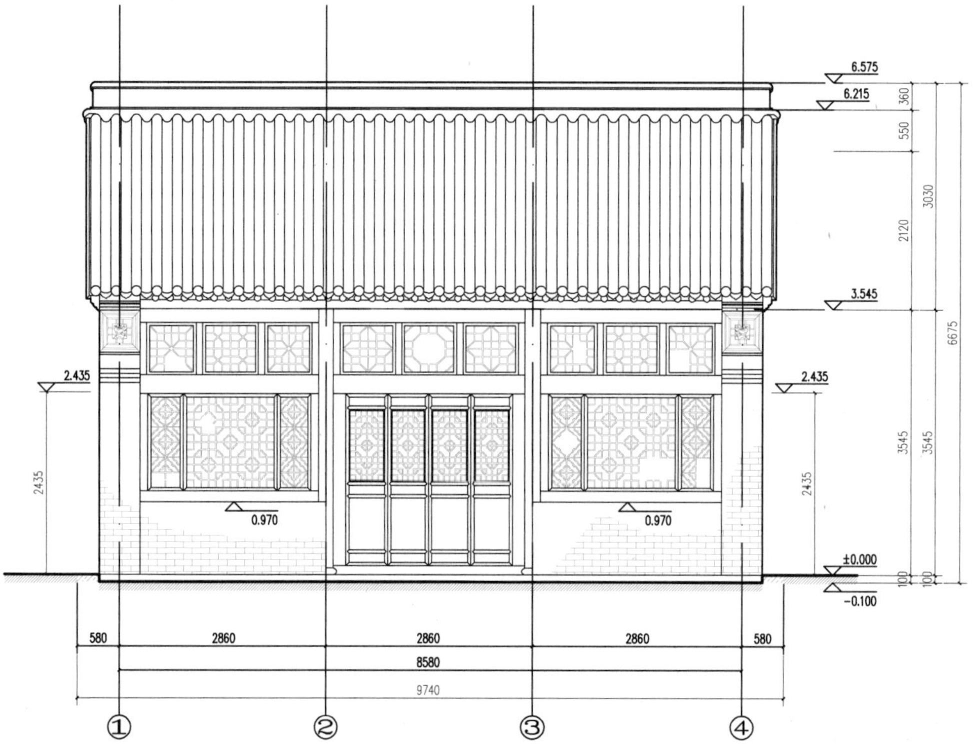

树德院过厅勘察实测背立面图

揭修屋面：
(1)屋顶拆除
(2)望板安装并进行防腐处理，抹护板灰一层厚15毫米（白灰100：青灰8：麻刀3）
(3)苫掺灰泥背，平均厚度80毫米（白灰3：黄土7，每一百公斤白灰掺麦秸6公斤）
(4)青灰背厚20毫米（煮灰浆100：麻刀5）
(5)掺灰泥坐瓦，厚度随屋面，平均厚度80～120毫米
(6)捉节夹垄（煮浆灰100：麻刀3～5，适当加松烟）
(7)前后瓦垄对接整齐

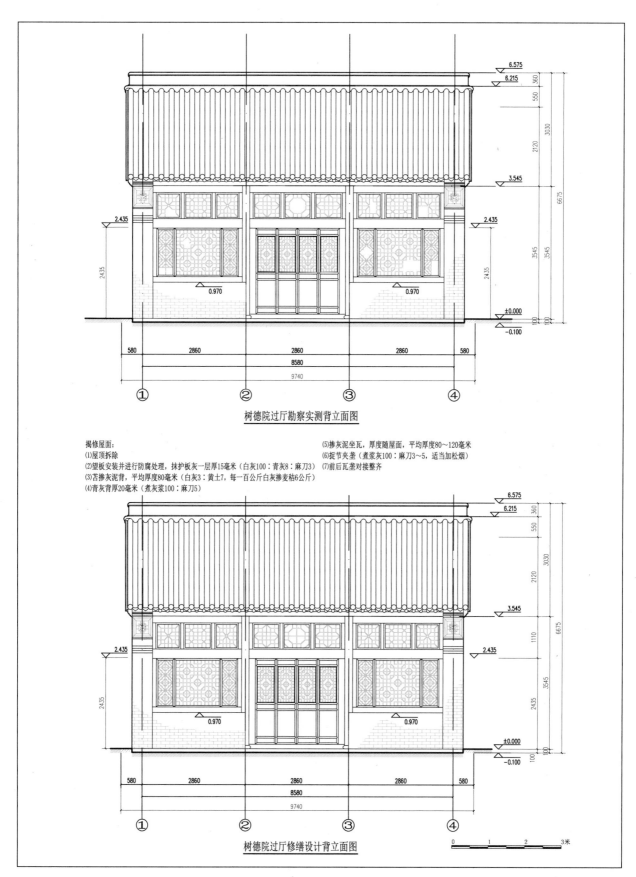

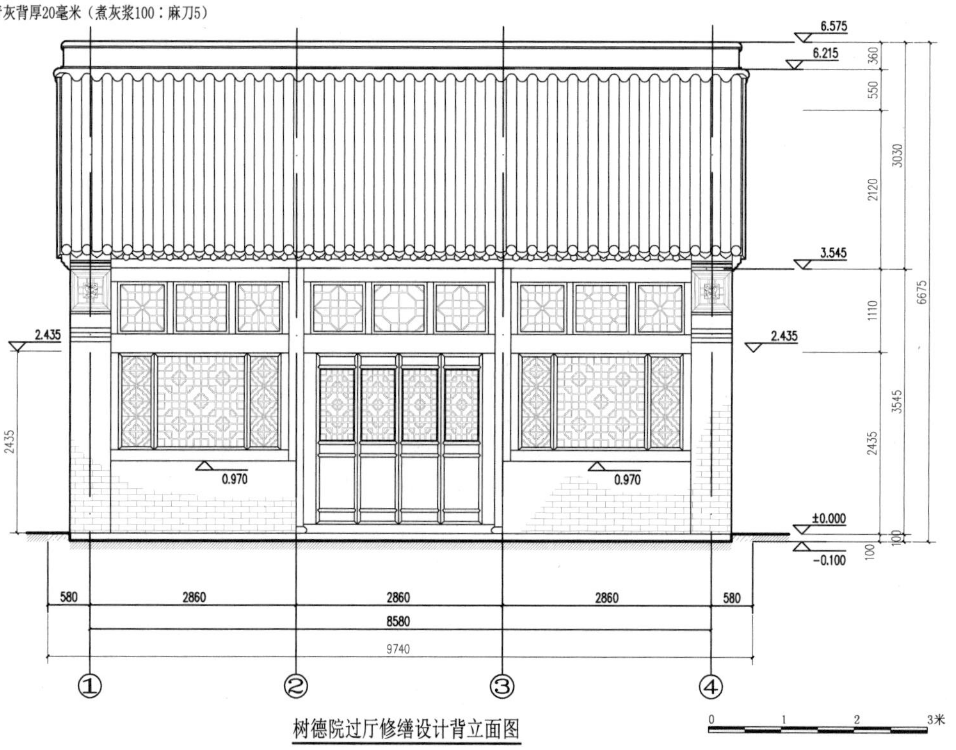

树德院过厅修缮设计背立面图

九　树德院过厅背立面图

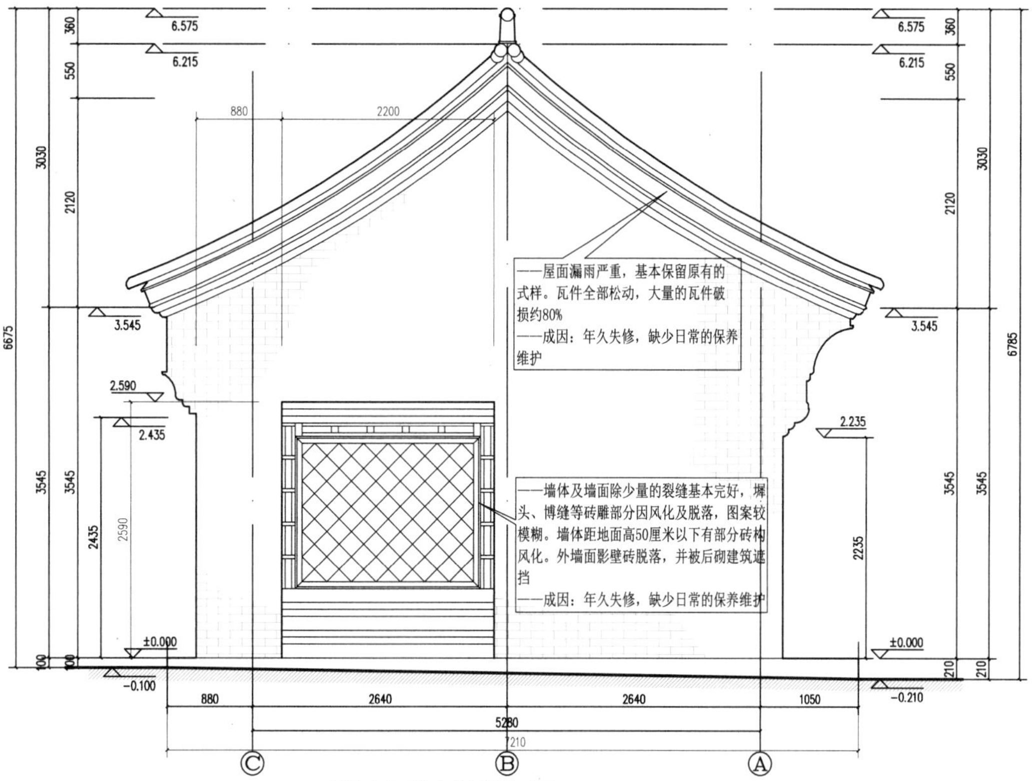

6.575
6.215
3.545
2.590
2.435
2.235
±0.000
−0.100
−0.210
——屋面漏雨严重，基本保留原有的式样。瓦件全部松动，大量的瓦件破损约80%
——成因：年久失修，缺少日常的保养维护
——墙体及墙面除少量的裂缝基本完好，墀头、博缝等砖雕部分因风化及脱落，图案较模糊。墙体距地面高50厘米以下有部分砖构风化。外墙面影壁砖脱落，并被后砌建筑遮挡
——成因：年久失修，缺少日常的保养维护
880
2640
2640
1050
5280
7210
C
B
A

树德院过厅勘察实测侧立面图

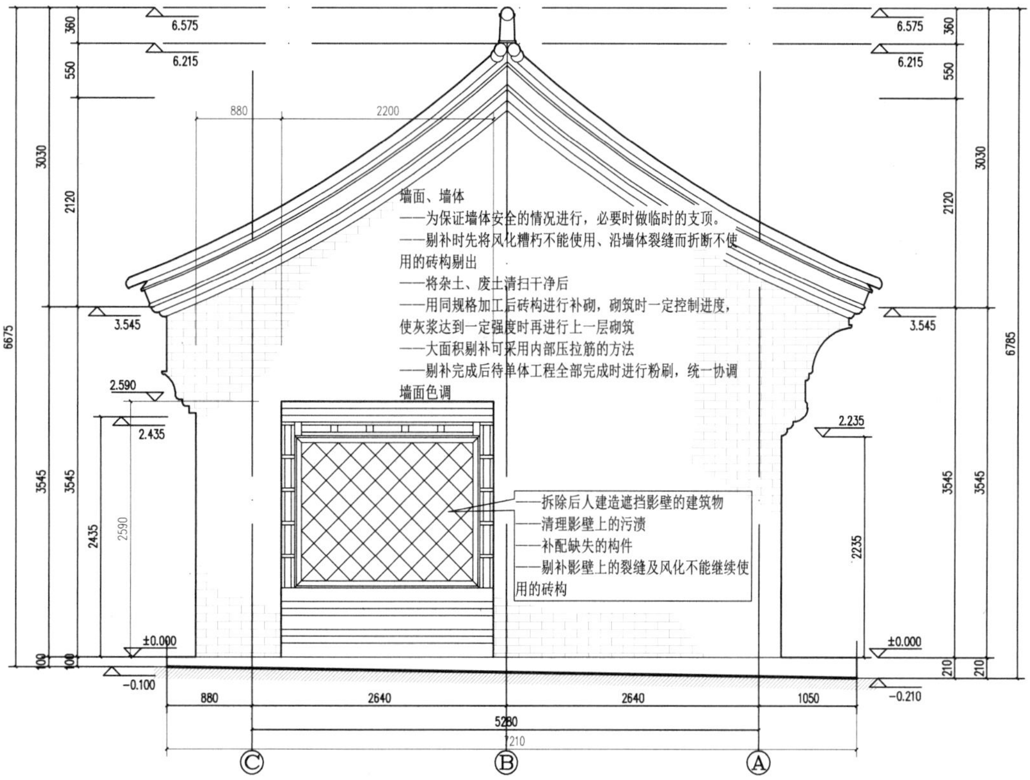

6.575
6.215
3.545
2.590
2.435
2.235
±0.000
−0.100
−0.210
墙面、墙体
——为保证墙体安全的情况进行，必要时做临时的支顶。
——剔补时先将风化糟朽不能使用、沿墙体裂缝而折断不使用的砖构剔出
——将杂土、废土清扫干净后
——用同规格加工后砖构进行补砌，砌筑时一定控制进度，使灰浆达到一定强度时再进行上一层砌筑
——大面积剔补可采用内部压拉筋的方法
——剔补完成后待单体工程全部完成时进行粉刷，统一协调墙面色调
——拆除后人建造遮挡影壁的建筑物
——清理影壁上的污渍
——补配缺失的构件
——剔补影壁上的裂缝及风化不能继续使用的砖构
880
2640
2640
1050
5280
7210
C
B
A

树德院过厅修缮设计侧立面图

0 50 100 150厘米

一〇 树德院过厅侧立面图

——木基层全部糟朽，连续折断的椽飞约合10平方米。大木构架因受雨水的侵蚀，开裂及表面糟朽较为普遍
——成因：年久失修，缺少日常的保养维护
——墙体及墙面除少量的裂缝基本完好，墀头、博缝等砖雕部分因风化及脱落，图案较模糊。墙体距地面高50厘米以下有部分砖构风化。外墙面影壁砖脱落，并被后砌建筑遮挡
——成因：年久失修，缺少日常的保养维护
230X250
280X350
树德院过厅勘察实测1—1剖面图
——椽、飞等木基层残损严重的按照原形制原工艺复制、补配。能继续使用的应选取合适位置统一码放
——由于屋面漏雨，水沿椽钉孔渗入檩子内部而引起糟朽、折断。砍净糟朽部分后，用相同树种的木料按原尺寸式样补配钉牢
大木维修
——对木材干缩裂缝，施木条嵌补修整；清理裂缝中的积垢、杂物，剔除朽木；硬木条醮环氧树脂胶补缝隙，对构件两端劈裂严重的部位用铁箍加固
——木构件的劈裂是由多种原因造成的，在维修时要采取加固措施。轻微的裂缝用铁箍加固。裂缝较大可用木条嵌补严实，用胶粘牢，然后用铁箍箍紧。额枋之间施长形铁件来固定阑额，铁件规格为800毫米×60毫米×5毫米，中部制成200毫米×200毫米的方形板并留有柱头卯口。其余构件如有壁裂现象应施环氧树脂加固，严重者需用铁箍和化学材料同时加固，毁坏严重不能继续使用者再予更换
墙面、墙体
——为保证墙体安全的情况进行，必要时做临时的支顶。
——剔补时先将风化糟朽不能使用、沿墙体裂缝而折断不使用的砖构剔出
——将杂土、废土清扫干净后
——用同规格加工后砖构进行补砌，砌筑时一定控制进度，使灰浆达到一定强度时再进行上一层砌筑
——大面积剔补可采用内部压拉筋的方法
——剔补完成后待单体工程全部完成时进行粉刷，统一协调墙面色调
树德院过厅修缮设计1—1剖面图
0 50 100 150厘米

一一 树德院过厅剖面图

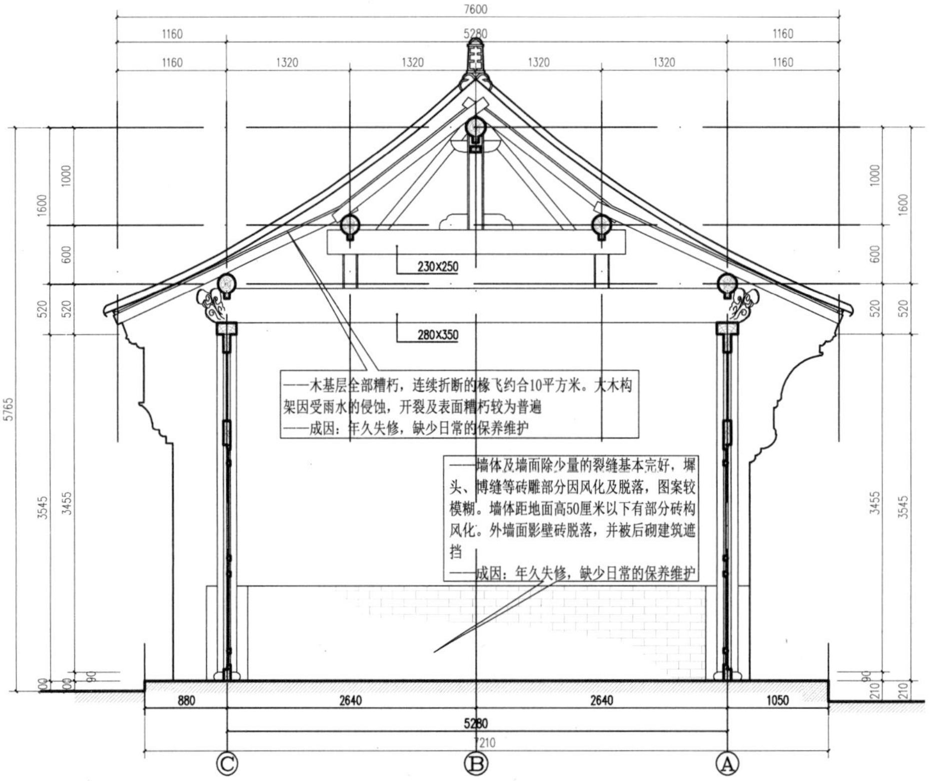

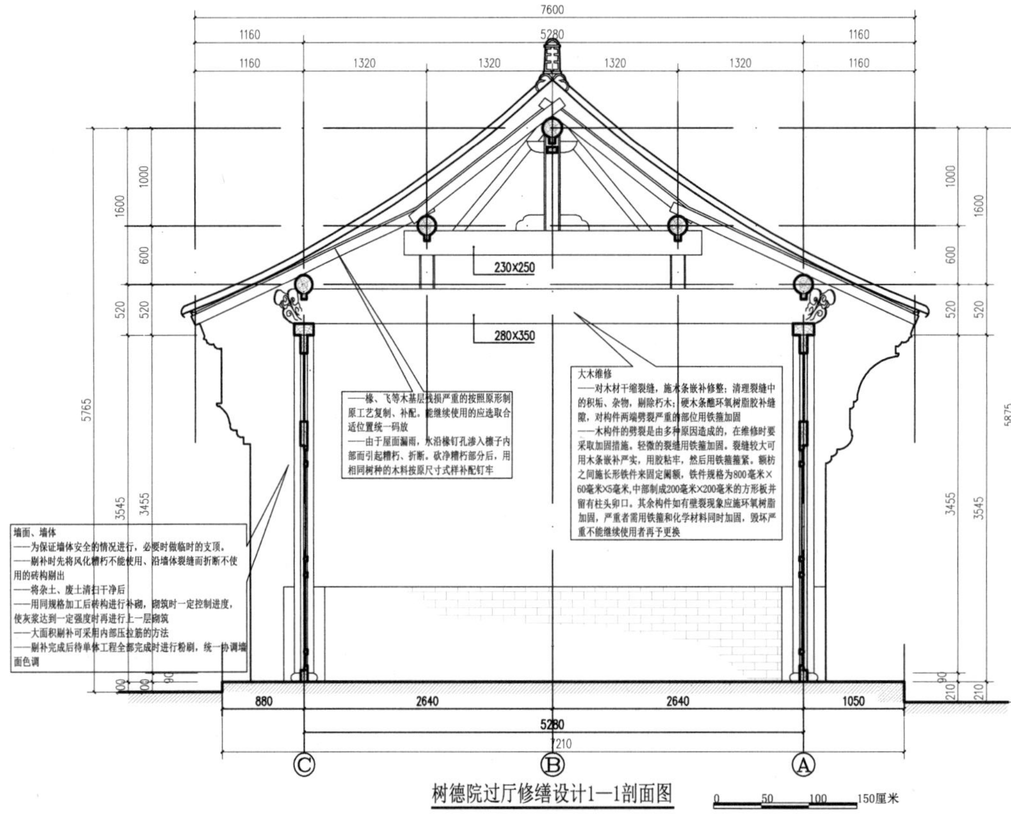

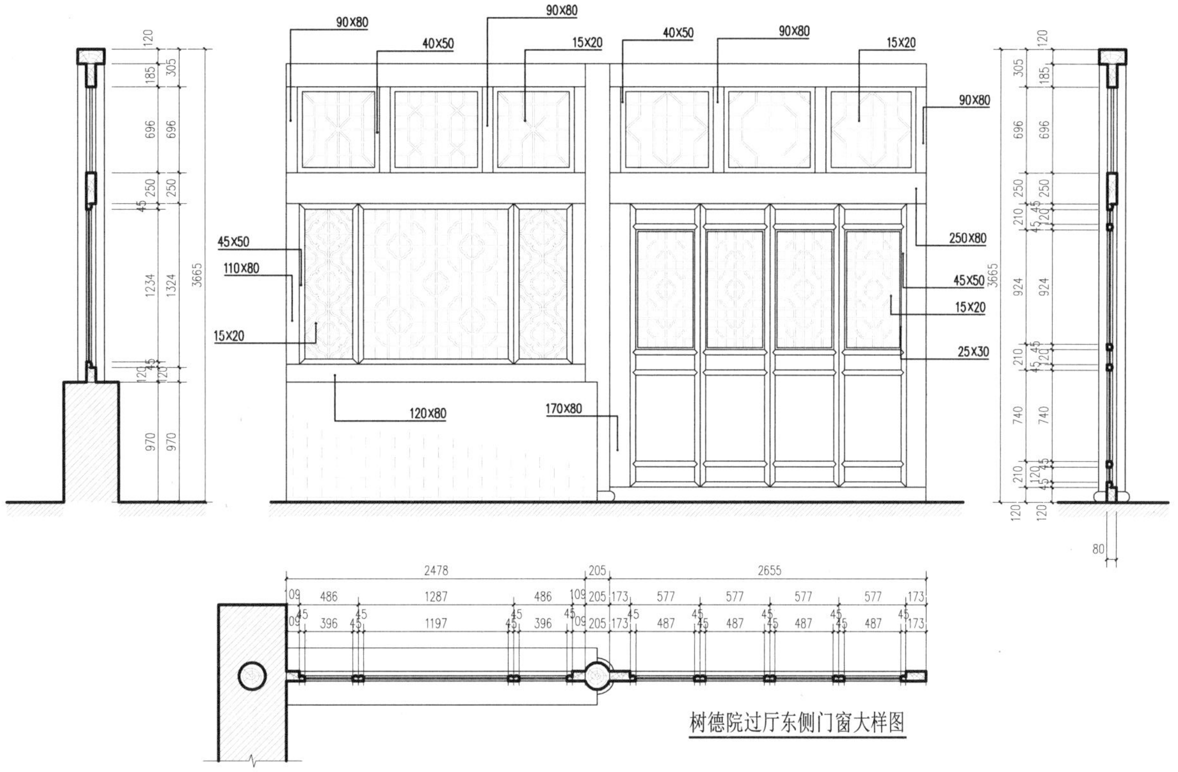

树德院过厅东侧门窗大样图

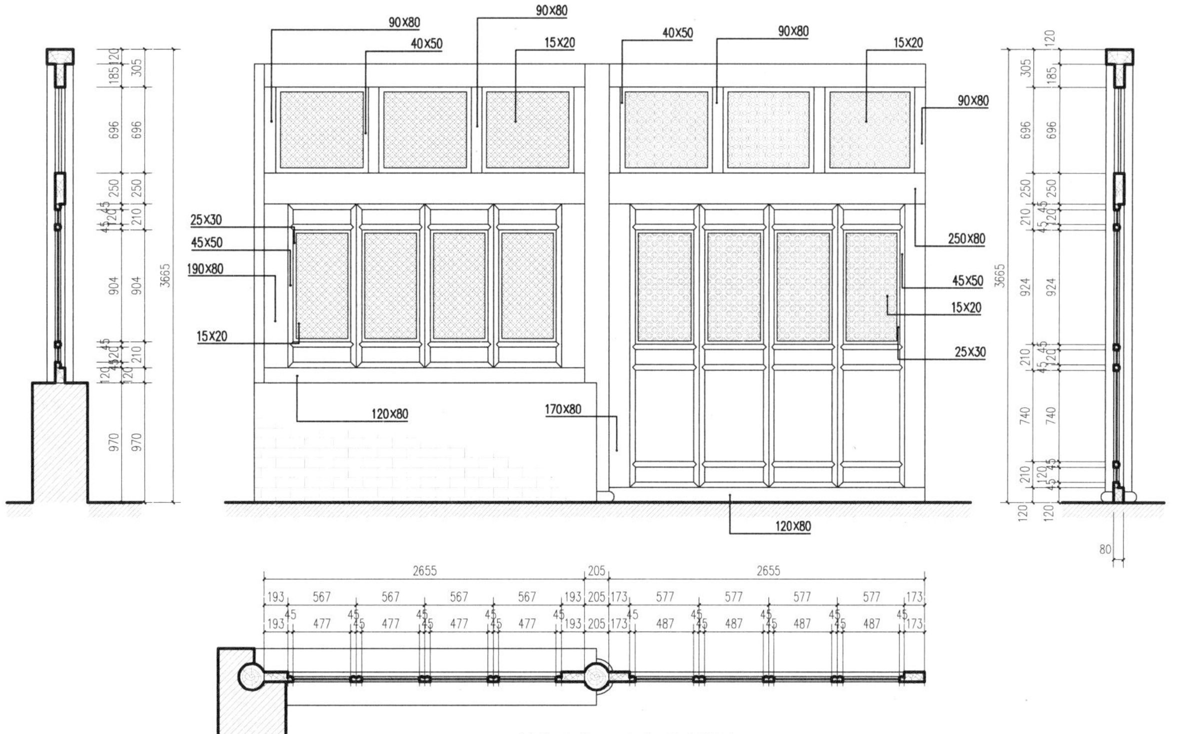

树德院过厅西侧门窗大样图

一二　树德院过厅门窗大样图

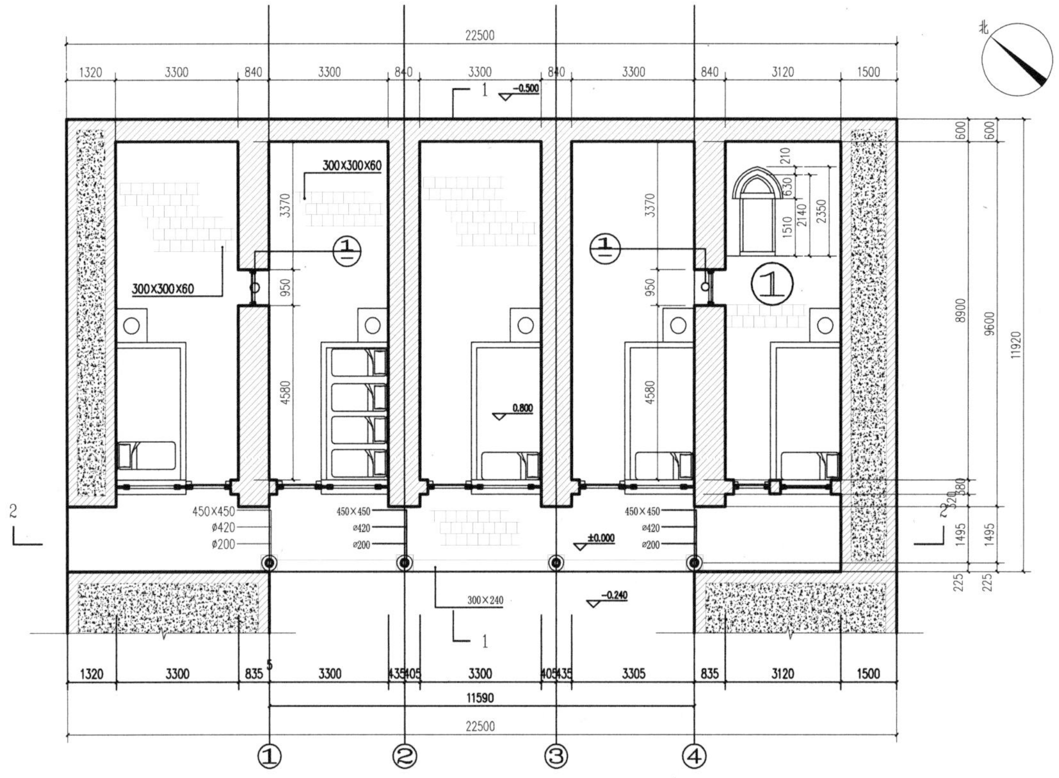
300×300×60
450×450
ø420
ø200
300×240
±0.000
-0.240
-0.500
0.800
①
②
③
④

树德院正房勘察实测一层平面图

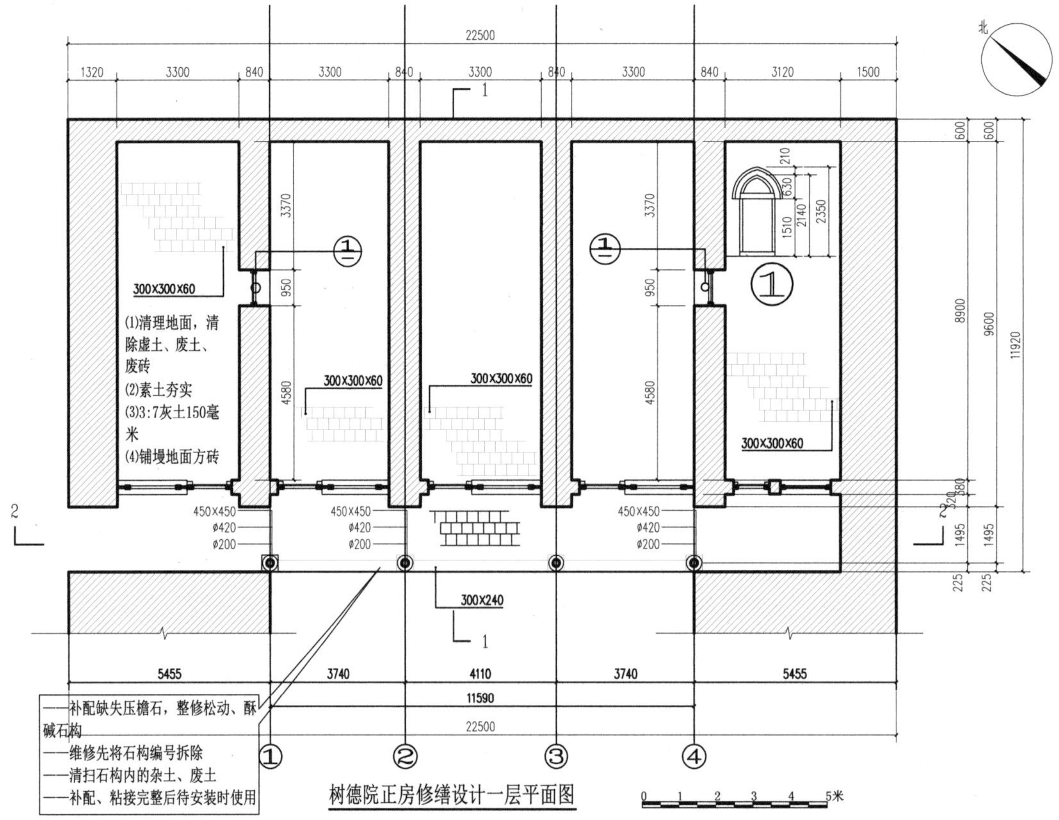
(1)清理地面，清除虚土、废土、废砖
(2)素土夯实
(3)3:7灰土150毫米
(4)铺墁地面方砖
300×300×60
450×450
ø420
ø200
300×240
——补配缺失压檐石，整修松动、酥碱石构
——维修先将石构编号拆除
——清扫石构内的杂土、废土
——补配、粘接完整后待安装时使用
0 1 2 3 4 5米

树德院正房修缮设计一层平面图

一三　树德院正房一层平面图

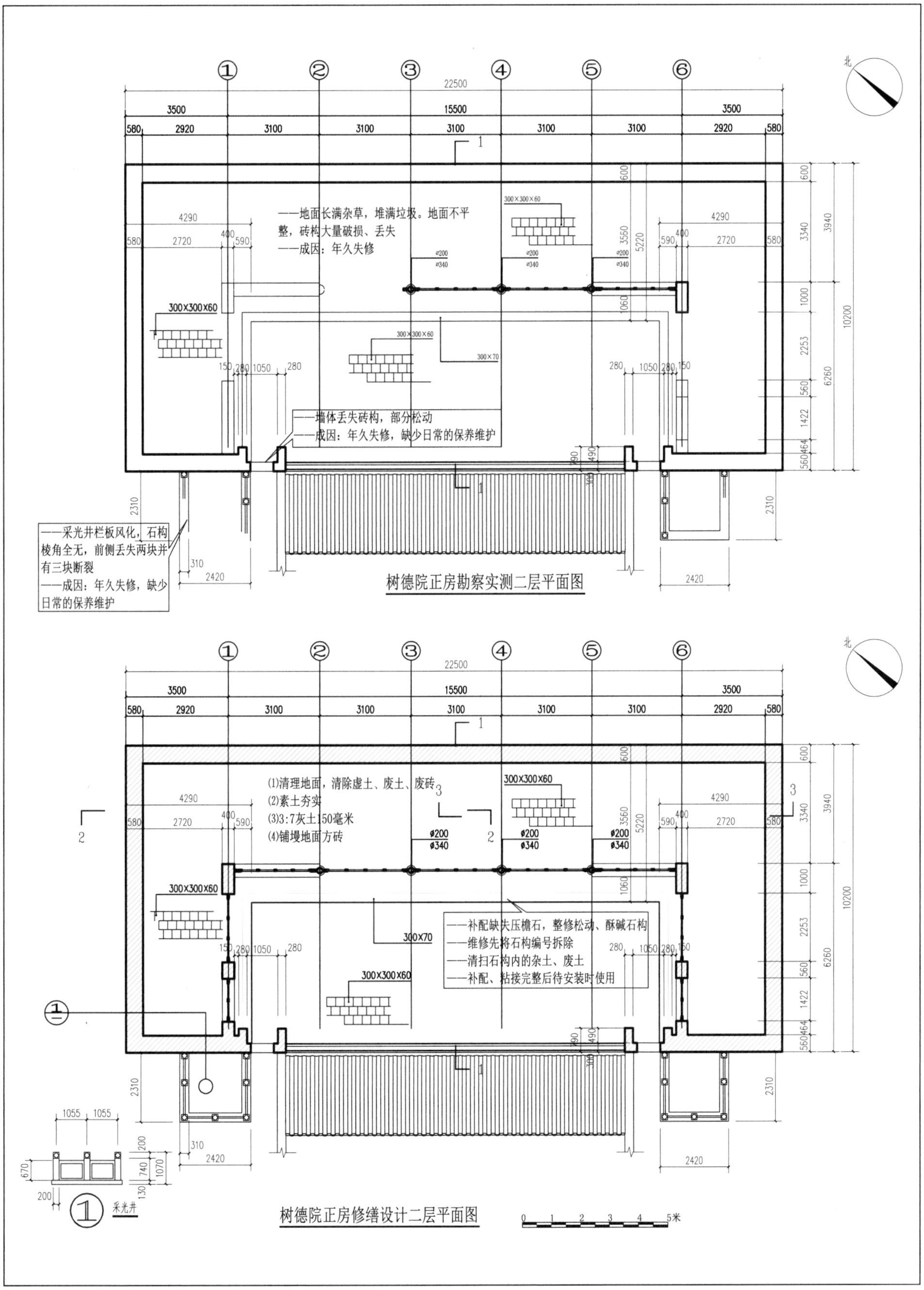
北
22500
3500
15500
580
2920
3100
——地面长满杂草，堆满垃圾。地面不平整，砖构大量破损、丢失
——成因：年久失修
300×300×60
300×70
4290
2720
400
590
——墙体丢失砖构，部分松动
——成因：年久失修，缺少日常的保养维护
——采光井栏板风化，石构棱角全无，前侧丢失两块并有三块断裂
——成因：年久失修，缺少日常的保养维护
2310
310
2420
树德院正房勘察实测二层平面图
(1)清理地面，清除虚土、废土、废砖
(2)素土夯实
(3)3:7灰土150毫米
(4)铺墁地面方砖
ø200
ø340
——补配缺失压檐石，整修松动、酥碱石构
——维修先将石构编号拆除
——清扫石构内的杂土、废土
——补配、粘接完整后待安装时使用
1055
670
1070
采光井
树德院正房修缮设计二层平面图
5米

一四　树德院正房二层平面图

树德院正房：

1. 一层基本保持原有风貌，二层除正面三间外全部坍塌。
2. 一层残损主要以屋面的瓦件的松动及部分构件的破损和丢失为主：松动造成屋面的漏雨。丢失与破损构件目前达到40%左右，约合20平方米，主要发生在檐部与脊部。
3. 一层前廊木基层排查中出现不同程度的糟朽，椽子、飞子开裂，局部开裂深度达材宽的2/3以上，长度与构件同长。
4. 一层大木构件主要残损以构件开裂为主，伴有少量的构件脱榫及丢失。主体构架完好，整体向前倾斜约3厘米。
5. 一层地面破损仅保留少数的完整砖构，但基本铺墁方法比较清晰。地面高低不平，泛水方向大致可见。石构棱角全部磨损，灰浆全部脱落，石构均有不同程度的走闪，丢失石构有五、六块之多。
6. 一层墙体与墙面风化主要集中在近地约30厘米处。拱脚有细微的开裂，并伴有墙砖的断裂。部分窗台面砖松动及丢失。

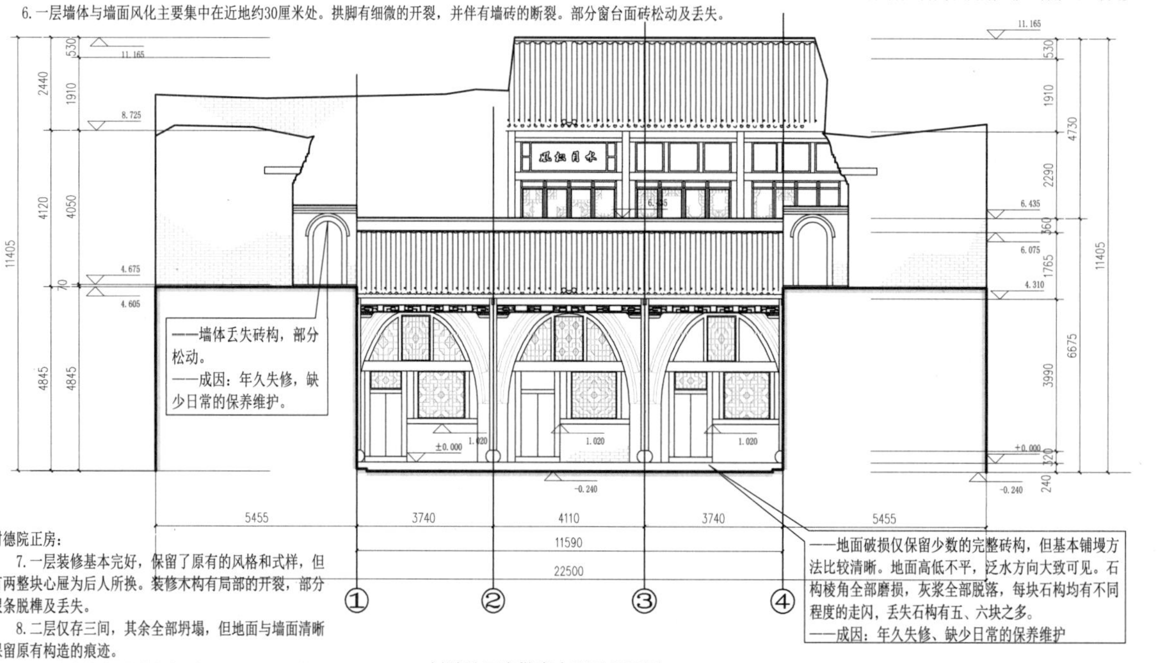
——墙体丢失砖构，部分松动。
——成因：年久失修，缺少日常的保养维护。
——地面破损仅保留少数的完整砖构，但基本铺墁方法比较清晰。地面高低不平，泛水方向大致可见。石构棱角全部磨损，灰浆全部脱落，每块石构均有不同程度的走闪，丢失石构有五、六块之多。
——成因：年久失修、缺少日常的保养维护
5455
3740
4110
3740
5455
11590
22500
①
②
③
④

树德院正房：

7. 一层装修基本完好，保留了原有的风格和式样，但有两整块心屉为后人所换。装修木构有局部的开裂，部分棂条脱榫及丢失。
8. 二层仅存三间，其余全部坍塌，但地面与墙面清晰保留原有构造的痕迹。
9. 二层杂物堆放，杂草丛生，素土裸露，地面砖构仅保存两块共约3平方米左右，基本可判断原状。仅存木构向前倾斜5～10厘米不等，整体比较危险。

树德院正房勘察实测正立面图

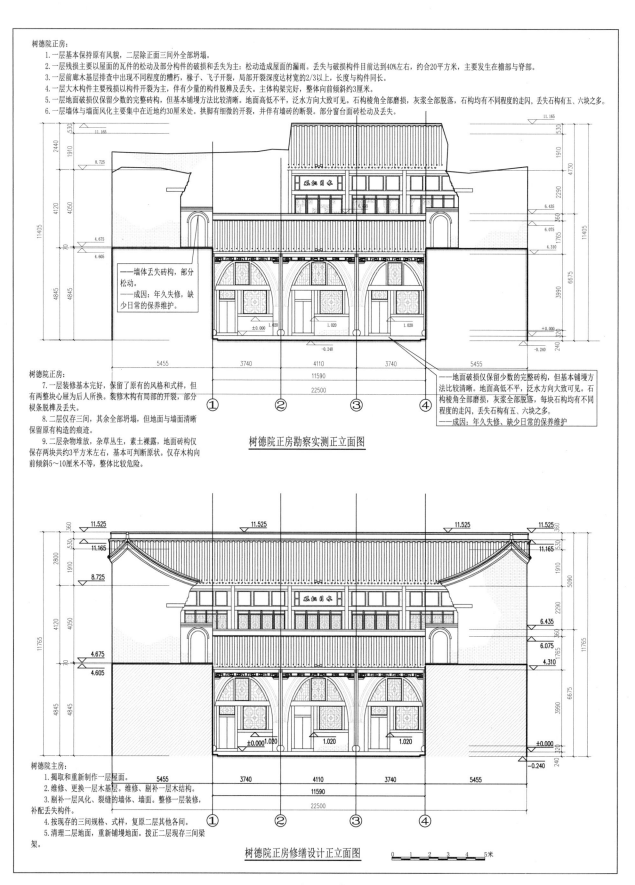

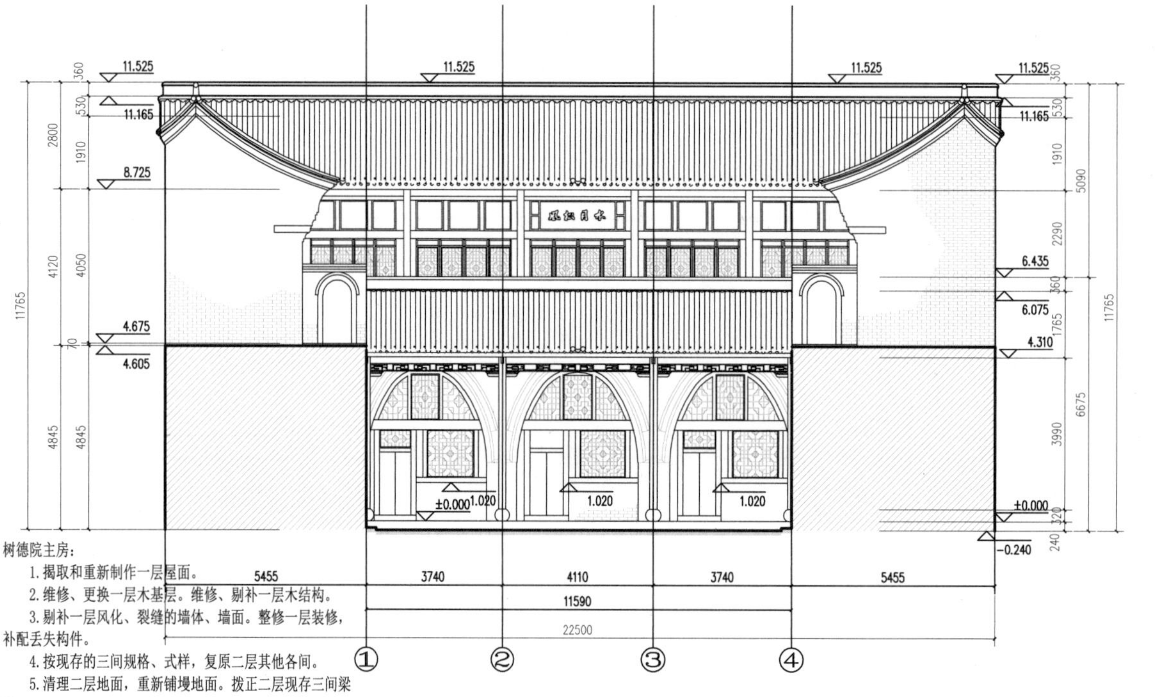
11.525
11.165
8.725
6.435
6.075
4.675
4.605
4.310
±0.000
-0.240
5455
3740
4110
3740
5455
11590
22500
①
②
③
④

树德院主房：

1. 揭取和重新制作一层屋面。
2. 维修、更换一层木基层。维修、剔补一层木结构。
3. 剔补一层风化、裂缝的墙体、墙面。整修一层装修，补配丢失构件。
4. 按现存的三间规格、式样，复原二层其他各间。
5. 清理二层地面，重新铺墁地面。拨正二层现存三间梁架。

树德院正房修缮设计正立面图

一五　树德院正房立面图

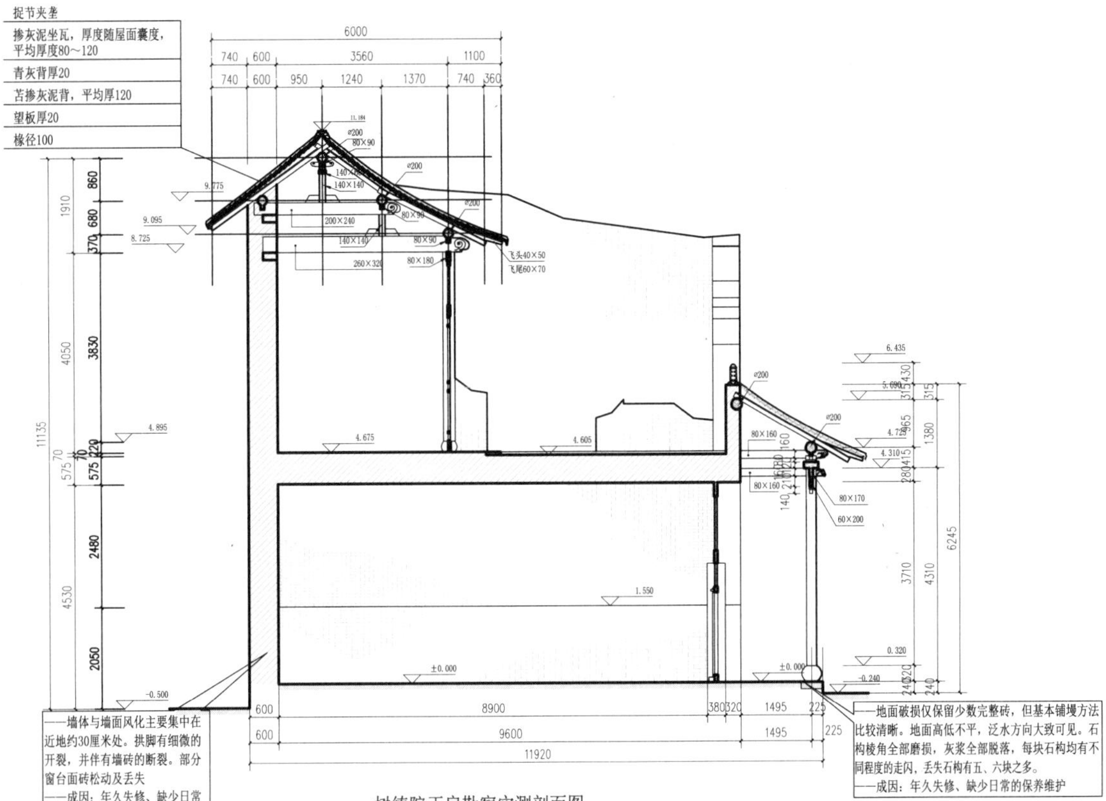
捉节夹垄
掺灰泥坐瓦，厚度随屋面囊度，平均厚度80～120
青灰背厚20
苫掺灰泥背，平均厚120
望板厚20
椽径100
——墙体与墙面风化主要集中在近地约30厘米处。拱脚有细微的开裂，并伴有墙砖的断裂。部分窗台面砖松动及丢失
——成因：年久失修、缺少日常的保养维护
——地面破损仅保留少数完整砖，但基本铺墁方法比较清晰。地面高低不平，泛水方向大致可见。石构棱角全部磨损，灰浆全部脱落，每块石构均有不同程度的走闪，丢失石构有五、六块之多。
——成因：年久失修、缺少日常的保养维护
飞头40×50
飞尾60×70

树德院正房勘察实测剖面图

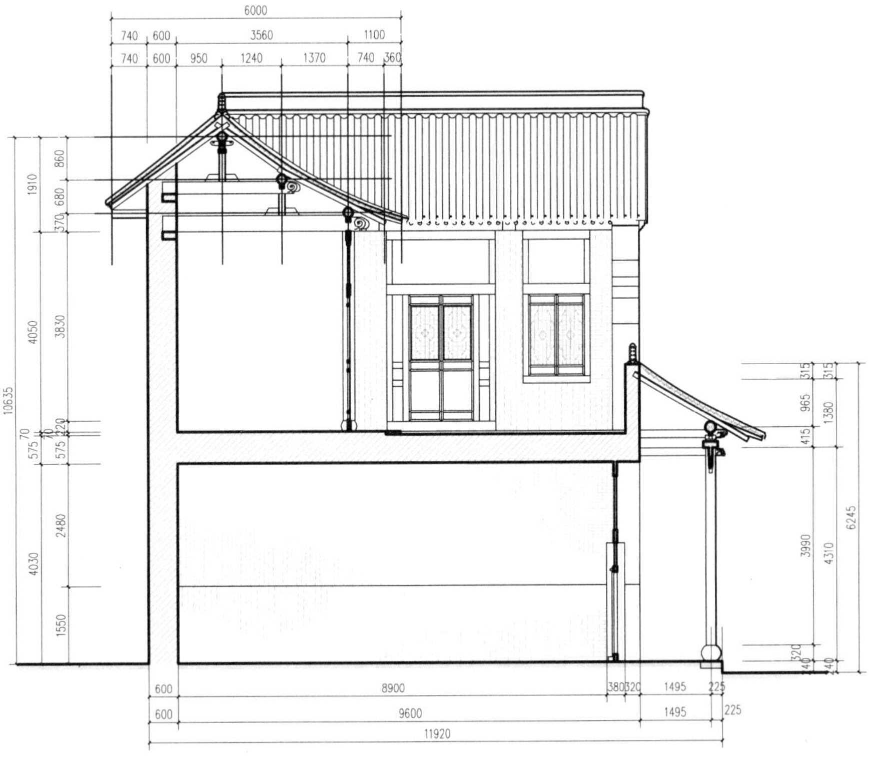
树德院正房修缮设计剖面图

一六　树德院正房剖面图

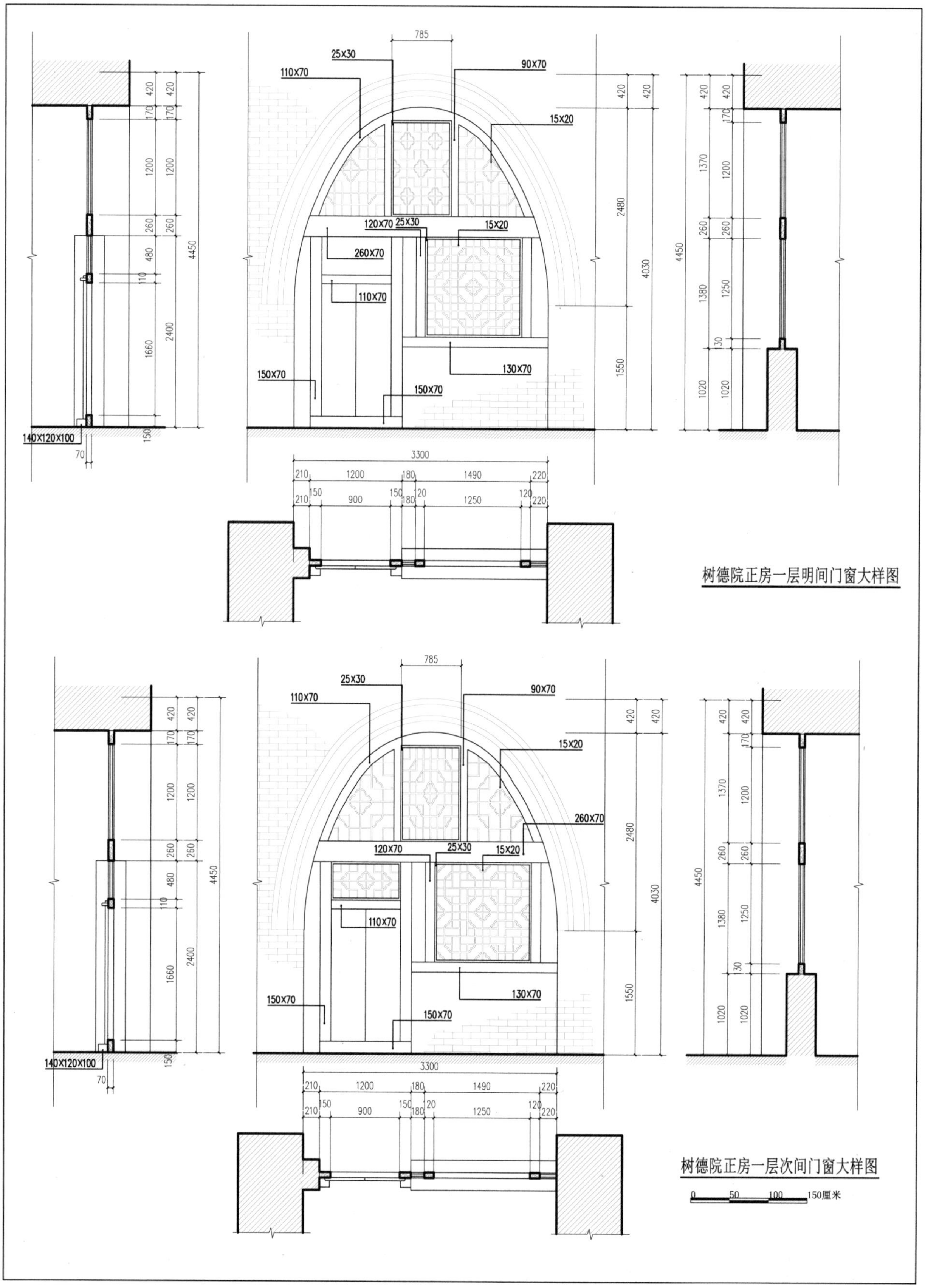

一七　树德院正房门窗大样图一

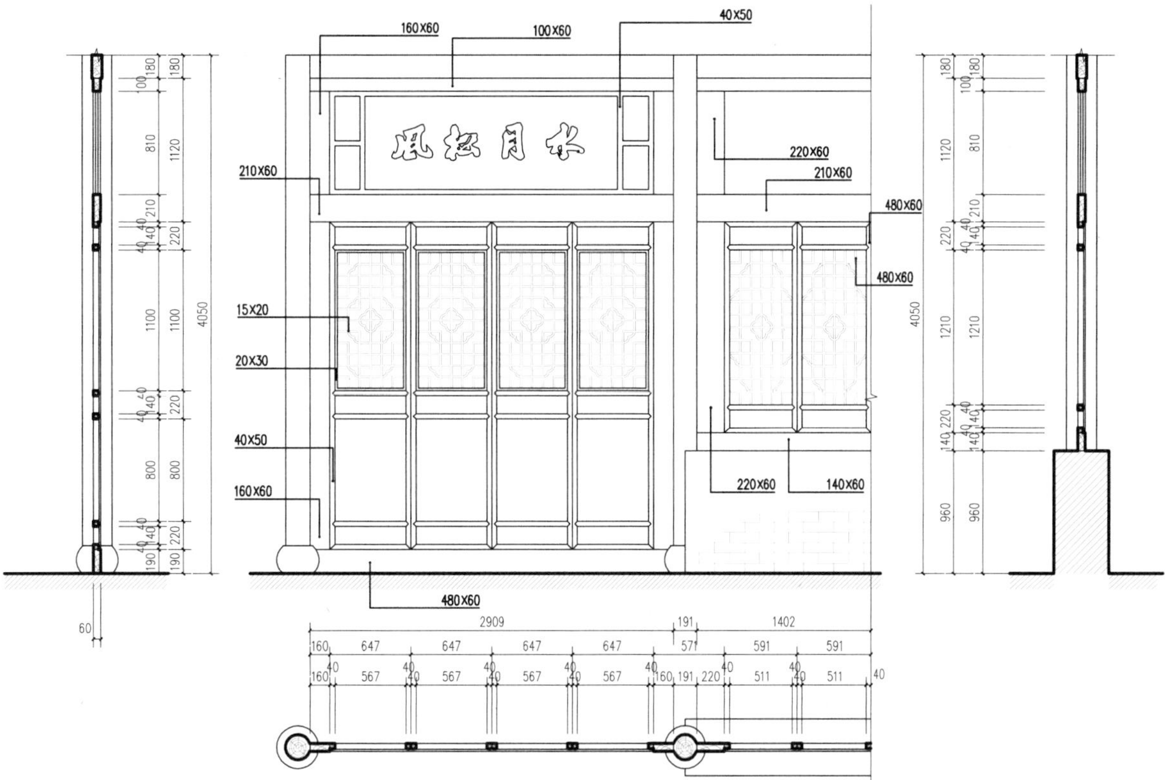

树德院正房二层明间门窗大样图

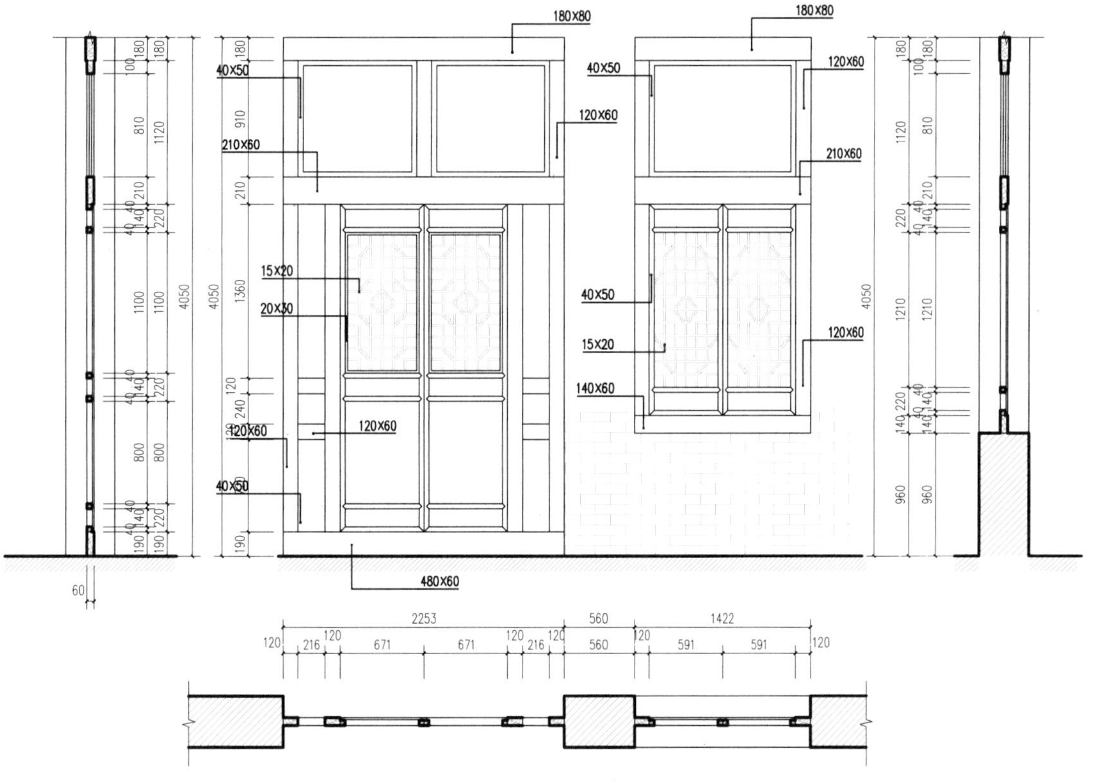

树德院正房二层东西厢门窗大样图

0 50 100 150 200厘米

一八 树德院正房门窗大样图二

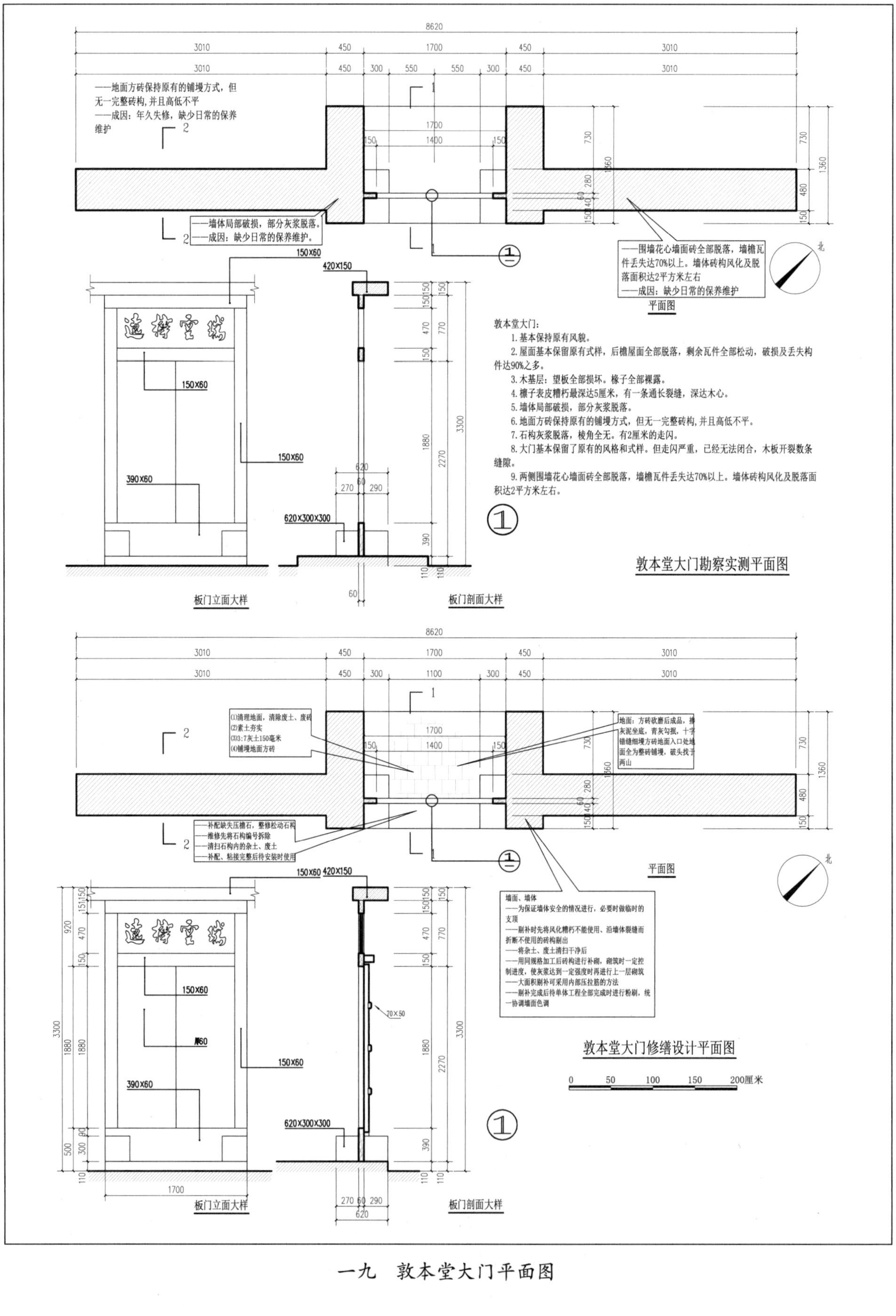
——地面方砖保持原有的铺墁方式，但无一完整砖构，并且高低不平
——成因：年久失修，缺少日常的保养维护
——墙体局部破损，部分灰浆脱落。
——成因：缺少日常的保养维护。
——围墙花心墙面砖全部脱落，墙檐瓦件丢失达70%以上。墙体砖构风化及脱落面积达2平方米左右
——成因：缺少日常的保养维护
平面图
北
敦本堂大门：
1. 基本保持原有风貌。
2. 屋面基本保留原有式样，后檐屋面全部脱落，剩余瓦件全部松动，破损及丢失构件达90%之多。
3. 木基层：望板全部损坏，椽子全部裸露。
4. 檩子表皮糟朽最深达5厘米，有一条通长裂缝，深达木心。
5. 墙体局部破损，部分灰浆脱落。
6. 地面方砖保持原有的铺墁方式，但无一完整砖构，并且高低不平。
7. 石构灰浆脱落，棱角全无。有2厘米的走闪。
8. 大门基本保留了原有的风格和式样。但走闪严重，已经无法闭合，木板开裂数条缝隙。
9. 两侧围墙花心墙面砖全部脱落，墙檐瓦件丢失达70%以上。墙体砖构风化及脱落面积达2平方米左右。
敦本堂大门勘察实测平面图
板门立面大样
板门剖面大样
(1)清理地面，清除废土、废砖
(2)素土夯实
(3)3:7灰土150毫米
(4)铺墁地面方砖
地面：方砖砍磨后成品，掺灰泥坐底，青灰勾抿，十字错缝细墁方砖地面入口处地面全为整砖铺墁，破头找于两山
——补配缺失压檐石，整修松动石构
——维修先将石构编号拆除
——清扫石构内的杂土、废土
——补配、粘接完整后待安装时使用
墙面、墙体
——为保证墙体安全的情况进行，必要时做临时的支顶
——剔补时先将风化糟朽不能使用、沿墙体裂缝而折断不使用的砖构剔出
——将杂土、废土清扫干净后
——用同规格加工后砖构进行补砌，砌筑时一定控制进度，使灰浆达到一定强度时再进行上一层砌筑
——大面积剔补可采用内部压拉筋的方法
——剔补完成后待单体工程全部完成时进行粉刷，统一协调墙面色调
敦本堂大门修缮设计平面图
0 50 100 150 200厘米

一九　敦本堂大门平面图

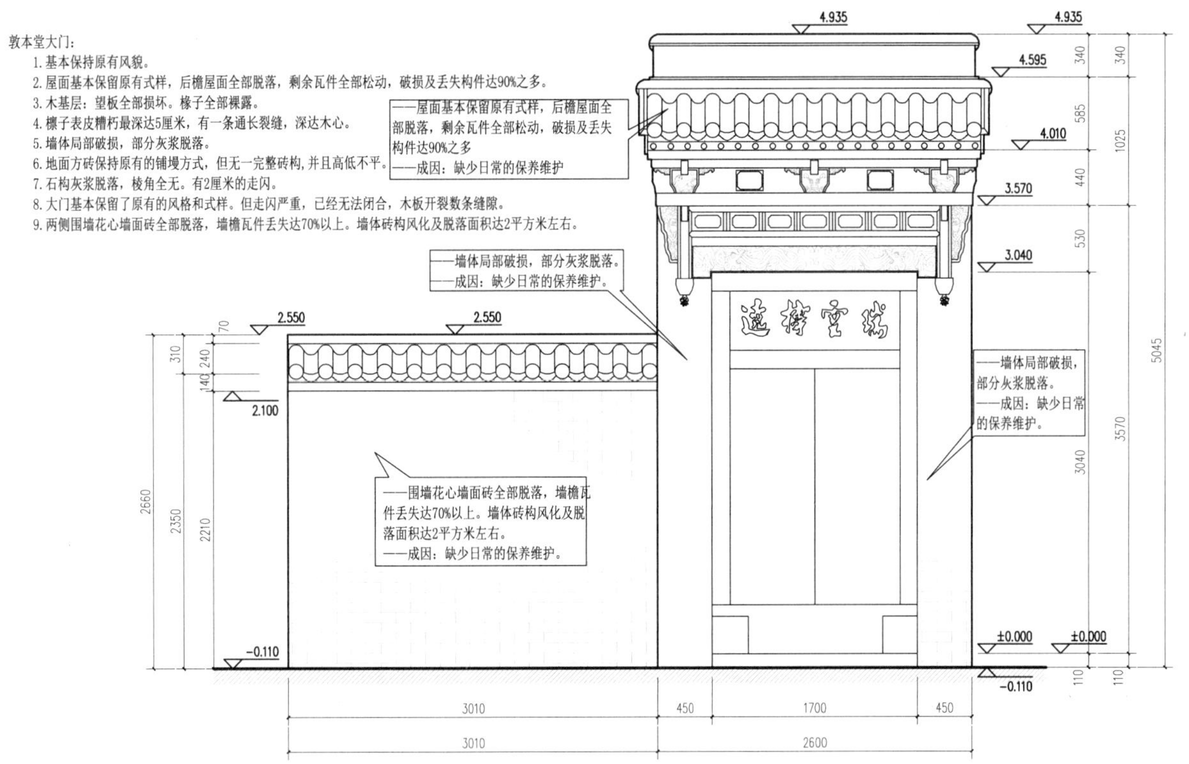

敦本堂大门：
1.基本保持原有风貌。
2.屋面基本保留原有式样，后檐屋面全部脱落，剩余瓦件全部松动，破损及丢失构件达90%之多。
3.木基层：望板全部损坏。椽子全部裸露。
4.檩子表皮糟朽最深达5厘米，有一条通长裂缝，深达木心。
5.墙体局部破损，部分灰浆脱落。
6.地面方砖保持原有的铺墁方式，但无一完整砖构，并且高低不平。
7.石构灰浆脱落，棱角全无。有2厘米的走闪。
8.大门基本保留了原有的风格和式样。但走闪严重，已经无法闭合，木板开裂数条缝隙。
9.两侧围墙花心墙面砖全部脱落，墙檐瓦件丢失达70%以上。墙体砖构风化及脱落面积达2平方米左右。
——屋面基本保留原有式样，后檐屋面全部脱落，剩余瓦件全部松动，破损及丢失构件达90%之多
——成因：缺少日常的保养维护
——墙体局部破损，部分灰浆脱落。
——成因：缺少日常的保养维护。
——墙体局部破损，部分灰浆脱落。
——成因：缺少日常的保养维护。
——围墙花心墙面砖全部脱落，墙檐瓦件丢失达70%以上。墙体砖构风化及脱落面积达2平方米左右。
——成因：缺少日常的保养维护。
4.935
4.595
4.010
3.570
3.040
2.550
2.100
-0.110
±0.000
3010
450
1700
2600

敦本堂大门勘察实测正立面图

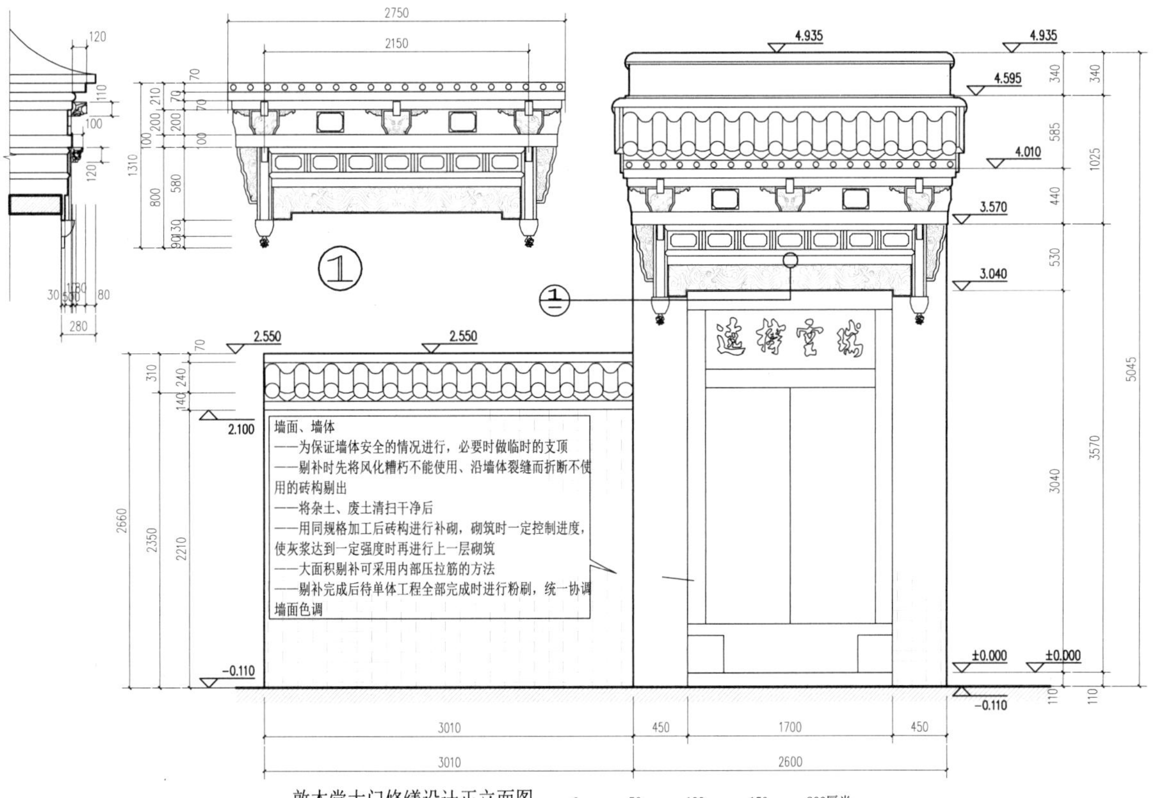

2750
2150
①
4.935
4.595
4.010
3.570
3.040
2.550
2.100
-0.110
±0.000
墙面、墙体
——为保证墙体安全的情况进行，必要时做临时的支顶
——剔补时先将风化糟朽不能使用、沿墙体裂缝而折断不使用的砖构剔出
——将杂土、废土清扫干净后
——用同规格加工后砖构进行补砌，砌筑时一定控制进度，使灰浆达到一定强度时再进行上一层砌筑
——大面积剔补可采用内部压拉筋的方法
——剔补完成后待单体工程全部完成时进行粉刷，统一协调墙面色调
3010
450
1700
2600

敦本堂大门修缮设计正立面图 0 50 100 150 200厘米

二〇　敦本堂大门正立面图

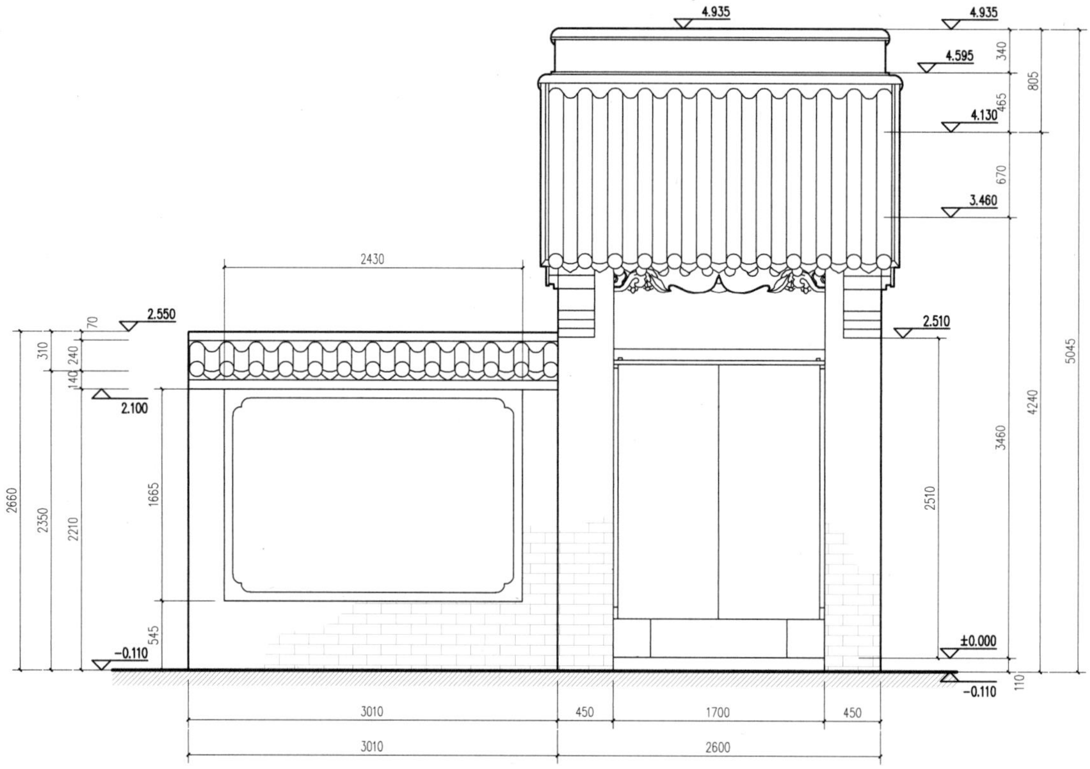

敦本堂大门勘察实测背立面图

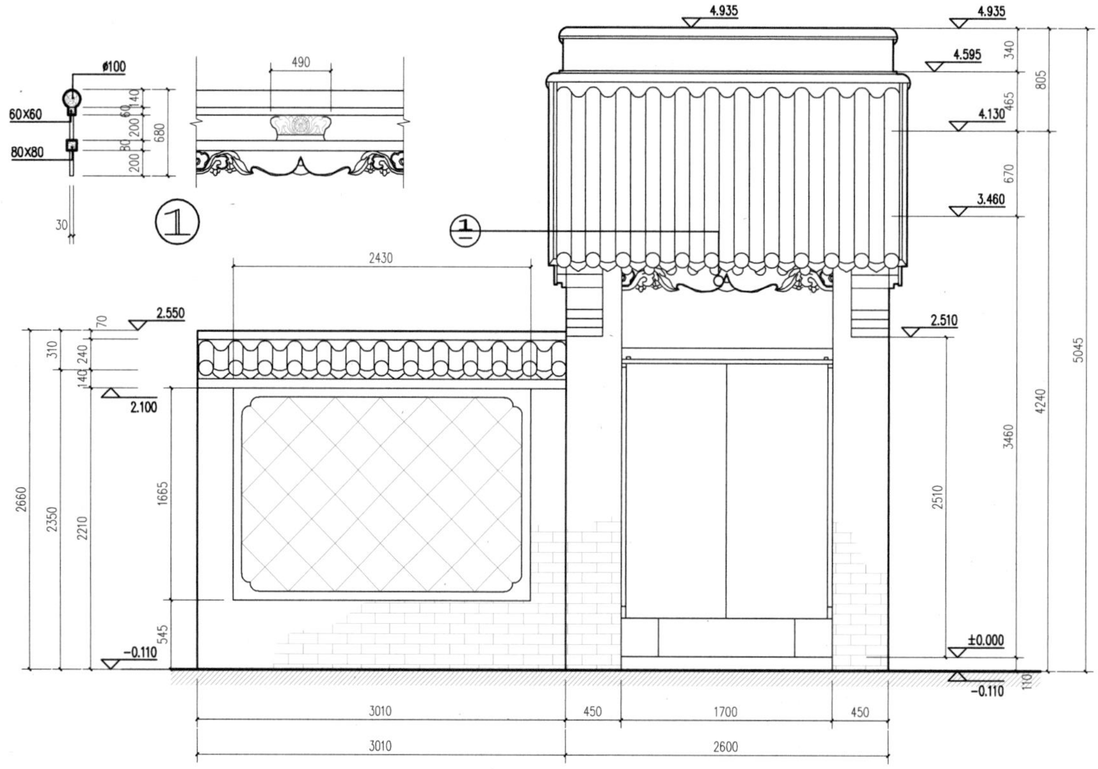

敦本堂大门修缮设计背立面图

二一 敦本堂大门背立面图

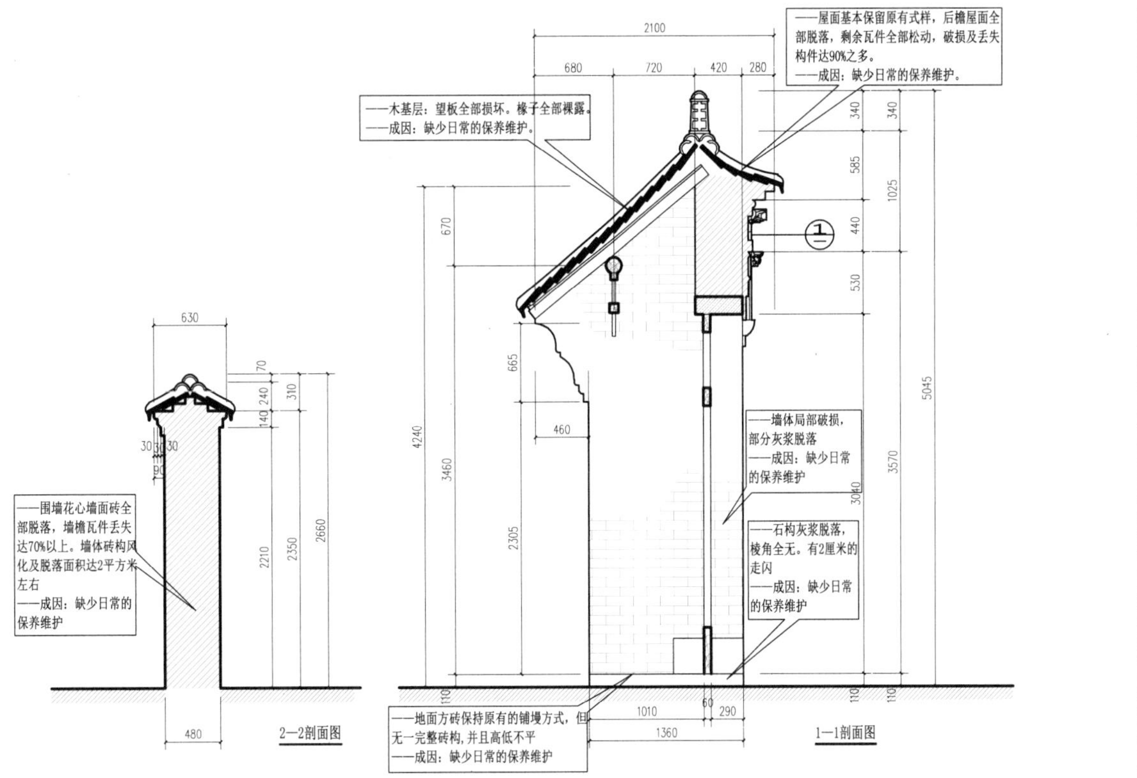

敦本堂大门勘察实测剖面图

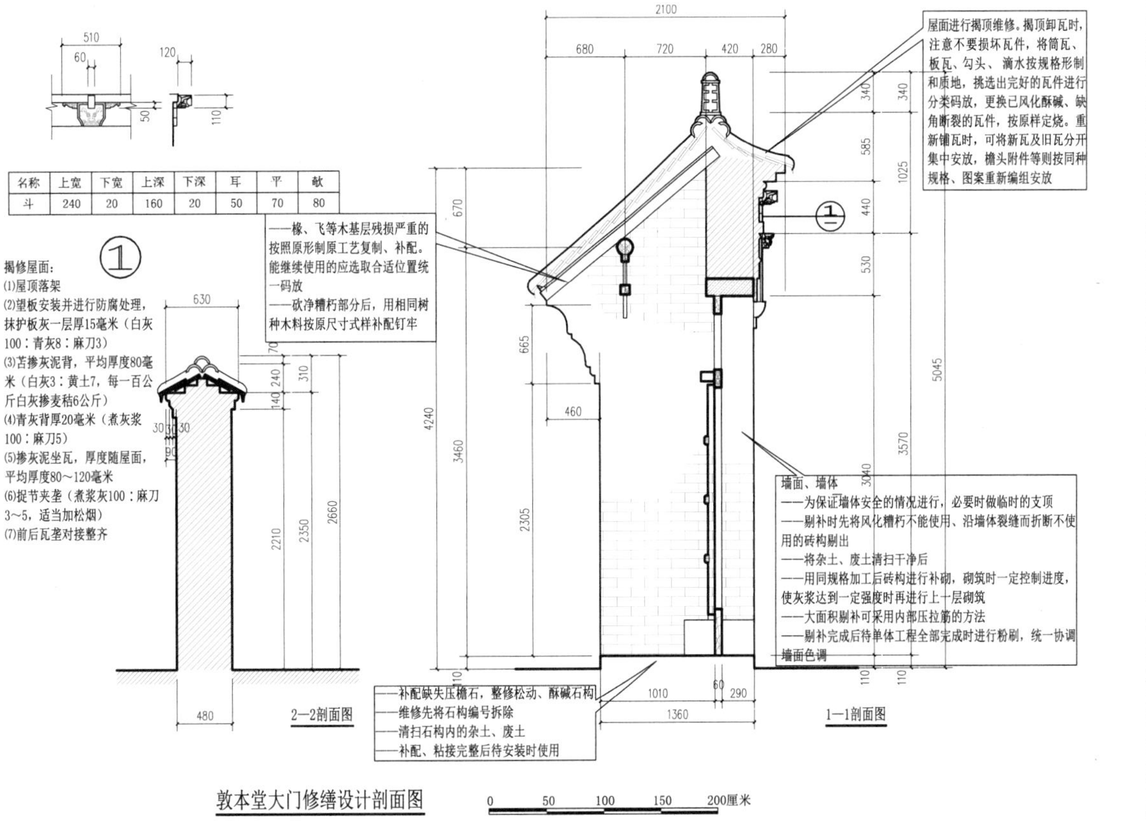

名称	上宽	下宽	上深	下深	耳	平	欹
斗	240	20	160	20	50	70	80

①

揭修屋面：
(1)屋顶落架
(2)望板安装并进行防腐处理，抹护板灰一层厚15毫米（白灰100：青灰8：麻刀3）
(3)苫掺灰泥背，平均厚度80毫米（白灰3：黄土7，每一百公斤白灰掺麦秸6公斤）
(4)青灰背厚20毫米（煮灰浆100：麻刀5）
(5)掺灰泥坐瓦，厚度随屋面，平均厚度80～120毫米
(6)捉节夹垄（煮浆灰100：麻刀3～5，适当加松烟）
(7)前后瓦垄对接整齐

敦本堂大门修缮设计剖面图

二二　敦本堂大门剖面图

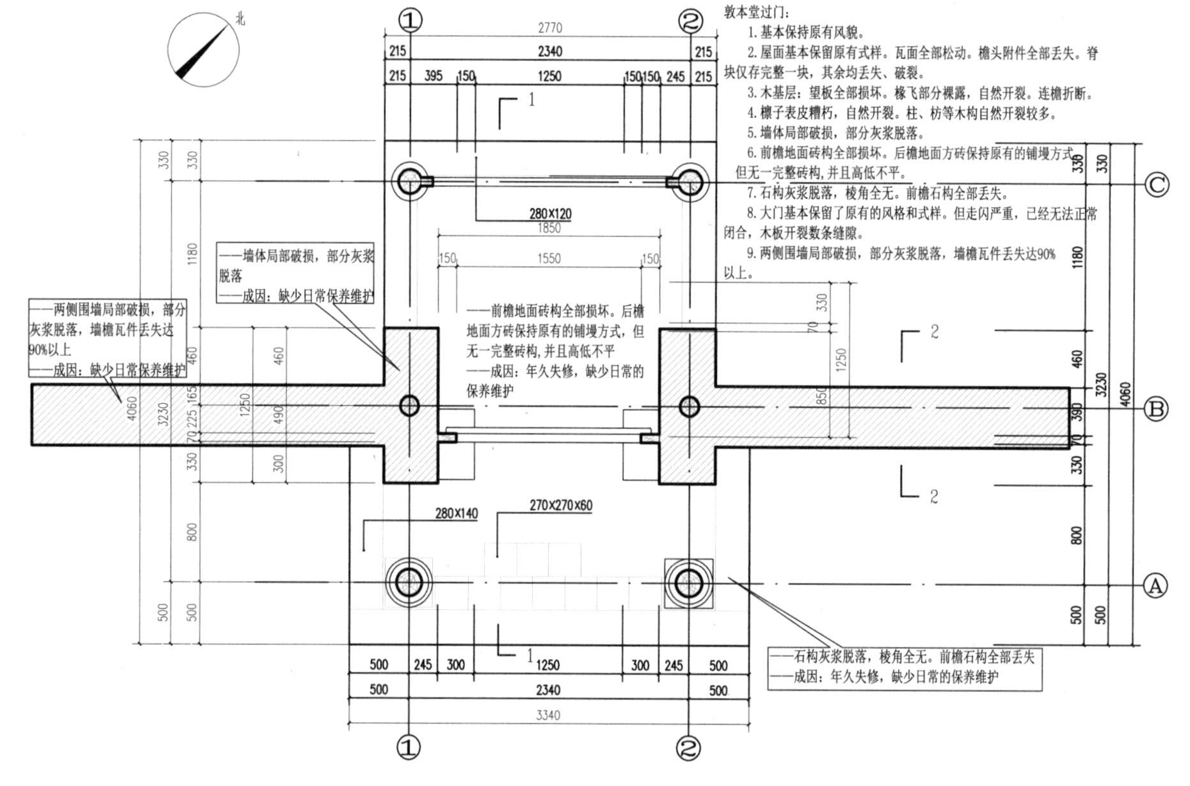
敦本堂过门：
1.基本保持原有风貌。
2.屋面基本保留原有式样。瓦面全部松动。檐头附件全部丢失。脊块仅存完整一块，其余均丢失、破裂。
3.木基层：望板全部损坏。椽飞部分裸露，自然开裂。连檐折断。
4.檩子表皮糟朽，自然开裂。柱、枋等木构自然开裂较多。
5.墙体局部破损，部分灰浆脱落。
6.前檐地面砖构全部损坏。后檐地面方砖保持原有的铺墁方式，但无一完整砖构，并且高低不平。
7.石构灰浆脱落，棱角全无。前檐石构全部丢失。
8.大门基本保留了原有的风格和式样。但走闪严重，已经无法正常闭合，木板开裂数条缝隙。
9.两侧围墙局部破损，部分灰浆脱落，墙檐瓦件丢失达90%以上。
——墙体局部破损，部分灰浆脱落
——成因：缺少日常保养维护
——两侧围墙局部破损，部分灰浆脱落，墙檐瓦件丢失达90%以上
——成因：缺少日常保养维护
——前檐地面砖构全部损坏。后檐地面方砖保持原有的铺墁方式，但无一完整砖构，并且高低不平
——成因：年久失修，缺少日常的保养维护
——石构灰浆脱落，棱角全无。前檐石构全部丢失
——成因：年久失修，缺少日常的保养维护
280×120
280×140
270×270×60
2770
2340
3340
1850
1550
北

敦本堂过门勘察实测平面图

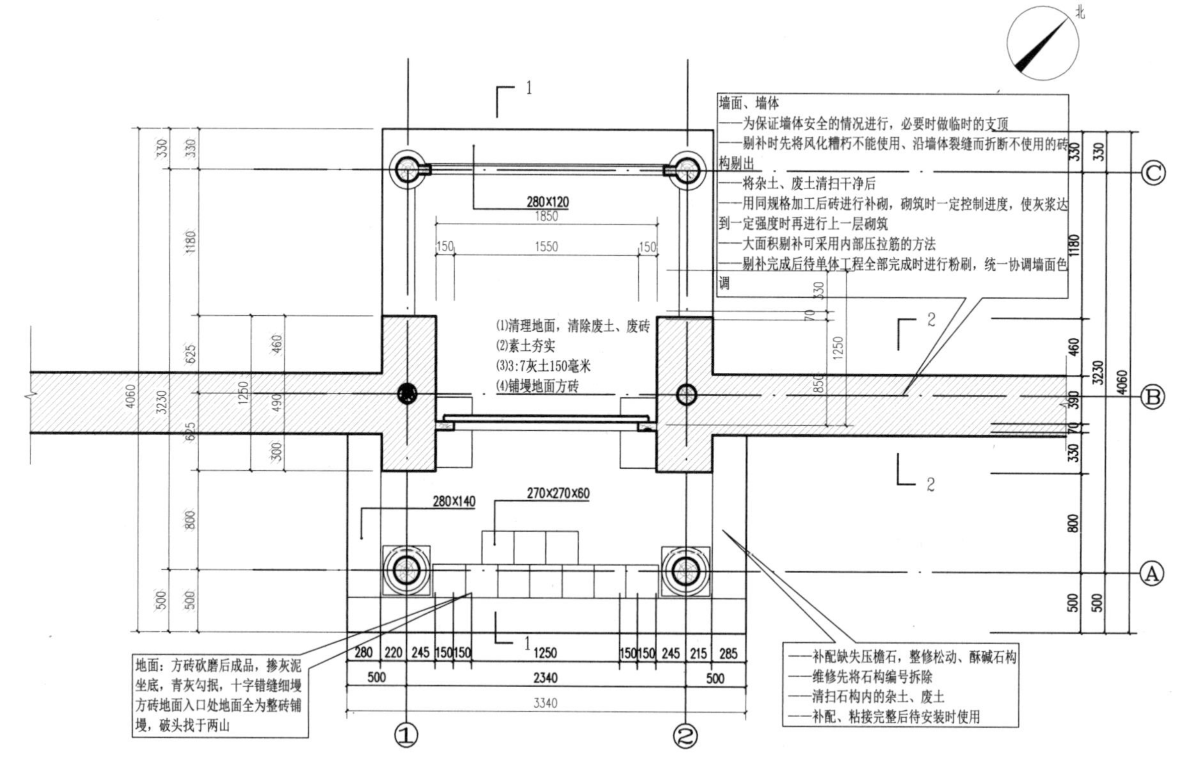
墙面、墙体
——为保证墙体安全的情况进行，必要时做临时的支顶
——剔补时先将风化糟朽不能使用、沿墙体裂缝而折断不使用的砖构剔出
——将杂土、废土清扫干净后
——用同规格加工后砖进行补砌，砌筑时一定控制进度，使灰浆达到一定强度时再进行上一层砌筑
——大面积剔补可采用内部压拉筋的方法
——剔补完成后待单体工程全部完成时进行粉刷，统一协调墙面色调
(1)清理地面，清除废土、废砖
(2)素土夯实
(3)3:7灰土150毫米
(4)铺墁地面方砖
地面：方砖砍磨后成品，掺灰泥坐底，青灰勾抿，十字错缝细墁方砖地面入口处地面全为整砖铺墁，破头找于两山
——补配缺失压檐石，整修松动、酥碱石构
——维修先将石构编号拆除
——清扫石构内的杂土、废土
——补配、粘接完整后待安装时使用
280×120
280×140
270×270×60
2340
3340
1850
1550
北

敦本堂过门修缮设计平面图 0 50 100 150 200厘米

二三 敦本堂过门平面图

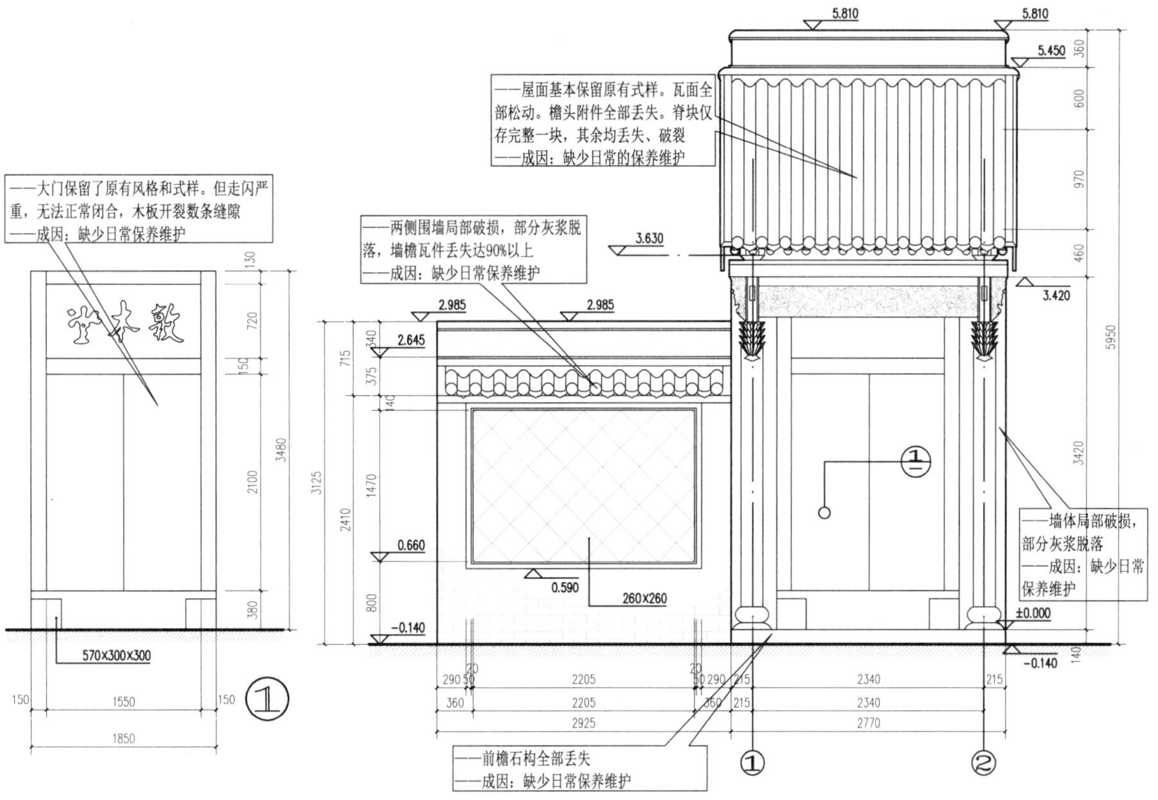
——大门保留了原有风格和式样。但走闪严重，无法正常闭合，木板开裂数条缝隙
——成因：缺少日常保养维护
——两侧围墙局部破损，部分灰浆脱落，墙檐瓦件丢失达90%以上
——成因：缺少日常保养维护
——屋面基本保留原有式样。瓦面全部松动。檐头附件全部丢失。脊块仅存完整一块，其余均丢失、破裂
——成因：缺少日常的保养维护
——墙体局部破损，部分灰浆脱落
——成因：缺少日常保养维护
——前檐石构全部丢失
——成因：缺少日常保养维护
570×300×300
260×260
5.810
5.450
3.630
3.420
2.985
2.645
0.660
0.590
±0.000
−0.140
敦本堂过门勘察实测正立面图

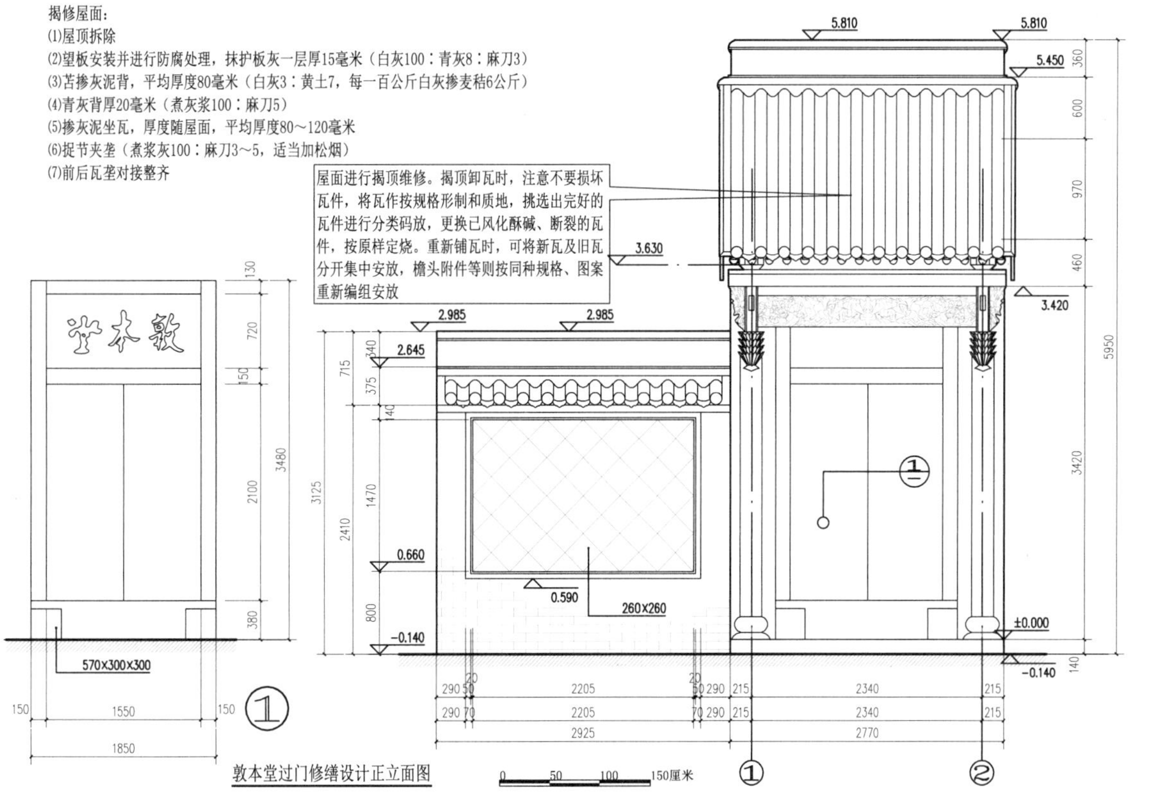
揭修屋面：
(1)屋顶拆除
(2)望板安装并进行防腐处理，抹护板灰一层厚15毫米（白灰100：青灰8：麻刀3）
(3)苫掺灰泥背，平均厚度80毫米（白灰3：黄土7，每一百公斤白灰掺麦秸6公斤）
(4)青灰背厚20毫米（煮灰浆100：麻刀5）
(5)掺灰泥坐瓦，厚度随屋面，平均厚度80～120毫米
(6)捉节夹垄（煮浆灰100：麻刀3～5，适当加松烟）
(7)前后瓦垄对接整齐
屋面进行揭顶维修。揭顶卸瓦时，注意不要损坏瓦件，将瓦作按规格形制和质地，挑选出完好的瓦件进行分类码放，更换已风化酥碱、断裂的瓦件，按原样定烧。重新铺瓦时，可将新瓦及旧瓦分开集中安放，檐头附件等则按同种规格、图案重新编组安放
570×300×300
260×260
0 50 100 150厘米
敦本堂过门修缮设计正立面图

二四　敦本堂过门正立面图

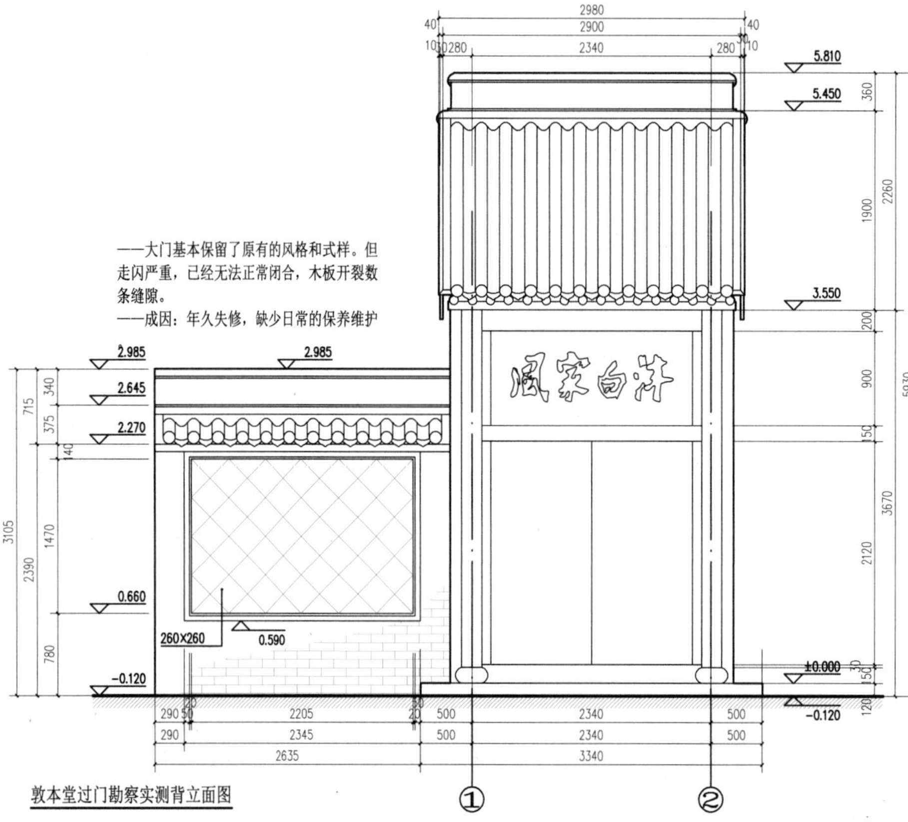
——大门基本保留了原有的风格和式样。但走闪严重，已经无法正常闭合，木板开裂数条缝隙。
——成因：年久失修，缺少日常的保养维护
敦本堂过门勘察实测背立面图

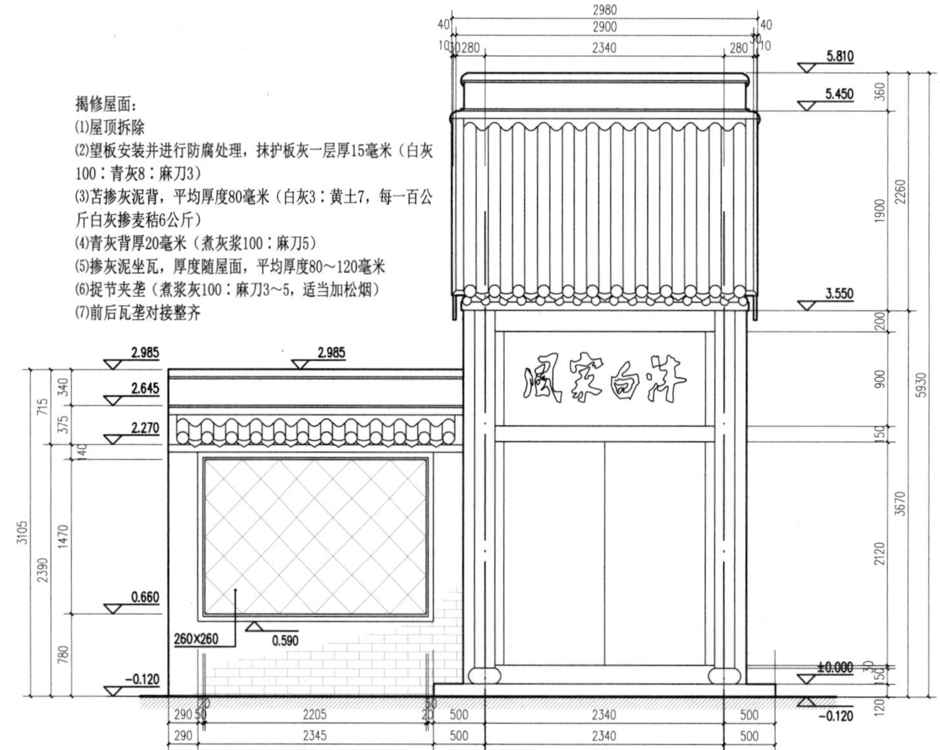
揭修屋面：
⑴屋顶拆除
⑵望板安装并进行防腐处理，抹护板灰一层厚15毫米（白灰100：青灰8：麻刀3）
⑶苫掺灰泥背，平均厚度80毫米（白灰3：黄土7，每一百公斤白灰掺麦秸6公斤）
⑷青灰背厚20毫米（煮灰浆100：麻刀5）
⑸掺灰泥坐瓦，厚度随屋面，平均厚度80～120毫米
⑹捉节夹垄（煮浆灰100：麻刀3～5，适当加松烟）
⑺前后瓦垄对接整齐
敦本堂过门修缮设计背立面图
0 50 100 150厘米

二五　敦本堂过门背立面图

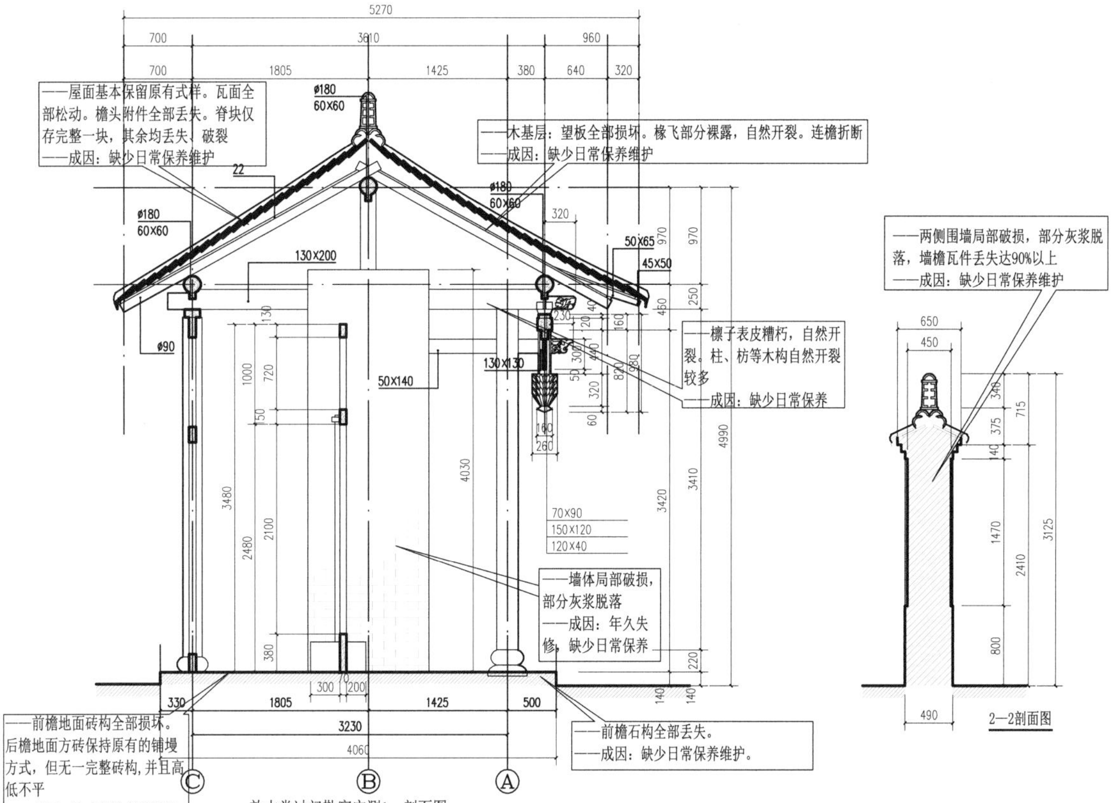
——屋面基本保留原有式样。瓦面全部松动。檐头附件全部丢失。脊块仅存完整一块，其余均丢失、破裂
——成因：缺少日常保养维护
——木基层：望板全部损坏。椽飞部分裸露，自然开裂。连檐折断
——成因：缺少日常保养维护
——两侧围墙局部破损，部分灰浆脱落，墙檐瓦件丢失达90%以上
——成因：缺少日常保养维护
——檩子表皮糟朽，自然开裂。柱、枋等木构自然开裂较多
——成因：缺少日常保养
——墙体局部破损，部分灰浆脱落
——成因：年久失修，缺少日常保养
——前檐地面砖构全部损坏。后檐地面方砖保持原有的铺墁方式，但无一完整砖构，并且高低不平
——成因：缺少日常保养维护
——前檐石构全部丢失。
——成因：缺少日常保养维护。
2—2剖面图

敦本堂过门勘察实测1—剖面图

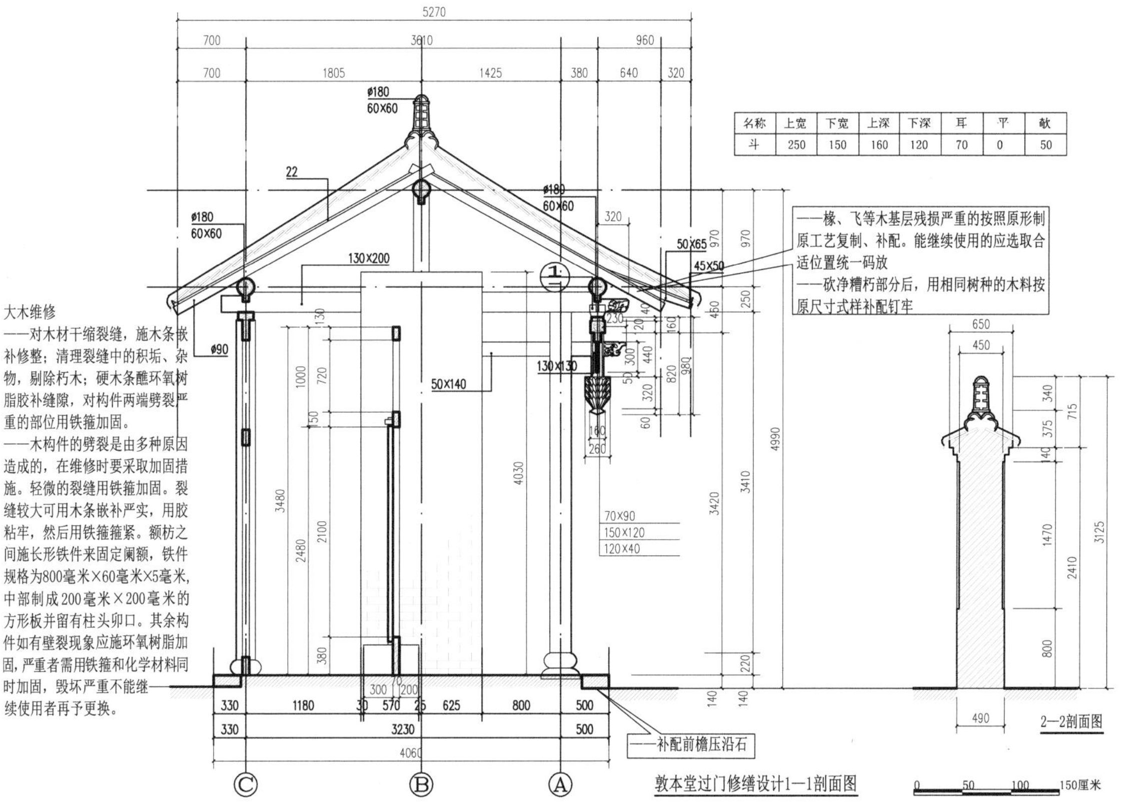
大木维修
——对木材干缩裂缝，施木条嵌补修整；清理裂缝中的积垢、杂物，剔除朽木；硬木条醮环氧树脂胶补缝隙，对构件两端劈裂严重的部位用铁箍加固。
——木构件的劈裂是由多种原因造成的，在维修时要采取加固措施。轻微的裂缝用铁箍加固。裂缝较大可用木条嵌补严实，用胶粘牢，然后用铁箍箍紧。额枋之间施长形铁件来固定阑额，铁件规格为800毫米×60毫米×5毫米，中部制成200毫米×200毫米的方形板并留有柱头卯口。其余构件如有壁裂现象应施环氧树脂加固，严重者需用铁箍和化学材料同时加固，毁坏严重不能继续使用者再予更换。
——椽、飞等木基层残损严重的按照原形制原工艺复制、补配。能继续使用的应选取合适位置统一码放
——砍净糟朽部分后，用相同树种的木料按原尺寸式样补配钉牢
——补配前檐压沿石
2—2剖面图
150厘米

名称	上宽	下宽	上深	下深	耳	平	欹
斗	250	150	160	120	70	0	50

敦本堂过门修缮设计1—1剖面图

二六 敦本堂过门剖面图

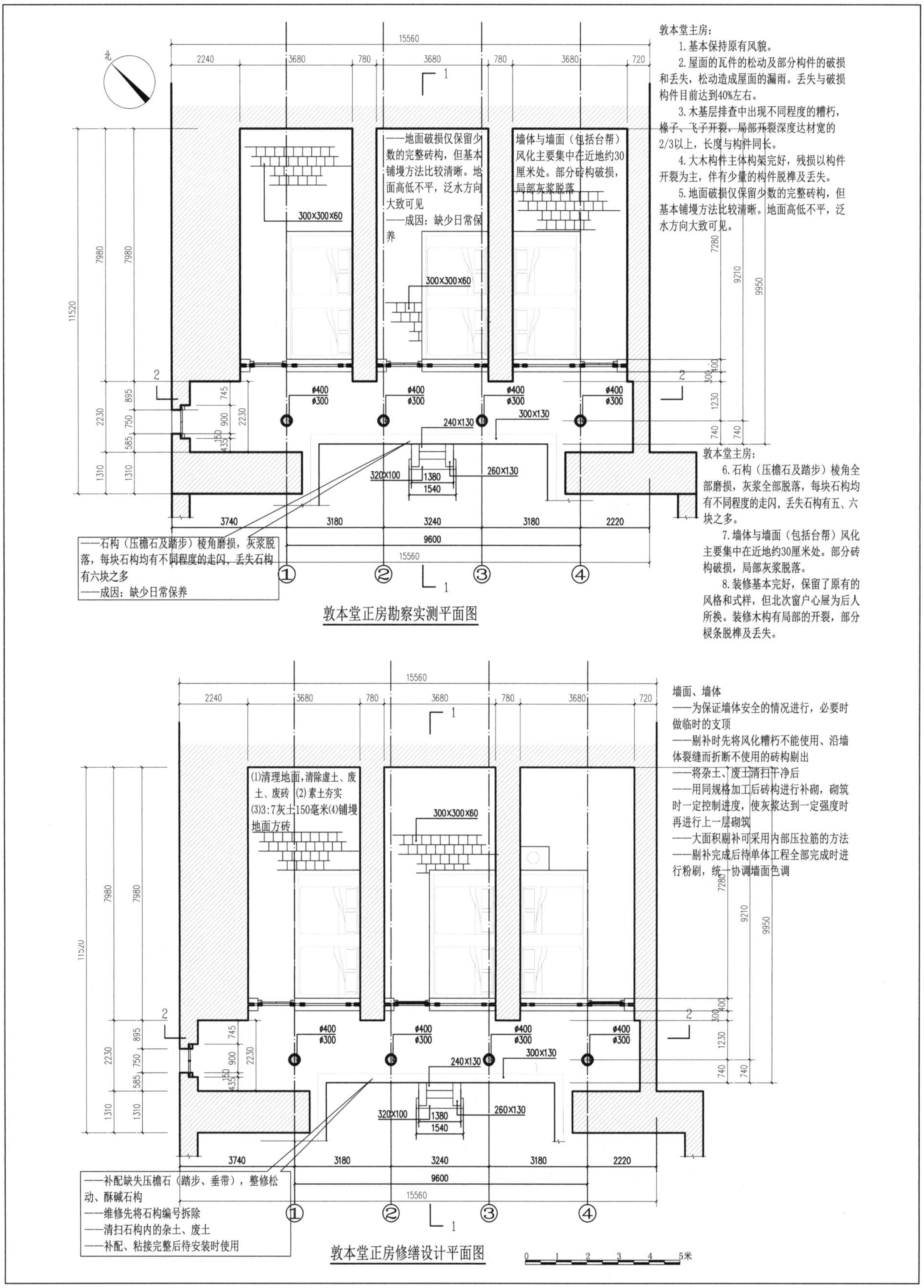
敦本堂主房：
1. 基本保持原有风貌。
2. 屋面的瓦件的松动及部分构件的破损和丢失，松动造成屋面的漏雨。丢失与破损构件目前达到40%左右。
3. 木基层排查中出现不同程度的糟朽，椽子、飞子开裂，局部开裂深度达材宽的2/3以上，长度与构件同长。
4. 大木构件主体构架完好，残损以构件开裂为主，伴有少量的构件脱榫及丢失。
5. 地面破损仅保留少数的完整砖构，但基本铺墁方法比较清晰。地面高低不平，泛水方向大致可见。
——地面破损仅保留少数的完整砖构，但基本铺墁方法比较清晰。地面高低不平，泛水方向大致可见
——成因：缺少日常保养
墙体与墙面（包括台帮）风化主要集中在近地约30厘米处。部分砖构破损，局部灰浆脱落
300X300X60
240X130
300X130
320X100
1380
1540
260X130
ϕ400
ϕ300
15560
2240
3680
780
720
3740
3180
3240
2220
9600
7980
11520
2230
1310
7280
9210
9950
1230
740
——石构（压檐石及踏步）棱角磨损，灰浆脱落，每块石构均有不同程度的走闪，丢失石构有六块之多
——成因：缺少日常保养
敦本堂主房：
6. 石构（压檐石及踏步）棱角全部磨损，灰浆全部脱落，每块石构均有不同程度的走闪，丢失石构有五、六块之多。
7. 墙体与墙面（包括台帮）风化主要集中在近地约30厘米处。部分砖构破损，局部灰浆脱落。
8. 装修基本完好，保留了原有的风格和式样，但北次窗户心屉为后人所换。装修木构有局部的开裂，部分棂条脱榫及丢失。
敦本堂正房勘察实测平面图
墙面、墙体
——为保证墙体安全的情况进行，必要时做临时的支顶
——剔补时先将风化糟朽不能使用、沿墙体裂缝而折断不使用的砖构剔出
——将杂土、废土清扫干净后
——用同规格加工后砖构进行补砌，砌筑时一定控制进度，使灰浆达到一定强度时再进行上一层砌筑
——大面积剔补可采用内部压拉筋的方法
——剔补完成后待单体工程全部完成时进行粉刷，统一协调墙面色调
(1)清理地面，清除虚土、废土、废砖 (2)素土夯实 (3)3:7灰土150毫米(4)铺墁地面方砖
——补配缺失压檐石（踏步、垂带），整修松动、酥碱石构
——维修先将石构编号拆除
——清扫石构内的杂土、废土
——补配、粘接完整后待安装时使用
敦本堂正房修缮设计平面图
0 1 2 3 4 5米

二七　敦本堂正房平面图

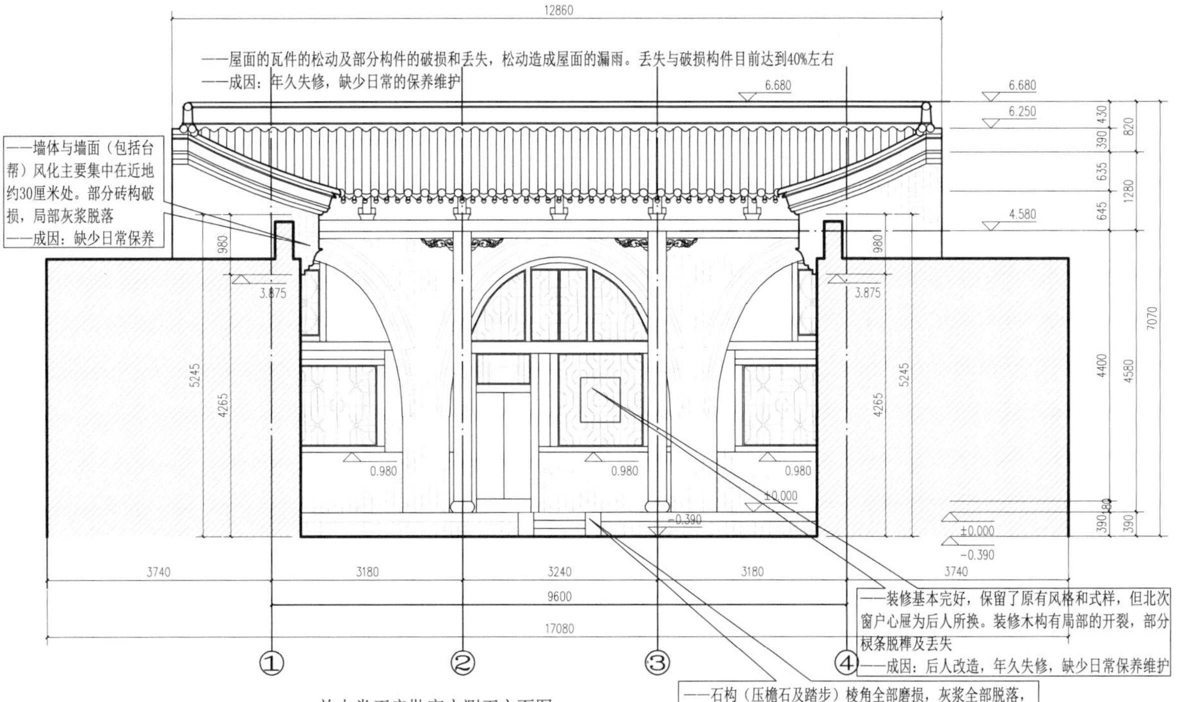
——屋面的瓦件的松动及部分构件的破损和丢失，松动造成屋面的漏雨。丢失与破损构件目前达到40%左右
——成因：年久失修，缺少日常的保养维护
——墙体与墙面（包括台帮）风化主要集中在近地约30厘米处。部分砖构破损，局部灰浆脱落
——成因：缺少日常保养
——装修基本完好，保留了原有风格和式样，但北次窗户心屉为后人所换。装修木构有局部的开裂，部分棂条脱榫及丢失
——成因：后人改造，年久失修，缺少日常保养维护
——石构（压檐石及踏步）棱角全部磨损，灰浆全部脱落，每块石构均有不同程度的走闪，丢失石构有五、六块之多
12860
6.680
6.250
4.580
3.875
0.980
±0.000
-0.390
3740
3180
3240
9600
17080
①
②
③
④
敦本堂正房勘察实测正立面图

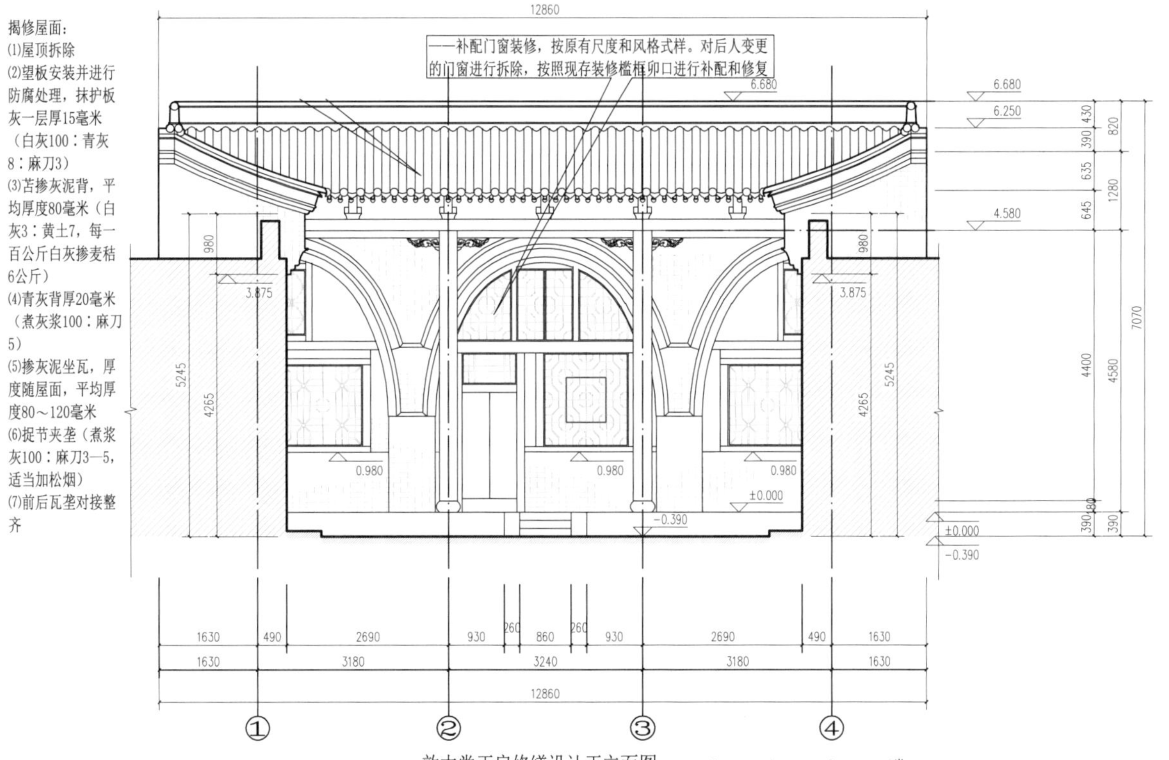
揭修屋面：
⑴屋顶拆除
⑵望板安装并进行防腐处理，抹护板灰一层厚15毫米（白灰100：青灰8：麻刀3）
⑶苫掺灰泥背，平均厚度80毫米（白灰3：黄土7，每一百公斤白灰掺麦秸6公斤）
⑷青灰背厚20毫米（煮灰浆100：麻刀5）
⑸掺灰泥坐瓦，厚度随屋面，平均厚度80～120毫米
⑹捉节夹垄（煮浆灰100：麻刀3—5，适当加松烟）
⑺前后瓦垄对接整齐
——补配门窗装修，按原有尺度和风格式样。对后人变更的门窗进行拆除，按照现存装修槛框卯口进行补配和修复
12860
6.680
6.250
4.580
3.875
0.980
±0.000
-0.390
1630
490
2690
930
260
860
3180
3240
①
②
③
④
0 1 2 3米
敦本堂正房修缮设计正立面图

二八 敦本堂正房立面图

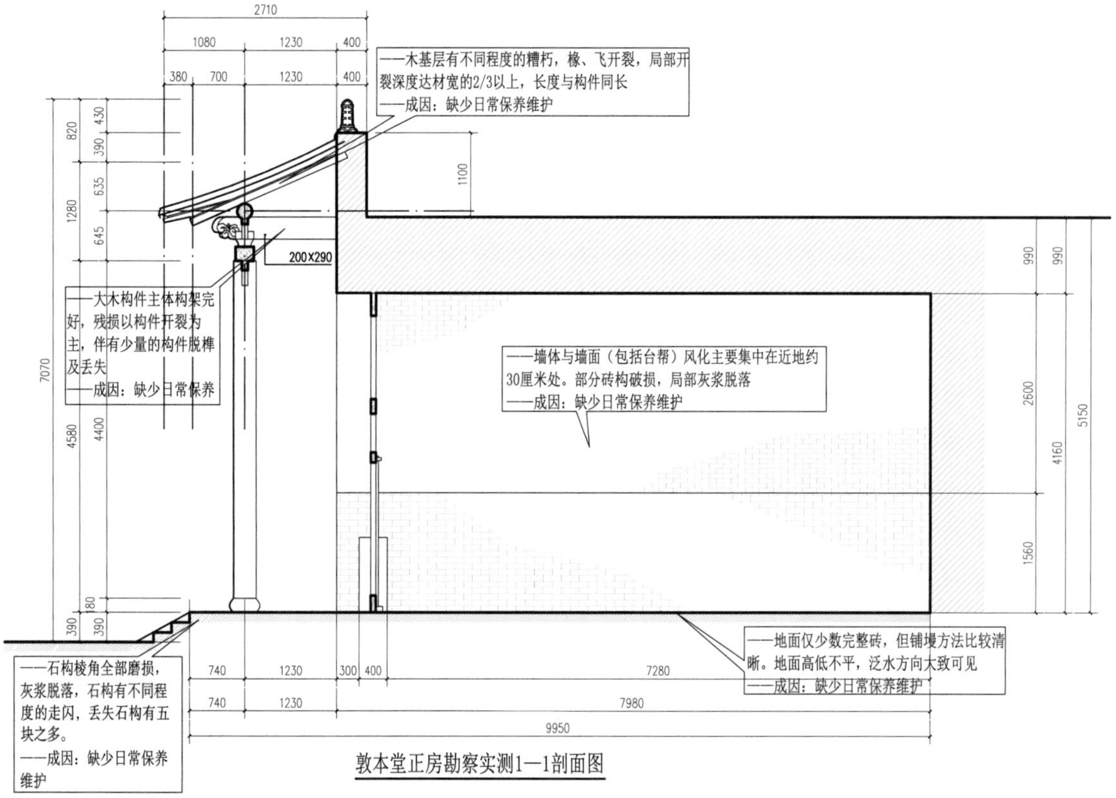
——木基层有不同程度的糟朽，椽、飞开裂，局部开裂深度达材宽的2/3以上，长度与构件同长
——成因：缺少日常保养维护
——大木构件主体构架完好，残损以构件开裂为主，伴有少量的构件脱榫及丢失
——成因：缺少日常保养
——墙体与墙面（包括台帮）风化主要集中在近地约30厘米处。部分砖构破损，局部灰浆脱落
——成因：缺少日常保养维护
——地面仅少数完整砖，但铺墁方法比较清晰。地面高低不平，泛水方向大致可见
——成因：缺少日常保养维护
——石构棱角全部磨损，灰浆脱落，石构有不同程度的走闪，丢失石构有五块之多。
——成因：缺少日常保养维护
200X290
2710
1080 1230 400
380 700 1230 400
7070 820 1280 4580 390
430 390 635 645 4400 180 390
1100
990 990 2600 4160 5150 1560
740 1230 300 400 7280
740 1230 7980
9950

敦本堂正房勘察实测1—1剖面图

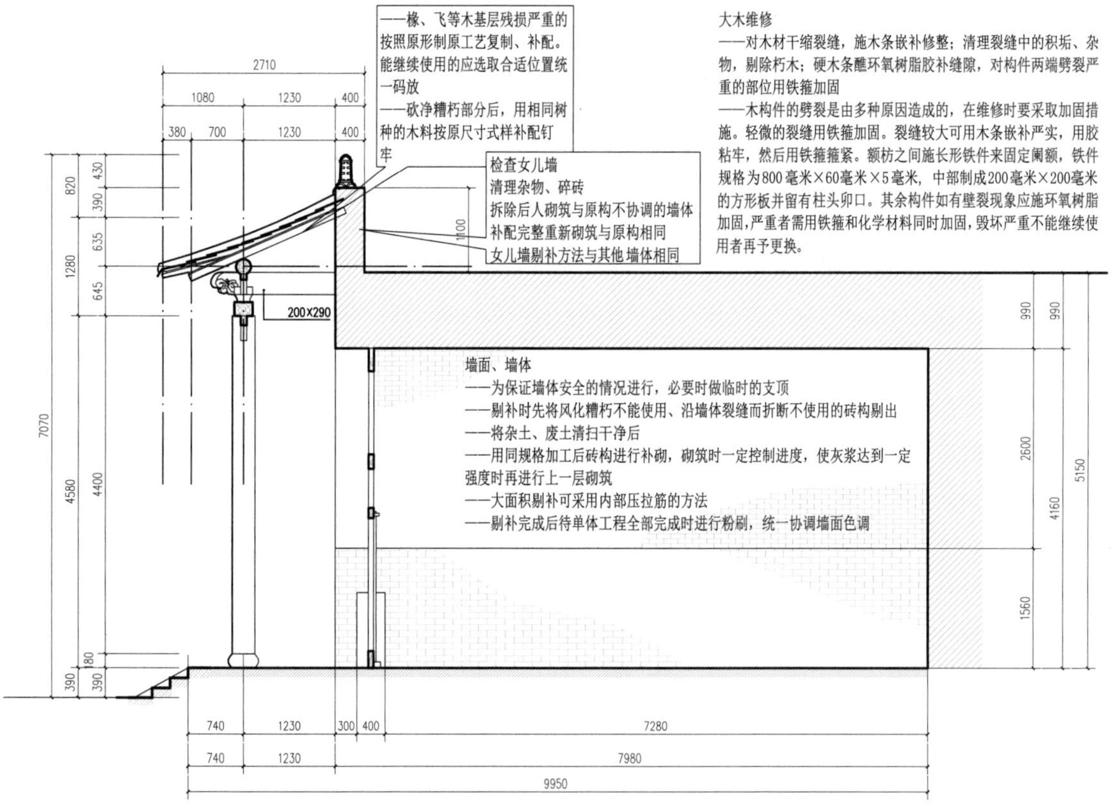
——椽、飞等木基层残损严重的按照原形制原工艺复制、补配。能继续使用的应选取合适位置统一码放
——砍净糟朽部分后，用相同树种的木料按原尺寸式样补配钉牢
检查女儿墙
清理杂物、碎砖
拆除后人砌筑与原构不协调的墙体
补配完整重新砌筑与原构相同
女儿墙剔补方法与其他墙体相同
大木维修
——对木材干缩裂缝，施木条嵌补修整；清理裂缝中的积垢、杂物，剔除朽木；硬木条醮环氧树脂胶补缝隙，对构件两端劈裂严重的部位用铁箍加固
——木构件的劈裂是由多种原因造成的，在维修时要采取加固措施。轻微的裂缝用铁箍加固。裂缝较大可用木条嵌补严实，用胶粘牢，然后用铁箍箍紧。额枋之间施长形铁件来固定阑额，铁件规格为800毫米×60毫米×5毫米，中部制成200毫米×200毫米的方形板并留有柱头卯口。其余构件如有壁裂现象应施环氧树脂加固，严重者需用铁箍和化学材料同时加固，毁坏严重不能继续使用者再予更换。
墙面、墙体
——为保证墙体安全的情况进行，必要时做临时的支顶
——剔补时先将风化糟朽不能使用、沿墙体裂缝而折断不使用的砖构剔出
——将杂土、废土清扫干净后
——用同规格加工后砖构进行补砌，砌筑时一定控制进度，使灰浆达到一定强度时再进行上一层砌筑
——大面积剔补可采用内部压拉筋的方法
——剔补完成后待单体工程全部完成时进行粉刷，统一协调墙面色调
200X290
2710
1080 1230 400
380 700 1230 400
7070 820 1280 4580 390
430 390 635 645 4400 180 390
1100
990 990 2600 4160 5150 1560
740 1230 300 400 7280
740 1230 7980
9950
0 1 2 3米

敦本堂正房修缮设计1—1剖面图

二九　敦本堂正房剖面图

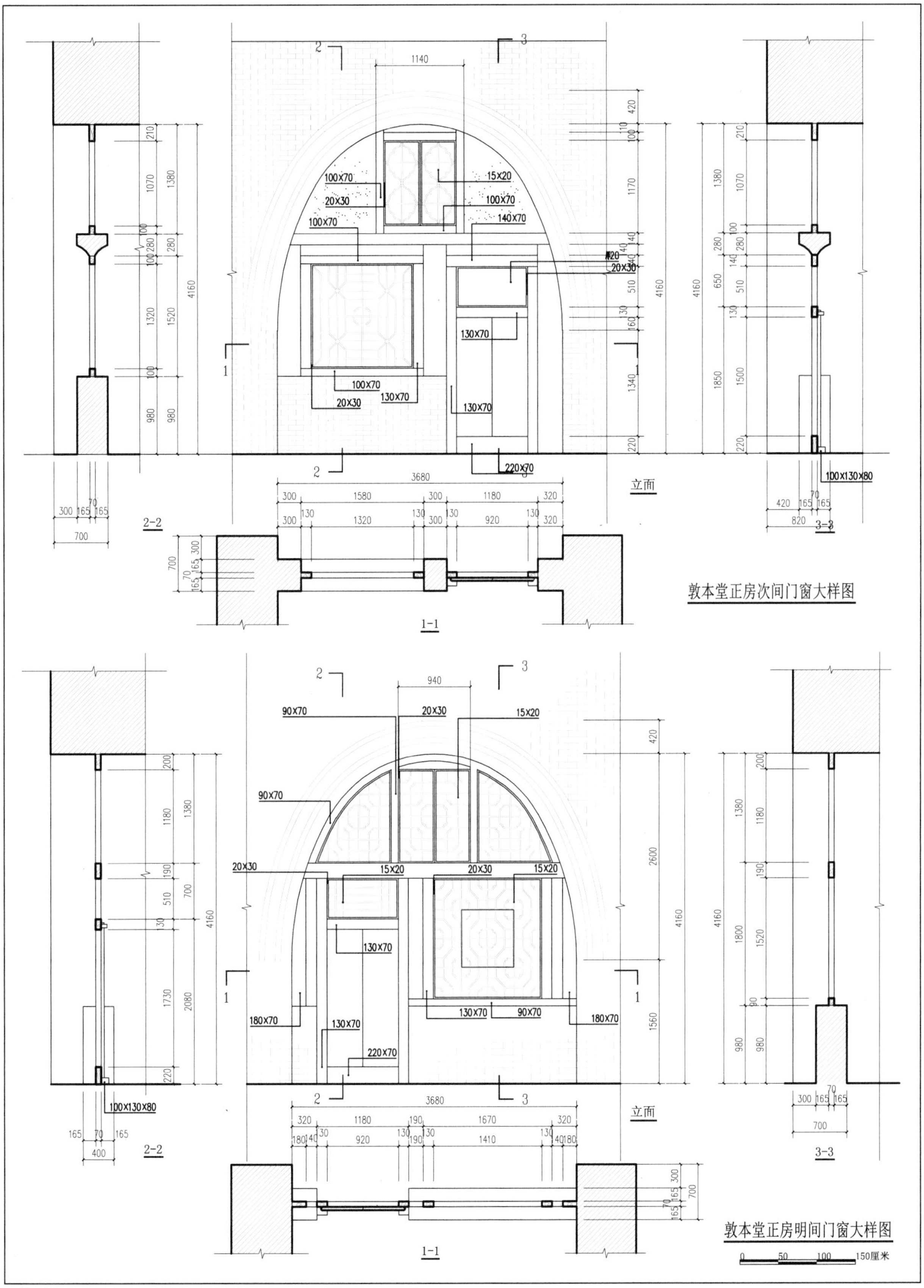

三〇 敦本堂正房门窗大样图

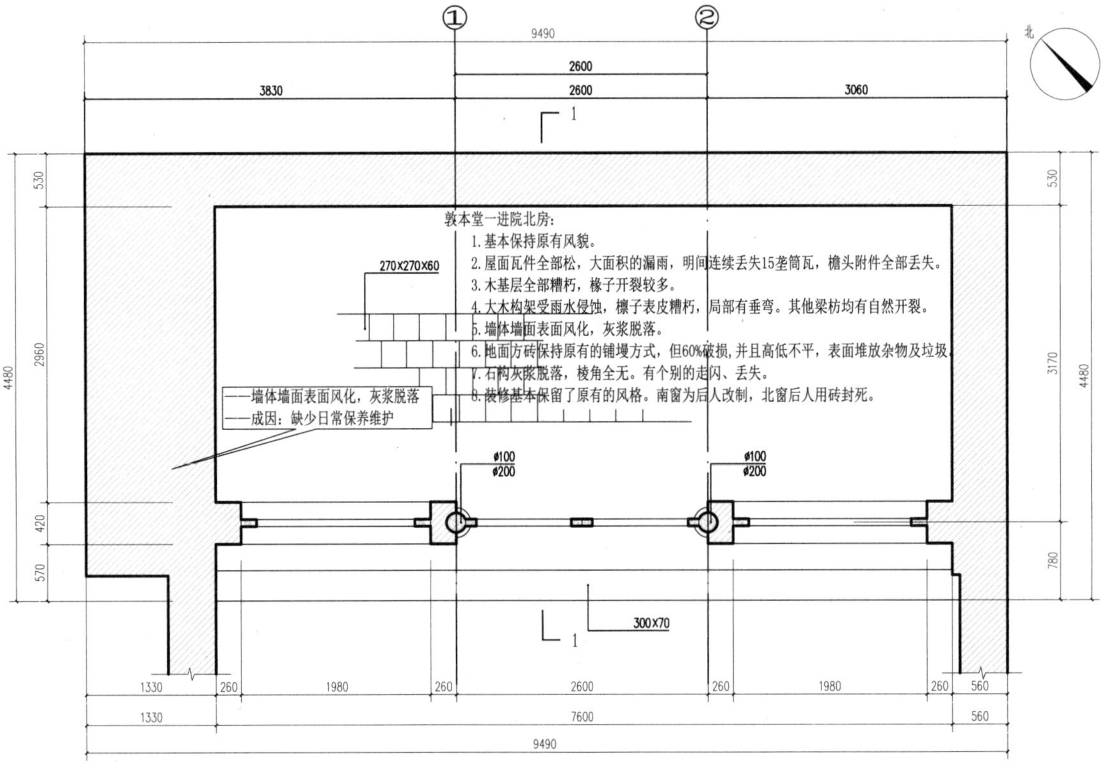
①
②
北
9490
2600
3830
2600
3060
1
530
2960
420
570
4480
3170
780
敦本堂一进院北房:
1.基本保持原有风貌。
2.屋面瓦件全部松，大面积的漏雨，明间连续丢失15垄筒瓦，檐头附件全部丢失。
3.木基层全部糟朽，椽子开裂较多。
4.大木构架受雨水侵蚀，檩子表皮糟朽，局部有垂弯。其他梁枋均有自然开裂。
5.墙体墙面表面风化，灰浆脱落。
6.地面方砖保持原有的铺墁方式，但60%破损，并且高低不平，表面堆放杂物及垃圾。
7.石构灰浆脱落，棱角全无。有个别的走闪、丢失。
8.装修基本保留了原有的风格。南窗为后人改制，北窗后人用砖封死。
270X270X60
——墙体墙面表面风化，灰浆脱落
——成因：缺少日常保养维护
ø100
ø200
300X70
1330
260
1980
260
2600
260
1980
260
560
7600

敦本堂一进院北房勘察实测平面图

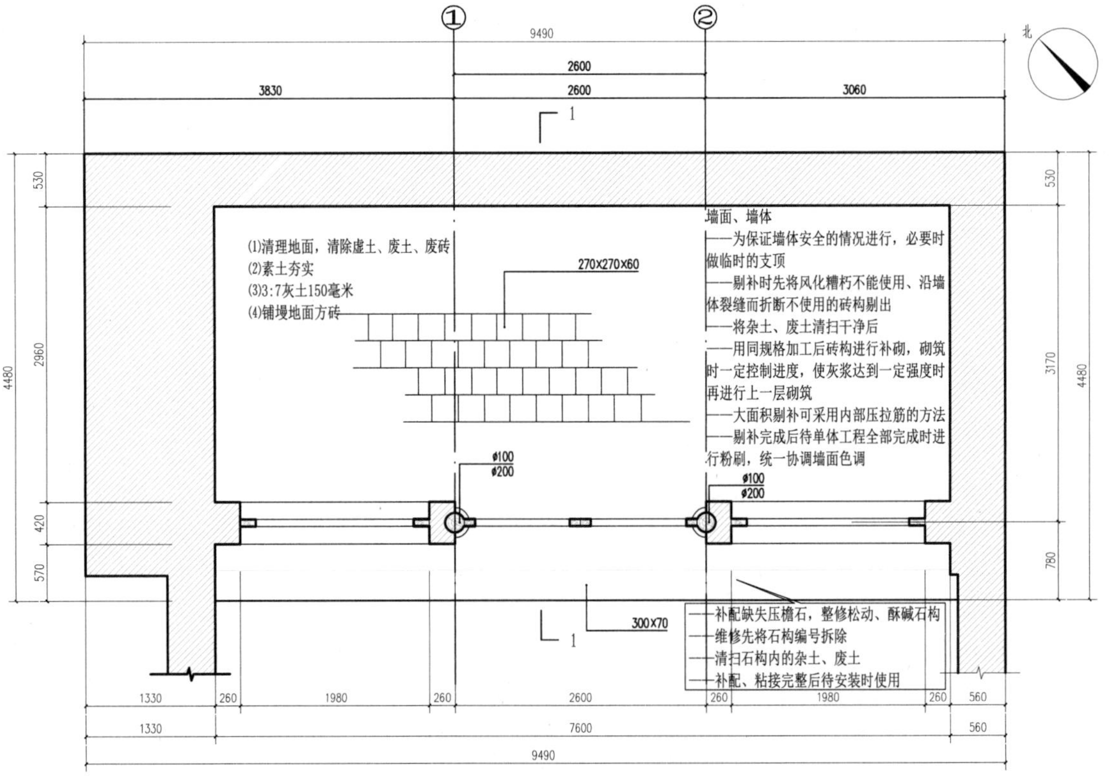
①
②
北
9490
2600
3830
2600
3060
1
530
2960
420
570
4480
3170
780
(1)清理地面，清除虚土、废土、废砖
(2)素土夯实
(3)3:7灰土150毫米
(4)铺墁地面方砖
270X270X60
墙面、墙体
——为保证墙体安全的情况进行，必要时做临时的支项
——剔补时先将风化糟朽不能使用、沿墙体裂缝而折断不使用的砖构剔出
——将杂土、废土清扫干净后
——用同规格加工后砖构进行补砌，砌筑时一定控制进度，使灰浆达到一定强度时再进行上一层砌筑
——大面积剔补可采用内部压拉筋的方法
——剔补完成后待单体工程全部完成时进行粉刷，统一协调墙面色调
ø100
ø200
300X70
——补配缺失压檐石，整修松动、酥碱石构
——维修先将石构编号拆除
——清扫石构内的杂土、废土
——补配、粘接完整后待安装时使用
1330
260
1980
260
2600
260
1980
260
560
7600

敦本堂一进院北房修缮设计平面图　0 50 100 150厘米

三一　敦本堂一进北厢房平面图

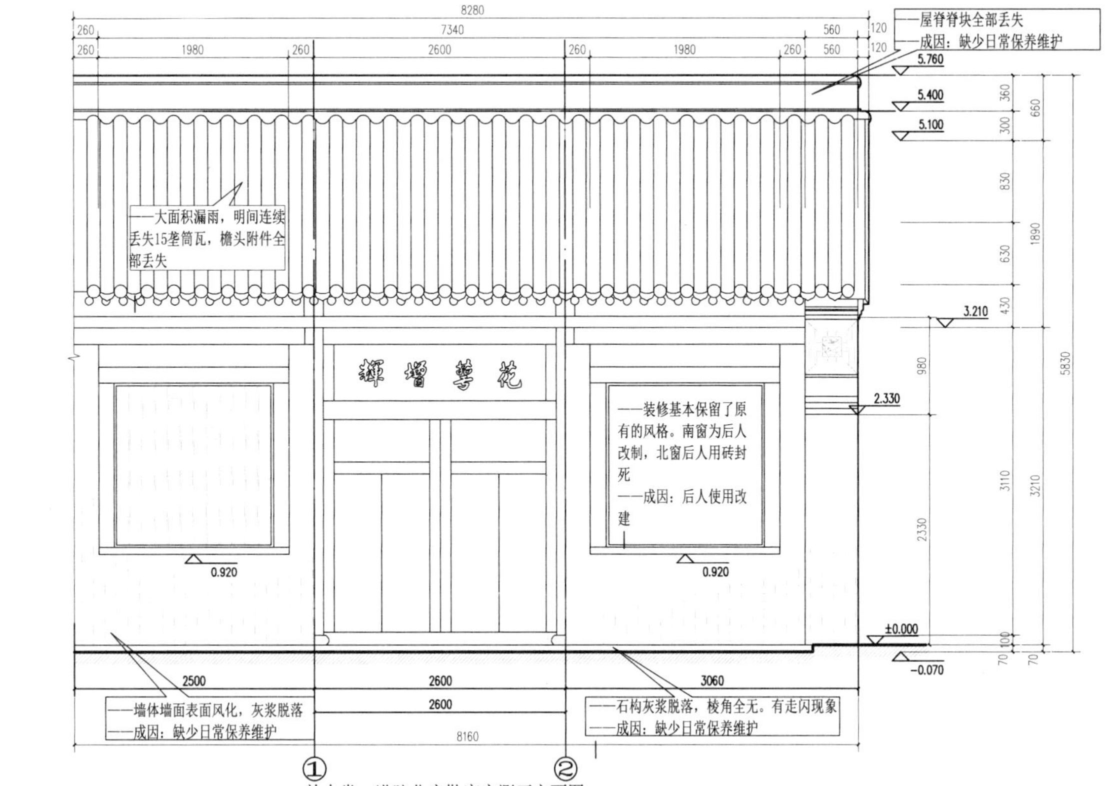

敦本堂一进院北房勘察实测正立面图

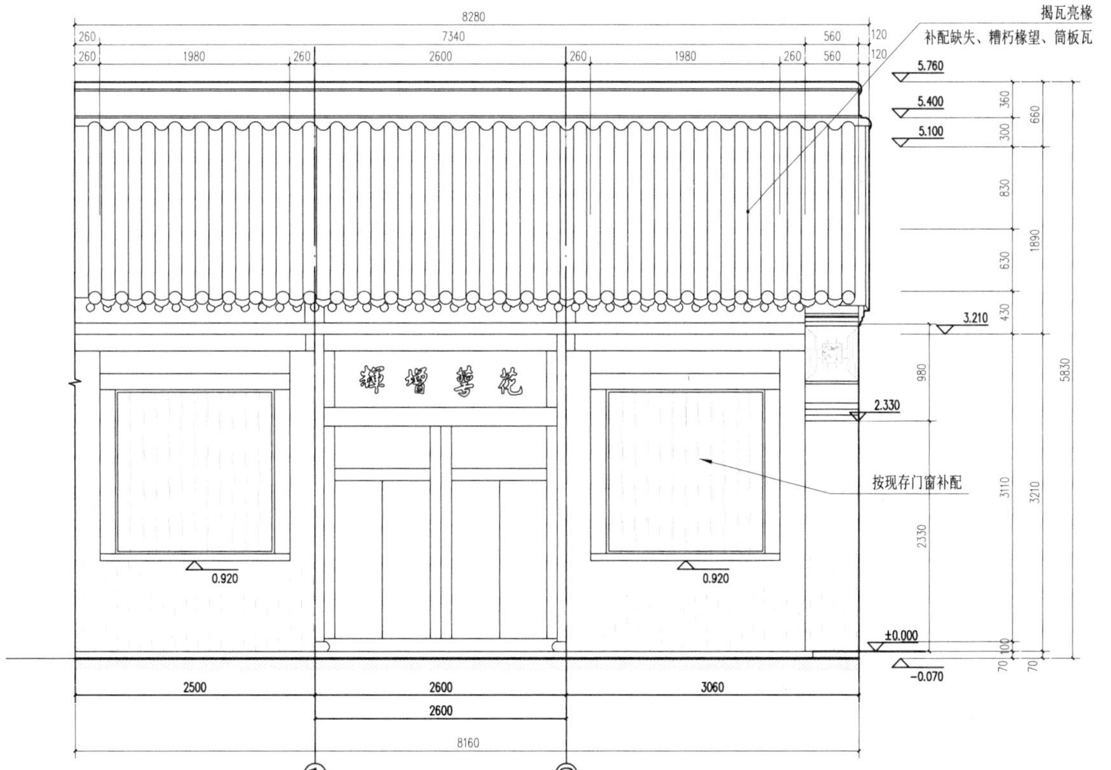

敦本堂一进院北房修缮设计正立面图

三二 敦本堂一进北厢房立面图

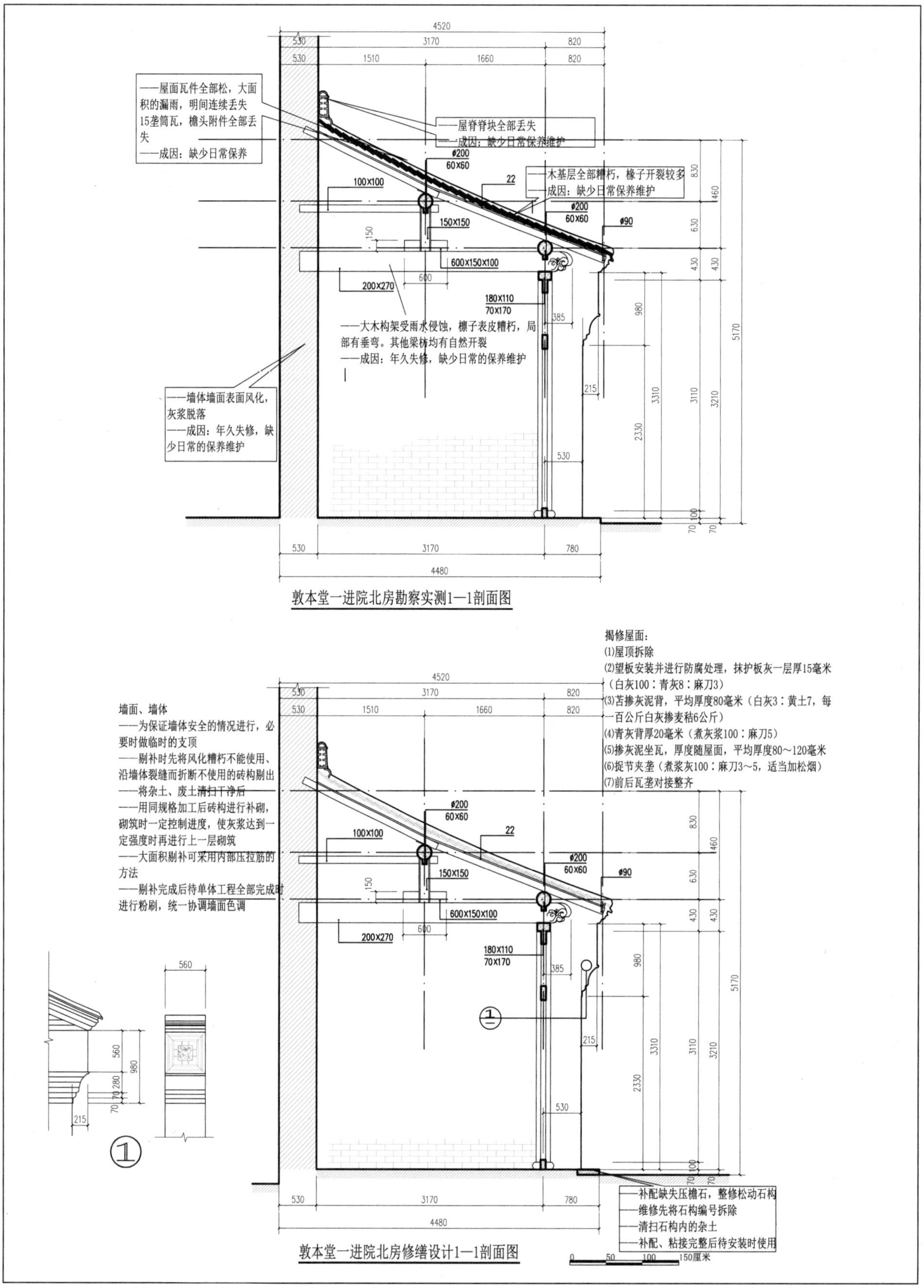
——屋面瓦件全部松，大面积的漏雨，明间连续丢失15垄筒瓦，檐头附件全部丢失
——成因：缺少日常保养
——屋脊脊块全部丢失
——成因：缺少日常保养维护
——木基层全部糟朽，椽子开裂较多
——成因：缺少日常保养维护
——大木构架受雨水侵蚀，檩子表皮糟朽，局部有垂弯。其他梁枋均有自然开裂
——成因：年久失修，缺少日常的保养维护
——墙体墙面表面风化，灰浆脱落
——成因：年久失修，缺少日常的保养维护
敦本堂一进院北房勘察实测1—1剖面图
揭修屋面：
(1)屋顶拆除
(2)望板安装并进行防腐处理，抹护板灰一层厚15毫米（白灰100：青灰8：麻刀3）
(3)苫掺灰泥背，平均厚度80毫米（白灰3：黄土7，每一百公斤白灰掺麦秸6公斤）
(4)青灰背厚20毫米（煮灰浆100：麻刀5）
(5)掺灰泥坐瓦，厚度随屋面，平均厚度80～120毫米
(6)捉节夹垄（煮浆灰100：麻刀3～5，适当加松烟）
(7)前后瓦垄对接整齐
墙面、墙体
——为保证墙体安全的情况进行，必要时做临时的支顶
——剔补时先将风化糟朽不能使用、沿墙体裂缝而折断不使用的砖构剔出
——将杂土、废土清扫干净后
——用同规格加工后砖构进行补砌，砌筑时一定控制进度，使灰浆达到一定强度时再进行上一层砌筑
——大面积剔补可采用内部压拉筋的方法
——剔补完成后待单体工程全部完成时进行粉刷，统一协调墙面色调
——补配缺失压檐石，整修松动石构
——维修先将石构编号拆除
——清扫石构内的杂土
——补配、粘接完整后待安装时使用
敦本堂一进院北房修缮设计1—1剖面图
0 50 100 150厘米

三三　敦本堂一进北厢房剖面图

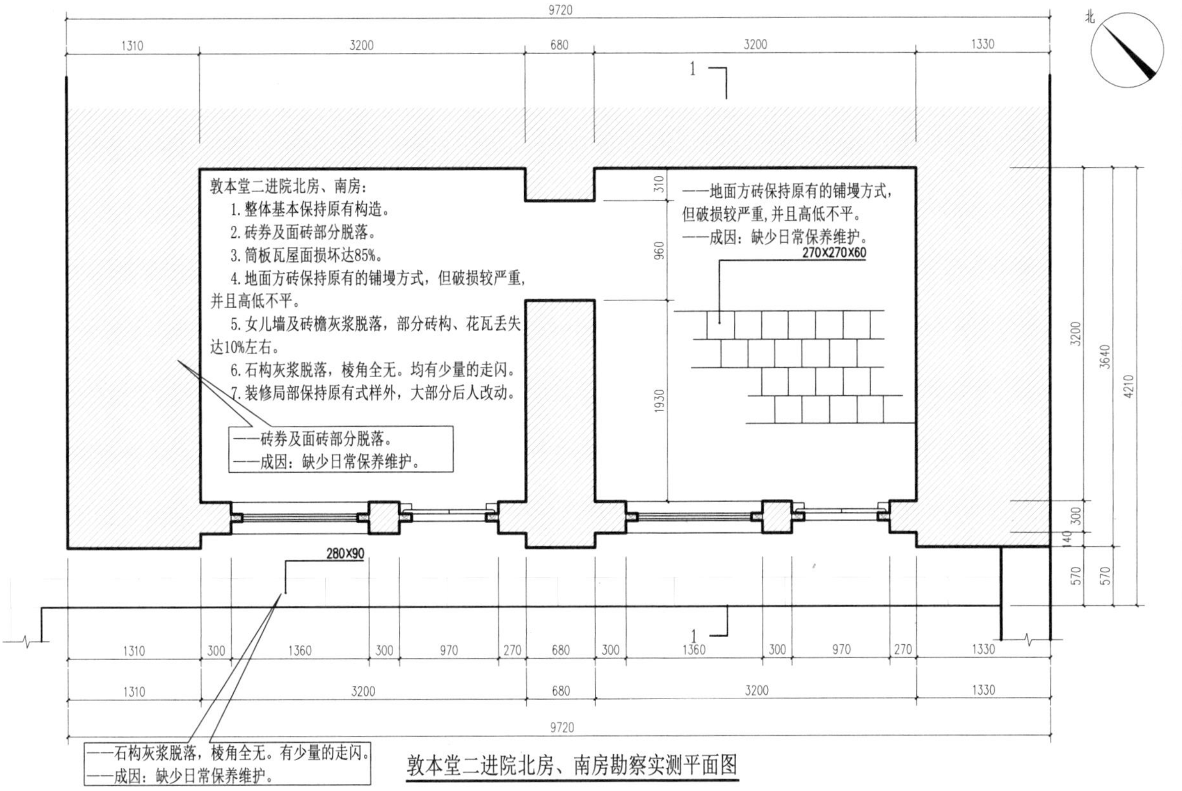
9720
1310
3200
680
3200
1330
敦本堂二进院北房、南房：
1.整体基本保持原有构造。
2.砖券及面砖部分脱落。
3.筒板瓦屋面损坏达85%。
4.地面方砖保持原有的铺墁方式，但破损较严重，并且高低不平。
5.女儿墙及砖檐灰浆脱落，部分砖构、花瓦丢失达10%左右。
6.石构灰浆脱落，棱角全无。均有少量的走闪。
7.装修局部保持原有式样外，大部分后人改动。
——砖券及面砖部分脱落。
——成因：缺少日常保养维护。
——地面方砖保持原有的铺墁方式，但破损较严重，并且高低不平。
——成因：缺少日常保养维护。
270X270X60
280X90
——石构灰浆脱落，棱角全无。有少量的走闪。
——成因：缺少日常保养维护。

敦本堂二进院北房、南房勘察实测平面图

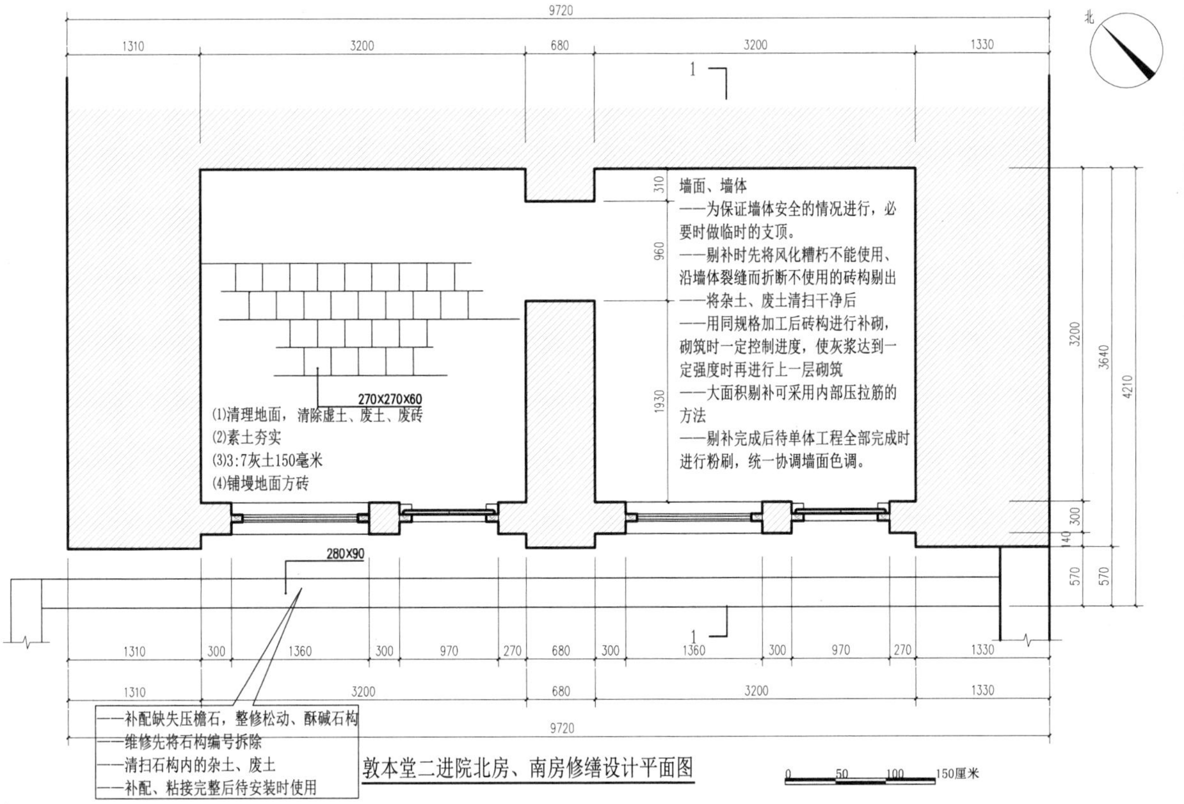
9720
1310
3200
680
3200
1330
墙面、墙体
——为保证墙体安全的情况进行，必要时做临时的支顶。
——剔补时先将风化糟朽不能使用、沿墙体裂缝而折断不使用的砖构剔出
——将杂土、废土清扫干净后
——用同规格加工后砖构进行补砌，砌筑时一定控制进度，使灰浆达到一定强度时再进行上一层砌筑
——大面积剔补可采用内部压拉筋的方法
——剔补完成后待单体工程全部完成时进行粉刷，统一协调墙面色调。
270X270X60
(1)清理地面，清除虚土、废土、废砖
(2)素土夯实
(3)3:7灰土150毫米
(4)铺墁地面方砖
280X90
——补配缺失压檐石，整修松动、酥碱石构
——维修先将石构编号拆除
——清扫石构内的杂土、废土
——补配、粘接完整后待安装时使用
150厘米

敦本堂二进院北房、南房修缮设计平面图

三四　敦本堂二进北厢房平面图

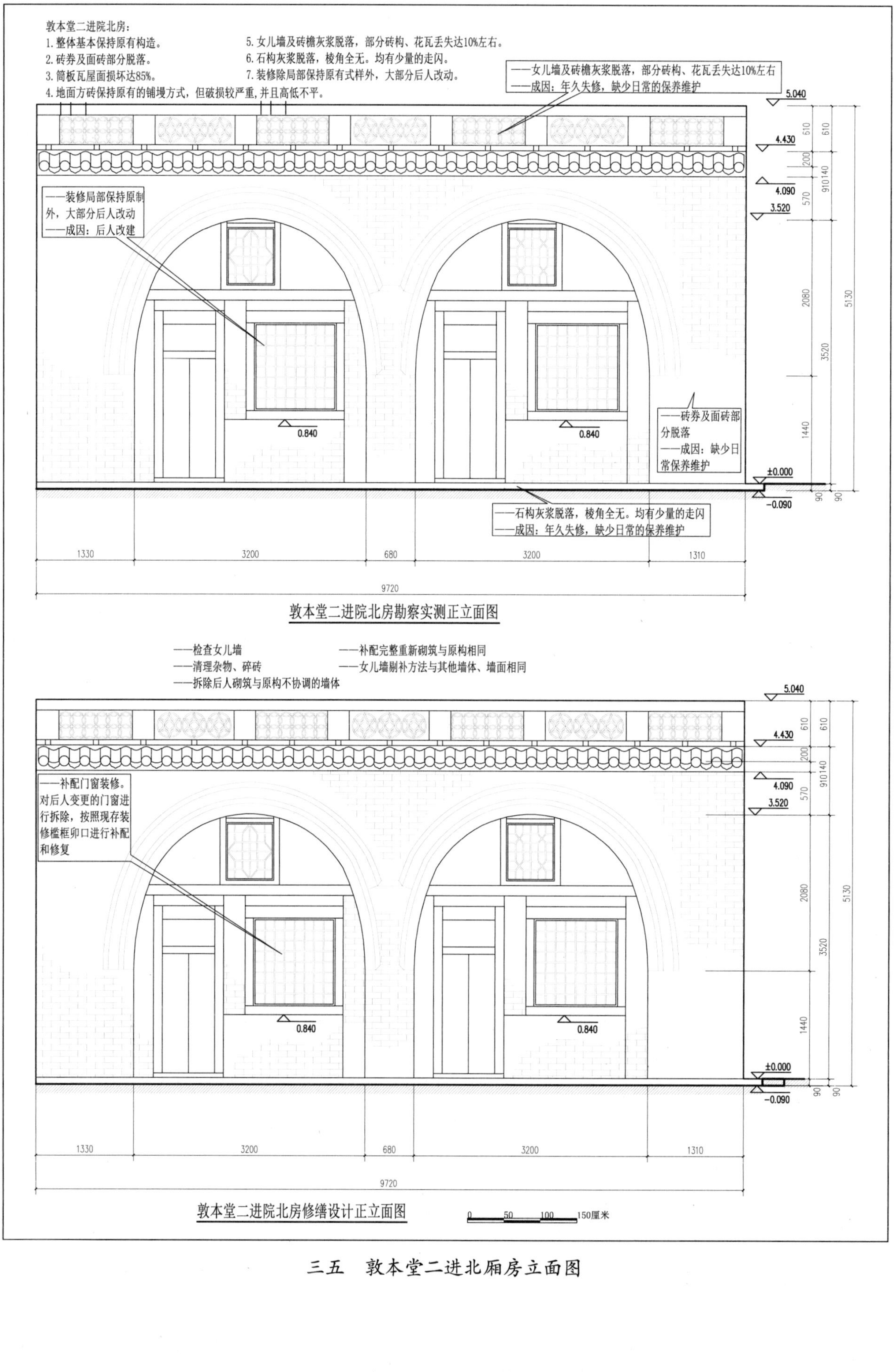
敦本堂二进院北房：
1.整体基本保持原有构造。
2.砖券及面砖部分脱落。
3.筒板瓦屋面损坏达85%。
4.地面方砖保持原有的铺墁方式，但破损较严重，并且高低不平。
5.女儿墙及砖檐灰浆脱落，部分砖构、花瓦丢失达10%左右。
6.石构灰浆脱落，棱角全无。均有少量的走闪。
7.装修除局部保持原有式样外，大部分后人改动。
——女儿墙及砖檐灰浆脱落，部分砖构、花瓦丢失达10%左右
——成因：年久失修，缺少日常的保养维护
——装修局部保持原制外，大部分后人改动
——成因：后人改建
——砖券及面砖部分脱落
——成因：缺少日常保养维护
——石构灰浆脱落，棱角全无。均有少量的走闪
——成因：年久失修，缺少日常的保养维护
5.040
4.430
4.090
3.520
0.840
±0.000
-0.090
610
200
910140
570
2080
3520
1440
5130
90
1330
3200
680
1310
9720
敦本堂二进院北房勘察实测正立面图
——检查女儿墙
——清理杂物、碎砖
——拆除后人砌筑与原构不协调的墙体
——补配完整重新砌筑与原构相同
——女儿墙剔补方法与其他墙体、墙面相同
——补配门窗装修。对后人变更的门窗进行拆除，按照现存装修槛框卯口进行补配和修复
敦本堂二进院北房修缮设计正立面图
0 50 100 150厘米

三五　敦本堂二进北厢房立面图

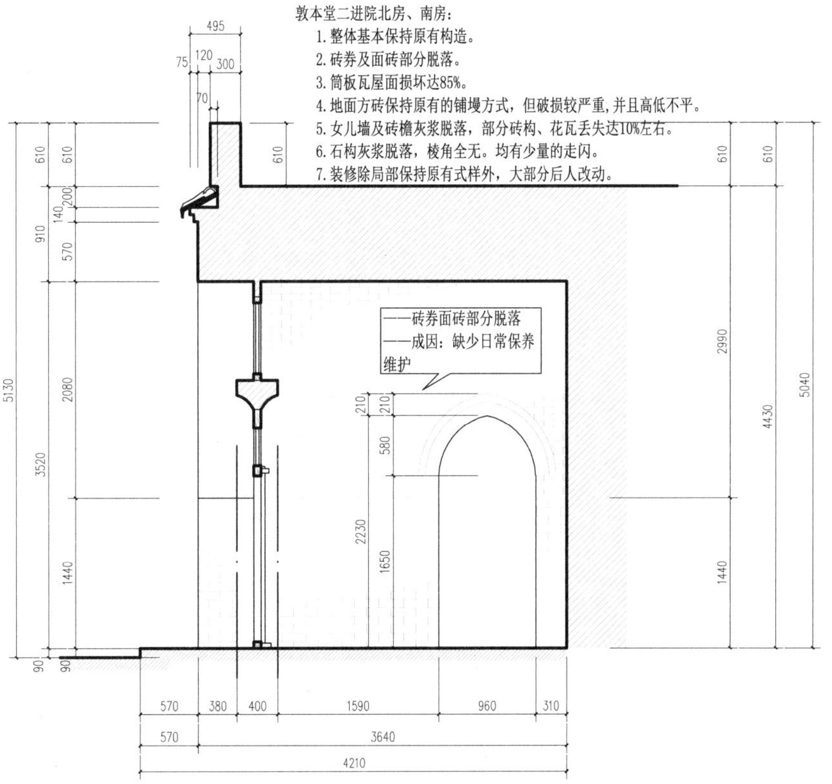
敦本堂二进院北房、南房：
1. 整体基本保持原有构造。
2. 砖券及面砖部分脱落。
3. 筒板瓦屋面损坏达85%。
4. 地面方砖保持原有的铺墁方式，但破损较严重，并且高低不平。
5. 女儿墙及砖檐灰浆脱落，部分砖构、花瓦丢失达10%左右。
6. 石构灰浆脱落，棱角全无。均有少量的走闪。
7. 装修除局部保持原有式样外，大部分后人改动。
——砖券面砖部分脱落
——成因：缺少日常保养维护
495
75 120 300
70
610
200 140 570
910
2080
3520
5130
1440
90
210 580 2230 1650
2990
4430
5040
570 380 400 1590 960 310
570 3640
4210

敦本堂二进院北房勘察实测1—1剖面图

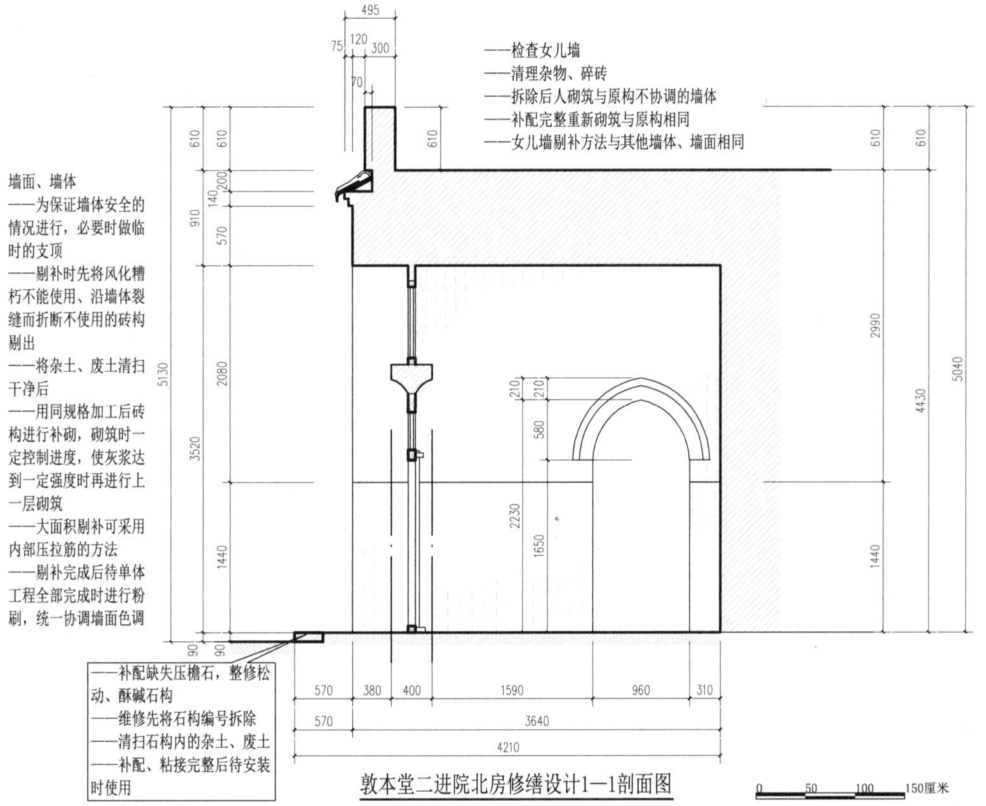
——检查女儿墙
——清理杂物、碎砖
——拆除后人砌筑与原构不协调的墙体
——补配完整重新砌筑与原构相同
——女儿墙剔补方法与其他墙体、墙面相同
墙面、墙体
——为保证墙体安全的情况进行，必要时做临时的支顶
——剔补时先将风化糟朽不能使用、沿墙体裂缝而折断不使用的砖构剔出
——将杂土、废土清扫干净后
——用同规格加工后砖构进行补砌，砌筑时一定控制进度，使灰浆达到一定强度时再进行上一层砌筑
——大面积剔补可采用内部压拉筋的方法
——剔补完成后待单体工程全部完成时进行粉刷，统一协调墙面色调
——补配缺失压檐石，整修松动、酥碱石构
——维修先将石构编号拆除
——清扫石构内的杂土、废土
——补配、粘接完整后待安装时使用
495
75 120 300
70
610
200 140 570
910
2080
3520
5130
1440
90
210 580 2230 1650
2990
4430
5040
570 380 400 1590 960 310
570 3640
4210

敦本堂二进院北房修缮设计1—1剖面图

0 50 100 150厘米

三六　敦本堂二进北厢房剖面图

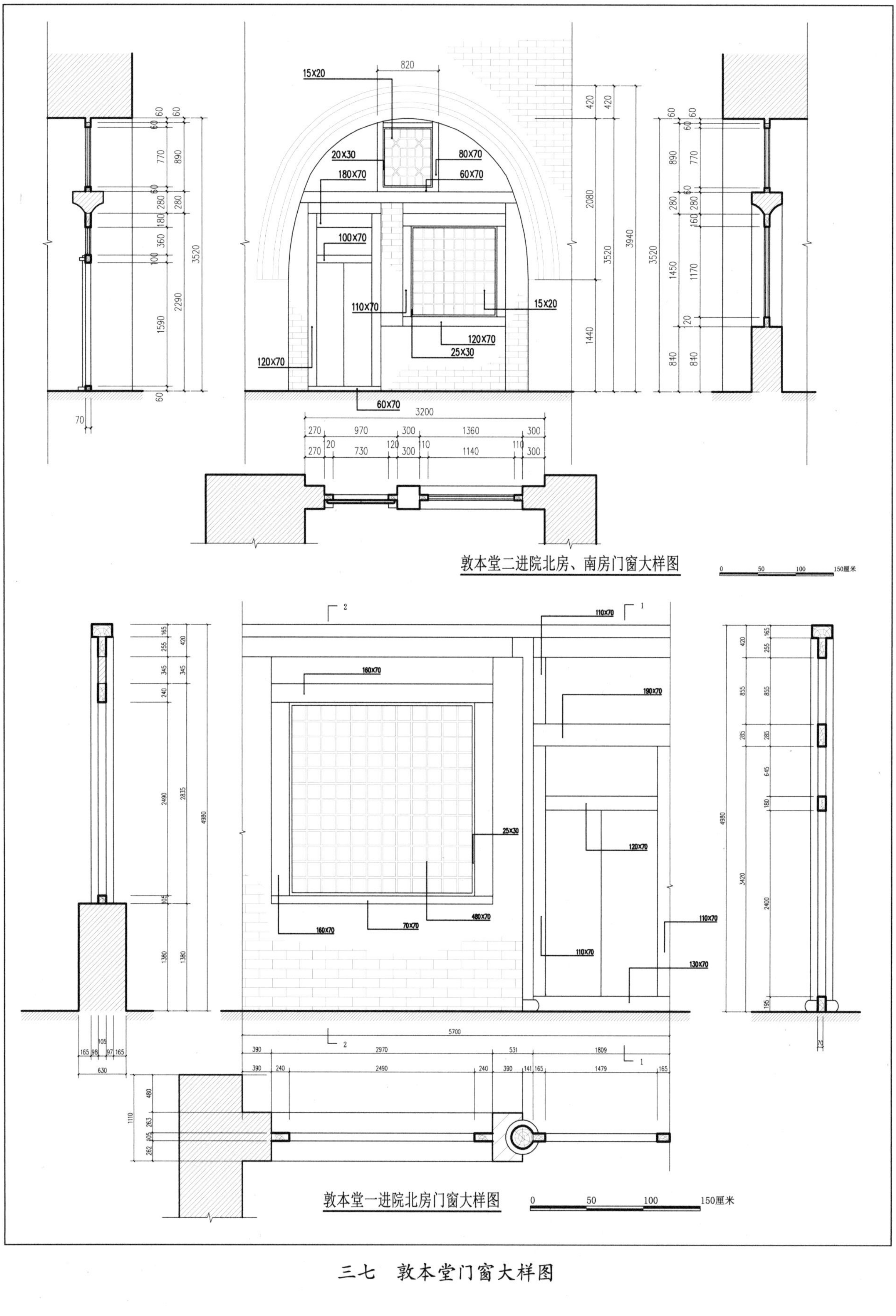
15X20
820
20X30
180X70
80X70
60X70
100X70
110X70
15X20
120X70
25X30
120X70
60X70
3200
敦本堂二进院北房、南房门窗大样图
0 50 100 150厘米
110X70
160X70
190X70
25X30
120X70
160X70
70X70
480X70
110X70
110X70
130X70
5700
敦本堂一进院北房门窗大样图
0 50 100 150厘米

三七 敦本堂门窗大样图

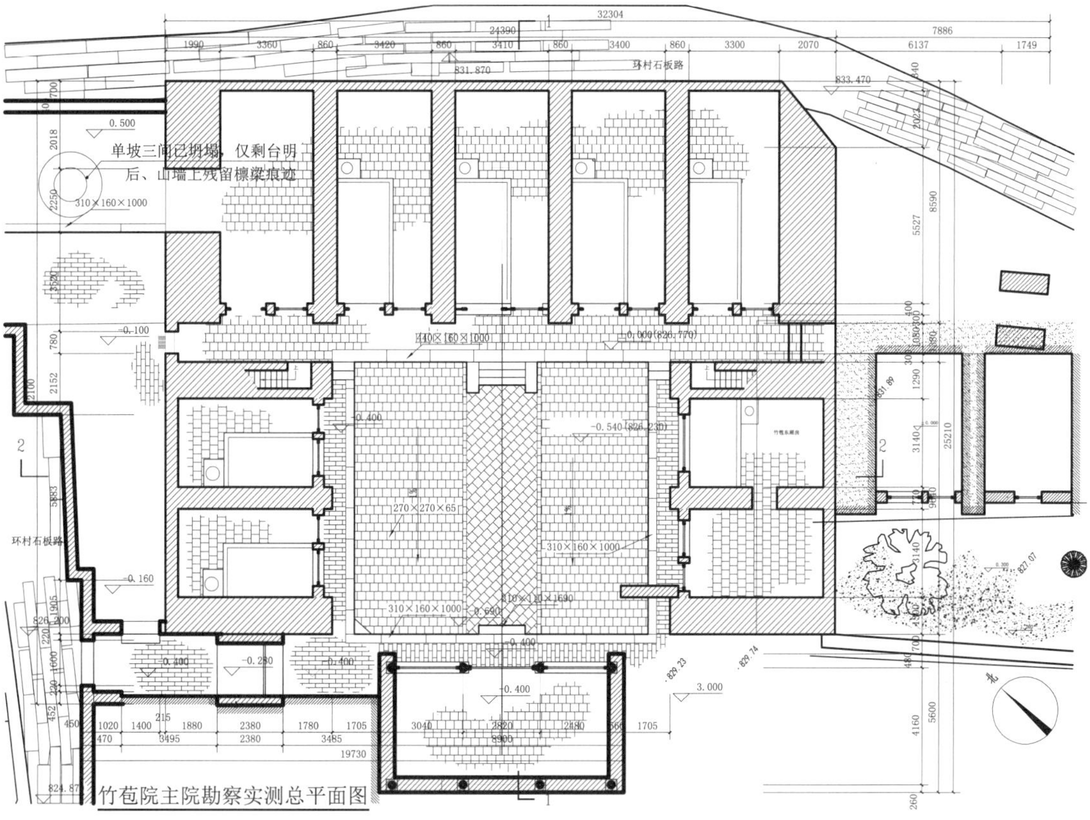
环村石板路
单坡三间已坍塌，仅剩台明
后、山墙上残留檩梁痕迹
环村石板路
竹苞院主院勘察实测总平面图

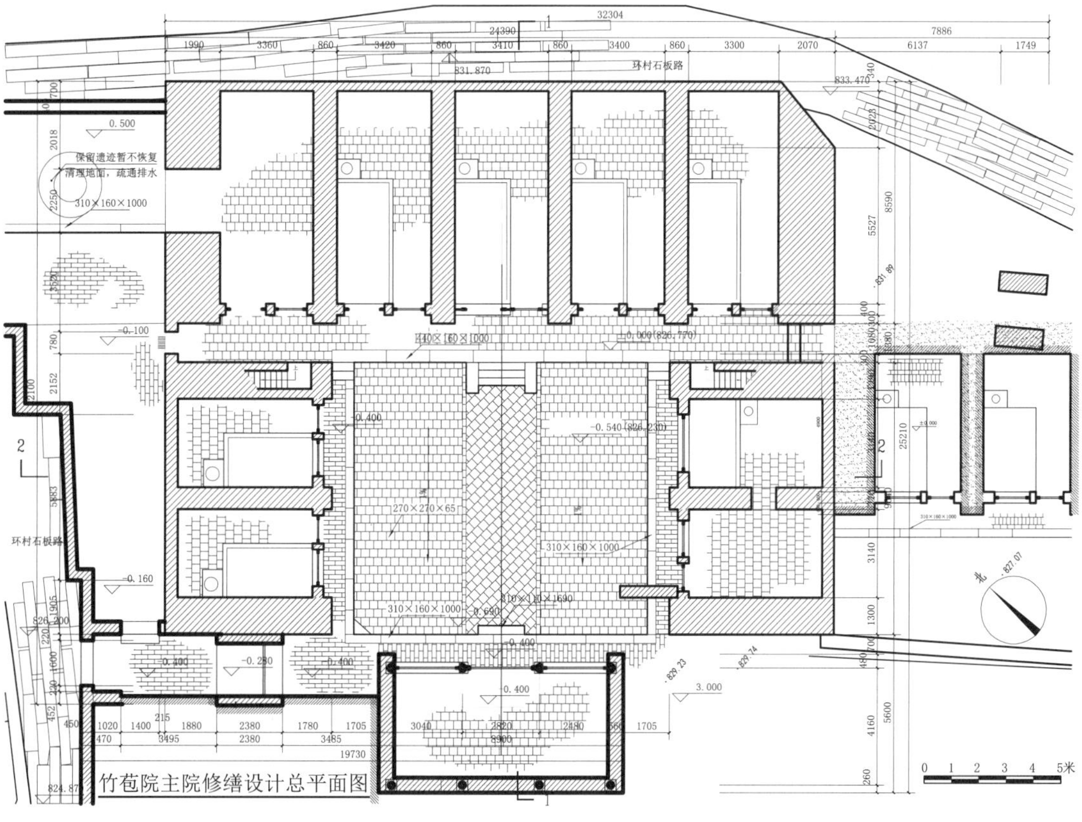
环村石板路
保留遗迹暂不恢复
清理地面，疏通排水
环村石板路
0 1 2 3 4 5米
竹苞院主院修缮设计总平面图

三八　竹苞院总平面图

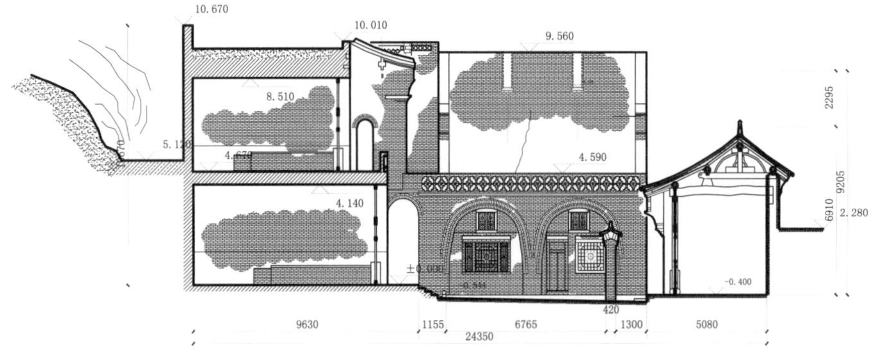

竹苞院勘察实测1-1剖面图

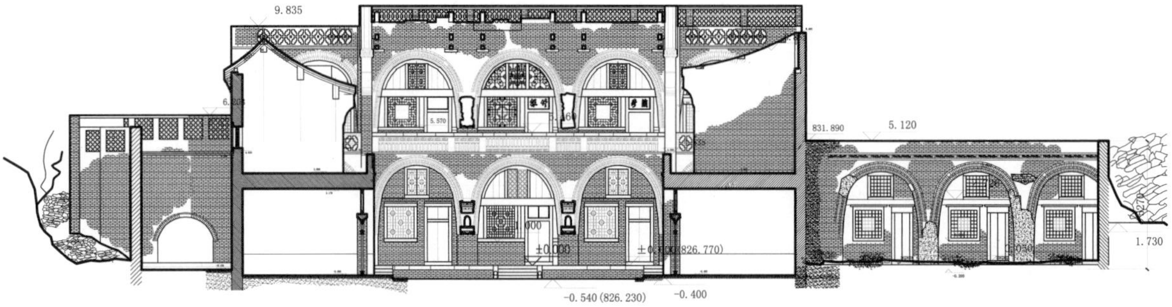

竹苞院勘察实测2-2剖面图

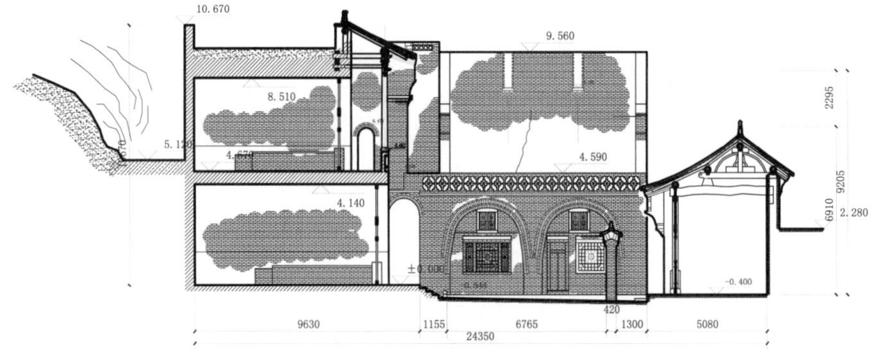

竹苞院修缮设计1-1剖面图

竹苞院修缮设计2-2剖面图 0 1 2 3 4 5米

三九 竹苞院纵剖面图

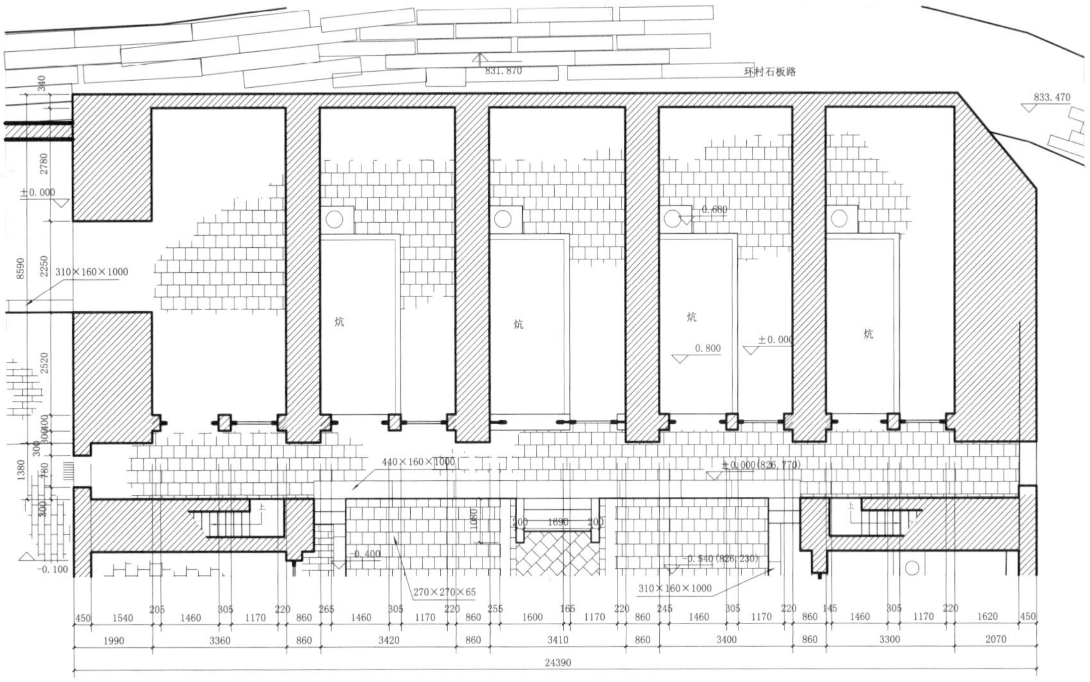

北

正房位于院落东北部，为面阔五间的两层砖券窑洞。该建筑保存较完整，无结构性破坏。二层前廊不存，仅剩原梁在前檐墙上的残孔。由于二层长期无人居住，缺乏日常保养，致使门窗破损较大。

竹苞院正房勘察实测一层平面图

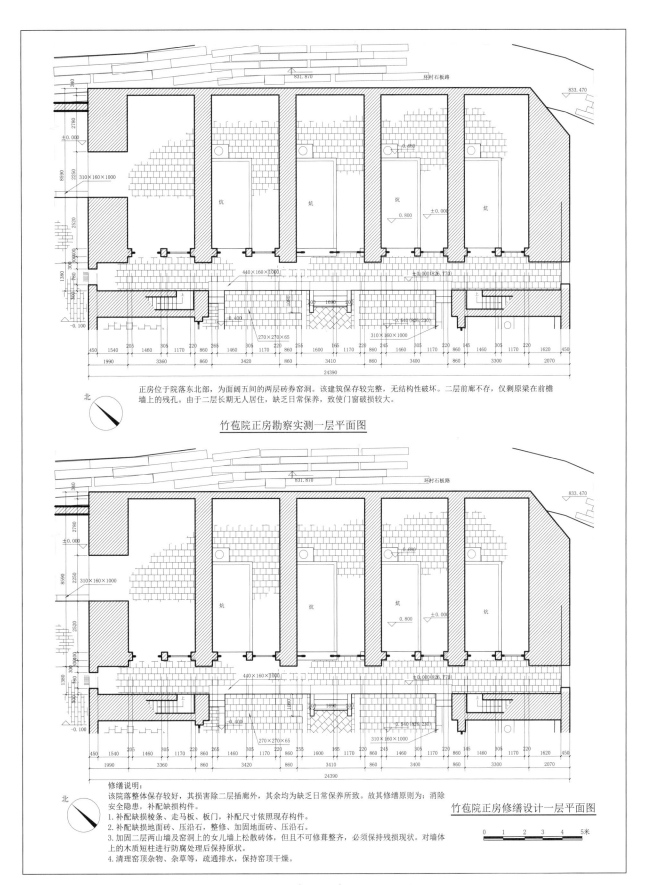

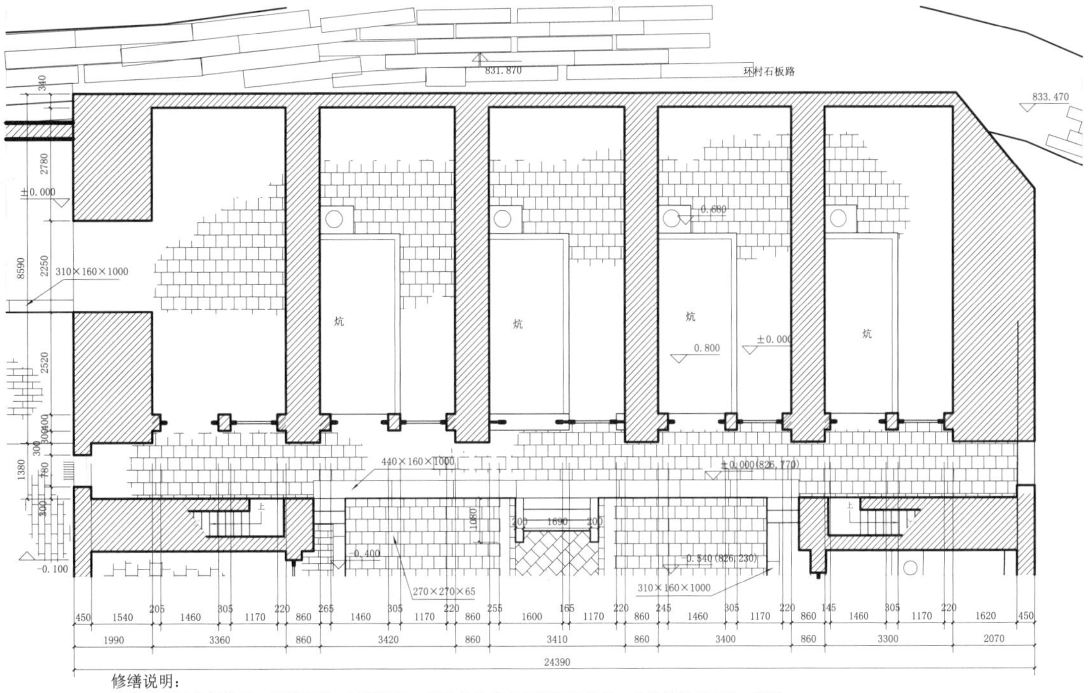

北

修缮说明：

该院落整体保存较好，其损害除二层插廊外，其余均为缺乏日常保养所致。故其修缮原则为：消除安全隐患，补配缺损构件。

1. 补配缺损椽条、走马板、板门，补配尺寸依照现存构件。
2. 补配缺损地面砖、压沿石，整修、加固地面砖、压沿石。
3. 加固二层两山墙及窑洞上的女儿墙上松散砖体，但且不可修葺整齐，必须保持残损现状。对墙体上的木质短柱进行防腐处理后保持原状。
4. 清理窑顶杂物、杂草等，疏通排水，保持窑顶干燥。

竹苞院正房修缮设计一层平面图

0 1 2 3 4 5米

四〇 竹苞院正房一层平面图

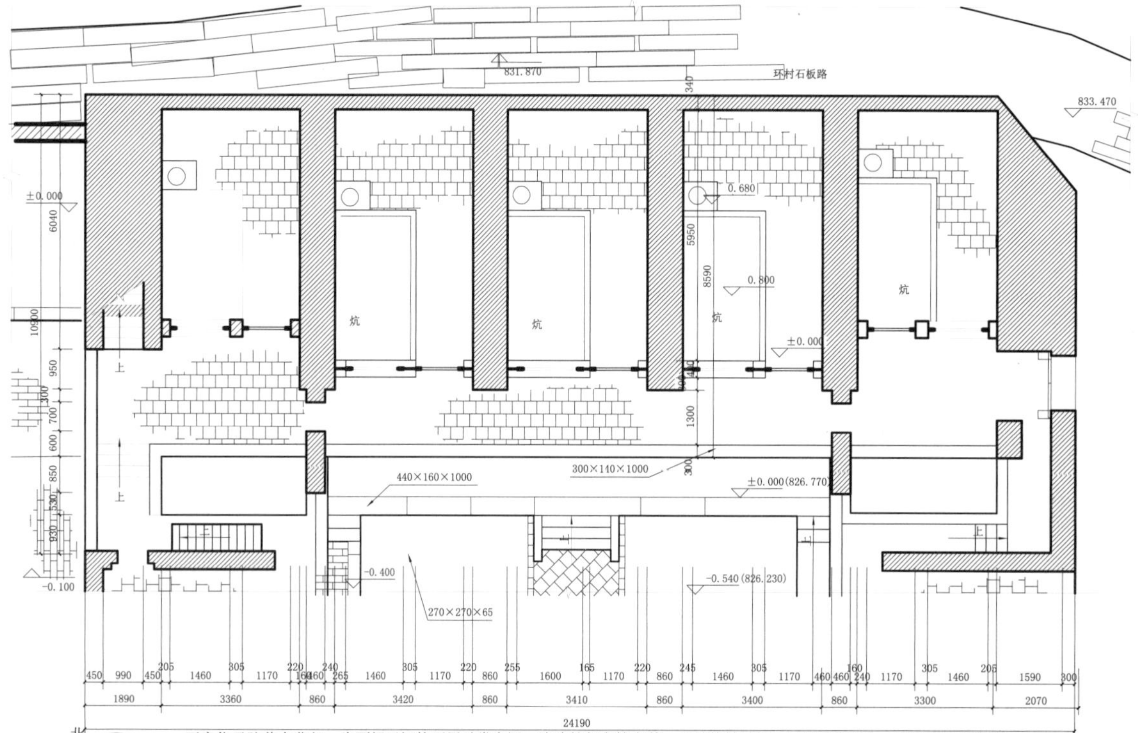

正房位于院落东北部，为面阔五间的两层砖券窑洞。该建筑保存较完整，无结构性破坏。二层前廊不存，仅剩原梁在前檐墙上的残孔。本次主要任务是针对二层插廊的恢复，进行详细勘察。

竹苞院正房勘察实测二层平面图

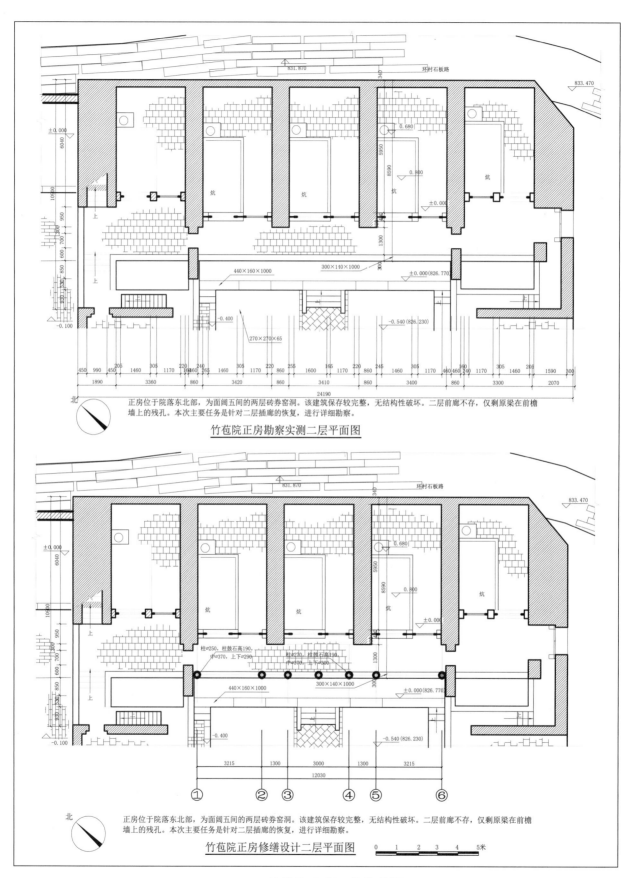

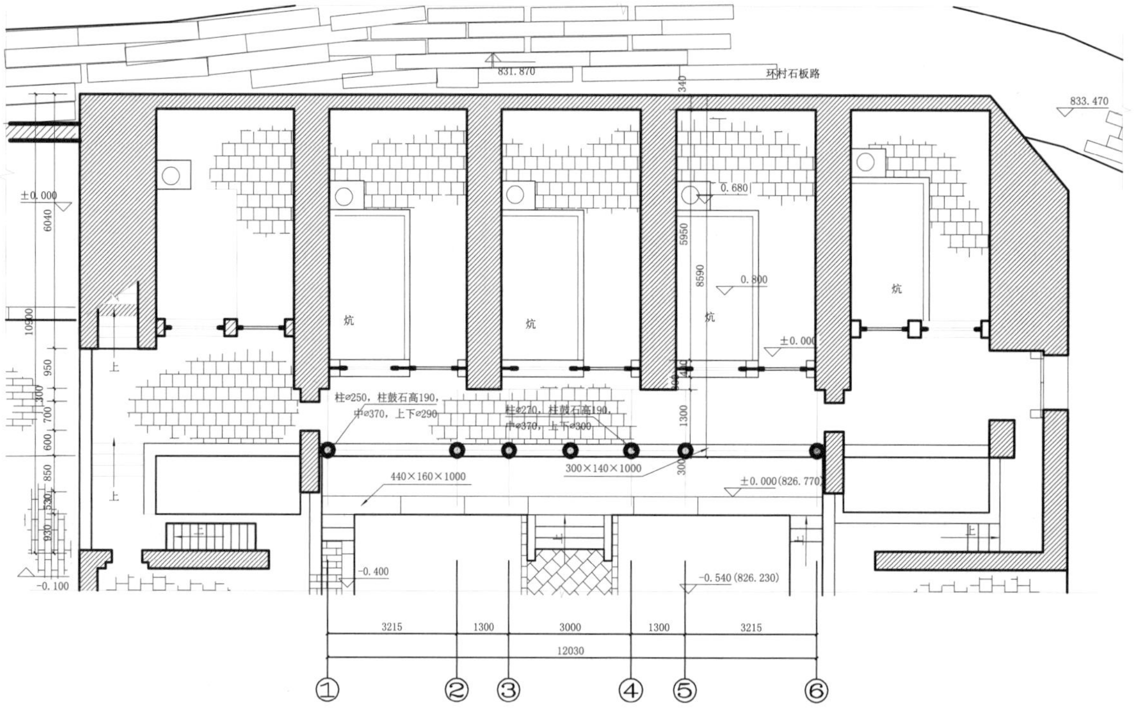

正房位于院落东北部，为面阔五间的两层砖券窑洞。该建筑保存较完整，无结构性破坏。二层前廊不存，仅剩原梁在前檐墙上的残孔。本次主要任务是针对二层插廊的恢复，进行详细勘察。

竹苞院正房修缮设计二层平面图　0　1　2　3　4　5米

四一　竹苞院正房二层平面图

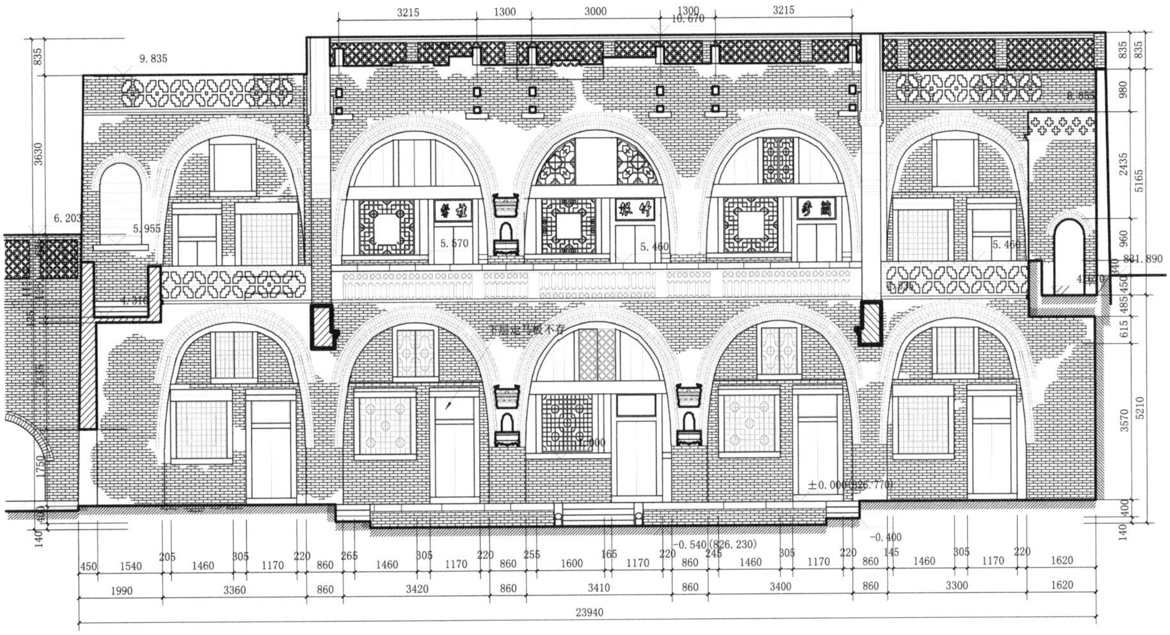

勘察说明：
1. 二层板门及一层走马板丢失。
2. 二层窗心不存。规制与下层窗棂一致。

竹苞院正房勘察实测立面图

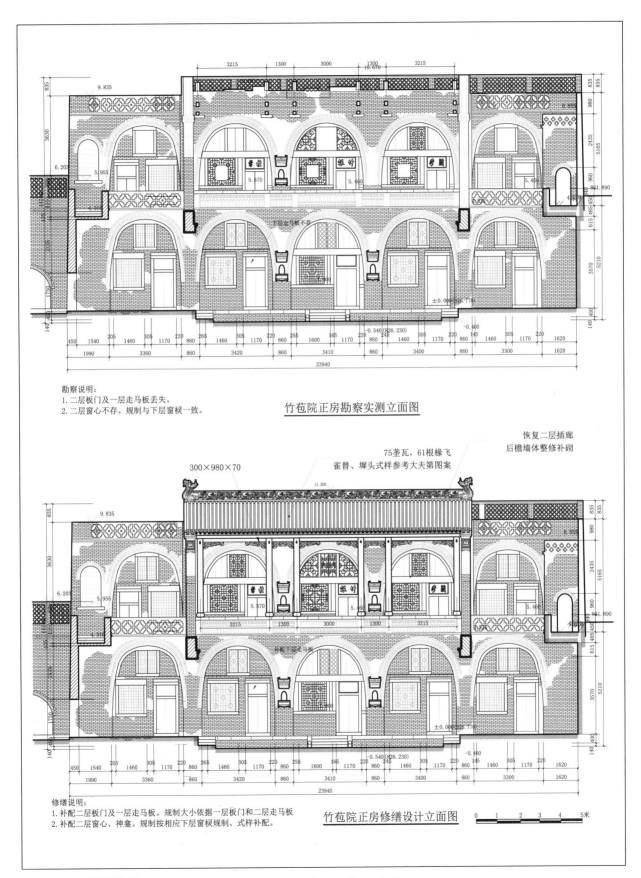

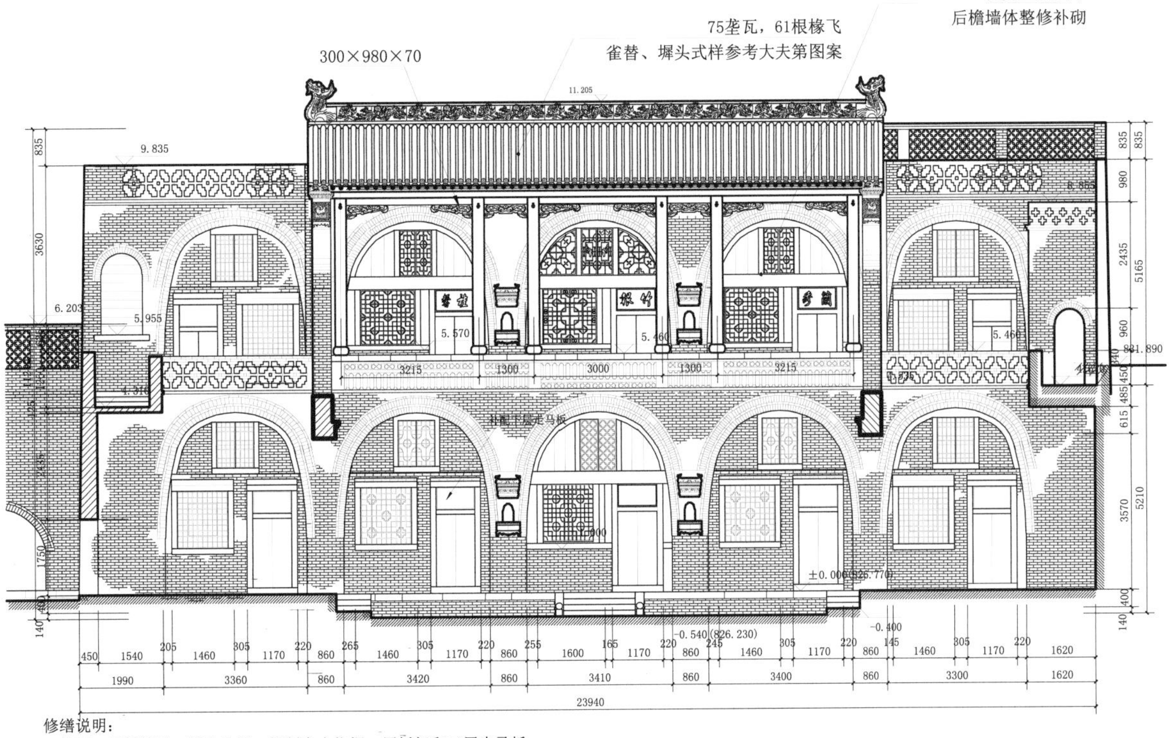

修缮说明：
1. 补配二层板门及一层走马板。规制大小依据一层板门和二层走马板
2. 补配二层窗心、神龛。规制按相应下层窗棂规制、式样补配。

竹苞院正房修缮设计立面图

0 1 2 3 4 5米

四二　竹苞院正房立面图

竹苞院正房勘察实测1-1剖面图
依据残留砖洞恢复檩枋
插廊恢复
竹苞院正房修缮设计1-1剖面图
捉节夹垄
掺灰泥坐瓦，厚度随屋面囊度，平均厚度80～120毫米
青灰背厚20毫米
苫掺灰泥背，平均厚120毫米
望板安装并进行防腐处理，抹护板灰一层厚15毫米
椽径90
每缝之间设4根拉杆椽
ø16铁件上下穿透，
出头部位内侧放置石块120厚*500长*宽200四块
柱侧角30
0 1 2 3米

四三　竹苞院正房剖面图

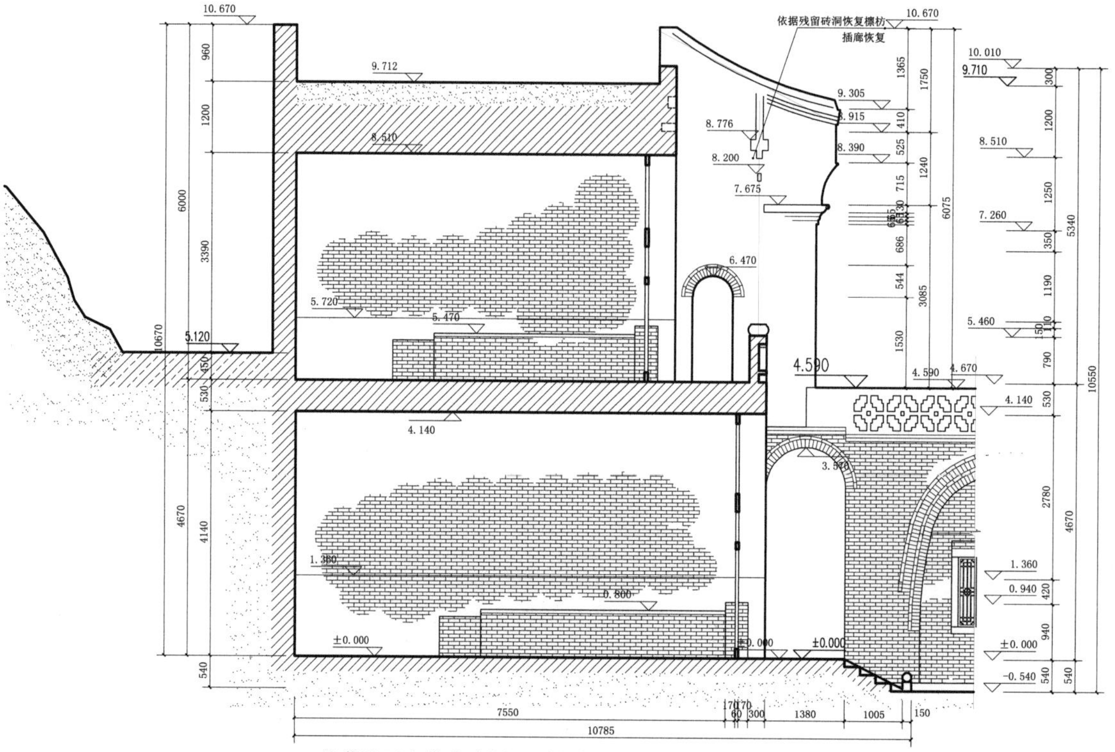

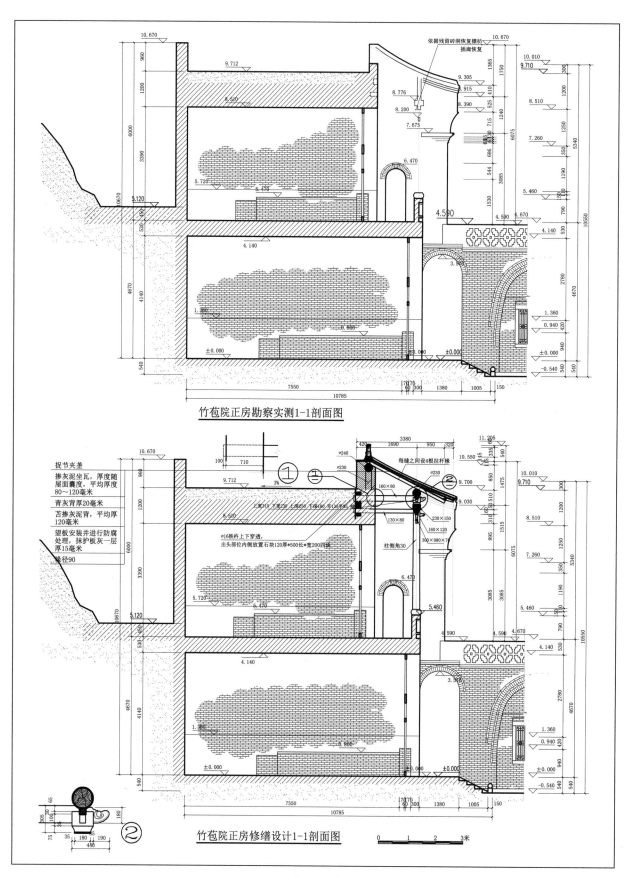

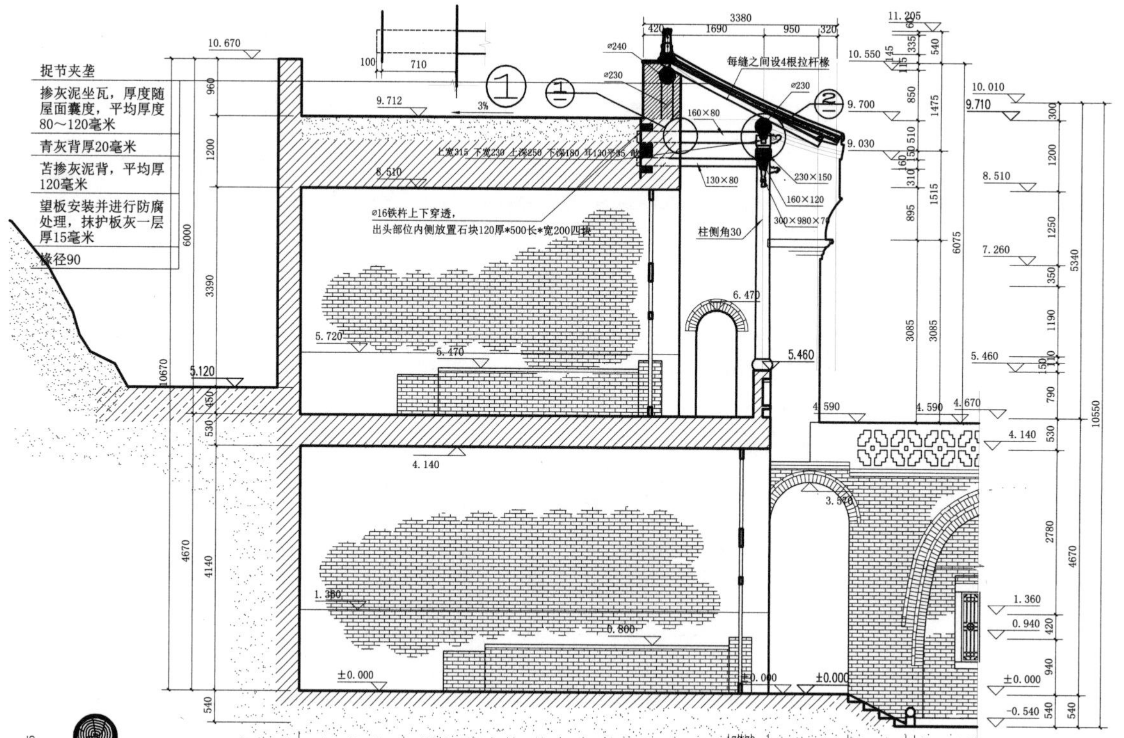

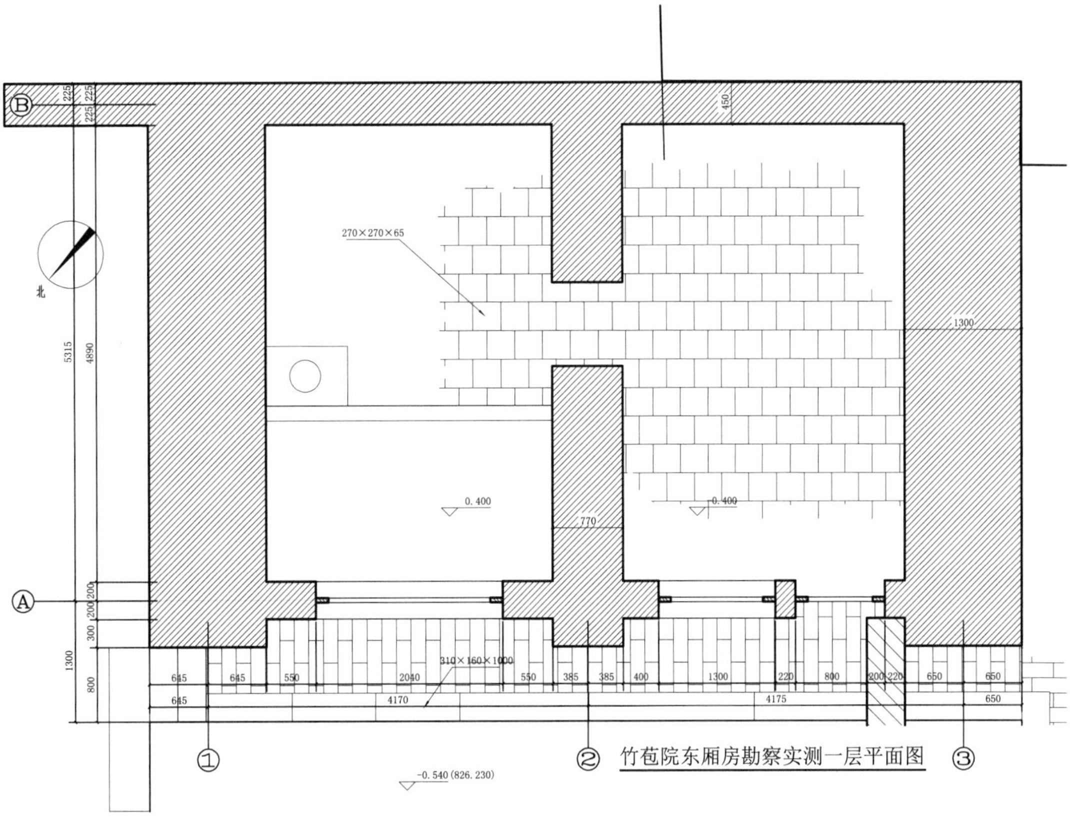

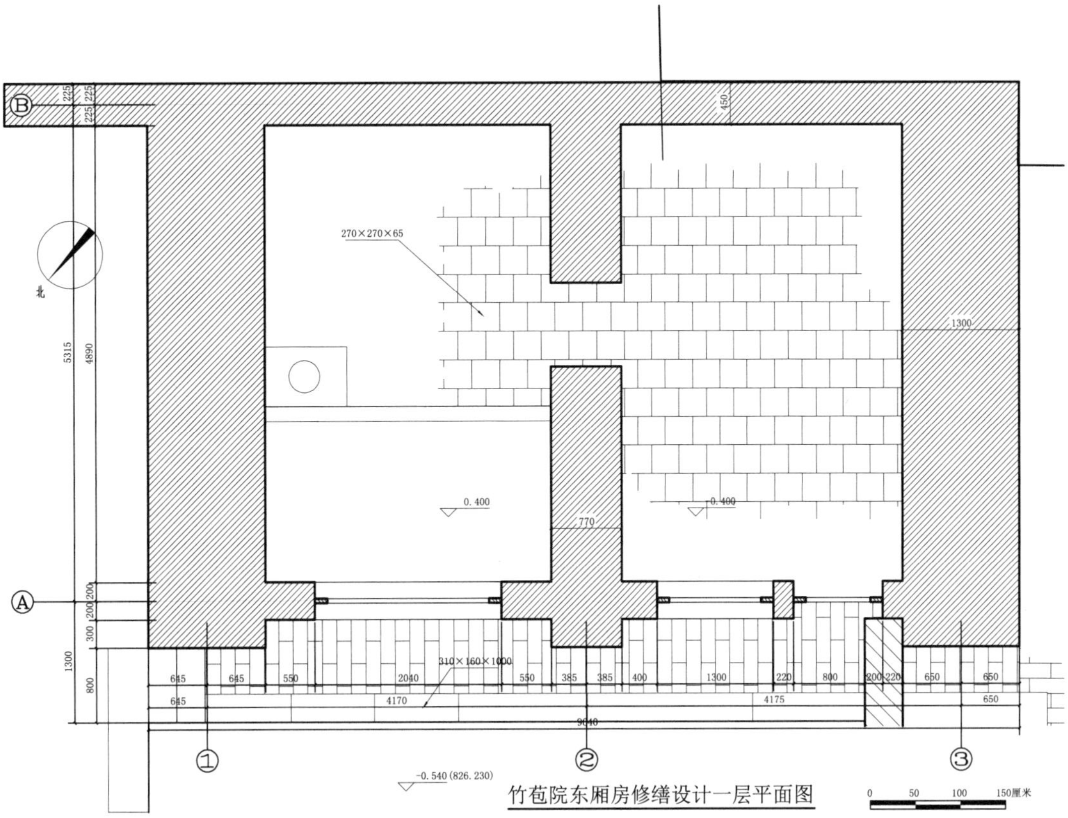

四四　竹苞院东厢房一层平面图

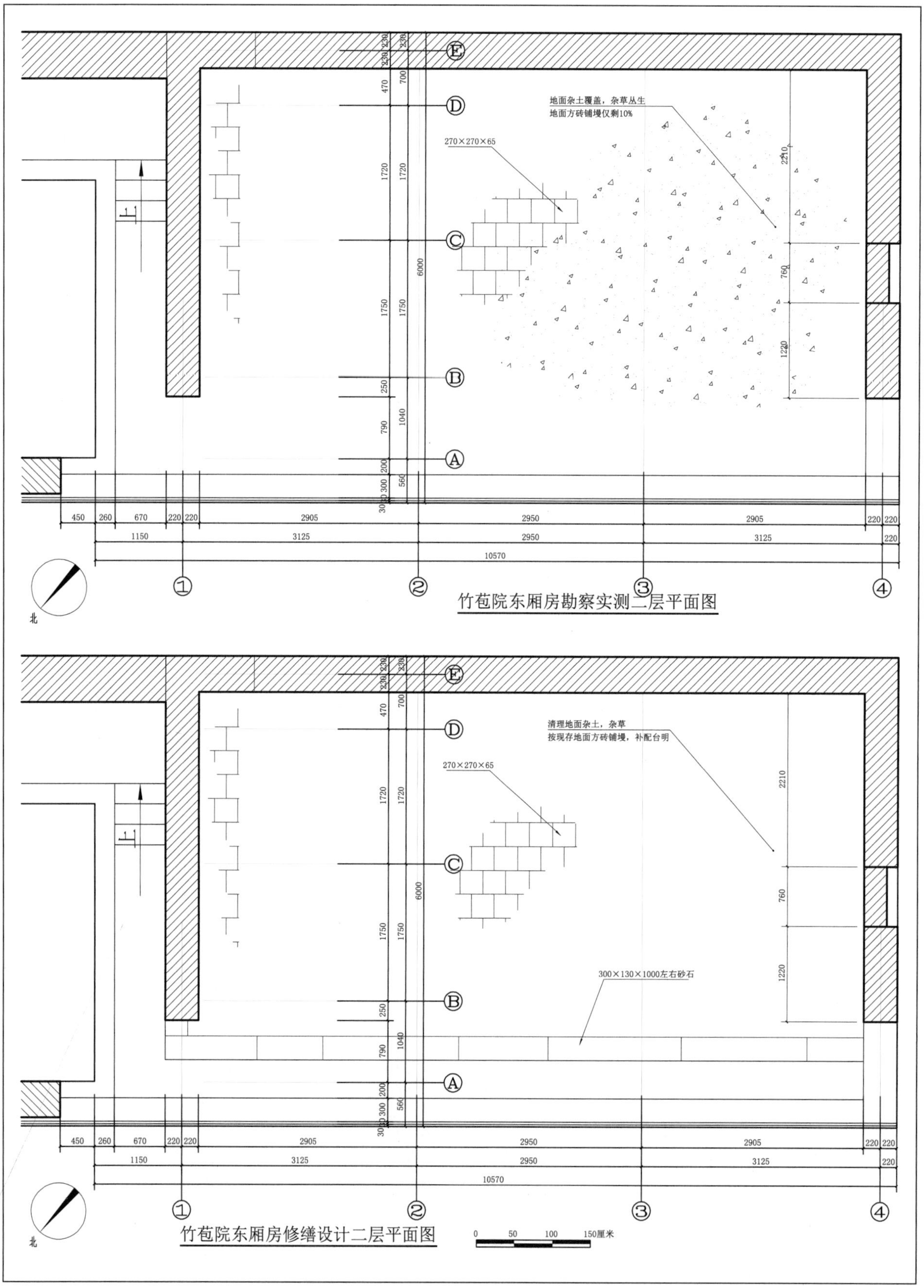
地面杂土覆盖，杂草丛生
地面方砖铺墁仅剩10%
270×270×65
上
北
450 260 670 220 220 2905 2950 2905 220 220
1150 3125 2950 3125 220
10570
竹苞院东厢房勘察实测二层平面图
清理地面杂土，杂草
按现存地面方砖铺墁，补配台明
270×270×65
300×130×1000左右砂石
竹苞院东厢房修缮设计二层平面图
0 50 100 150厘米

四五　竹苞院东厢房二层平面图

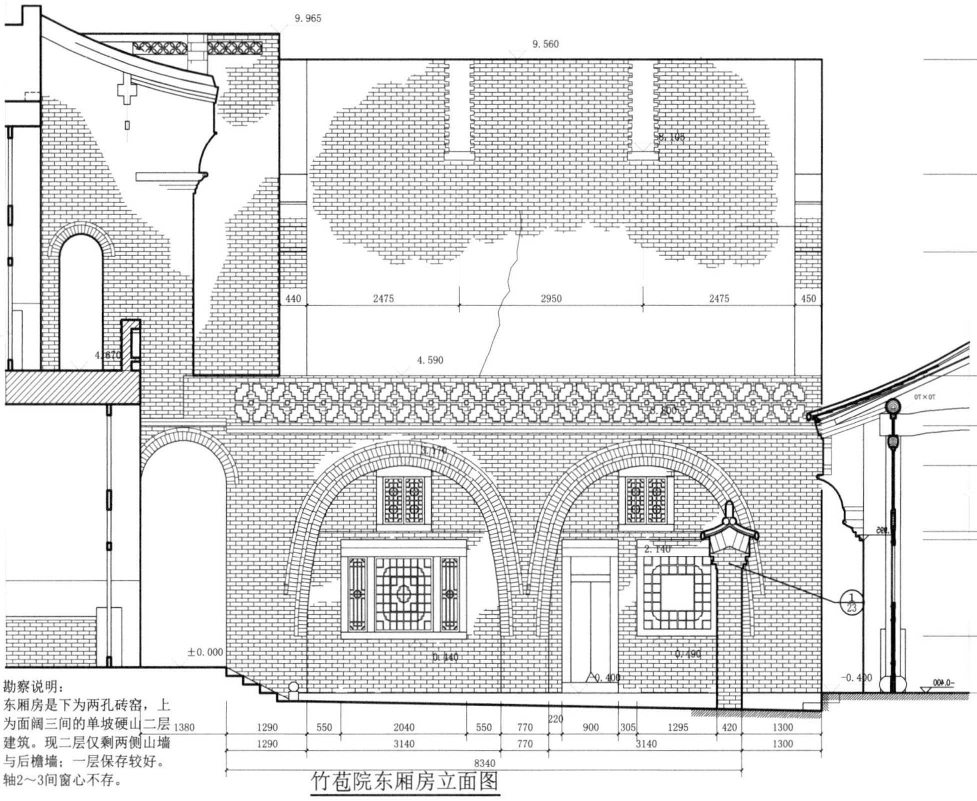
9.965
9.560
4.590
勘察说明：
东厢房是下为两孔砖窑，上为面阔三间的单坡硬山二层建筑。现二层仅剩两侧山墙与后檐墙；一层保存较好。轴2～3间窗心不存。
竹苞院东厢房立面图

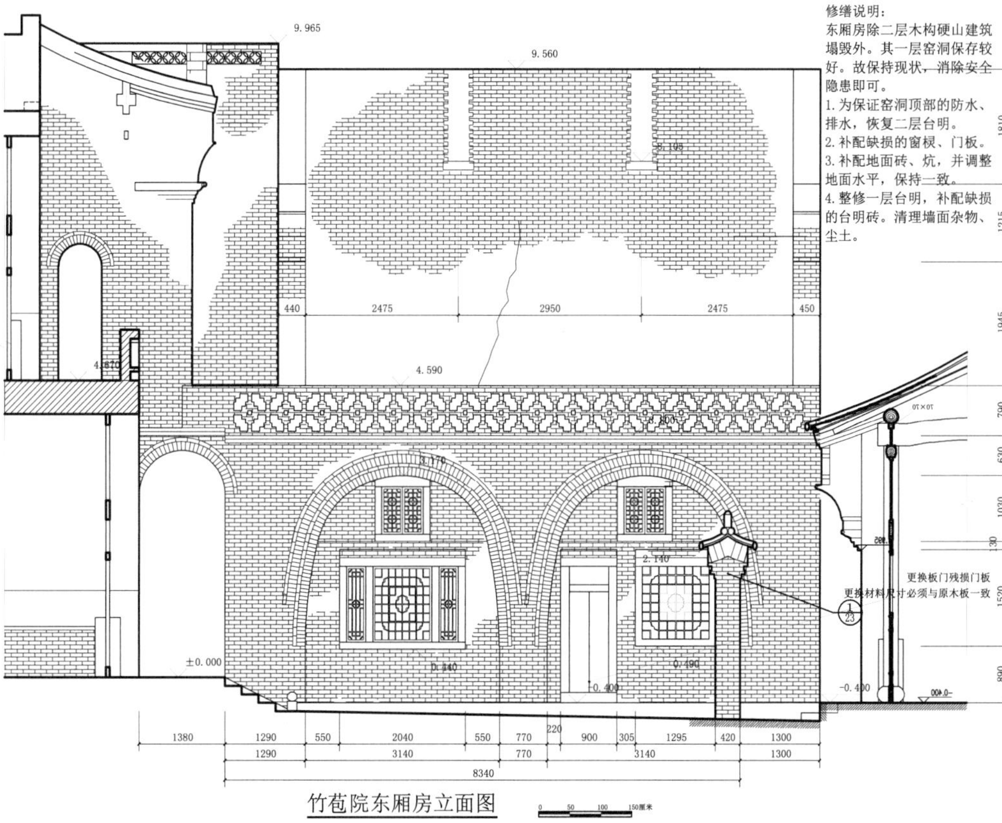
9.965
9.560
4.590
修缮说明：
东厢房除二层木构硬山建筑塌毁外。其一层窑洞保存较好。故保持现状，消除安全隐患即可。
1. 为保证窑洞顶部的防水、排水，恢复二层台明。
2. 补配缺损的窗棂、门板。
3. 补配地面砖、炕，并调整地面水平，保持一致。
4. 整修一层台明，补配缺损的台明砖。清理墙面杂物、尘土。
更换板门残损门板
更换材料尺寸必须与原木板一致
竹苞院东厢房立面图

四六　竹苞院东厢房立面图

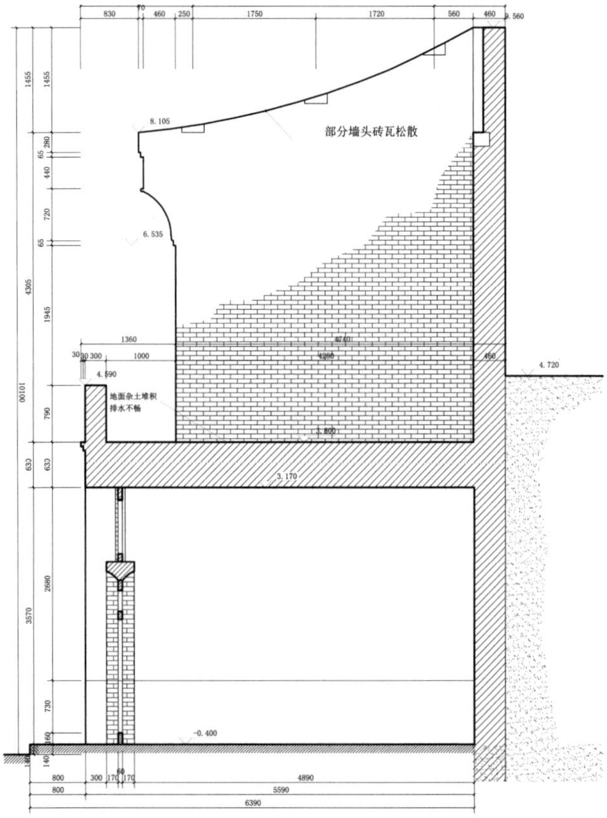

竹苞院东厢房勘察实测1-1剖面图

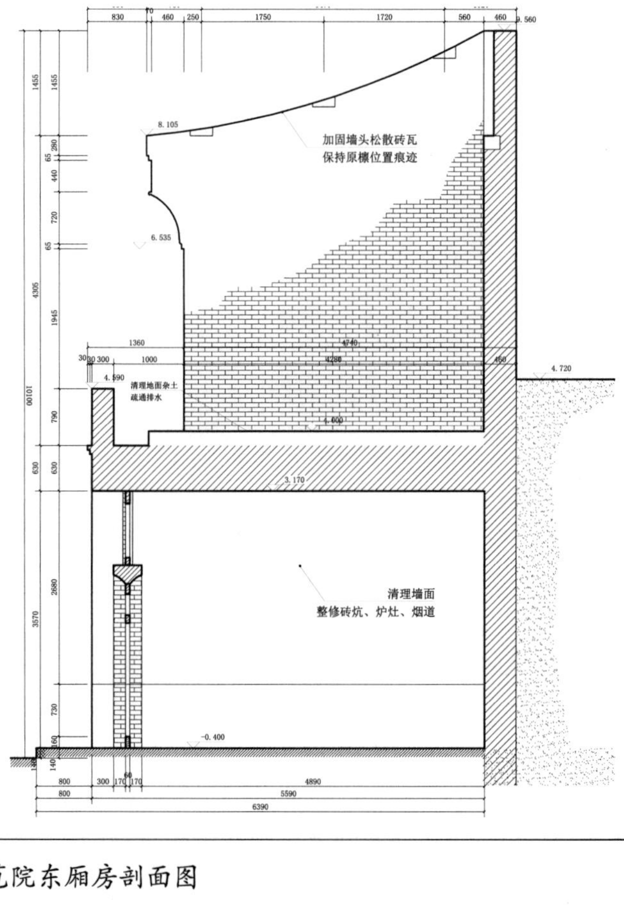

0 50 100 150厘米

竹苞院东厢房修缮设计1-1剖面图

四七　竹苞院东厢房剖面图

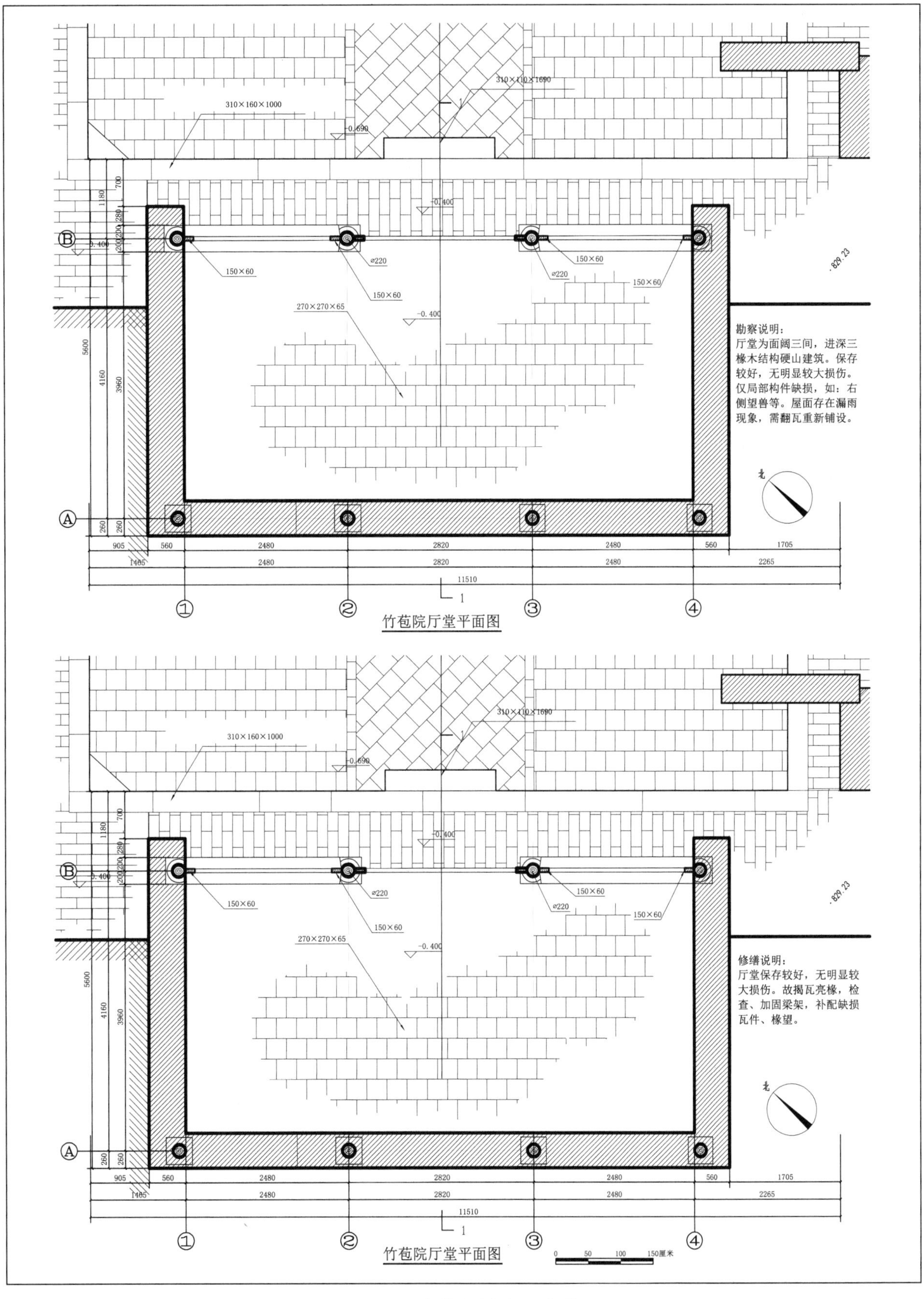

310×160×1000
310×110×1690
-0.690
-0.400
-0.400
150×60
ø220
270×270×65
829.23
勘察说明：
厅堂为面阔三间，进深三椽木结构硬山建筑。保存较好，无明显较大损伤。仅局部构件缺损，如：右侧望兽等。屋面存在漏雨现象，需翻瓦重新铺设。
905 560 2480 2820 2480 560 1705
1465 2480 2820 2480 2265
11510
5600 4160 3960 1180 700 280 260
竹苞院厅堂平面图
修缮说明：
厅堂保存较好，无明显较大损伤。故揭瓦亮椽，检查、加固梁架，补配缺损瓦件、椽望。
竹苞院厅堂平面图
0 50 100 150厘米

四八　竹苞院倒座平面图

410
2870
180
1030
7610
120
1000
290
6.510
6.050
瓦垄51
椽39根
3.640
2.280
2.220
0.600
-0.400
560
2480
2820
2480
560
8900
①
②
③
④
竹苞院厅堂立面图
揭瓦翻修屋面，补配缺损瓦件如望兽等
检查、加固椽、檩、梁等构件
0
50
100
150厘米

四九 竹苞院倒座立面图

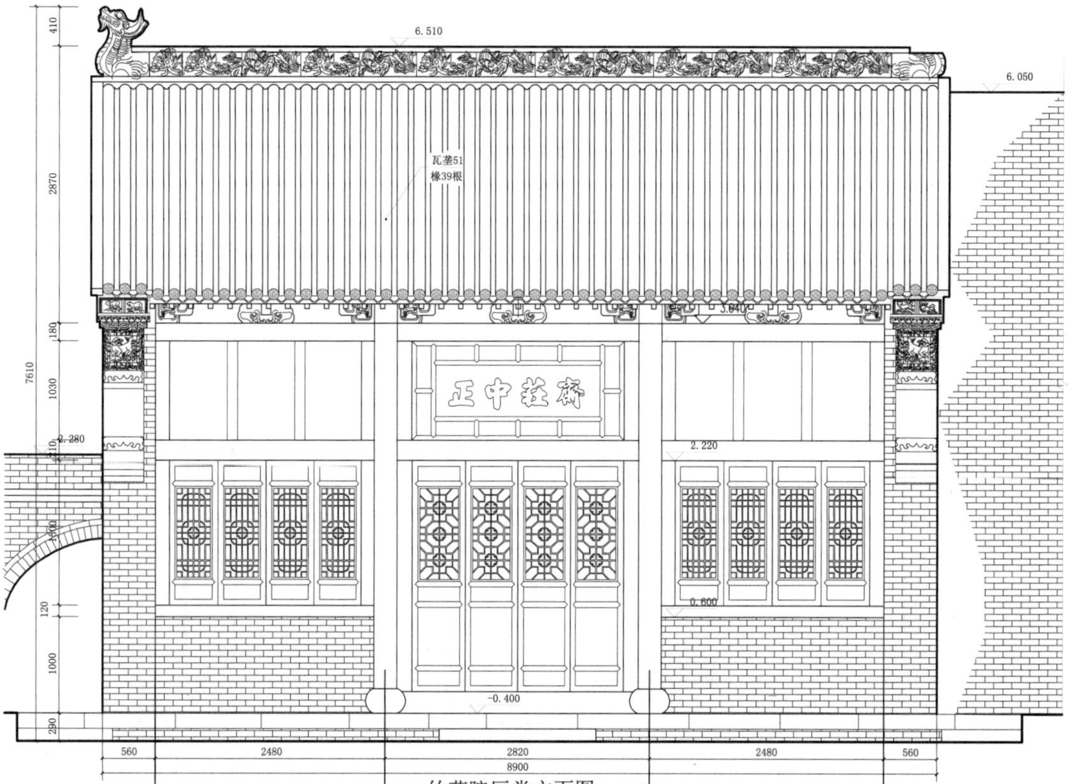

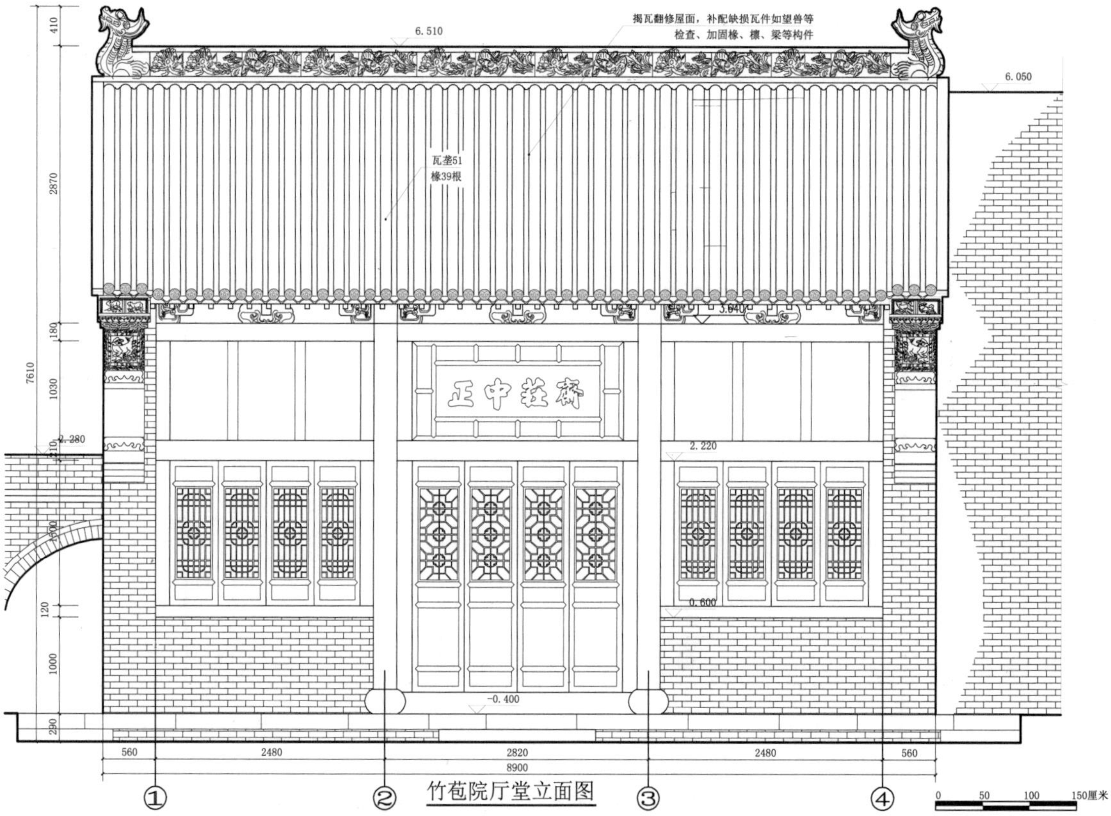

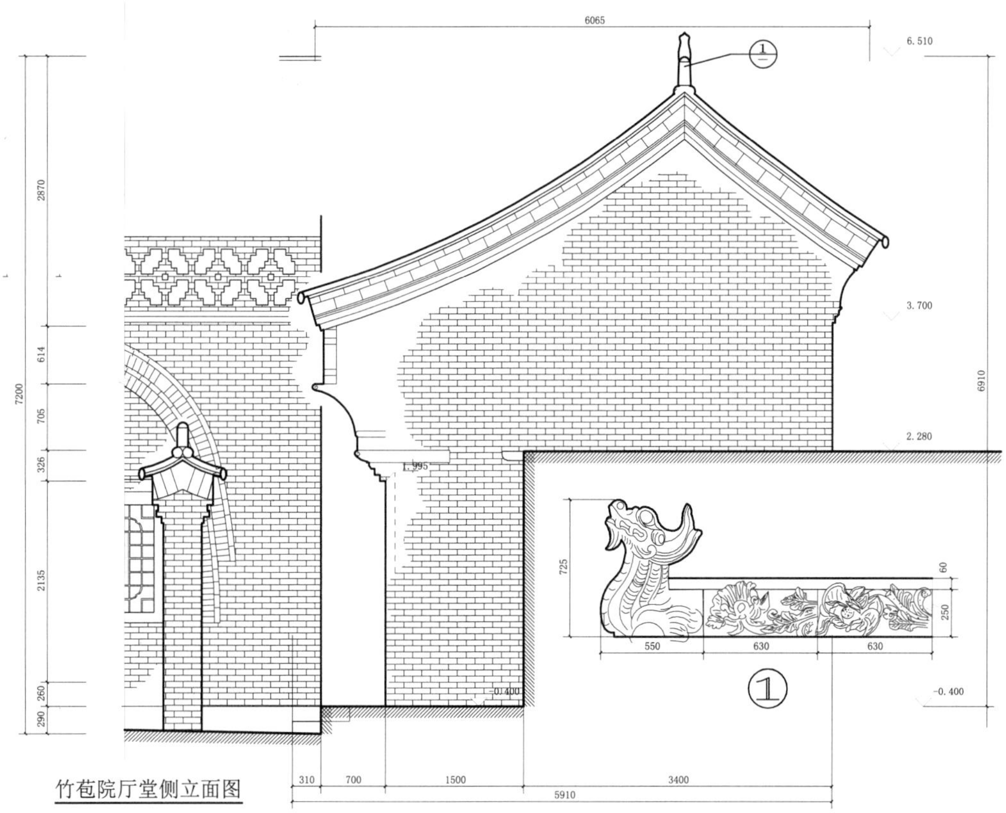

竹苞院厅堂侧立面图

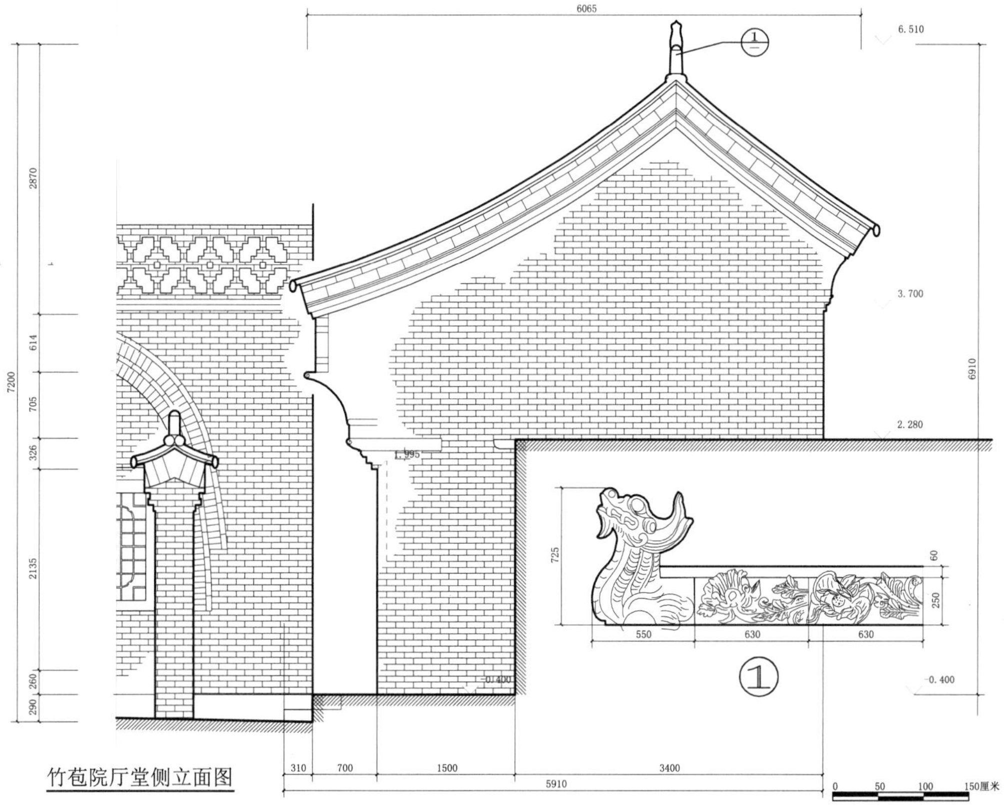

竹苞院厅堂侧立面图

五〇 竹苞院倒座侧立面图

捉节夹垄
掺灰泥坐瓦，厚度随屋面囊度，平均厚度80～120毫米
青灰背厚20毫米
苫掺灰泥背，平均厚120毫米
望板安装并进行防腐处理，抹护板灰一层厚15毫米
椽径90
青灰勾抿，局部砖药打点
地面十字错缝墁砖
掺灰泥坐底厚25
灰土夯实（一步）厚150
原土夯实
6065
4025
2040
6.510
5.820
4.850
3.700
2.280
1.995
0.600
−0.400
700×200×120
500×230×120
500×290×100
270×270×65
70×40
70×70
60×60
⌀220
⌀200
⌀300
⌀350
竹苞院厅堂1-1剖面图
0 50 100 150厘米

五一 竹苞院倒座剖面图

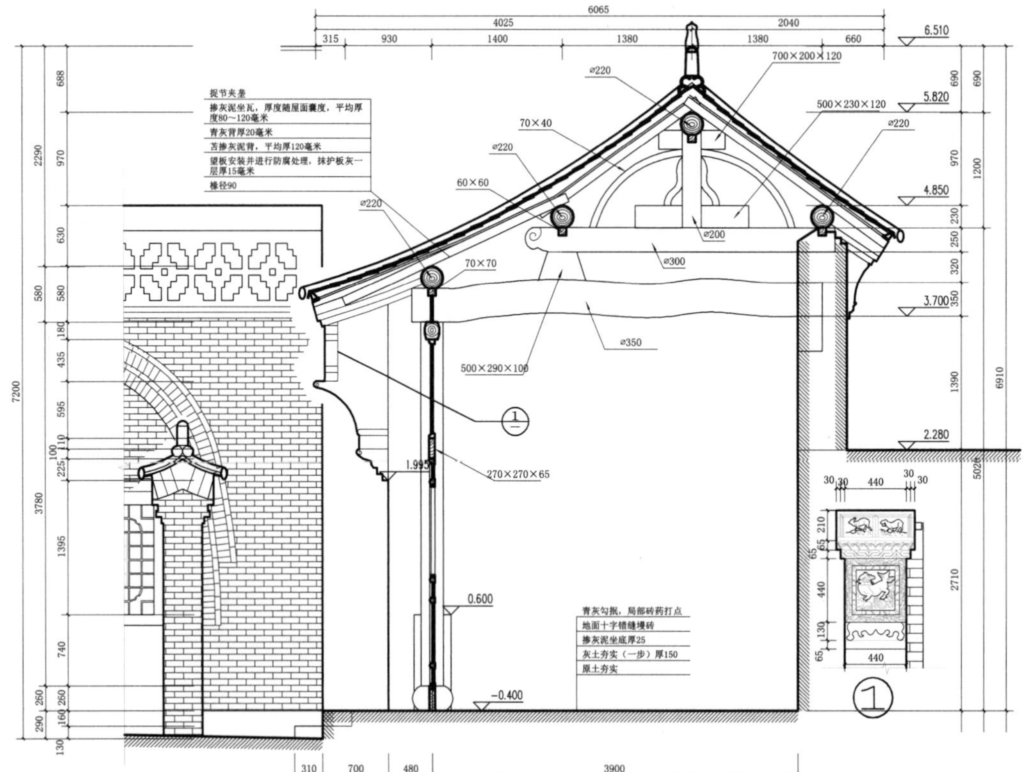

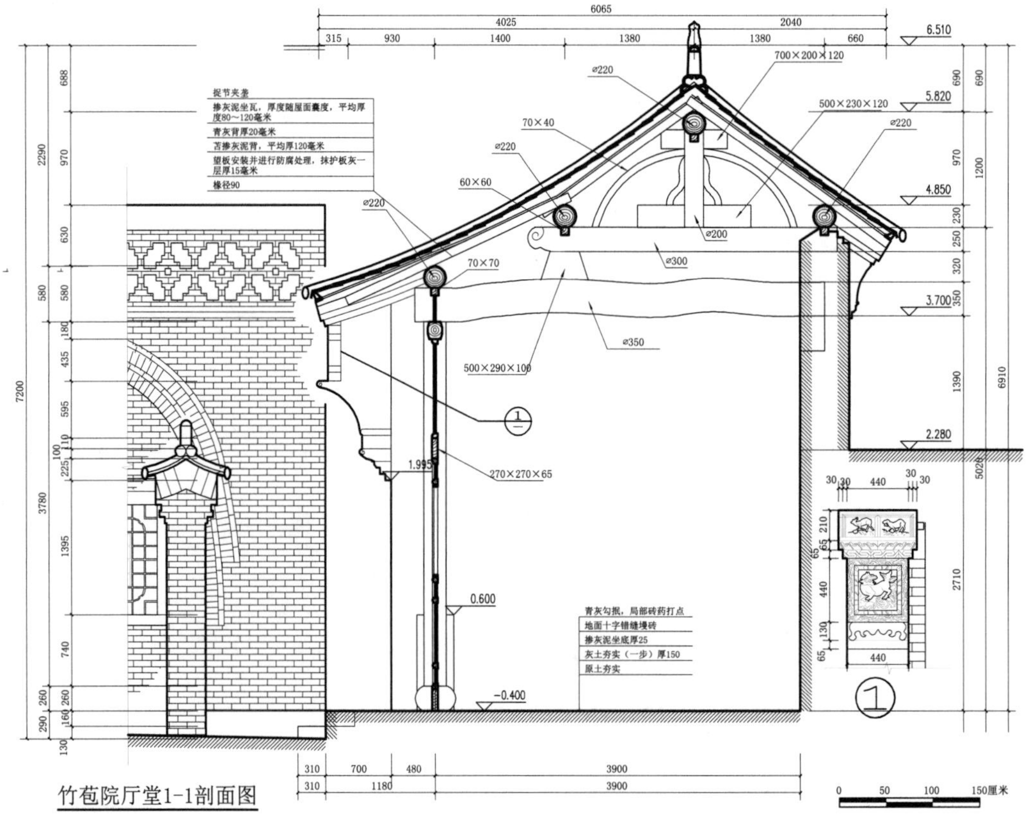

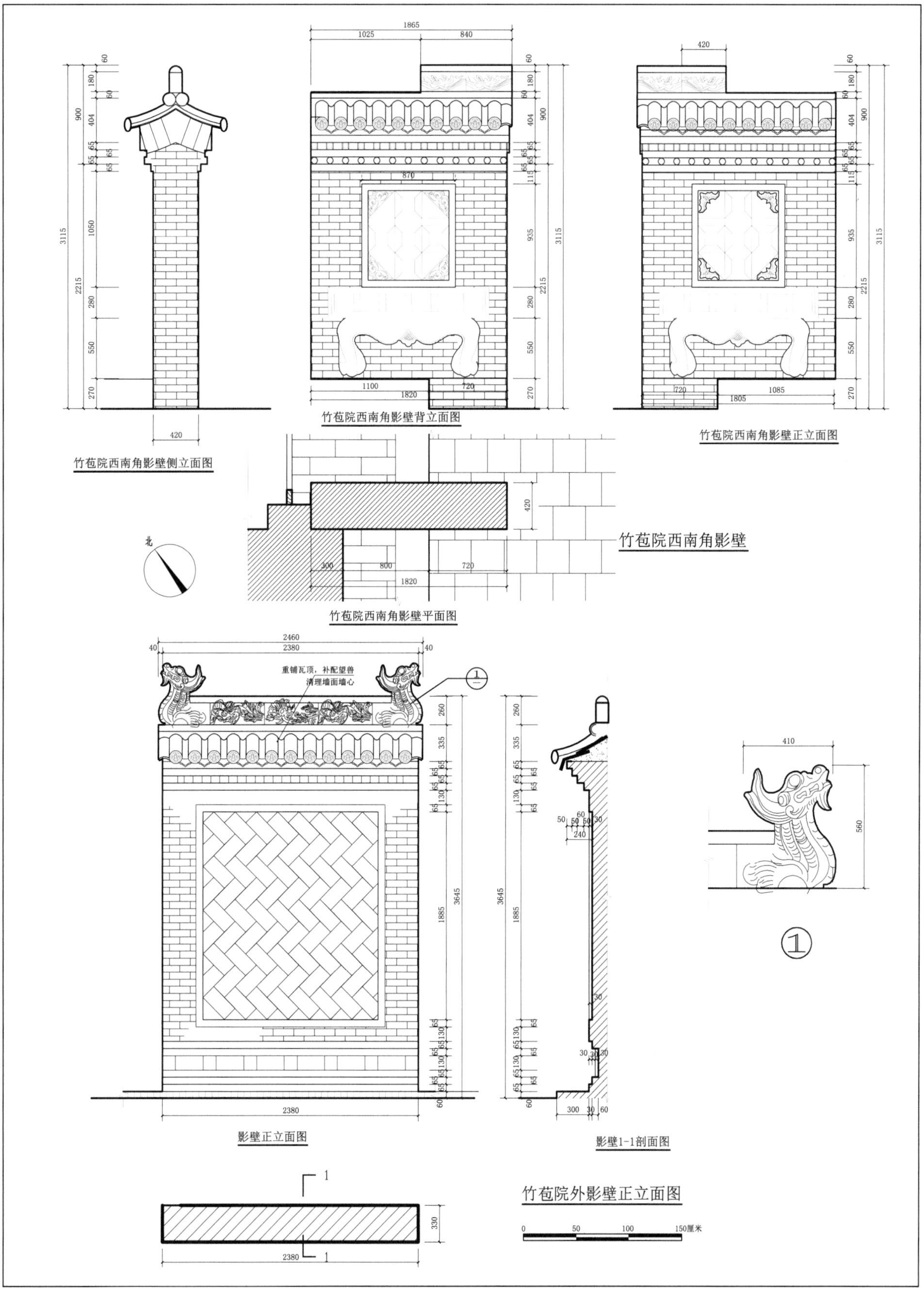
竹苞院西南角影壁侧立面图
竹苞院西南角影壁背立面图
竹苞院西南角影壁正立面图
竹苞院西南角影壁
竹苞院西南角影壁平面图
北
重铺瓦顶，补配望兽
清理墙面墙心
影壁正立面图
影壁1-1剖面图
竹苞院外影壁正立面图
0 50 100 150厘米
①

五二　竹苞院影壁大样图

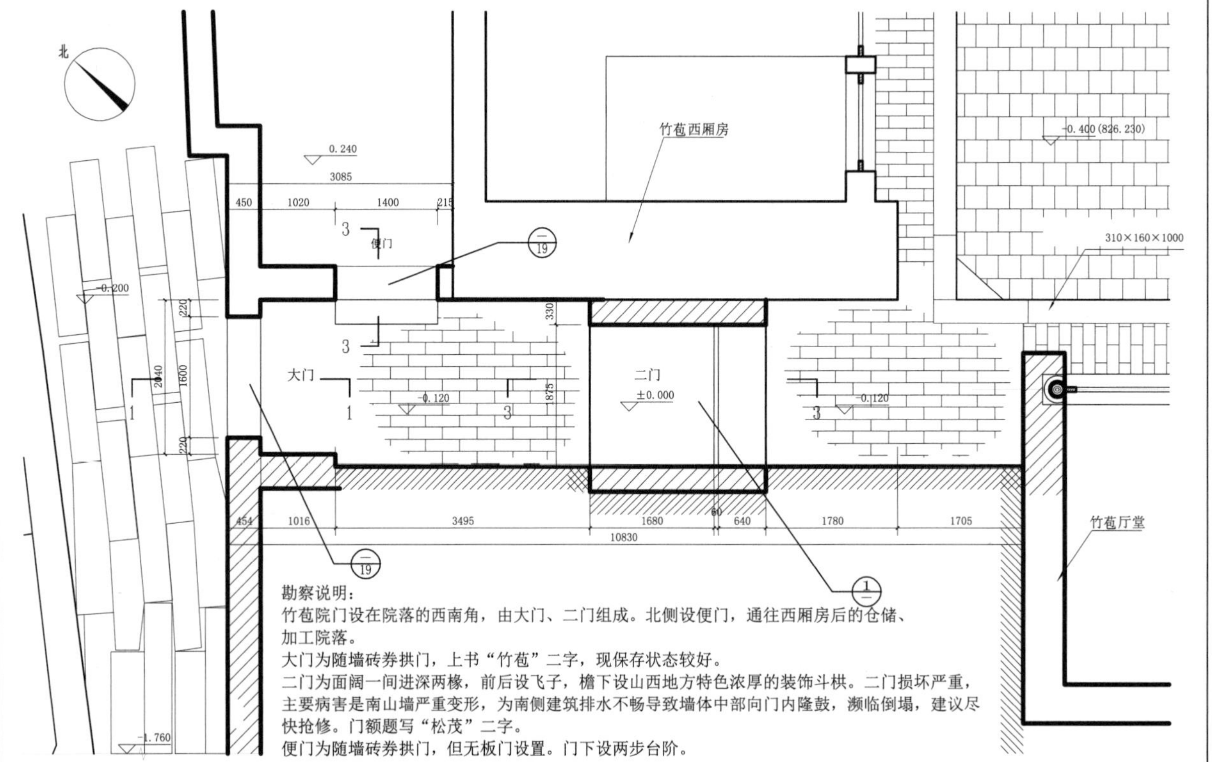
北
竹苞西厢房
-0.400(826.230)
0.240
3085
450 1020 1400 215
便门
310×160×1000
-0.200
大门
二门
±0.000
-0.120
-0.120
454 1016 3495 1680 60 640 1780 1705
10830
竹苞厅堂
-1.760
勘察说明：
竹苞院门设在院落的西南角，由大门、二门组成。北侧设便门，通往西厢房后的仓储、加工院落。
大门为随墙砖券拱门，上书“竹苞”二字，现保存状态较好。
二门为面阔一间进深两椽，前后设飞子，檐下设山西地方特色浓厚的装饰斗栱。二门损坏严重，主要病害是南山墙严重变形，为南侧建筑排水不畅导致墙体中部向门内隆鼓，濒临倒塌，建议尽快抢修。门额题写“松茂”二字。
便门为随墙砖券拱门，但无板门设置。门下设两步台阶。

竹苞院大门、二门、便门勘察实测平面图

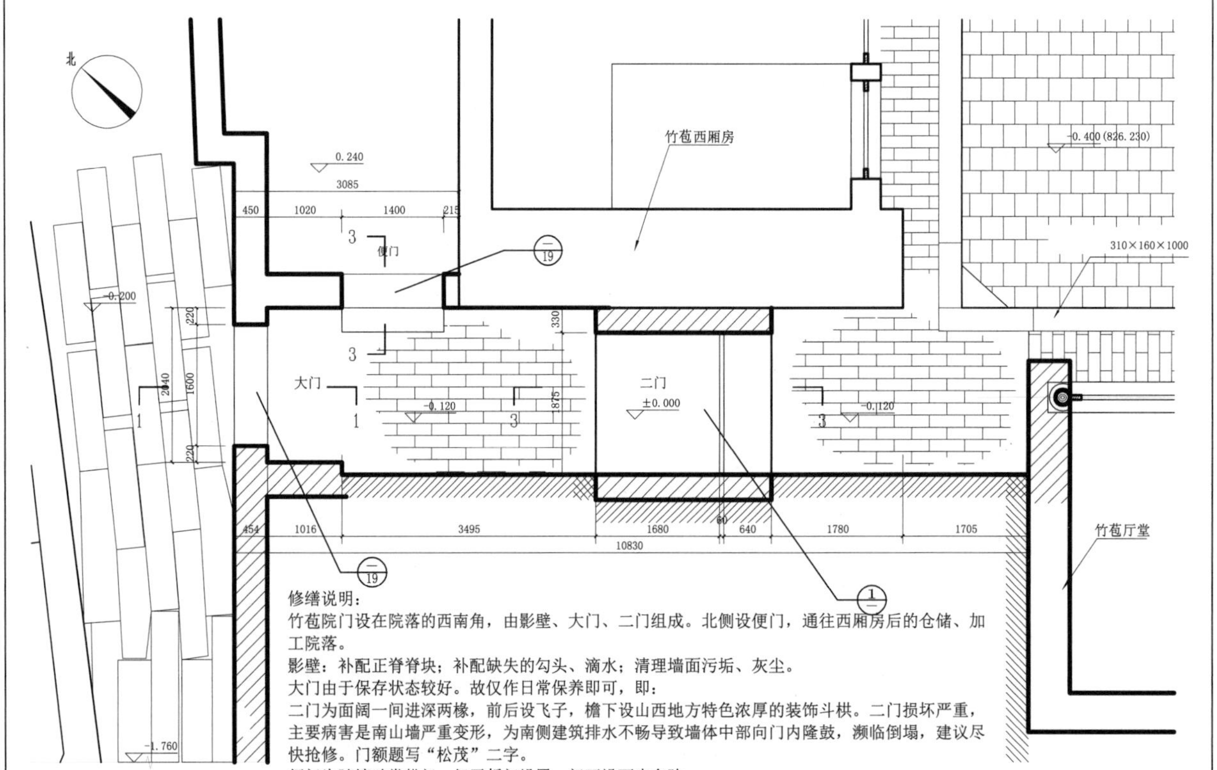
北
竹苞西厢房
-0.400(826.230)
0.240
3085
450 1020 1400 215
便门
310×160×1000
-0.200
大门
二门
±0.000
-0.120
-0.120
454 1016 3495 1680 60 640 1780 1705
10830
竹苞厅堂
-1.760
修缮说明：
竹苞院门设在院落的西南角，由影壁、大门、二门组成。北侧设便门，通往西厢房后的仓储、加工院落。
影壁：补配正脊脊块；补配缺失的勾头、滴水；清理墙面污垢、灰尘。
大门由于保存状态较好。故仅作日常保养即可，即：
二门为面阔一间进深两椽，前后设飞子，檐下设山西地方特色浓厚的装饰斗栱。二门损坏严重，主要病害是南山墙严重变形，为南侧建筑排水不畅导致墙体中部向门内隆鼓，濒临倒塌，建议尽快抢修。门额题写“松茂”二字。
便门为随墙砖券拱门，但无板门设置。门下设两步台阶。

竹苞院大门、二门、便门修缮设计平面图

五三　竹苞院大门二门平面图

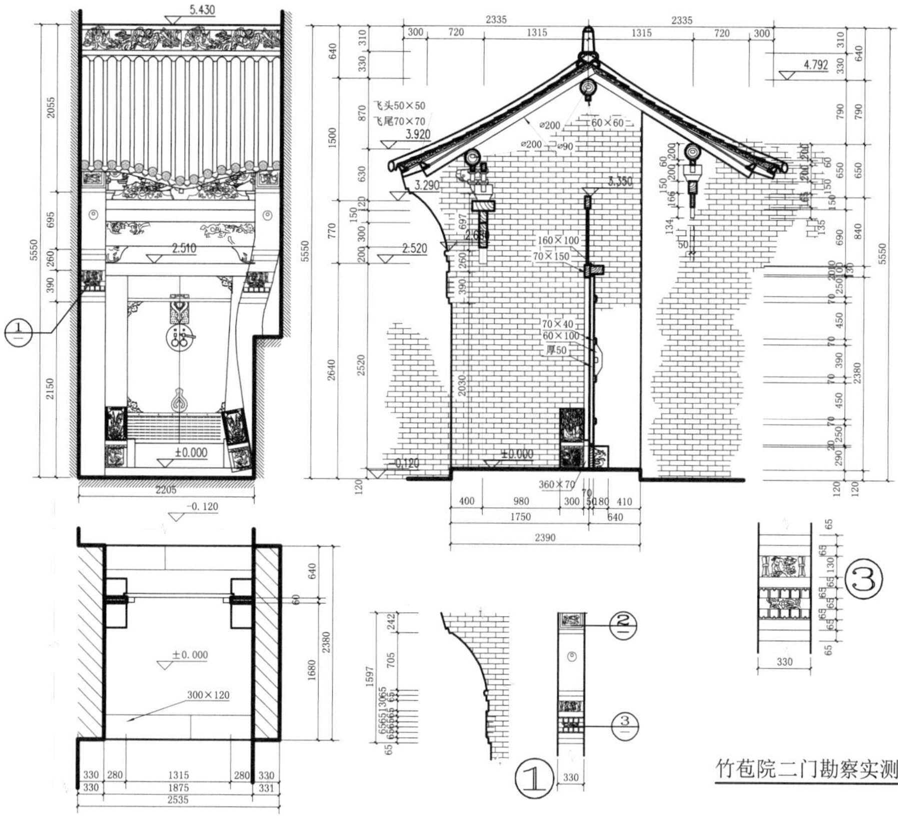

勘察说明：

其建筑年代与院落为同时期作品，即清中后期。

二门是这组院落建筑中急需抢修的建筑。破损严重。

南山墙呈“s”型，前檐屋面濒临坍塌。除前檐阑额上所挂木雕缺损严重外，其余构件均保存完好。

残损原因：1. 屋面漏雨严重，缺乏日常保养。

2. 南山墙的走闪，应该与南侧建筑的山墙走闪的原因一致，但从外表上却未看到其走闪。可能原因应是后人补砌墙体掩盖所致，故修缮时应继续探查。总之，存在水平推力，造成墙体走闪。

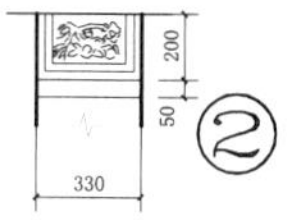

竹苞院二门勘察实测平立剖面图

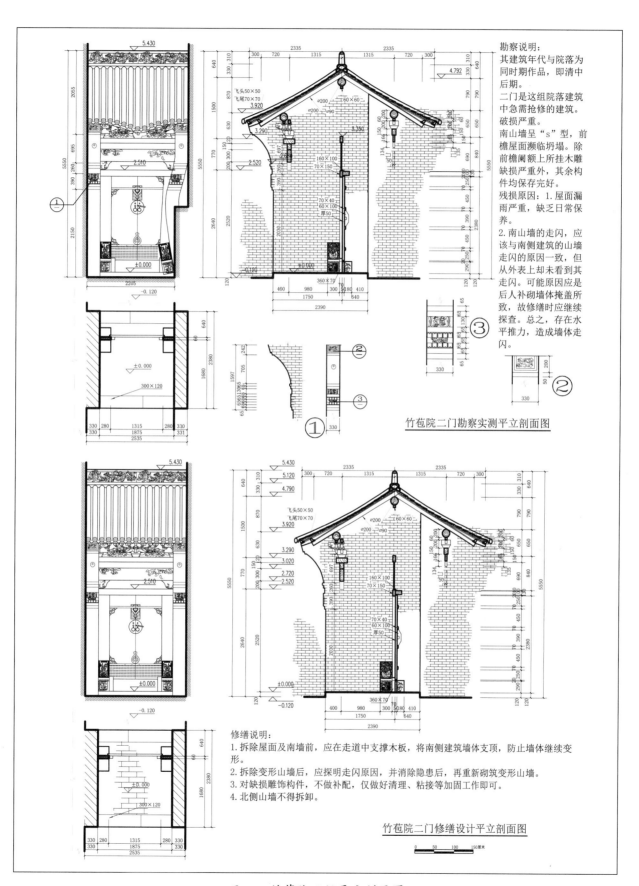

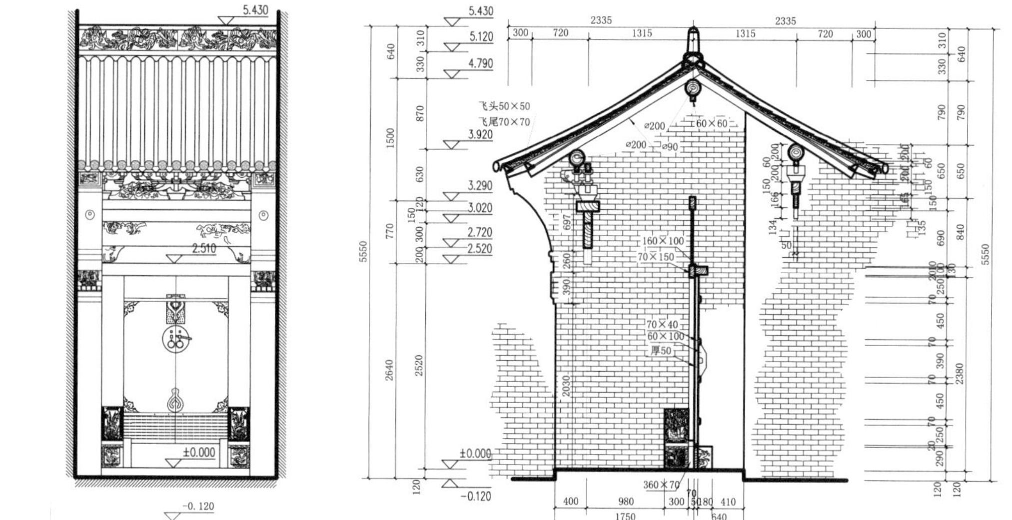

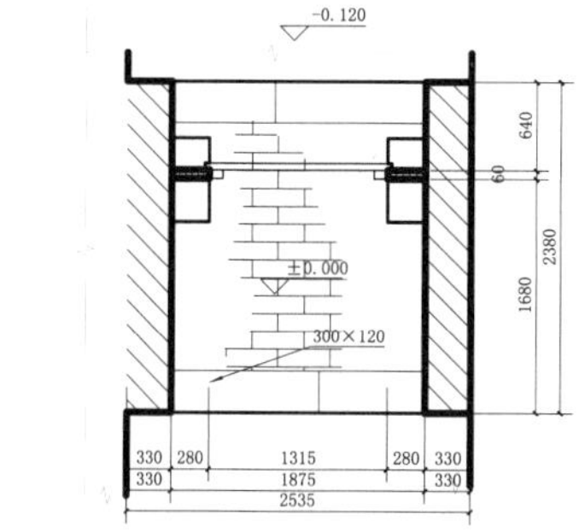

修缮说明：

1. 拆除屋面及南墙前，应在走道中支撑木板，将南侧建筑墙体支顶，防止墙体继续变形。
2. 拆除变形山墙后，应探明走闪原因，并消除隐患后，再重新砌筑变形山墙。
3. 对缺损雕饰构件，不做补配，仅做好清理、粘接等加固工作即可。
4. 北侧山墙不得拆卸。

竹苞院二门修缮设计平立剖面图

五四　竹苞院二门平立剖面图

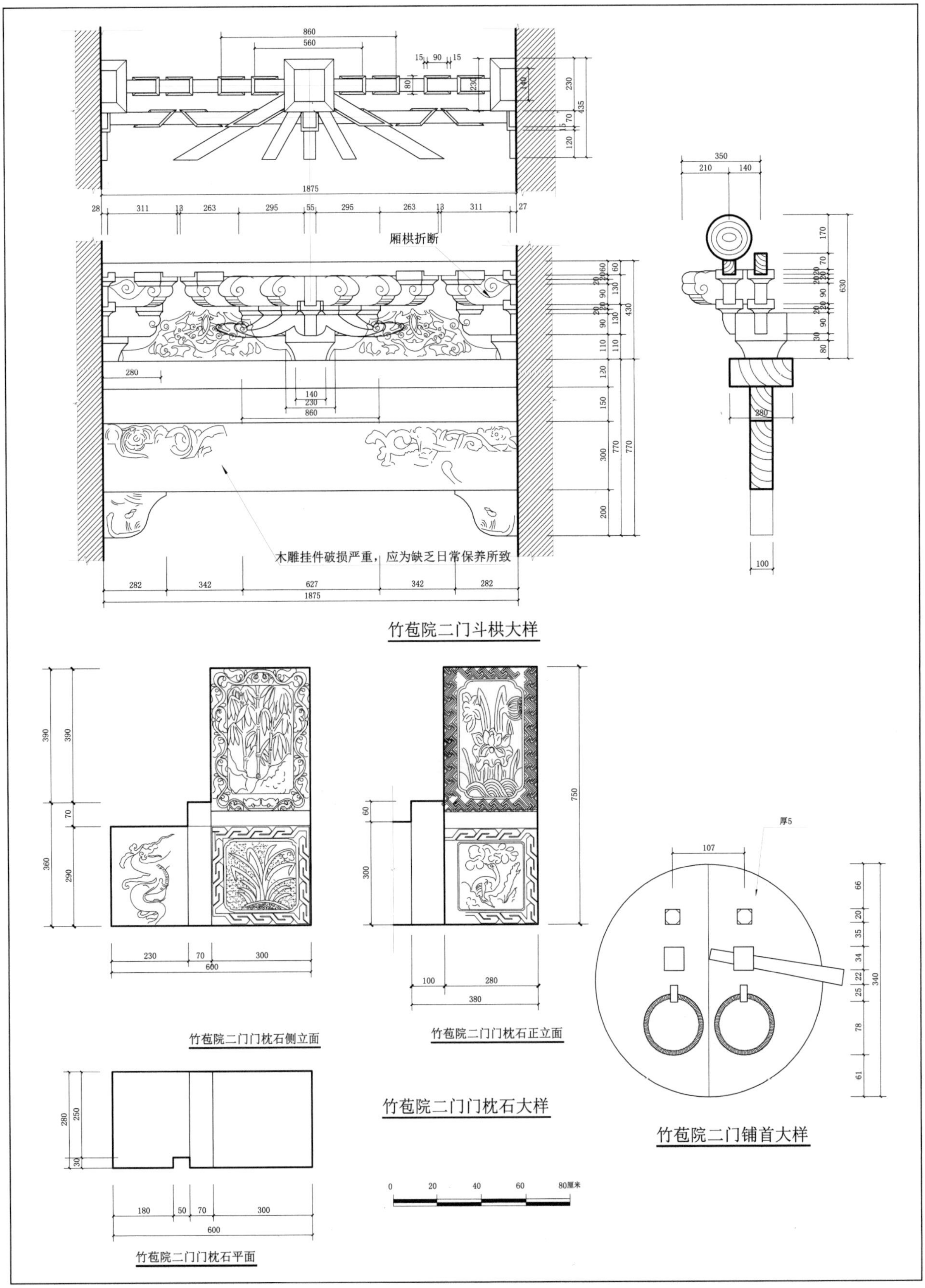
厢栱折断
木雕挂件破损严重，应为缺乏日常保养所致
竹苞院二门斗栱大样
竹苞院二门门枕石侧立面
竹苞院二门门枕石正立面
竹苞院二门门枕石大样
厚5
竹苞院二门铺首大样
竹苞院二门门枕石平面
0 20 40 60 80厘米

五五　竹苞院二门大样图

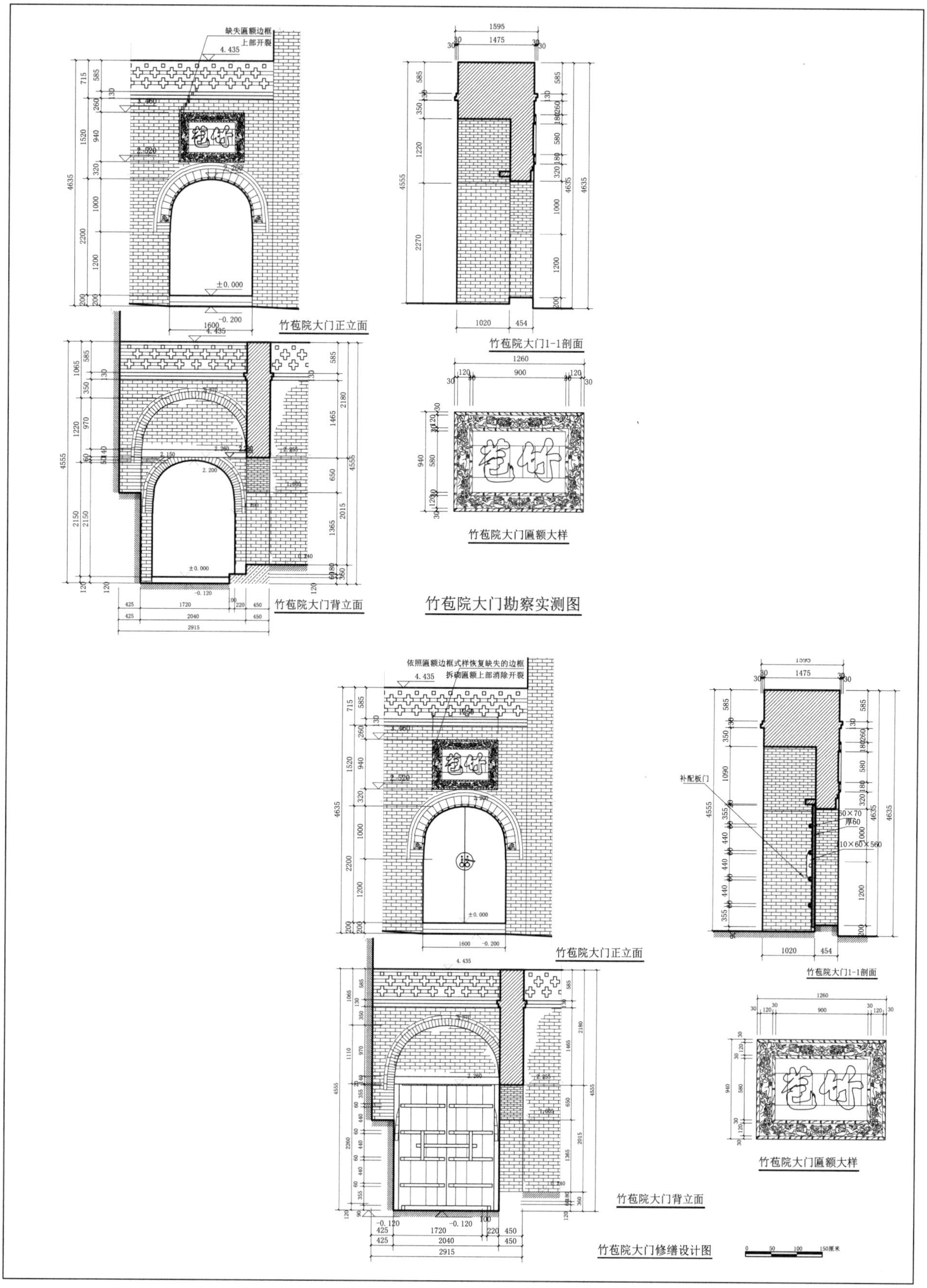
缺失匾额边框
上部开裂
竹苞院大门正立面
竹苞院大门1-1剖面
竹苞院大门匾额大样
竹苞院大门背立面
竹苞院大门勘察实测图
依照匾额边框式样恢复缺失的边框
拆砌匾额上部消除开裂
补配板门
竹苞院大门正立面
竹苞院大门1-1剖面
竹苞院大门匾额大样
竹苞院大门背立面
竹苞院大门修缮设计图
150厘米

五六　竹苞院大门大样图

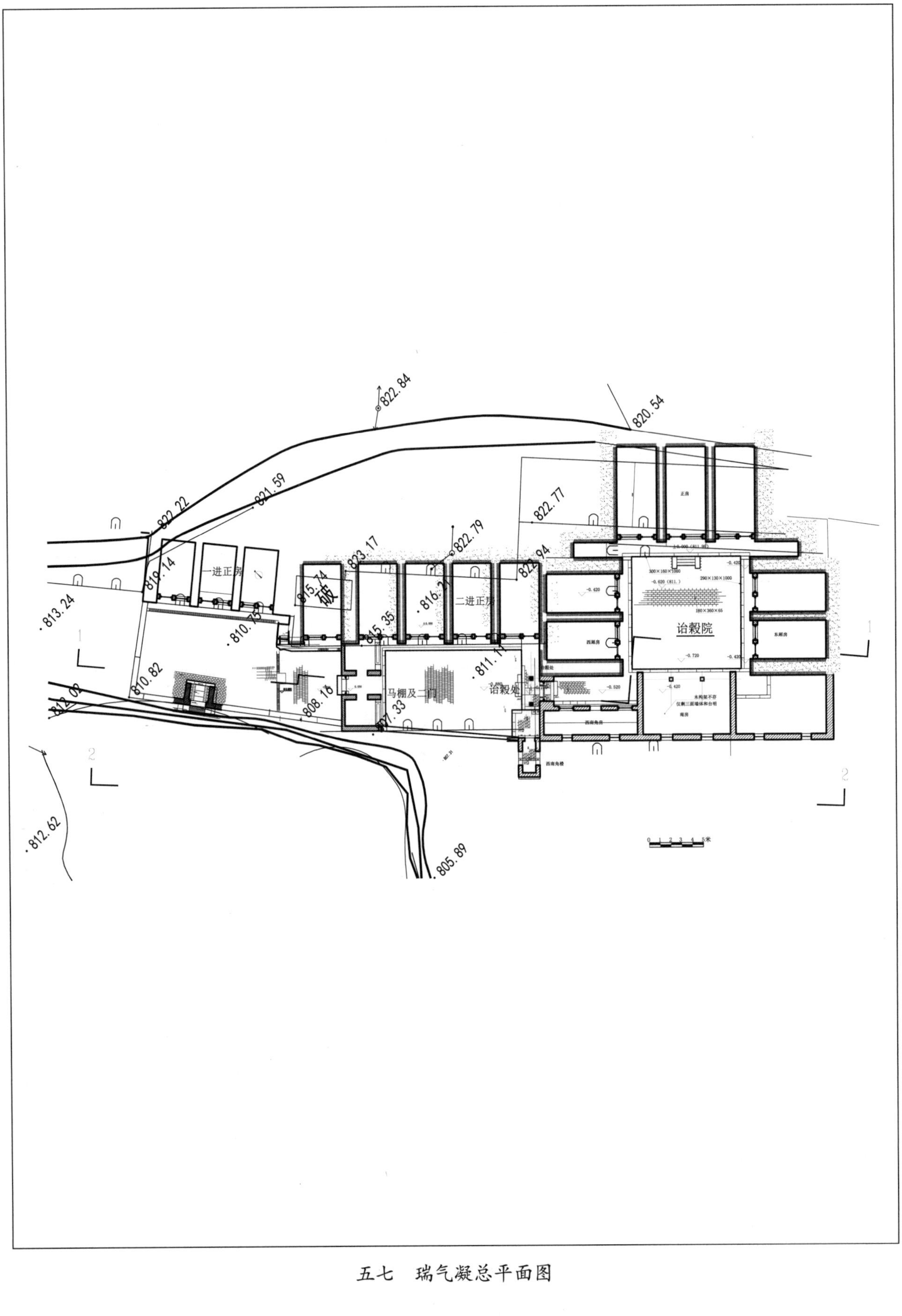
822.84
820.54
822.22
821.59
822.77
823.17
822.79
813.24
810.75
810.82
812.62
805.89
815.35
808.18
一进正房
二进正房
马棚及二门
诒穀处
诒穀院

五七　瑞气凝总平面图

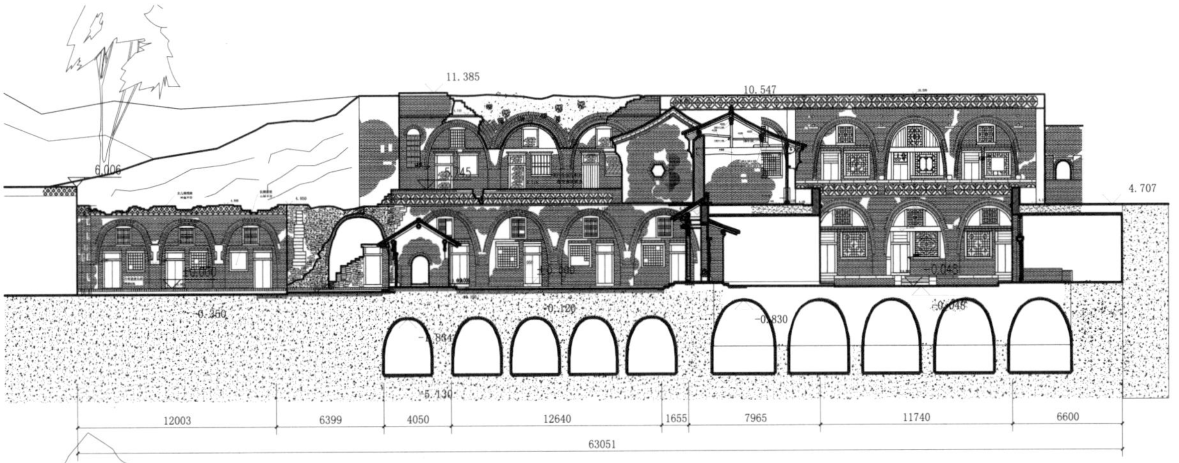

11.385
10.547
6.006
4.707
-0.260
-0.120
-0.830
5.130
12003
6399
4050
12640
1655
7965
11740
6600
63051
瑞气凝院勘察实测纵剖面图
11.355
11.645
10.590
8.740
4.880
-0.380
-0.150
-0.620
12003
6399
4050
12640
1655
7965
11740
6600
63051
瑞气凝院修缮设计纵剖面图
0 1 2 3 4 5米

五八　瑞气凝纵剖面图

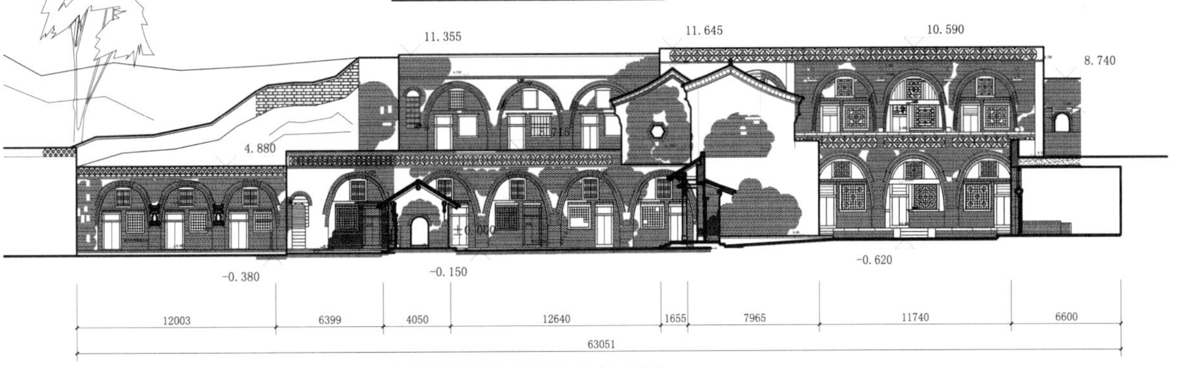

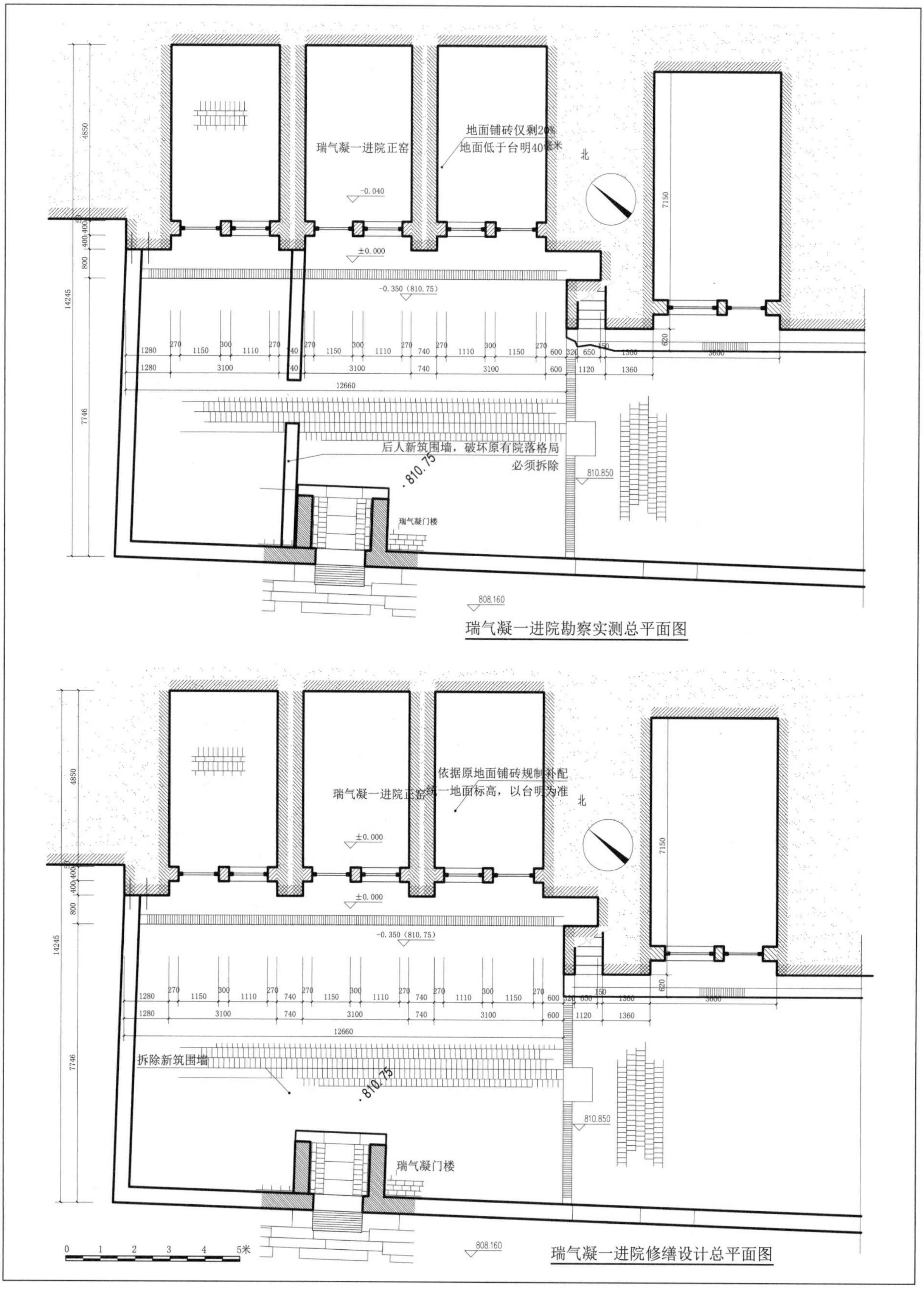
瑞气凝一进院正窑
地面铺砖仅剩20%
地面低于台明40毫米
北
后人新筑围墙，破坏原有院落格局
必须拆除
瑞气凝门楼
瑞气凝一进院勘察实测总平面图
依据原地面铺砖规制补配
统一地面标高，以台明为准
拆除新筑围墙
瑞气凝一进院修缮设计总平面图
0 1 2 3 4 5米

五九　一进院正房平面图

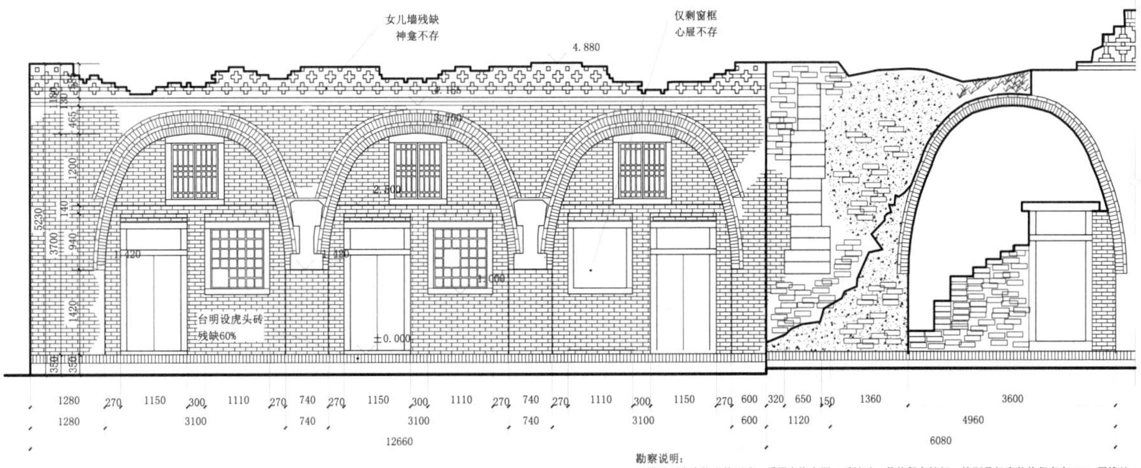

勘察说明：
一进院正房为依山体而建，采用先掏窑洞，后裱砖。整体保存较好，特别是门窗装修保存有80%。屋檐处的女儿墙残损较大，但仍能看出原规制。室内地面铺砖保存较差，仅剩20%。

瑞气凝一进院正房勘察实测立面图

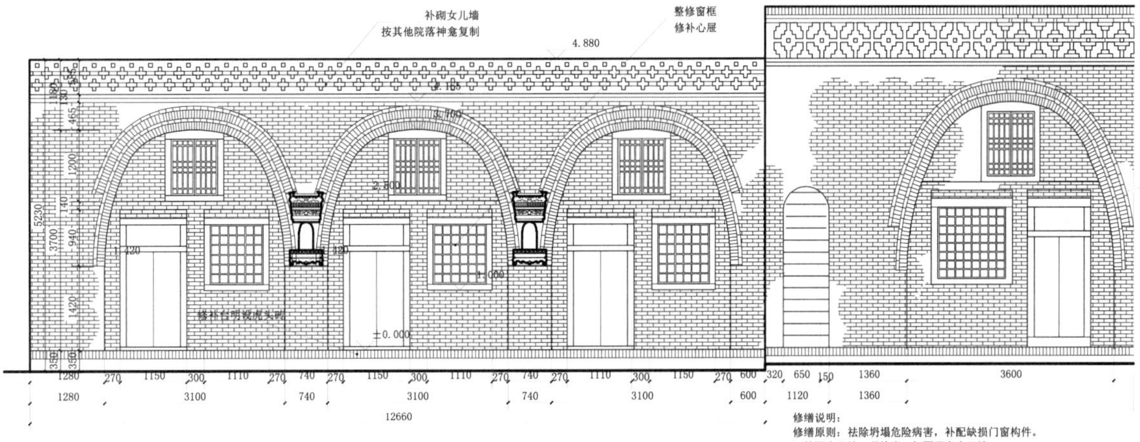

修缮说明：
修缮原则：祛除坍塌危险病害，补配缺损门窗构件。
1. 补配女儿墙，并检查、加固现存女儿墙。
2. 补配门窗，修整台明，补配台明砖。
3. 补配神龛。
4. 一进院落地面根据现存地面砖铺设规制补配，并对地面超平，保证坡度在1%，使排水通畅，清理排水口。

瑞气凝一进院正房修缮设计立面图

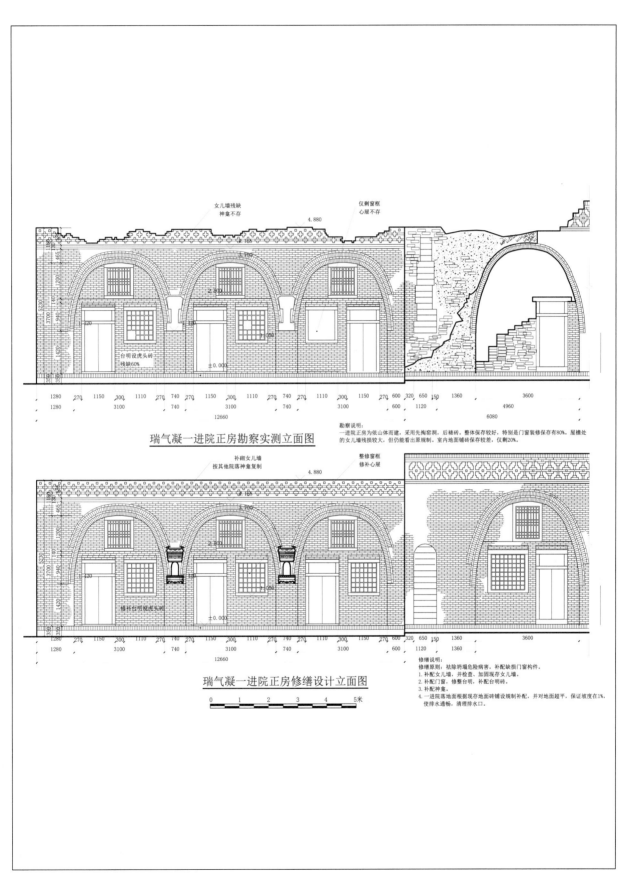

六〇　一进院正房立面图

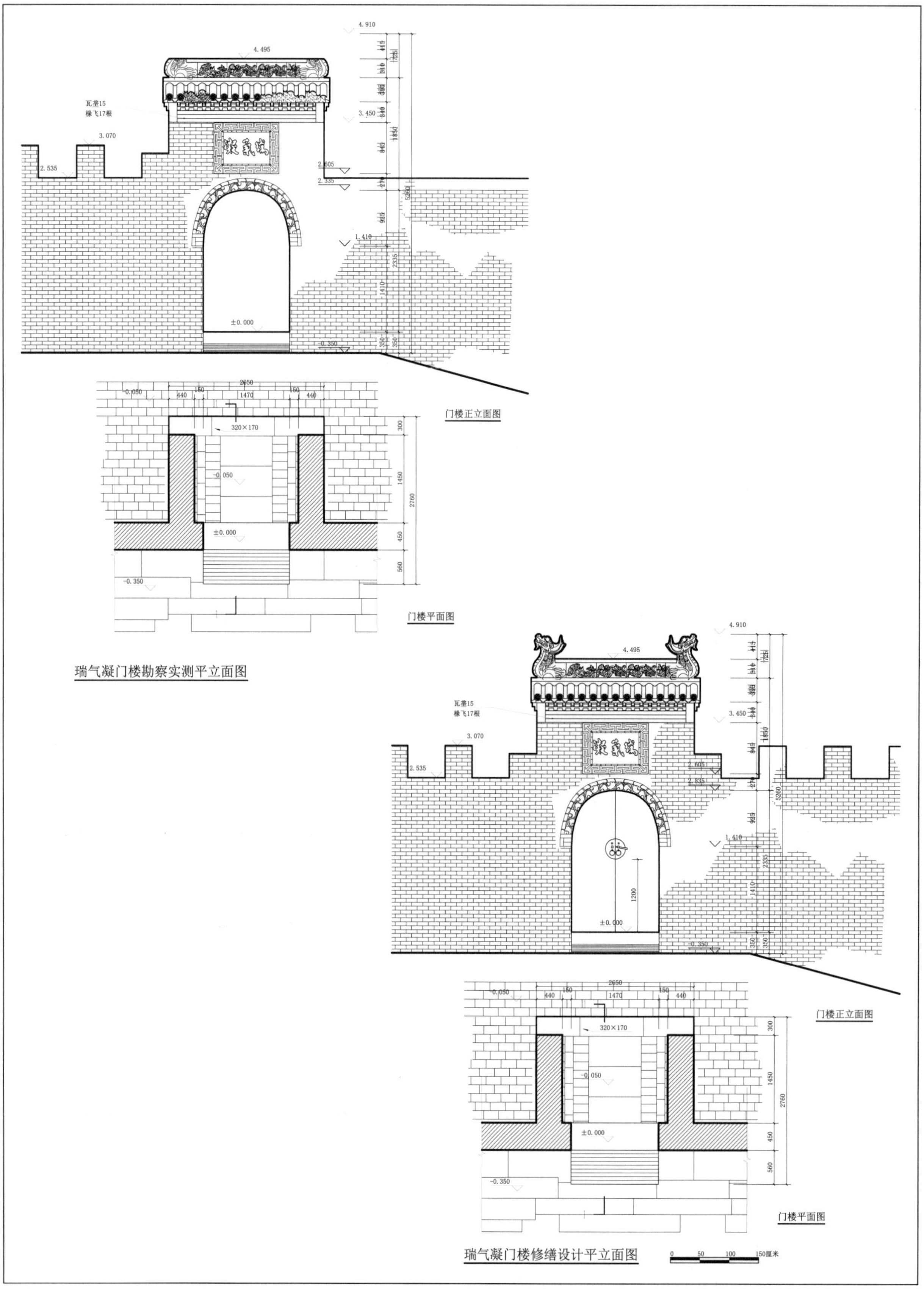

六一　瑞气凝大门平立面图

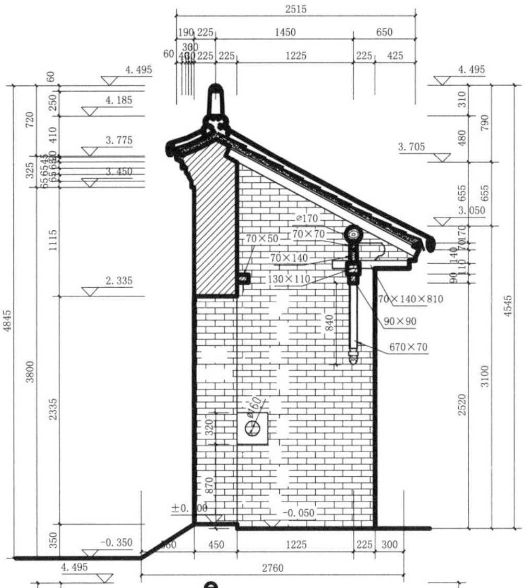

门楼勘察实测1-1剖面图

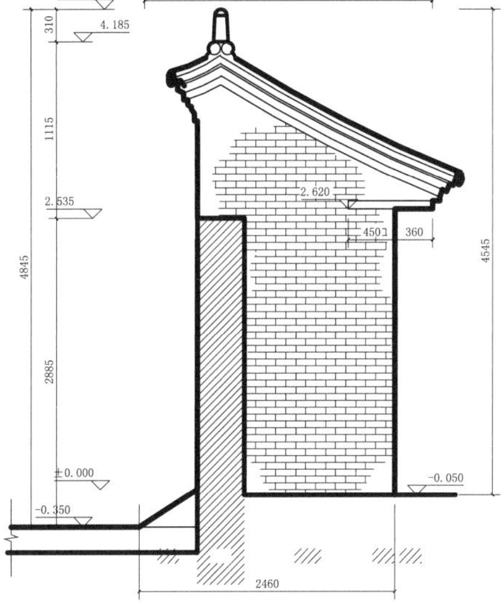

瑞气凝门楼勘察实测侧立面图

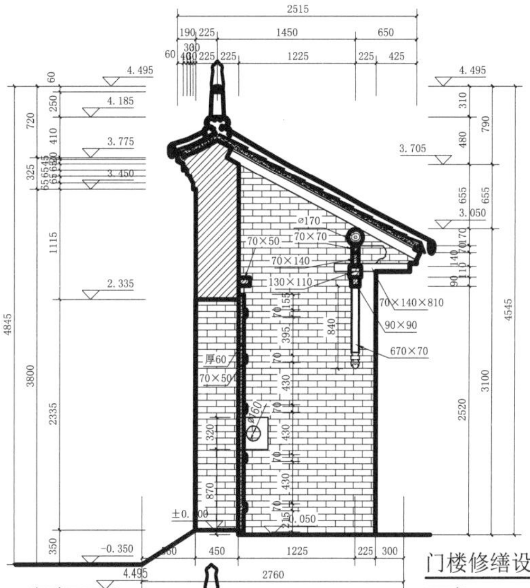

门楼修缮设计1-1剖面图

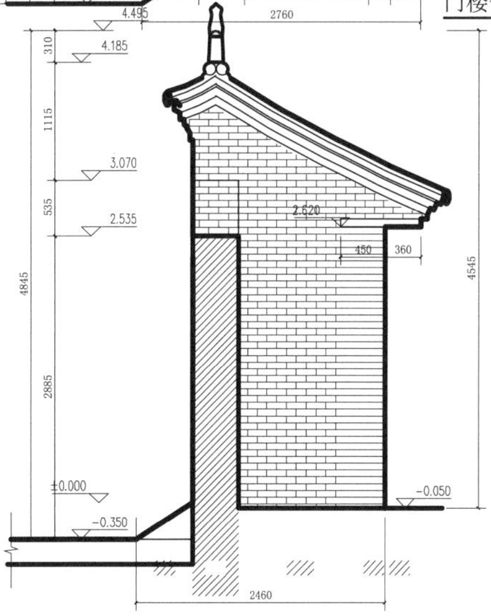

瑞气凝门楼修缮设计侧立面图

0 50 100 150厘米

六二　瑞气凝大门侧立剖面图

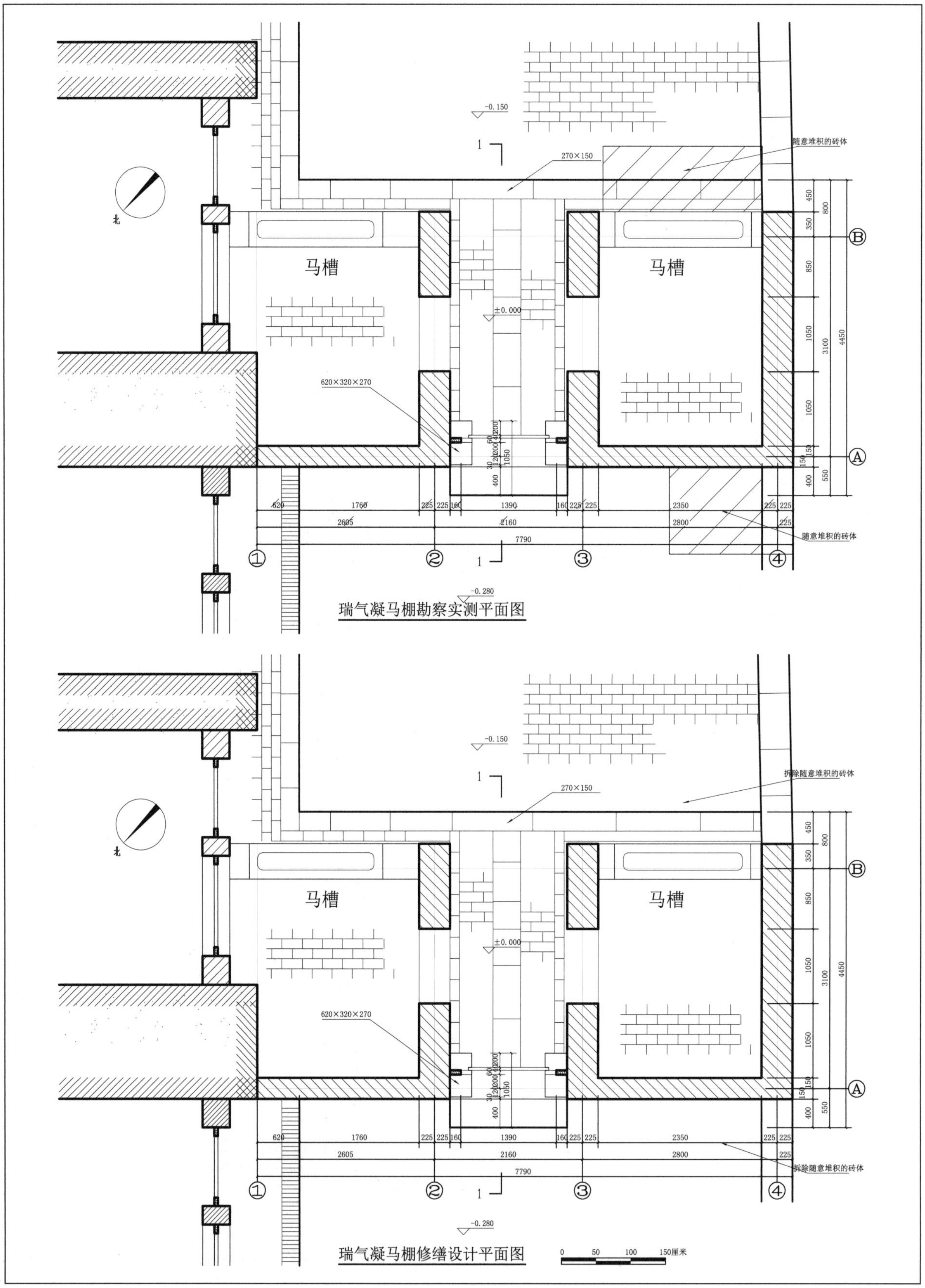
马槽
马槽
-0.150
±0.000
-0.280
270×150
620×320×270
随意堆积的砖体
620
1760
225
225
160
1390
160
225
225
2350
225
225
2605
2160
2800
225
7790
450
350
800
850
1050
3100
4450
1050
150
150
400
550
400
30
60
1050
北
瑞气凝马棚勘察实测平面图
拆除随意堆积的砖体
瑞气凝马棚修缮设计平面图
0
50
100
150厘米

六三　马棚平面图

3.990
瓦垄47
椽45根
门额上书
“赐福”二字
4270
-0.280
620
1760
225
225
160
1390
160
225
225
2350
225
225
2605
2160
2800
225
7790
①
②
③
④
瑞气凝马棚勘察实测正立面图
瓦垄47
椽45根
补配右侧雀替
4270
620
1760
225
225
160
1390
160
225
225
2350
225
225
2605
2160
2800
225
7790
①
②
③
④
-0.280
瑞气凝马棚修缮设计立面图
0
50
100
150厘米

六四　马棚立面图

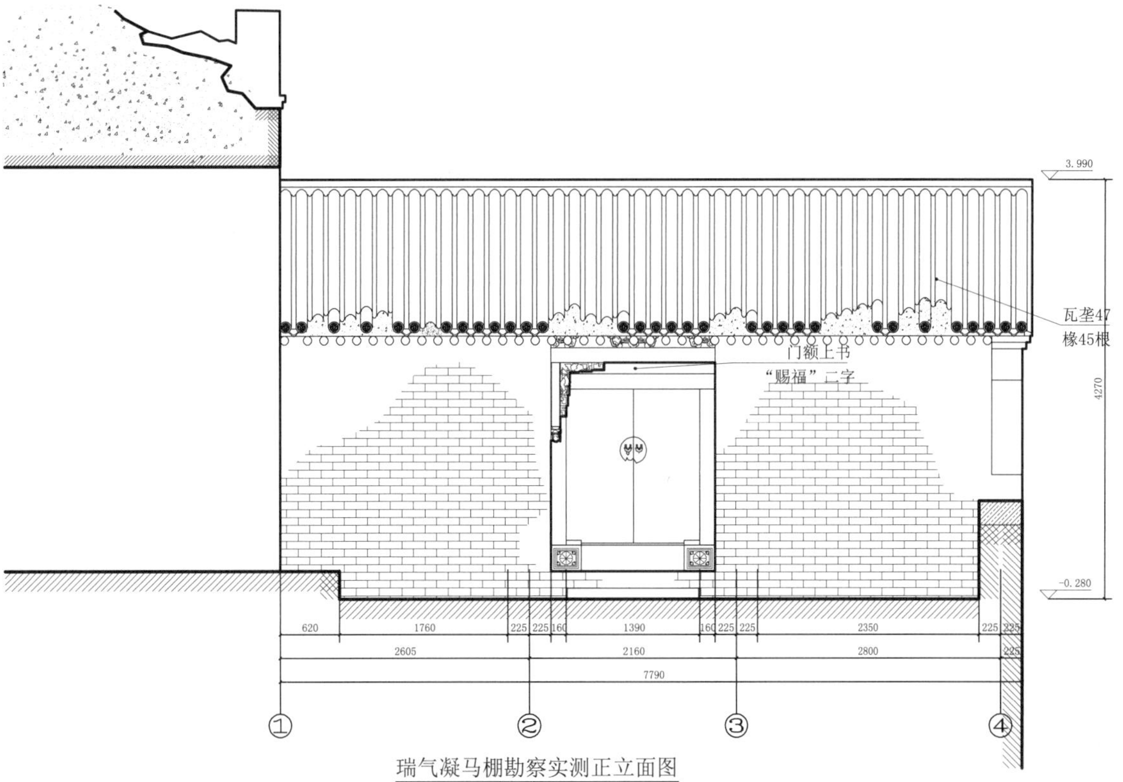

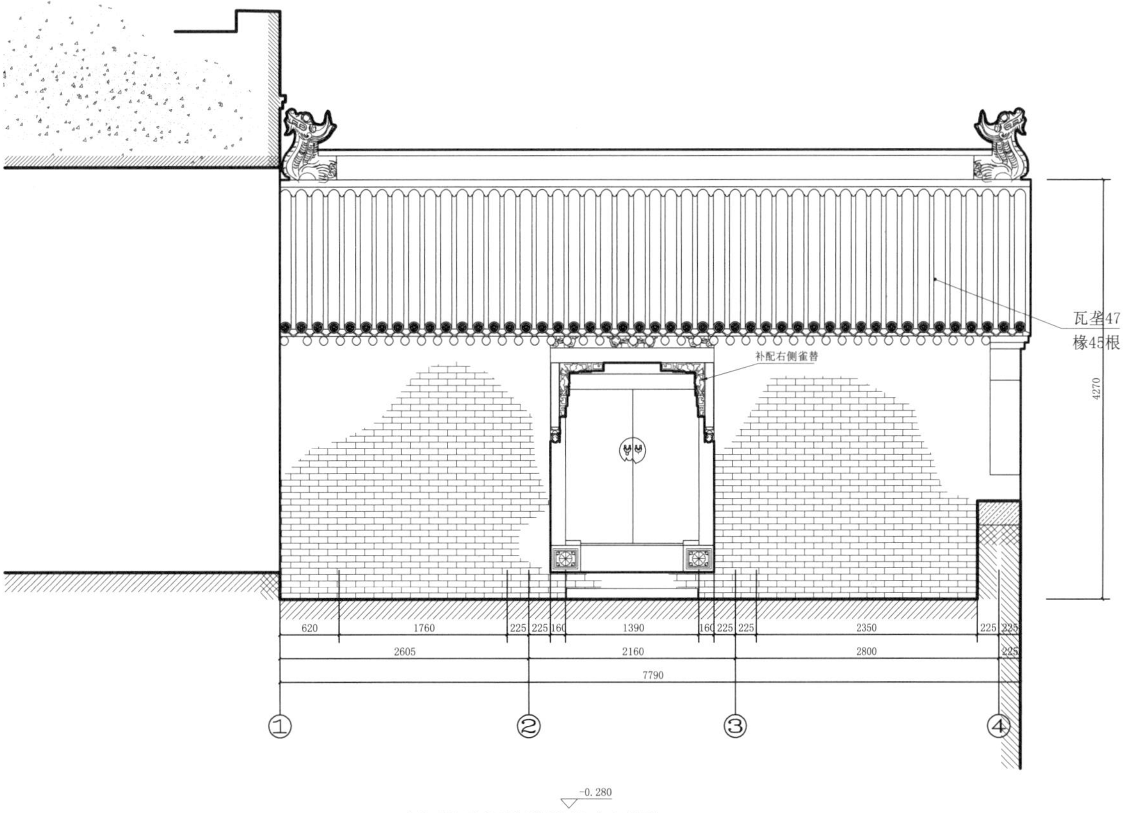

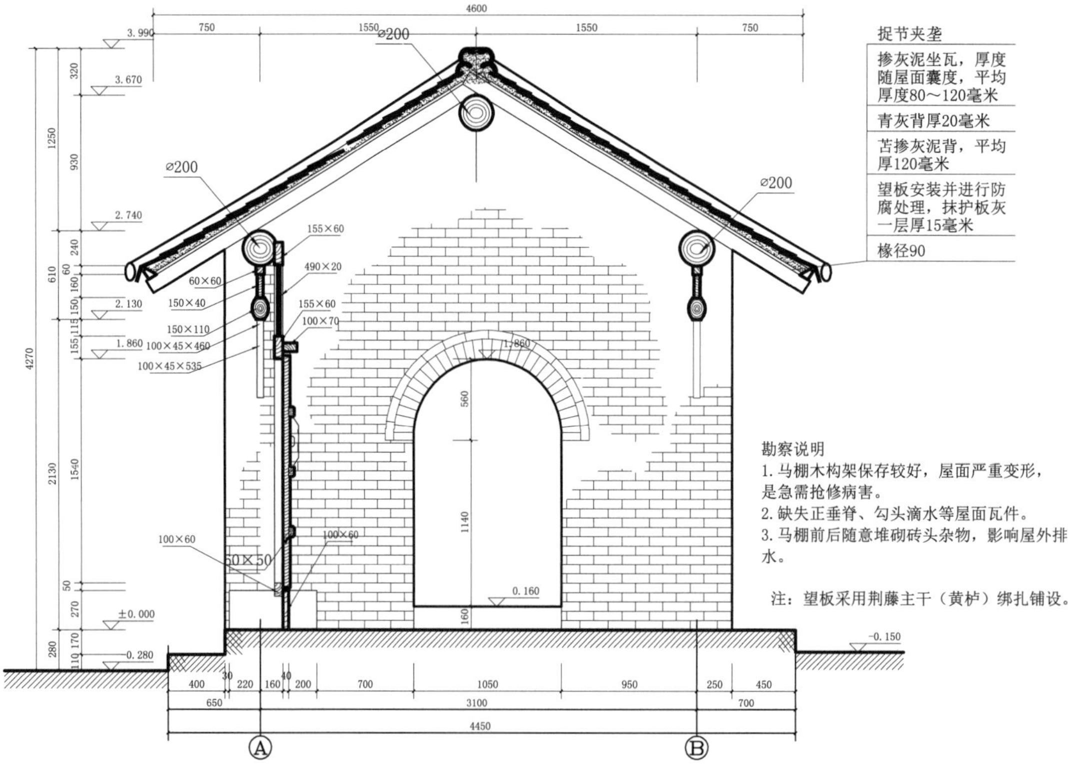
捉节夹垄
掺灰泥坐瓦，厚度随屋面囊度，平均厚度80～120毫米
青灰背厚20毫米
苫掺灰泥背，平均厚120毫米
望板安装并进行防腐处理，抹护板灰一层厚15毫米
椽径90
勘察说明
1. 马棚木构架保存较好，屋面严重变形，是急需抢修病害。
2. 缺失正垂脊、勾头滴水等屋面瓦件。
3. 马棚前后随意堆砌砖头杂物，影响屋外排水。
注：望板采用荆藤主干（黄栌）绑扎铺设。

瑞气凝马棚勘察实测1-1剖面图

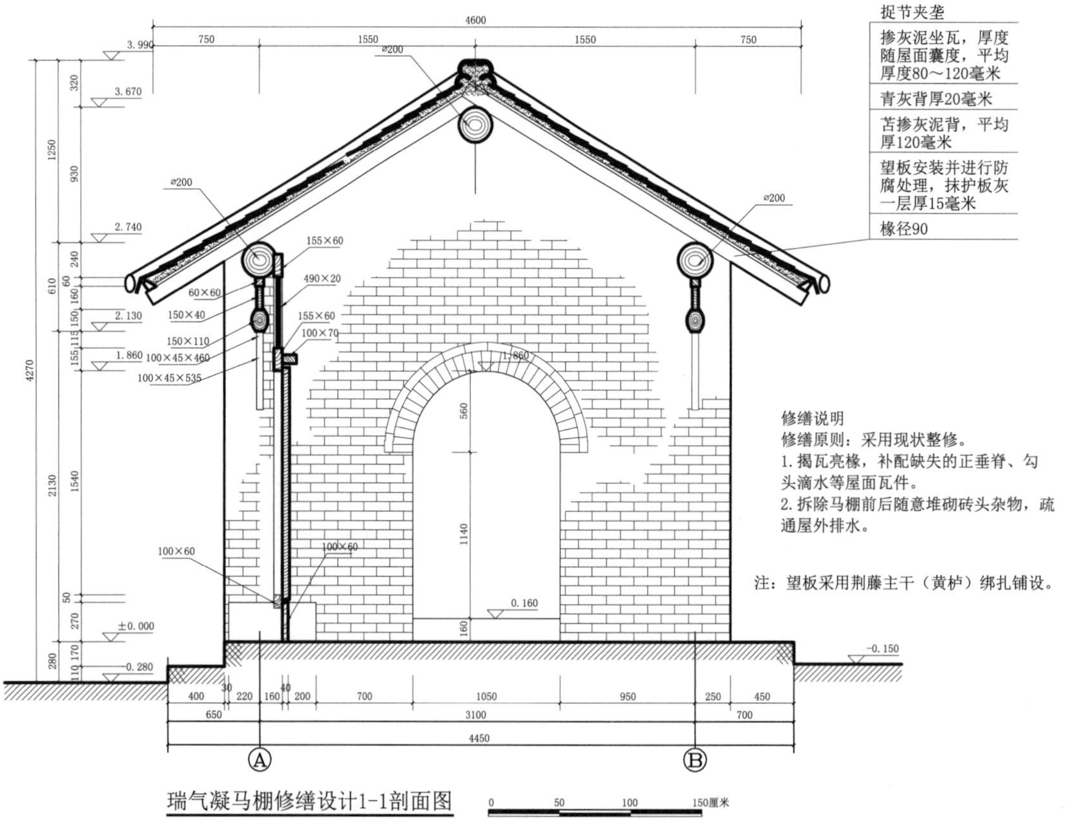
捉节夹垄
掺灰泥坐瓦，厚度随屋面囊度，平均厚度80～120毫米
青灰背厚20毫米
苫掺灰泥背，平均厚120毫米
望板安装并进行防腐处理，抹护板灰一层厚15毫米
椽径90
修缮说明
修缮原则：采用现状整修。
1. 揭瓦亮椽，补配缺失的正垂脊、勾头滴水等屋面瓦件。
2. 拆除马棚前后随意堆砌砖头杂物，疏通屋外排水。
注：望板采用荆藤主干（黄栌）绑扎铺设。
0 50 100 150厘米

瑞气凝马棚修缮设计1-1剖面图

六五 马棚剖面图

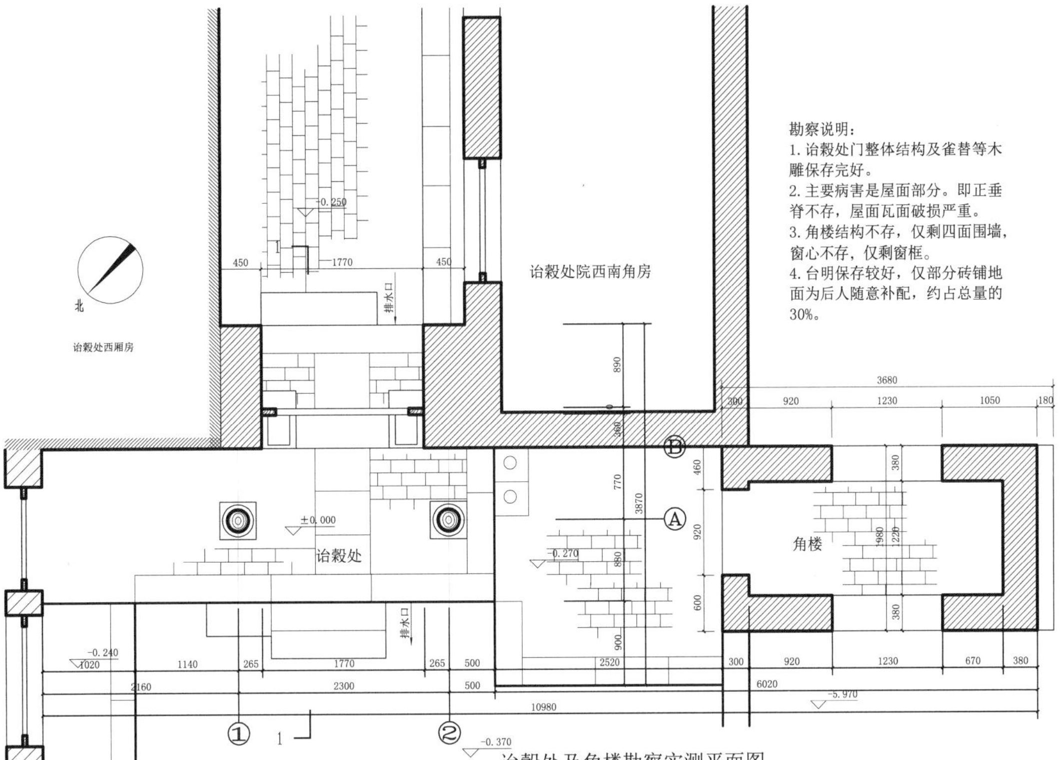

勘察说明：
1. 诒穀处门整体结构及雀替等木雕保存完好。
2. 主要病害是屋面部分。即正垂脊不存，屋面瓦面破损严重。
3. 角楼结构不存，仅剩四面围墙，窗心不存，仅剩窗框。
4. 台明保存较好，仅部分砖铺地面为后人随意补配，约占总量的30%。

诒穀处及角楼勘察实测平面图

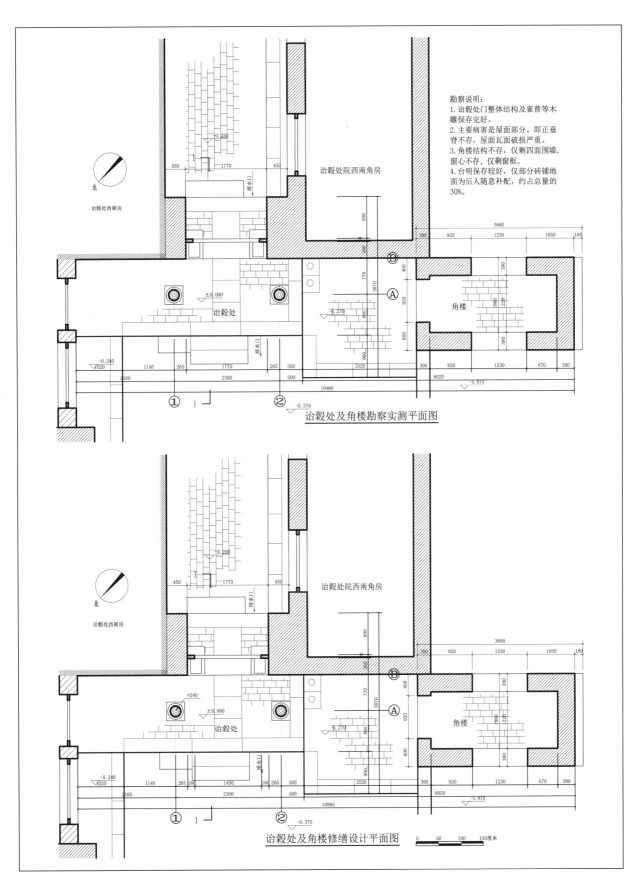

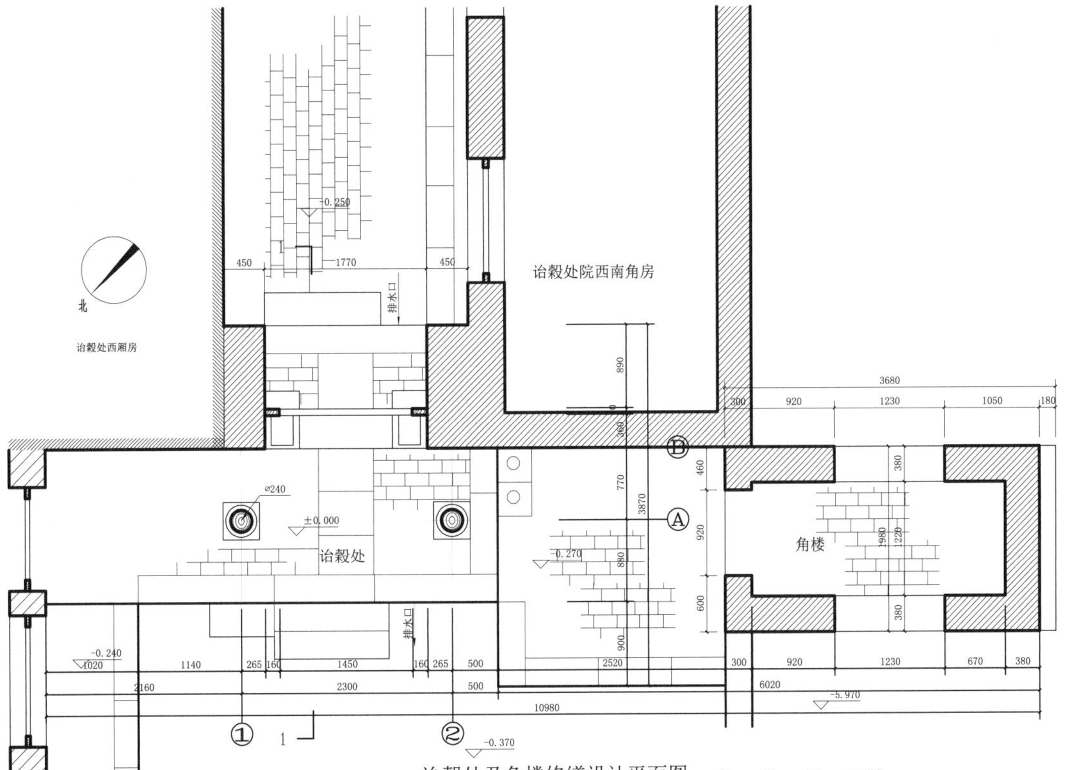

诒穀处及角楼修缮设计平面图

六六　诒穀处及角楼平面图

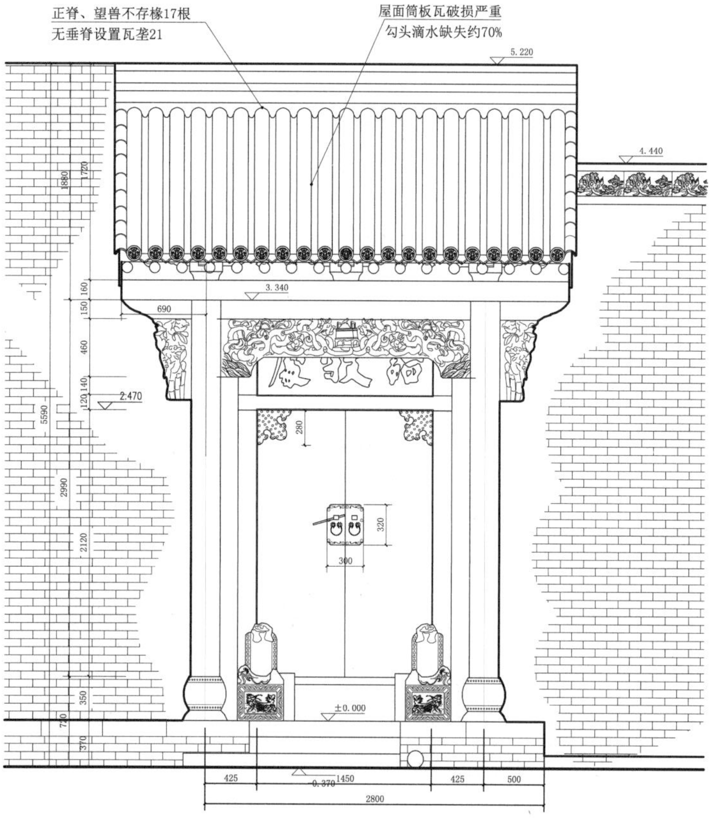

诒穀处勘察实测正立面图

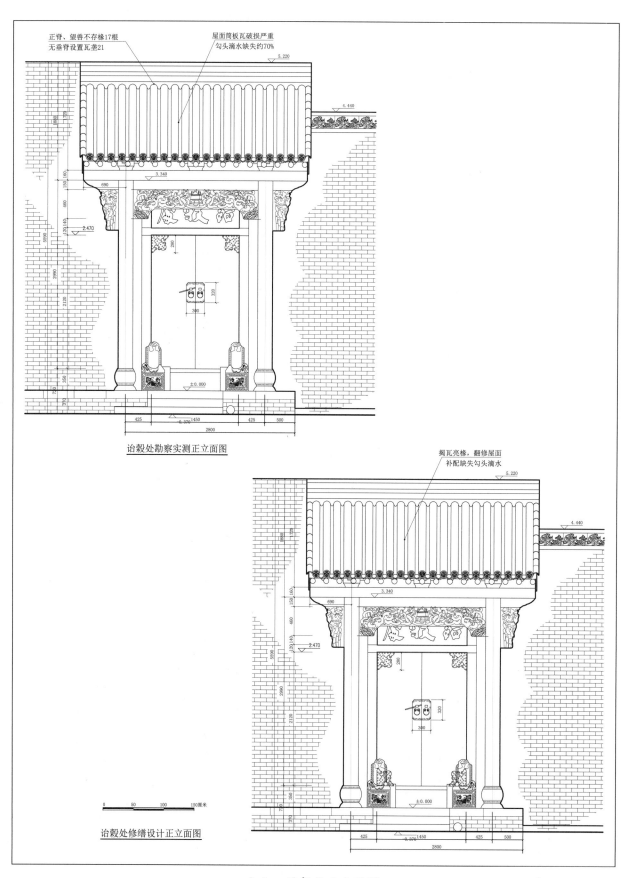

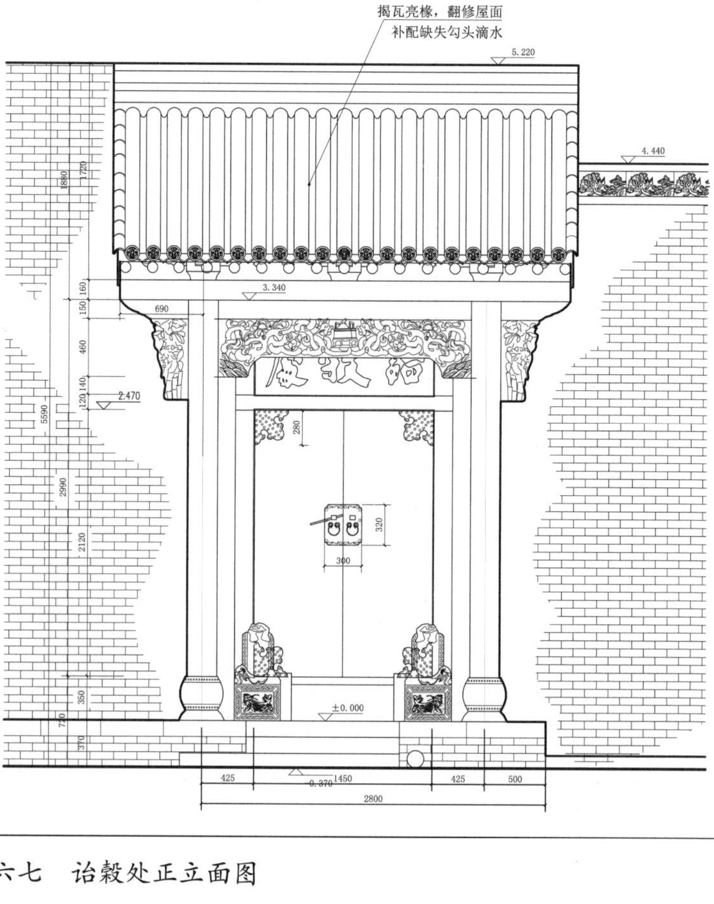

0 50 100 150厘米

诒穀处修缮设计正立面图

六七　诒穀处正立面图

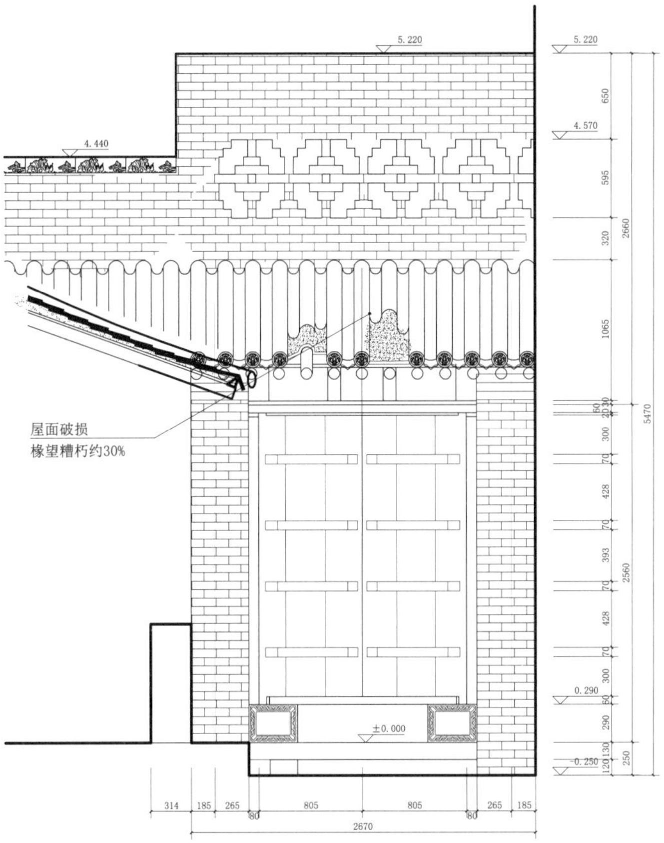

诒毂处勘察实测背立面图

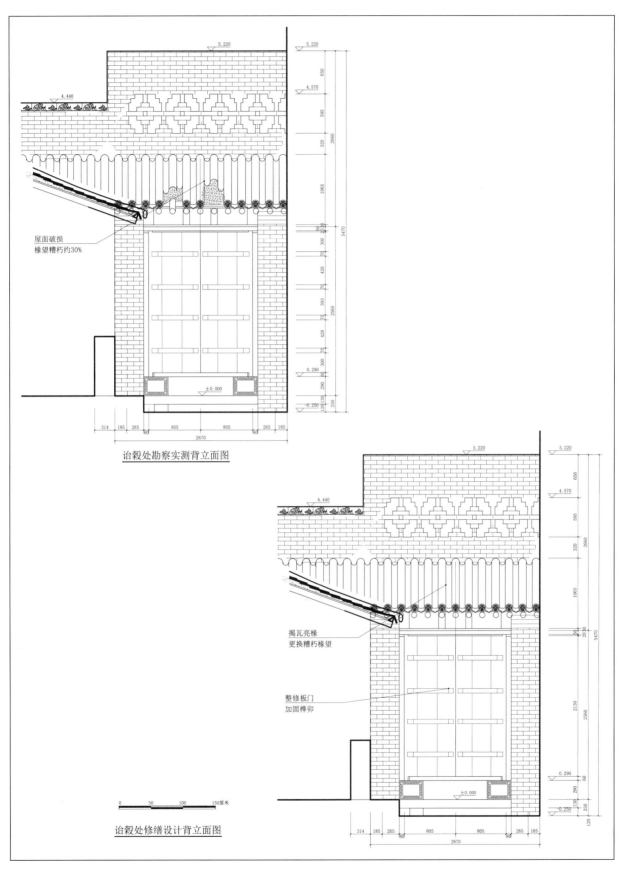

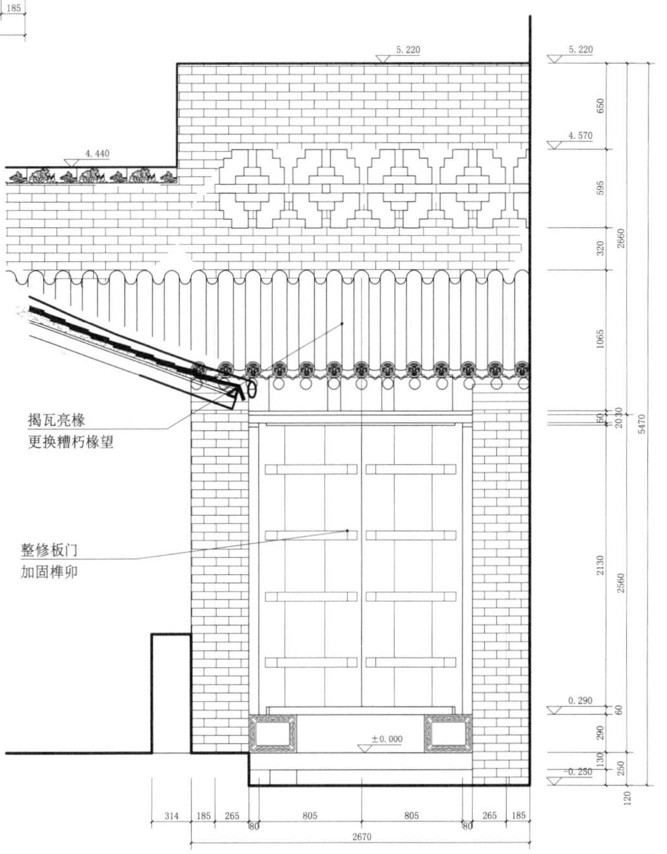

0 50 100 150厘米

诒毂处修缮设计背立面图

六八　诒毂处背立面图

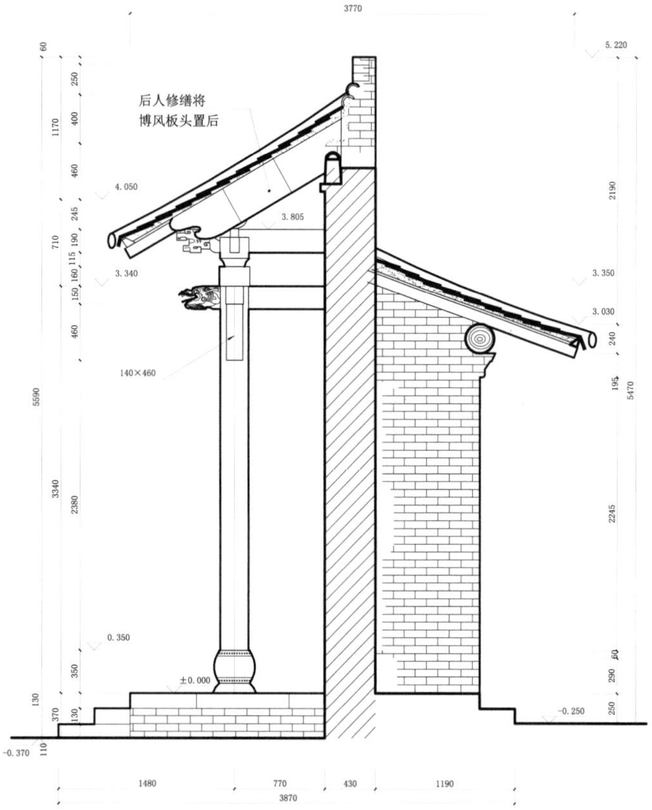

诒榖处勘察实测侧立面图

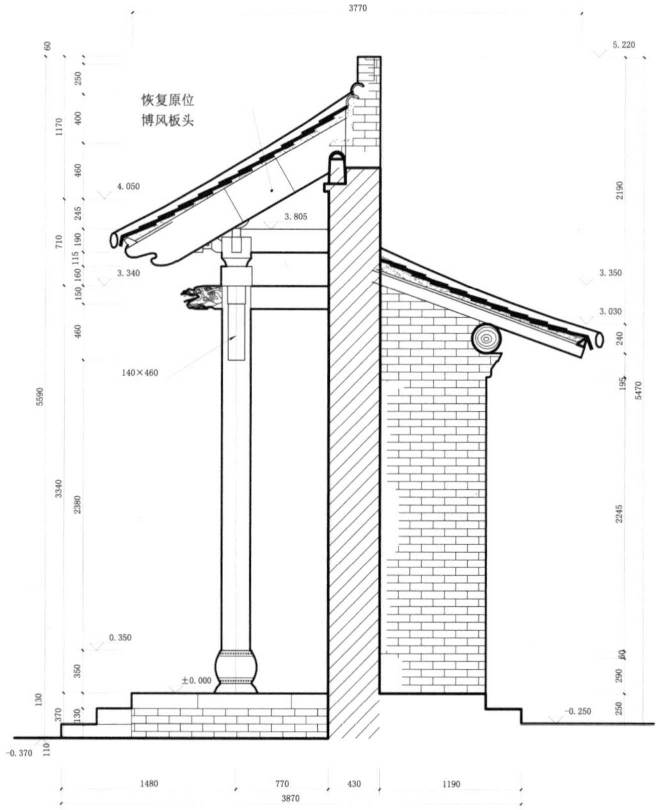

诒榖处修缮设计侧立面图

六九　诒榖处侧立面图

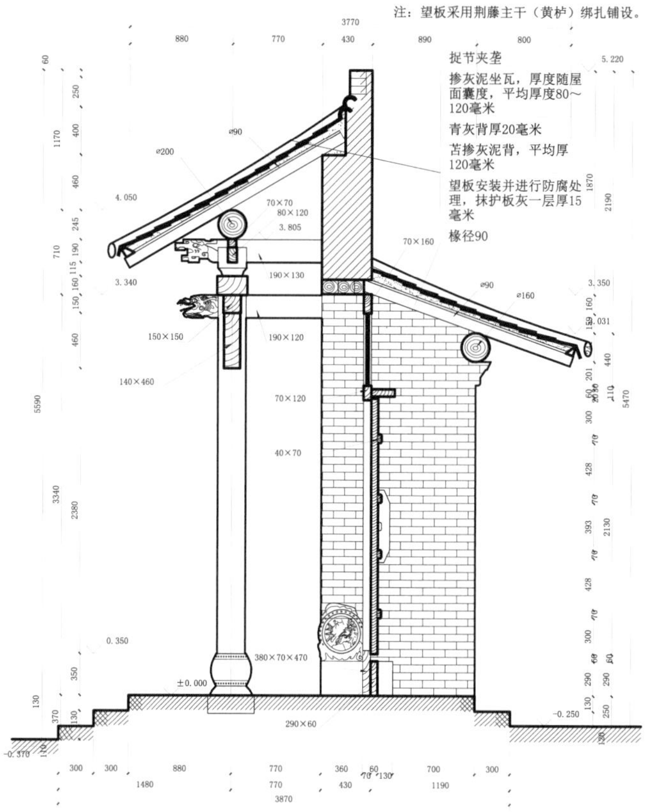

诒榖处勘察实测1-1剖面图

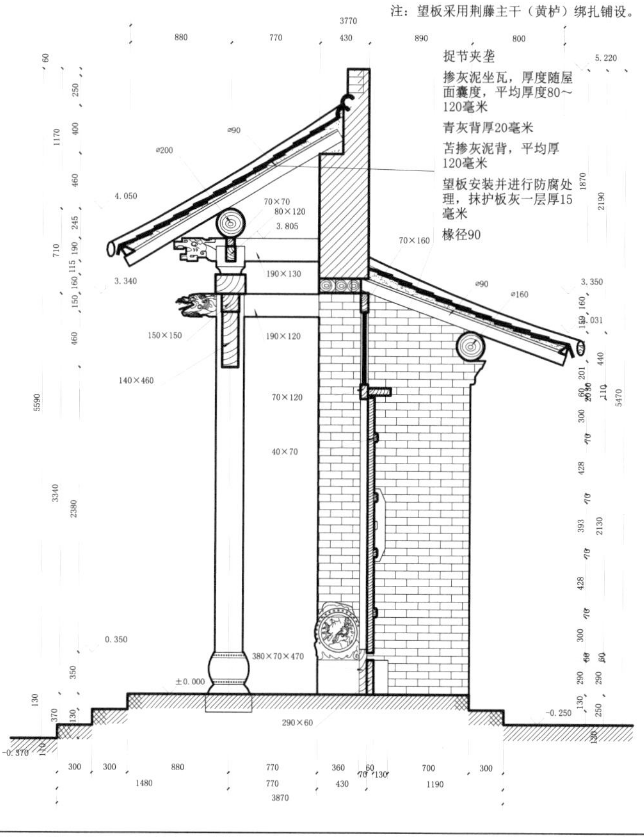

0 50 100 150厘米

诒榖处修缮设计1-1剖面图

七〇 诒榖处剖面图

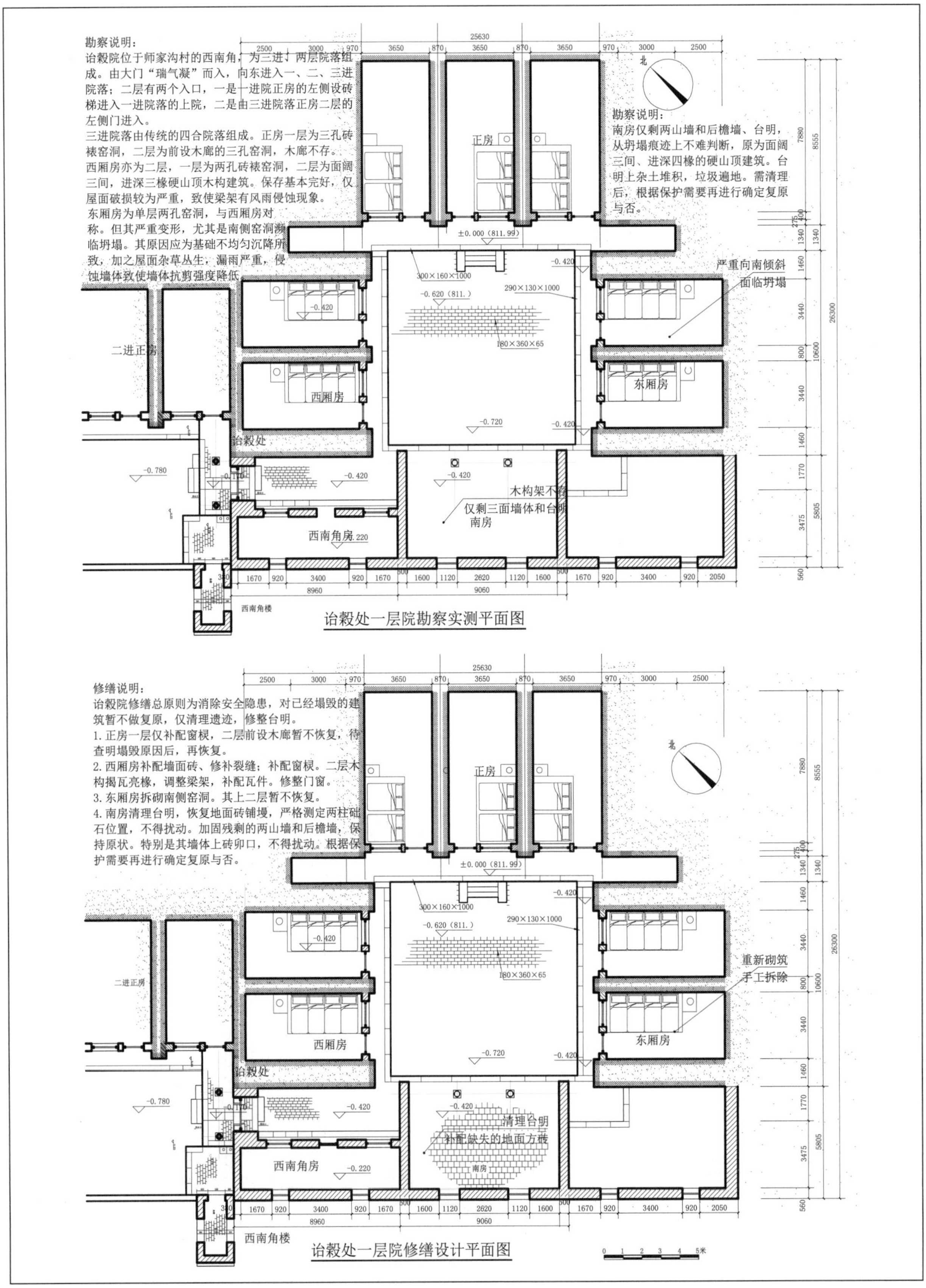
勘察说明：
诒毅院位于师家沟村的西南角，为三进、两层院落组成。由大门“瑞气凝”而入，向东进入一、二、三进院落；二层有两个入口，一是一进院正房的左侧设砖梯进入一进院落的上院，二是由三进院落正房二层的左侧门进入。
三进院落由传统的四合院落组成。正房一层为三孔砖裱窑洞，二层为前设木廊的三孔窑洞，木廊不存。西厢房亦为二层，一层为两孔砖裱窑洞，二层为面阔三间，进深三椽硬山顶木构建筑。保存基本完好，仅屋面破损较为严重，致使梁架有风雨侵蚀现象。
东厢房为单层两孔窑洞，与西厢房对称。但其严重变形，尤其是南侧窑洞濒临坍塌。其原因应为基础不均匀沉降所致，加之屋面杂草丛生，漏雨严重，侵蚀墙体致使墙体抗剪强度降低。
勘察说明：
南房仅剩两山墙和后檐墙、台明，从坍塌痕迹上不难判断，原为面阔三间、进深四椽的硬山顶建筑。台明上杂土堆积，垃圾遍地。需清理后，根据保护需要再进行确定复原与否。
北
正房
二进正房
西厢房
东厢房
诒毅处
西南角房
南房
西南角楼
严重向南倾斜面临坍塌
木构架不存
仅剩三面墙体和台明
±0.000（811.99）
300×160×1000
290×130×1000
180×360×65
-0.620（811.）
-0.420
-0.720
-0.780
-0.220
诒毅处一层院勘察实测平面图
修缮说明：
诒毅院修缮总原则为消除安全隐患，对已经塌毁的建筑暂不做复原，仅清理遗迹，修整台明。
1. 正房一层仅补配窗棂，二层前设木廊暂不恢复，待查明塌毁原因后，再恢复。
2. 西厢房补配墙面砖、修补裂缝；补配窗棂。二层木构揭瓦亮椽，调整梁架，补配瓦件。修整门窗。
3. 东厢房拆砌南侧窑洞。其上二层暂不恢复。
4. 南房清理台明，恢复地面砖铺墁，严格测定两柱础石位置，不得扰动。加固残剩的两山墙和后檐墙，保持原状。特别是其墙体上砖卯口，不得扰动。根据保护需要再进行确定复原与否。
重新砌筑
手工拆除
清理台明
补配缺失的地面方砖
诒毅处一层院修缮设计平面图
0 1 2 3 4 5米

七一 诒毅处一层院平面图

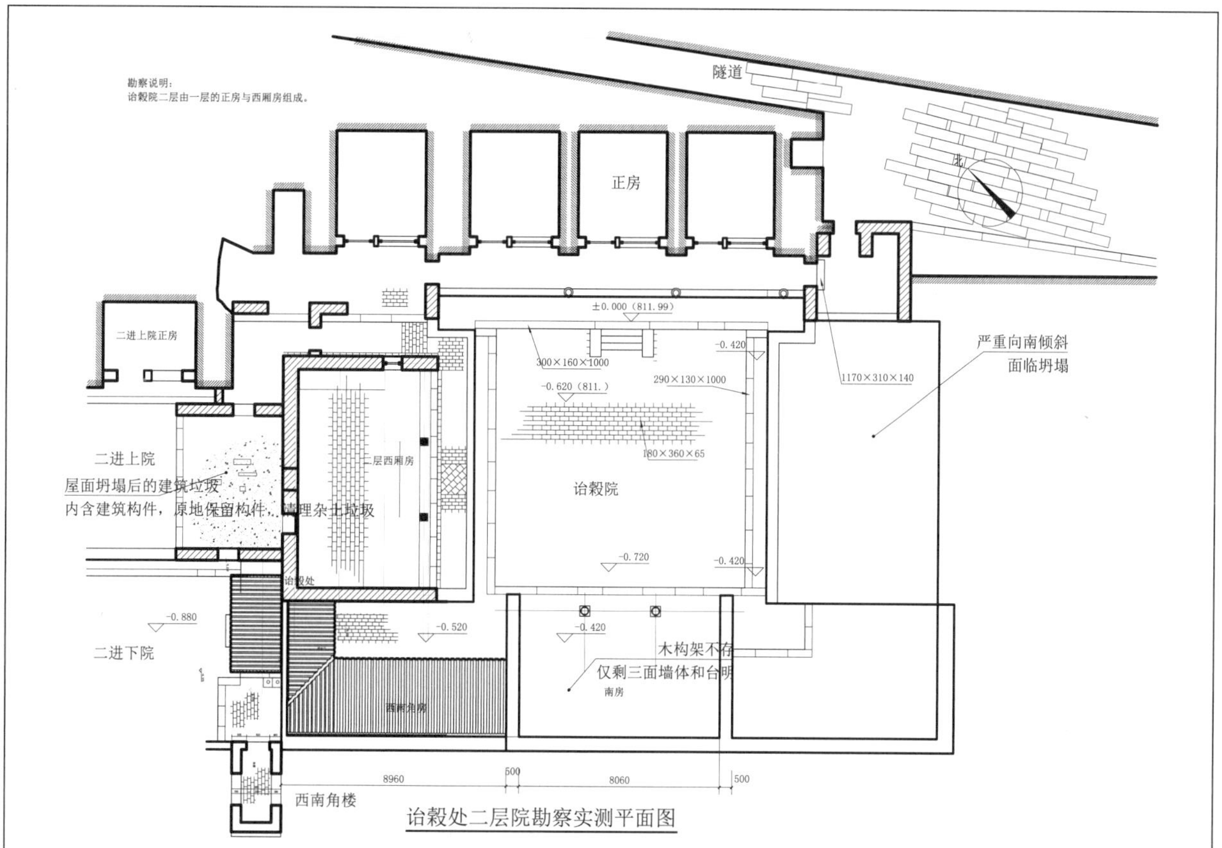

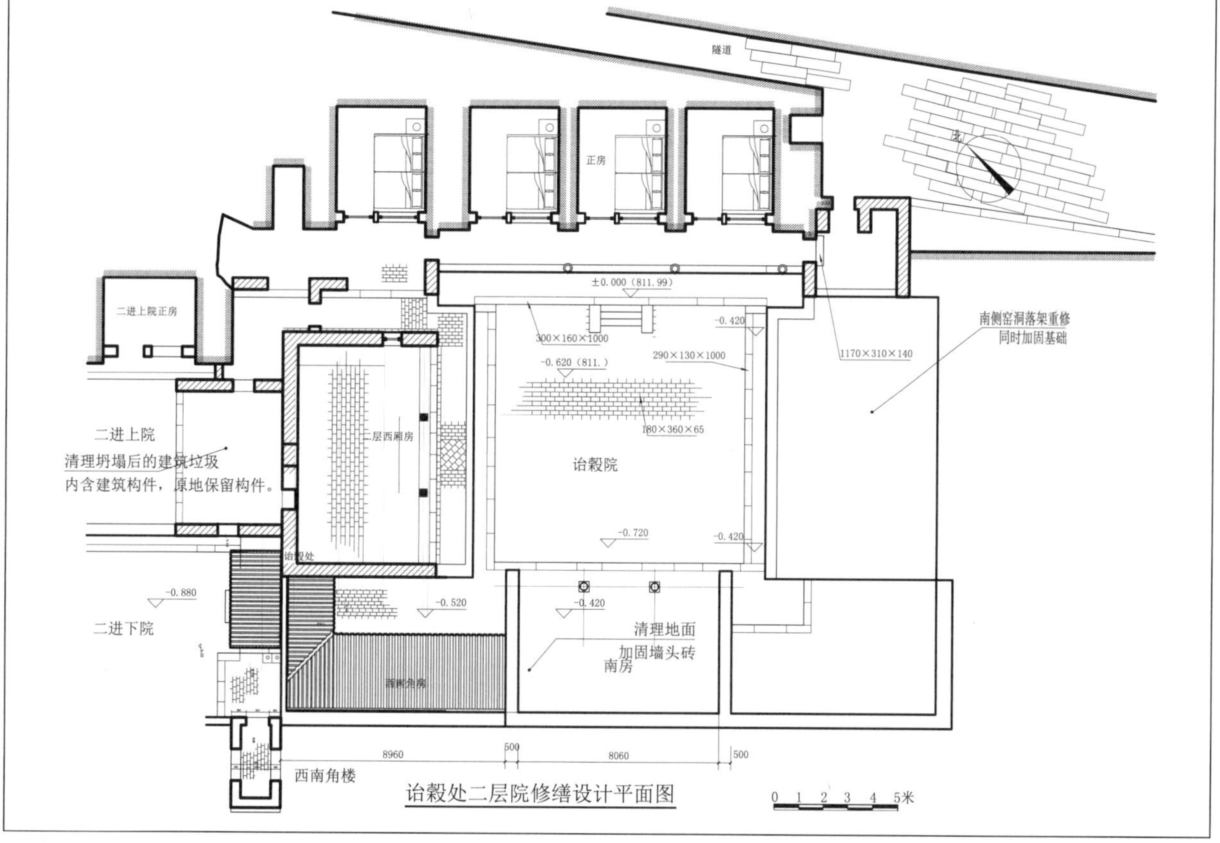

七二　诒穀处二层院平面图

诒穀处正房勘察实测立面图

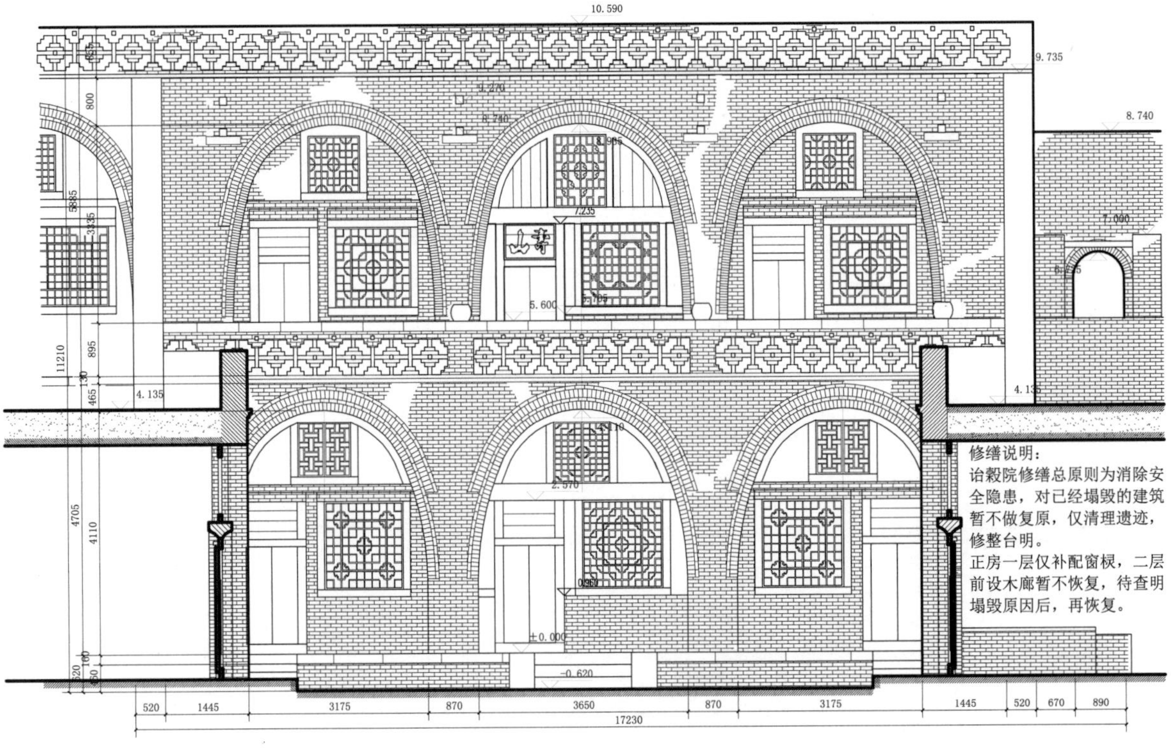

修缮说明：
诒穀院修缮总原则为消除安全隐患，对已经塌毁的建筑暂不做复原，仅清理遗迹，修整台明。
正房一层仅补配窗棂，二层前设木廊暂不恢复，待查明塌毁原因后，再恢复。

诒穀处正房修缮设计立面图　0 1 2 3米

七三　诒穀处正房立面图

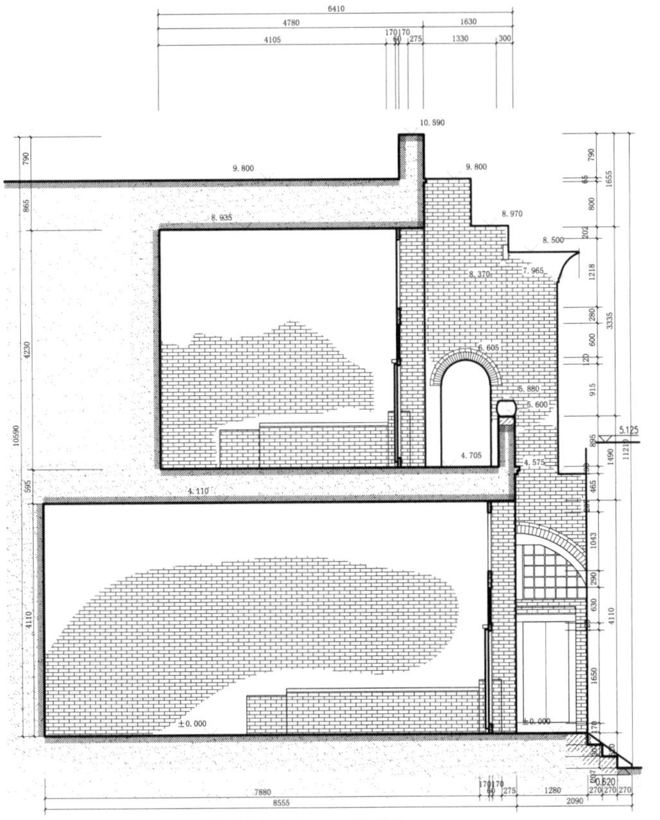

诒穀处正房勘察实测1-1剖面图

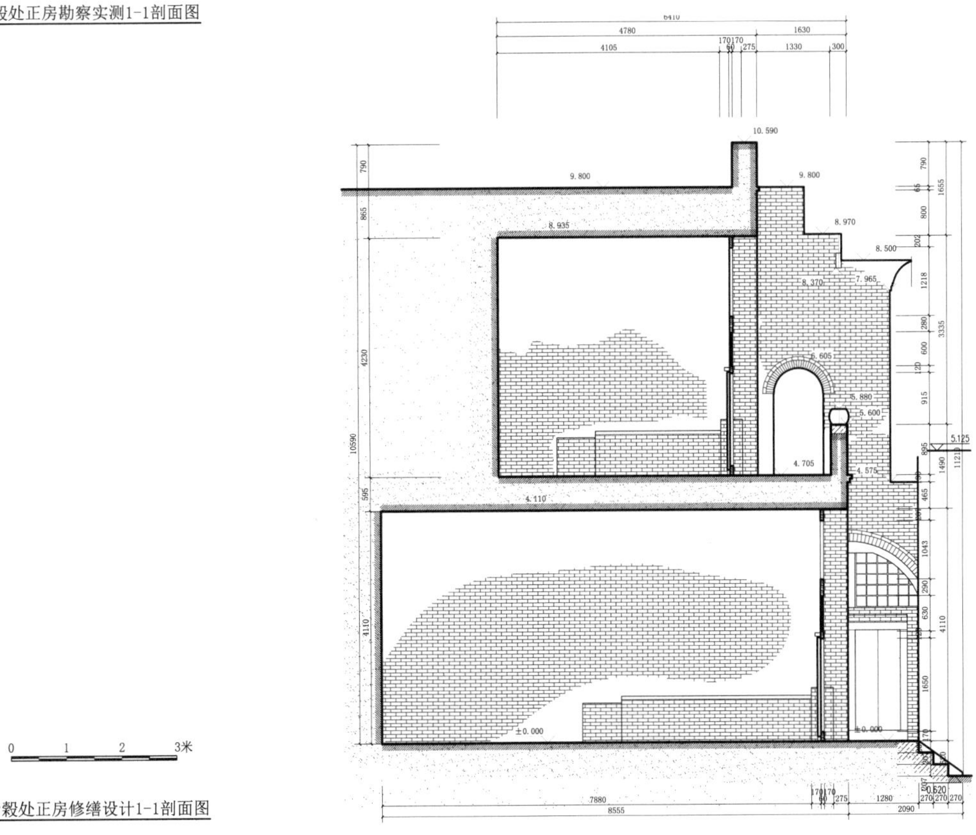

诒穀处正房修缮设计1-1剖面图

七四 诒穀处正房剖面图

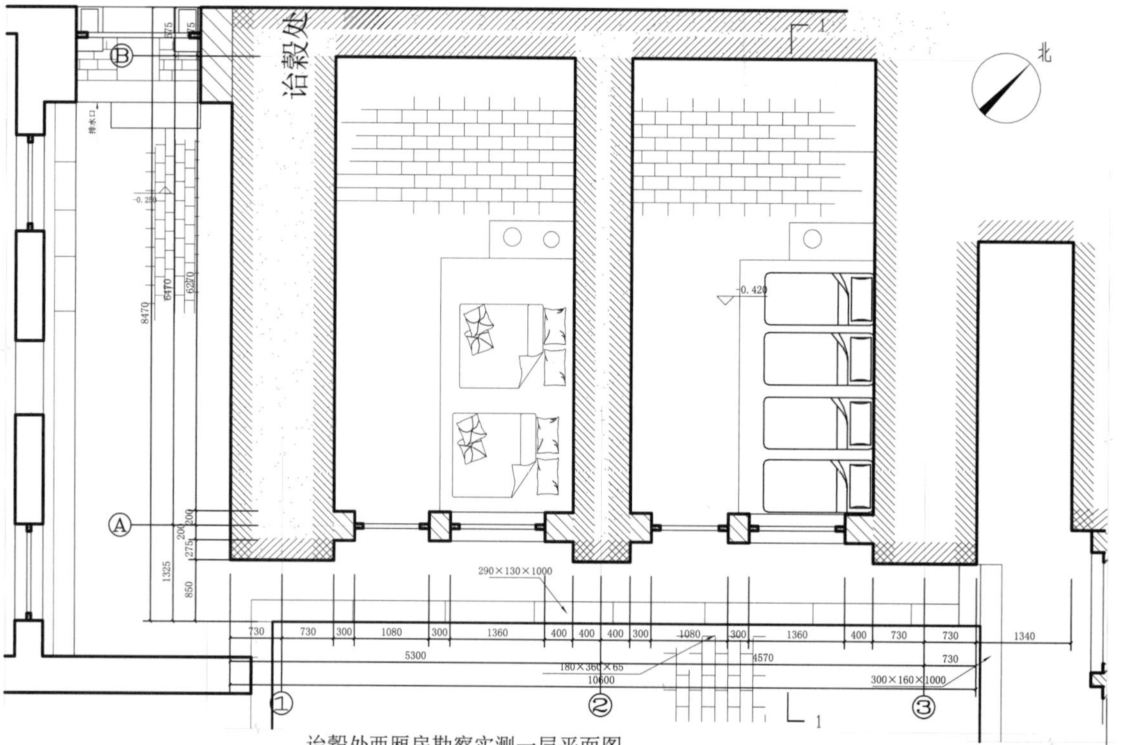

诒穀处西厢房勘察实测一层平面图

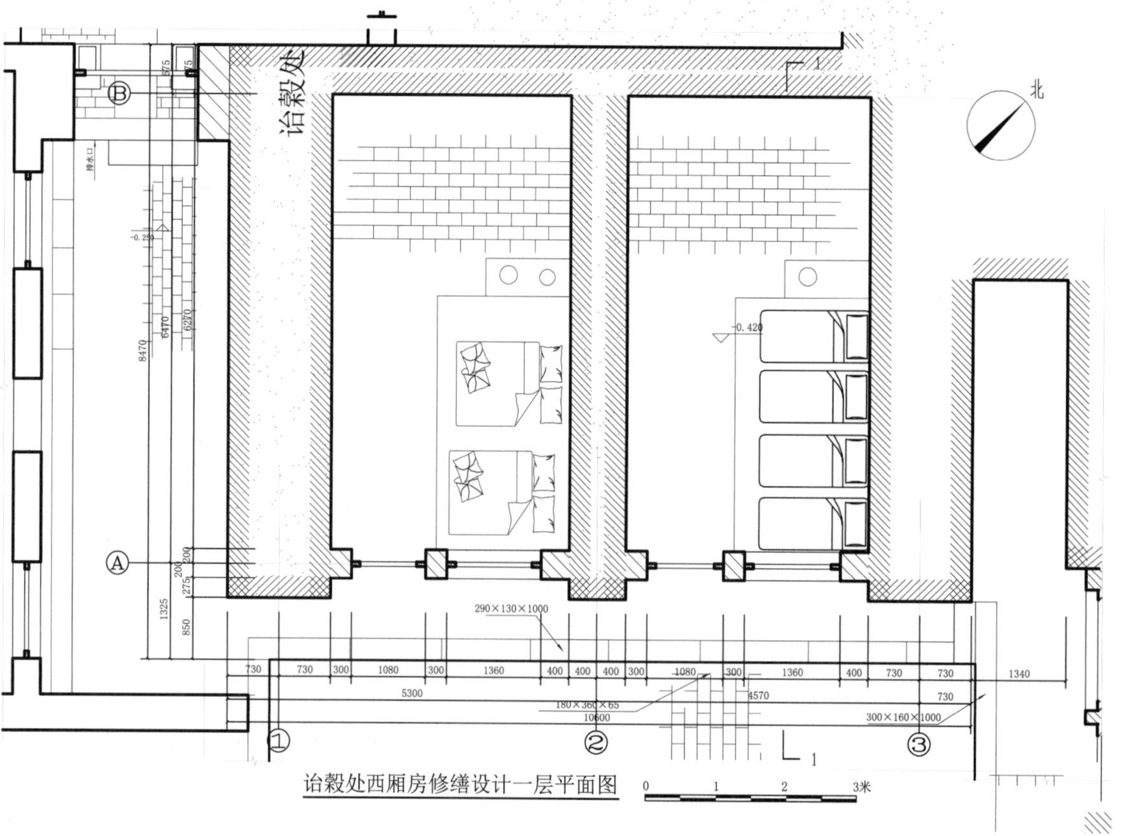

诒穀处西厢房修缮设计一层平面图 0 1 2 3米

七五　诒穀处西厢房一层平面图

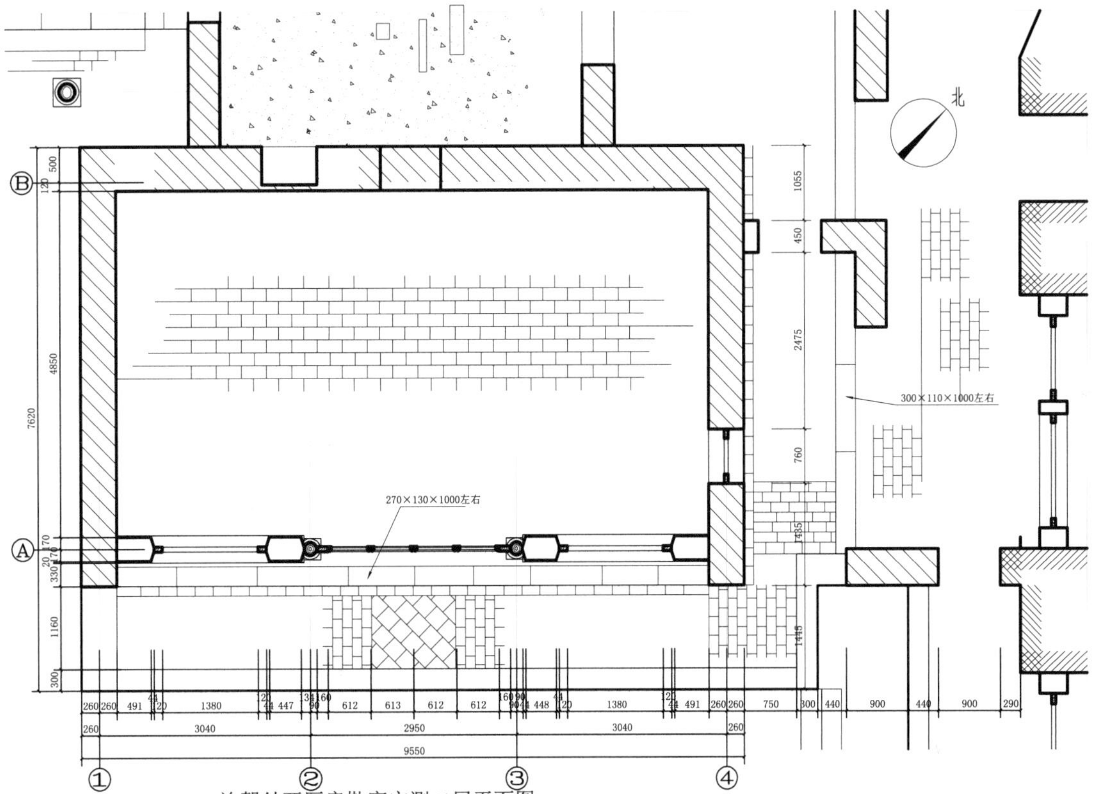

诒榖处西厢房勘察实测二层平面图

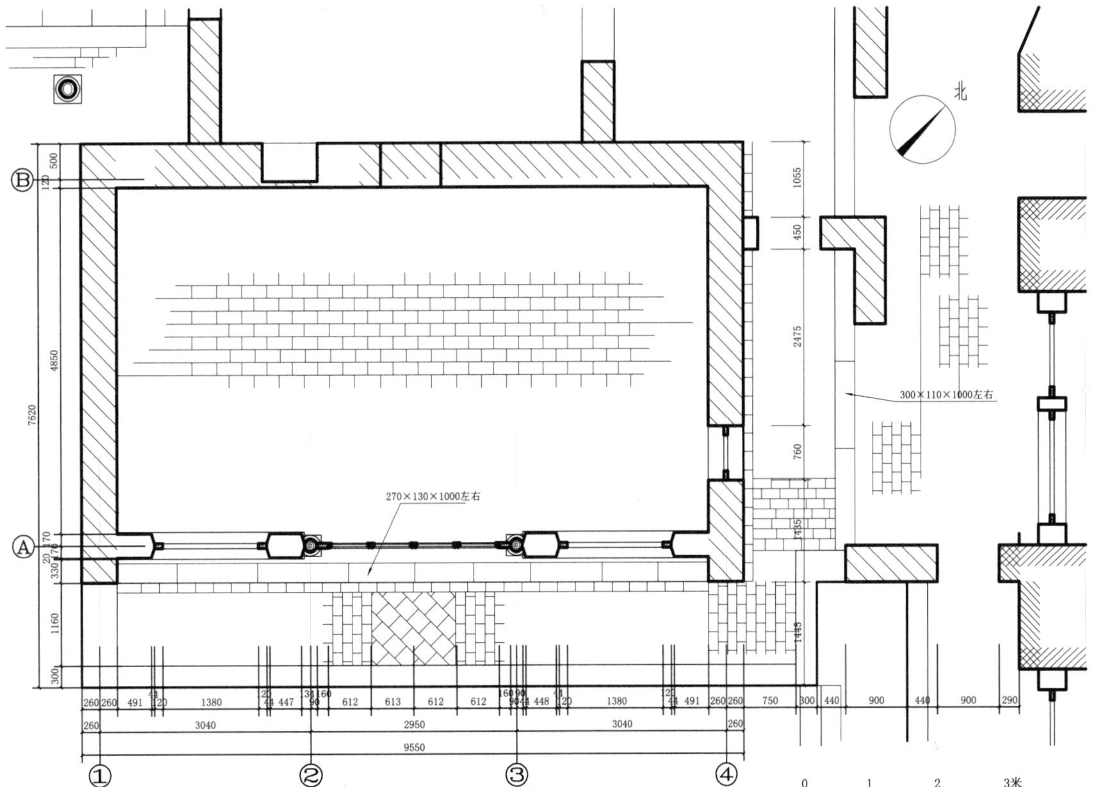

诒榖处西厢房修缮设计二层平面图

七六　诒榖处西厢房二层平面图

勘察说明：

西厢房是该院落保存较好的建筑之一，为两层建筑。一层为两孔砖窑，而非大多数的砖裱土窑洞，二层为面阔三间进深三椽的硬山顶木构建筑。

一层砖窑未发现明显的安全病害。主要病害是门窗装修的棱条缺损。

二层木构建筑的主要病害是：

1. 屋面筒板瓦的松动、脱落，望兽缺失；
2. 梁架檩木滚动、脱位；
3. 门窗棱条缺损；
4. 前檐墙面灰泥抹面脱落。

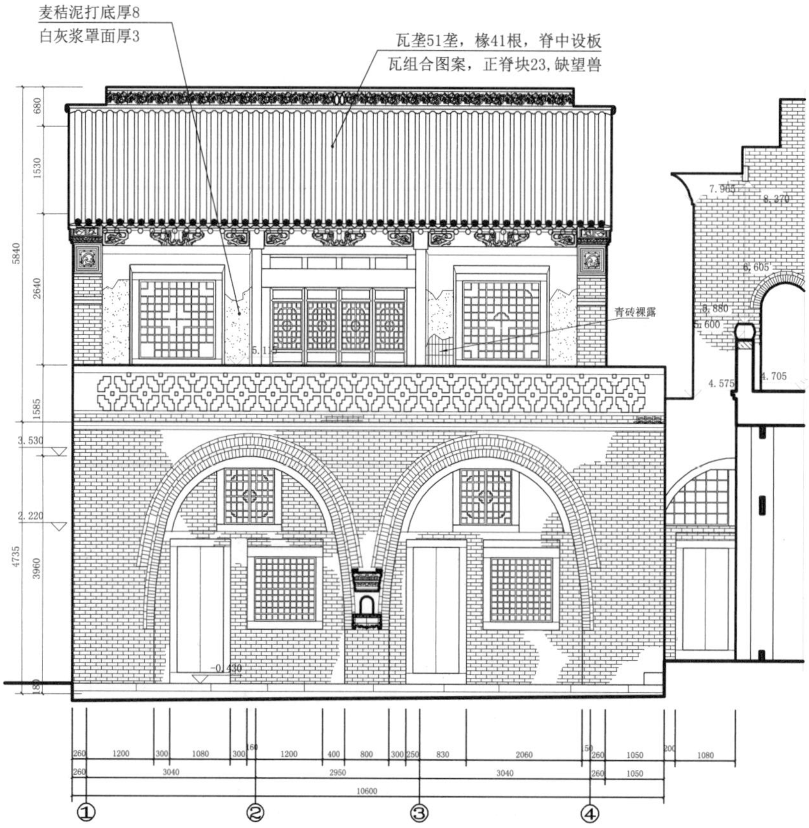

治毅处西厢房勘察实测立面图

修缮说明：

1. 一层砖窑的修缮项目：检查砖体结构是否存在安全性病害；补配缺失的门窗构件；局部修补室内地面。
2. 二层木构：揭瓦亮椽，重新铺设屋面，补配缺失的望兽；调整梁架椽檩、归位滚动的檩木；补配门窗构件；重新按原规制对前檐墙面进行灰泥罩面；局部补配地面铺砖。

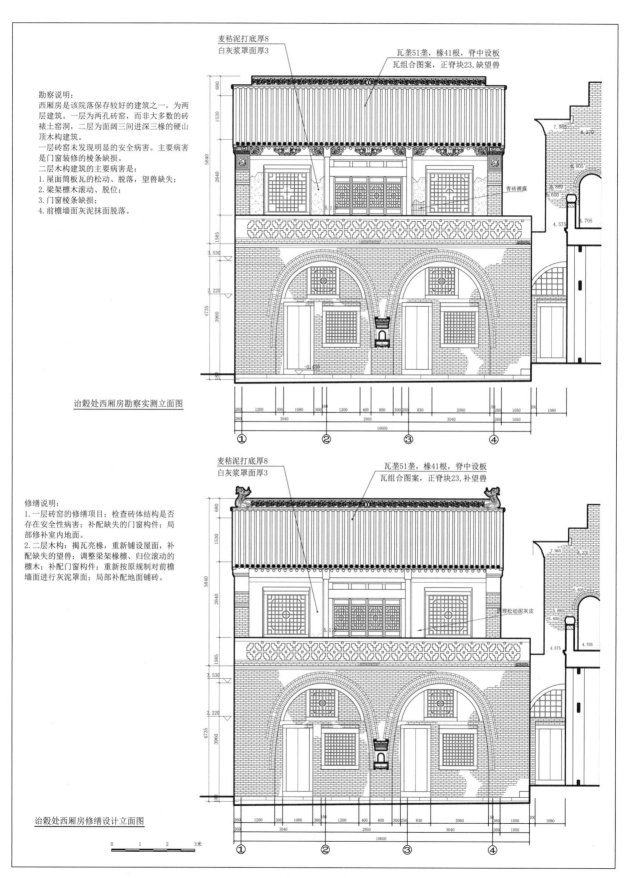

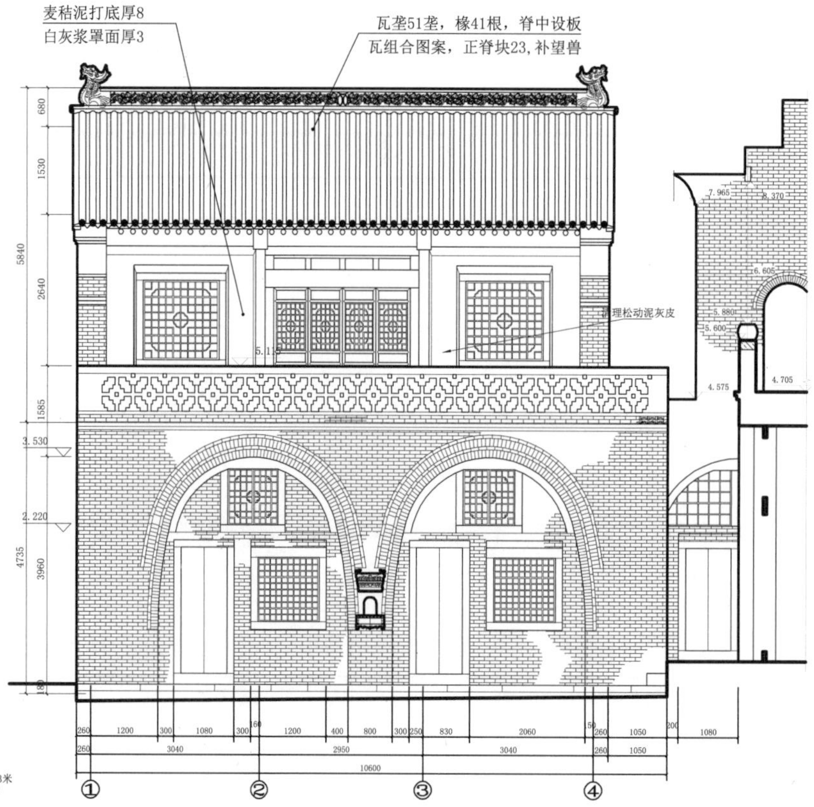

治毅处西厢房修缮设计立面图

0 1 2 3米

七七　治毅处西厢房立面图

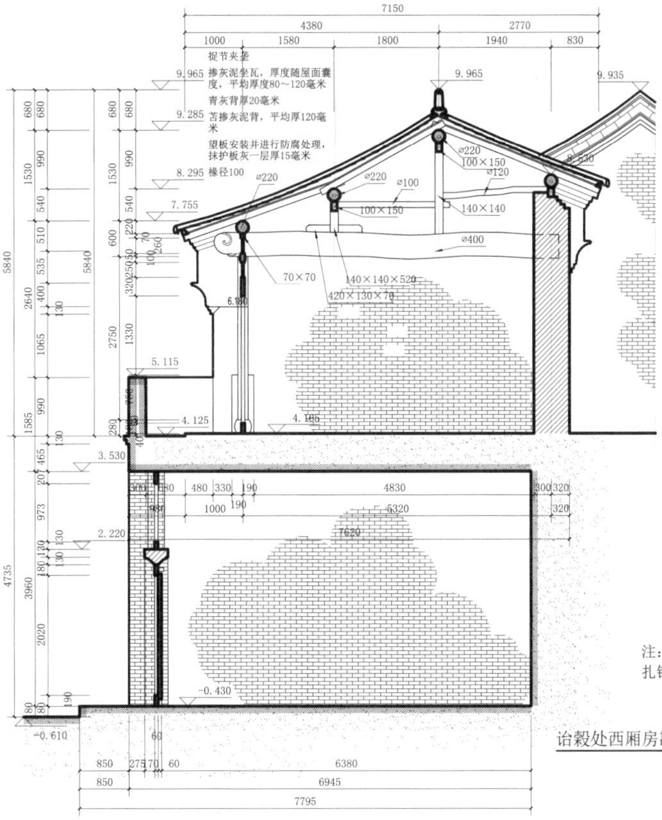

注：望板采用荆藤主干（黄栌）绑扎铺设。

治毂处西厢房勘察实测1-1剖面图

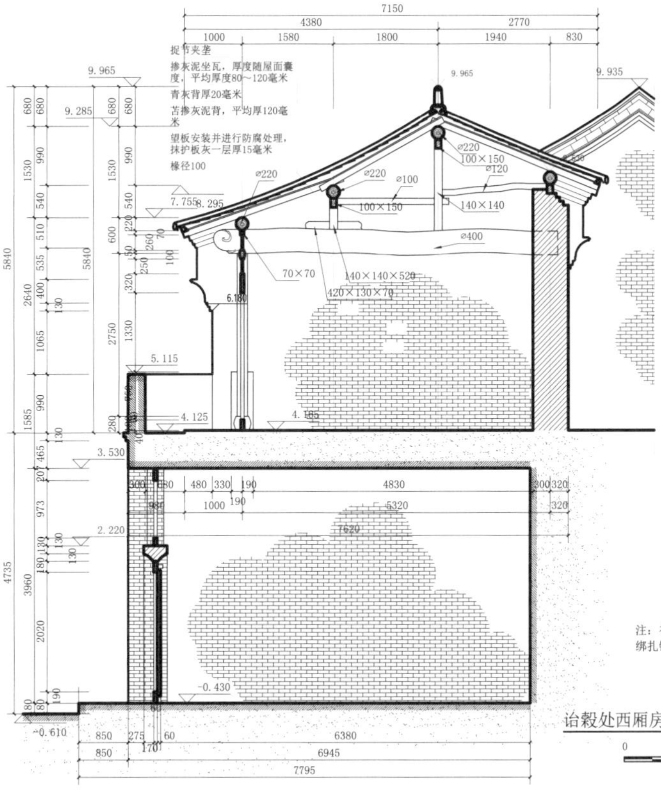

注：补配望板时，亦采用荆藤主干（黄栌）绑扎铺设。

治毂处西厢房修缮设计1-1剖面图

0 1 2 3米

七八　治毂处西厢房剖面图

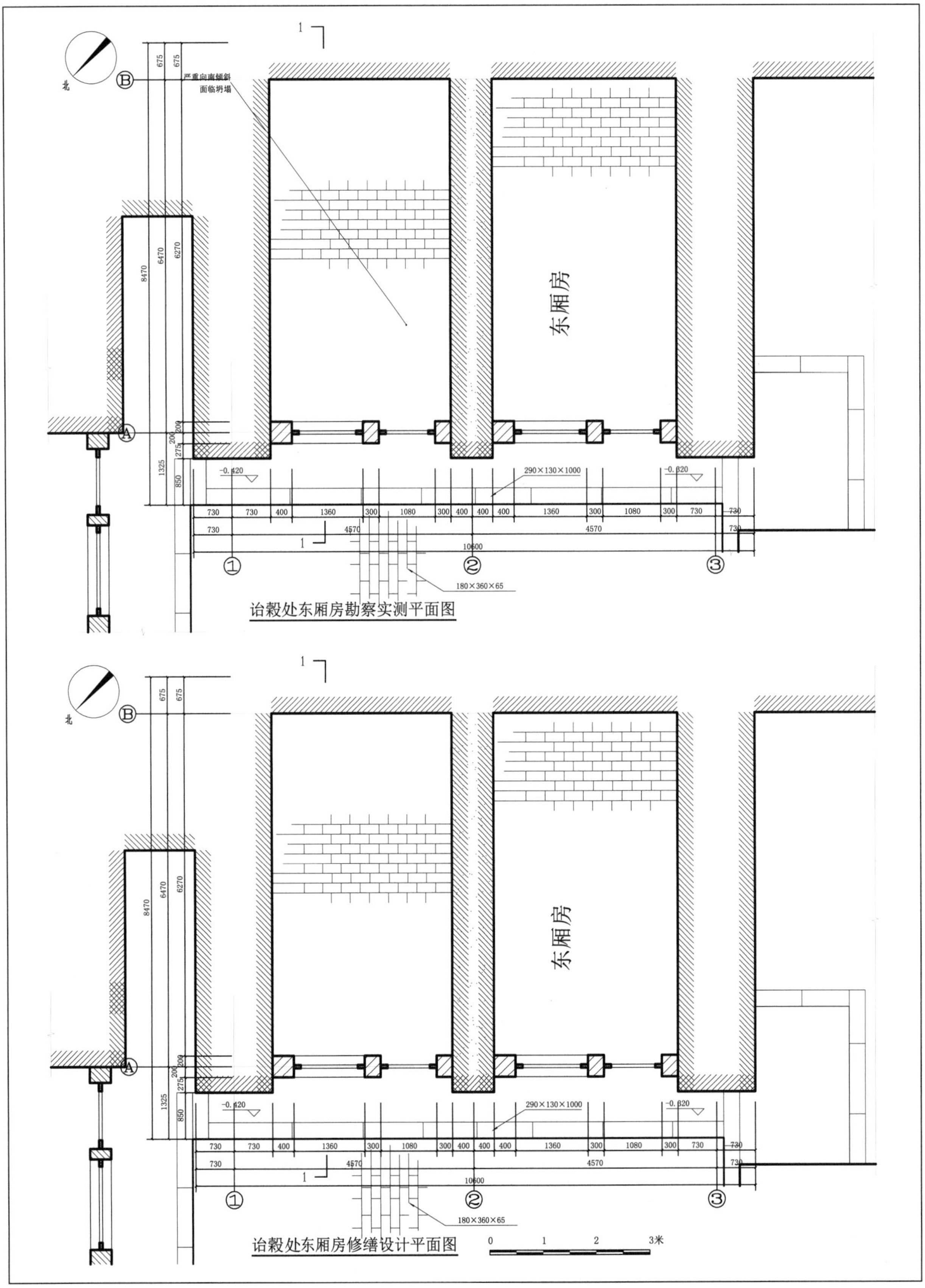

七九　诒毂处东厢房平面图

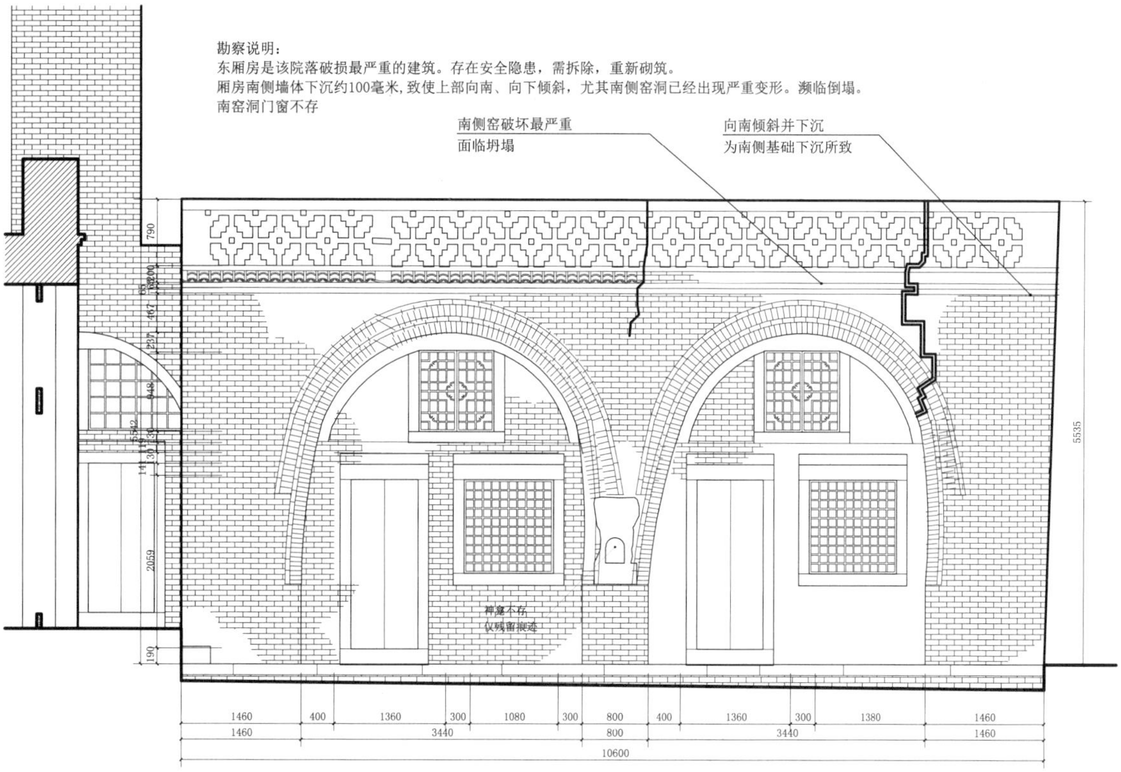

诒穀处东厢房勘察实测立面图

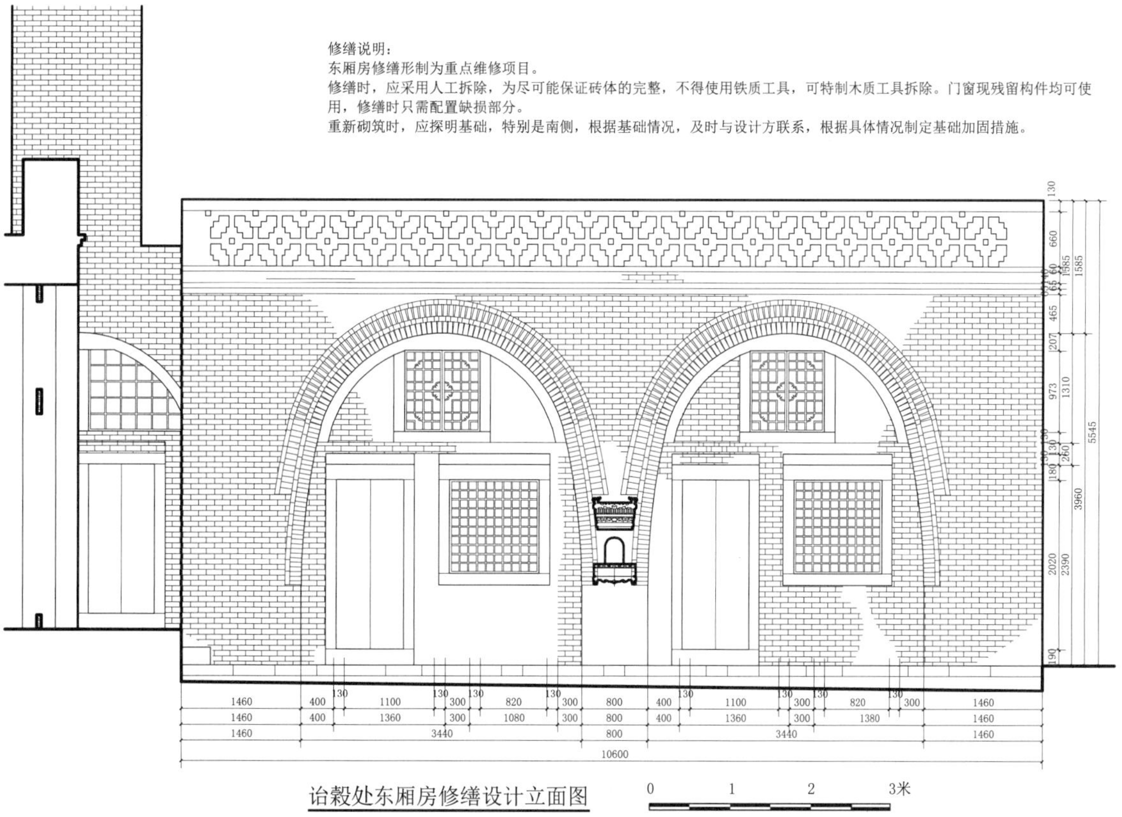

修缮说明：
东厢房修缮形制为重点维修项目。
修缮时，应采用人工拆除，为尽可能保证砖体的完整，不得使用铁质工具，可特制木质工具拆除。门窗现残留构件均可使用，修缮时只需配置缺损部分。
重新砌筑时，应探明基础，特别是南侧，根据基础情况，及时与设计方联系，根据具体情况制定基础加固措施。

诒穀处东厢房修缮设计立面图

八〇　诒穀处东厢房立面图

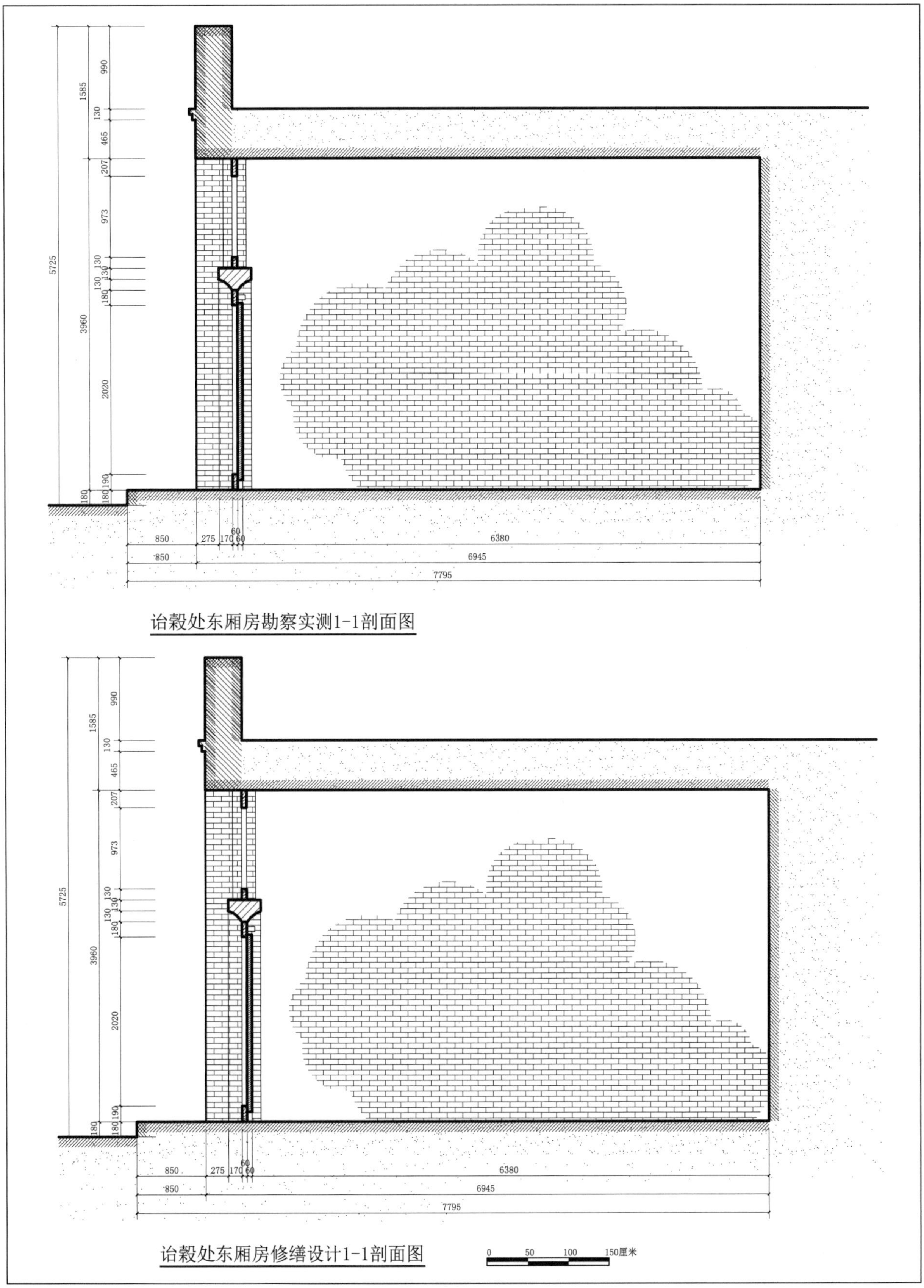

八一　诒毂处东厢房剖面图

勘察说明：

诒榖处下院为五孔砖窑组成。

1. 约20%～30%的砖立面砖塌落一砖厚；

2. 60%的砖立面遭受雨水侵蚀，但未影响到安全。

3. 门窗约有40%的缺损。

4. 院内地面被杂土掩埋，地面高低不平是造成排水不畅的主要原因。

5. 室内地面铺砖约有80%的不存。砖炕缺3个。

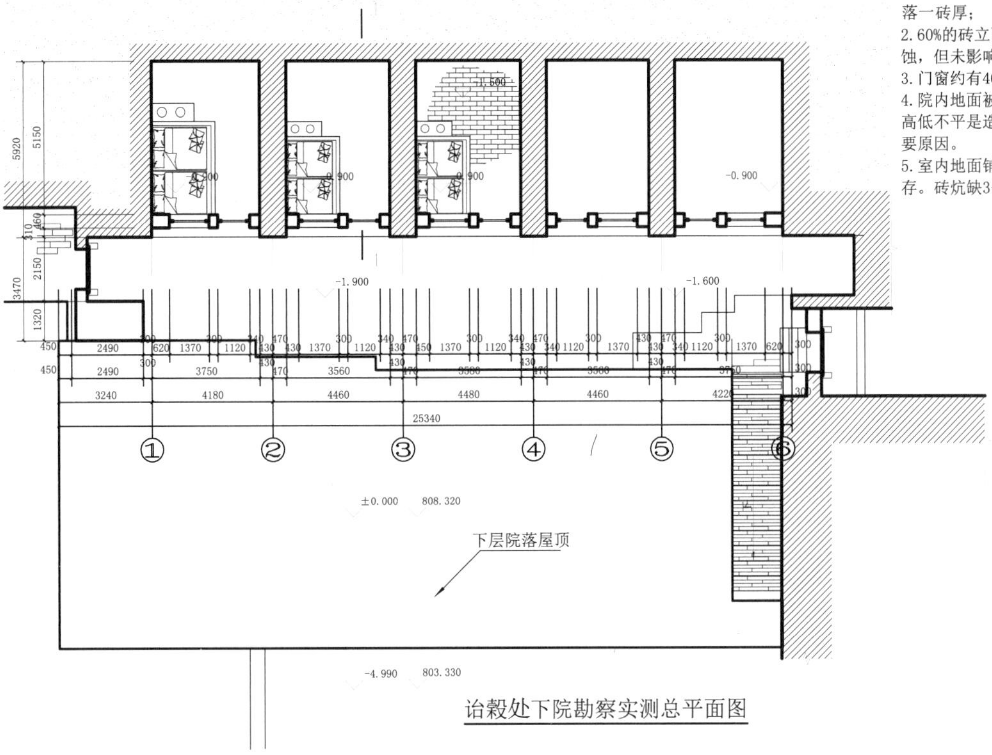

诒榖处下院勘察实测总平面图

修缮说明：

该建筑残损严重，需采取重点修缮的原则。

1. 补配坍塌或缺失的立面砖，补配时必须注意新旧结合的牢固性，每1米左右必须采用丁字砖与旧砖体相连。尤其是监理人员必须严格负责；

2. 清理旧砖面上的污垢。

3. 补配缺损门窗。

4. 清理院内地面杂土掩埋，重新铺墁地面，但必须保留原地面砖。其地面泛水坡度为1%。

5. 补配缺失的室内地面铺砖。同时补砌砖炕3个。

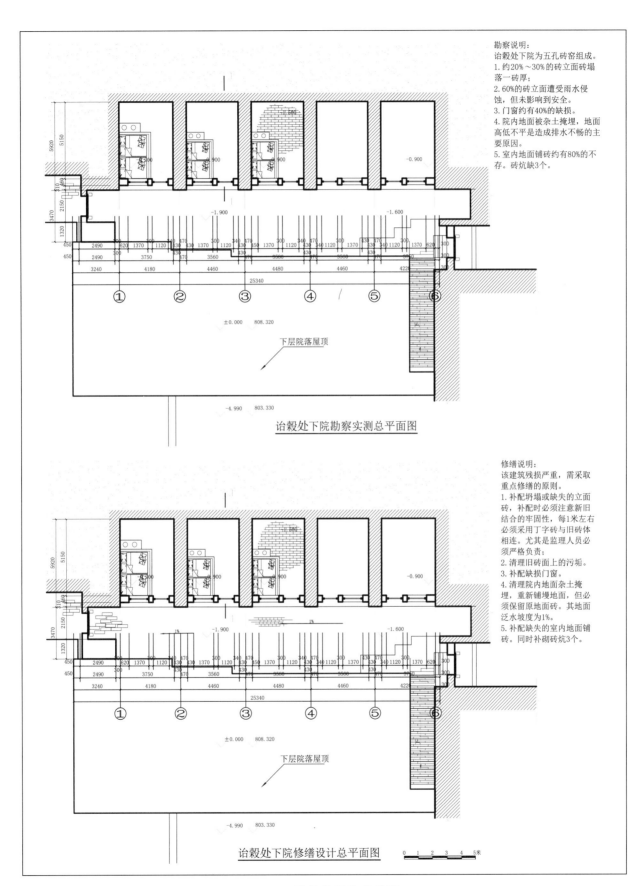

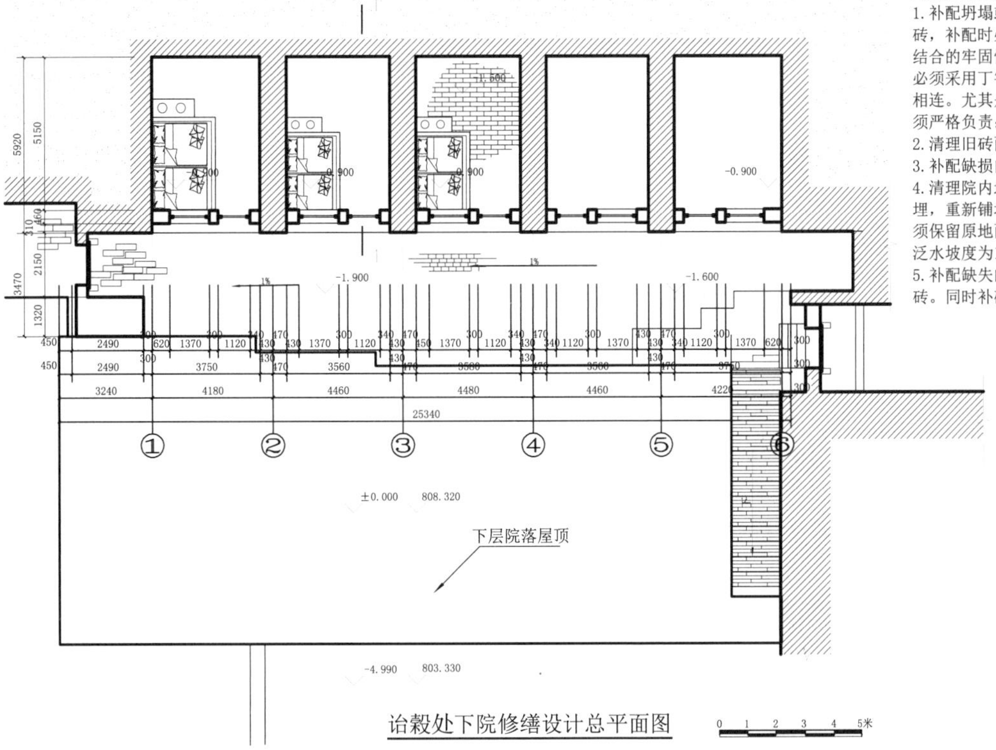

诒榖处下院修缮设计总平面图　0 1 2 3 4 5米

八二　诒榖处下院平面图

雨水侵蚀范围
无严重酥碱
棂条残缺
走马板不存
坍塌一砖厚
严重酥碱
窗棂条残缺
窗不存
门板不存
诒穀处下院勘察实测立面图
清理墙面
补配棂条
补配走马板
补砌砖墙
剔补酥碱严重砖块
补配棂条
补配门板
诒穀处院下院修缮设计立面图

八三　诒穀处下院立面图

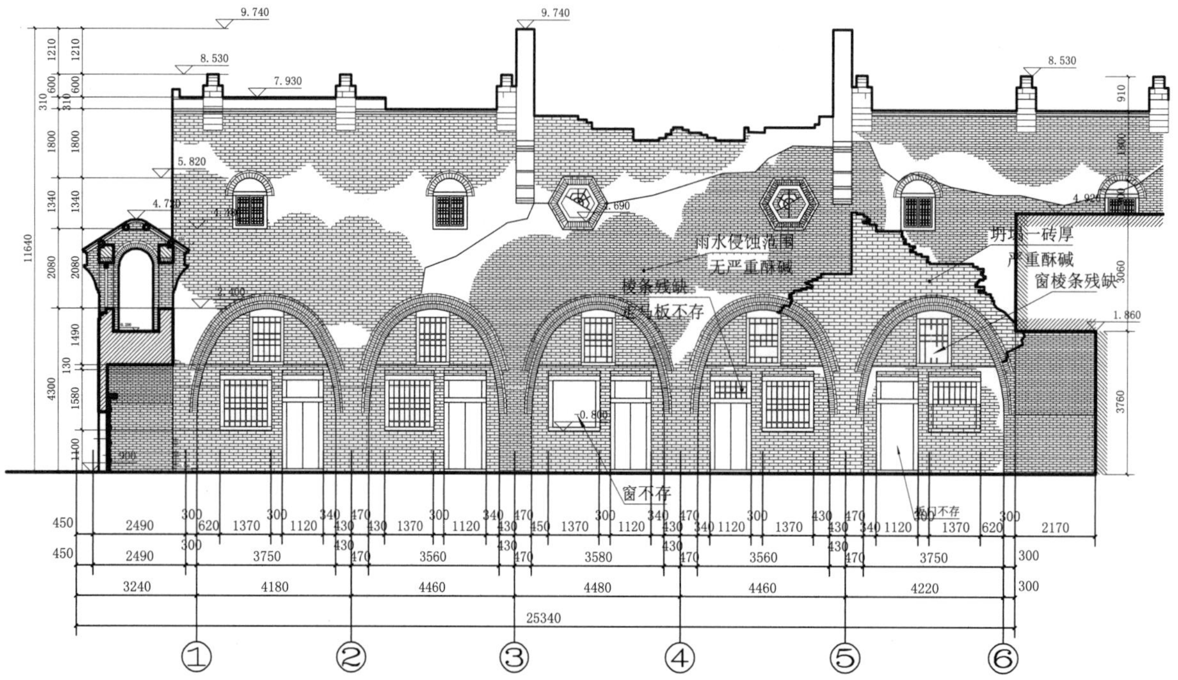

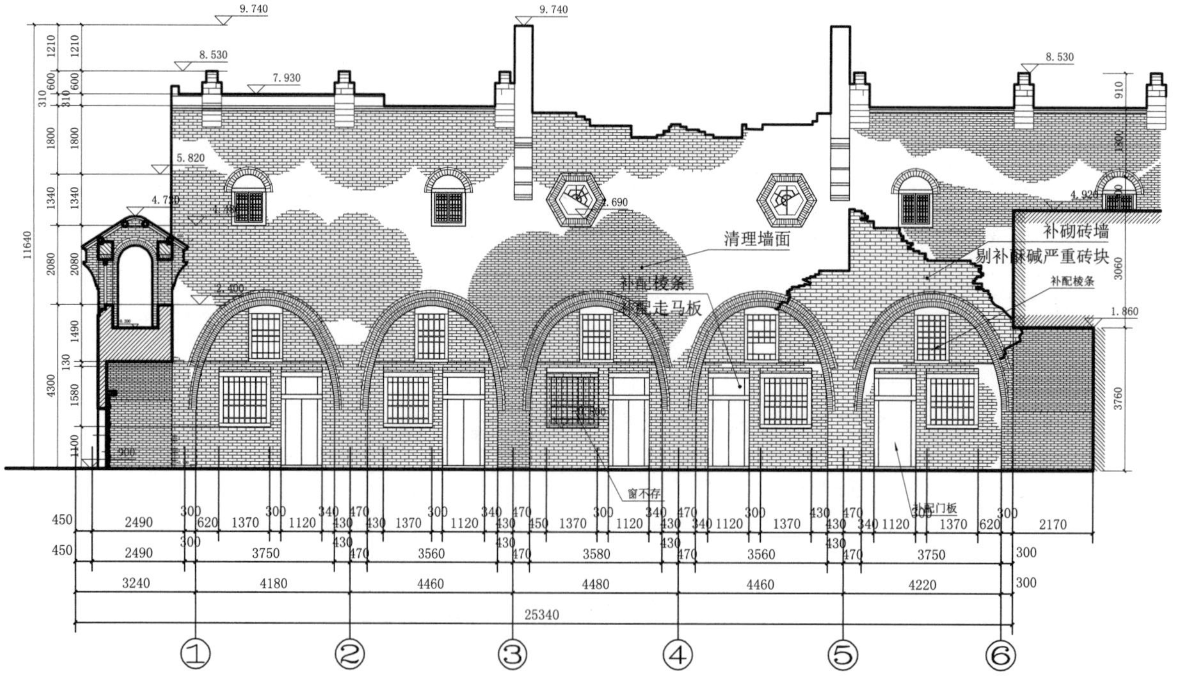

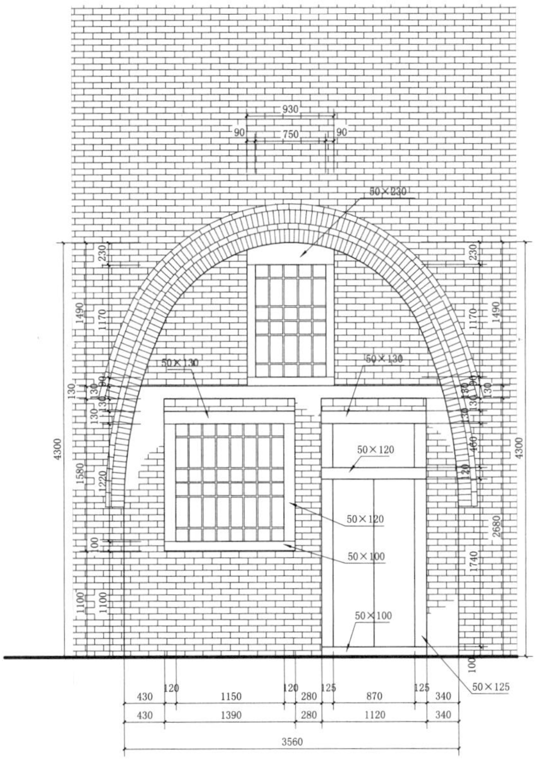

诒穀处下院门窗大样图

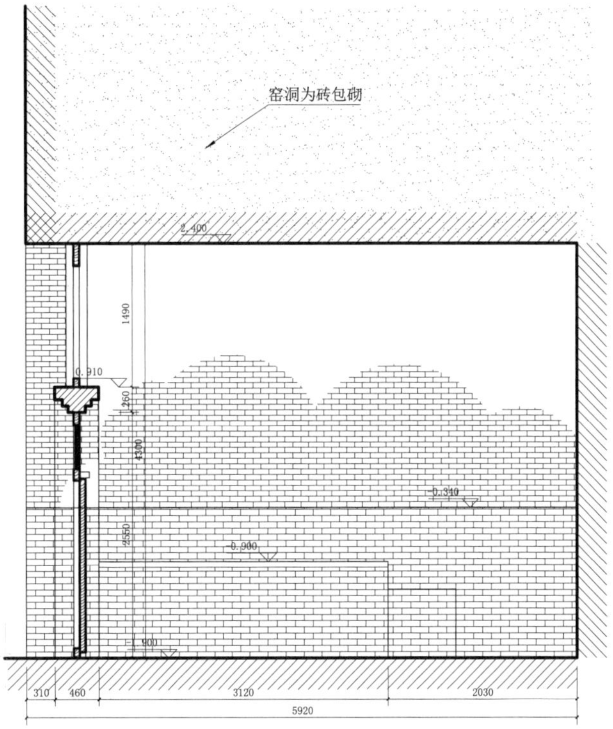

诒穀处下院1-1剖面图

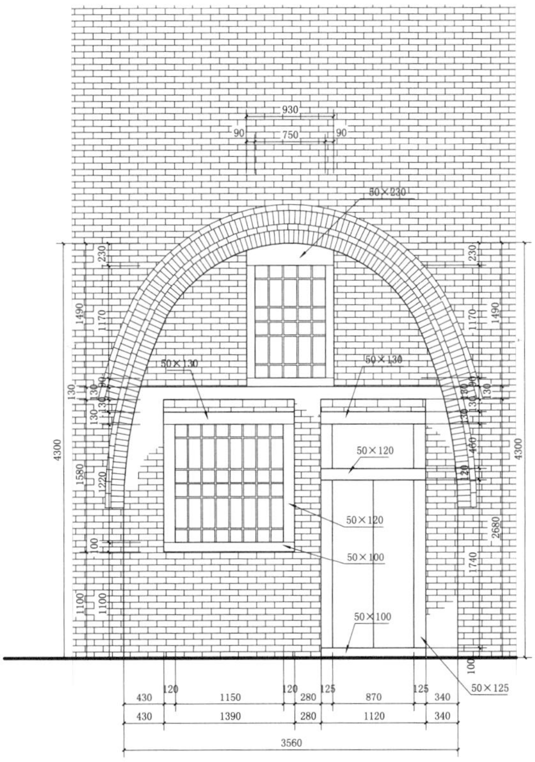

诒穀处院下院门窗大样图

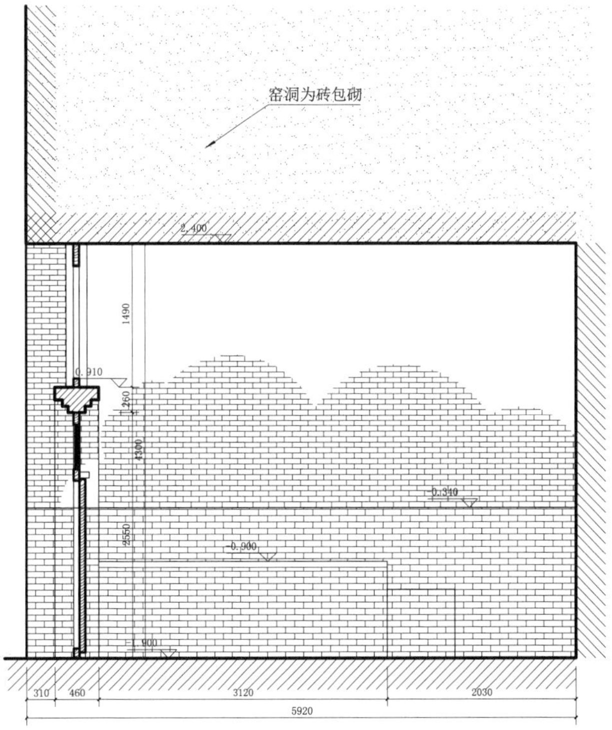

诒穀处院下院1-1剖面图　0　50　100　150厘米

八四　诒穀处下院剖面及大样图

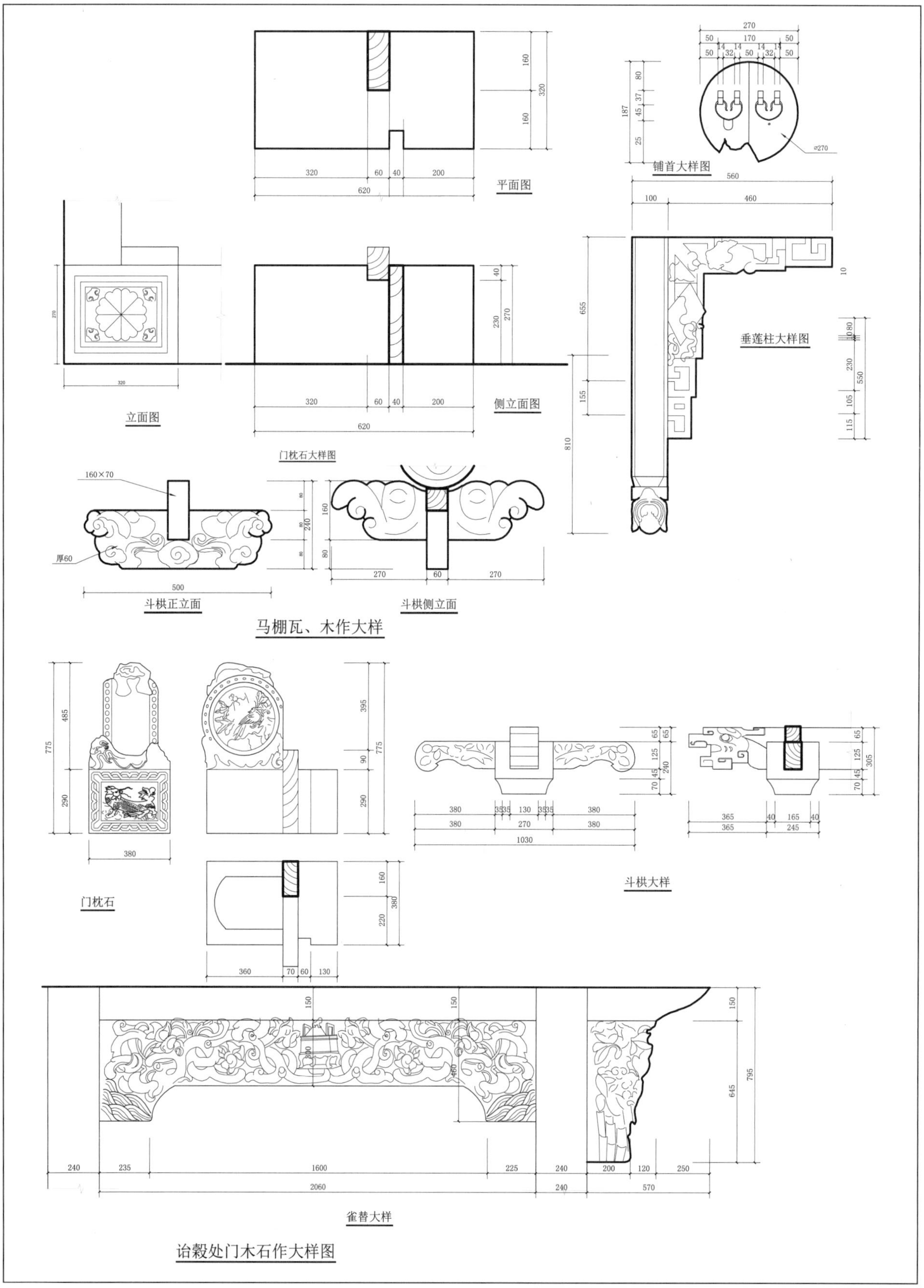

八五　瑞气凝石木作大样图

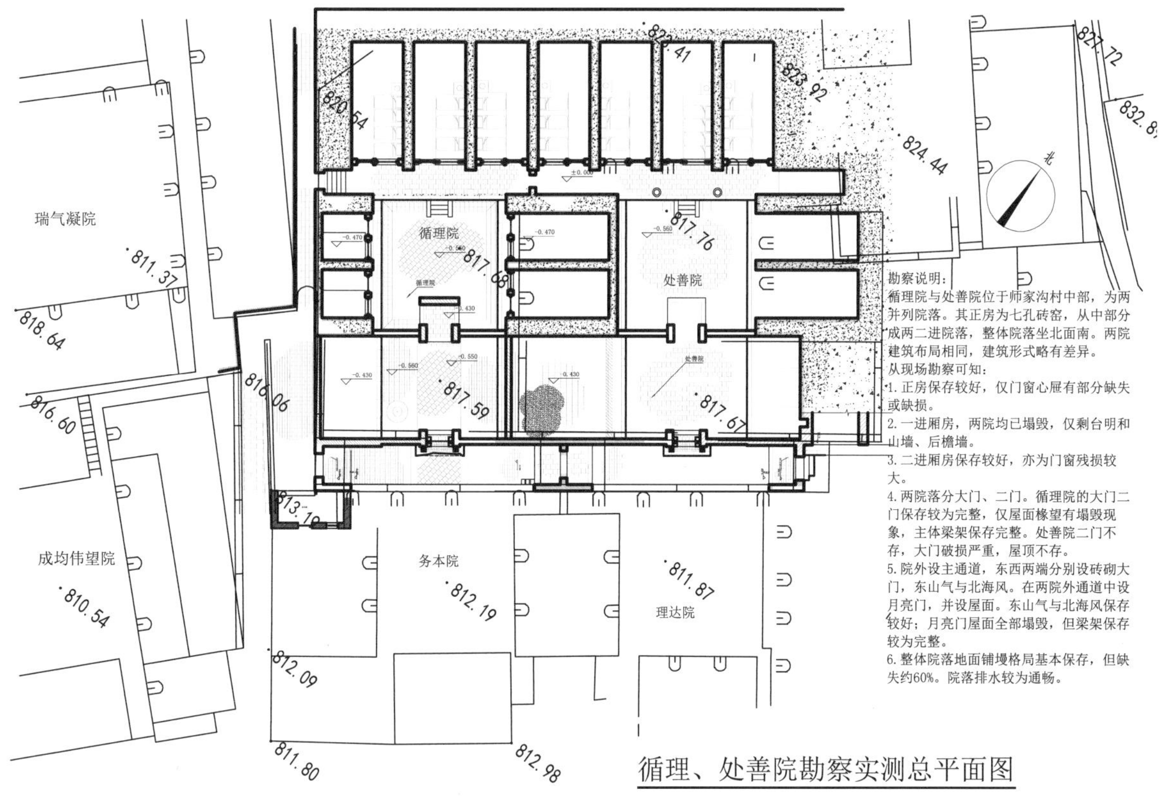

勘察说明：
循理院与处善院位于师家沟村中部，为两并列院落。其正房为七孔砖窑，从中部分成两二进院落，整体院落坐北面南。两院建筑布局相同，建筑形式略有差异。
从现场勘察可知：
1. 正房保存较好，仅门窗心屉有部分缺失或缺损。
2. 一进厢房，两院均已塌毁，仅剩台明和山墙、后檐墙。
3. 二进厢房保存较好，亦为门窗残损较大。
4. 两院落分大门、二门。循理院的大门二门保存较为完整，仅屋面椽望有塌毁现象，主体梁架保存完整。处善院二门不存，大门破损严重，屋顶不存。
5. 院外设主通道，东西两端分别设砖砌大门，东山气与北海风。在两院外通道中设月亮门，并设屋面。东山气与北海风保存较好；月亮门屋面全部塌毁，但梁架保存较为完整。
6. 整体院落地面铺墁格局基本保存，但缺失约60%。院落排水较为通畅。

循理、处善院勘察实测总平面图

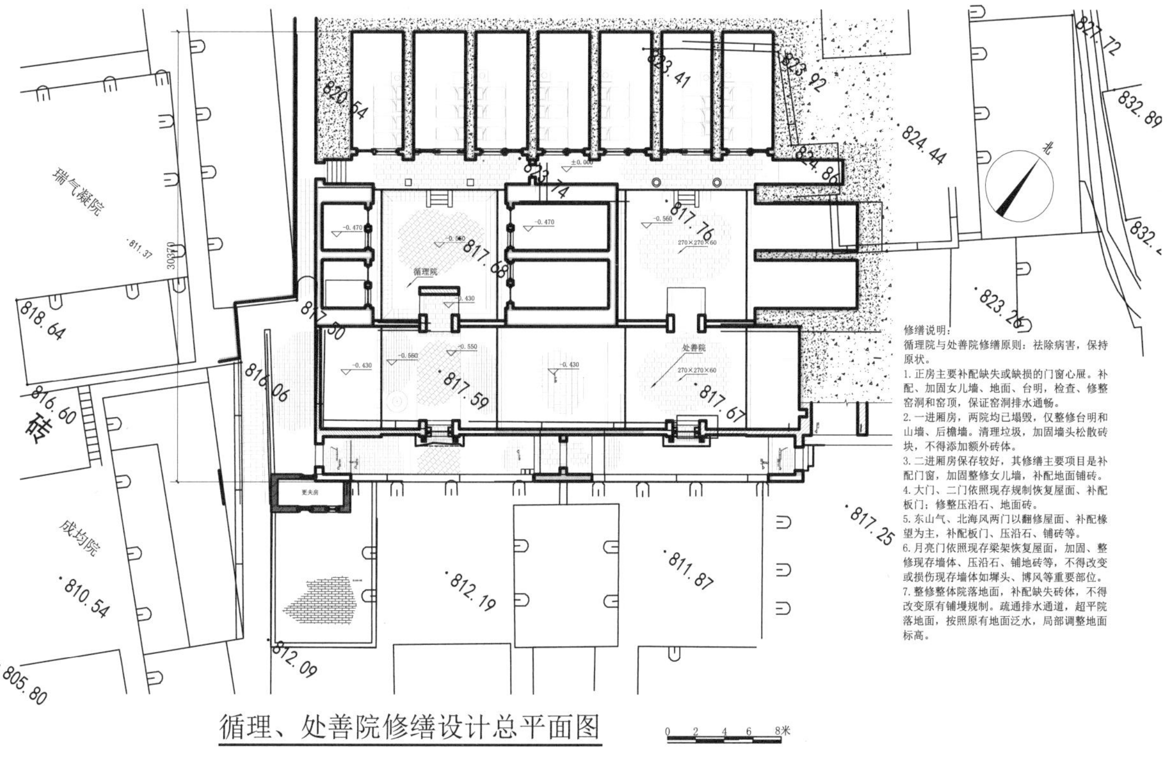

修缮说明：
循理院与处善院修缮原则：祛除病害，保持原状。
1. 正房主要补配缺失或缺损的门窗心屉。补配、加固女儿墙、地面、台明，检查、修整窑洞和窑顶，保证窑洞排水通畅。
2. 一进厢房，两院均已塌毁，仅整修台明和山墙、后檐墙。清理垃圾，加固墙头松散砖块，不得添加额外砖体。
3. 二进厢房保存较好，其修缮主要项目是补配门窗，加固整修女儿墙，补配地面铺砖。
4. 大门、二门依照现存规制恢复屋面、补配板门；修整压沿石、地面砖。
5. 东山气、北海风两门以翻修屋面、补配椽望为主，补配板门、压沿石、铺砖等。
6. 月亮门依照现存梁架恢复屋面，加固、整修现存墙体、压沿石、铺地砖等，不得改变或损伤现存墙体如墀头、博风等重要部位。
7. 整修整体院落地面，补配缺失砖体，不得改变原有铺墁规制。疏通排水通道，超平院落地面，按照原有地面泛水，局部调整地面标高。

循理、处善院修缮设计总平面图

八六　循理、处善院总平面图

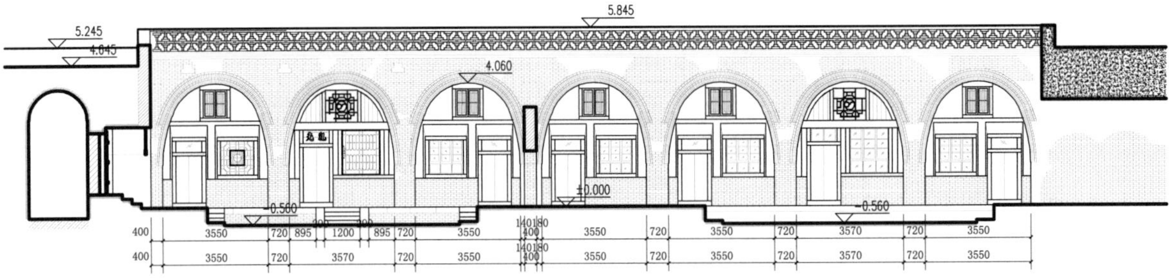

循理、处善院勘察实测1-1剖面图

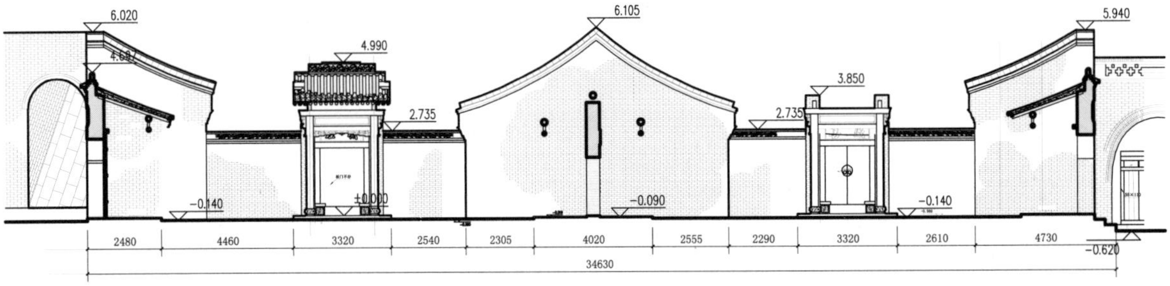

循理、处善院勘察实测2-2剖面图

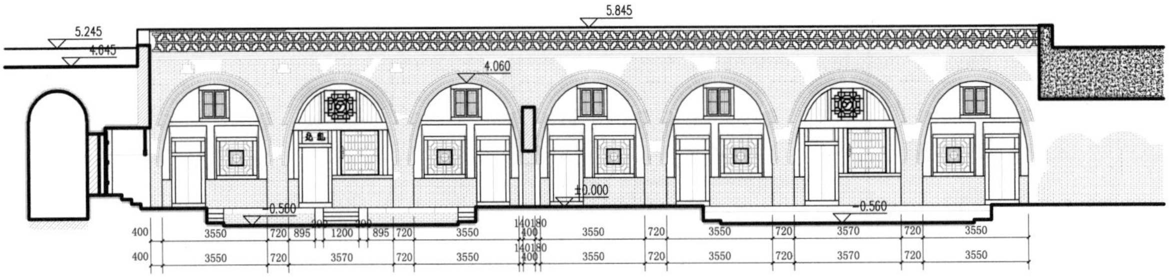

循理、处善院修缮设计1-1剖面图

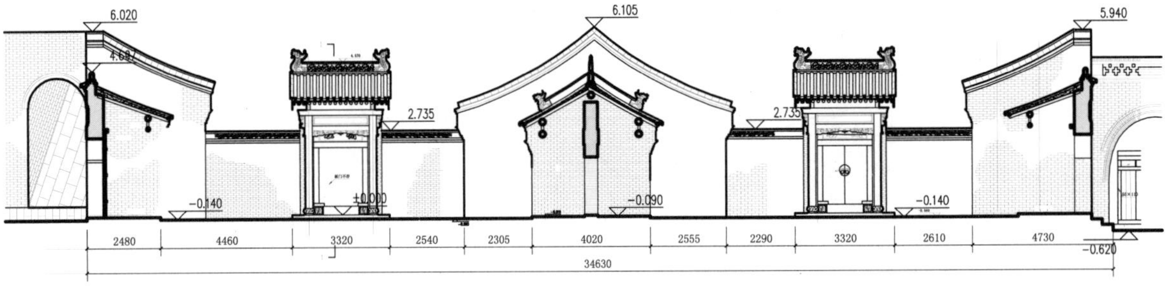

循理、处善院修缮设计2-2剖面图

0 1 2 3 4 5米

八七　循理处善院1-1、2-2剖面图

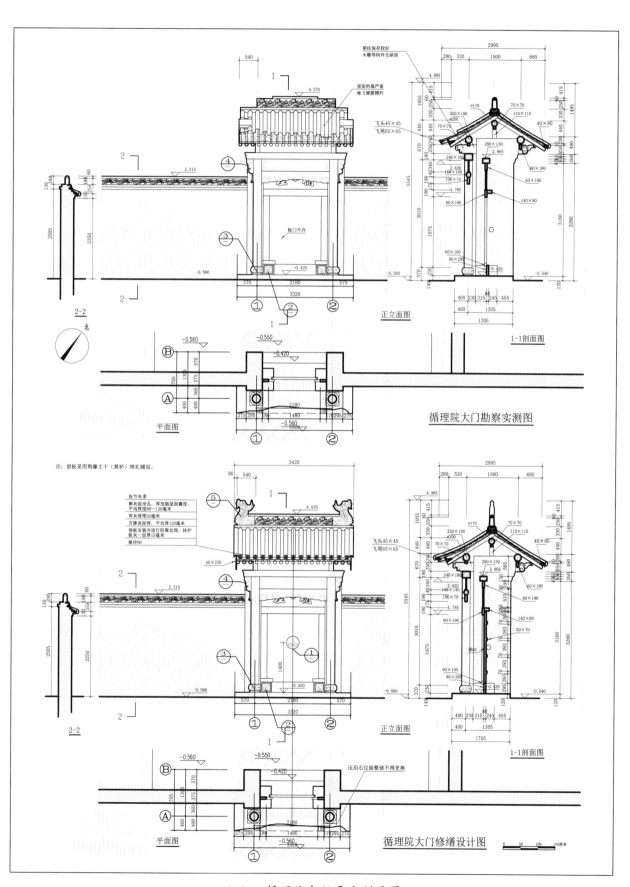

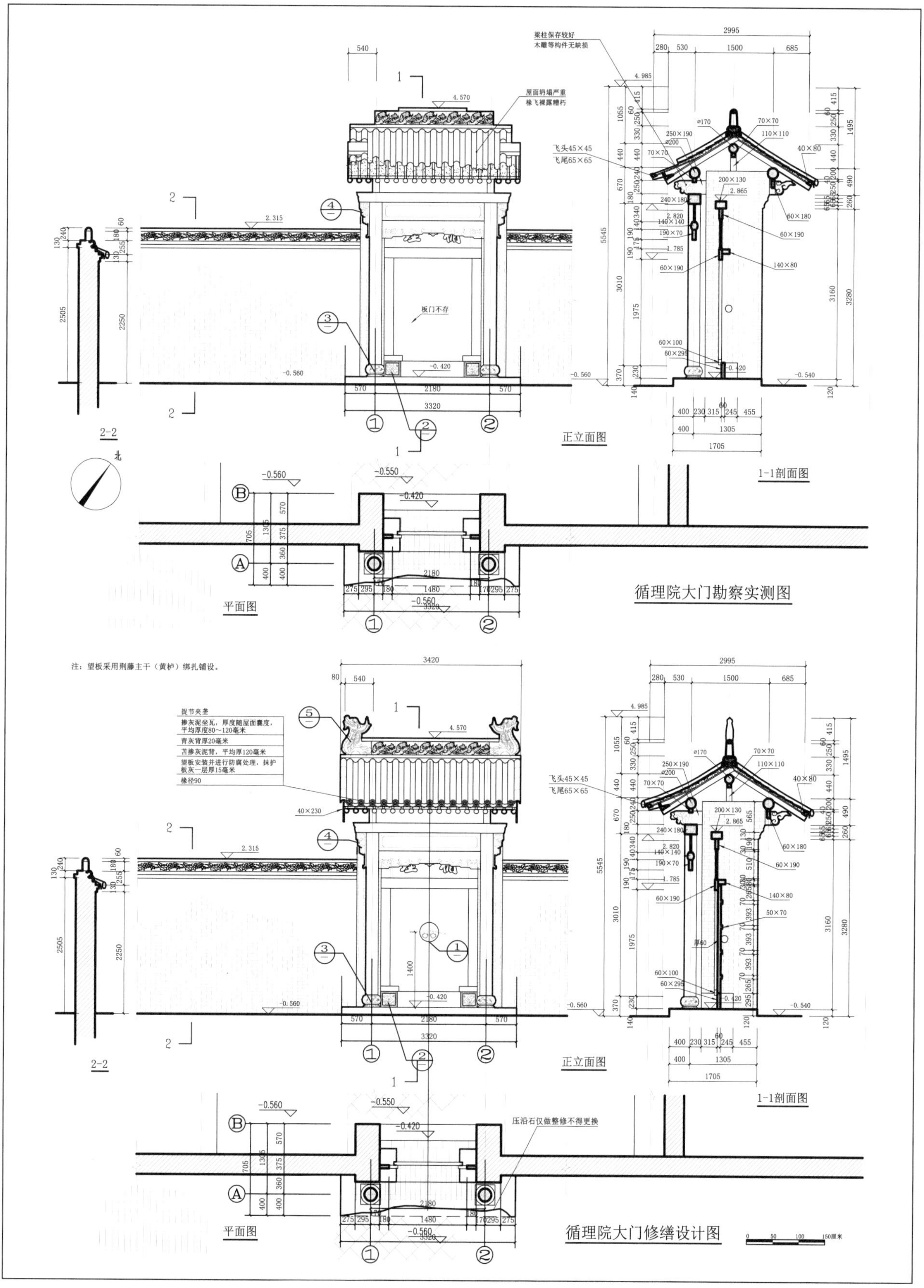
循理院大门勘察实测图
正立面图
1-1剖面图
平面图
2-2
梁柱保存较好
木雕等构件无缺损
屋面坍塌严重
椽飞裸露糟朽
板门不存
飞头45×45
飞尾65×65
注：望板采用荆藤主干（黄栌）绑扎铺设。
捉节夹垄
掺灰泥坐瓦，厚度随屋面囊度，平均厚度80～120毫米
青灰背厚20毫米
苫掺灰泥背，平均厚120毫米
望板安装并进行防腐处理，抹护板灰一层厚15毫米
椽径90
压沿石仅做整修不得更换
循理院大门修缮设计图
0 50 100 150厘米

八八　循理院大门平立剖面图

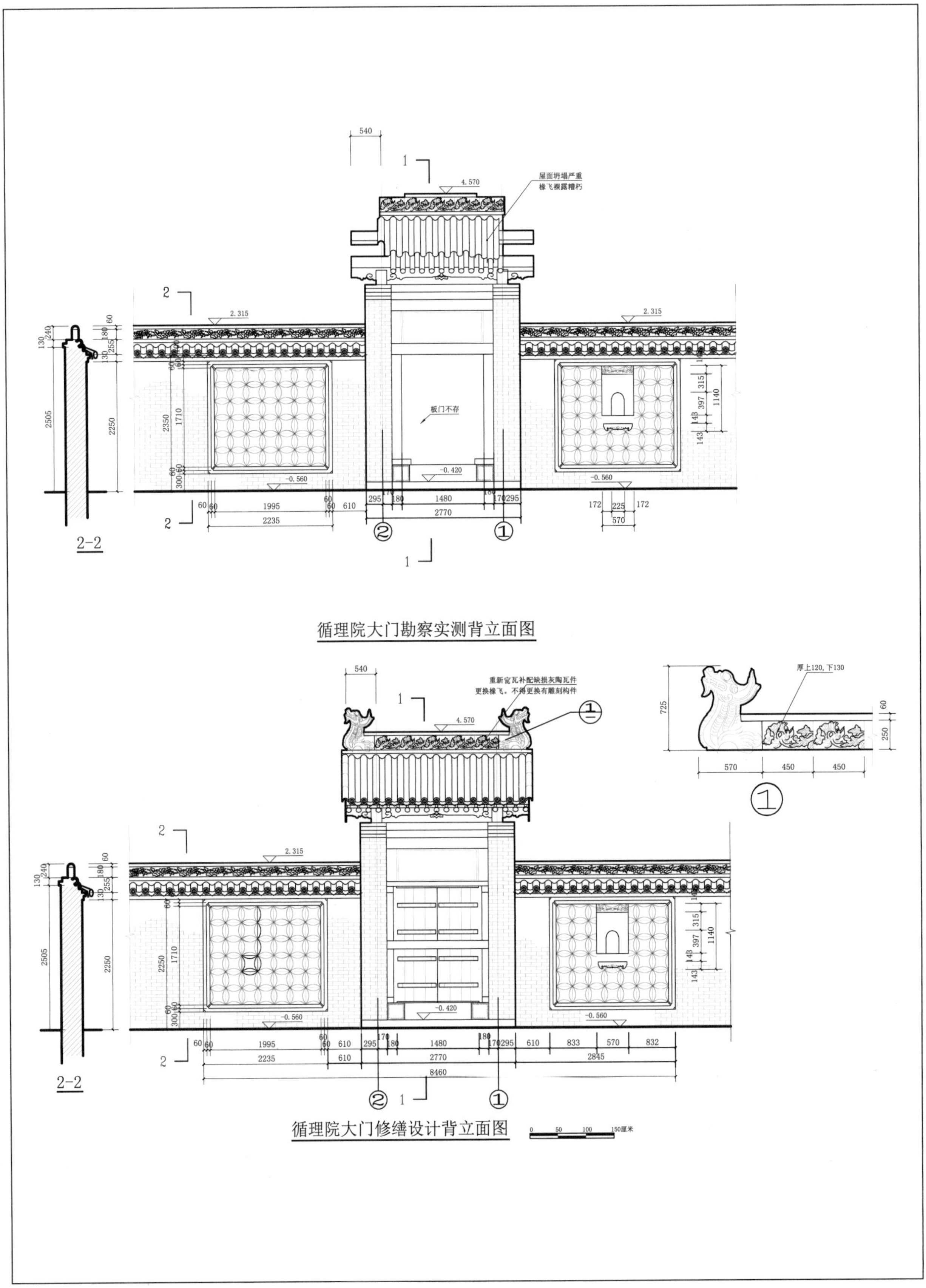

八九　循理院大门背立面图

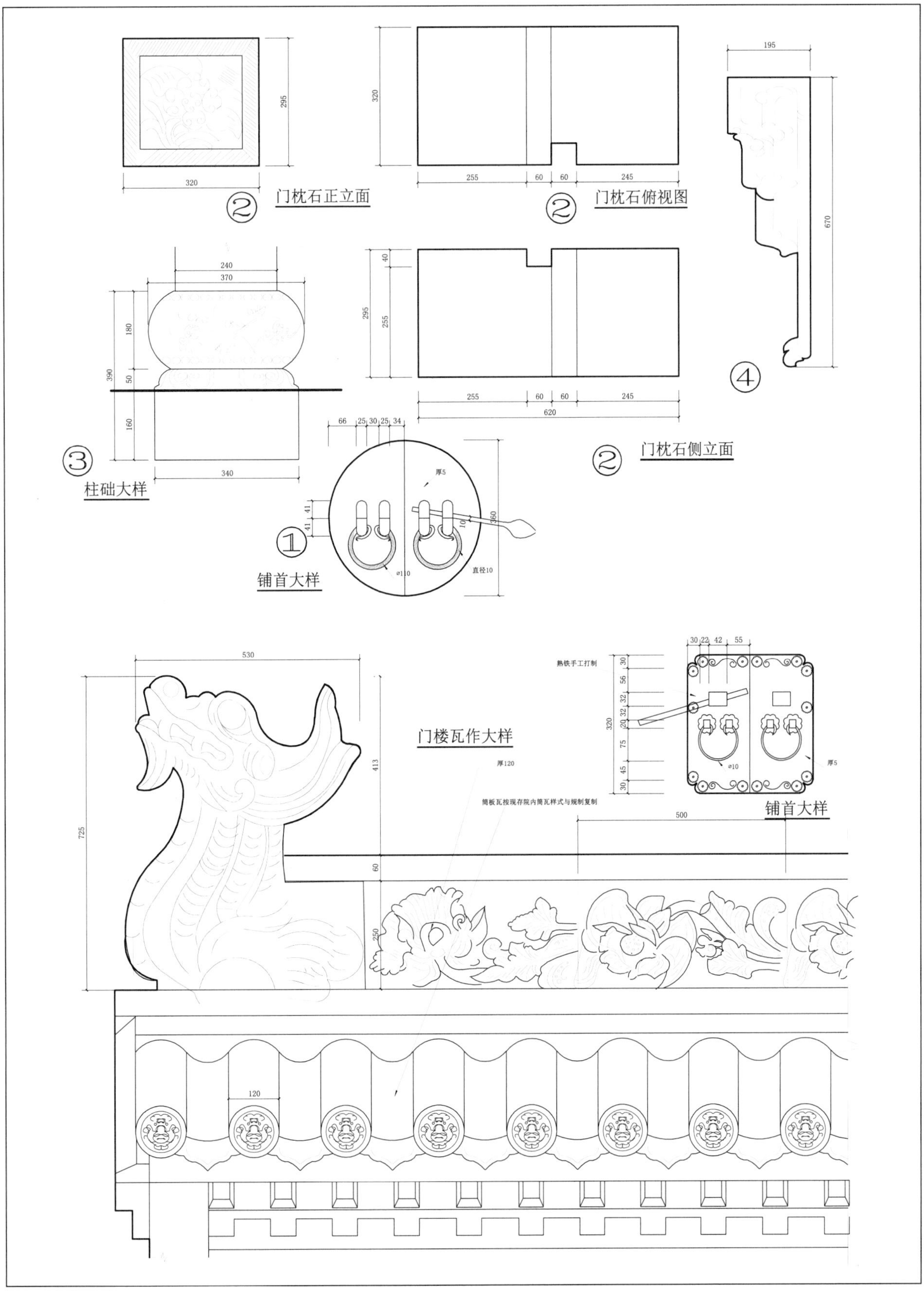

门枕石正立面
门枕石俯视图
④
柱础大样
门枕石侧立面
铺首大样
门楼瓦作大样
熟铁手工打制
厚120
厚5
直径10
筒板瓦按现存院内筒瓦样式与规制复制

九〇　循理院大门大样图

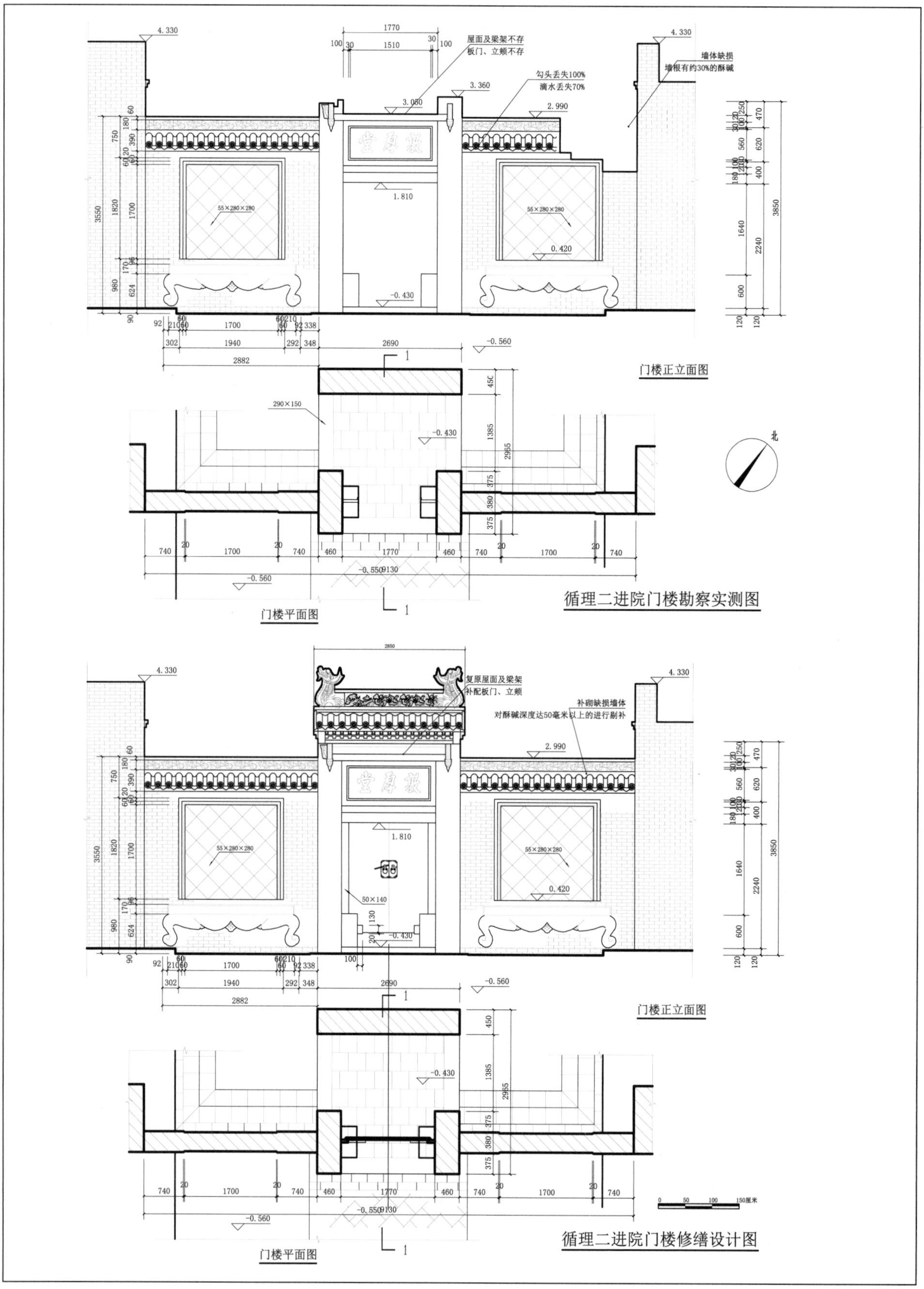

九一　循理院二门平立面图

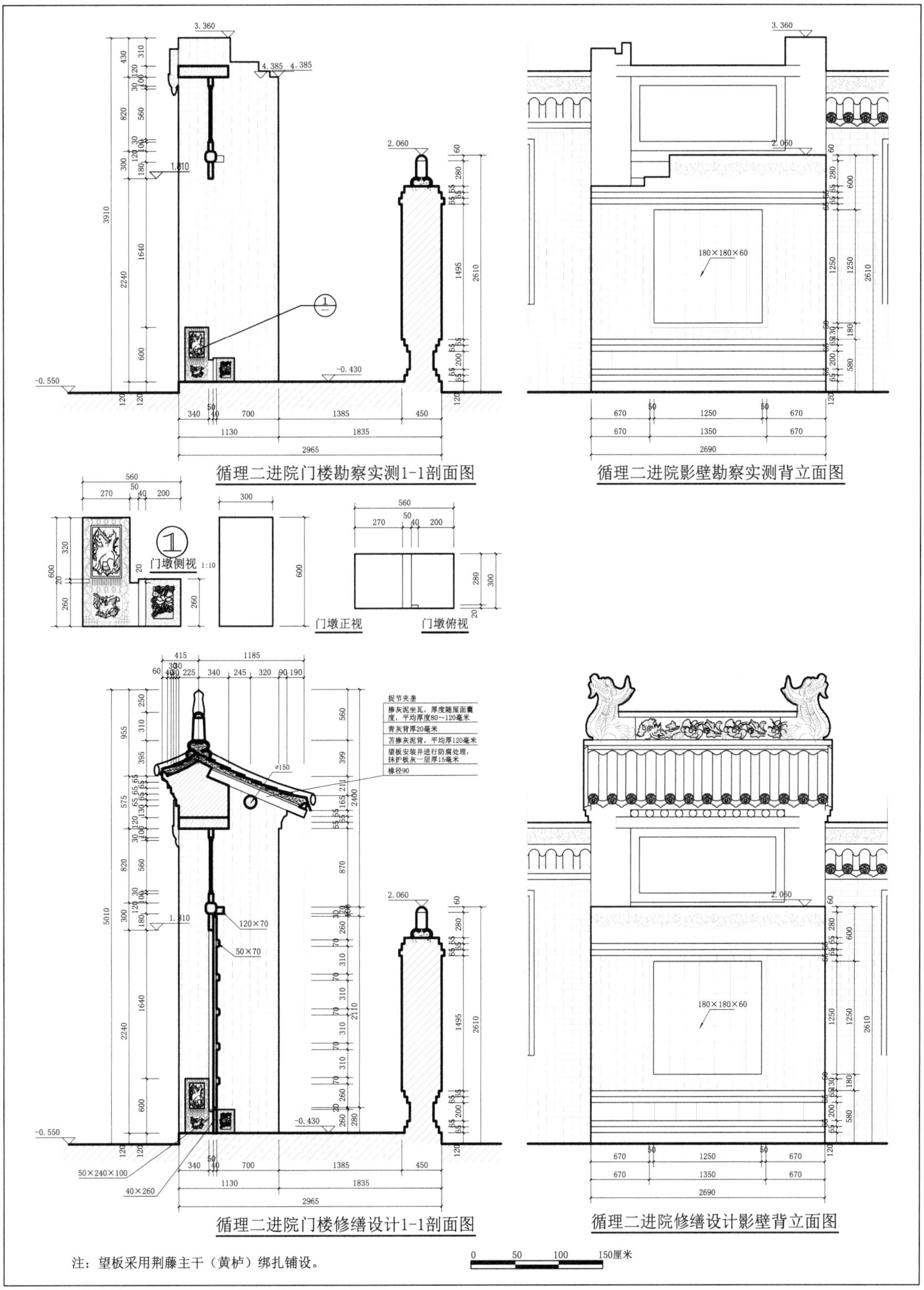
循理二进院门楼勘察实测1-1剖面图
循理二进院影壁勘察实测背立面图
门墩侧视 1:10
门墩正视
门墩俯视
提节夹垄
掺灰泥坐瓦，厚度随屋面囊度，平均厚度80～120毫米
青灰背厚20毫米
苫掺灰泥背，平均厚120毫米
望板安装并进行防腐处理，抹护板灰一层厚15毫米
椽径90
循理二进院门楼修缮设计1-1剖面图
循理二进院修缮设计影壁背立面图
注：望板采用荆藤主干（黄栌）绑扎铺设。
0 50 100 150厘米

九二　循理院二门背立面、剖面图

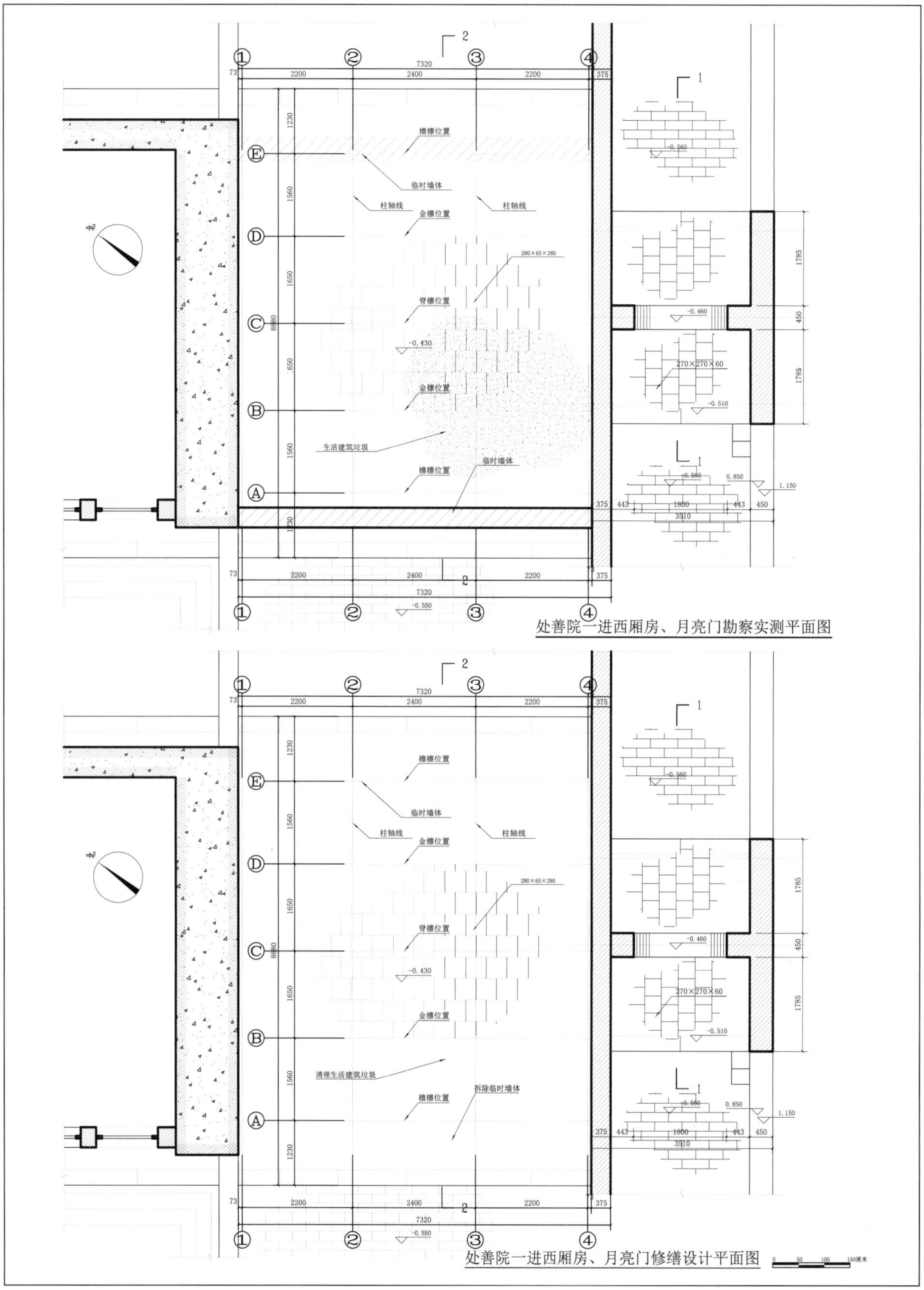

九三　处善院一进西厢房、月亮门平面图

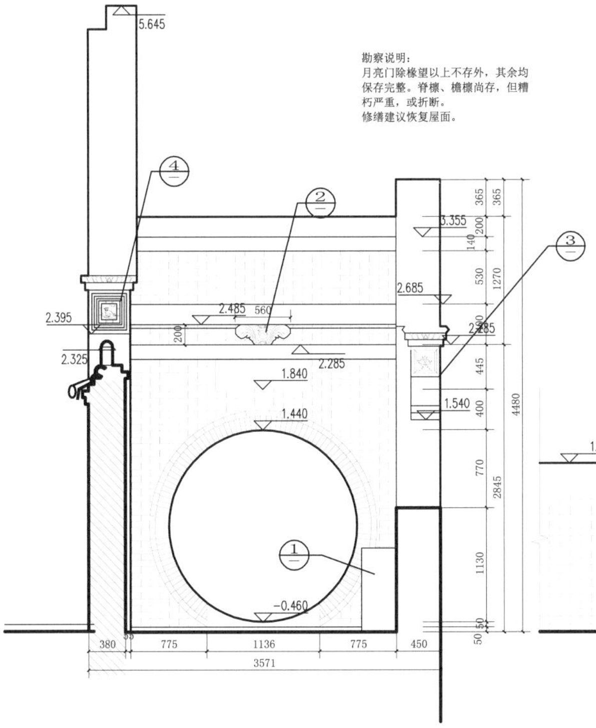
勘察说明：
月亮门除椽望以上不存外，其余均保存完整。脊檩、檐檩尚存，但糟朽严重，或折断。
修缮建议恢复屋面。

处善循理院外月亮门勘察实测立面图

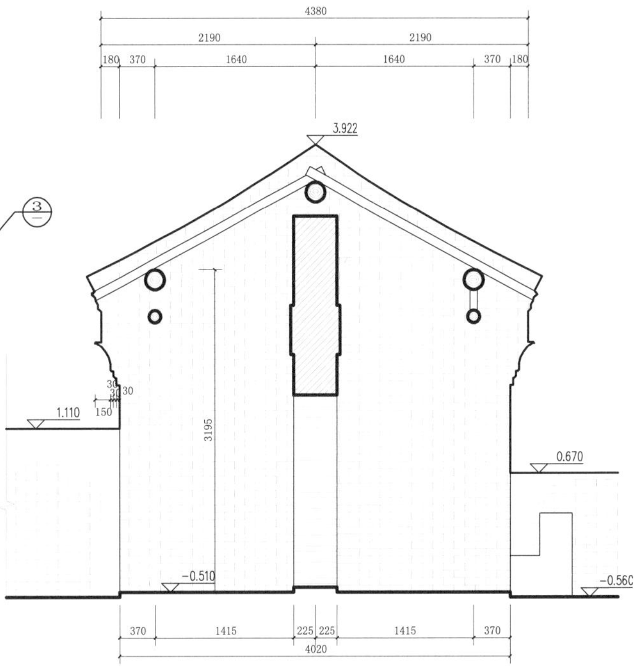

处善循理院外月亮门勘察实测1-1剖面图

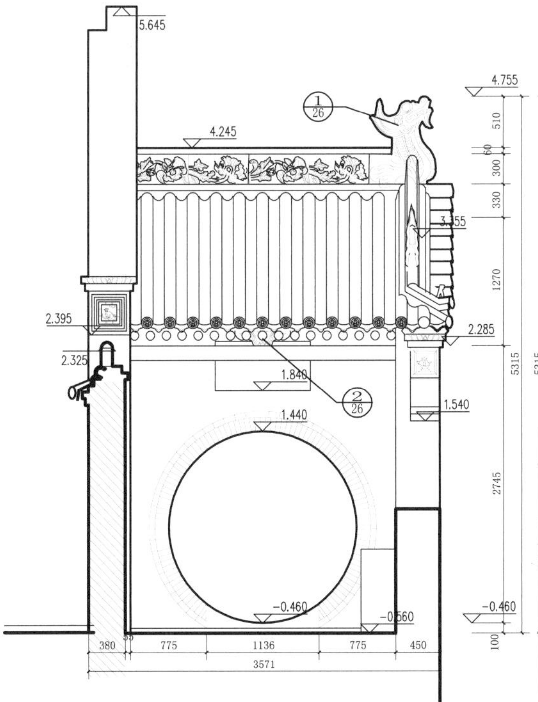

处善循理院外月亮门修缮设计立面图

0 50 100 150厘米

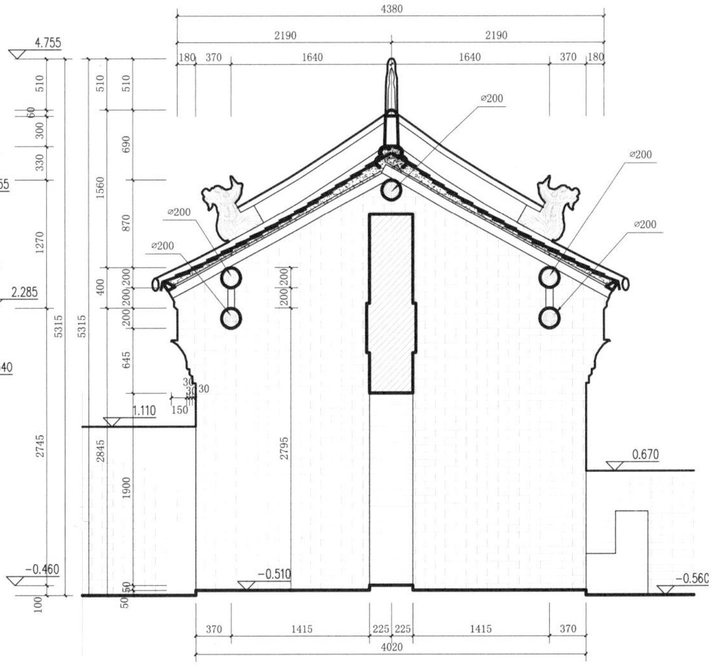

处善循理院外月亮门修缮设计1-1剖面图

九四　月亮门立剖面图

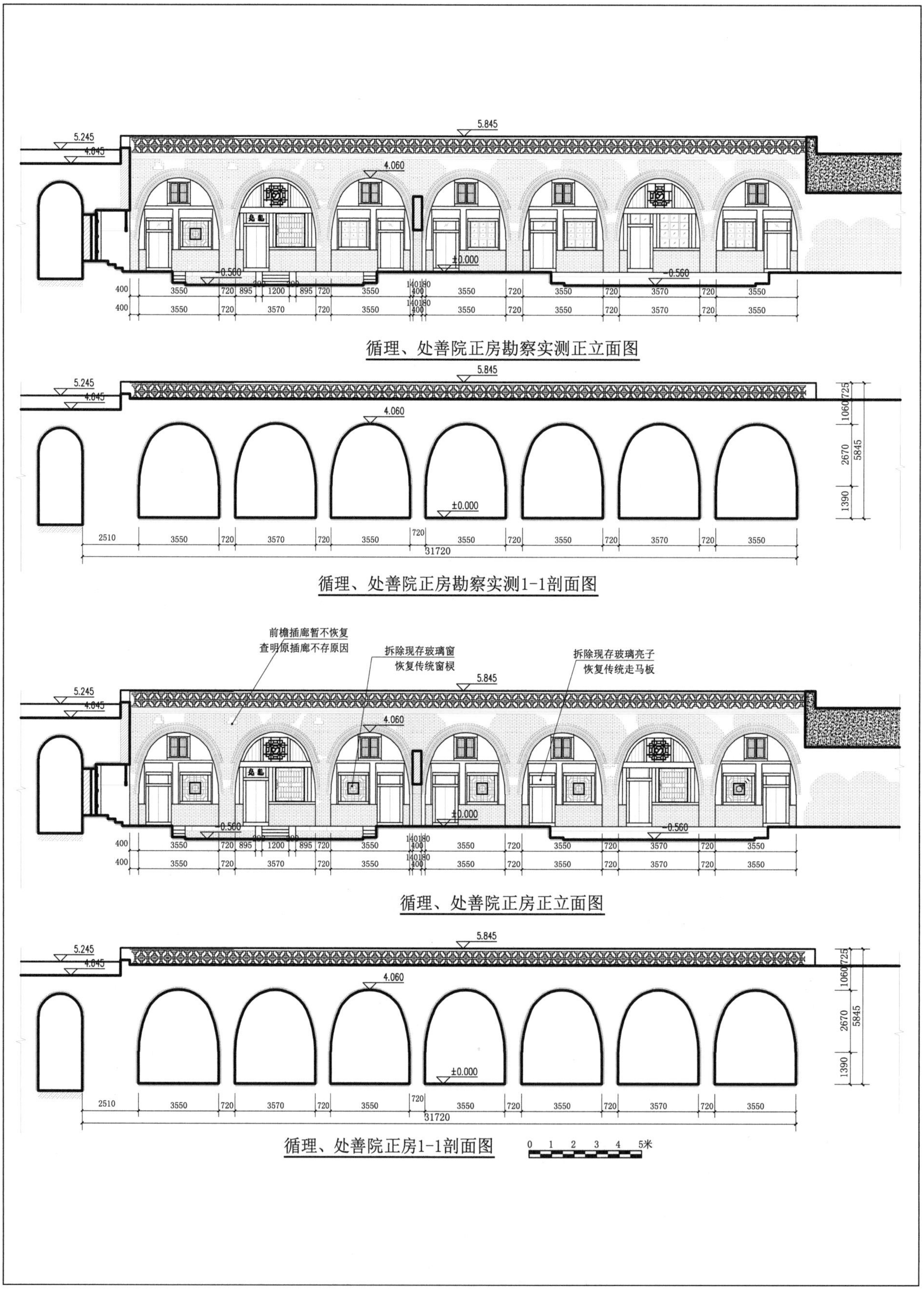

九五　循理处善院正房立剖面图

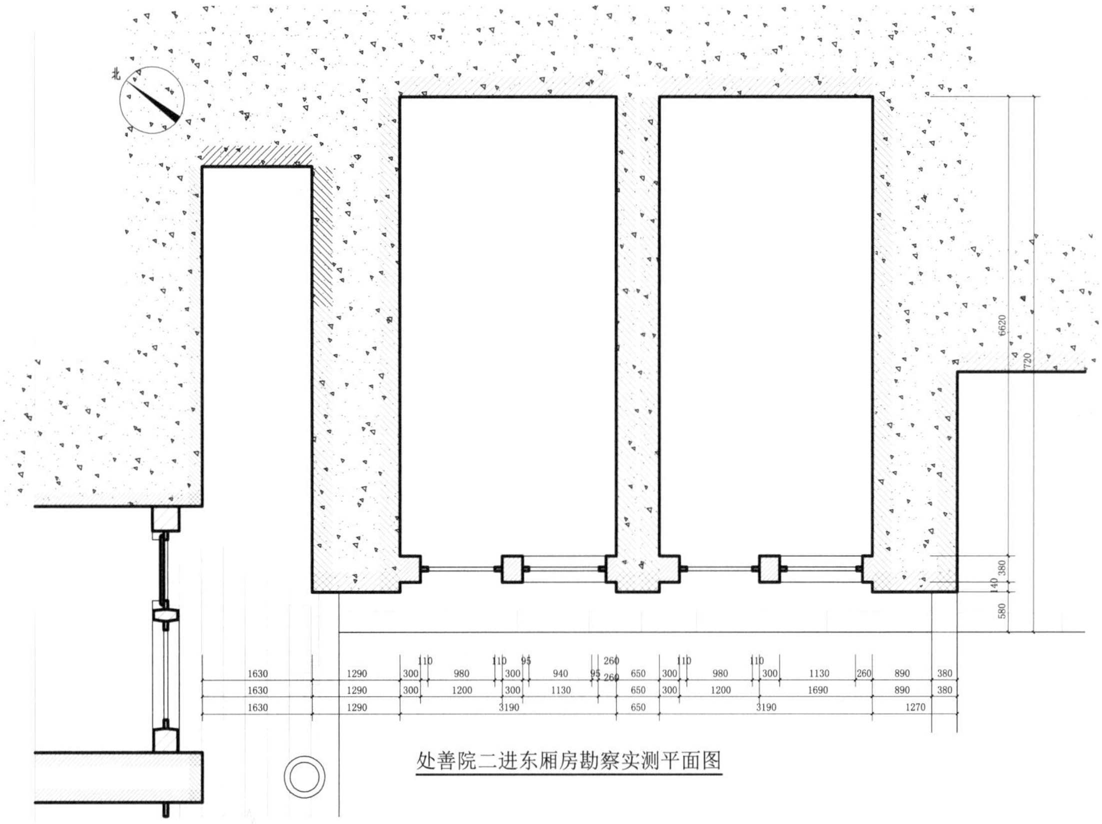

处善院二进东厢房勘察实测平面图

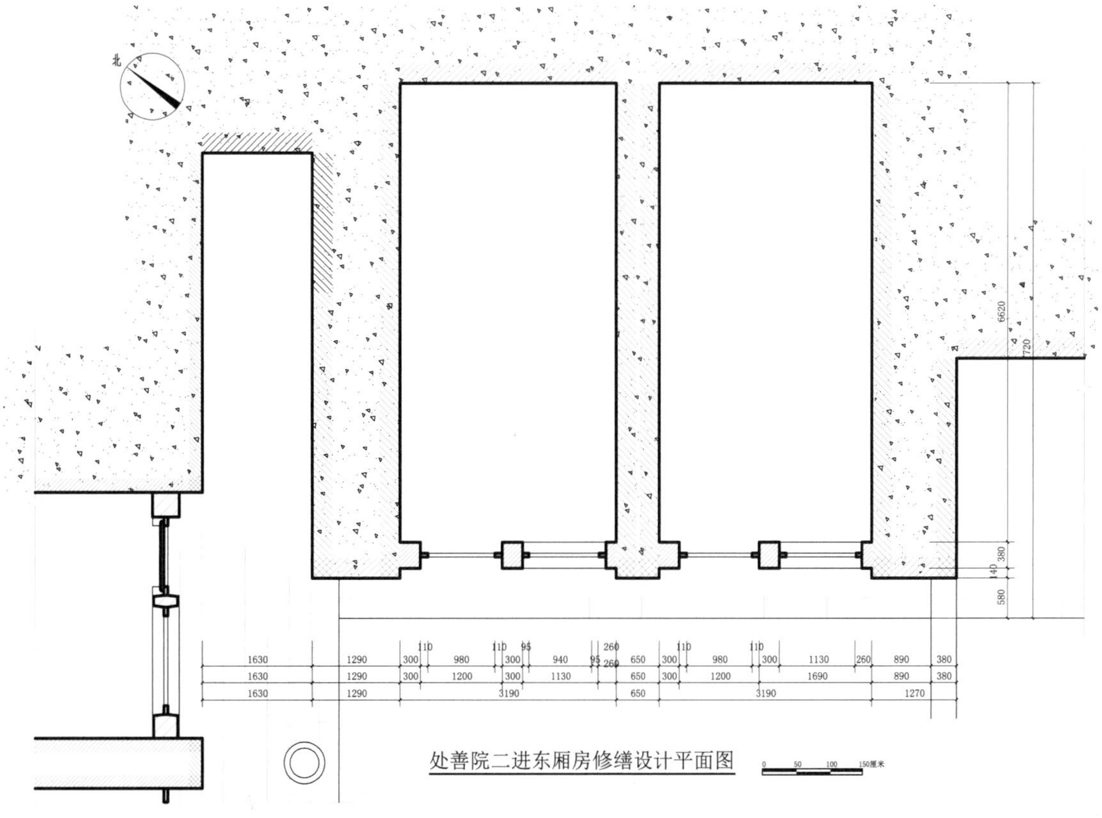

处善院二进东厢房修缮设计平面图

九六　处善院二进东厢房平面图

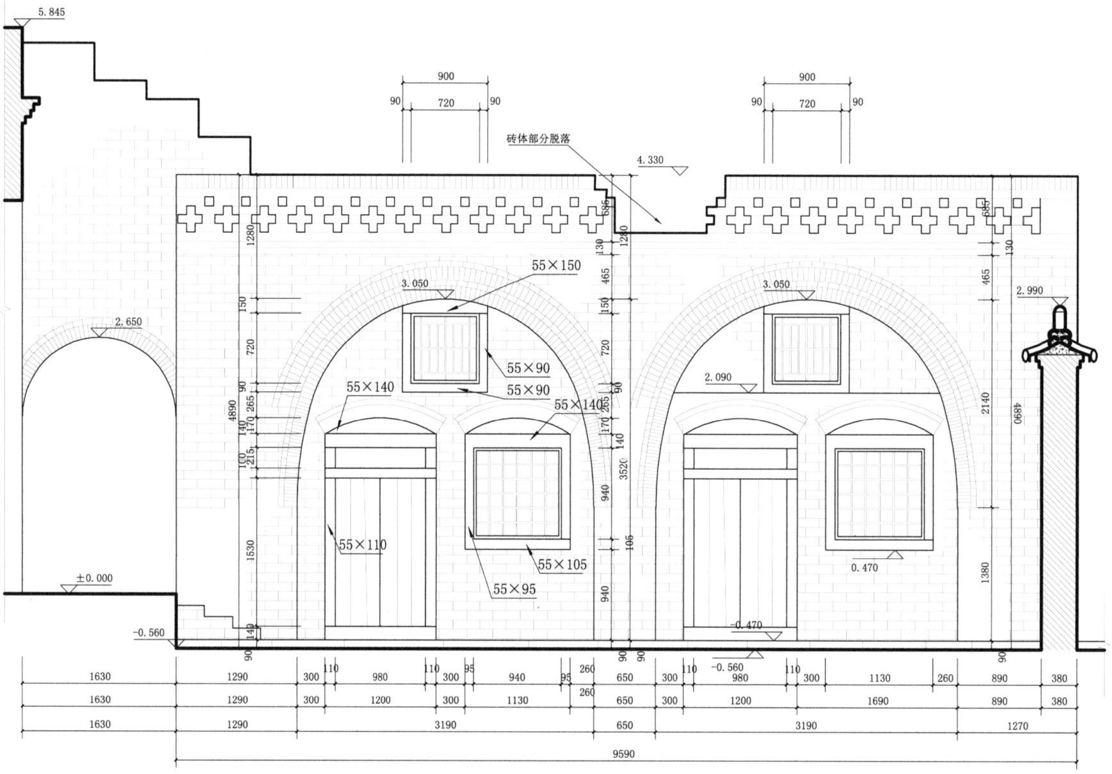

处善二进院东厢房勘察实测立面图

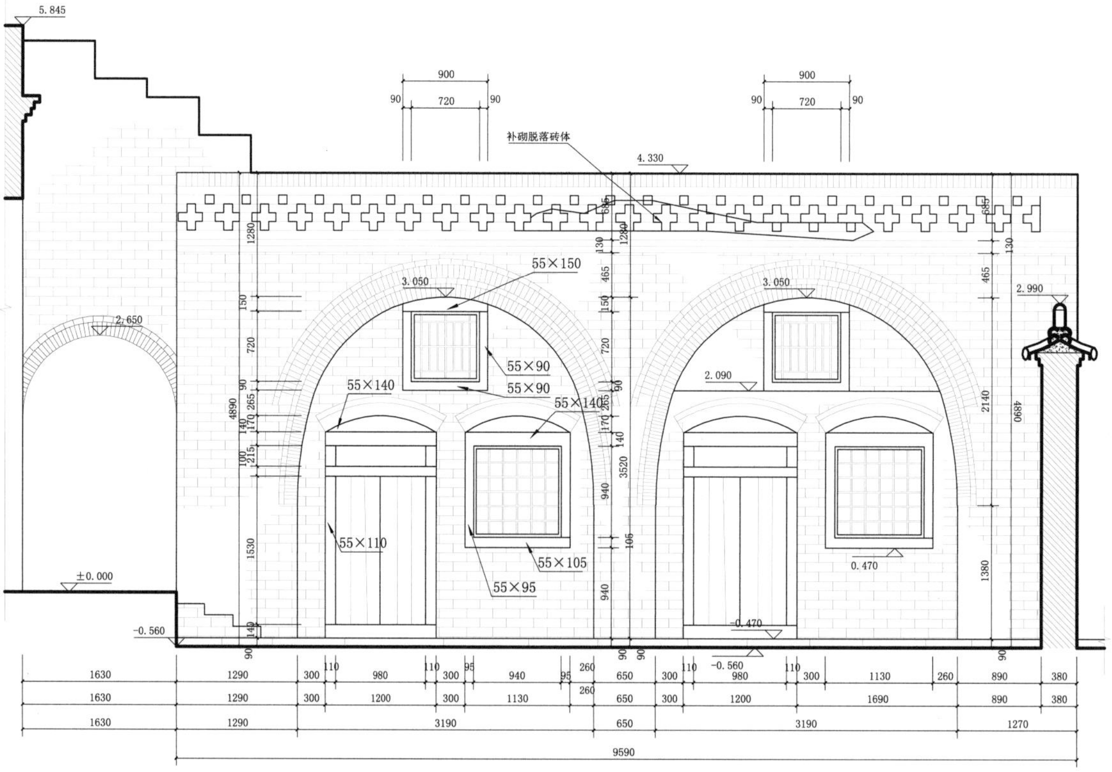

处善二进院东厢房修缮设计立面图 0 50 100 150厘米

九七　处善院二进东厢房立面图

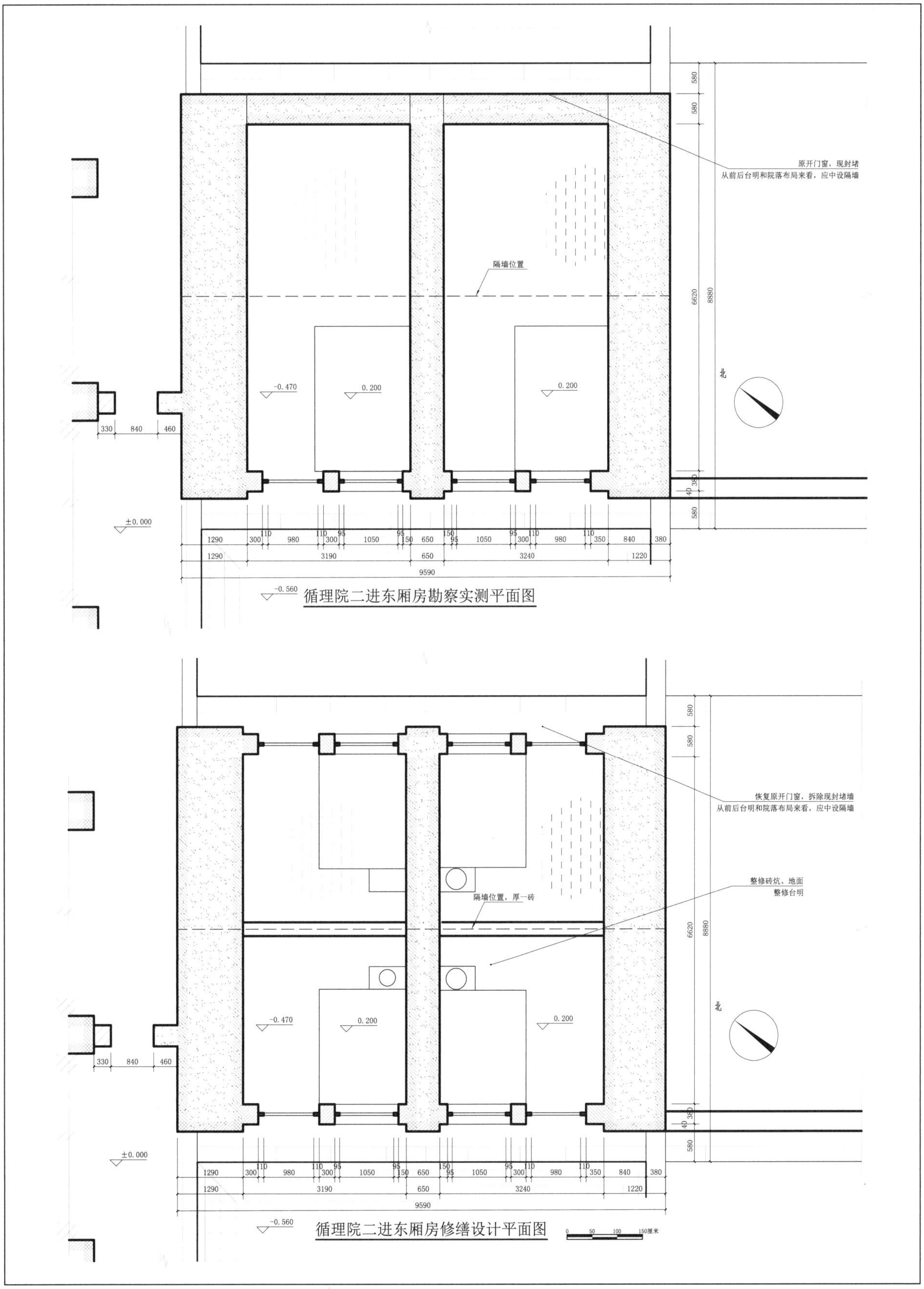

九八　循理院二进东厢房平面图

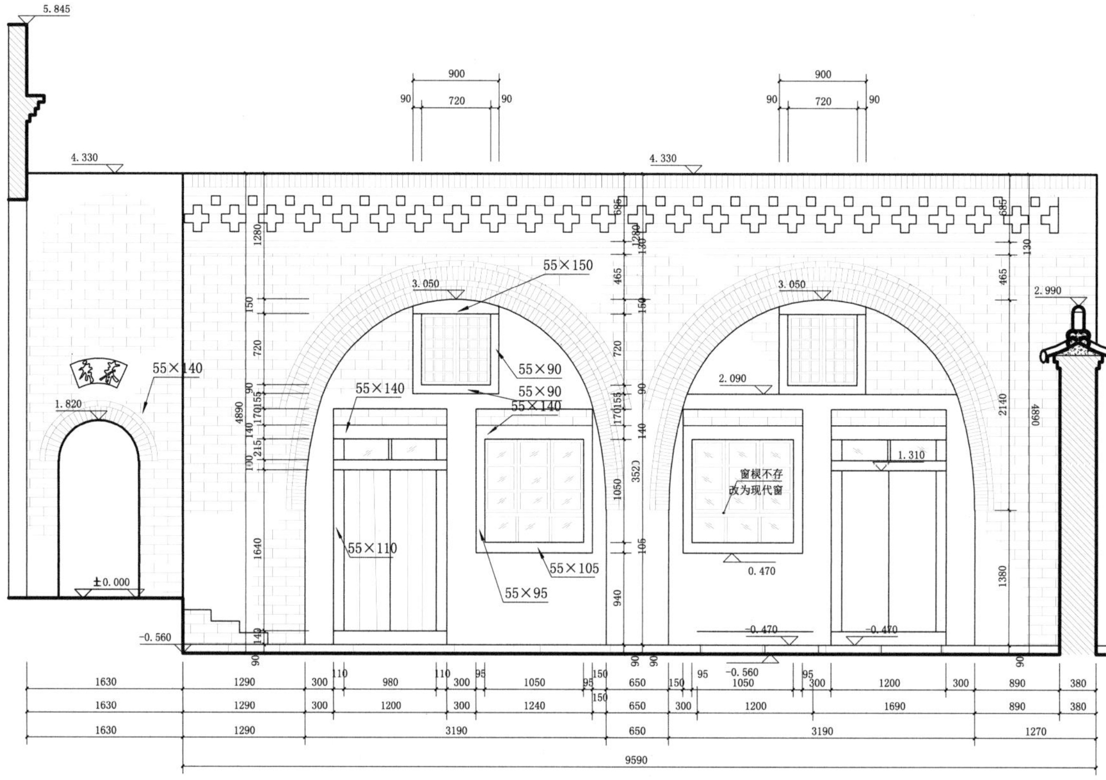

循理二进院东厢房勘察实测立面图

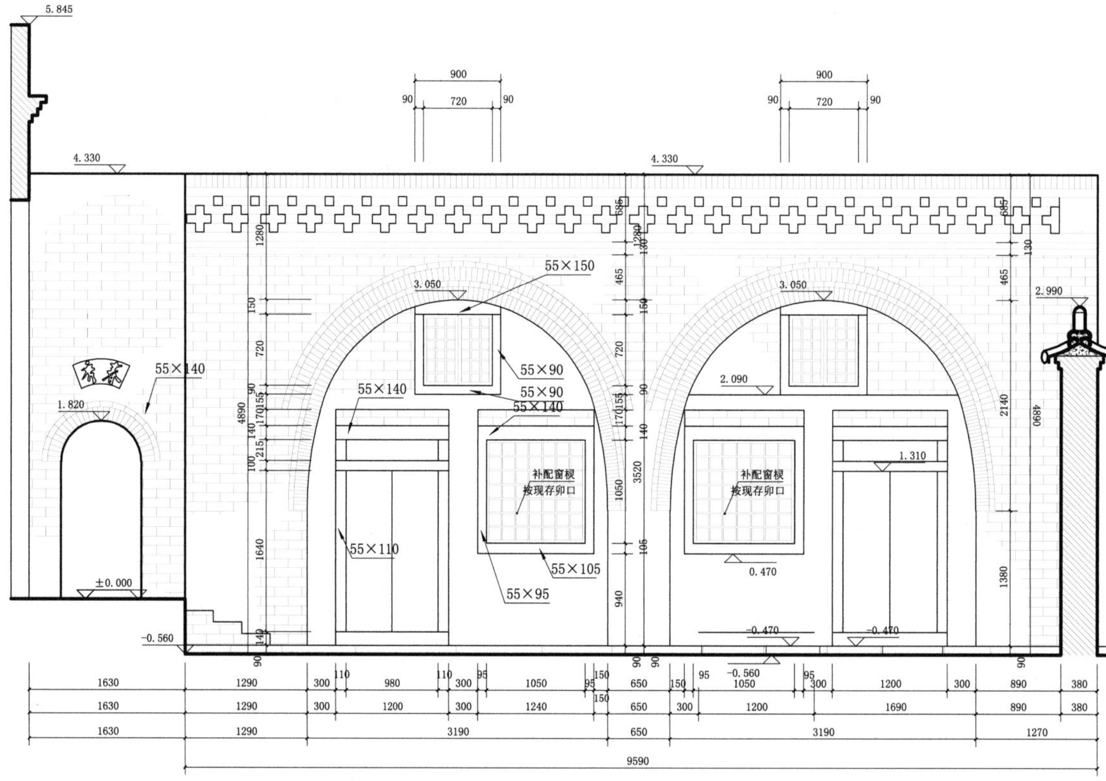

循理二进院东厢房修缮设计立面图

0 50 100 150厘米

九九　循理院二进东厢房立面图

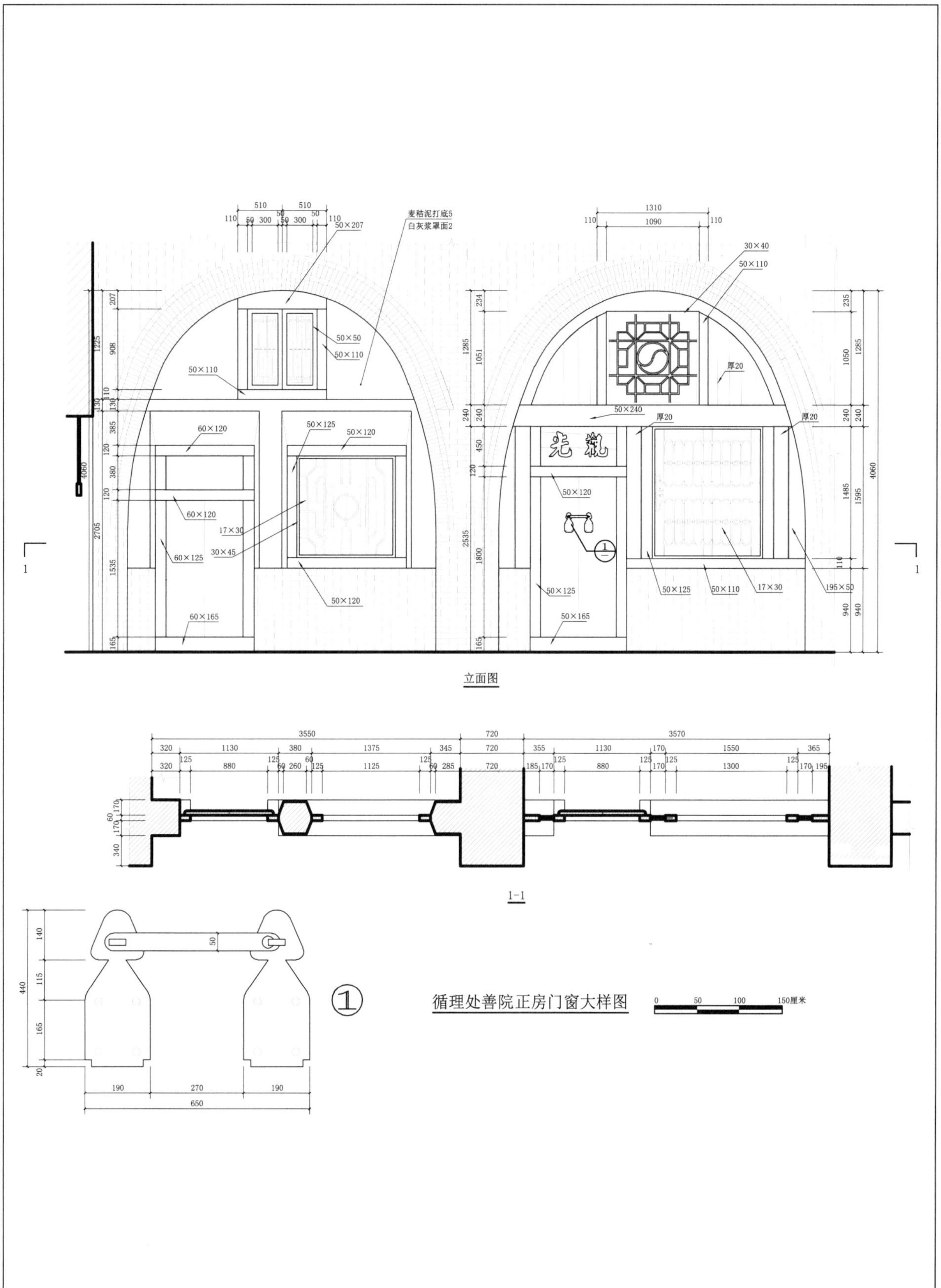
麦秸泥打底5
白灰浆罩面2
立面图
1-1
循理处善院正房门窗大样图
0 50 100 150厘米

一〇〇　正房门窗大样图

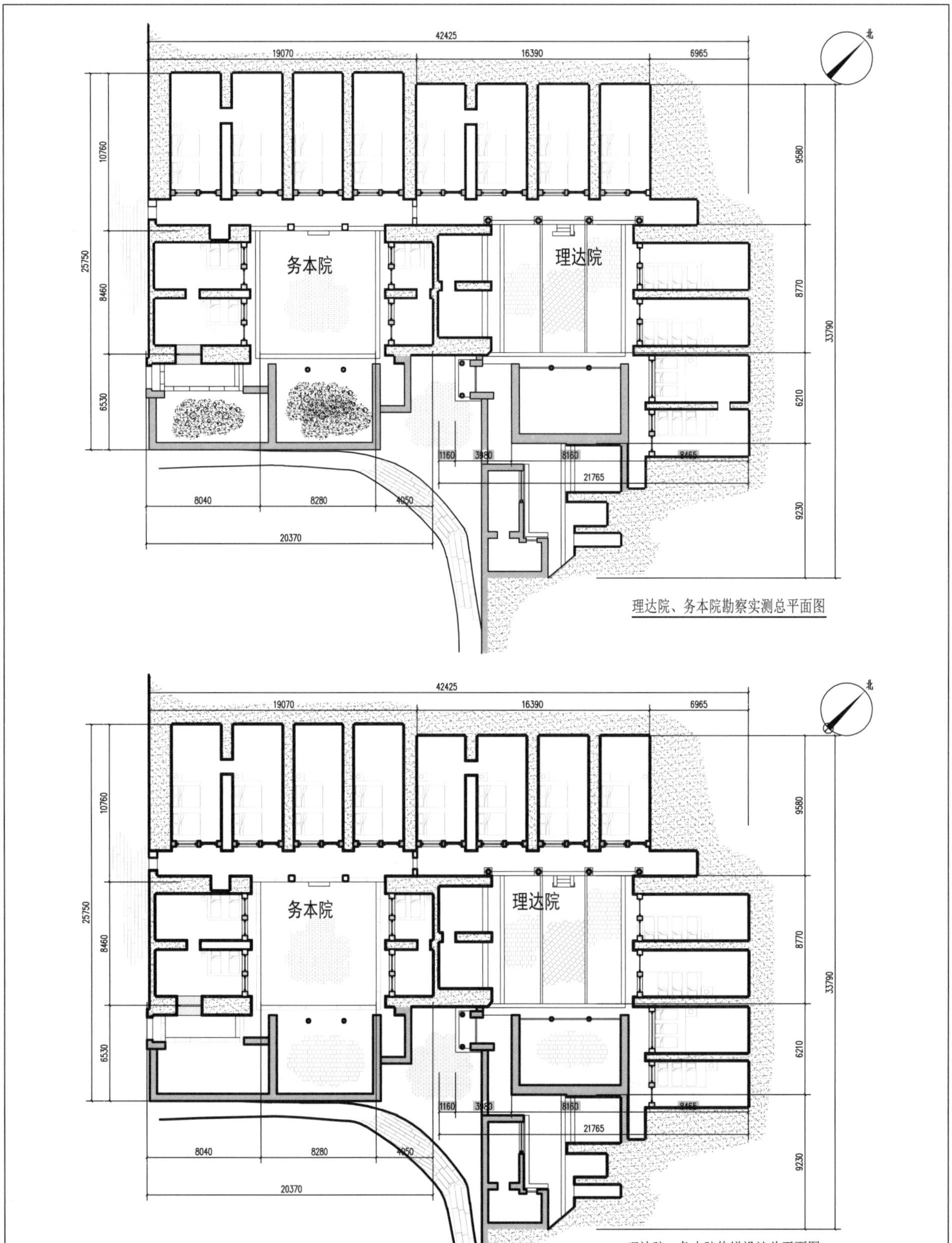

一〇一　理达务本院总平面图

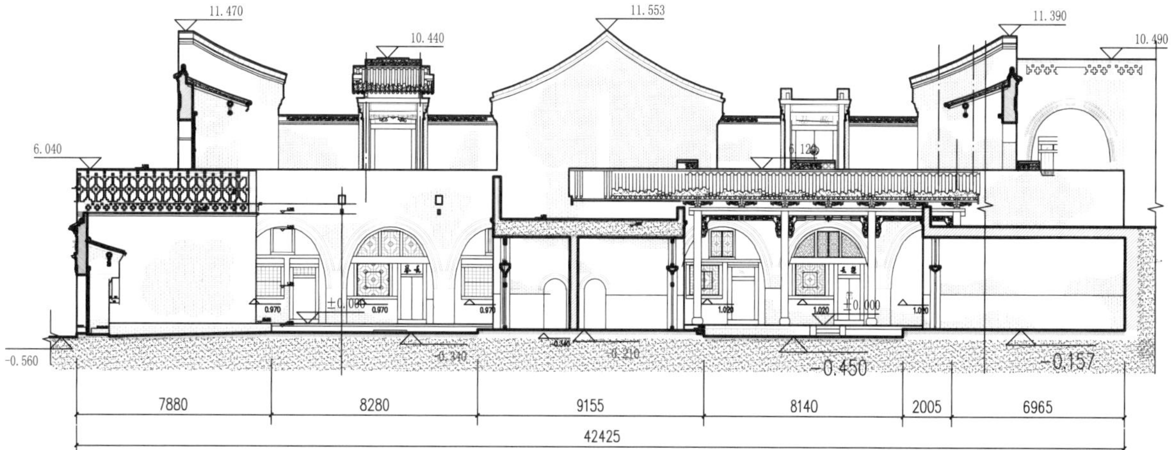

理达院、务本院勘察实测纵剖面图

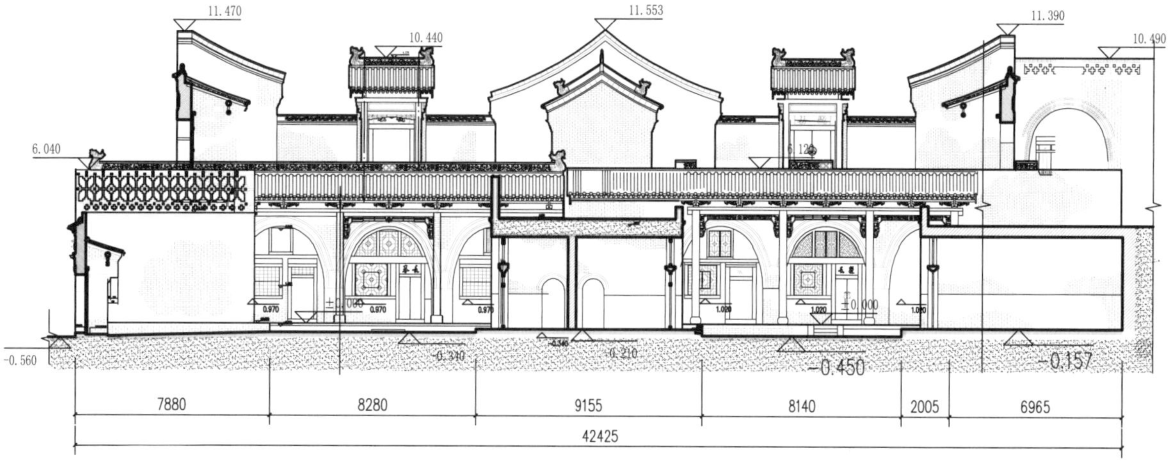

理达院、务本院修缮设计纵剖面图

一〇二 理达务本院纵剖面图

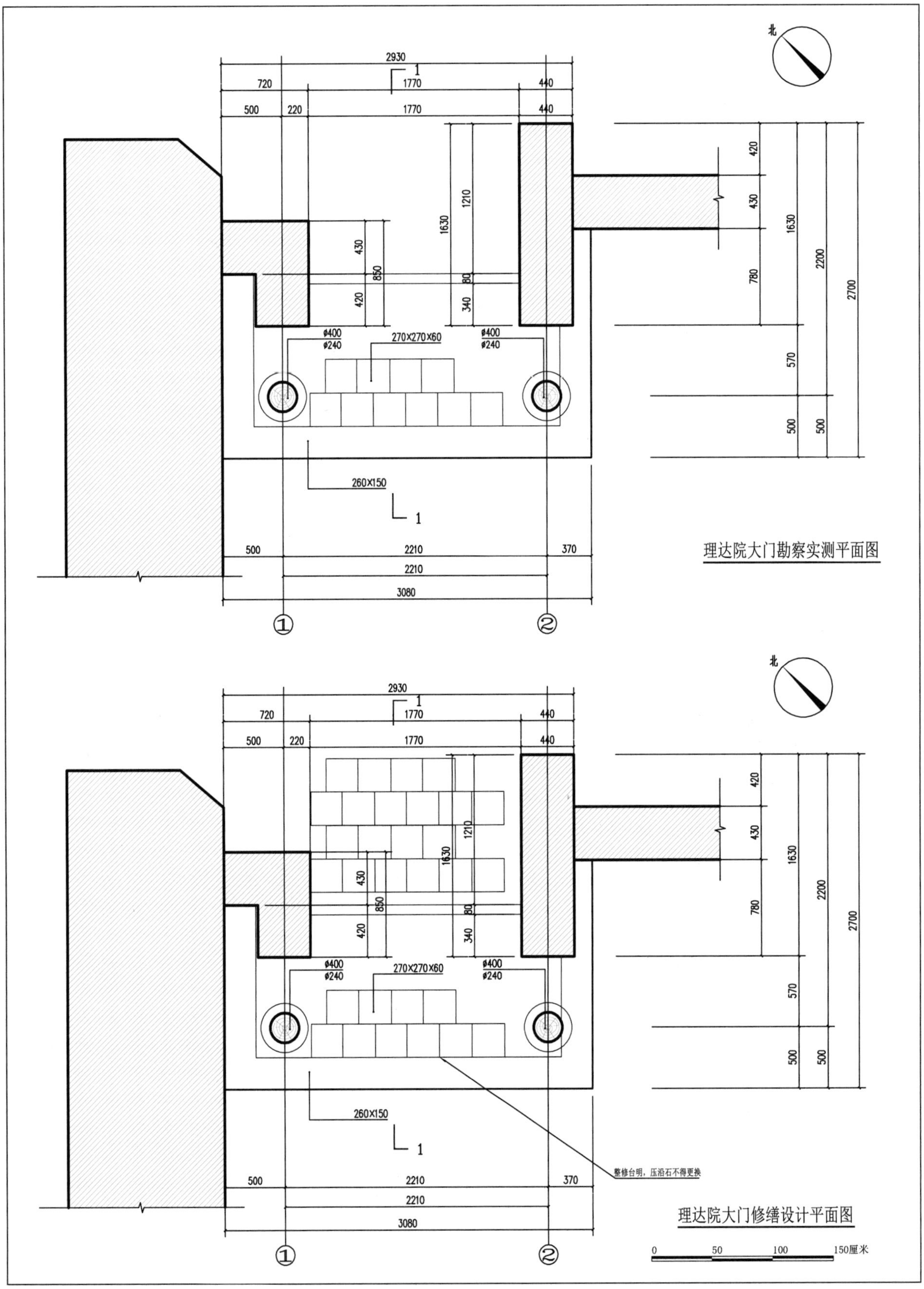

一〇三　理达院大门平面图

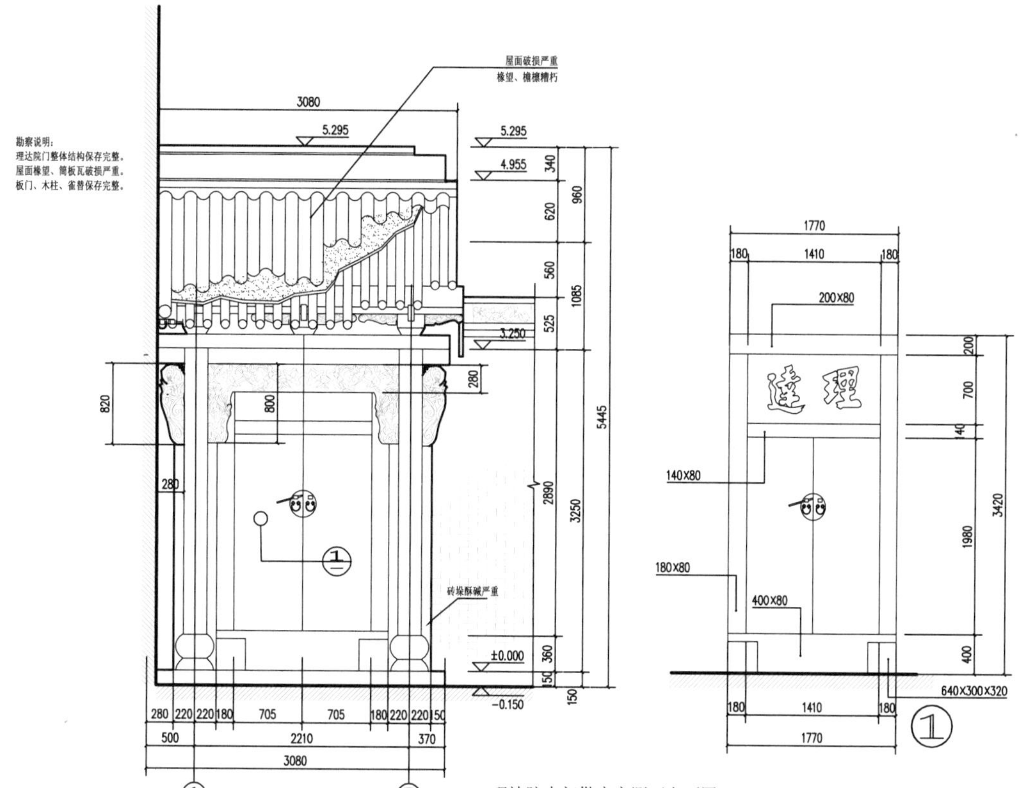

理达院大门勘察实测正立面图

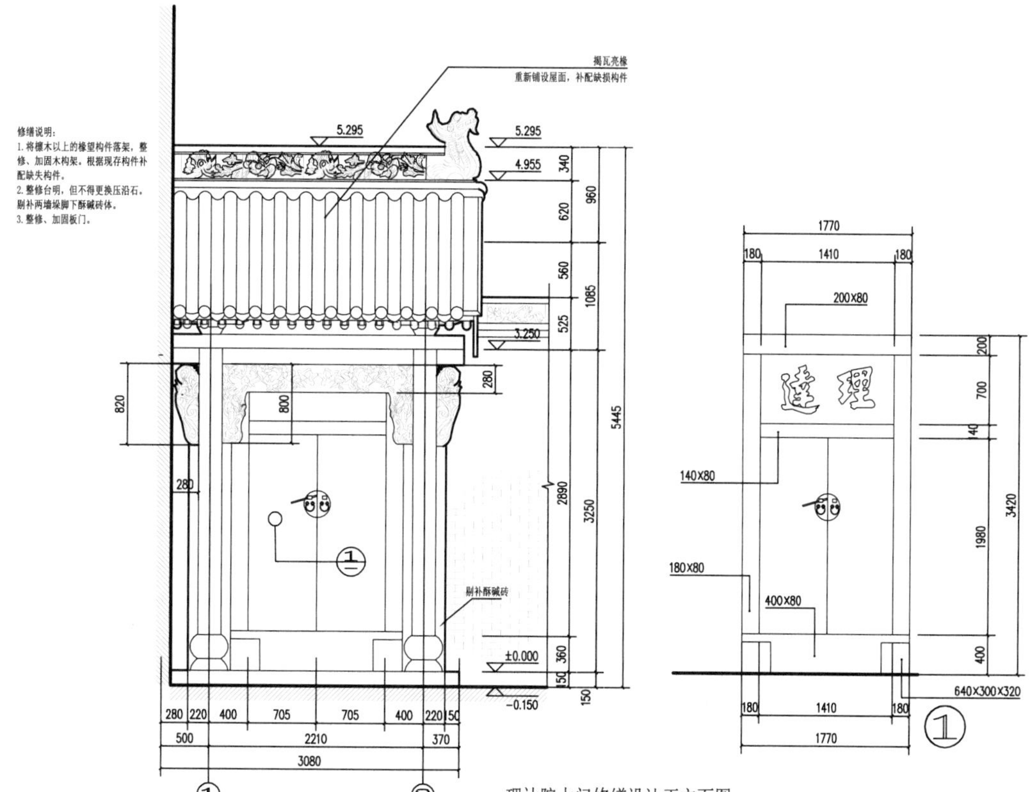

理达院大门修缮设计正立面图

0 50 100 150厘米

一〇四　理达院大门立面图

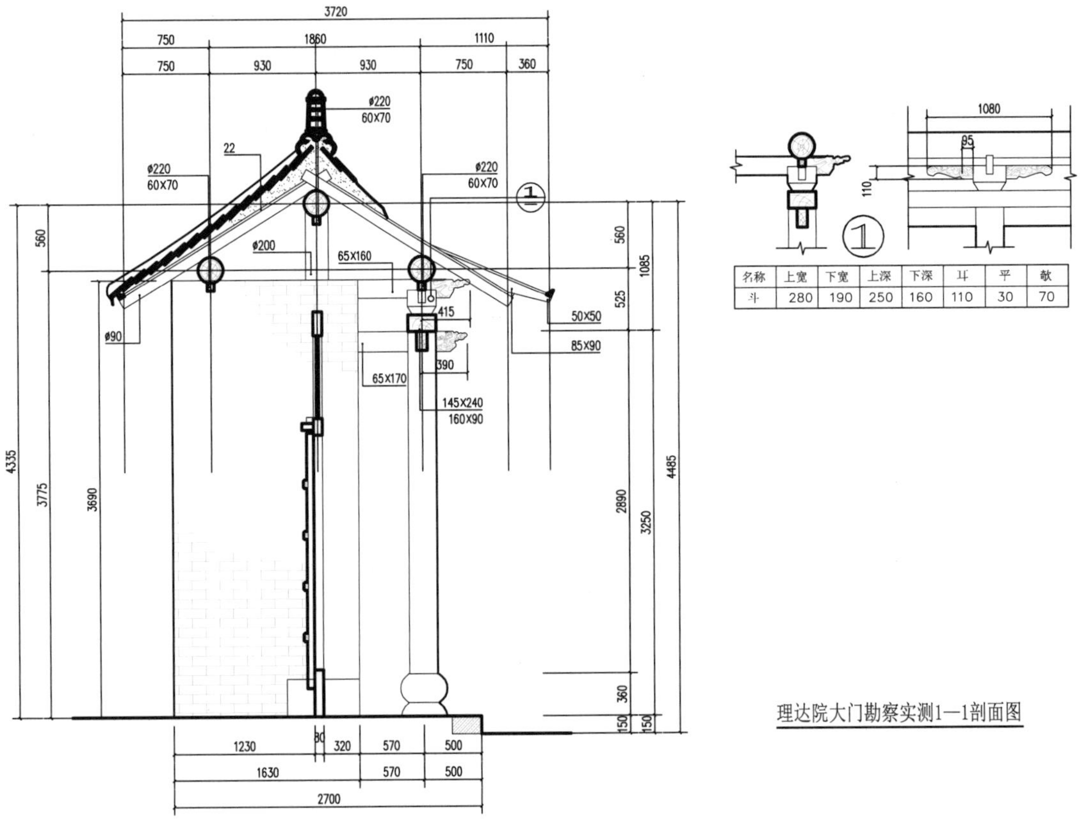

名称	上宽	下宽	上深	下深	耳	平	欹
斗	280	190	250	160	110	30	70

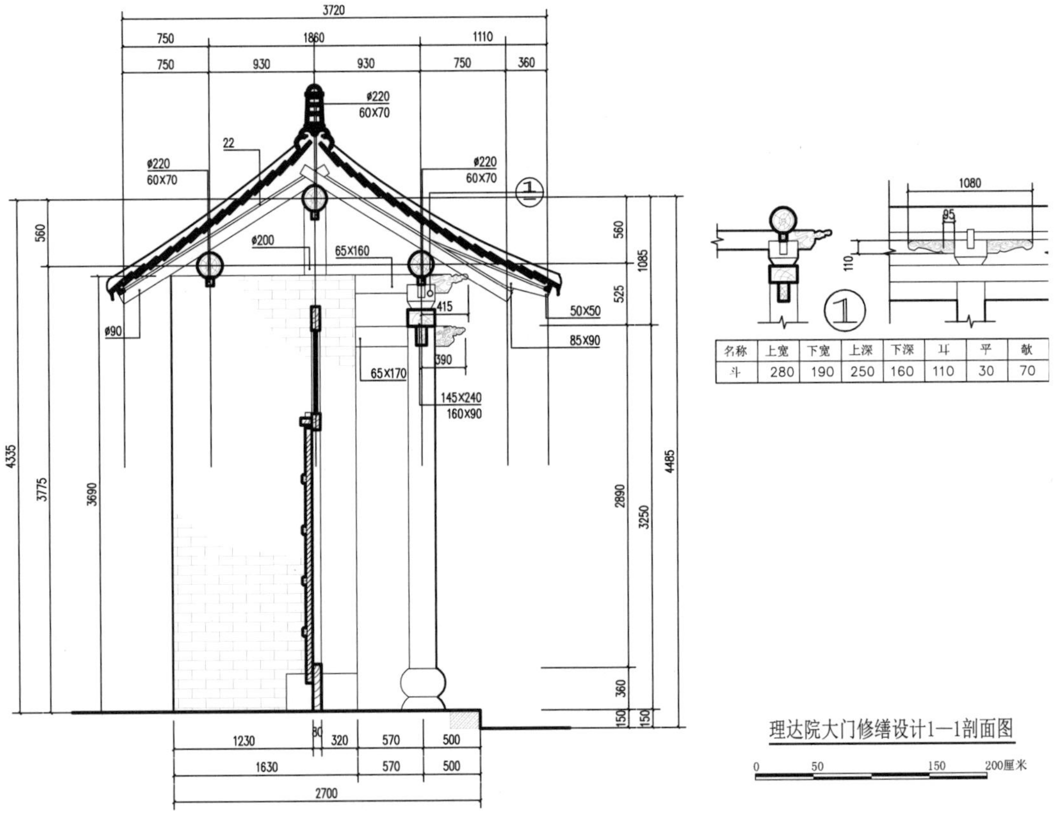

名称	上宽	下宽	上深	下深	耳	平	欹
斗	280	190	250	160	110	30	70

一〇五　理达院大门剖面图

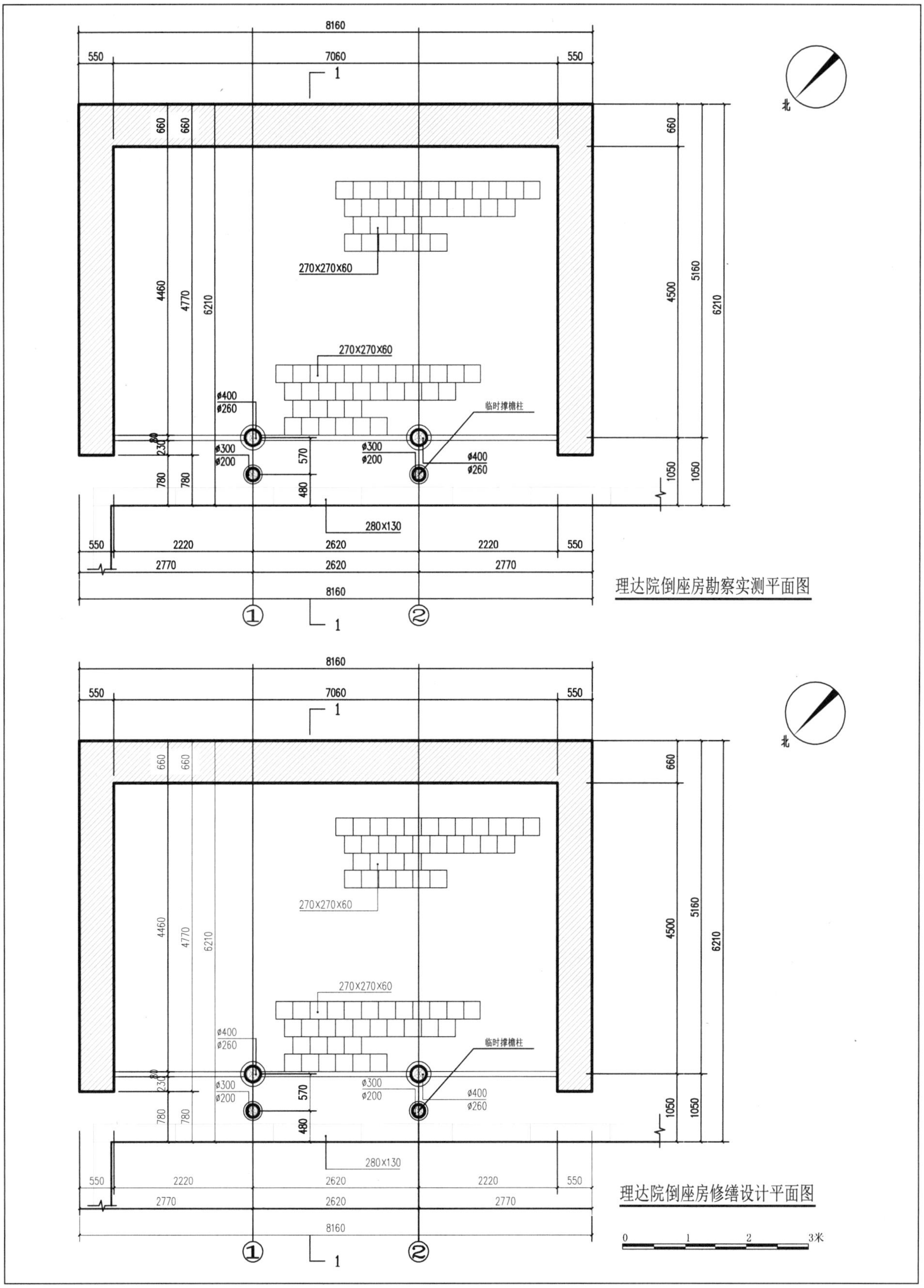

一〇六　理达院倒座房平面图

勘察说明：
理达倒座屋面塌落，尤其是后坡塌毁严重，椽望不存。现虽然主体结构：如五架梁、三架梁未遭受严重腐蚀，但由于雨季的到来，必将面临塌毁的危险。
1. 椽望、檩木糟朽严重，屋面筒板瓦丢失严重，正脊望兽不存。
2. 明间匾额破损严重，但构件尚存。
3. 两次间隔扇门破损严重。丢失两扇，严重破损一扇，其余均存在缺少棱条或扭曲变形现象。
3. 地面铺墁尚存，但缺失严重。约60%的地面砖不存。
4. 前檐为支顶檐椽，设置撑檐柱两根。

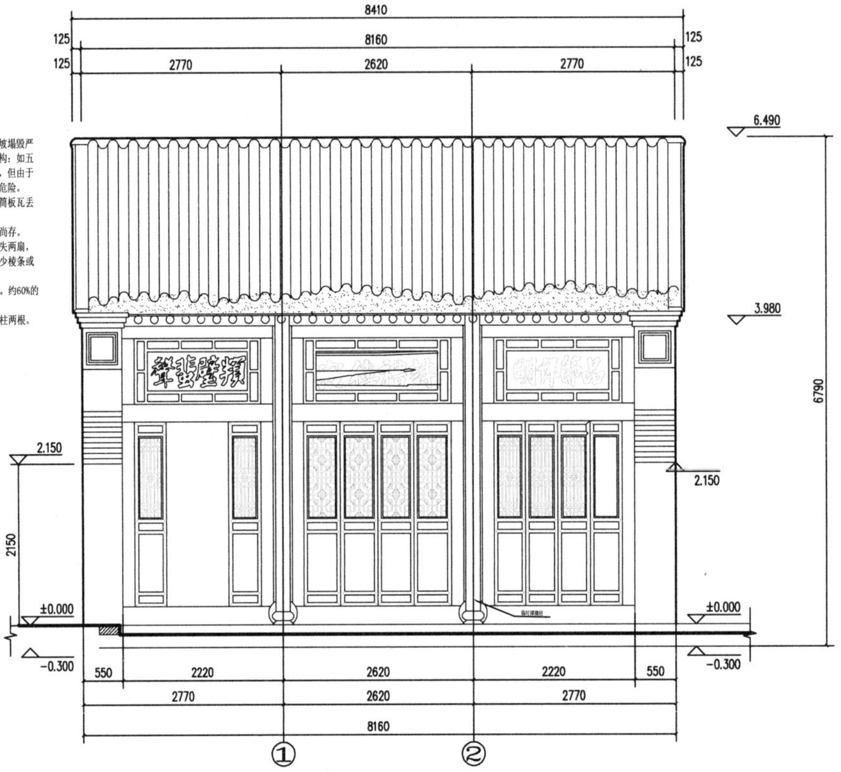

理达院倒座房勘察实测正立面图

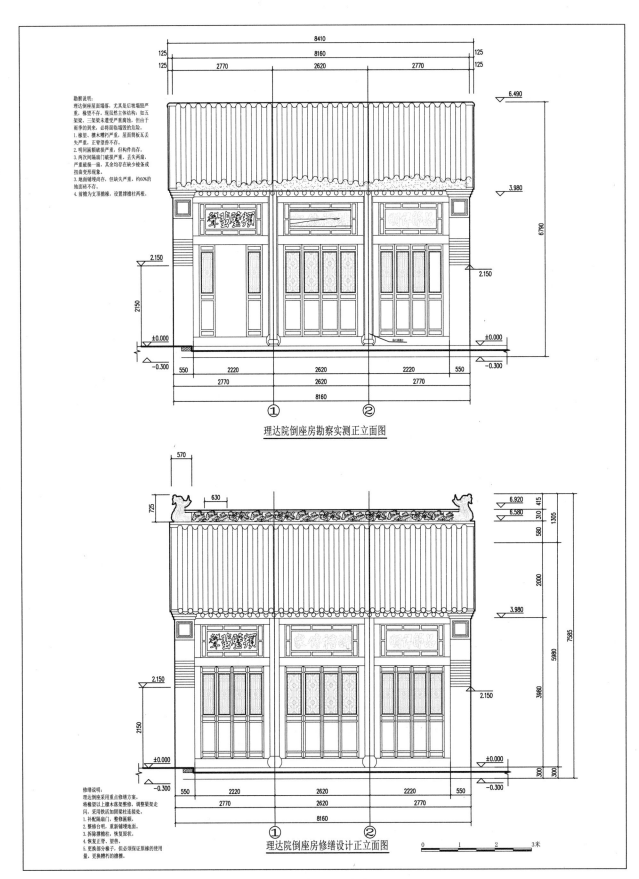

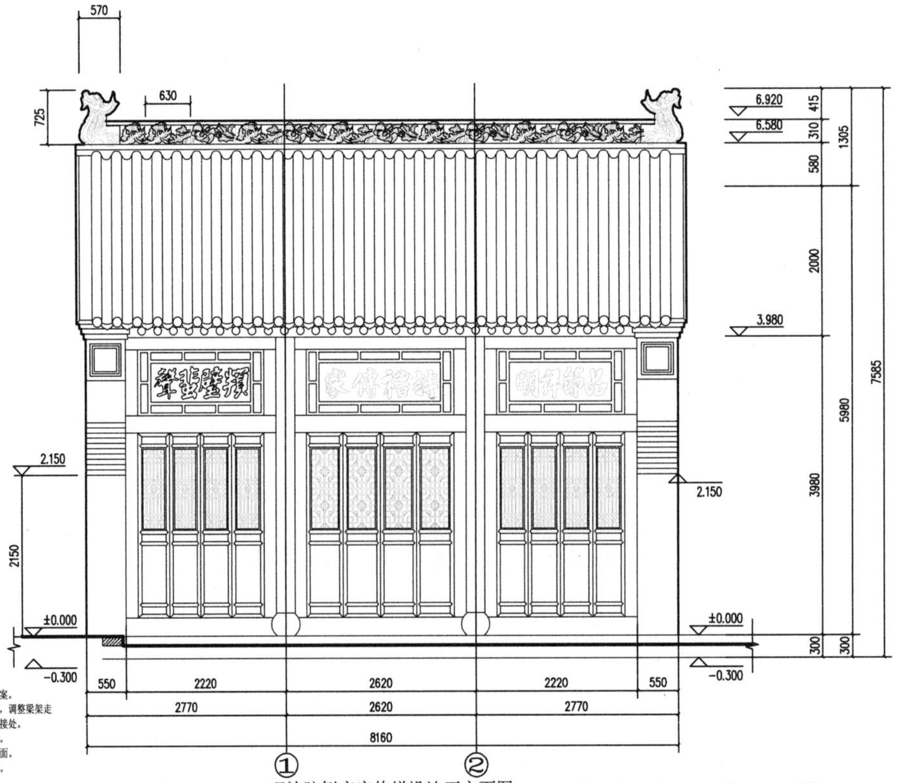

修缮说明：
理达倒座采用重点修缮方案。
将椽望以上檩木落架整修，调整梁架走闪，采用铁活加固梁柱连接处。
1. 补配隔扇门，整修匾额。
2. 整修台明，重新铺墁地面。
3. 拆除撑檐柱，恢复原状。
4. 恢复正脊、望兽。
5. 更换部分椽子，但必须保证原椽的使用量。更换糟朽的檐檩。

理达院倒座房修缮设计正立面图

0 1 2 3米

一〇七　理达院倒座房立面图

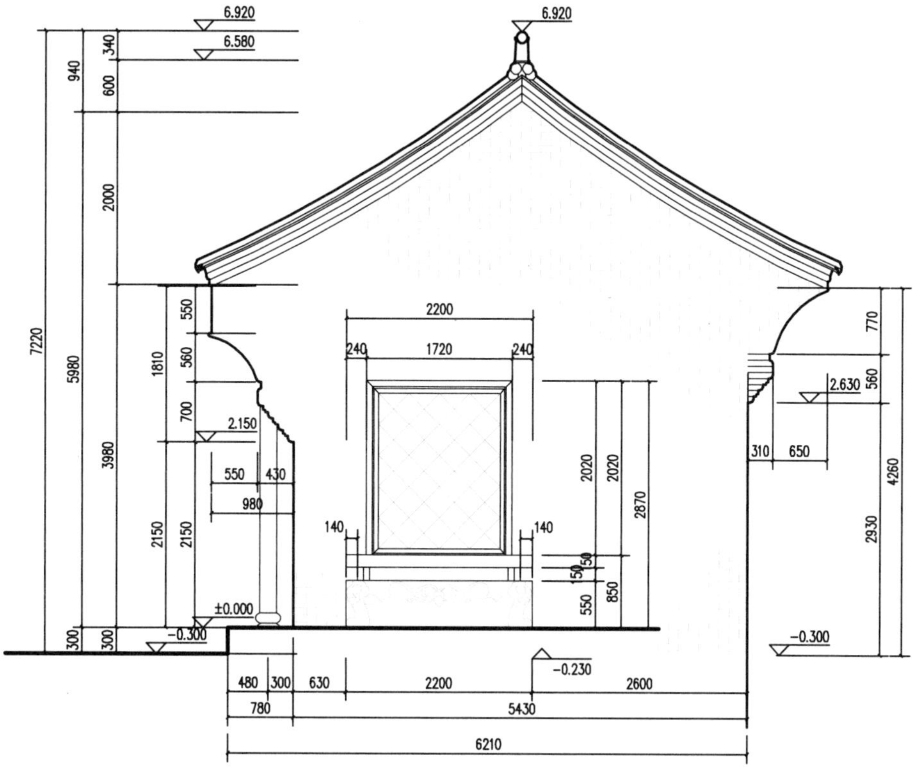

理达院倒座房勘察实测侧立面图

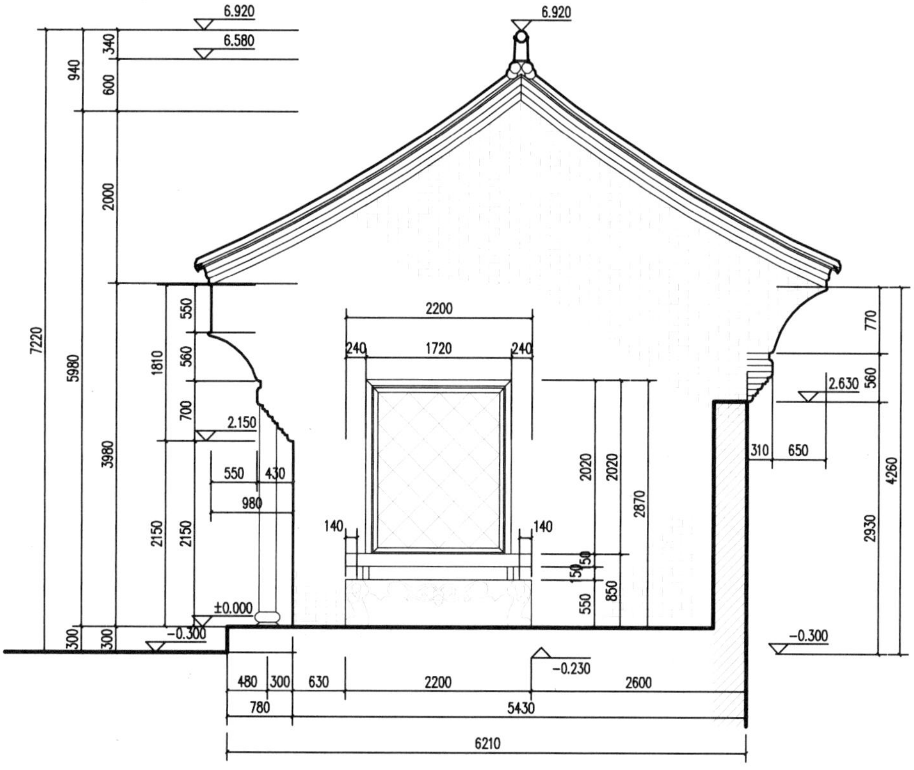

理达院倒座房修缮设计侧立面图

0 1 2 3米

一〇八　理达院倒座房侧面图

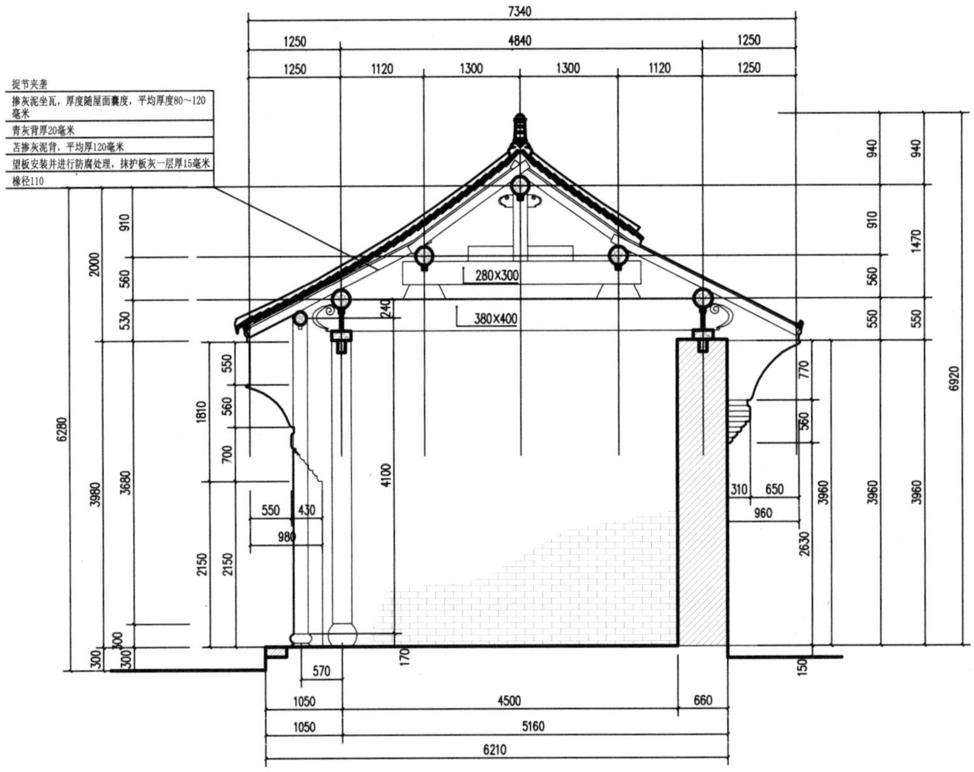

理达院倒座房勘察实测1—1剖面图

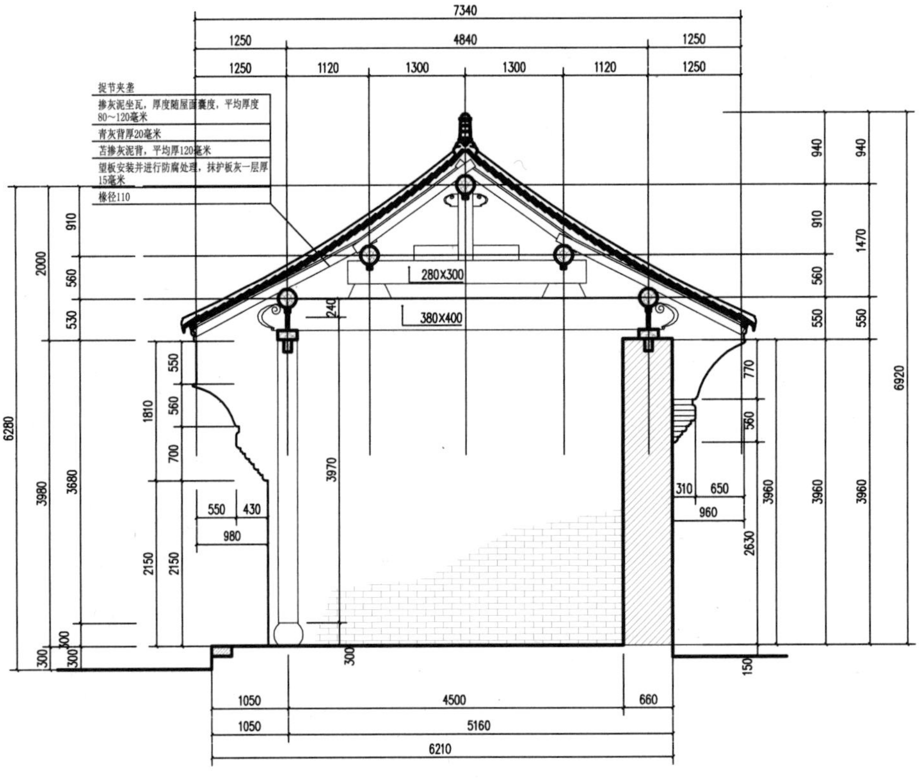

理达院倒座房修缮设计1—1剖面图

一〇九 理达院倒座房剖面图

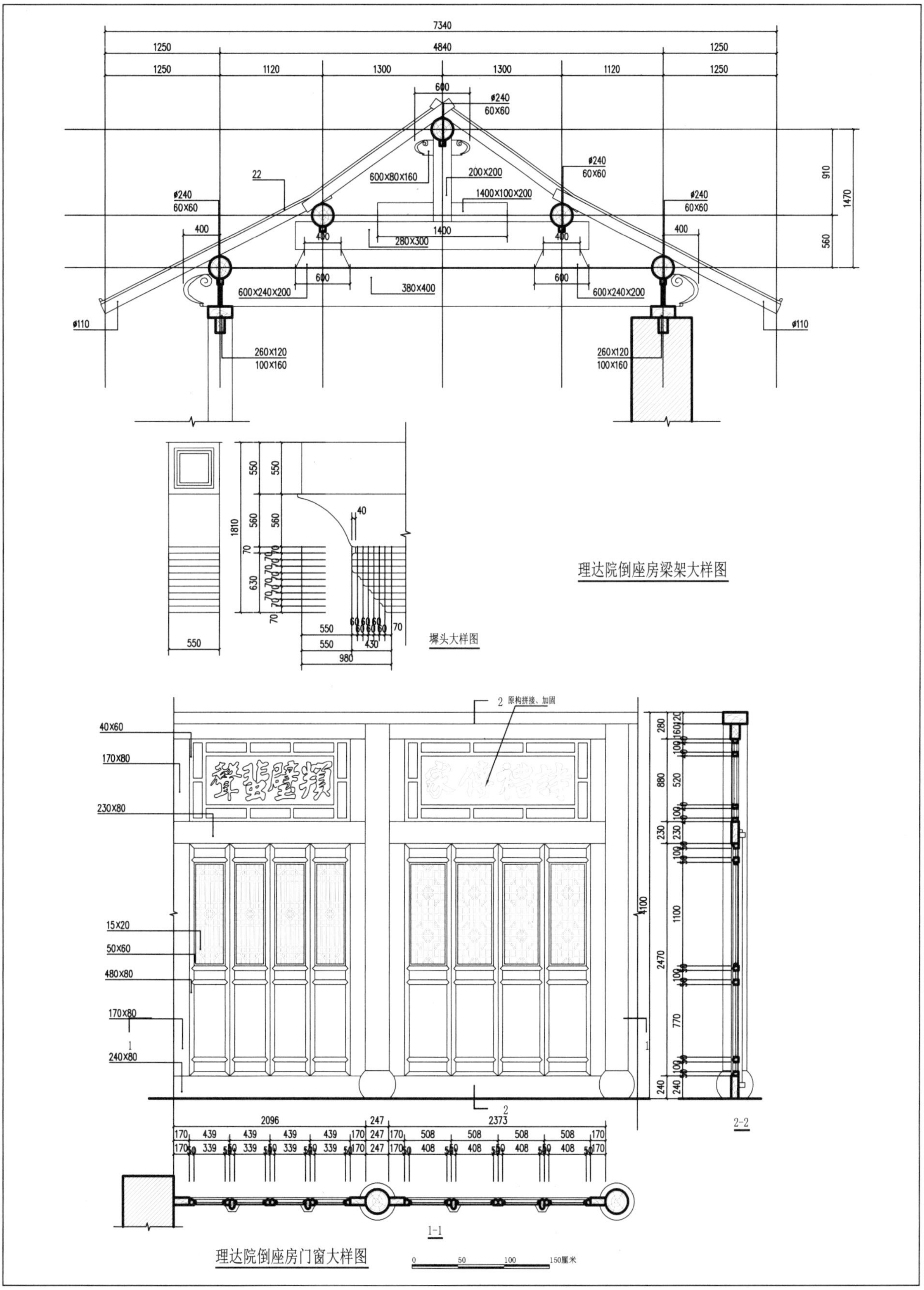

一一〇 理达院倒座房大样图

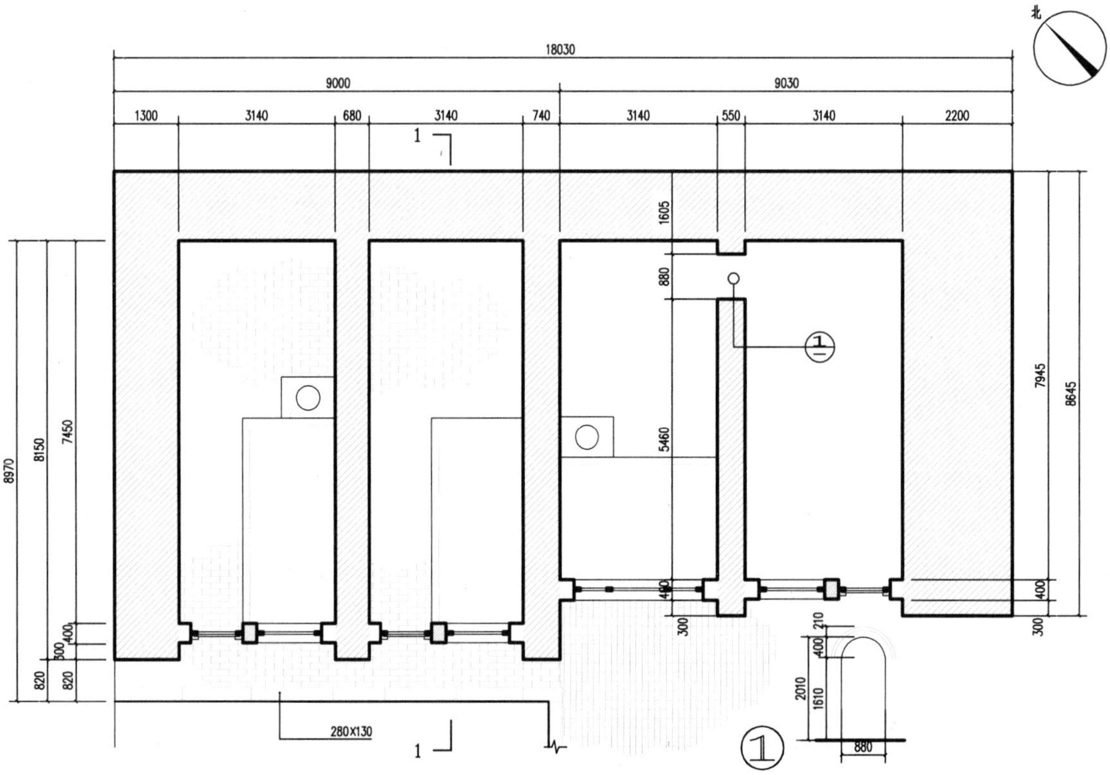

理达院东厢房勘察实测平面图

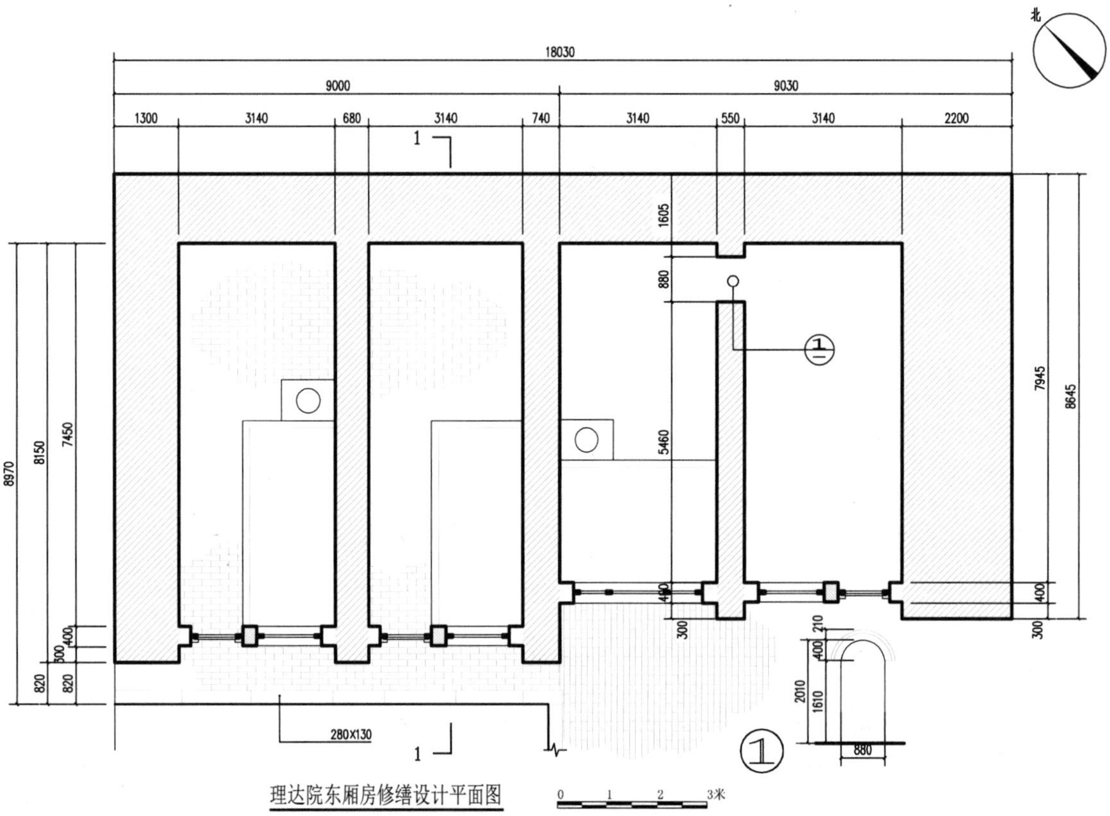

理达院东厢房修缮设计平面图

一一一　理达院东厢房平面图

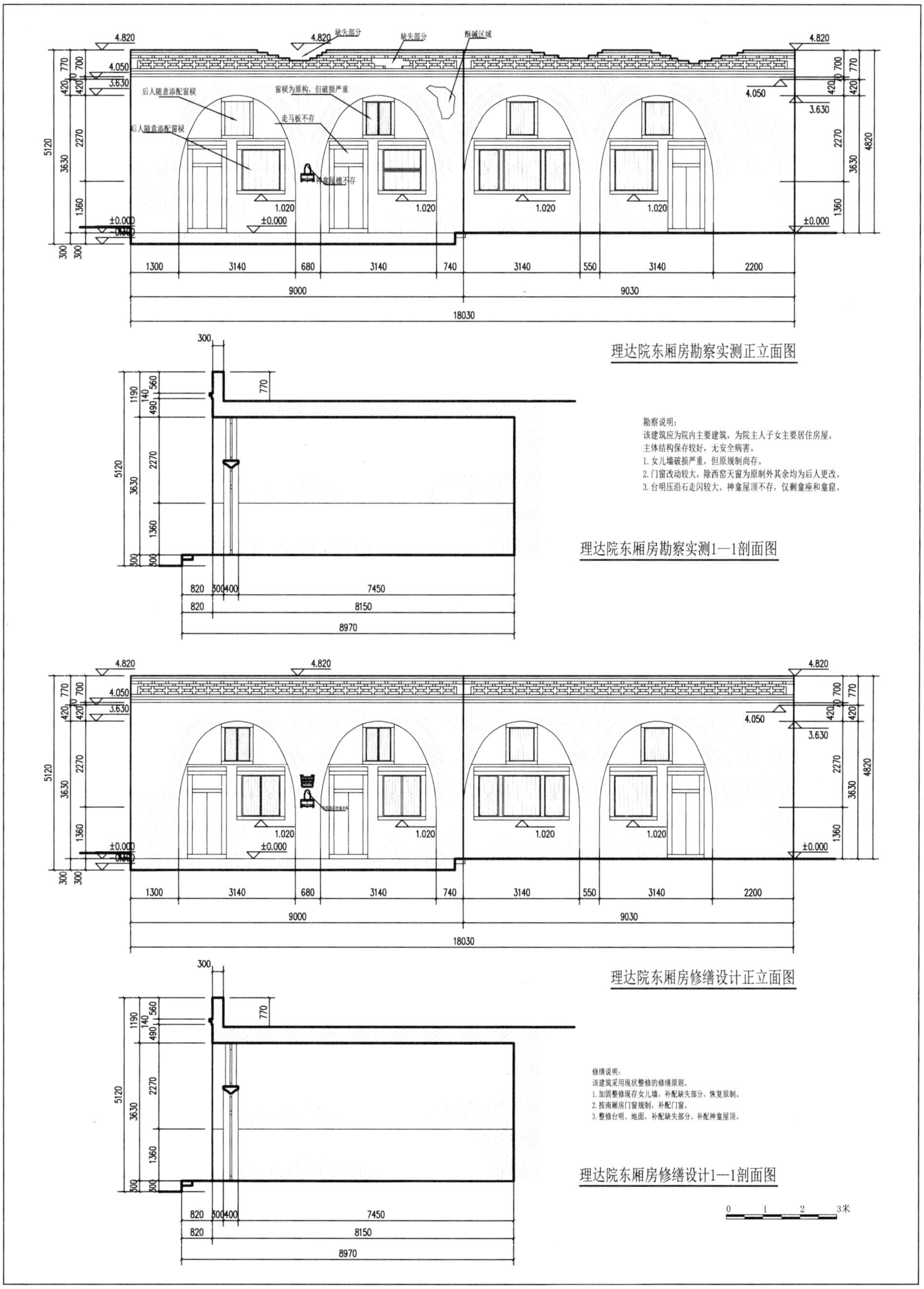
缺失部分
缺失部分
酥碱区域
后人随意添配窗棂
窗棂为原构，但破损严重
后人随意添配窗棂
走马板不存
神龛屋檐不存
理达院东厢房勘察实测正立面图
勘察说明：
该建筑应为院内主要建筑，为院主人子女主要居住房屋。
主体结构保存较好，无安全病害。
1.女儿墙破损严重，但原规制尚存。
2.门窗改动较大，除西窑天窗为原制外其余均为后人更改。
3.台明压沿石走闪较大。神龛屋顶不存，仅剩龛座和龛窟。
理达院东厢房勘察实测1—1剖面图
理达院东厢房修缮设计正立面图
修缮说明：
该建筑采用现状整修的修缮原则。
1.加固整修现存女儿墙，补配缺失部分，恢复原制。
2.按南厢房门窗规制，补配门窗。
3.整修台明、地面，补配缺失部分。补配神龛屋顶。
理达院东厢房修缮设计1—1剖面图
0 1 2 3米

一一二　理达院东厢房立面剖面图

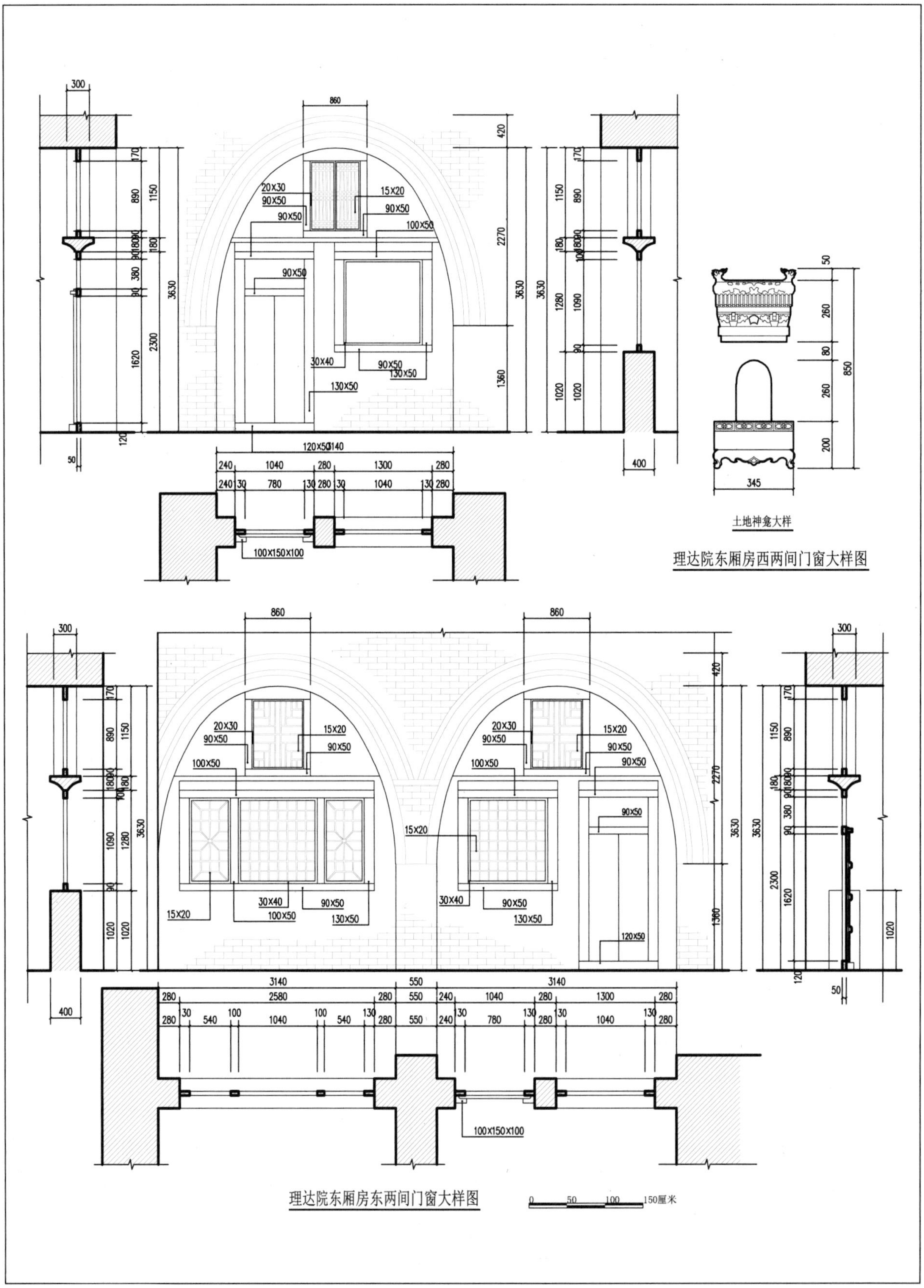

一一三　理达院东厢房门窗大样图

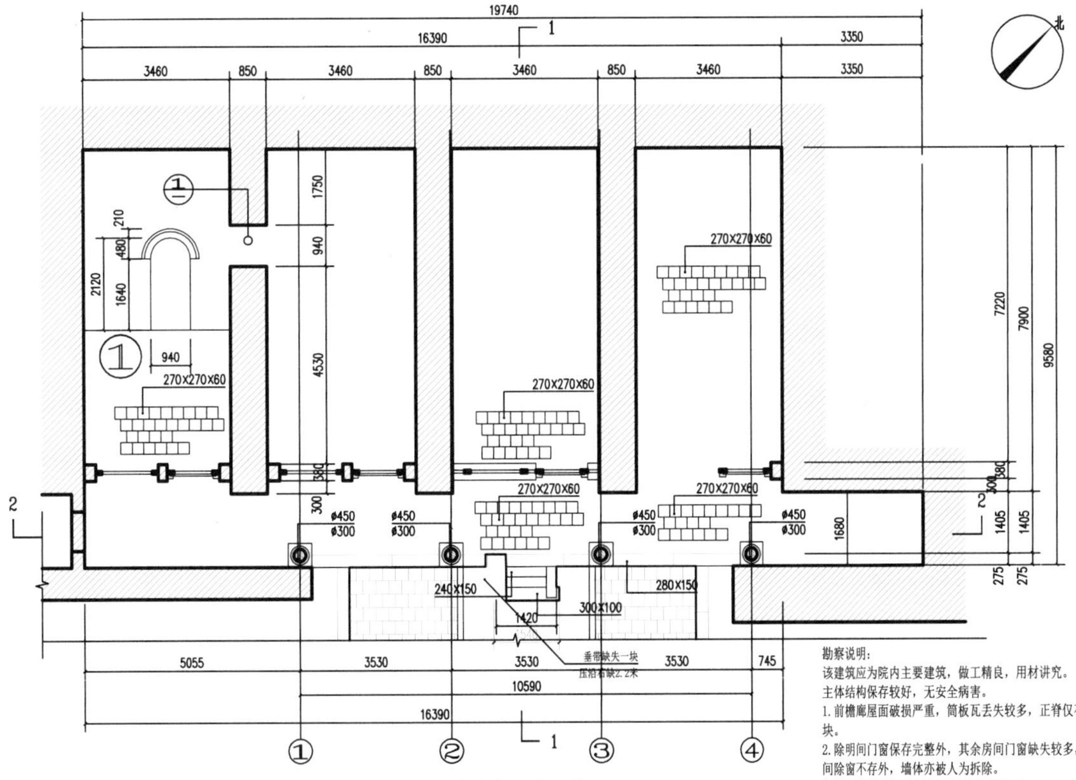

勘察说明：
该建筑应为院内主要建筑，做工精良，用材讲究。
主体结构保存较好，无安全病害。
1. 前檐廊屋面破损严重，筒板瓦丢失较多，正脊仅存三块。
2. 除明间门窗保存完整外，其余房间门窗缺失较多，东次间除窗不存外，墙体亦被人为拆除。
3. 台明压沿石缺失1.8米，台阶垂带缺左侧。

理达院正房勘察实测平面图

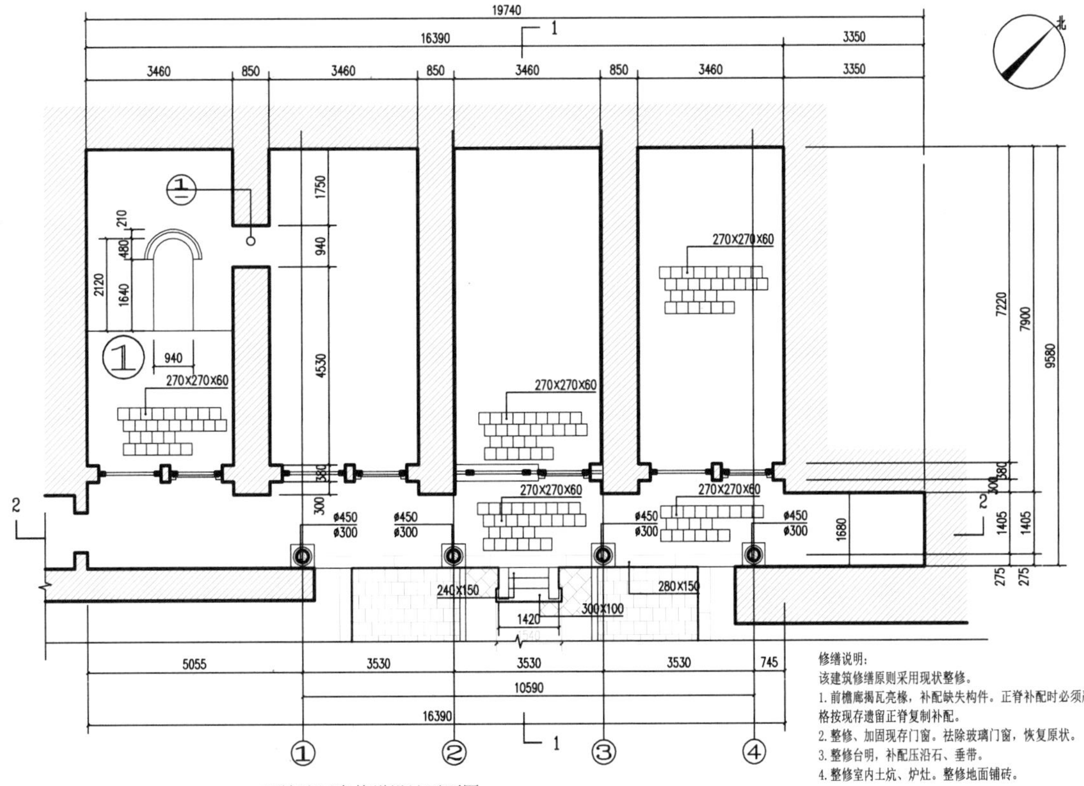

修缮说明：
该建筑修缮原则采用现状整修。
1. 前檐廊揭瓦亮椽，补配缺失构件。正脊补配时必须严格按现存遗留正脊复制补配。
2. 整修、加固现存门窗。祛除玻璃门窗，恢复原状。
3. 整修台明，补配压沿石、垂带。
4. 整修室内土炕、炉灶。整修地面铺砖。

理达院正房修缮设计平面图

0 1 2 3 4 5米

一一四　理达院正房平面图

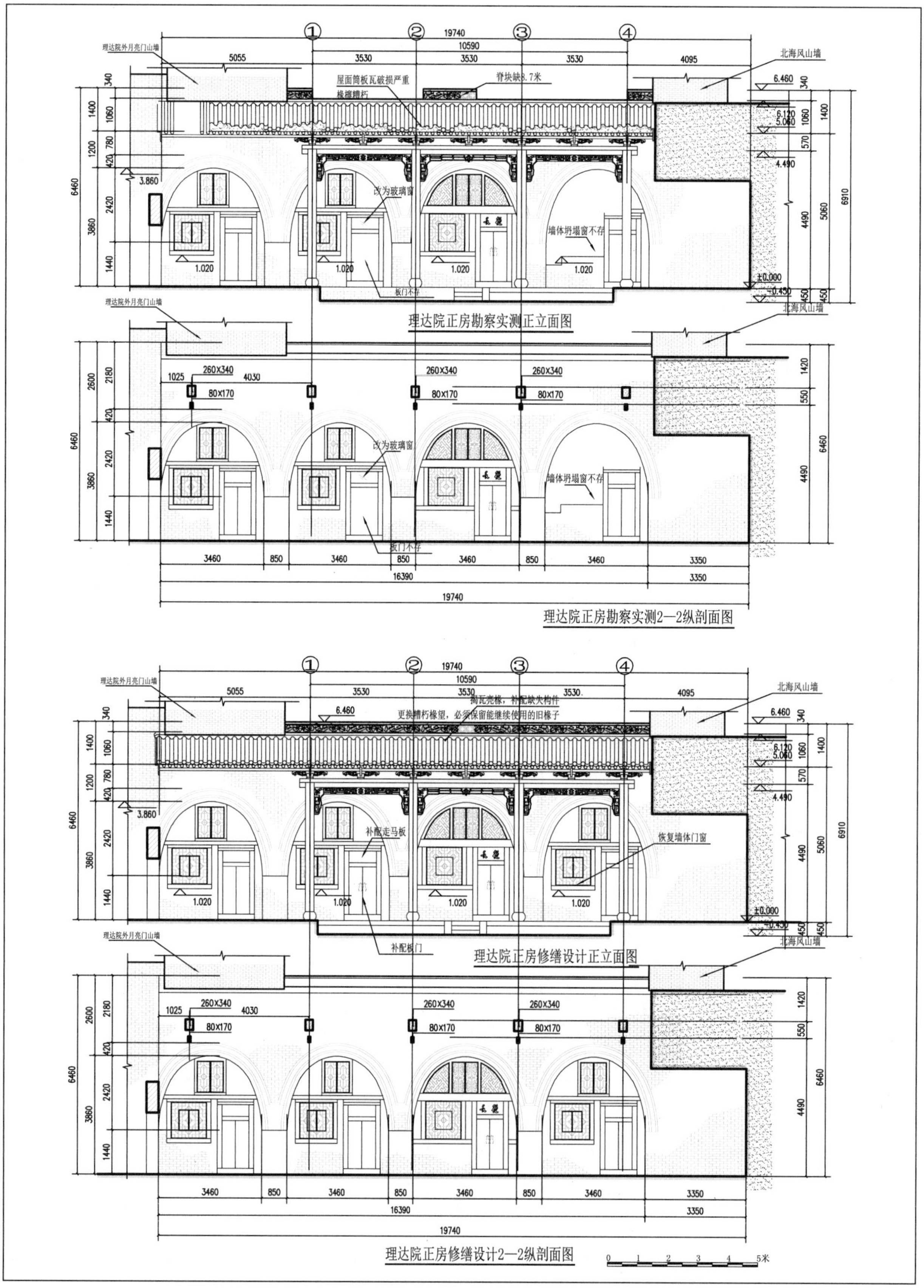

一一五　理达院正房立面、纵剖面图

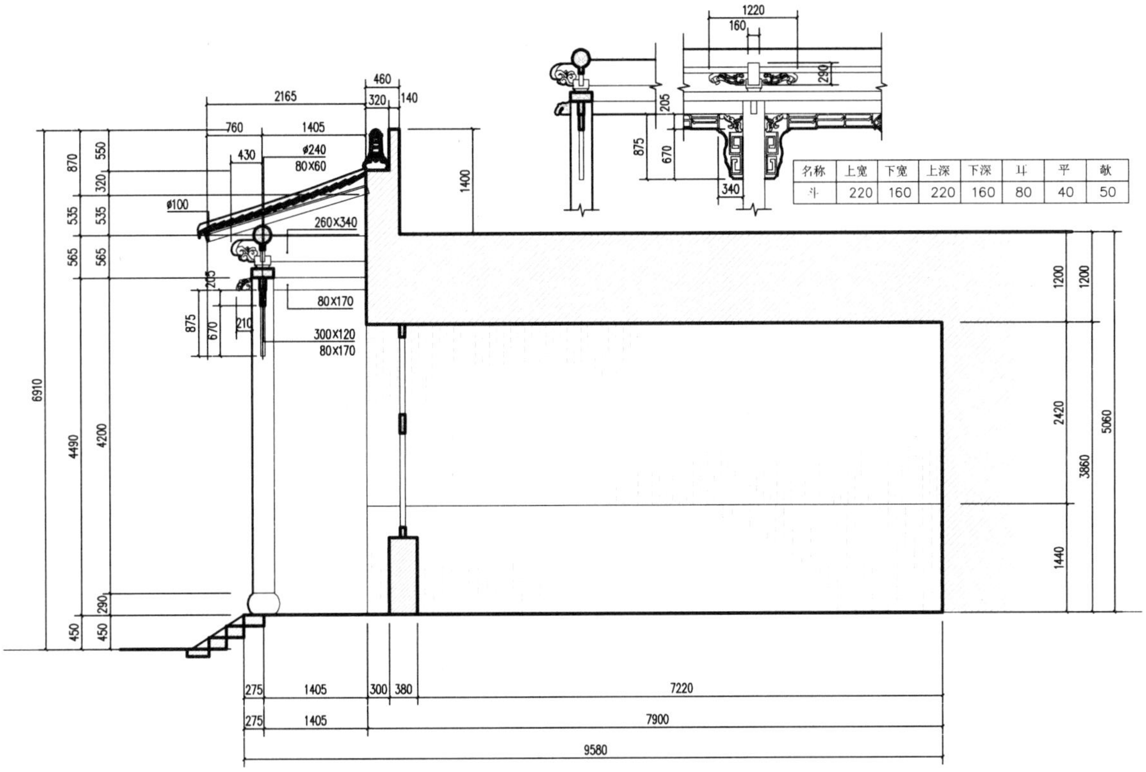

名称	上宽	下宽	上深	下深	耳	平	欹
斗	220	160	220	160	80	40	50

理达院正房勘察实测1—1剖面图

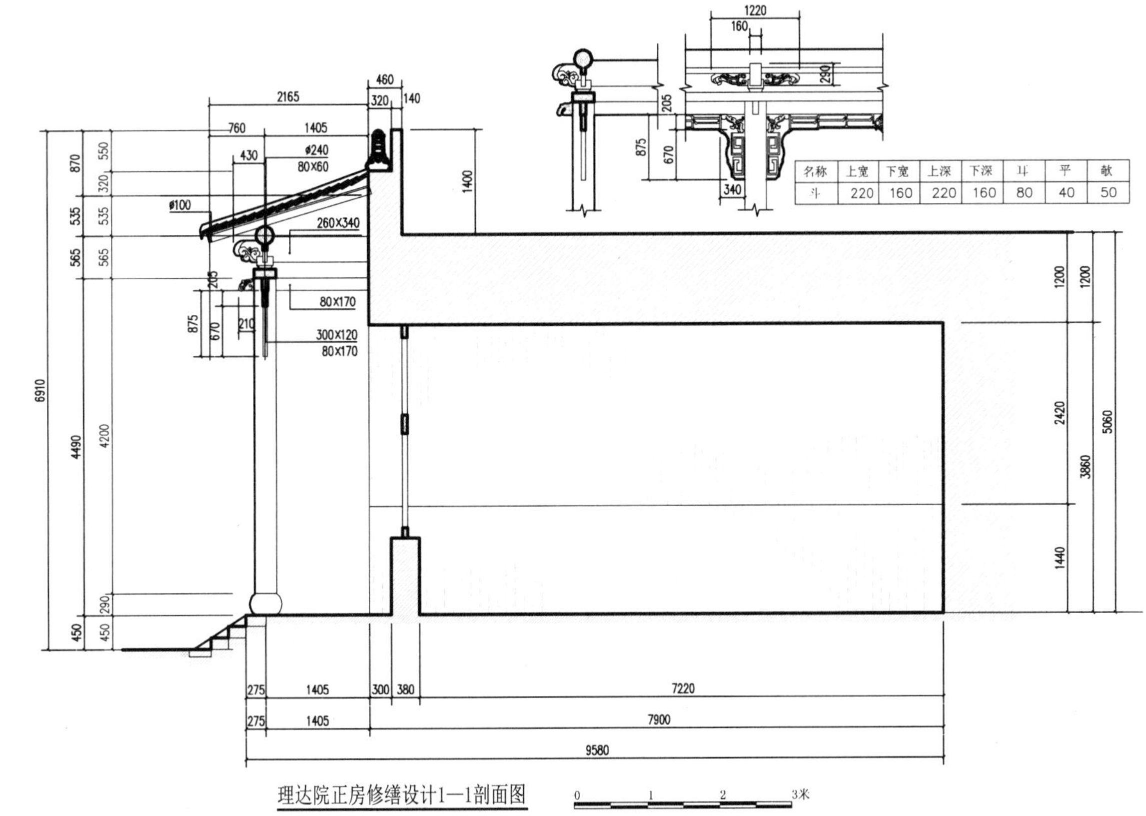

名称	上宽	下宽	上深	下深	耳	平	欹
斗	220	160	220	160	80	40	50

理达院正房修缮设计1—1剖面图 0 1 2 3米

一一六　理达院正房剖面图

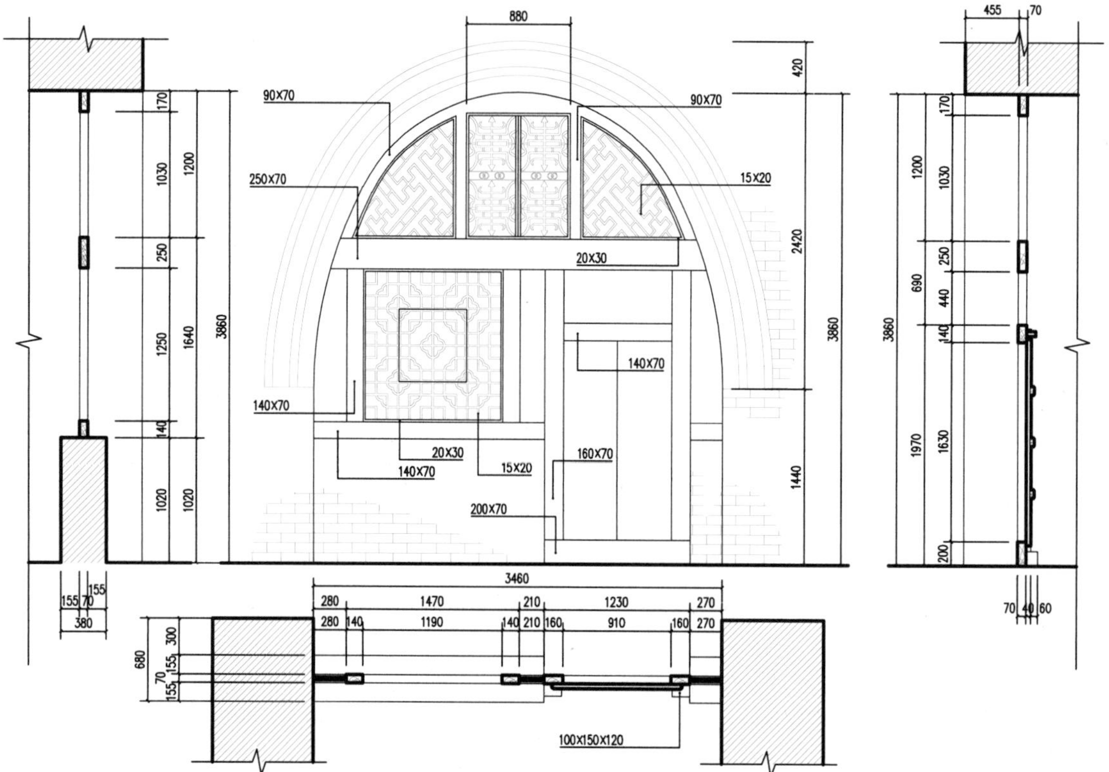

理达院正房明间门窗大样图

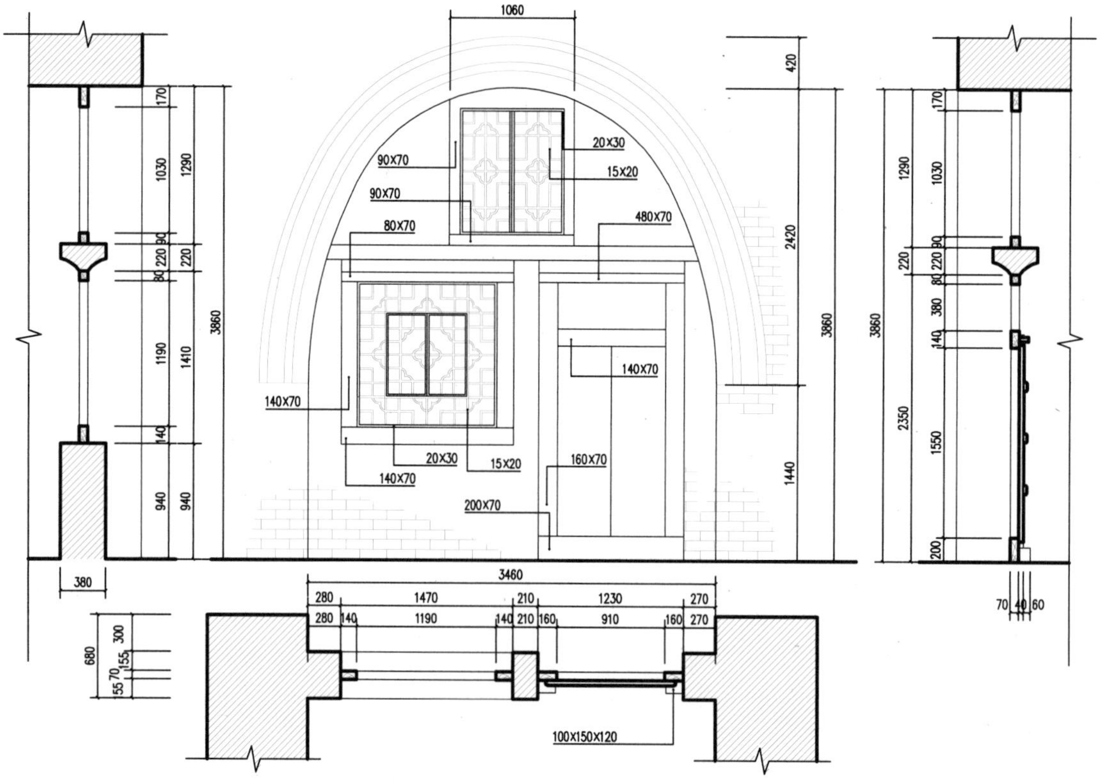

理达院正房次间门窗大样图

一一七　理达院正房门窗大样图

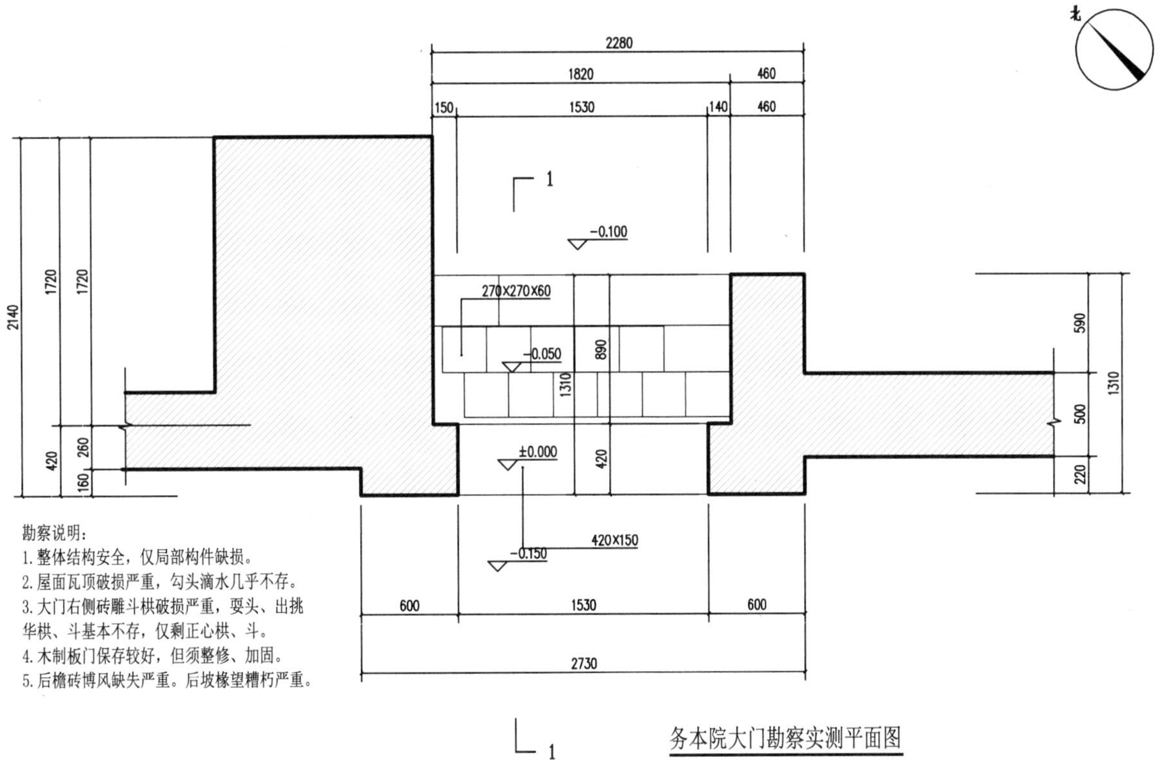

勘察说明：
1. 整体结构安全，仅局部构件缺损。
2. 屋面瓦顶破损严重，勾头滴水几乎不存。
3. 大门右侧砖雕斗栱破损严重，耍头、出挑华栱、斗基本不存，仅剩正心栱、斗。
4. 木制板门保存较好，但须整修、加固。
5. 后檐砖博风缺失严重。后坡椽望糟朽严重。

务本院大门勘察实测平面图

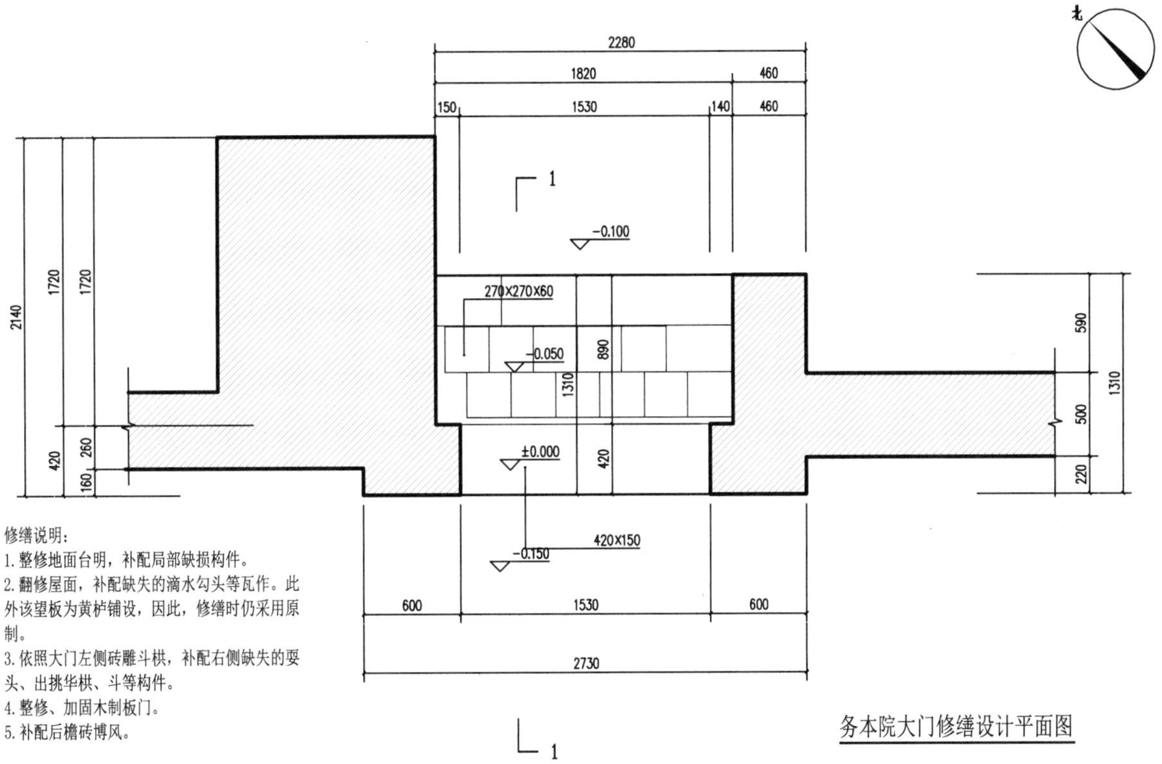

修缮说明：
1. 整修地面台明，补配局部缺损构件。
2. 翻修屋面，补配缺失的滴水勾头等瓦作。此外该望板为黄栌铺设，因此，修缮时仍采用原制。
3. 依照大门左侧砖雕斗栱，补配右侧缺失的耍头、出挑华栱、斗等构件。
4. 整修、加固木制板门。
5. 补配后檐砖博风。

务本院大门修缮设计平面图

一一八　务本院大门平面图

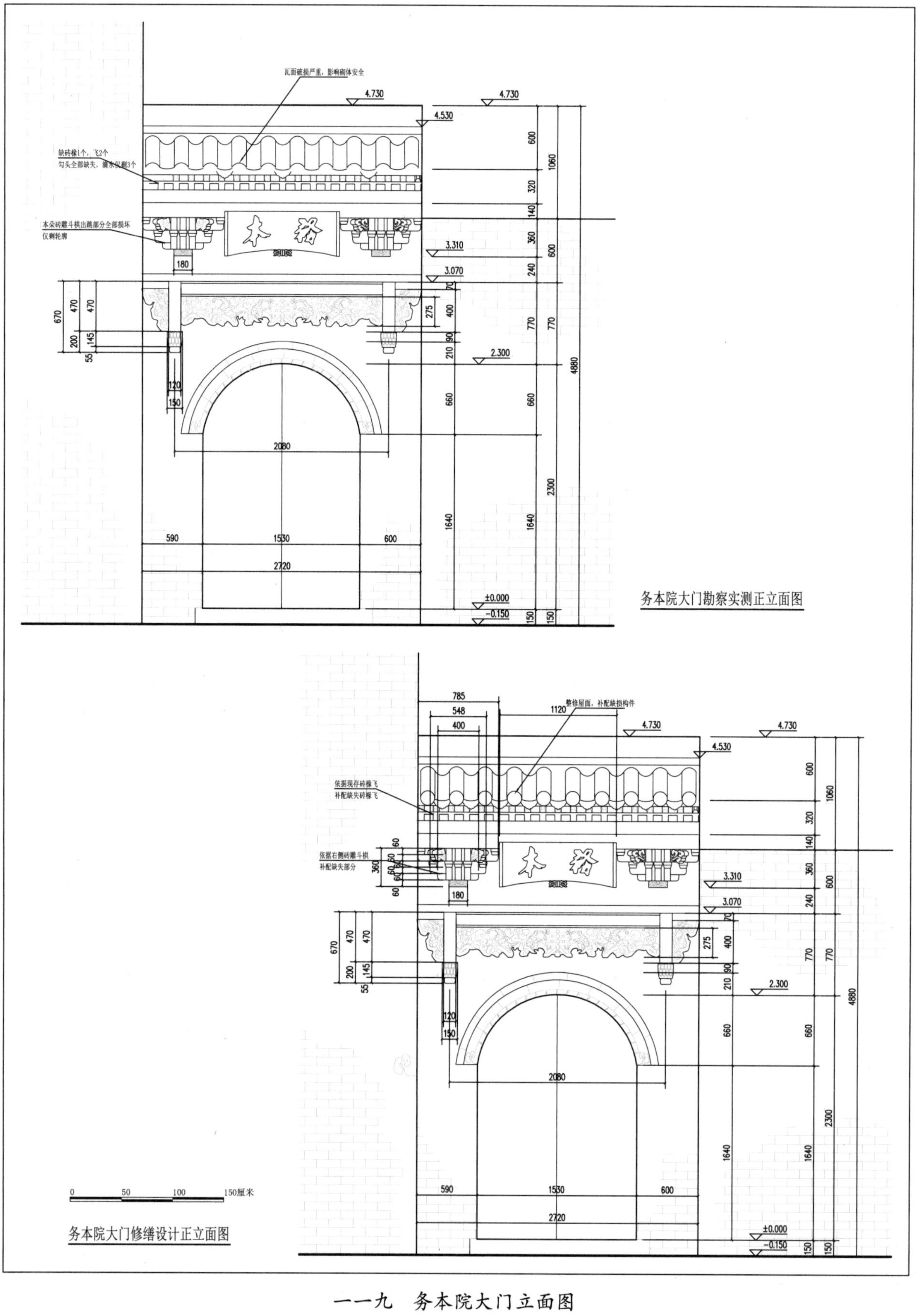

一一九　务本院大门立面图

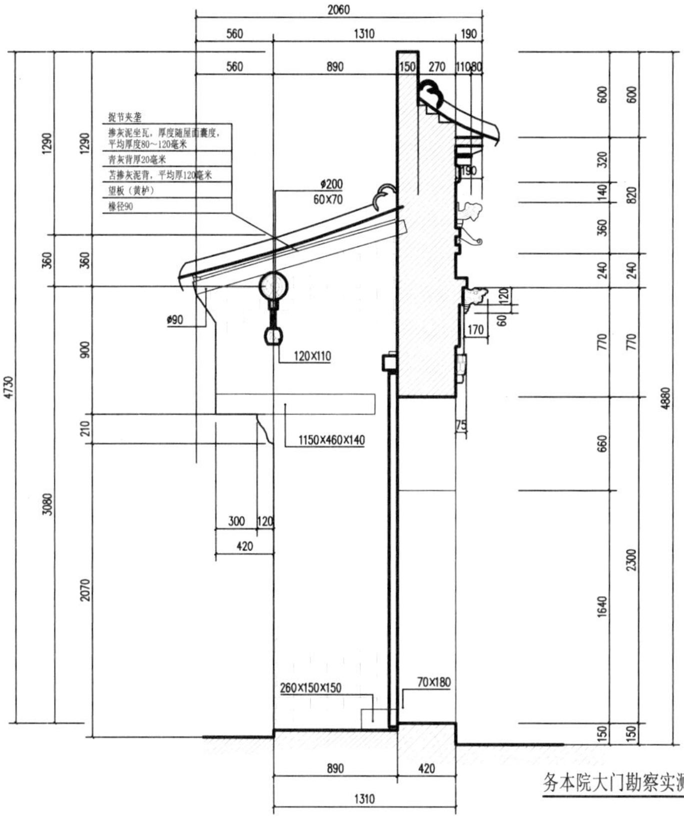

务本院大门勘察实测1—1剖面图

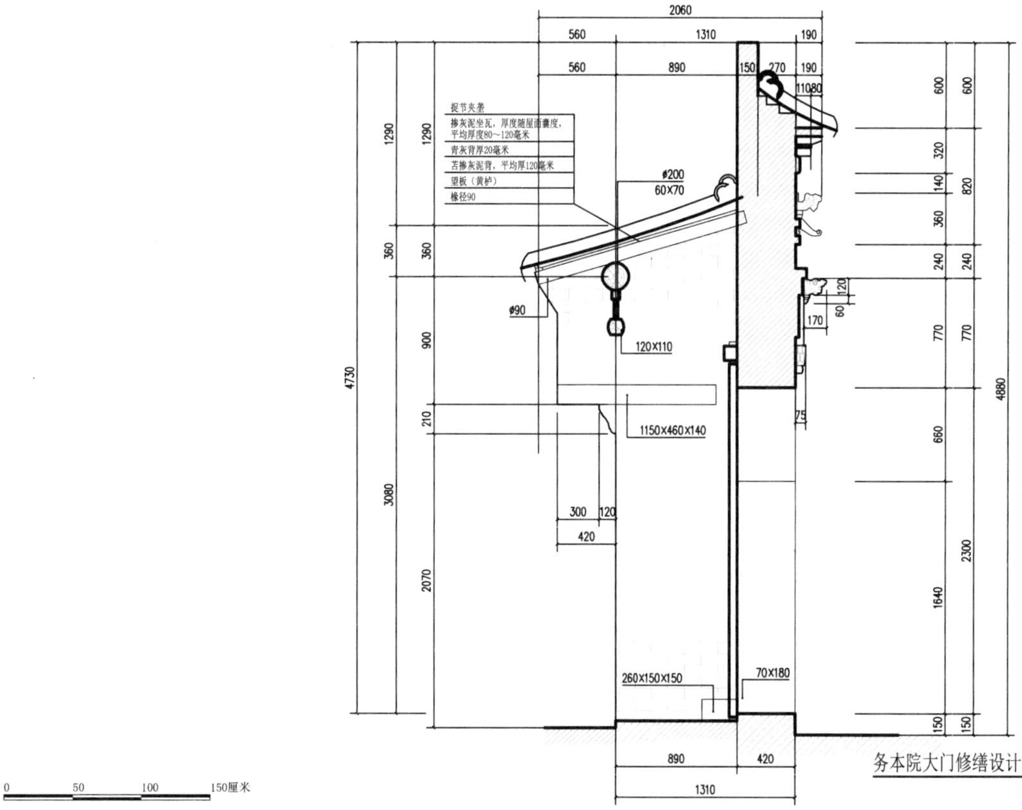

务本院大门修缮设计1—1剖面图

一二〇　务本院大门剖面图

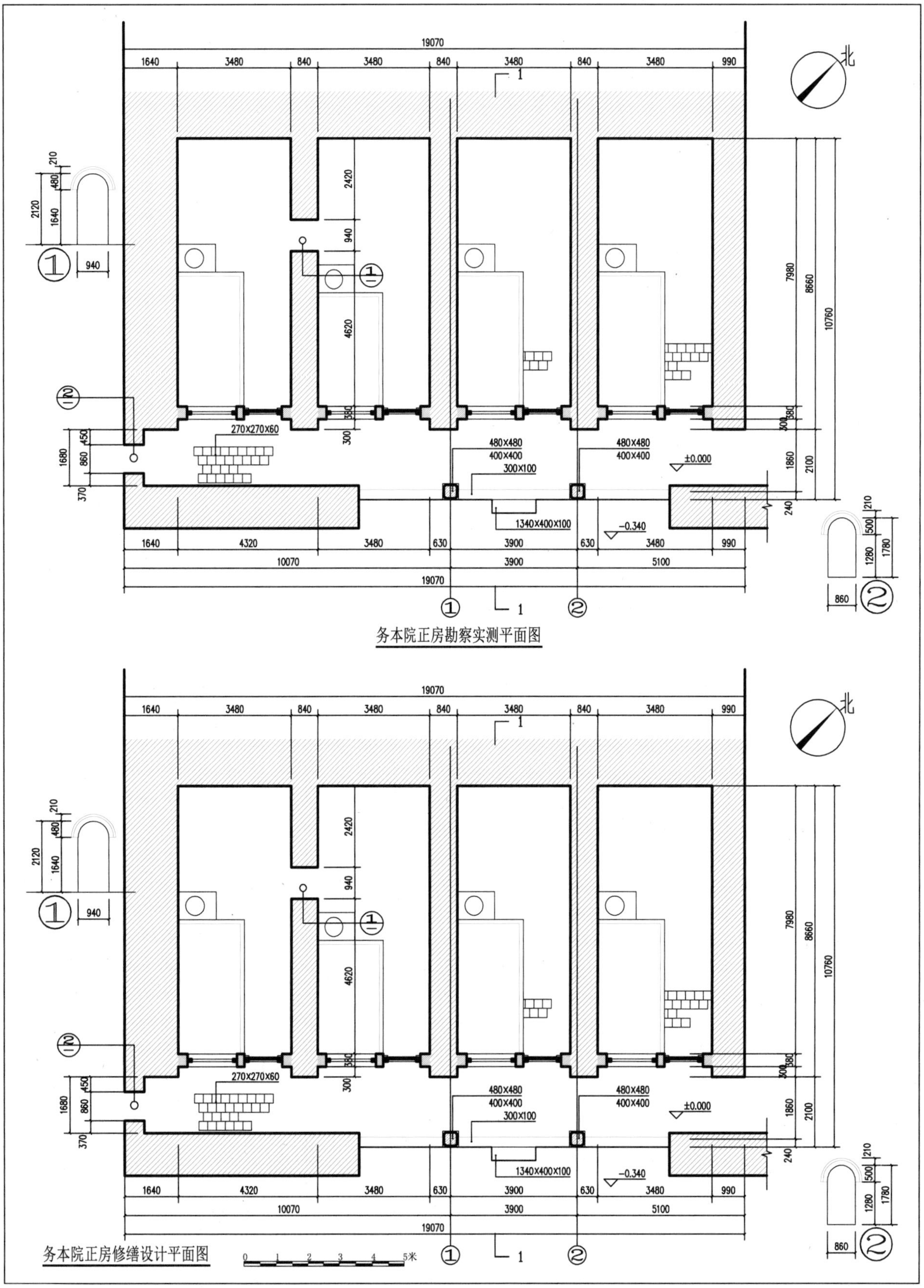

一二一　务本院正房平面图

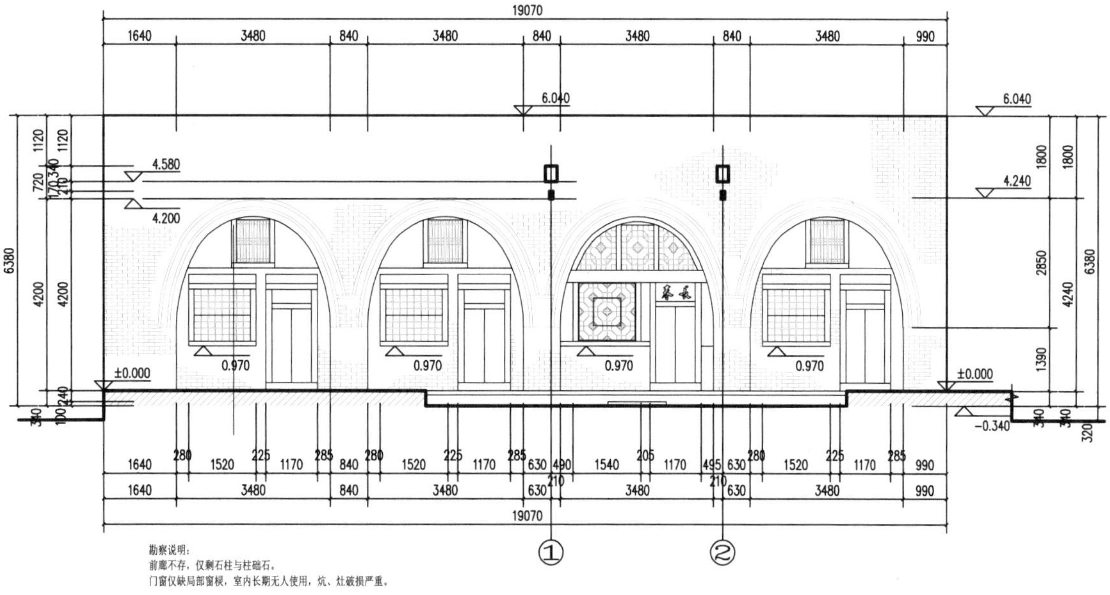

务本院正房勘察实测正立面图

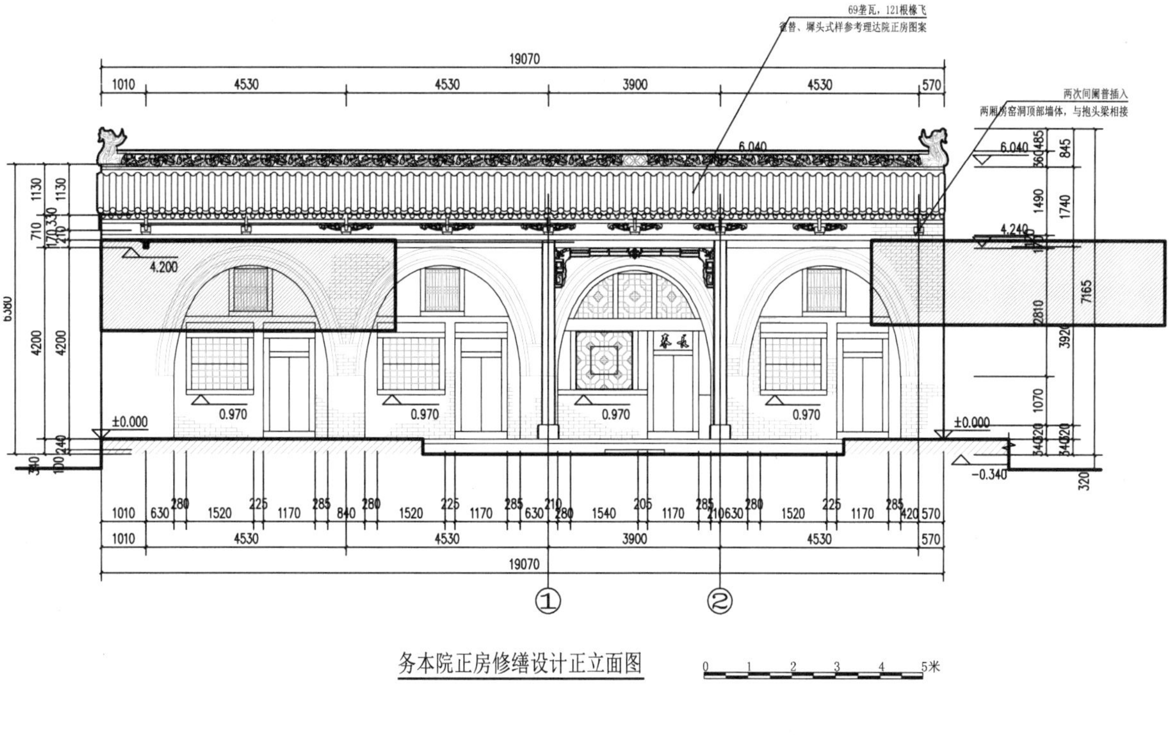

务本院正房修缮设计正立面图

一二二　务本院正房立面图

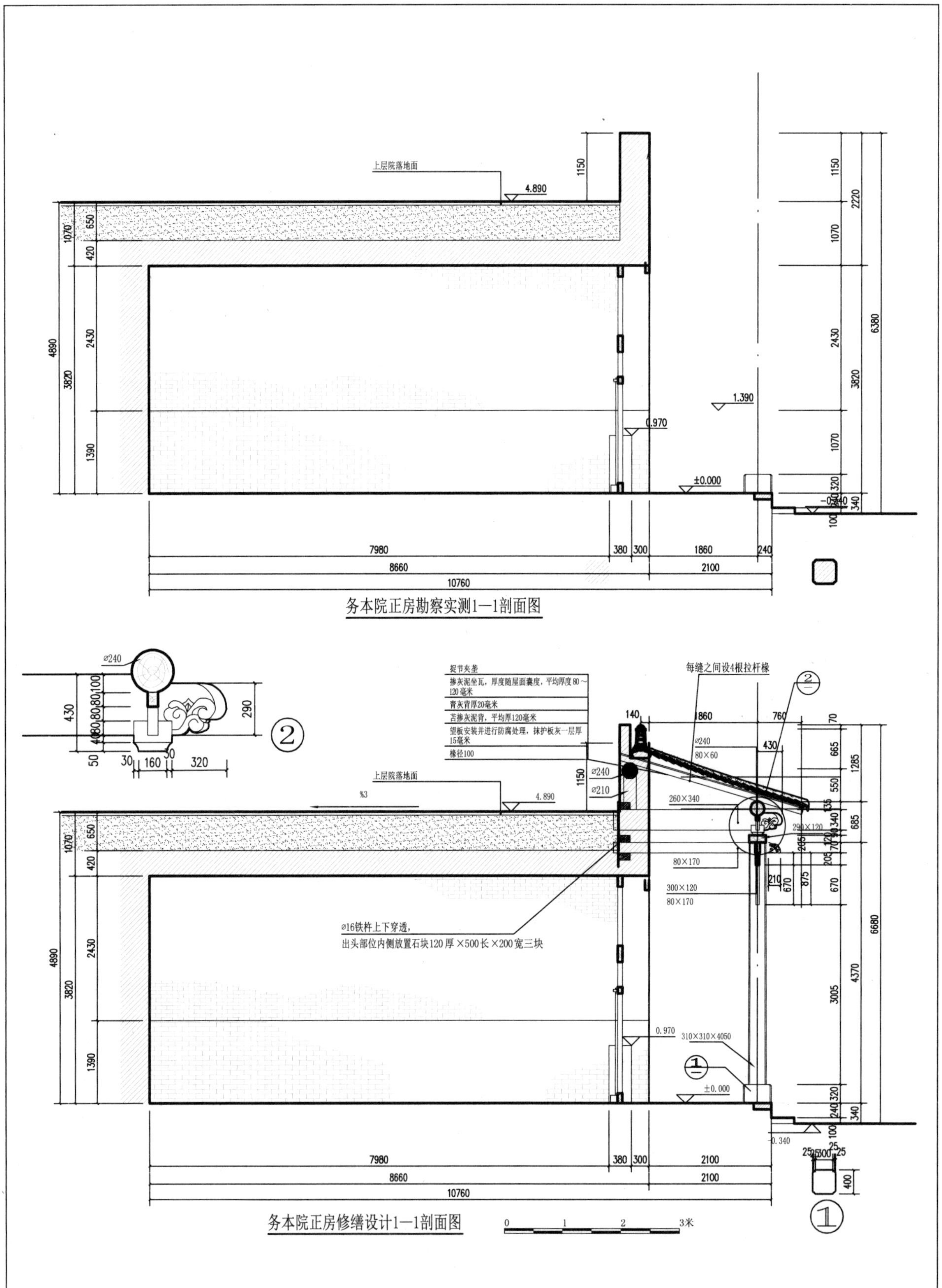

一二三　务本院正房剖面图

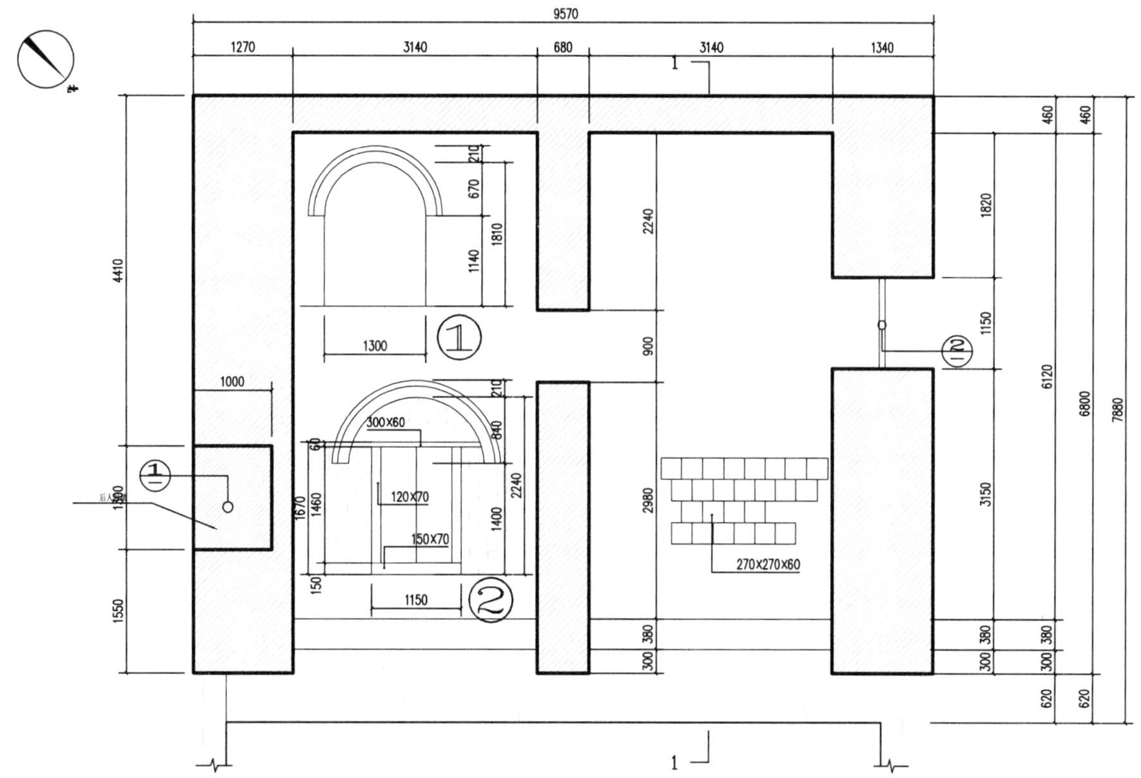

务本院西厢房勘察实测平面图

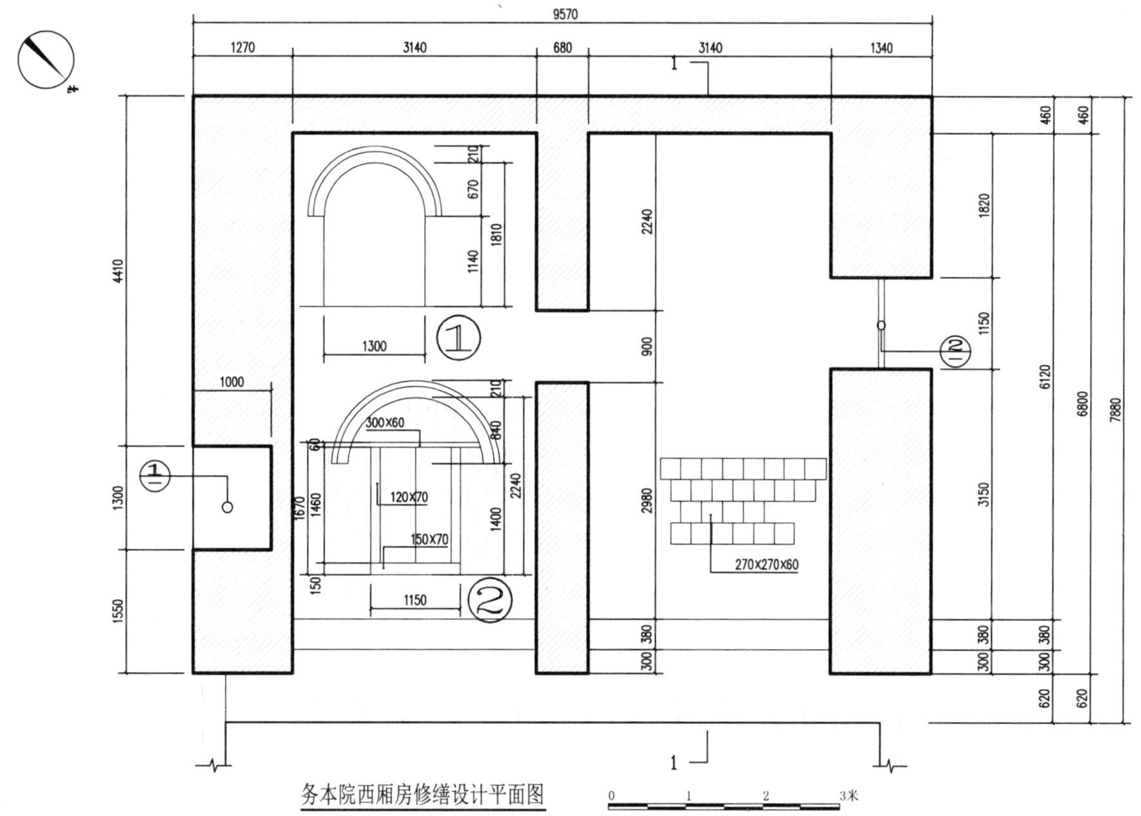

务本院西厢房修缮设计平面图

一二四　务本院西厢房平面图

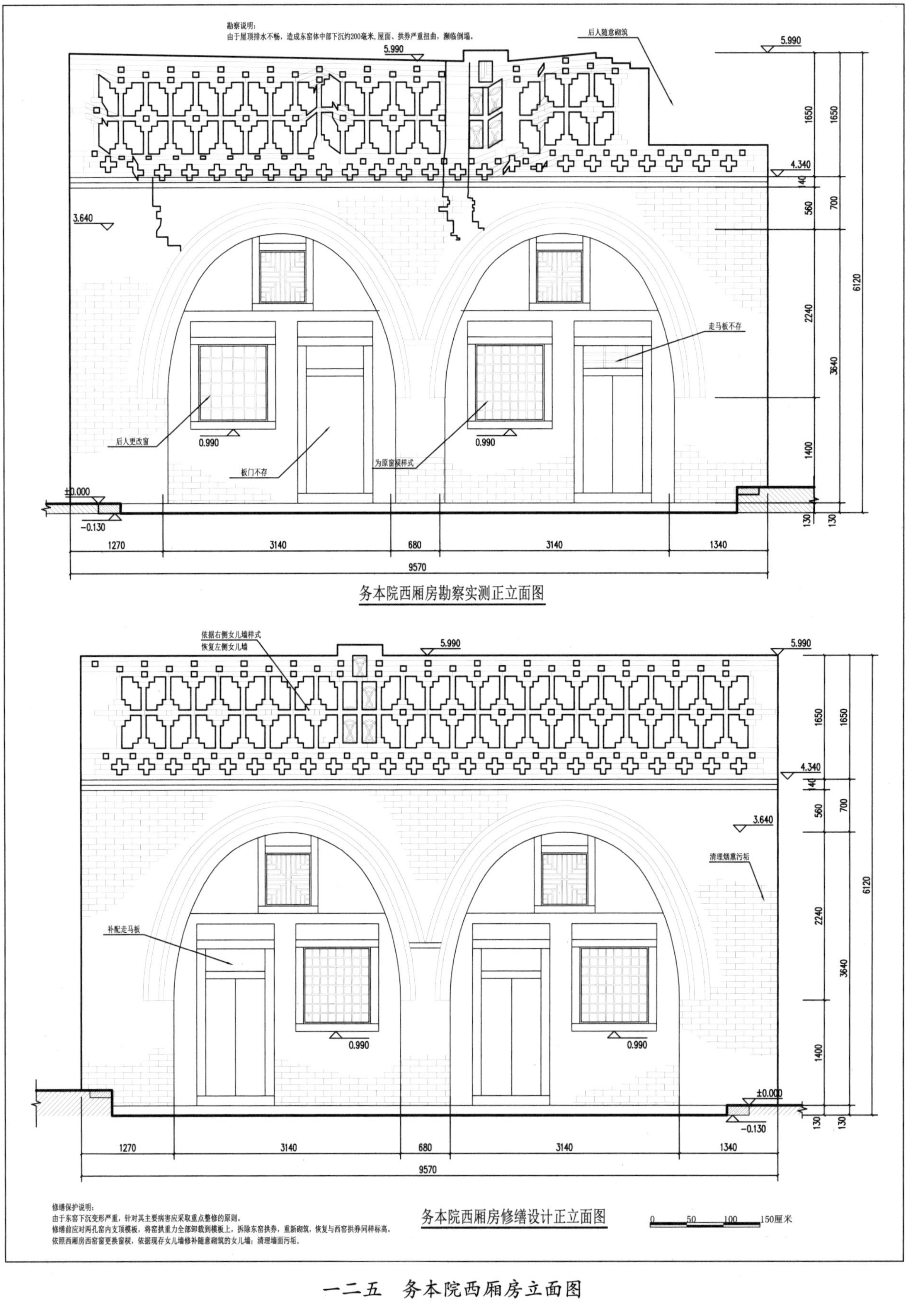

一二五　务本院西厢房立面图

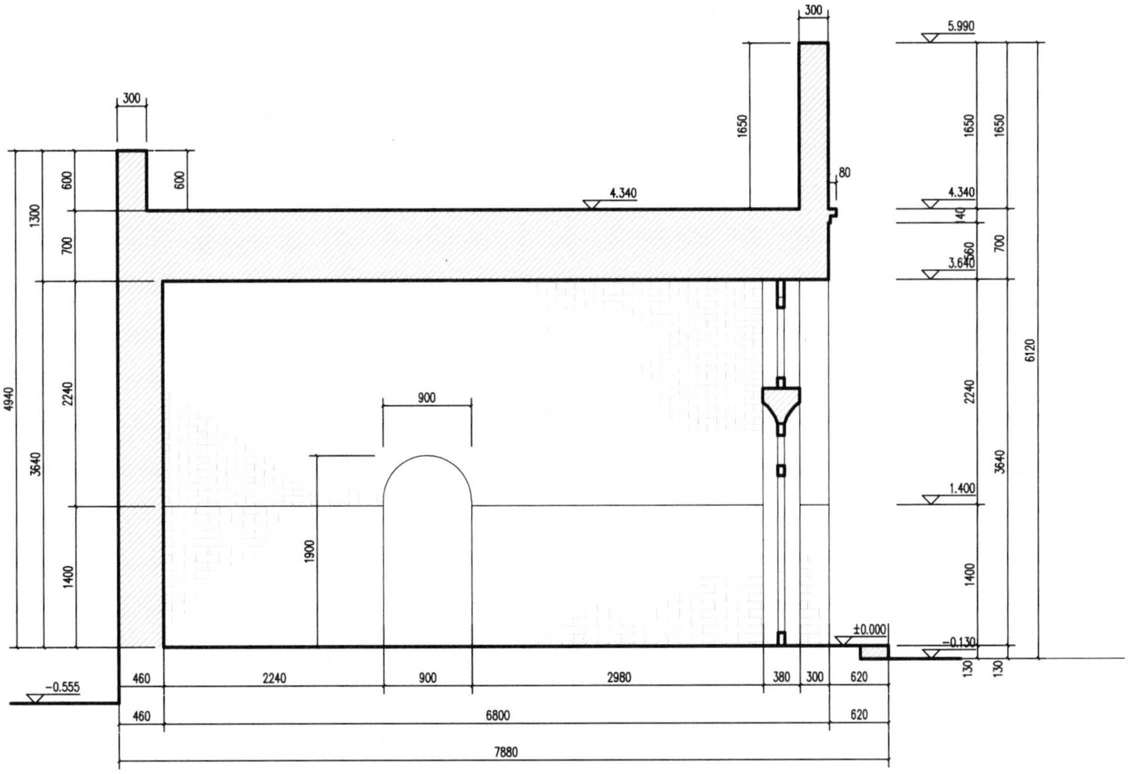

务本院西厢房勘察实测1—1剖面图

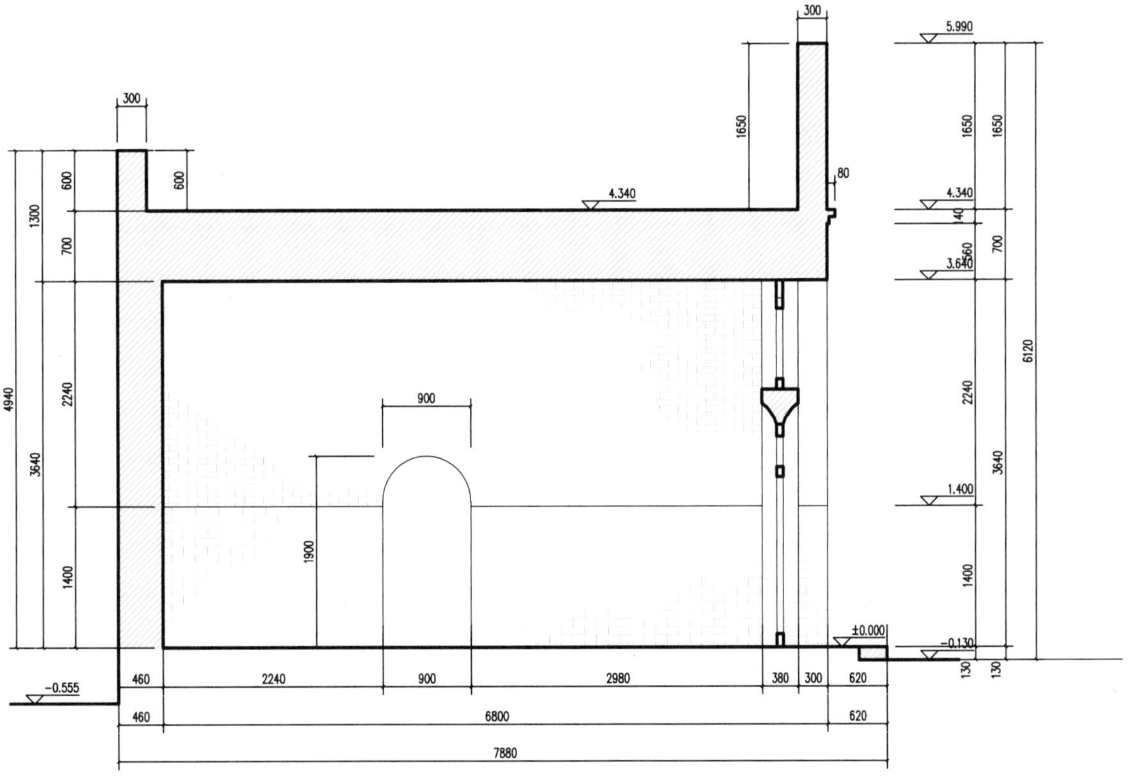

务本院西厢房修缮设计1—1剖面图　0　50　100　150厘米

一二六　务本院西厢房剖面图

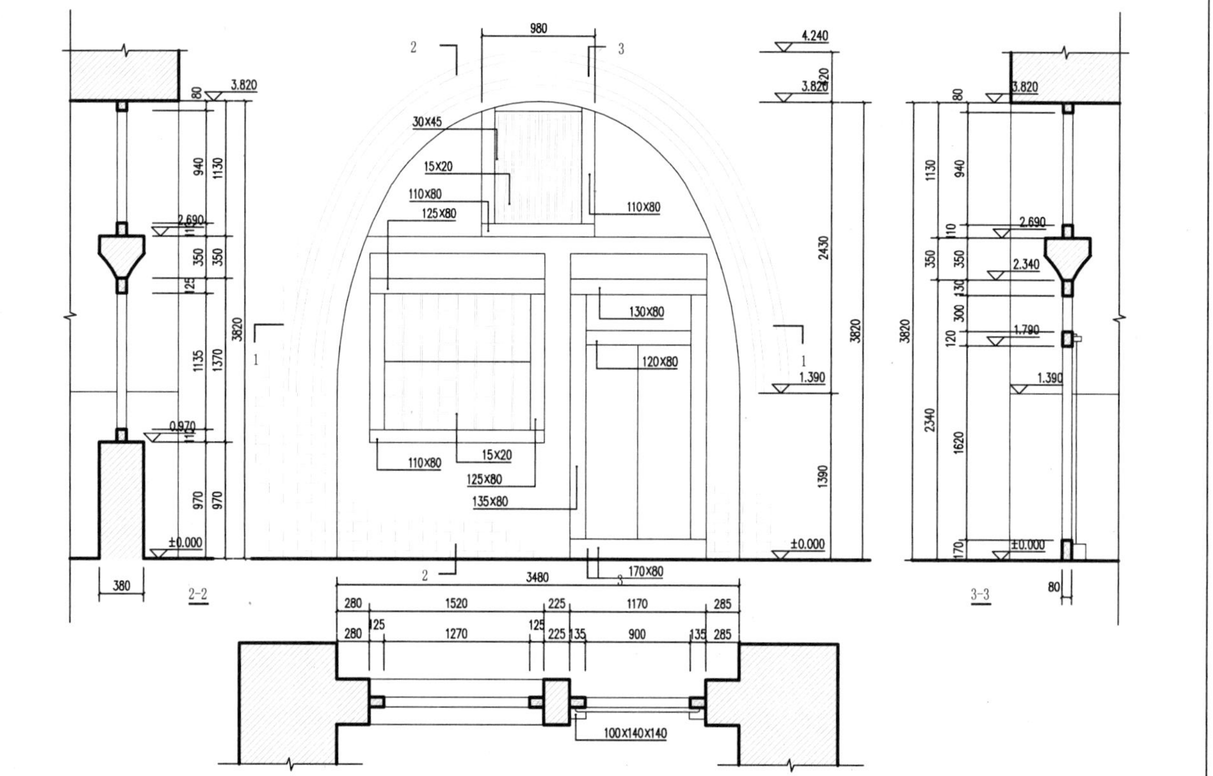

务本院东厢房、西厢房次间门窗大样图

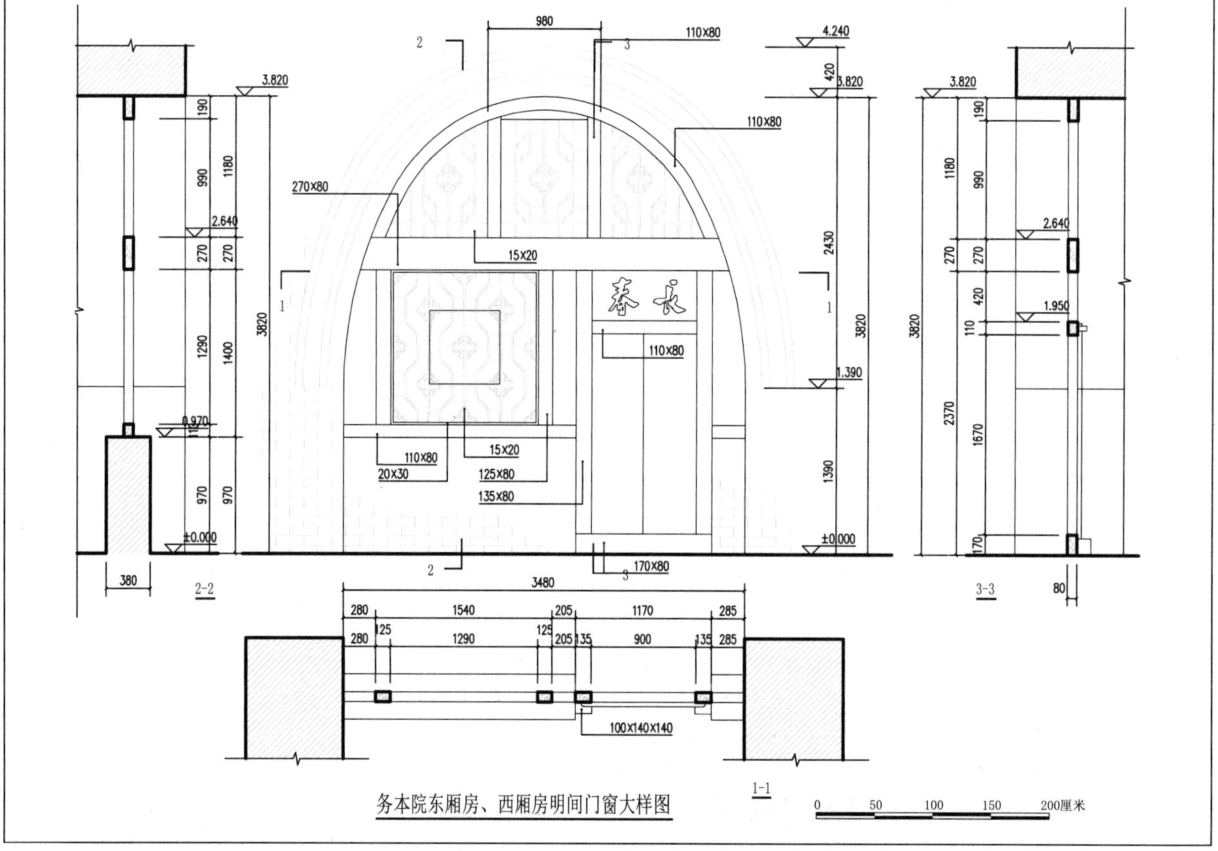

务本院东厢房、西厢房明间门窗大样图

一二七　务本院东西厢房门窗大样图

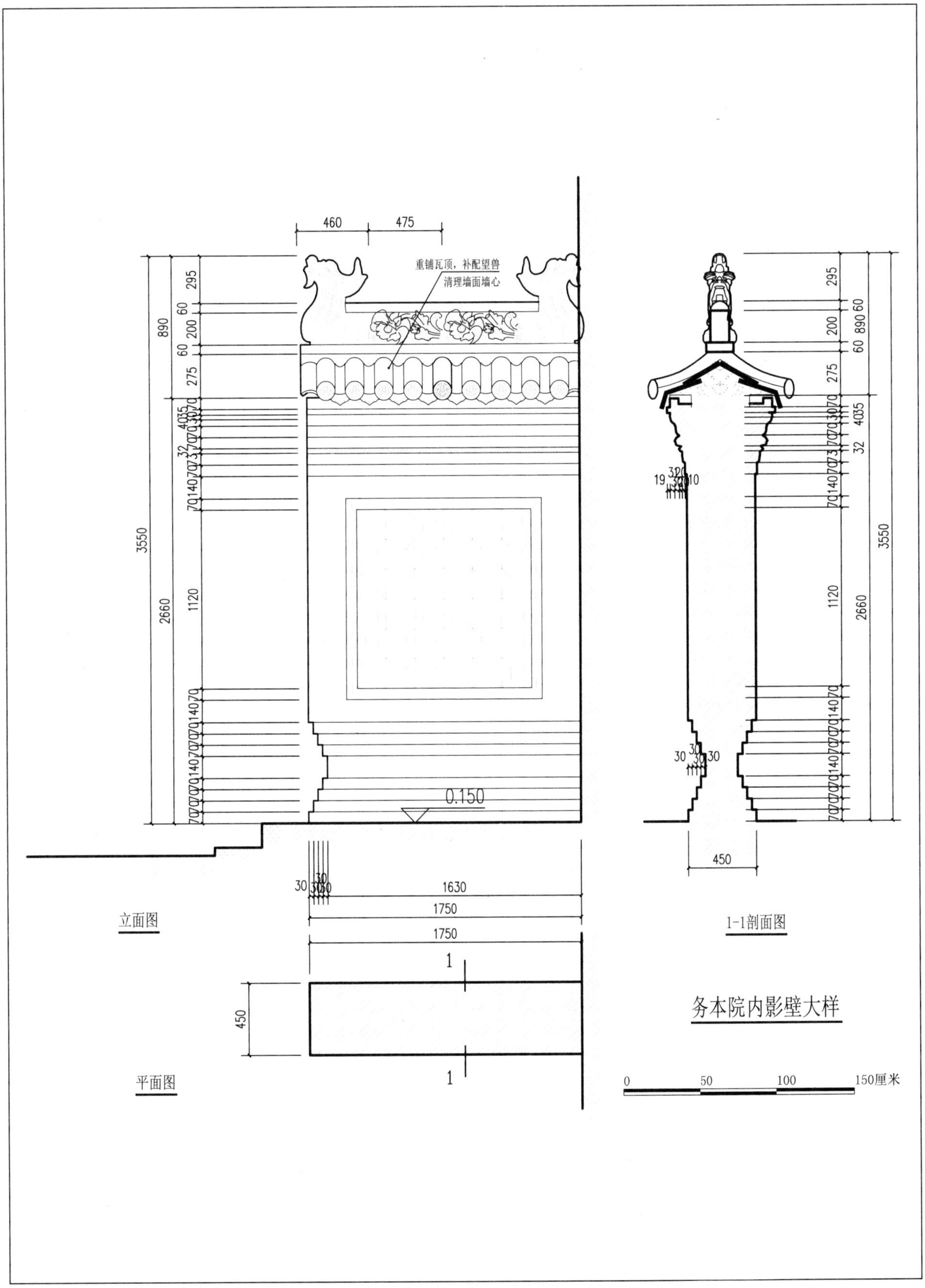

一二八　务本院影壁大样图

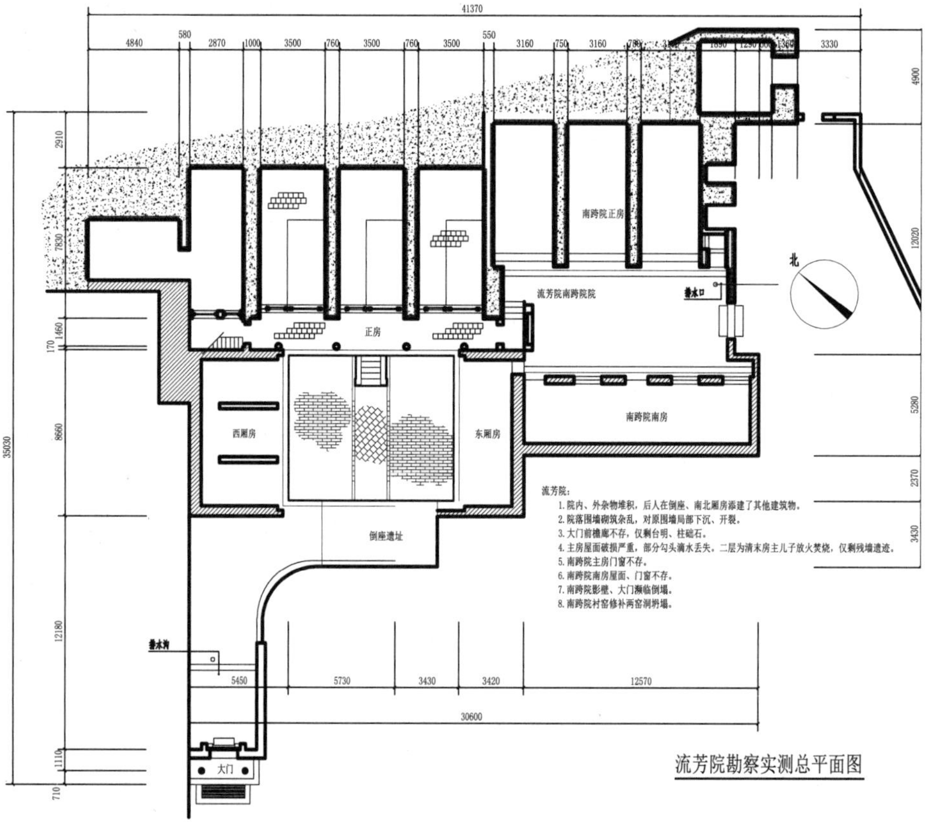

南跨院正房
流芳院南跨院院
排水口
北
正房
西厢房
东厢房
南跨院南房
倒座遗址
排水沟
大门
流芳院：
1. 院内、外杂物堆积，后人在倒座、南北厢房添建了其他建筑物。
2. 院落围墙砌筑杂乱，对原围墙局部下沉、开裂。
3. 大门前檐廊不存，仅剩台明、柱础石。
4. 主房屋面破损严重，部分勾头滴水丢失。二层为清末房主儿子放火焚烧，仅剩残墙遗迹。
5. 南跨院主房门窗不存。
6. 南跨院南房屋面、门窗不存。
7. 南跨院影壁、大门濒临倒塌。
8. 南跨院衬窑修补两窑洞坍塌。

流芳院勘察实测总平面图

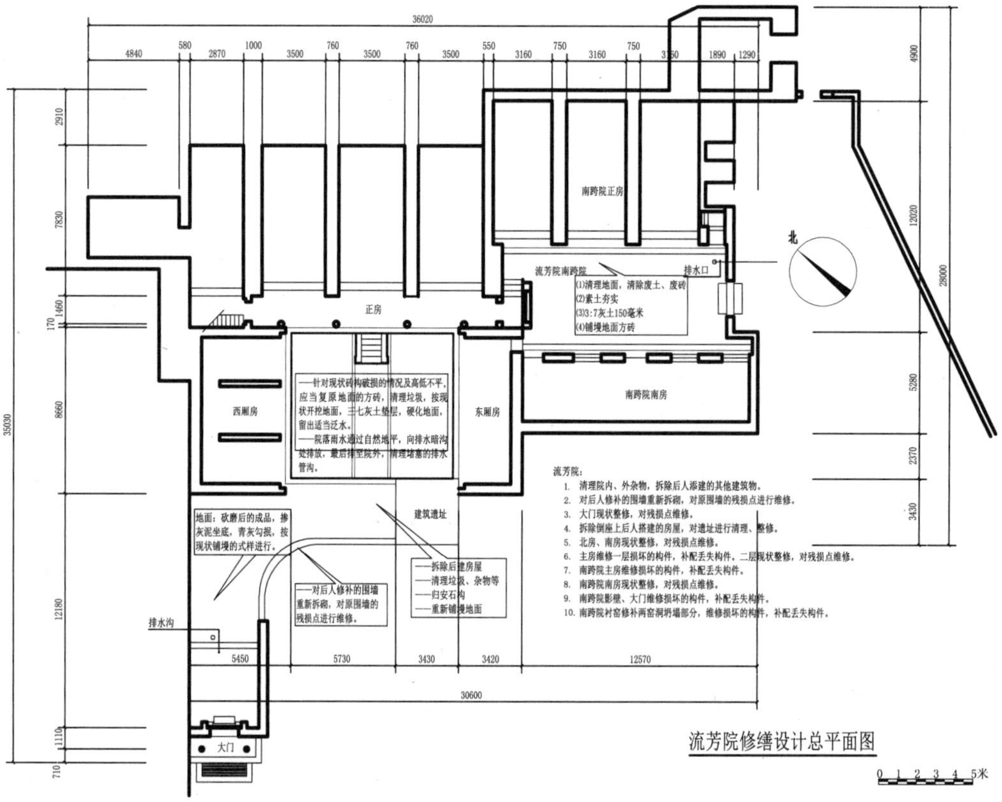

流芳院修缮设计总平面图

一二九　流芳院总平面图

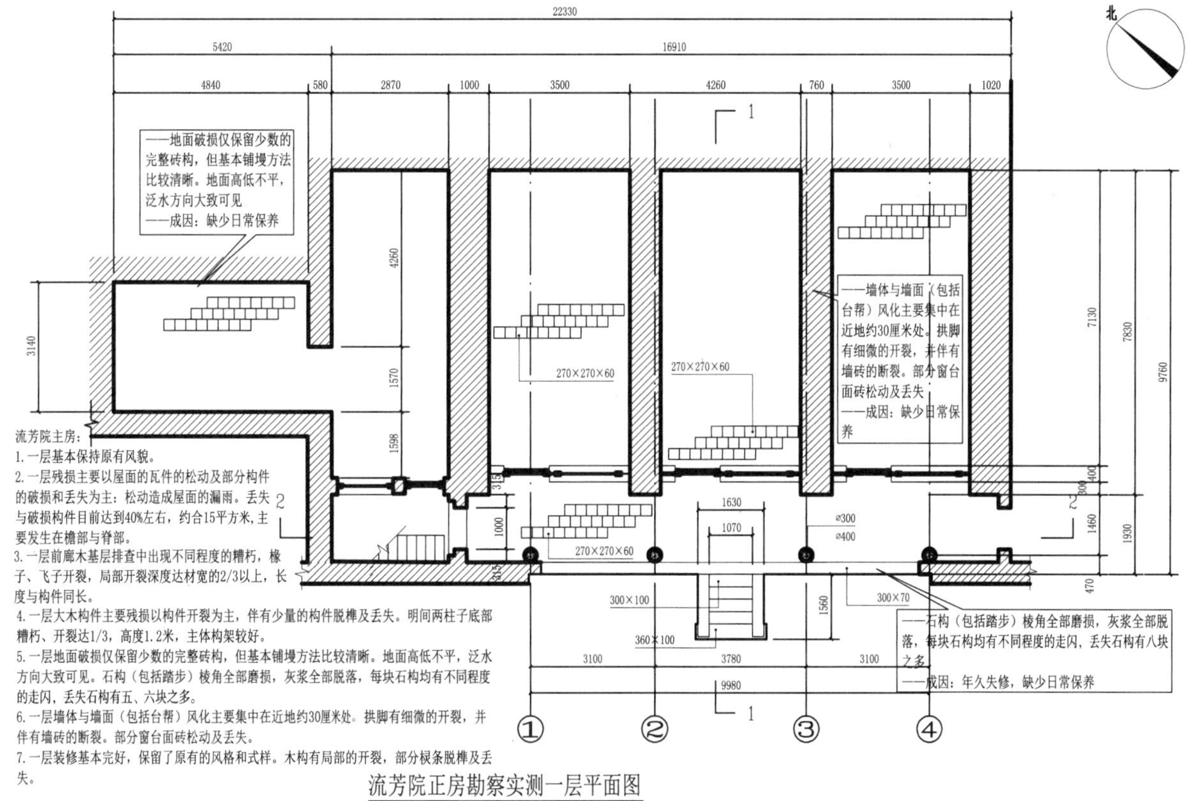
北
22330
5420
16910
4840
580
2870
1000
3500
4260
760
3500
1020
——地面破损仅保留少数的完整砖构，但基本铺墁方法比较清晰。地面高低不平，泛水方向大致可见
——成因：缺少日常保养
270×270×60
270×270×60
270×270×60
——墙体与墙面（包括台帮）风化主要集中在近地约30厘米处。拱脚有细微的开裂，并伴有墙砖的断裂。部分窗台面砖松动及丢失
——成因：缺少日常保养
3140
4260
1570
1598
1000
315
315
1630
1070
⌀300
⌀400
300×100
360×100
300×70
1560
3100
3780
3100
9980
7130
7830
9760
400
300
1460
1930
470
——石构（包括踏步）棱角全部磨损，灰浆全部脱落，每块石构均有不同程度的走闪，丢失石构有八块之多
——成因：年久失修，缺少日常保养
流芳院主房：
1. 一层基本保持原有风貌。
2. 一层残损主要以屋面的瓦件的松动及部分构件的破损和丢失为主：松动造成屋面的漏雨。丢失与破损构件目前达到40%左右，约合15平方米，主要发生在檐部与脊部。
3. 一层前廊木基层排查中出现不同程度的糟朽，椽子、飞子开裂，局部开裂深度达材宽的2/3以上，长度与构件同长。
4. 一层大木构件主要残损以构件开裂为主，伴有少量的构件脱榫及丢失。明间两柱子底部糟朽、开裂达1/3，高度1.2米，主体构架较好。
5. 一层地面破损仅保留少数的完整砖构，但基本铺墁方法比较清晰。地面高低不平，泛水方向大致可见。石构（包括踏步）棱角全部磨损，灰浆全部脱落，每块石构均有不同程度的走闪，丢失石构有五、六块之多。
6. 一层墙体与墙面（包括台帮）风化主要集中在近地约30厘米处。拱脚有细微的开裂，并伴有墙砖的断裂。部分窗台面砖松动及丢失。
7. 一层装修基本完好，保留了原有的风格和式样。木构有局部的开裂，部分椽条脱榫及丢失。
1
1
2
2
①
②
③
④

流芳院正房勘察实测一层平面图

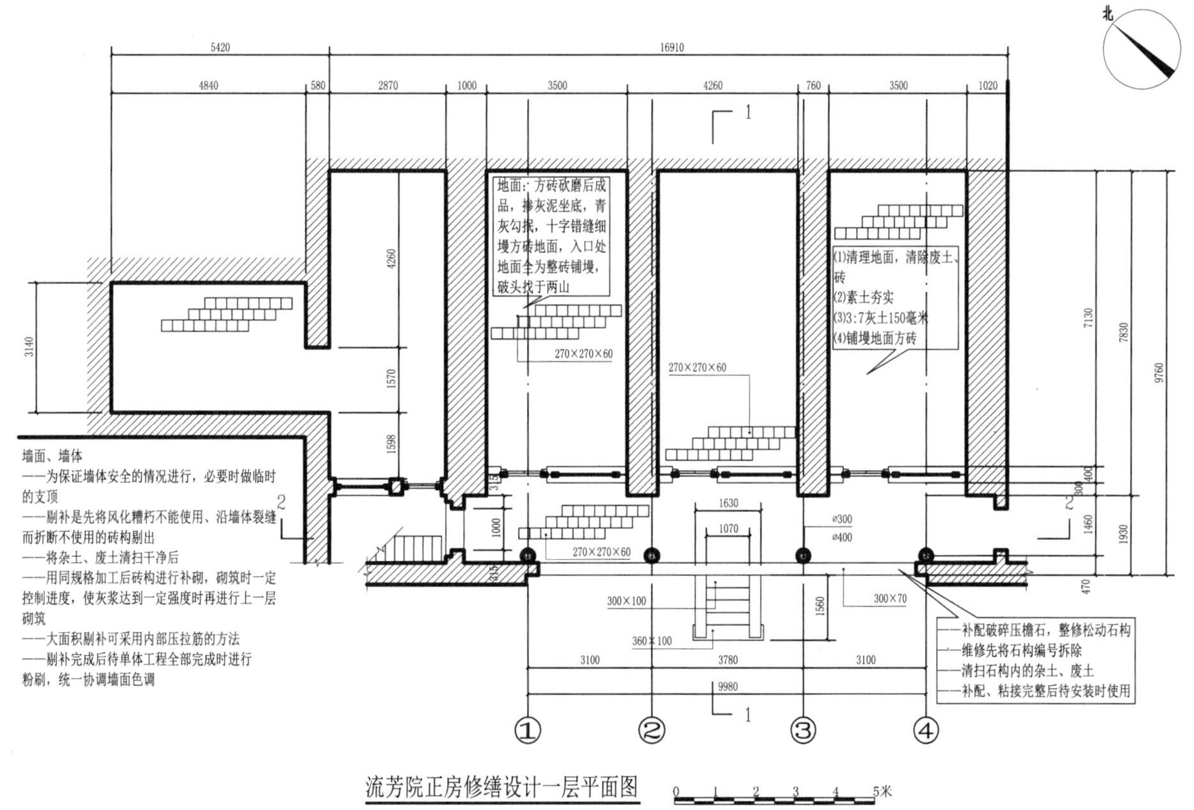
北
5420
16910
4840
580
2870
1000
3500
4260
760
3500
1020
地面：方砖砍磨后成品，掺灰泥坐底，青灰勾抿，十字错缝细墁方砖地面，入口处地面全为整砖铺墁，破头找于两山
270×270×60
270×270×60
270×270×60
(1)清理地面，清除废土、砖
(2)素土夯实
(3)3:7灰土150毫米
(4)铺墁地面方砖
3140
4260
1570
1598
1000
315
315
1630
1070
⌀300
⌀400
300×100
360×100
300×70
1560
3100
3780
3100
9980
7130
7830
9760
400
300
1460
1930
470
墙面、墙体
——为保证墙体安全的情况进行，必要时做临时的支顶
——剔补是先将风化糟朽不能使用、沿墙体裂缝而折断不使用的砖构剔出
——将杂土、废土清扫干净后
——用同规格加工后砖构进行补砌，砌筑时一定控制进度，使灰浆达到一定强度时再进行上一层砌筑
——大面积剔补可采用内部压拉筋的方法
——剔补完成后待单体工程全部完成时进行粉刷，统一协调墙面色调
——补配破碎压檐石，整修松动石构
——维修先将石构编号拆除
——清扫石构内的杂土、废土
——补配、粘接完整后待安装时使用
1
1
2
2
①
②
③
④
0 1 2 3 4 5米

流芳院正房修缮设计一层平面图

一三〇　流芳院正房一层平面图

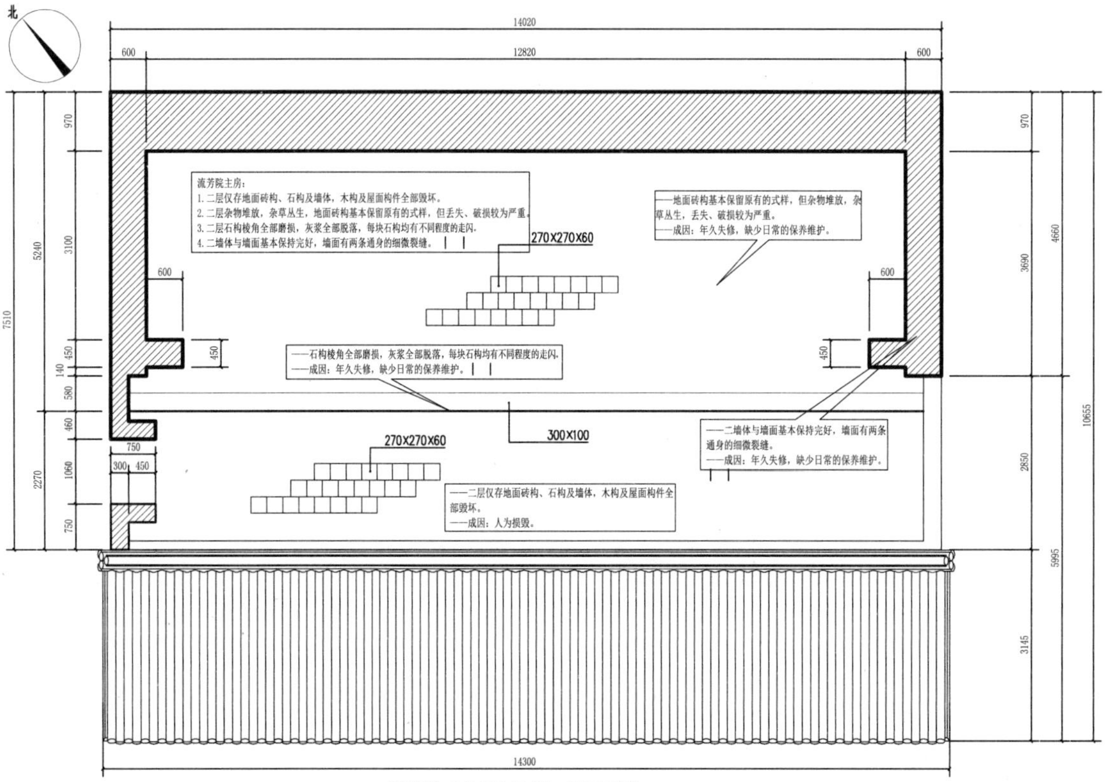
北
14020
600
12820
600
流芳院主房：
1. 二层仅存地面砖构、石构及墙体，木构及屋面构件全部毁坏。
2. 二层杂物堆放，杂草丛生，地面砖构基本保留原有的式样，但丢失、破损较为严重。
3. 二层石构棱角全部磨损，灰浆全部脱落，每块石构均有不同程度的走闪。
4. 二墙体与墙面基本保持完好，墙面有两条通身的细微裂缝。
——地面砖构基本保留原有的式样，但杂物堆放，杂草丛生，丢失、破损较为严重。
——成因：年久失修，缺少日常的保养维护。
270X270X60
——石构棱角全部磨损，灰浆全部脱落，每块石构均有不同程度的走闪。
——成因：年久失修，缺少日常的保养维护。
300X100
——二墙体与墙面基本保持完好，墙面有两条通身的细微裂缝。
——成因：年久失修，缺少日常的保养维护。
——二层仅存地面砖构、石构及墙体，木构及屋面构件全部毁坏。
——成因：人为损毁。
14300

流芳院正房勘察实测二层平面图

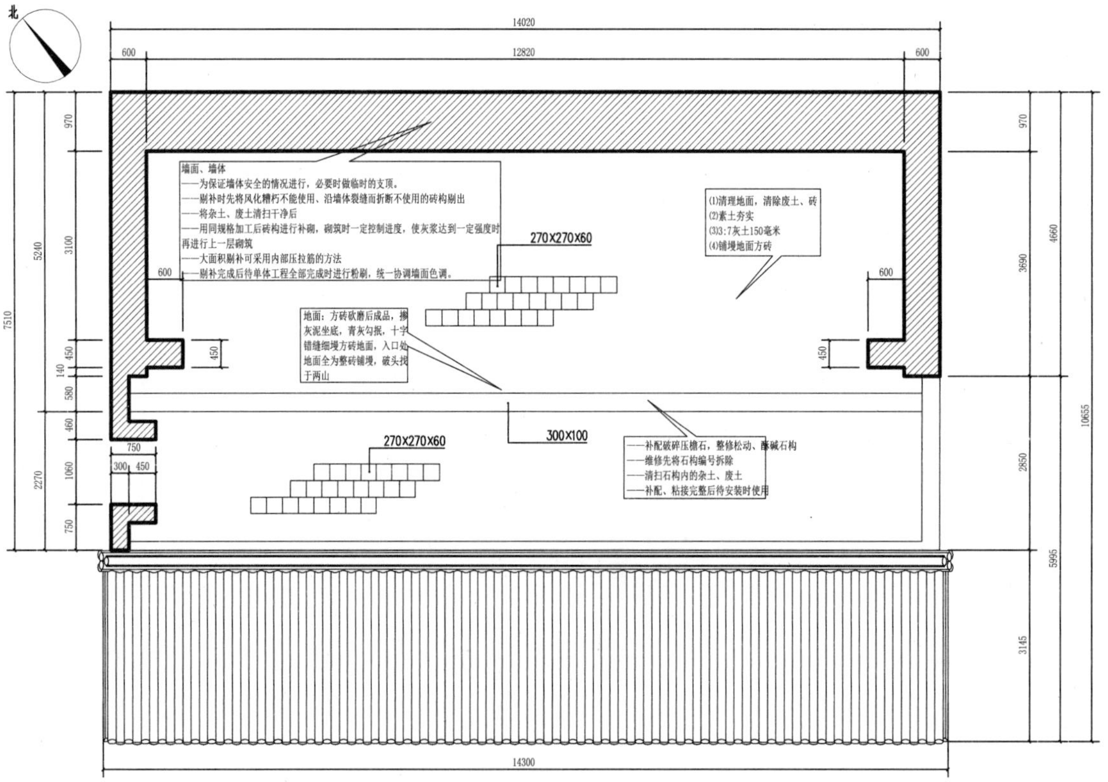
北
14020
600
12820
600
墙面、墙体
——为保证墙体安全的情况进行，必要时做临时的支顶。
——剔补时先将风化糟朽不能使用、沿墙体裂缝面折断不使用的砖构剔出
——将杂土、废土清扫干净后
——用同规格加工后砖构进行补砌，砌筑时一定控制进度，使灰浆达到一定强度时再进行上一层砌筑
——大面积剔补可采用内部压拉筋的方法
——剔补完成后待单体工程全部完成时进行粉刷，统一协调墙面色调。
(1)清理地面，清除废土、砖
(2)素土夯实
(3)3:7灰土150毫米
(4)铺墁地面方砖
270X270X60
地面：方砖砍磨后成品，掺灰泥坐底，青灰勾抿，十字错缝细墁方砖地面，入口处地面全为整砖铺墁，破头找于两山
300X100
——补配破碎压檐石，整修松动、酥碱石构
——维修先将石构编号拆除
——清扫石构内的杂土、废土
——补配、粘接完整后待安装时使用
14300

流芳院正房修缮设计二层平面图 0 1 2 3米

一三一 流芳院正房二层平面图

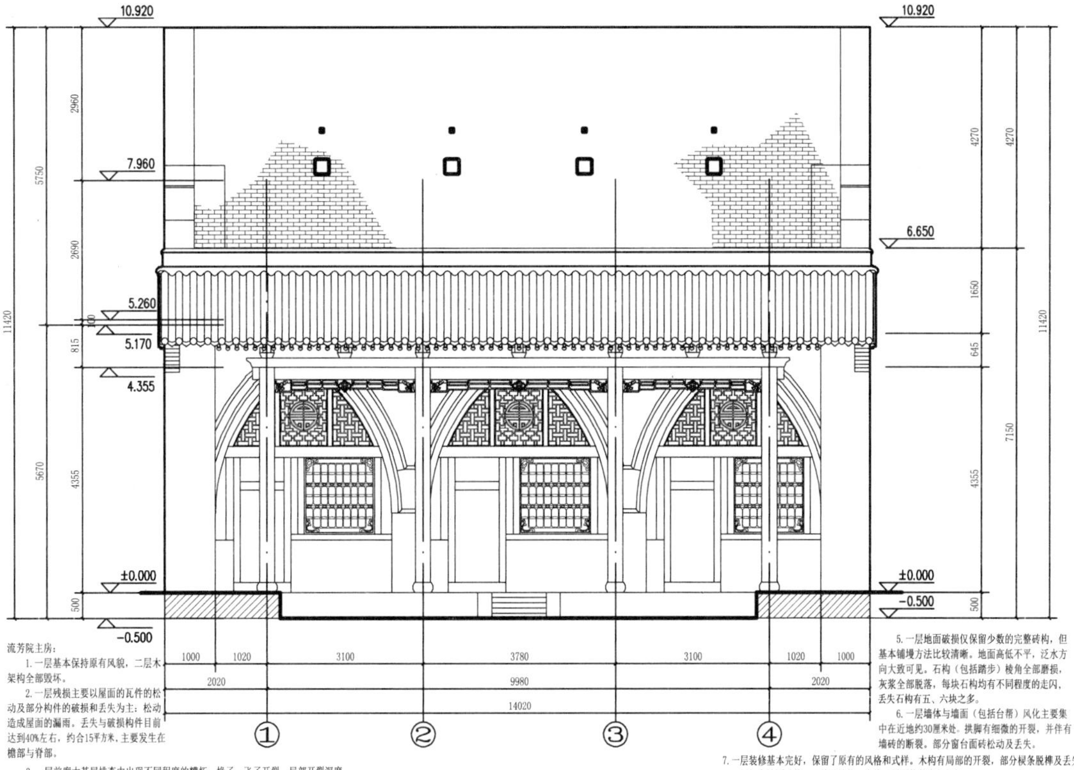

流芳院主房：

1. 一层基本保持原有风貌，二层木架构全部毁坏。

2. 一层残损主要以屋面的瓦件的松动及部分构件的破损和丢失为主：松动造成屋面的漏雨。丢失与破损构件目前达到40%左右，约合15平方米，主要发生在檐部与脊部。

3. 一层前廊木基层排査中出现不同程度的糟朽，椽子、飞子开裂，局部开裂深度达材宽的2/3以上，长度与构件同长。

4. 一层大木构件主要残损以构件开裂为主，伴有少量的构件脱榫及丢失。明间两柱子底部糟朽、开裂达1/3，高度1.2米，主体构架较好。

5. 一层地面破损仅保留少数的完整砖构，但基本铺墁方法比较清晰。地面高低不平，泛水方向大致可见。石构（包括踏步）棱角全部磨损，灰浆全部脱落，每块石构均有不同程度的走闪，丢失石构有五、六块之多。

6. 一层墙体与墙面（包括台帮）风化主要集中在近地约30厘米处。拱脚有细微的开裂，并伴有墙砖的断裂。部分窗台面砖松动及丢失。

7. 一层装修基本完好，保留了原有的风格和式样。木构有局部的开裂，部分棂条脱榫及丢失。

8. 二层仅存地面砖构、石构及墙体，木构及屋面构件全部毁坏。

9. 二层杂物堆放，杂草丛生，地面砖构基本保留原有的式样，但丢失、破损较为严重。

10. 二层石构棱角全部磨损，灰浆全部脱落，每块石构均有不同程度的走闪。

11. 二墙体与墙面基本保持完好，墙面有两条通身的细微裂缝。

流芳院正房勘察实测正立面图

揭修屋面：

(1)屋顶拆除

(2)望板安装并进行防腐处理，抹护板灰一层厚15毫米（白灰100：青灰8：麻刀3）

(3)苫掺灰泥背，平均厚度80毫米（白灰3：黄土7，每一百公斤白灰掺麦秸6公斤）

(4)青灰背厚20毫米（煮灰浆100：麻刀5）

(5)掺灰泥坐瓦，厚度随屋面，平均厚度80～120毫米

(6)捉节夹垄（煮浆灰100：麻刀3～5，适当加松烟）

(7)前后瓦垄对接整齐

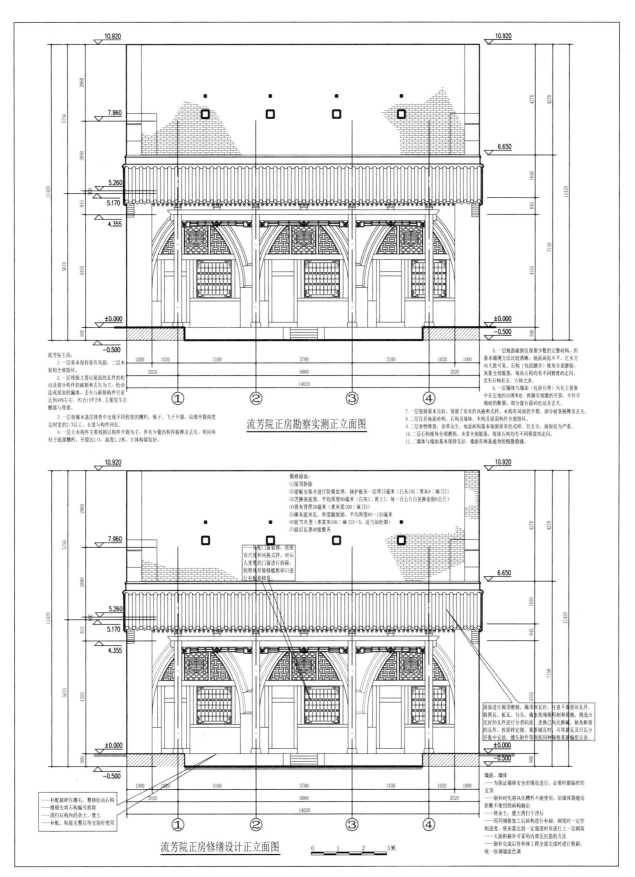

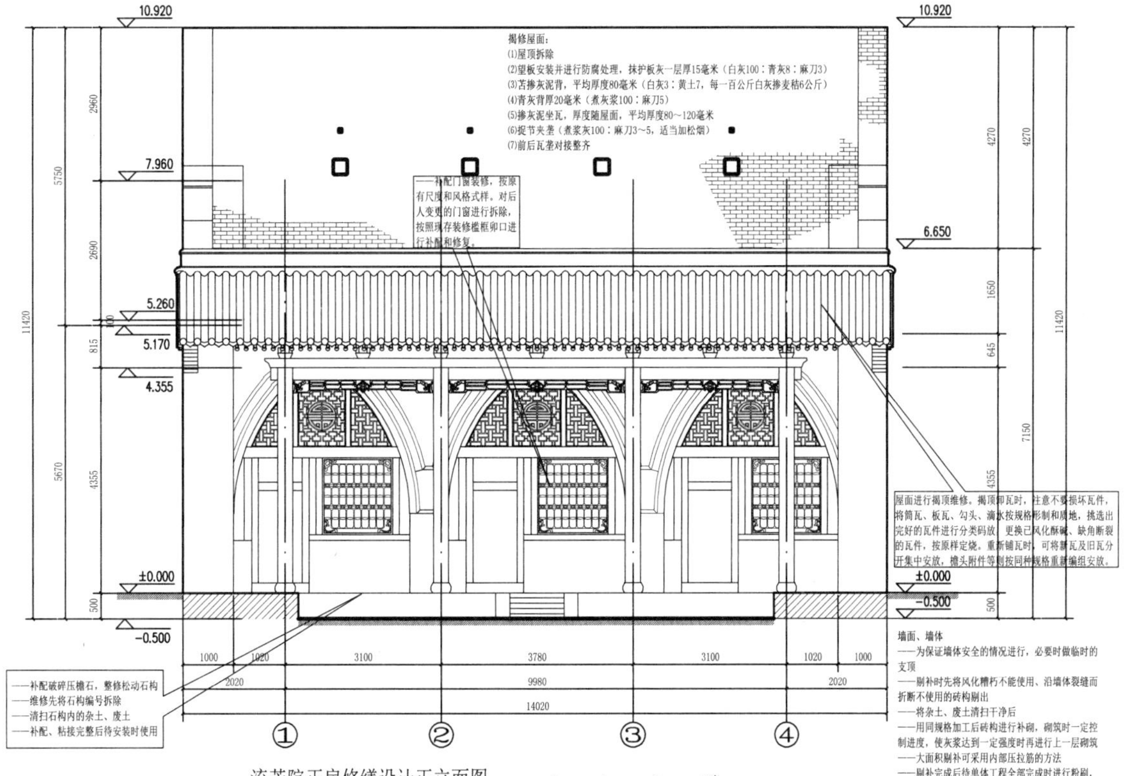

墙面、墙体

——为保证墙体安全的情况进行，必要时做临时的支项

——剔补时先将风化糟朽不能使用、沿墙体裂缝而折断不使用的砖构剔出

——将杂土、废土清扫干净后

——用同规格加工后砖构进行补砌，砌筑时一定控制进度，使灰浆达到一定强度时再进行上一层砌筑

——大面积剔补可采用内部压拉筋的方法

——剔补完成后待单体工程全部完成时进行粉刷，统一协调墙面色调

流芳院正房修缮设计正立面图　0　1　2　3米

一三二　流芳院正房立面图

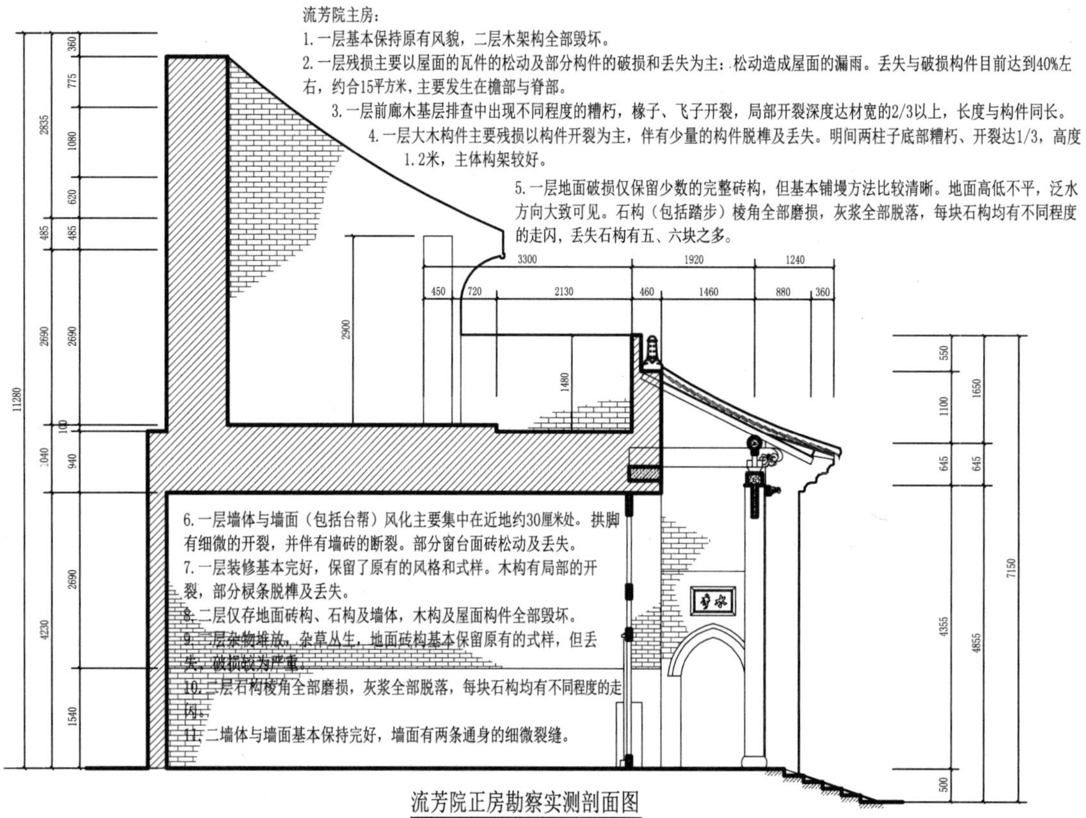
流芳院主房：
1.一层基本保持原有风貌，二层木架构全部毁坏。
2.一层残损主要以屋面的瓦件的松动及部分构件的破损和丢失为主：松动造成屋面的漏雨。丢失与破损构件目前达到40%左右，约合15平方米，主要发生在檐部与脊部。
3.一层前廊木基层排查中出现不同程度的糟朽，椽子、飞子开裂，局部开裂深度达材宽的2/3以上，长度与构件同长。
4.一层大木构件主要残损以构件开裂为主，伴有少量的构件脱榫及丢失。明间两柱子底部糟朽、开裂达1/3，高度1.2米，主体构架较好。
5.一层地面破损仅保留少数的完整砖构，但基本铺墁方法比较清晰。地面高低不平，泛水方向大致可见。石构（包括踏步）棱角全部磨损，灰浆全部脱落，每块石构均有不同程度的走闪，丢失石构有五、六块之多。
6.一层墙体与墙面（包括台帮）风化主要集中在近地约30厘米处。拱脚有细微的开裂，并伴有墙砖的断裂。部分窗台面砖松动及丢失。
7.一层装修基本完好，保留了原有的风格和式样。木构有局部的开裂，部分棂条脱榫及丢失。
8.二层仅存地面砖构、石构及墙体，木构及屋面构件全部毁坏。
9.二层杂物堆放，杂草丛生，地面砖构基本保留原有的式样，但丢失，破损较为严重。
10.二层石构棱角全部磨损，灰浆全部脱落，每块石构均有不同程度的走闪。
11.二墙体与墙面基本保持完好，墙面有两条通身的细微裂缝。
流芳院正房勘察实测剖面图

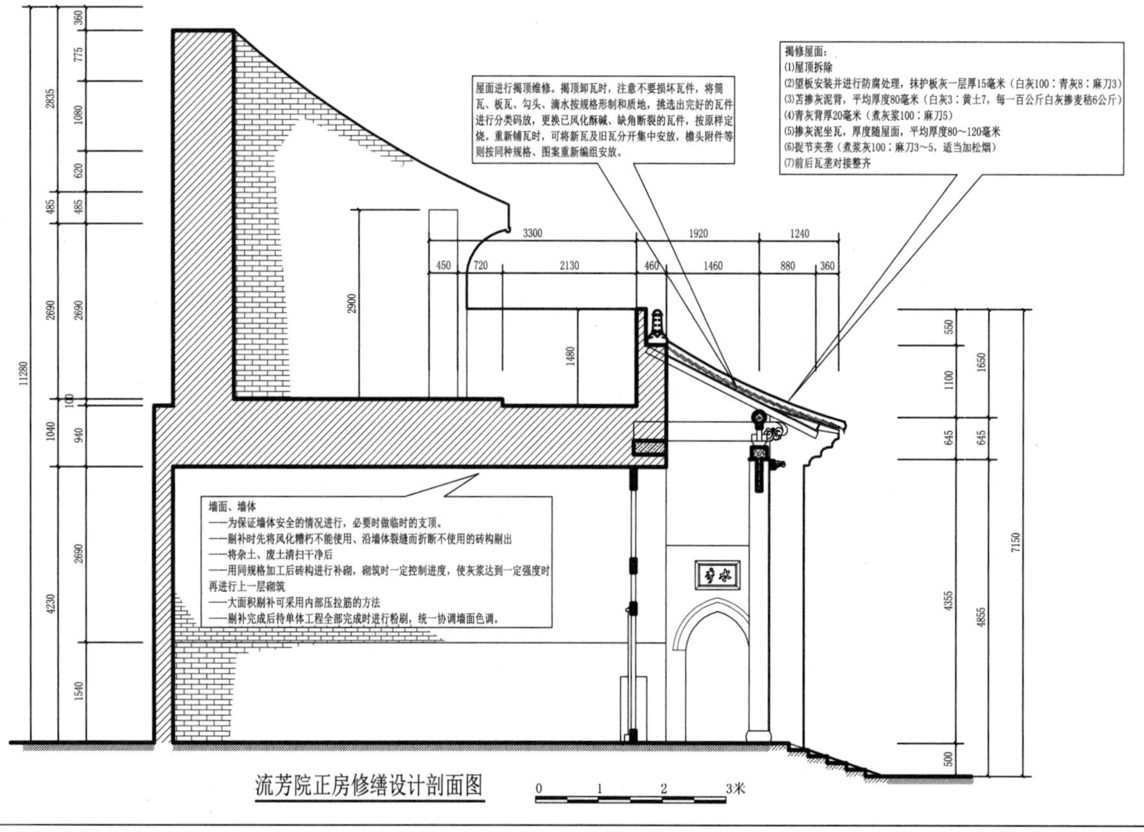
屋面进行揭顶维修。揭顶卸瓦时，注意不要损坏瓦件，将筒瓦、板瓦、勾头、滴水按规格形制和质地，挑选出完好的瓦件进行分类码放，更换已风化酥碱、缺角断裂的瓦件，按原样定烧。重新铺瓦时，可将新瓦及旧瓦分开集中安放，檐头附件等则按同种规格、图案重新编组安放。
揭修屋面：
(1)屋顶拆除
(2)望板安装并进行防腐处理，抹护板灰一层厚15毫米（白灰100：青灰8：麻刀3）
(3)苫掺灰泥背，平均厚度80毫米（白灰3：黄土7，每一百公斤白灰掺麦秸6公斤）
(4)青灰背厚20毫米（煮灰浆100：麻刀5）
(5)掺灰泥坐瓦，厚度随屋面，平均厚度80～120毫米
(6)捉节夹垄（煮浆灰100：麻刀3～5，适当加松烟）
(7)前后瓦垄对接整齐
墙面、墙体
——为保证墙体安全的情况进行，必要时做临时的支顶。
——剔补时先将风化糟朽不能使用、沿墙体裂缝而折断不使用的砖构剔出
——将杂土、废土清扫干净后
——用同规格加工后砖构进行补砌，砌筑时一定控制进度，使灰浆达到一定强度时再进行上一层砌筑
——大面积剔补可采用内部压拉筋的方法
——剔补完成后待单体工程全部完成时进行粉刷，统一协调墙面色调。
流芳院正房修缮设计剖面图

一三三　流芳院正房剖面图

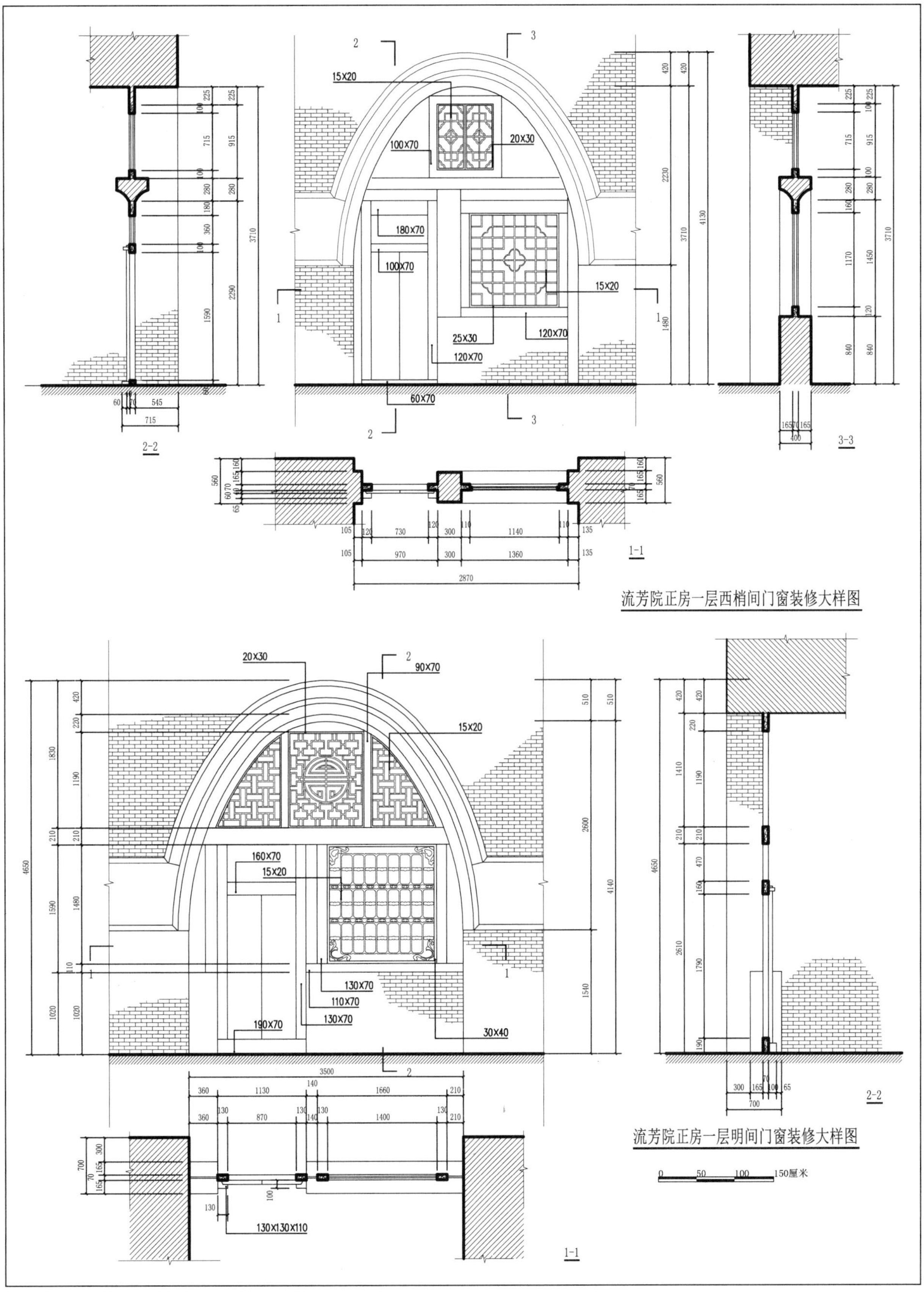

一三四　流芳院正房门窗大样图

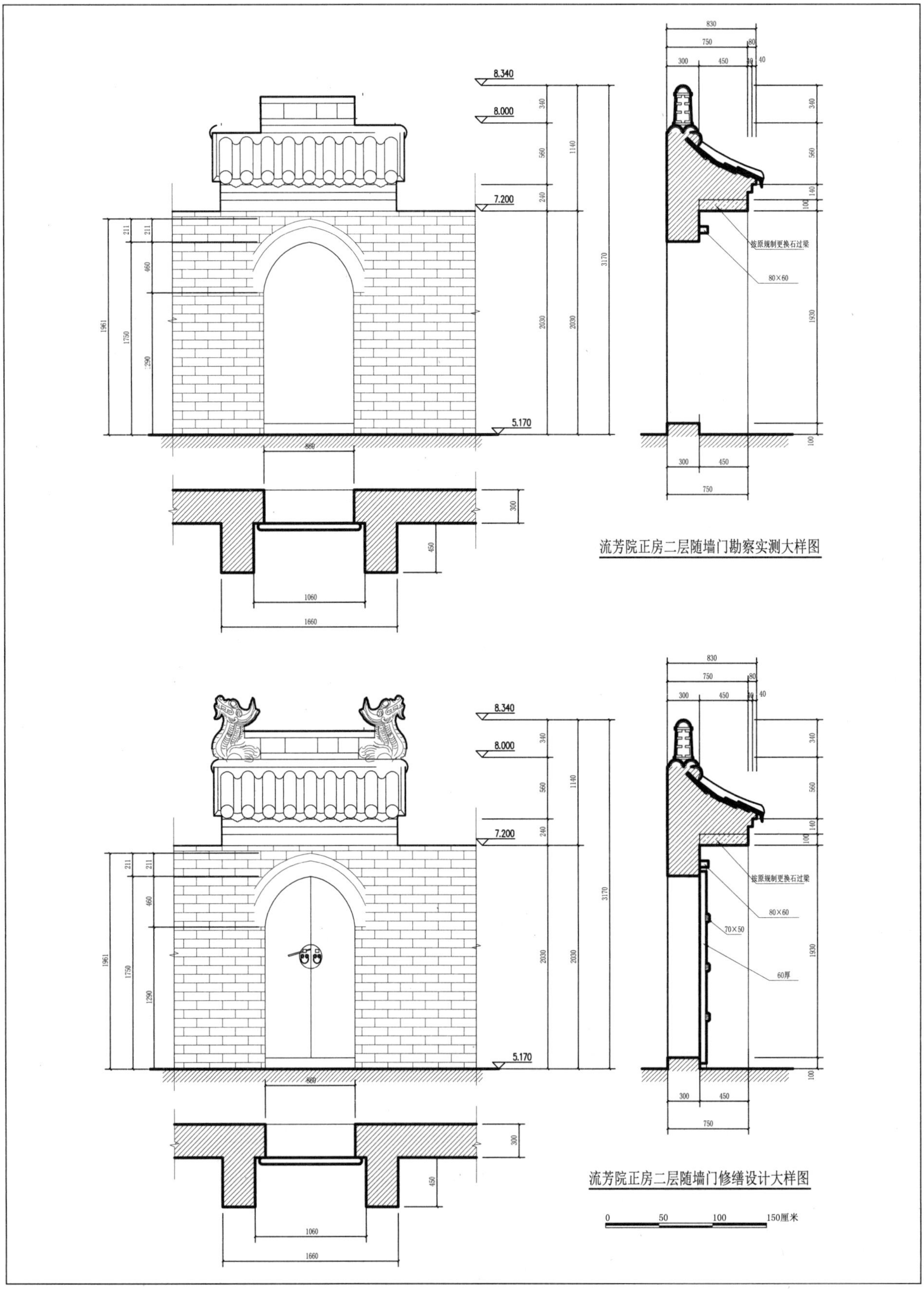

一三五　流芳院正房二层随墙门大样图

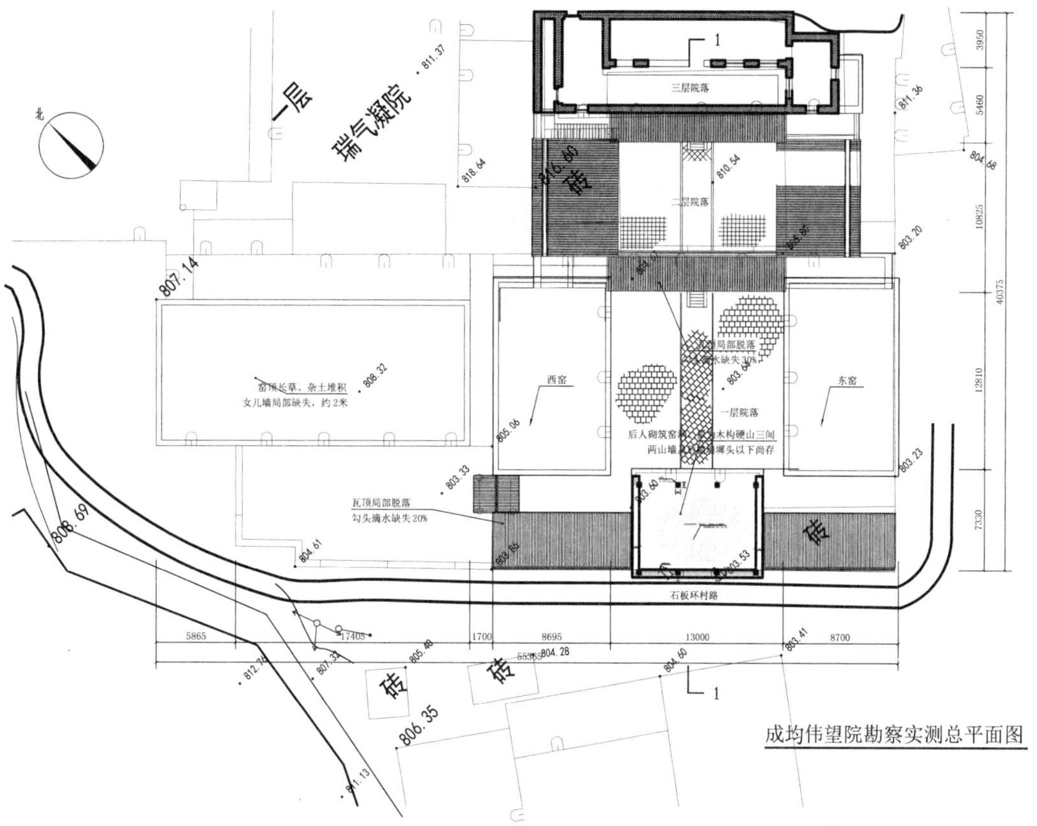

成均伟望院勘察实测总平面图

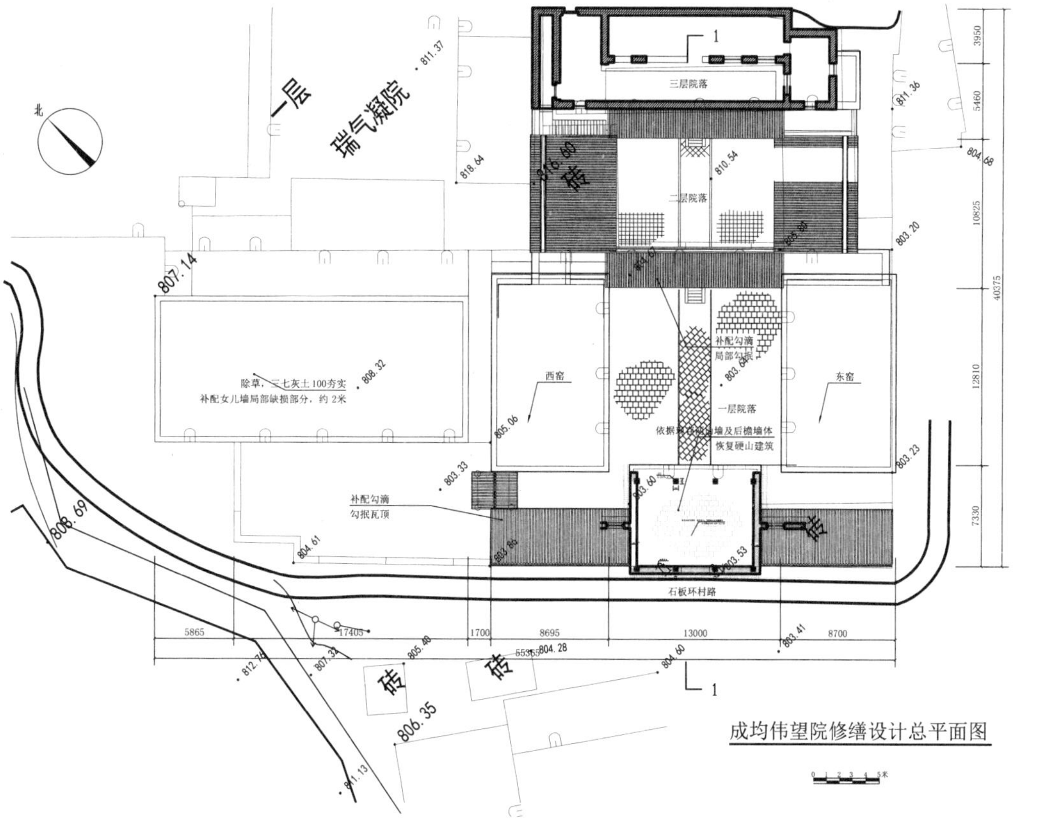

成均伟望院修缮设计总平面图

一三六　成均伟望院总平面图

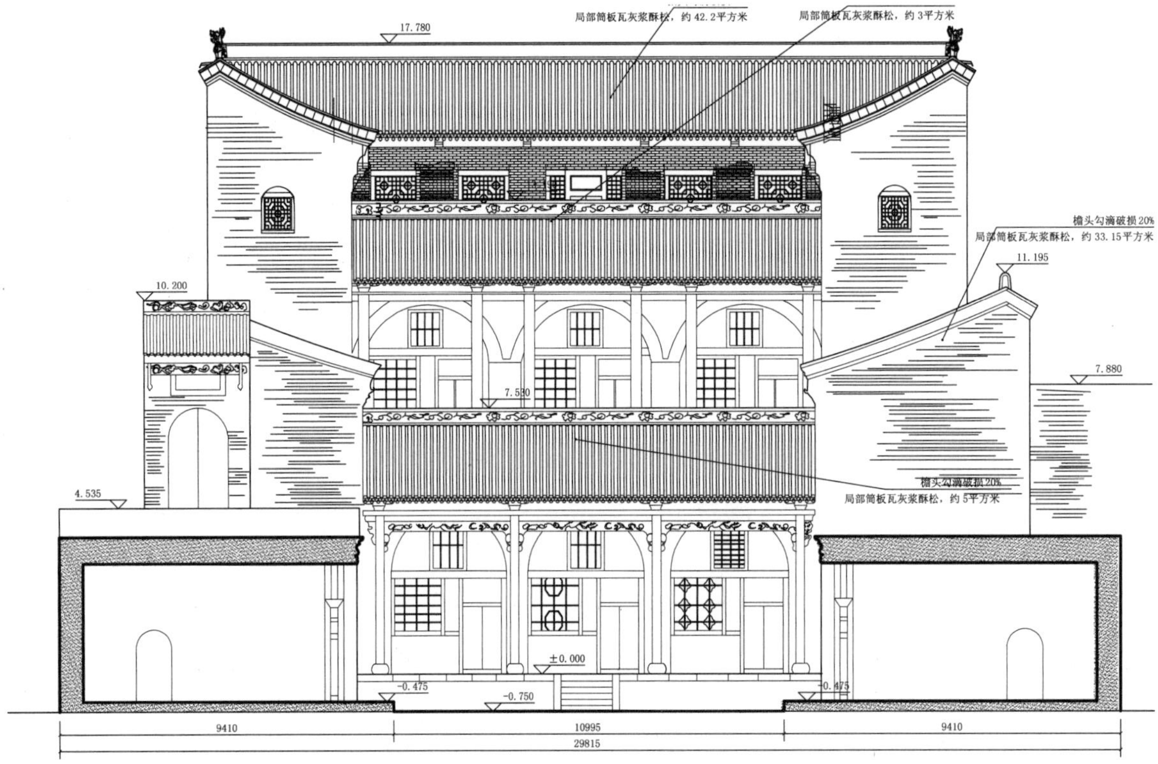

成均伟望院勘察实测立面图

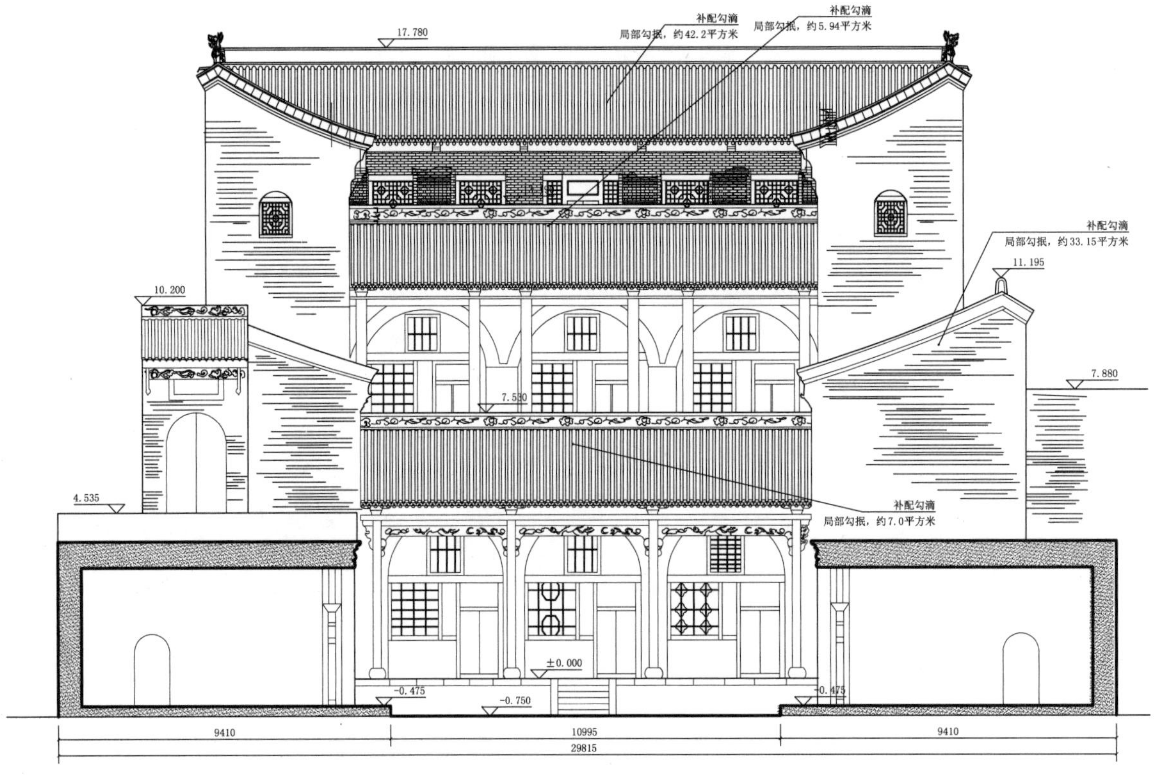

成均伟望院勘察实测立面图　0 1 2 3 4 5米

一三七　成均伟望院立面图

勘察说明：
成均伟望院由三层院落组成，也是师家沟民居中院落规模最大的一组。2004年对除倒座外建筑进行了现状整修。倒座为上世纪七八十年代塌毁后，后人在原址上重建的简易房屋。但庆幸的是两山墀头以下部分均保留至今。
其他建筑由于修缮至今已有十余年历史，同时缺乏日常保养，为瓦屋面的建筑均存在勾头、滴水脱落、残缺，屋面筒板瓦脱节、灰浆流失等现象。为表述清晰，列表如下：

序号	建筑名称	屋面面积（平方米）	檐口（女儿墙）长（米）	屋面残损面积（平方米）	檐口（女儿墙）残损长（米）
1	一进正房廊部	35.0	13.4	7.0	3.6
2	二进正房廊部	29.7	13.3	5.94	4.2
3	三进正房	140.24	18.8	42.1	10.2
4	二进厢房	110.5	34.08	33.15	11.5
5	一进东西偏房	86.52	20.6	25.95	13.6
6	两门楼	19.04	10.8	6.7	4.2
7	西跨院窑洞	246.98	67.8	246.98	12.5
8	院落地面	292.5		68.9	
9	一进东西厢房	250.56	92.4	250.56	25.6

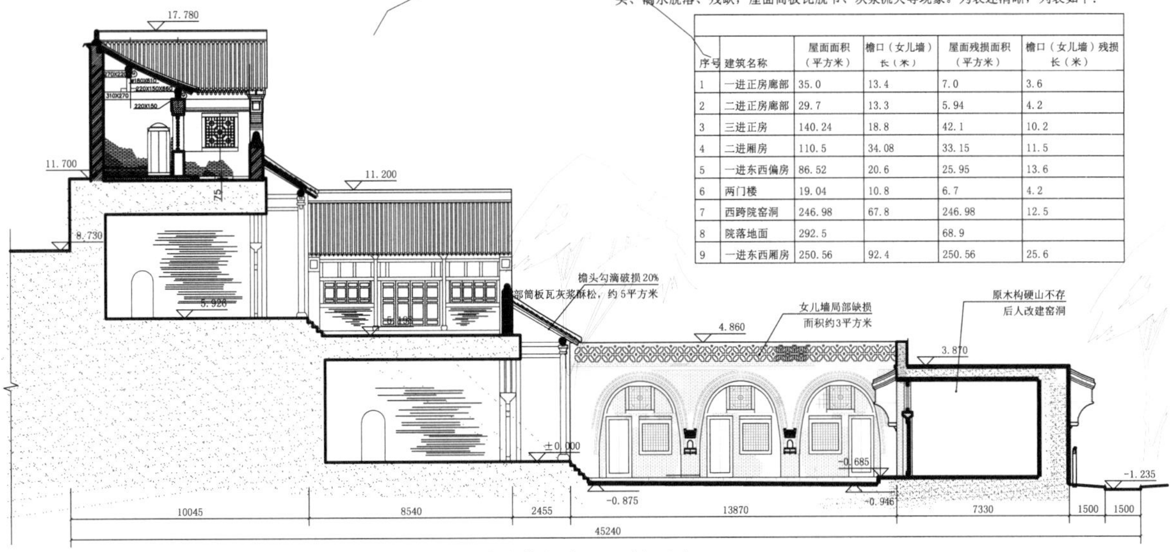

成均伟望院 1-1 剖面图

修缮说明：
成均伟望院主要修缮任务为
1. 对所列表格内建筑进行日常保养。即补配缺损的勾头、滴水；勾抿瓦垄。
2. 对倒座按现存平面、两山墙现状进行恢复，使其院落完整。并利用其作为管理用房。

序号	建筑名称	屋面面积（平方米）	檐口(女儿墙)长（米）	屋面勾抿面积（平方米）	檐口(女儿墙)补配长（米）
1	一进正房廊部	35.0	13.4	7.0	3.6
2	二进正房廊部	29.7	13.3	5.94	4.2
3	三进正房	140.24	18.8	42.1	10.2
4	二进厢房	110.5	34.08	33.15	11.5
5	一进东西偏房	86.52	20.6	25.95	13.6
6	两门楼	19.04	10.8	6.7	4.2
7	西跨院窑洞	246.98	67.8	246.98	12.5
8	院落地面	292.5		68.9	
9	一进东西厢房	250.56	92.4	250.56	25.6

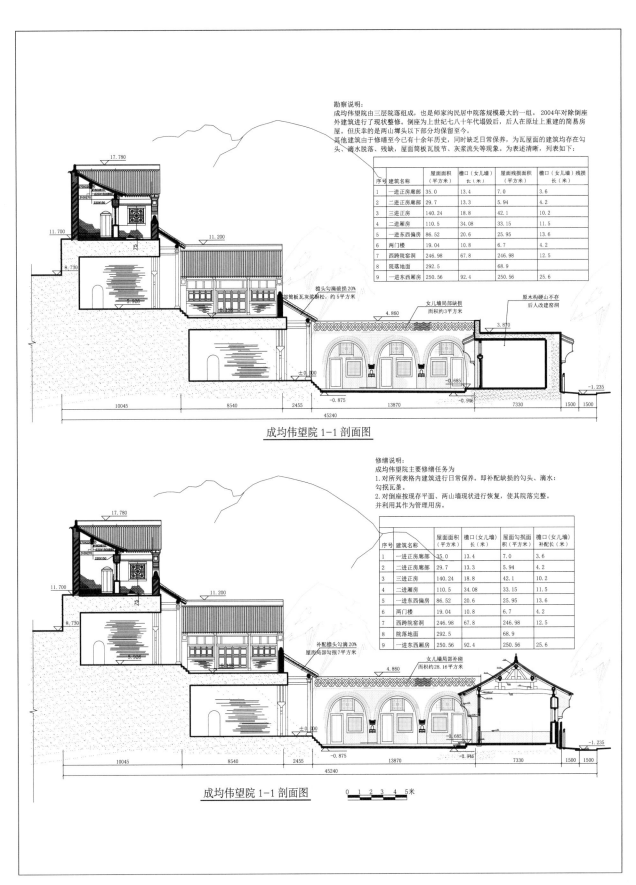

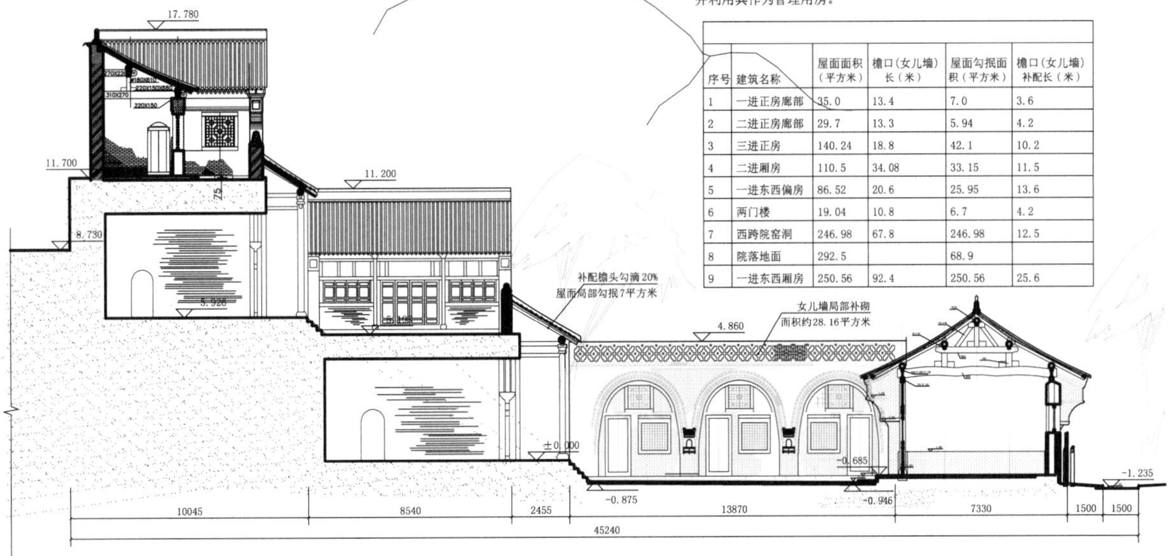

成均伟望院 1-1 剖面图　0 1 2 3 4 5米

一三八　成均伟望院1-1剖面图

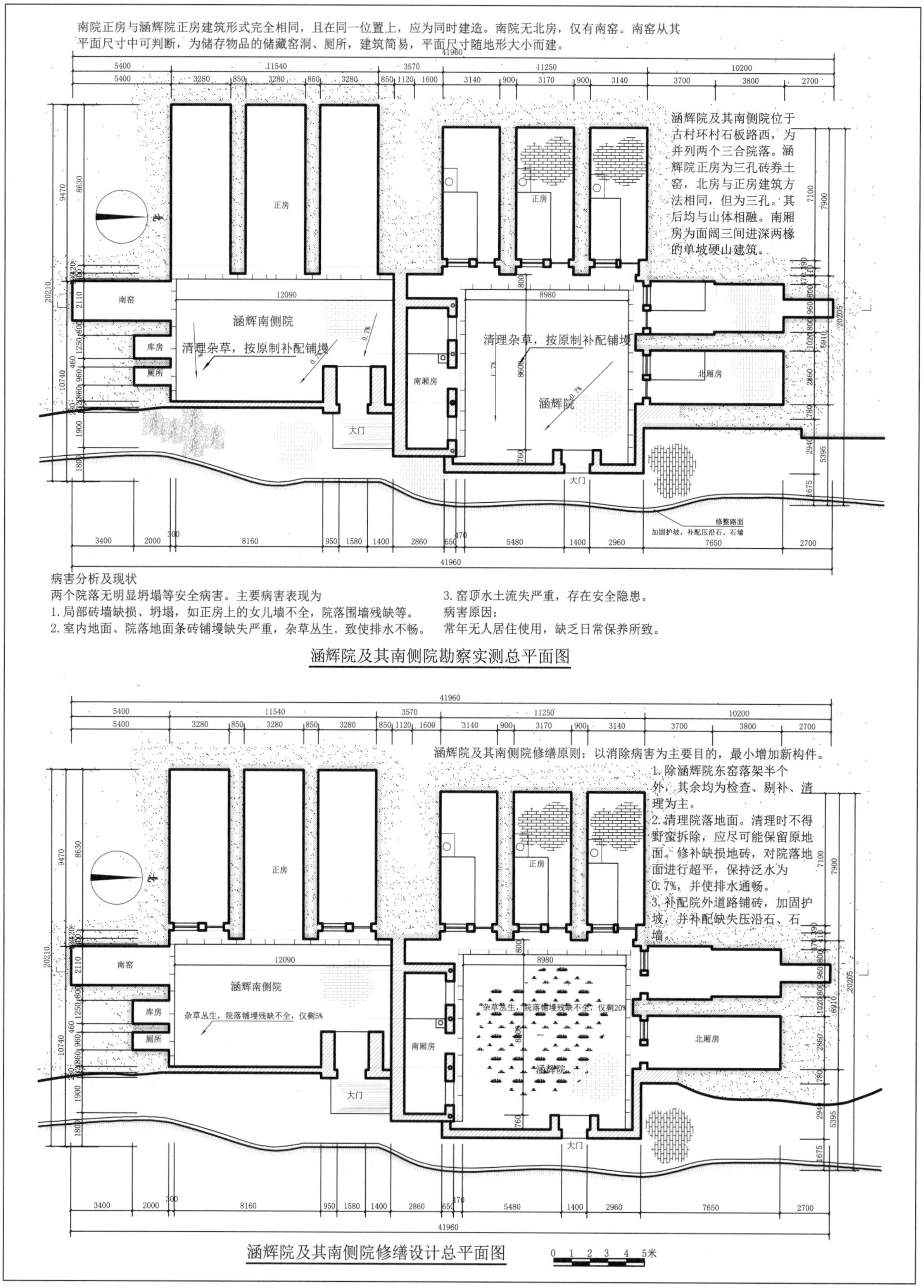
南院正房与涵辉院正房建筑形式完全相同，且在同一位置上，应为同时建造。南院无北房，仅有南窑。南窑从其平面尺寸中可判断，为储存物品的储藏窑洞、厕所，建筑简易，平面尺寸随地形大小而建。
涵辉院及其南侧院位于古村环村石板路西，为并列两个三合院落。涵辉院正房为三孔砖券土窑，北房与正房建筑方法相同，但为三孔。其后均与山体相融。南厢房为面阔三间进深两椽的单坡硬山建筑。
正房
南窑
涵辉南侧院
库房
厕所
清理杂草，按原制补配铺墁
大门
南厢房
涵辉院
北厢房
修整路面
加固护坡，补配压沿石、石墙
病害分析及现状
两个院落无明显坍塌等安全病害。主要病害表现为
1. 局部砖墙缺损、坍塌，如正房上的女儿墙不全，院落围墙残缺等。
2. 室内地面、院落地面条砖铺墁缺失严重，杂草丛生，致使排水不畅。
3. 窑顶水土流失严重，存在安全隐患。
病害原因：
常年无人居住使用，缺乏日常保养所致。
涵辉院及其南侧院勘察实测总平面图
涵辉院及其南侧院修缮原则：以消除病害为主要目的，最小增加新构件。
1. 除涵辉院东窑落架半个外，其余均为检查、剔补、清理为主。
2. 清理院落地面。清理时不得野蛮拆除，应尽可能保留原地面。修补缺损地砖，对院落地面进行超平，保持泛水为0.7%，并使排水通畅。
3. 补配院外道路铺砖，加固护坡，并补配缺失压沿石、石墙。
杂草从生，院落铺墁残缺不全，仅剩5%
杂草丛生，院落铺墁残缺不全，仅剩20%
涵辉院及其南侧院修缮设计总平面图
0 1 2 3 4 5米

一三九　涵辉及南侧院总平面图

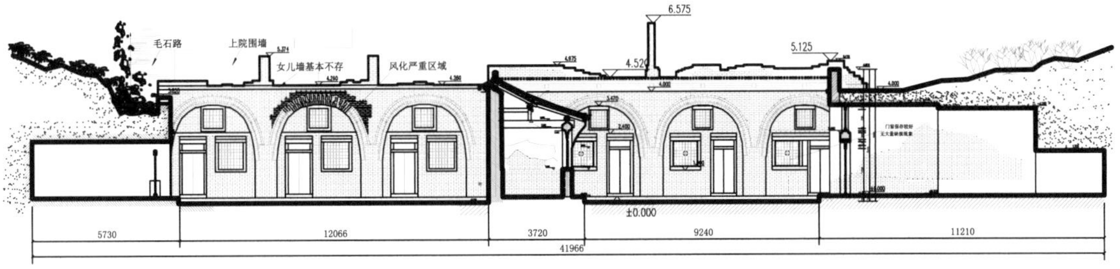

涵辉院及其南侧院勘察实测1-1断面图

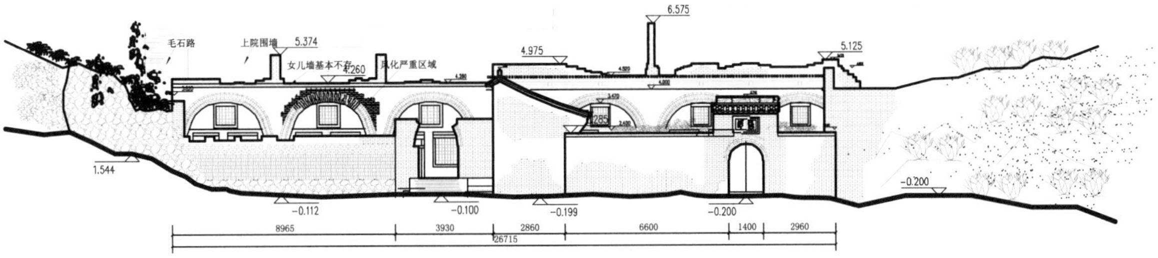

涵辉院及其南侧院勘察实测外立面图

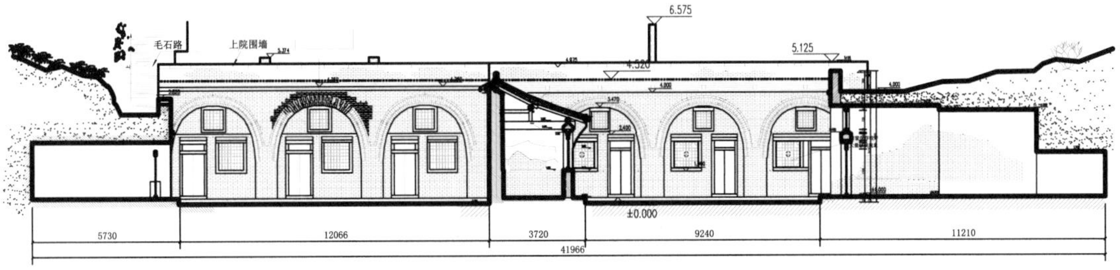

涵辉院及其南侧院修缮设计1-1断面图

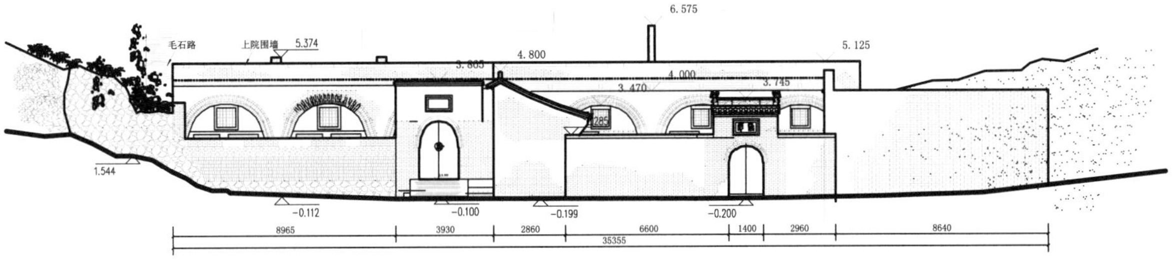

涵辉院及其南侧院修缮设计外立面图　0 1 2 3 4 5米

一四〇　涵辉及南侧院纵面图

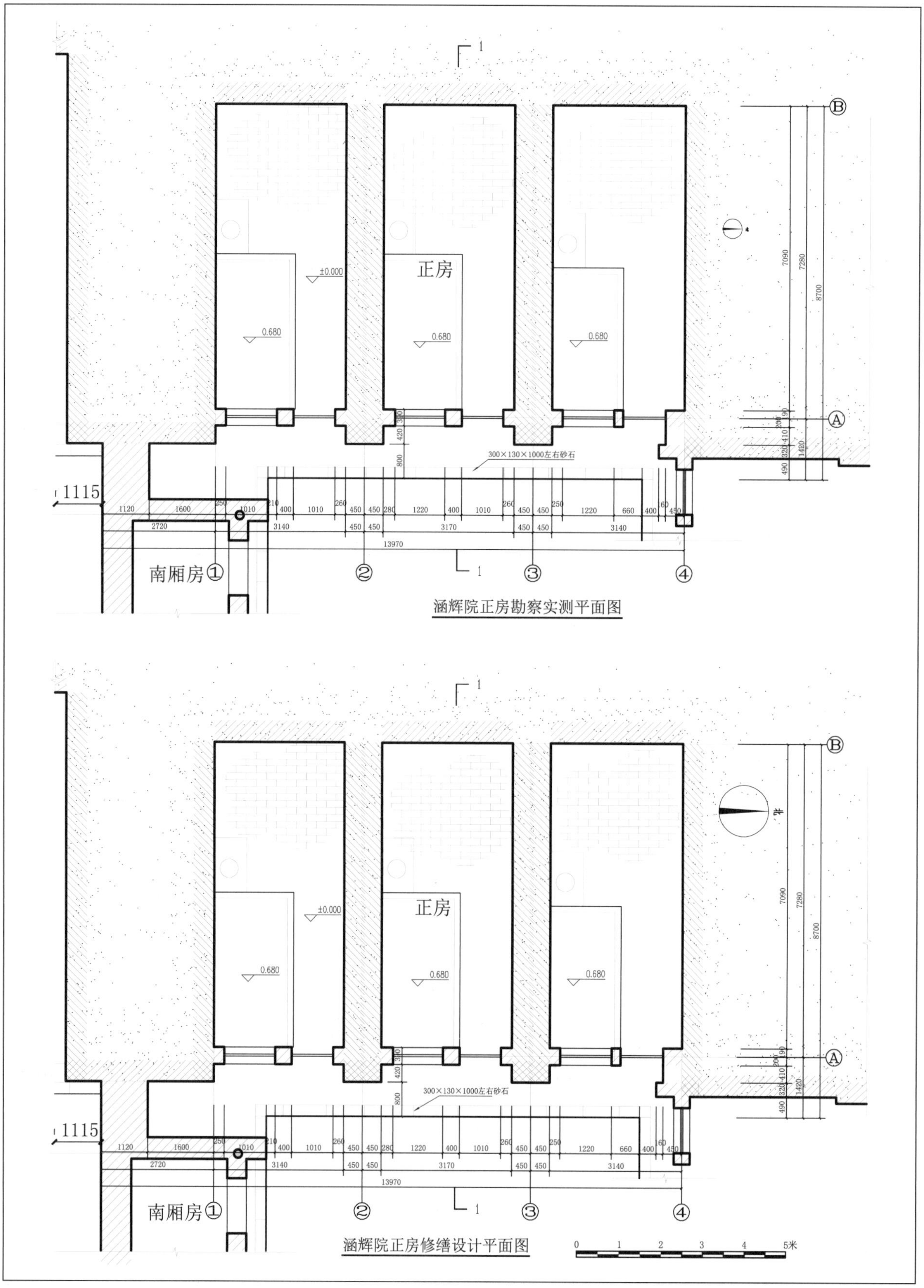

一四一　涵辉院正房平面图

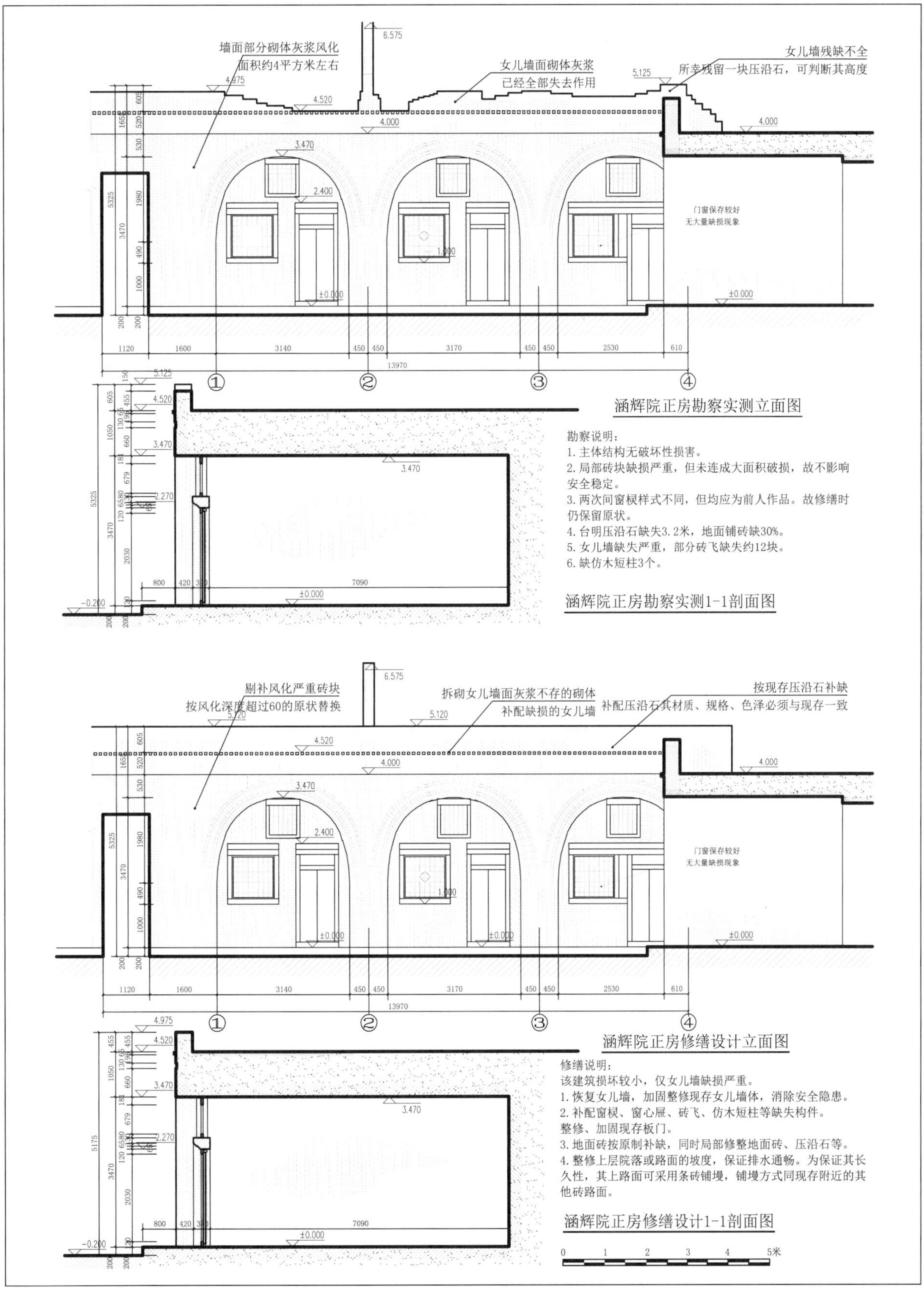
墙面部分砌体灰浆风化
面积约4平方米左右
女儿墙面砌体灰浆
已经全部失去作用
女儿墙残缺不全
所幸残留一块压沿石，可判断其高度
门窗保存较好
无大量缺损现象
涵辉院正房勘察实测立面图
勘察说明：
1. 主体结构无破坏性损害。
2. 局部砖块缺损严重，但未连成大面积破损，故不影响安全稳定。
3. 两次间窗棂样式不同，但均应为前人作品。故修缮时仍保留原状。
4. 台明压沿石缺失3.2米，地面铺砖缺30%。
5. 女儿墙缺失严重，部分砖飞缺失约12块。
6. 缺仿木短柱3个。
涵辉院正房勘察实测1-1剖面图
剔补风化严重砖块
按风化深度超过60的原状替换
拆砌女儿墙面灰浆不存的砌体
补配缺损的女儿墙
按现存压沿石补缺
补配压沿石其材质、规格、色泽必须与现存一致
门窗保存较好
无大量缺损现象
涵辉院正房修缮设计立面图
修缮说明：
该建筑损坏较小，仅女儿墙缺损严重。
1. 恢复女儿墙，加固整修现存女儿墙体，消除安全隐患。
2. 补配窗棂、窗心屉、砖飞、仿木短柱等缺失构件。
整修、加固现存板门。
3. 地面砖按原制补缺，同时局部修整地面砖、压沿石等。
4. 整修上层院落或路面的坡度，保证排水通畅。为保证其长久性，其上路面可采用条砖铺墁，铺墁方式同现存附近的其他砖路面。
涵辉院正房修缮设计1-1剖面图
0 1 2 3 4 5米

一四二　涵辉院正房立剖面图

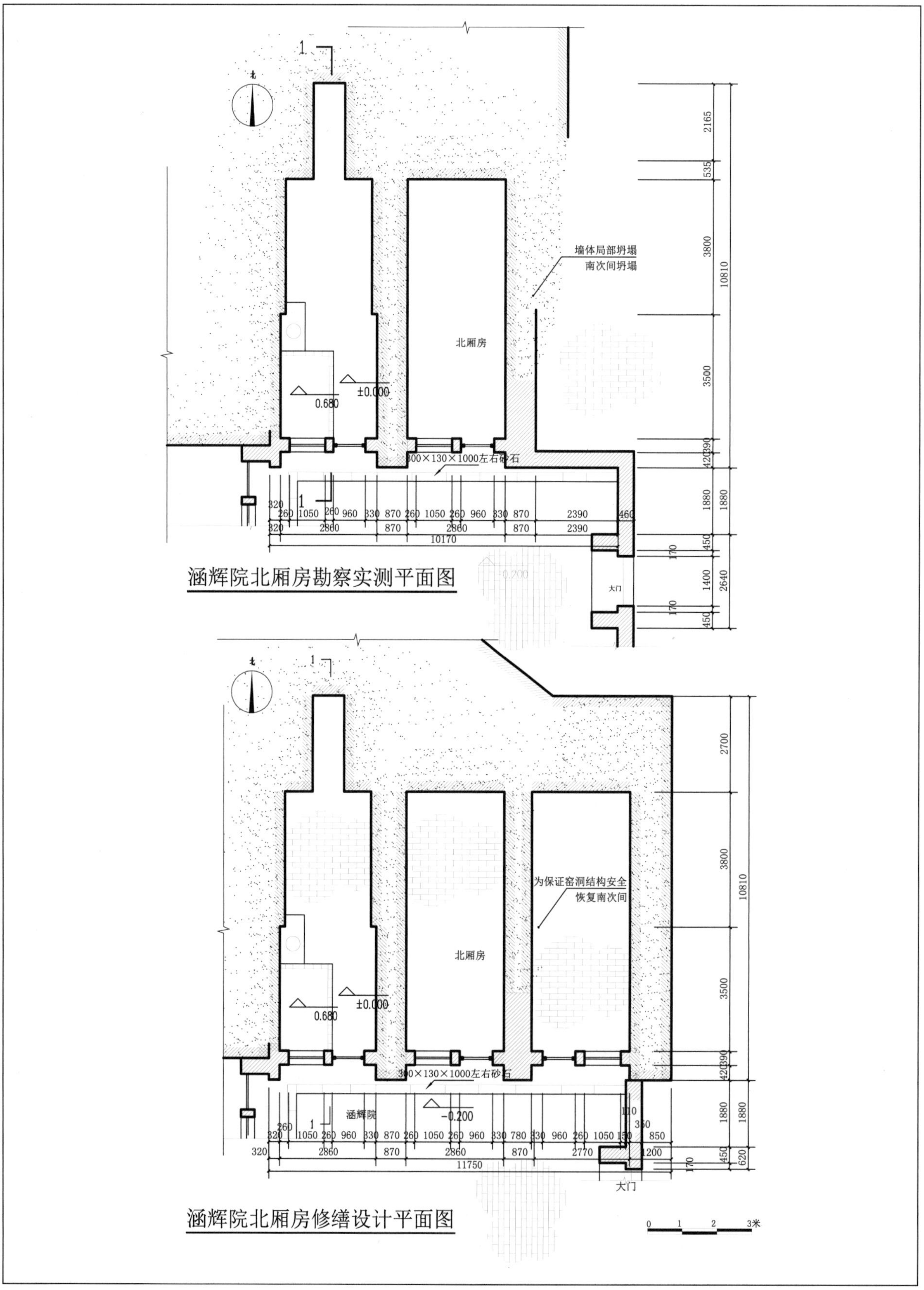

一四三　涵辉院北厢房平面图

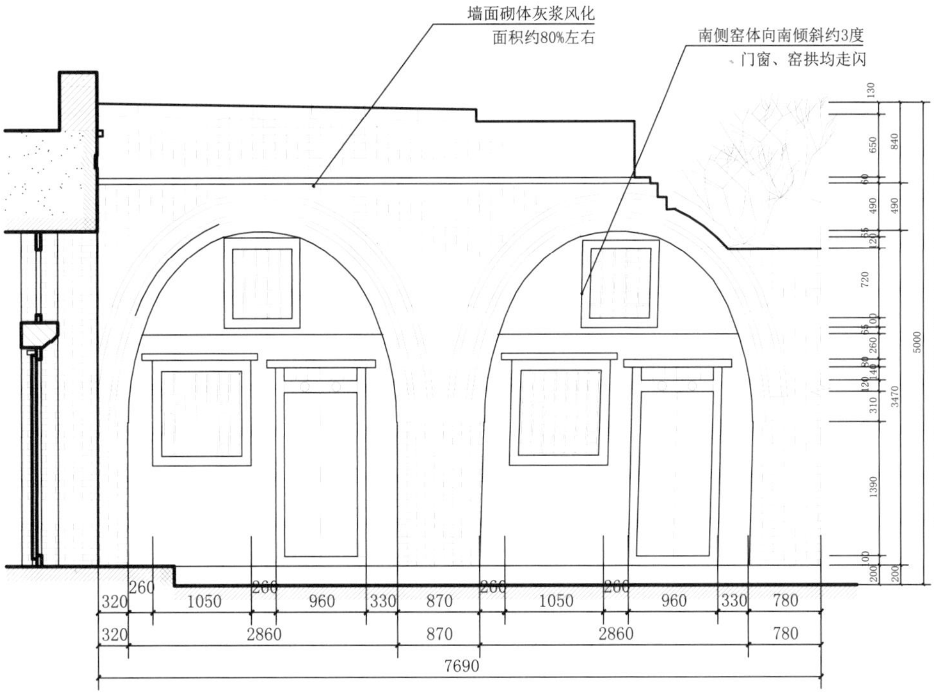

勘察说明：
1. 东厢房南窑濒临坍塌，走闪严重。北窑基本保存完好，暂时无安全隐患。但窑面裱砖约有80%的灰浆风化，其深度达3～4厘米。
2. 窑洞南侧覆土坍塌、流失严重，致使南窑腿厚度减少，是导致南窑倾斜的直接原因。
3. 台明压沿石缺损60%，室内地面砖缺失约80%。
4. 北窑方格窗破损严重。
5. 修缮中新发现南侧有一孔窑已坍塌，仅存遗址，为保证整体窑洞的安全，决定复原该窑洞。
结论：此窑在该院落破损最为严重，整体结构存在安全隐患，需要拆卸后重新砌筑。

涵辉院北厢房勘察实测立面图

修缮说明：
1. 由于东厢房南窑濒临坍塌，故应做好拱形支模并安装后，将南窑拆卸。拆卸拱顶后检查南侧窑腿有无基础下沉、加固夯实地基后，按原规制重新砌筑。门窗安装复位。

修缮说明：
2. 为彻底解决覆土坍塌、流失，应在其外表裱砖砌筑。
3. 补配、修整台明压沿石、室内地面砖。
4. 依照南窑窗棂补配北窑方格窗。
5. 窑顶青砖铺墁，硬化约2米宽，清理屋面，使排水通畅，拔除灌木，允许草类生长，防止根系损坏建筑。

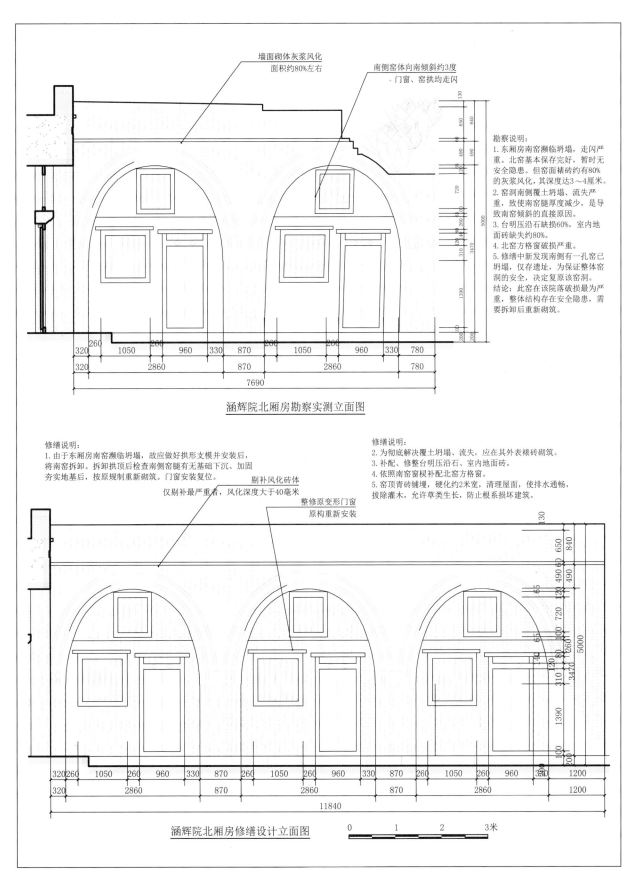

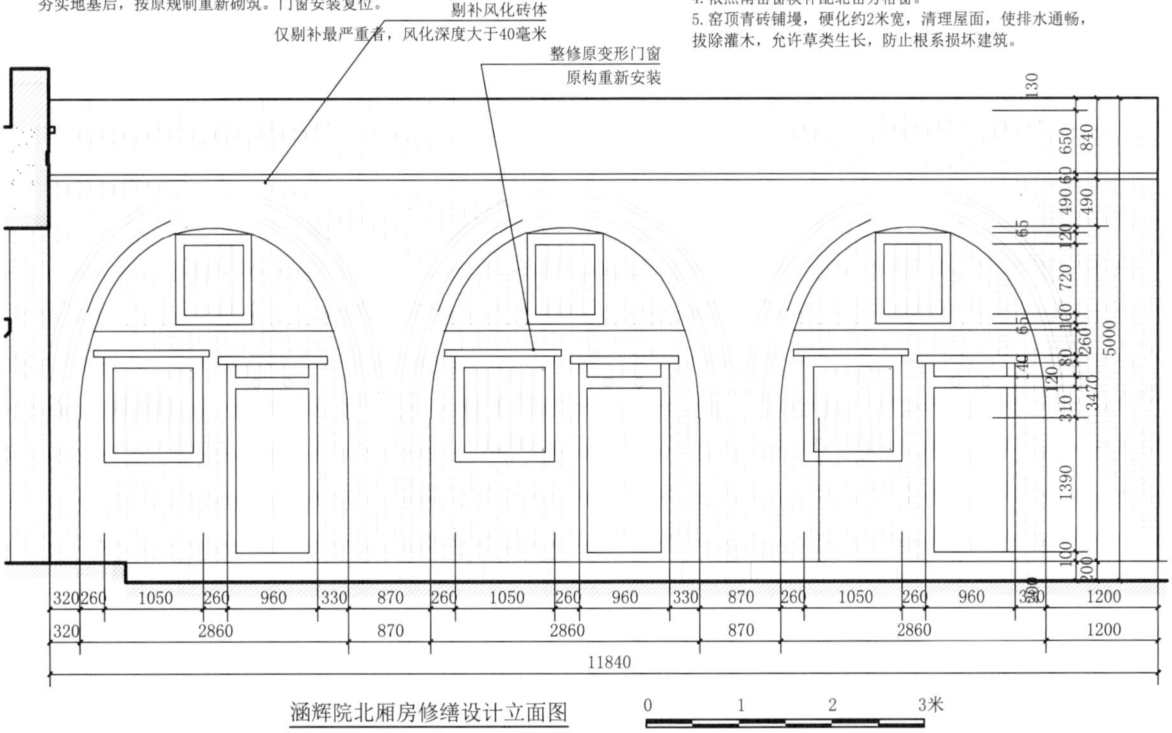

涵辉院北厢房修缮设计立面图

0 1 2 3米

一四四　涵辉院北厢房立面图

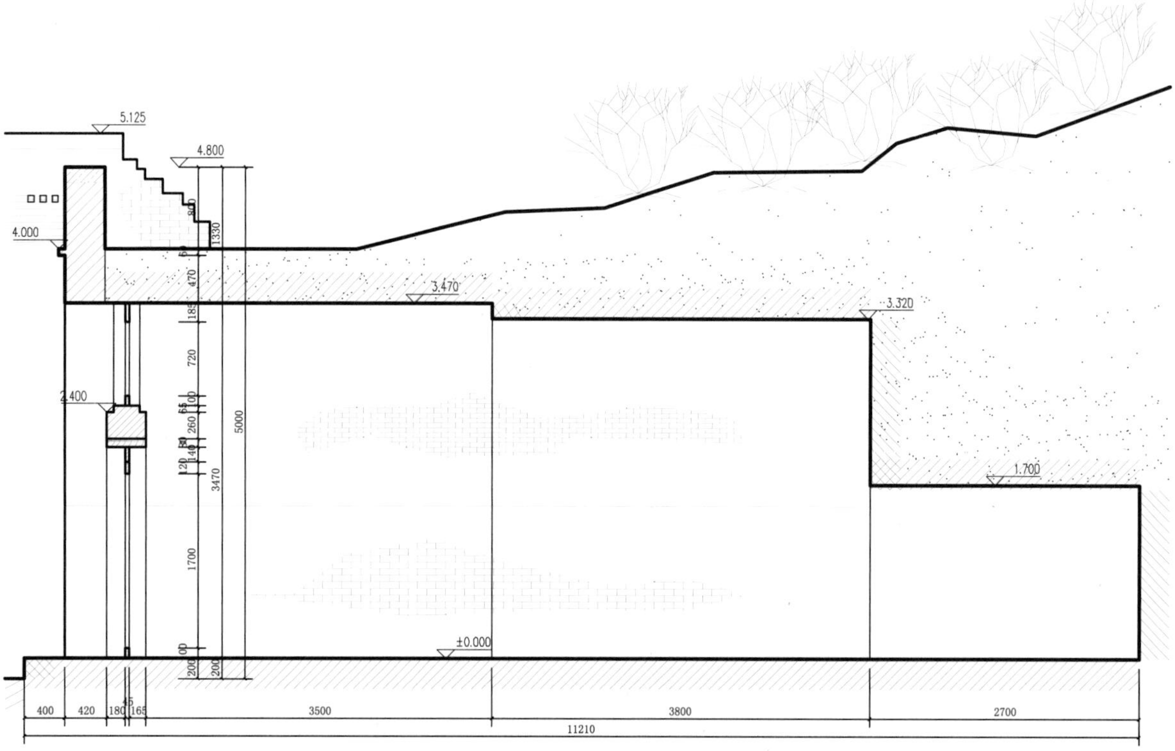

涵辉院北厢房勘察实测1-1剖面图

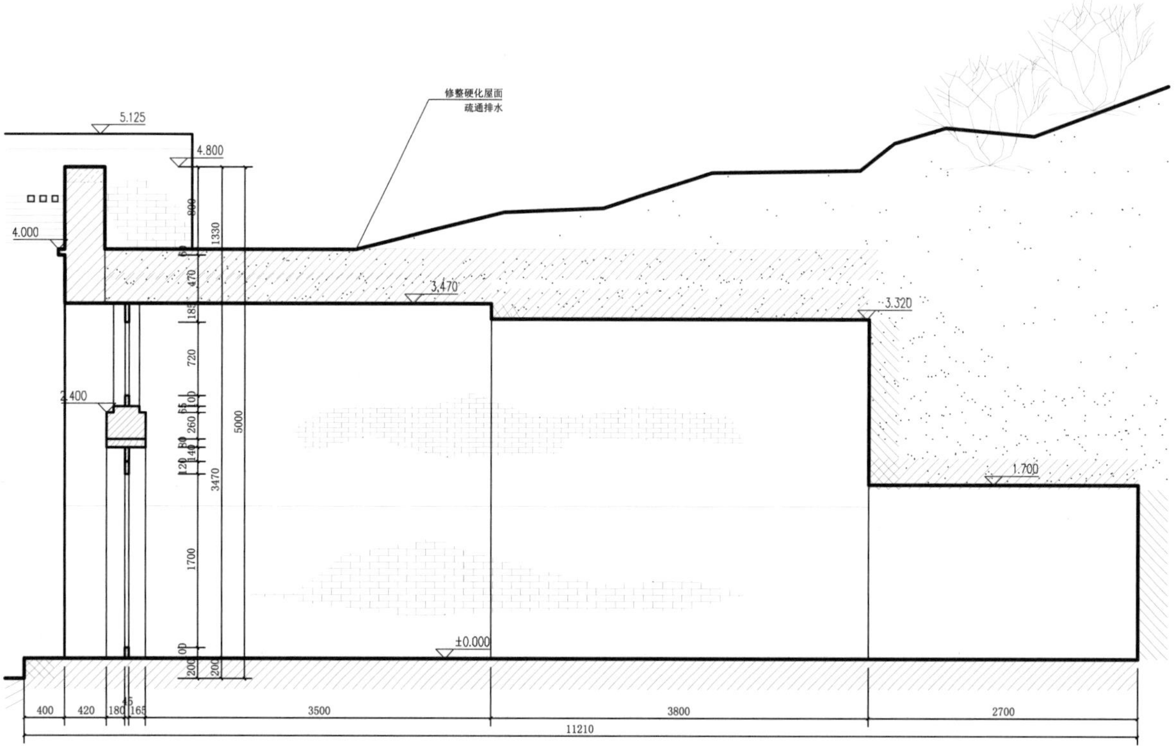

涵辉院北厢房修缮设计1-1剖面图

0 1 2 3米

一四五 涵辉院北厢房剖面图

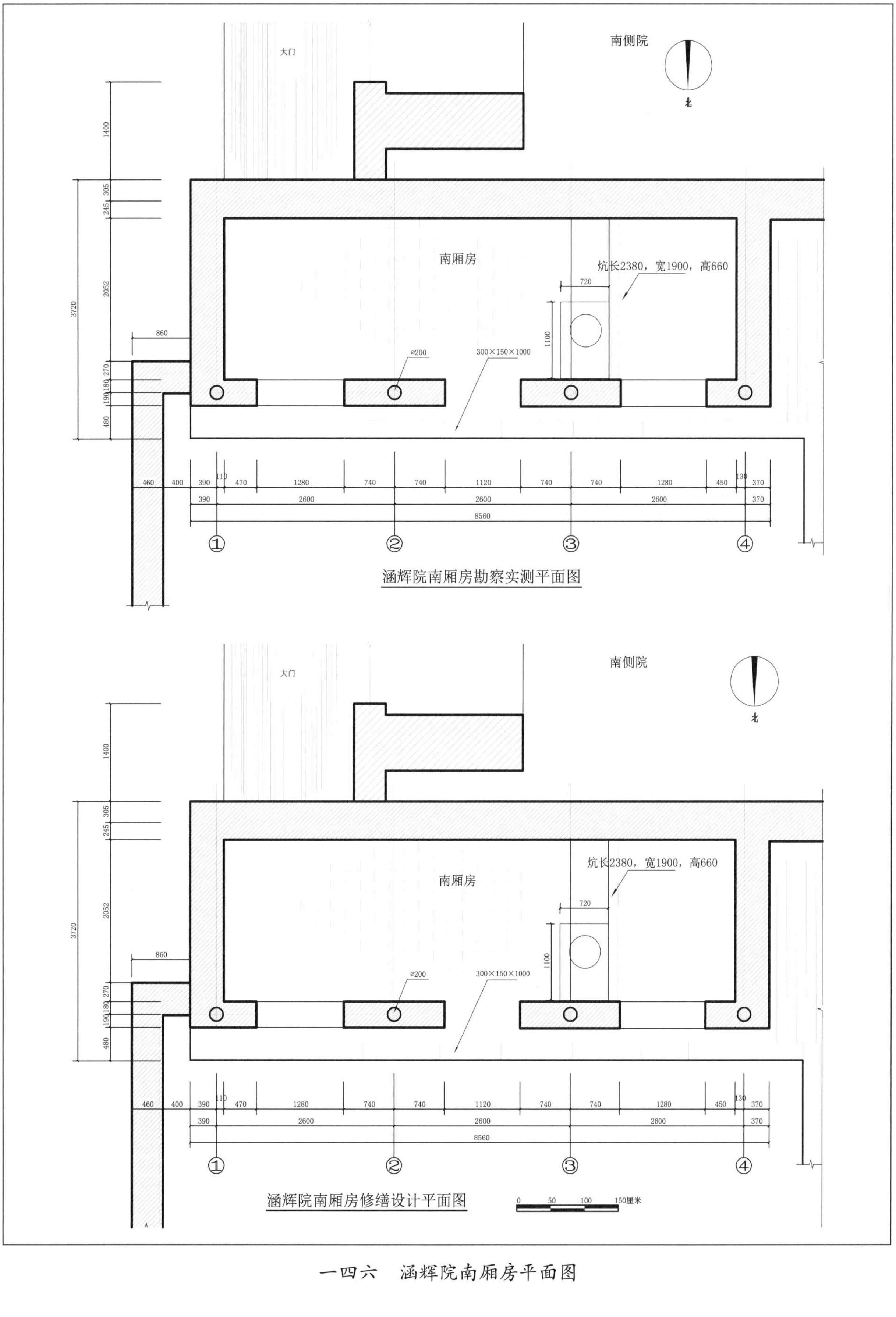

一四六　涵辉院南厢房平面图

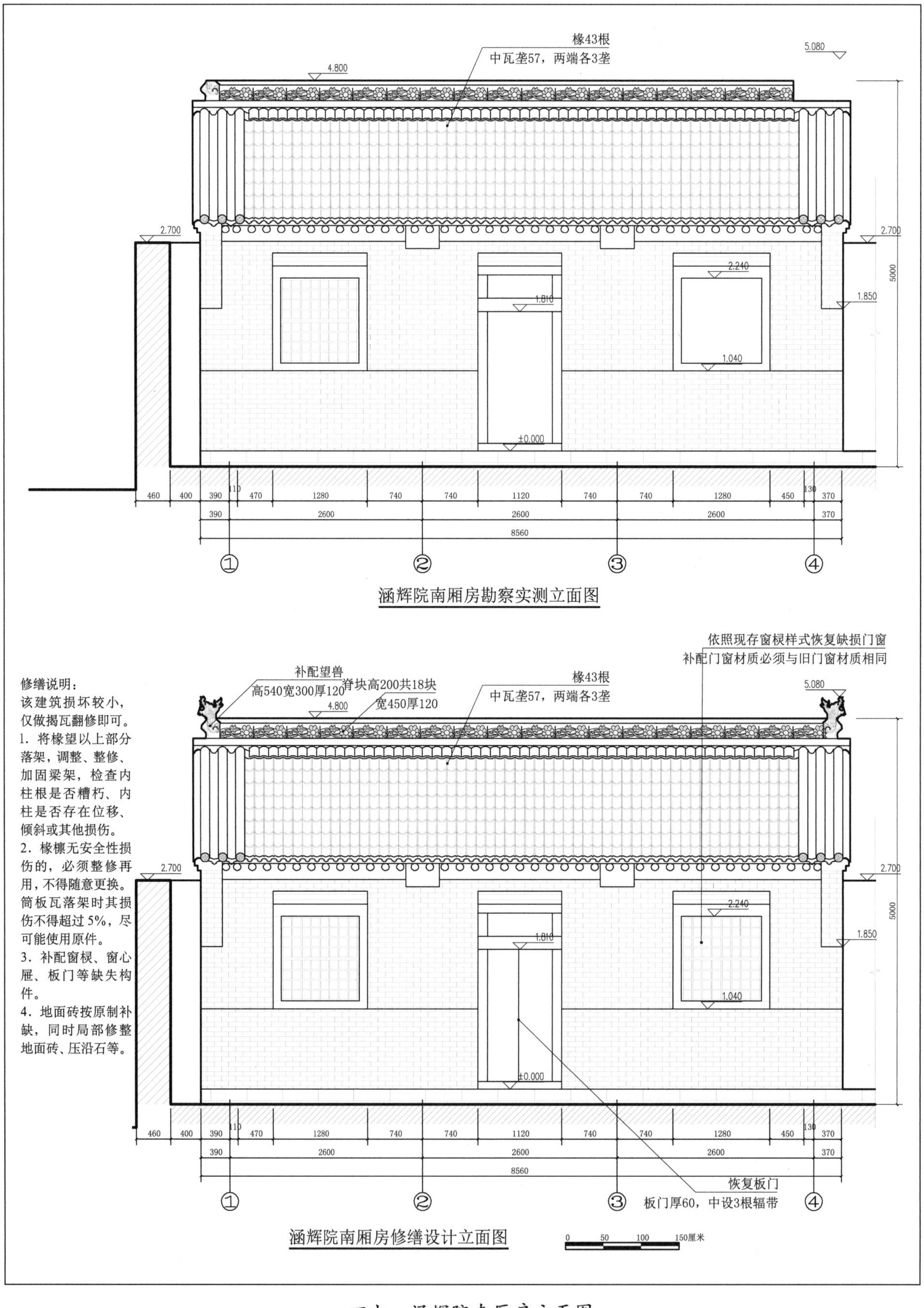
椽43根
中瓦垄57，两端各3垄
5.080
4.800
2.700
2.240
1.810
1.850
1.040
±0.000
5000
460 400 390 110 470 1280 740 740 1120 740 740 1280 450 130 370
390 2600 2600 2600 370
8560
①
②
③
④
涵辉院南厢房勘察实测立面图
依照现存窗棂样式恢复缺损门窗
补配门窗材质必须与旧门窗材质相同
补配望兽
高540宽300厚120
脊块高200共18块
宽450厚120
修缮说明：
该建筑损坏较小，仅做揭瓦翻修即可。
1. 将椽望以上部分落架，调整、整修、加固梁架，检查内柱根是否糟朽、内柱是否存在位移、倾斜或其他损伤。
2. 椽檩无安全性损伤的，必须整修再用，不得随意更换。筒板瓦落架时其损伤不得超过5%，尽可能使用原件。
3. 补配窗棂、窗心屉、板门等缺失构件。
4. 地面砖按原制补缺，同时局部修整地面砖、压沿石等。
恢复板门
板门厚60，中设3根辐带
涵辉院南厢房修缮设计立面图
0 50 100 150厘米

一四七　涵辉院南厢房立面图

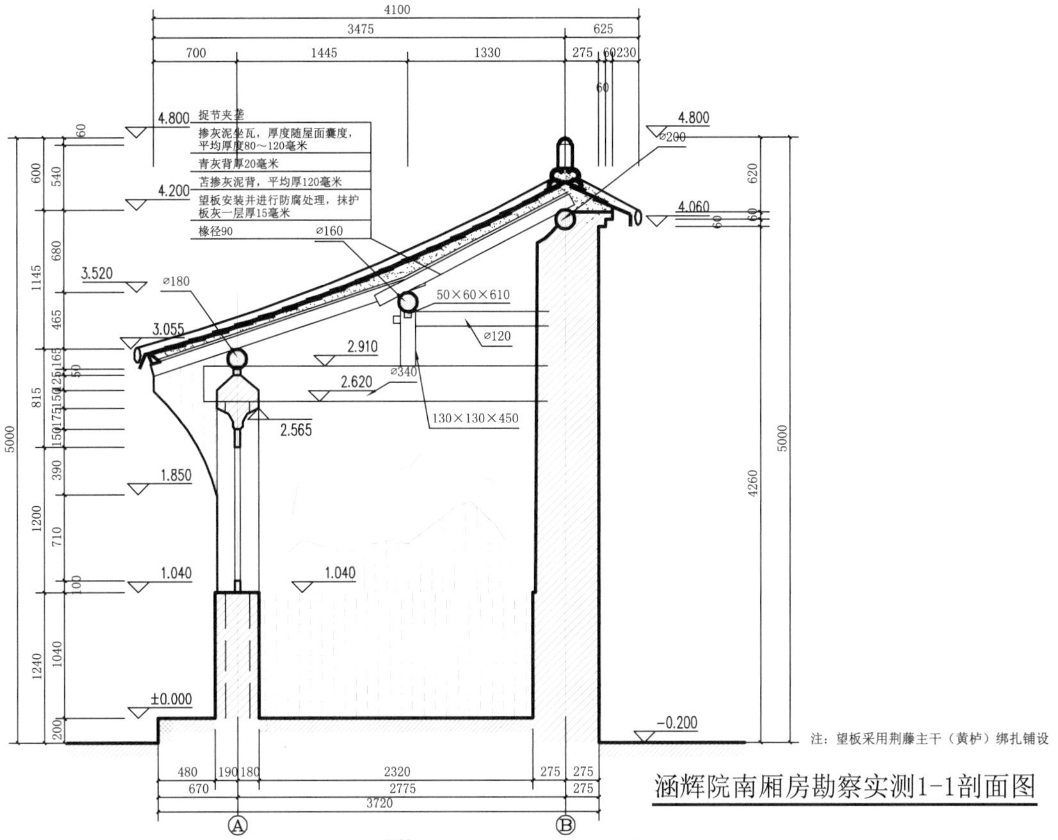

涵辉院南厢房勘察实测1-1剖面图

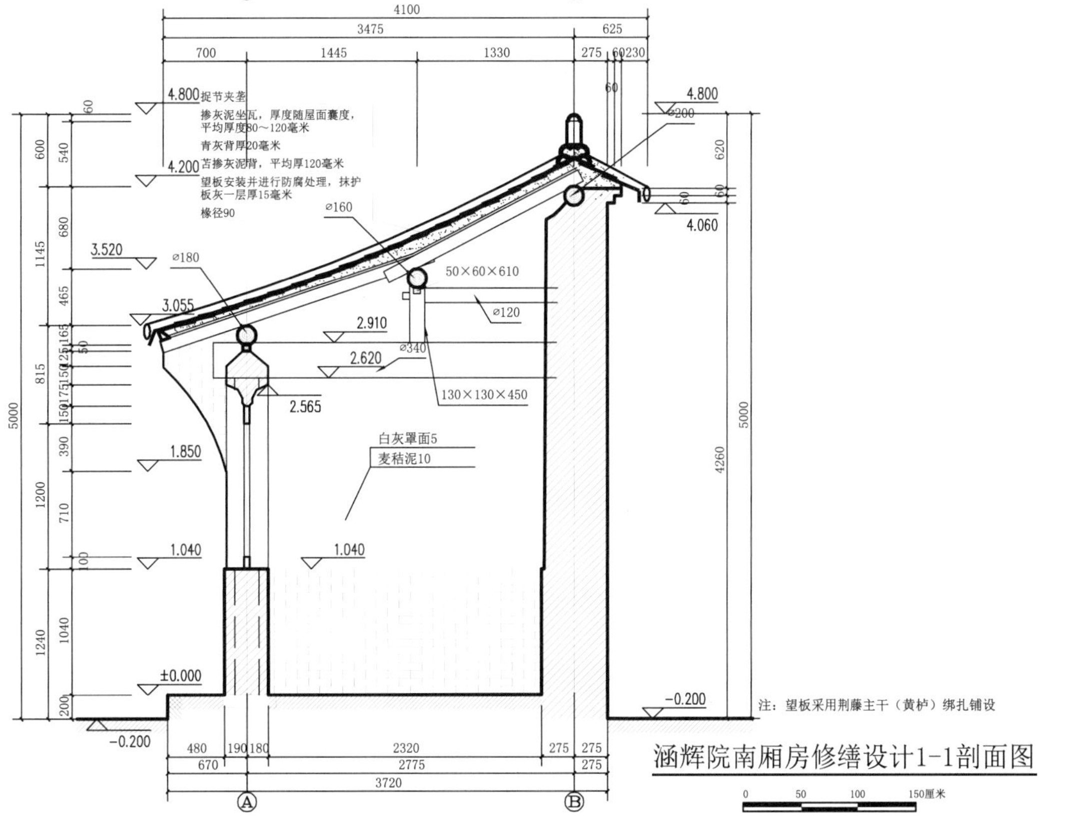

涵辉院南厢房修缮设计1-1剖面图

一四八　涵辉院南厢房剖面图

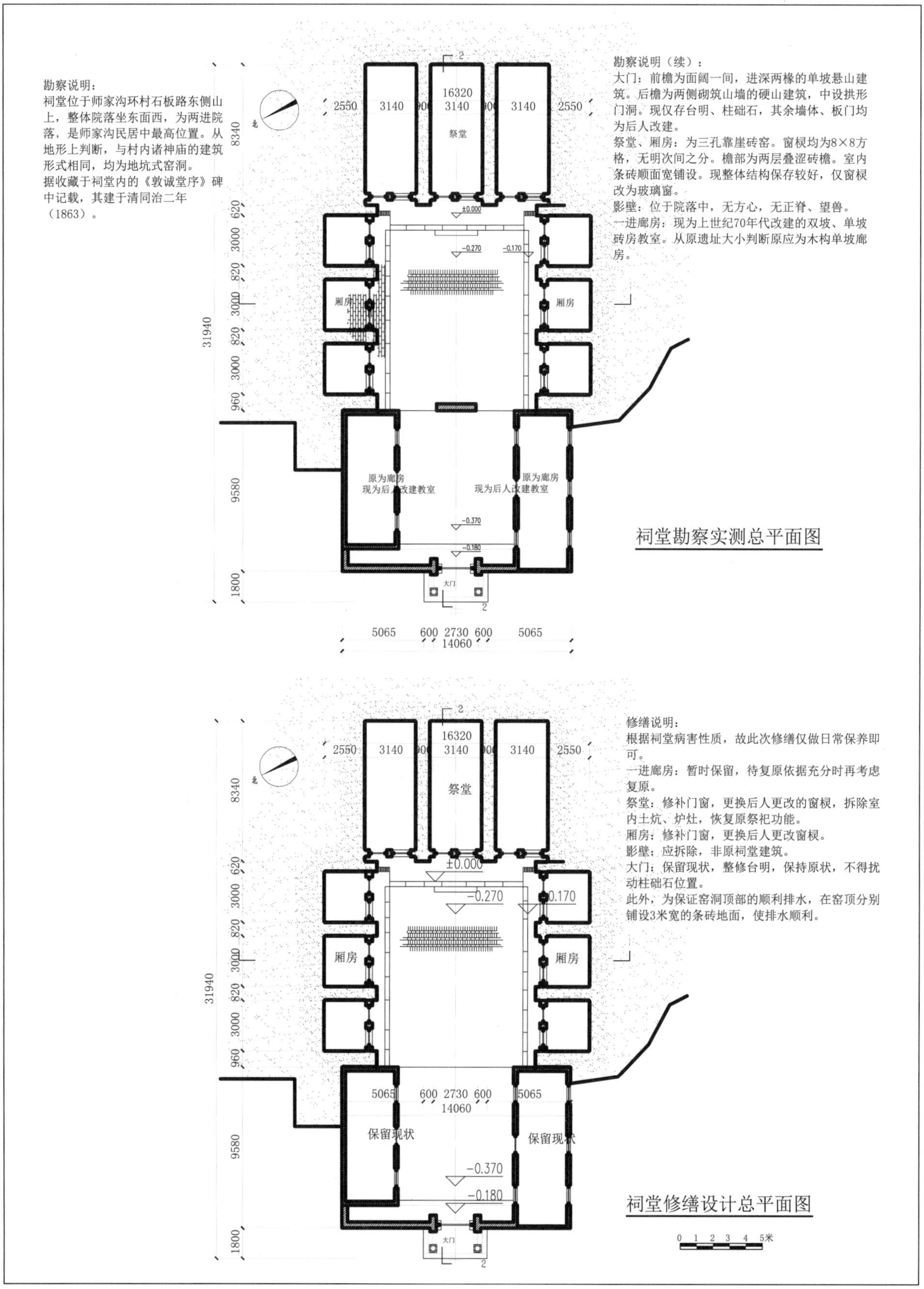
勘察说明：
祠堂位于师家沟环村石板路东侧山上，整体院落坐东面西，为两进院落，是师家沟民居中最高位置。从地形上判断，与村内诸神庙的建筑形式相同，均为地坑式窑洞。
据收藏于祠堂内的《敦诚堂序》碑中记载，其建于清同治二年（1863）。
勘察说明（续）：
大门：前檐为面阔一间，进深两椽的单坡悬山建筑。后檐为两侧砌筑山墙的硬山建筑，中设拱形门洞。现仅存台明、柱础石，其余墙体、板门均为后人改建。
祭堂、厢房：为三孔靠崖砖窑。窗棂均为8×8方格，无明次间之分。檐部为两层叠涩砖檐。室内条砖顺面宽铺设。现整体结构保存较好，仅窗棂改为玻璃窗。
影壁：位于院落中，无方心，无正脊、望兽。
一进廊房：现为上世纪70年代改建的双坡、单坡砖房教室。从原遗址大小判断原应为木构单坡廊房。
祭堂
厢房
厢房
原为廊房
现为后人改建教室
原为廊房
现为后人改建教室
大门
16320
2550
3140
3140
3140
2550
8340
620
3000
820
3000
820
3000
960
9580
1800
31940
5065
600
2730
600
5065
14060
±0.000
-0.270
-0.170
-0.370
-0.180
祠堂勘察实测总平面图
修缮说明：
根据祠堂病害性质，故此次修缮仅做日常保养即可。
一进廊房：暂时保留，待复原依据充分时再考虑复原。
祭堂：修补门窗，更换后人更改的窗棂，拆除室内土炕、炉灶，恢复原祭祀功能。
厢房：修补门窗，更换后人更改窗棂。
影壁：应拆除，非原祠堂建筑。
大门：保留现状，整修台明，保持原状，不得扰动柱础石位置。
此外，为保证窑洞顶部的顺利排水，在窑顶分别铺设3米宽的条砖地面，使排水顺利。
祭堂
厢房
厢房
保留现状
保留现状
大门
祠堂修缮设计总平面图
0 1 2 3 4 5米

一四九　祠堂总平面图

5.385
4.685
-0.270
±0.000
-0.270
-0.370
4740
8220
4740
5230
4475
17700
1-1剖面图
5.320
4.710
3.900
4.700
±0.000
-0.270
-0.370
-0.180
-0.555
9840
10720
8810
970
1000
600
31940
2-2剖面图
0 1 2 3 4 5米

一五〇　祠堂剖面图

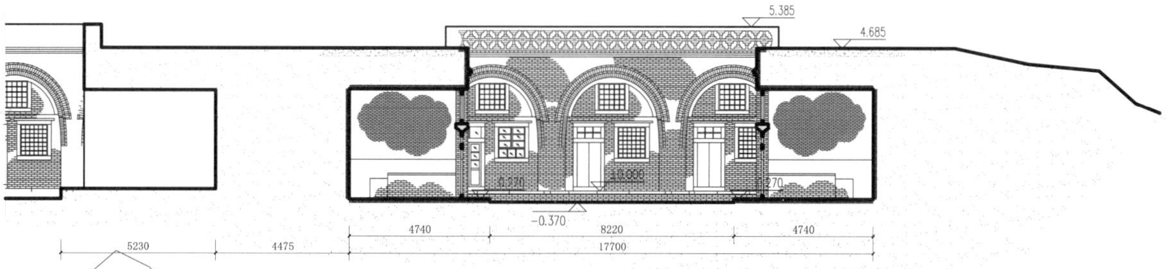

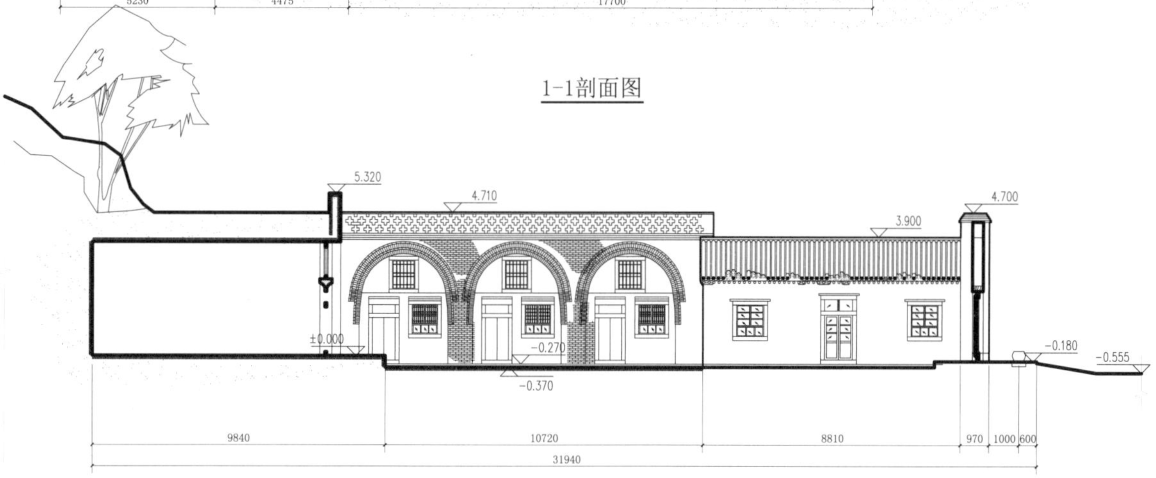

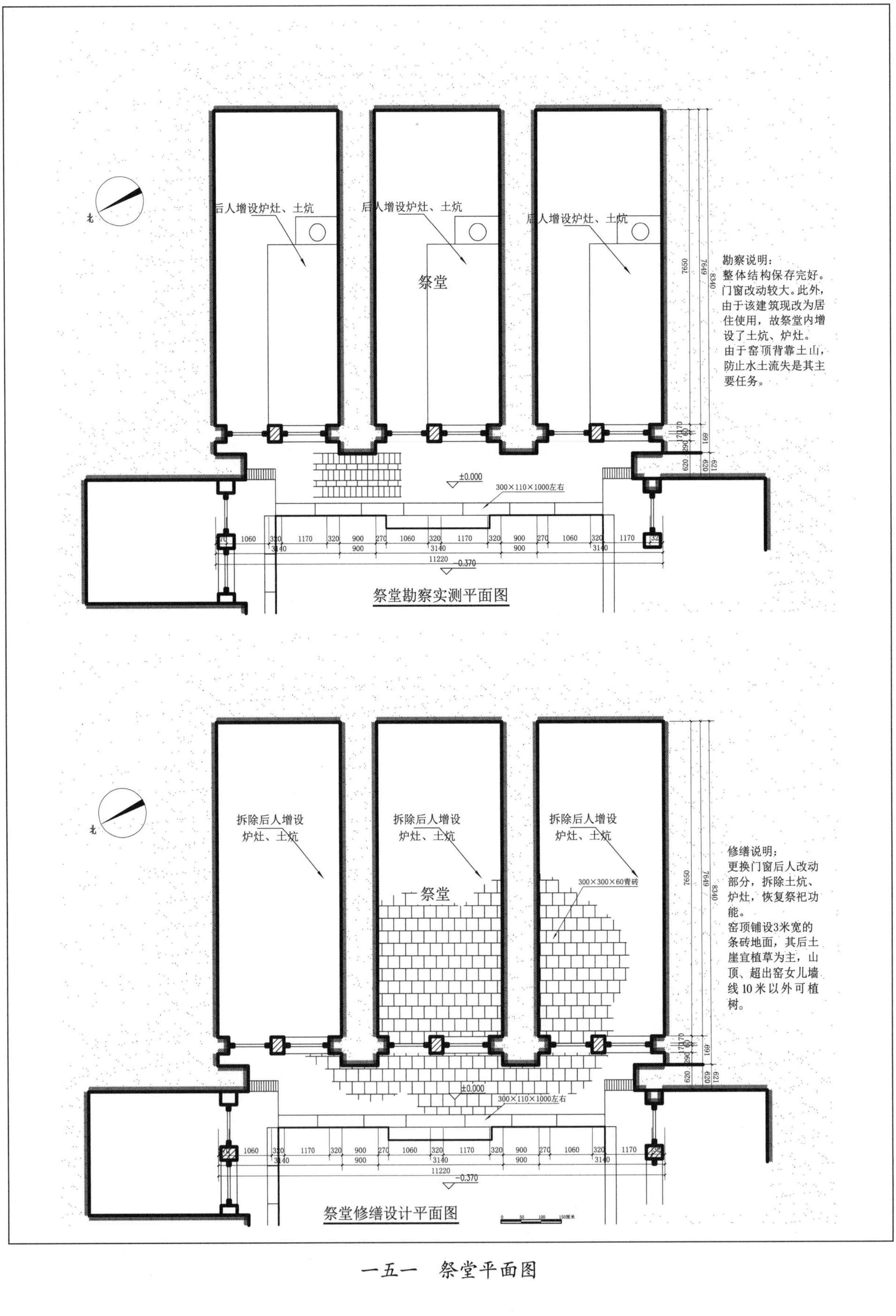
后人增设炉灶、土炕
后人增设炉灶、土炕
后人增设炉灶、土炕
祭堂
勘察说明：
整体结构保存完好。门窗改动较大。此外，由于该建筑现改为居住使用，故祭堂内增设了土炕、炉灶。
由于窑顶背靠土山，防止水土流失是其主要任务。
±0.000
300×110×1000左右
-0.370
祭堂勘察实测平面图
拆除后人增设炉灶、土炕
拆除后人增设炉灶、土炕
拆除后人增设炉灶、土炕
祭堂
300×300×60青砖
修缮说明：
更换门窗后人改动部分，拆除土炕、炉灶，恢复祭祀功能。
窑顶铺设3米宽的条砖地面，其后土崖宜植草为主，山顶、超出窑女儿墙线10米以外可植树。
±0.000
300×110×1000左右
-0.370
祭堂修缮设计平面图

一五一　祭堂平面图

5.320
4.685
后人更改窗心扉
后人更改走马板
后人更改窗心扉
后人更改走马板
后人更改窗心扉
后人更改窗心扉
±0.000
-0.370
270 1060 320 1170 320 900 270 1060 320 1170 320 900 270 1060 320 1170 320
3140 900 3140 900 3140
11220
祭堂勘察实测立面图
5.320
4.685
更改后人窗心扉
补加走马板厚25
16×25
更改后人窗心扉
30×45
±0.000
-0.370
270 1060 320 1170 320 900 270 1060 320 1170 320 900 270 1060 320 1170 320
3140 900 3140 900 3140
11220
祭堂修缮设计立面图
0 50 100 150厘米

一五二 祭堂立面图

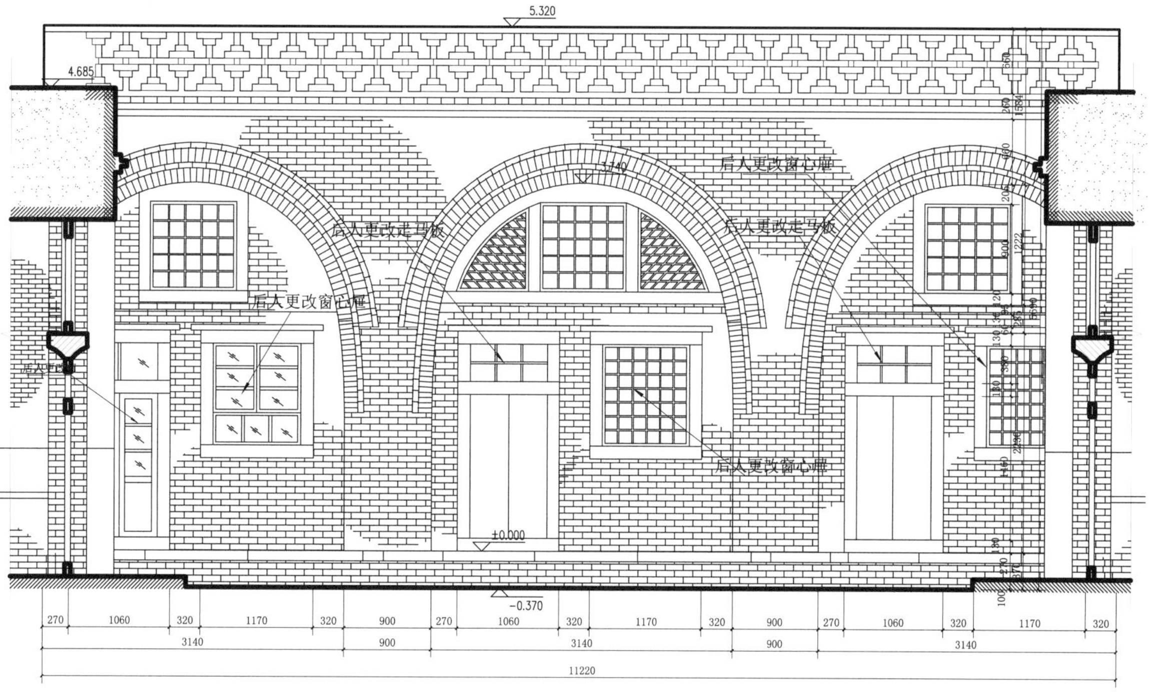

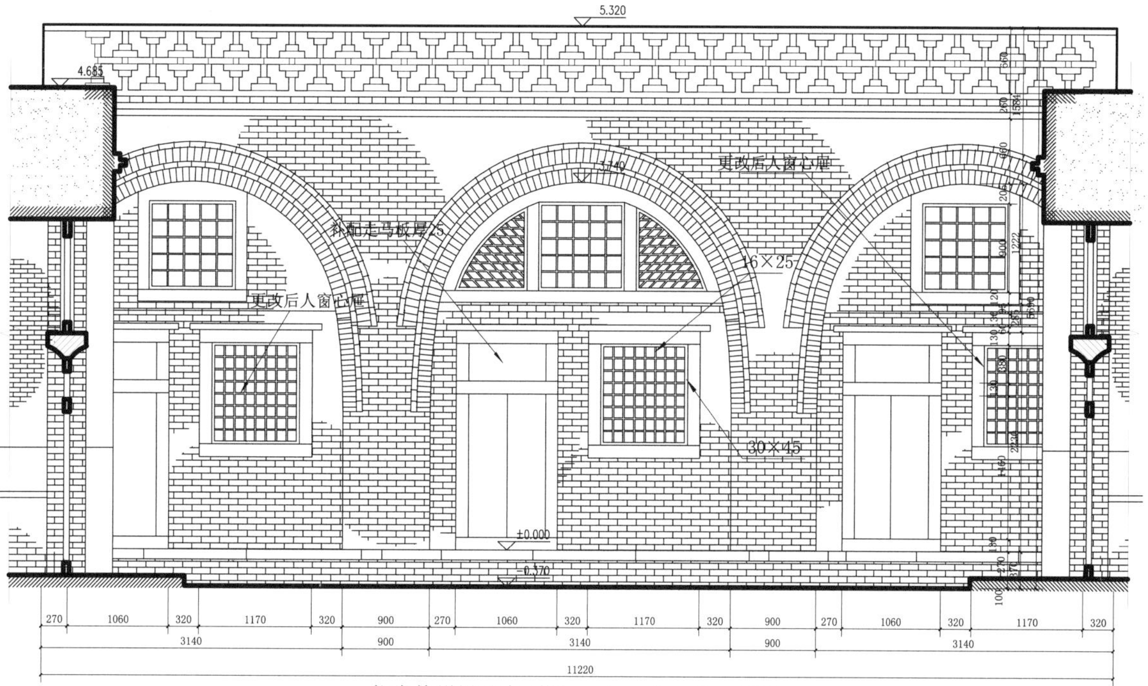

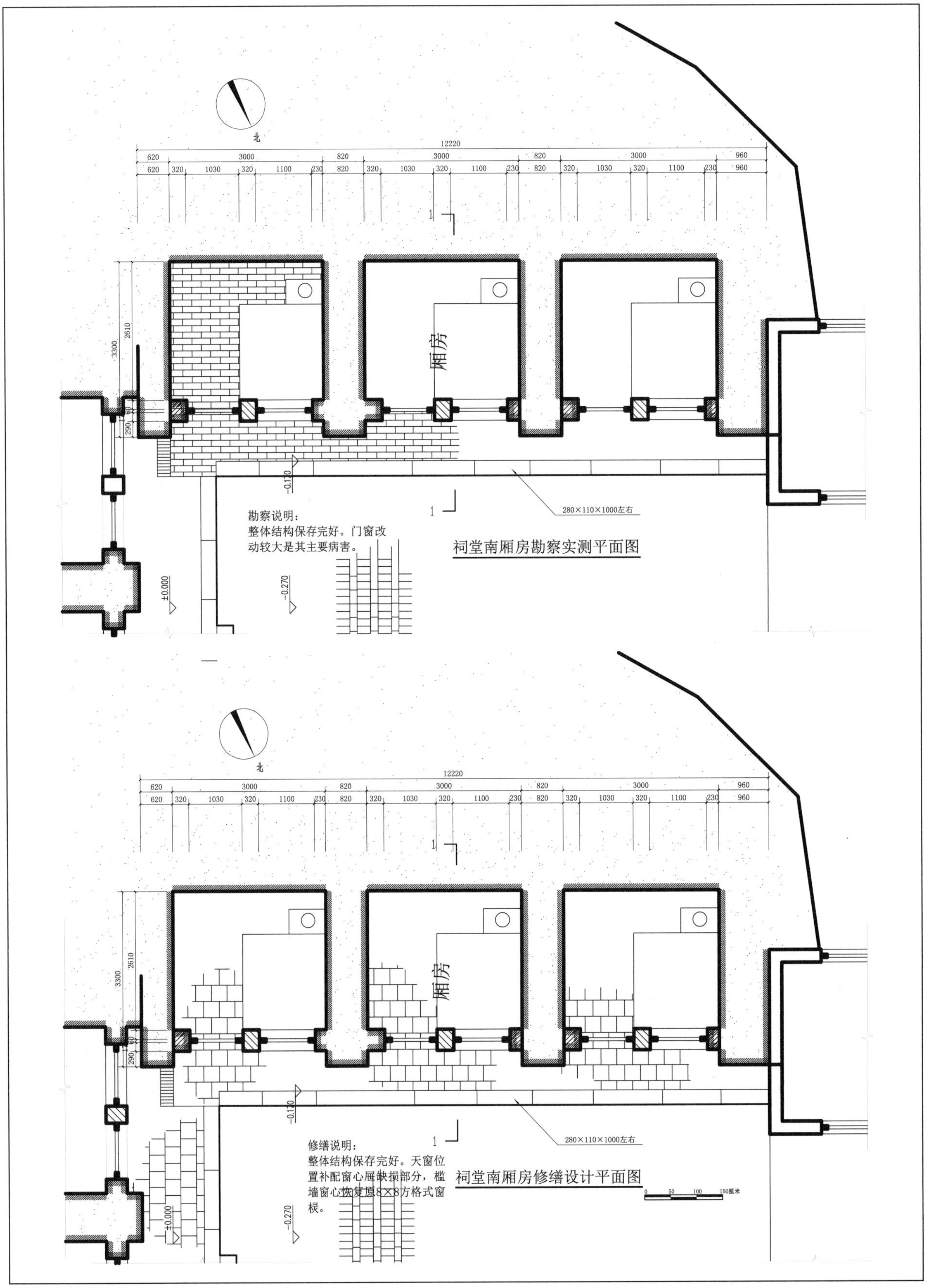
北
12220
620
3000
820
3000
820
3000
960
320
1030
320
1100
230
3300
2610
290
60
厢房
−0.170
−0.270
±0.000
280×110×1000左右
勘察说明：
整体结构保存完好。门窗改动较大是其主要病害。
祠堂南厢房勘察实测平面图
修缮说明：
整体结构保存完好。天窗位置补配窗心屉缺损部分，槛墙窗心恢复原8×8方格式窗棂。
祠堂南厢房修缮设计平面图
0 50 100 150厘米

一五三　祠堂南厢房平面图

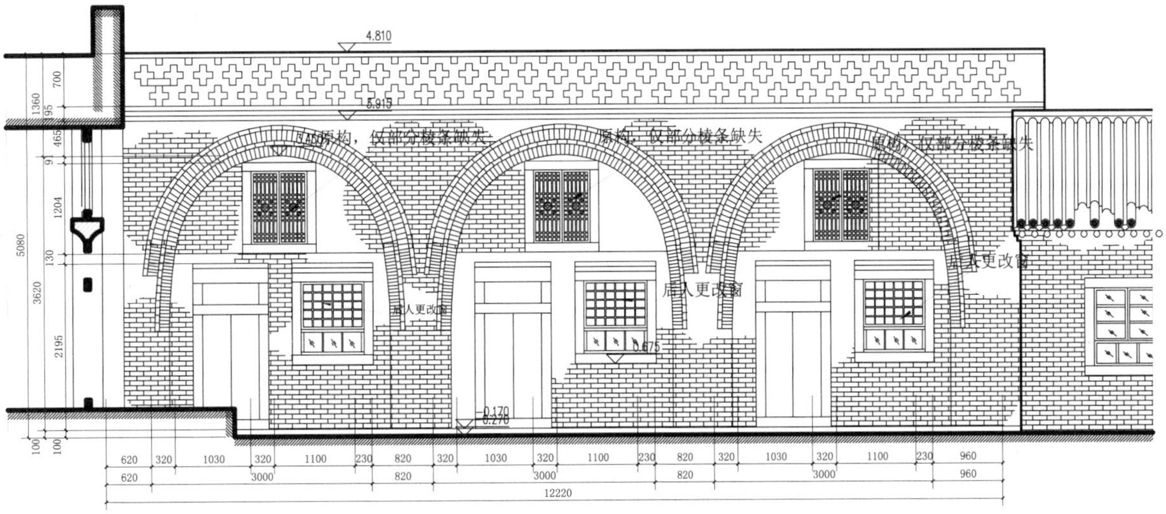

祠堂南厢房勘察实测立面图

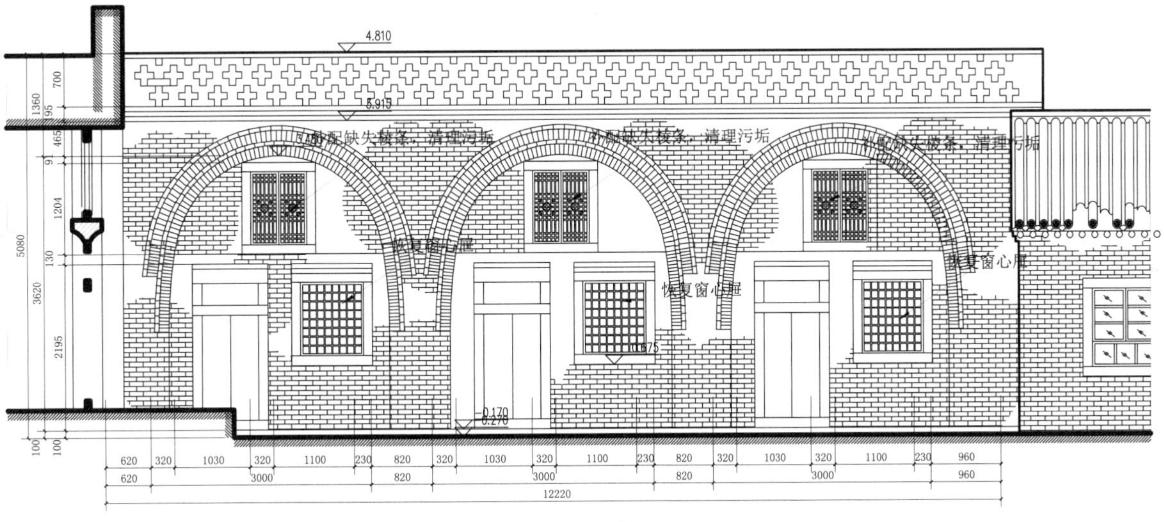

祠堂南厢房修缮设计立面图

一五四　祠堂南厢房立面图

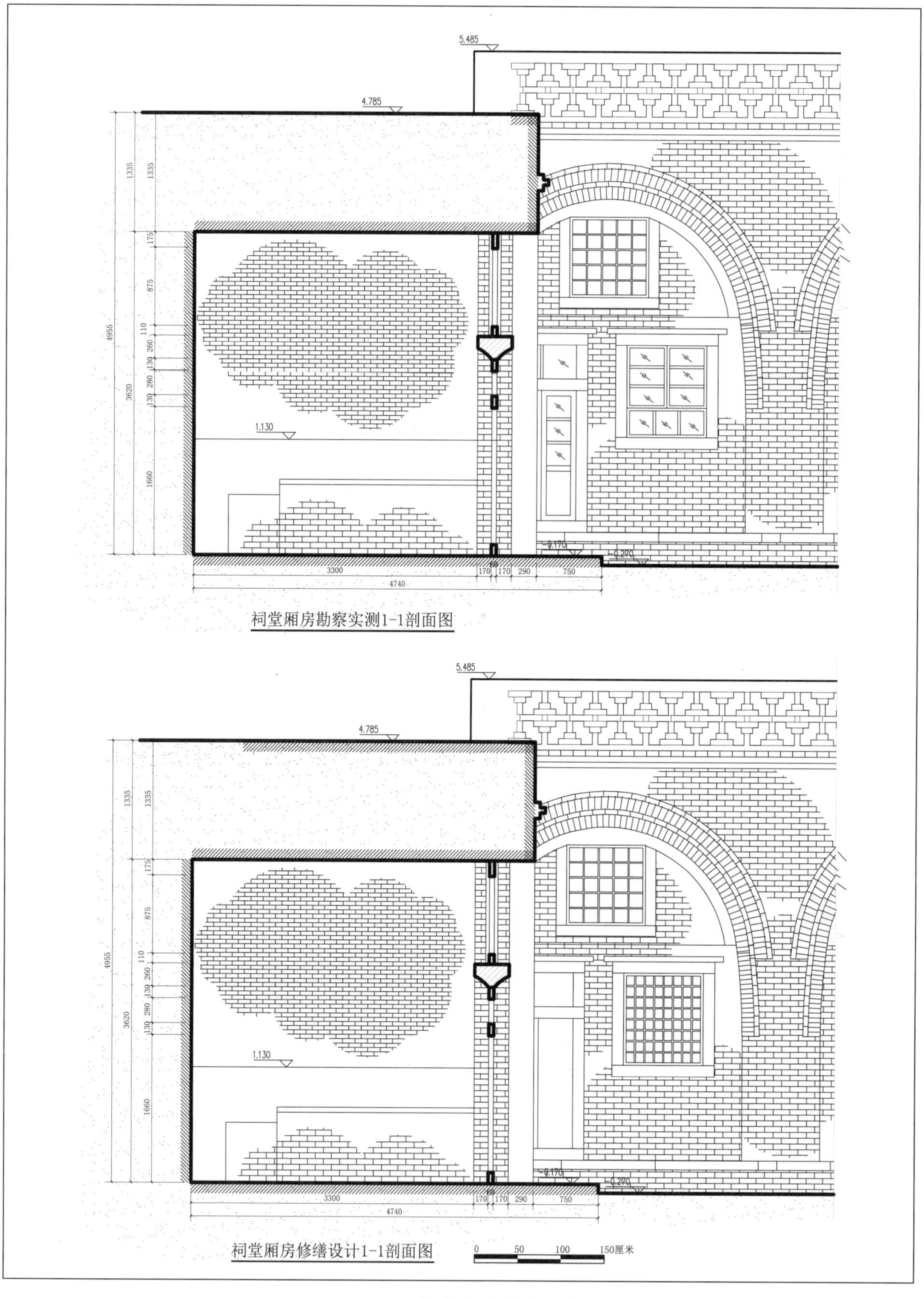

一五五　祠堂南厢房剖面图

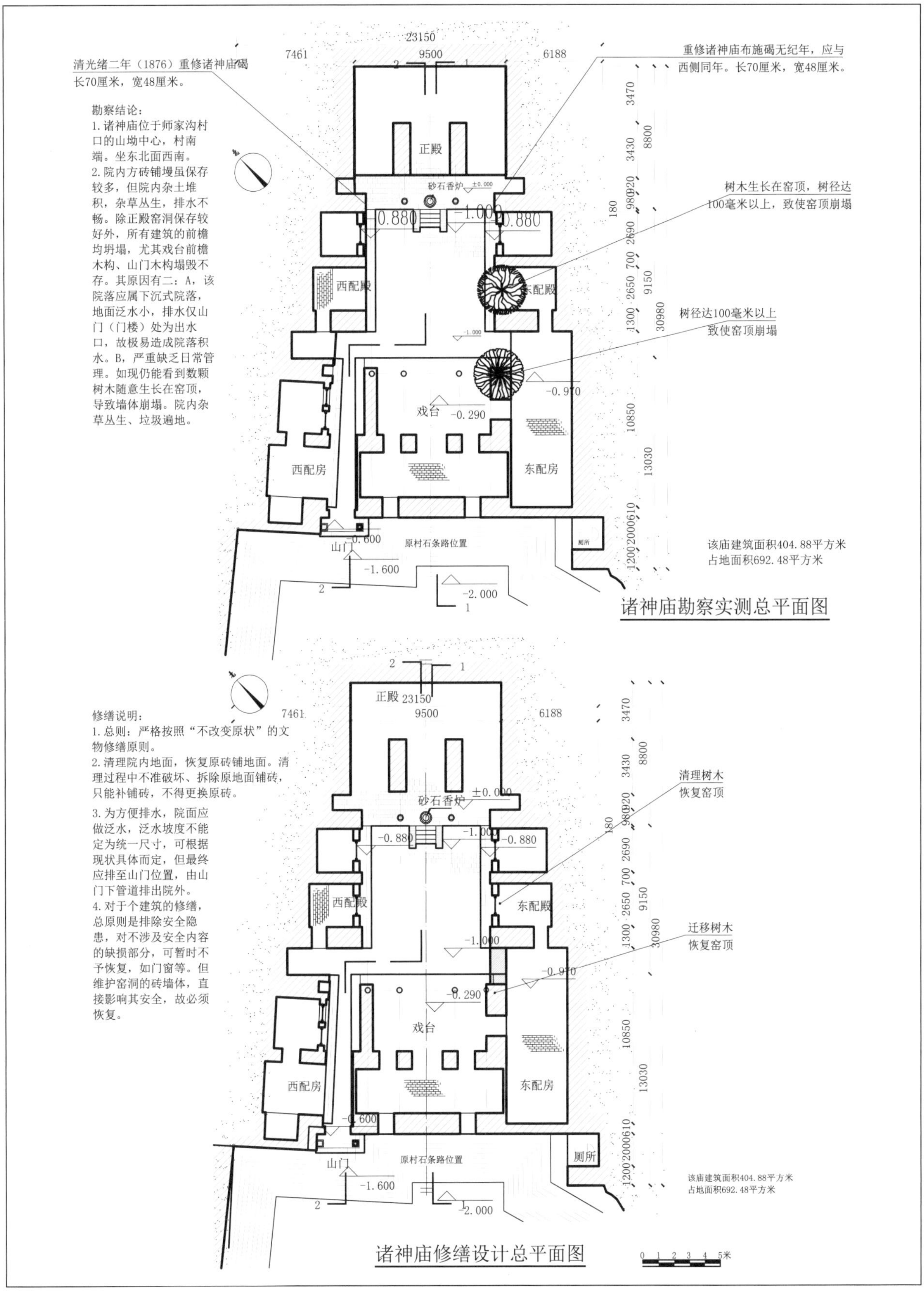
清光绪二年（1876）重修诸神庙碣
长70厘米，宽48厘米。
勘察结论：
1.诸神庙位于师家沟村口的山坳中心，村南端。坐东北面西南。
2.院内方砖铺墁虽保存较多，但院内杂土堆积，杂草丛生，排水不畅。除正殿窑洞保存较好外，所有建筑的前檐均坍塌，尤其戏台前檐木构、山门木构塌毁不存。其原因有二：A，该院落应属下沉式院落，地面泛水小，排水仅山门（门楼）处为出水口，故极易造成院落积水。B，严重缺乏日常管理。如现仍能看到数颗树木随意生长在窑顶，导致墙体崩塌。院内杂草丛生、垃圾遍地。
重修诸神庙布施碣无纪年，应与西侧同年。长70厘米，宽48厘米。
树木生长在窑顶，树径达100毫米以上，致使窑顶崩塌
树径达100毫米以上
致使窑顶崩塌
23150
9500
7461
6188
正殿
砙石香炉
±0.000
-0.880
-1.000
西配殿
东配殿
-1.000
-0.970
戏台
-0.290
西配房
东配房
-0.600
山门
原村石条路位置
厕所
-1.600
-2.000
该庙建筑面积404.88平方米
占地面积692.48平方米
诸神庙勘察实测总平面图
修缮说明：
1.总则：严格按照“不改变原状”的文物修缮原则。
2.清理院内地面，恢复原砖铺地面。清理过程中不准破坏、拆除原地面铺砖，只能补铺砖，不得更换原砖。
3.为方便排水，院面应做泛水，泛水坡度不能定为统一尺寸，可根据现状具体而定，但最终应排至山门位置，由山门下管道排出院外。
4.对于个建筑的修缮，总原则是排除安全隐患，对不涉及安全内容的缺损部分，可暂时不予恢复，如门窗等。但维护窑洞的砖墙体，直接影响其安全，故必须恢复。
清理树木
恢复窑顶
迁移树木
恢复窑顶
3470
8800
3430
920
980
180
2690
700
9150
2650
1300
30980
10850
13030
610
2000
1200
诸神庙修缮设计总平面图
0 1 2 3 4 5米

一五六 诸神庙总平面图

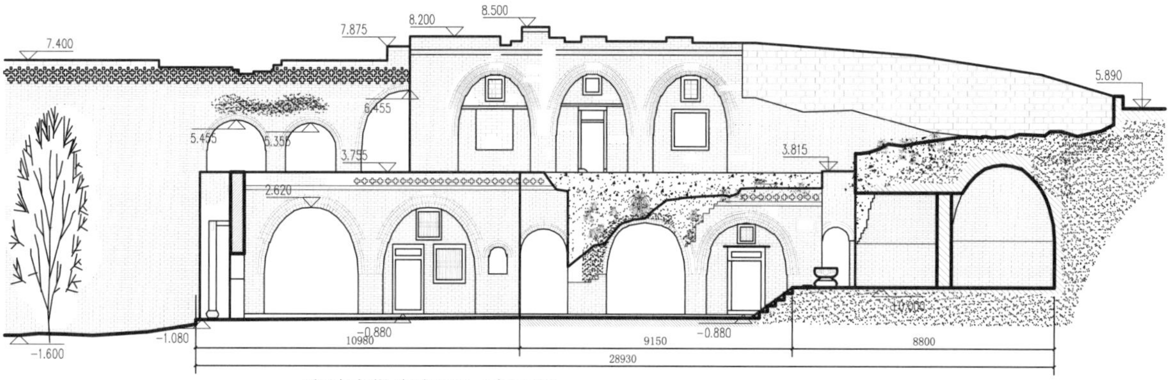

诸神庙勘察实测2-2剖面图

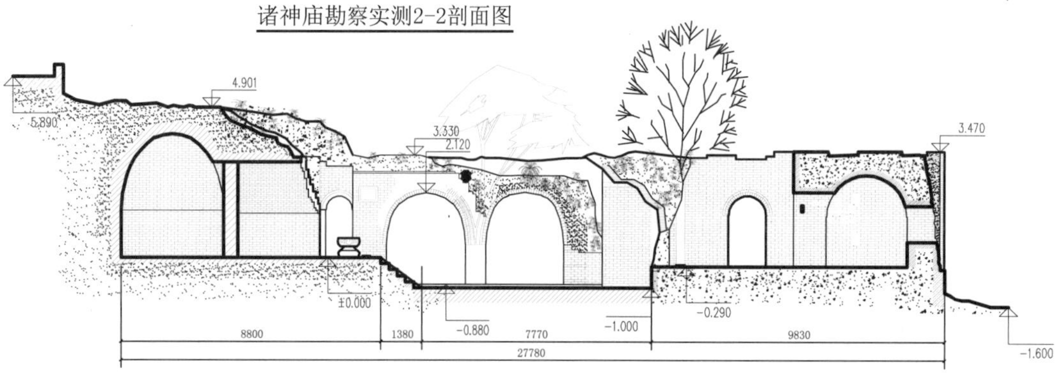

诸神庙勘察实测1-1剖面图

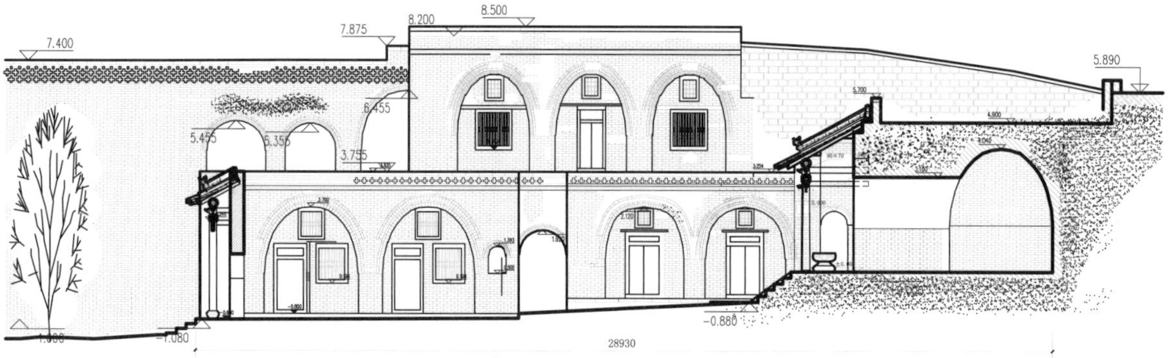

诸神庙修缮设计2-2剖面图

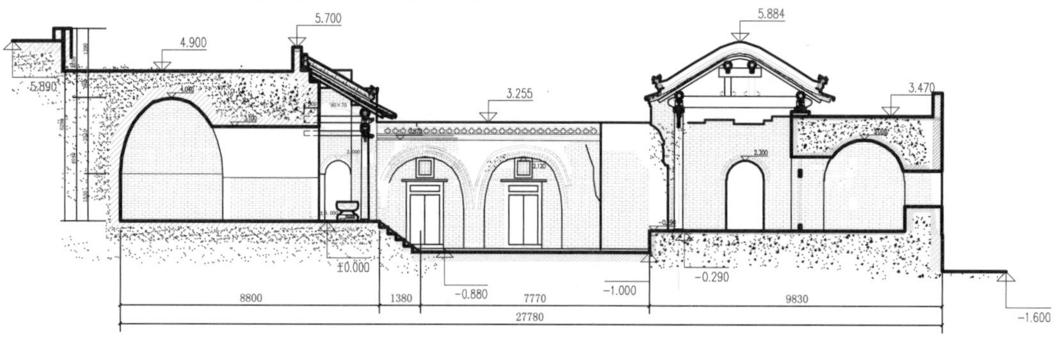

诸神庙修缮设计1-1剖面图

0 1 2 3 4 5米

一五七　诸神庙1-1、2-2剖面图

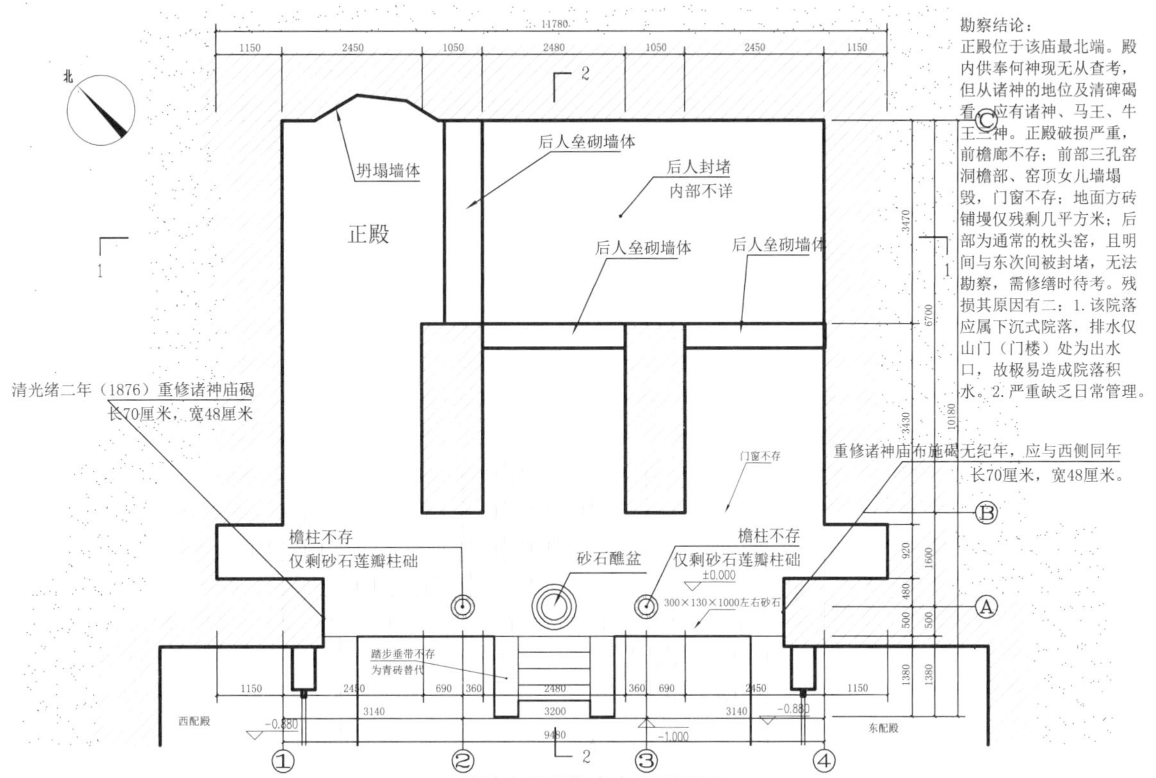
勘察结论：
正殿位于该庙最北端。殿内供奉何神现无从查考，但从诸神的地位及清碑碣看，应有诸神、马王、牛王三神。正殿破损严重，前檐廊不存；前部三孔窑洞檐部、窑顶女儿墙塌毁，门窗不存；地面方砖铺墁仅残剩几平方米；后部为通常的枕头窑，且明间与东次间被封堵，无法勘察，需修缮时待考。残损其原因有二：1. 该院落应属下沉式院落，排水仅山门（门楼）处为出水口，故极易造成院落积水。2. 严重缺乏日常管理。
北
11780
1150
2450
1050
2480
1050
2450
1150
坍塌墙体
后人垒砌墙体
后人封堵
内部不详
正殿
后人垒砌墙体
后人垒砌墙体
清光绪二年（1876）重修诸神庙碣
长70厘米，宽48厘米
门窗不存
重修诸神庙布施碣无纪年，应与西侧同年
长70厘米，宽48厘米。
檐柱不存
仅剩砂石莲瓣柱础
砂石醮盆
檐柱不存
仅剩砂石莲瓣柱础
±0.000
300×130×1000左右砂石
踏步垂带不存
为青砖替代
西配殿
东配殿
3140
3200
9480
−0.880
−1.000
3470
6700
3430
10180
920
1600
480
500
1380

诸神庙正殿勘察实测平面图

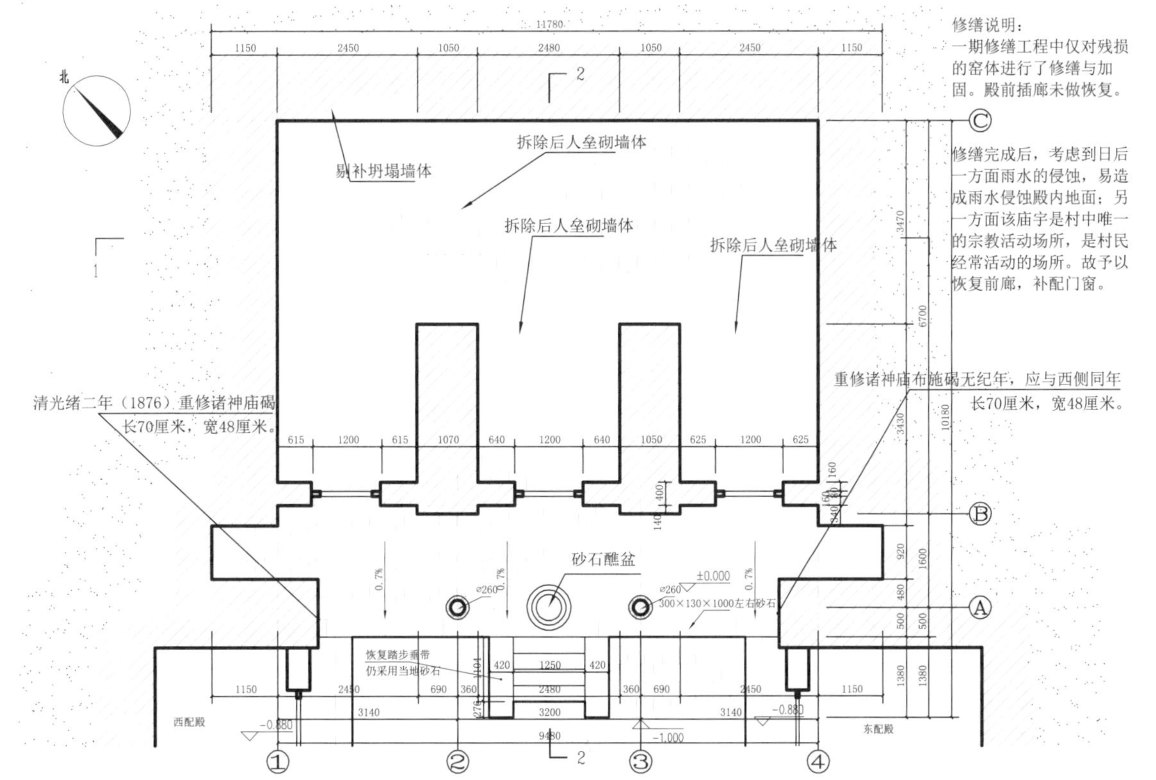
修缮说明：
一期修缮工程中仅对残损的窑体进行了修缮与加固。殿前插廊未做恢复。
修缮完成后，考虑到日后一方面雨水的侵蚀，易造成雨水侵蚀殿内地面；另一方面该庙宇是村中唯一的宗教活动场所，是村民经常活动的场所。故予以恢复前廊，补配门窗。
北
11780
剔补坍塌墙体
拆除后人垒砌墙体
拆除后人垒砌墙体
拆除后人垒砌墙体
清光绪二年（1876）重修诸神庙碣
长70厘米，宽48厘米。
重修诸神庙布施碣无纪年，应与西侧同年
长70厘米，宽48厘米。
615
1200
1070
640
1050
625
砂石醮盆
±0.000
ø260
300×130×1000左右砂石
0.7%
恢复踏步垂带
仍采用当地砂石
420
1250
西配殿
东配殿
−0.880
−1.000
3200
9480

诸神庙正殿修缮设计平面图

0 1 2 3米

一五八　诸神庙正殿平面图

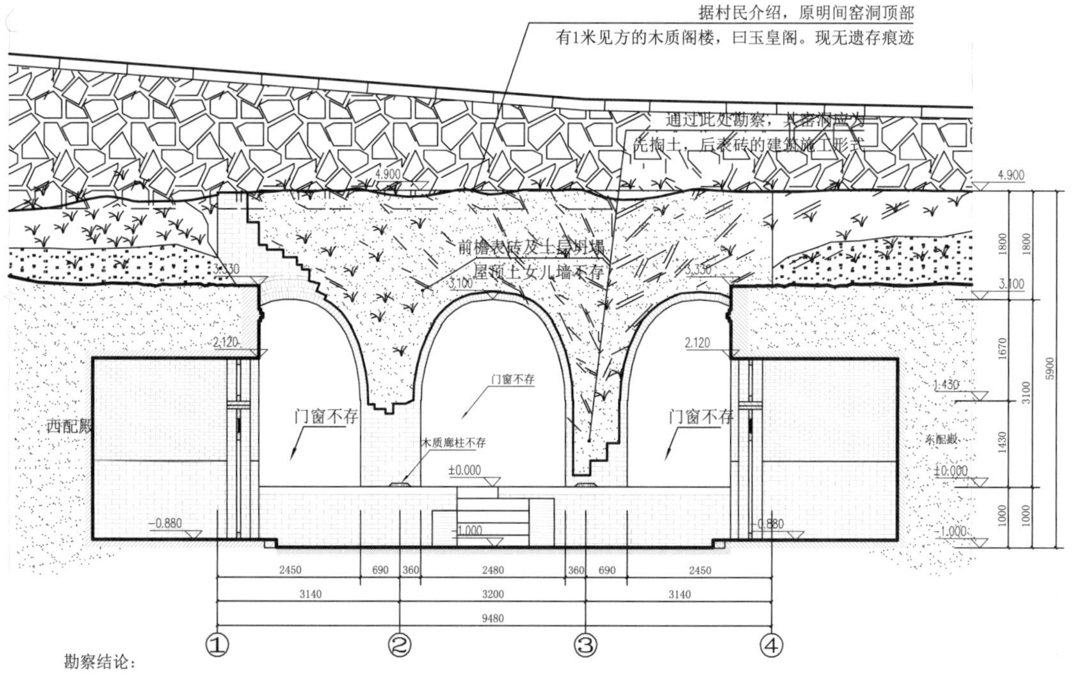

勘察结论：

1. 该窑洞建筑为下沉式窑洞建筑。并据明间与东次间之间的塌落窑腿可知，其建造形式应为先掏土窑洞，后裱窑拱和前墙。
2. 窑拱采用三心圆组成拱洞曲线，但与传统区别较大，即拱洞曲线略似圆形，非官式的略呈尖状。为当地特有风格。
3. 门窗位置无任何痕迹，故其形式无从查考。
4. 该正殿采用前为面阔三间，后为一间枕头窑的当地传统形式。这一形式在当地庙宇建筑中最为常见，尤其是临汾地区西部的吕梁山区中。其最大优点是，即丰富了立面形式，又扩大了内部空间，满足了礼神或佛的宗教活动要求。

诸神庙正殿勘察实测正立面图

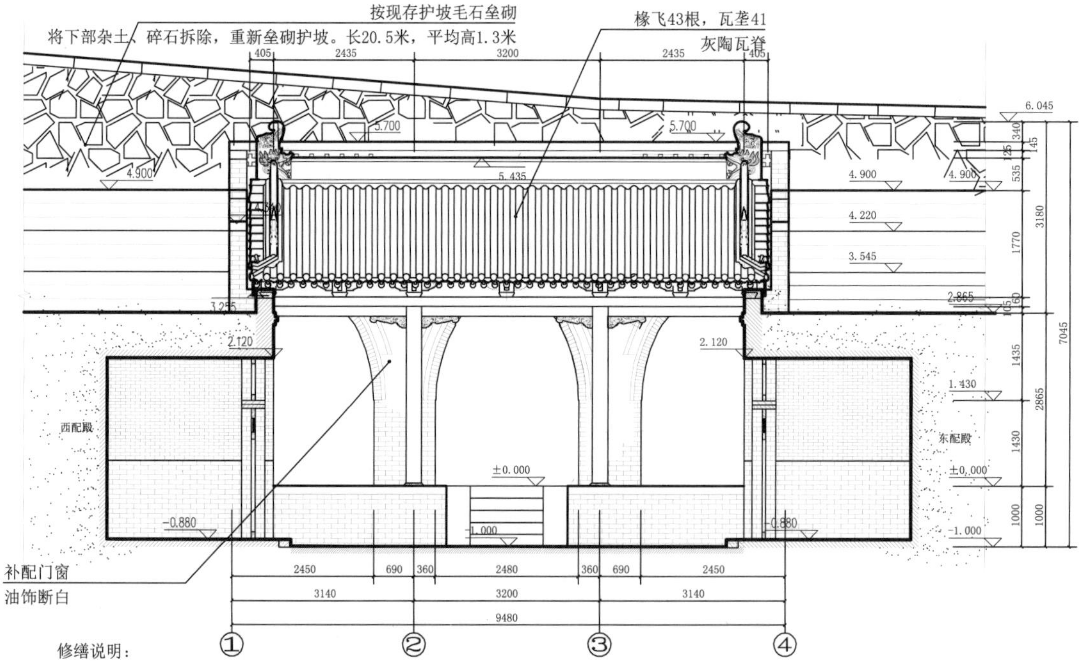

修缮说明：

1. 修缮时严格保持该建筑的施工做法。包括砌筑灰缝大小、原窑洞的建筑方式、建筑材料的尺寸与色泽。
2. 补砌拱券时严格遵循原拱券曲线。不得更改，保持当地特有风格。
3. 屋面采用该民居通用的灰布筒板瓦、吻兽。
4. 石材仍采用当地出产的砂石制作。

诸神庙正殿修缮设计正立面图　0　1　2　3米

一五九　诸神庙正殿立面图

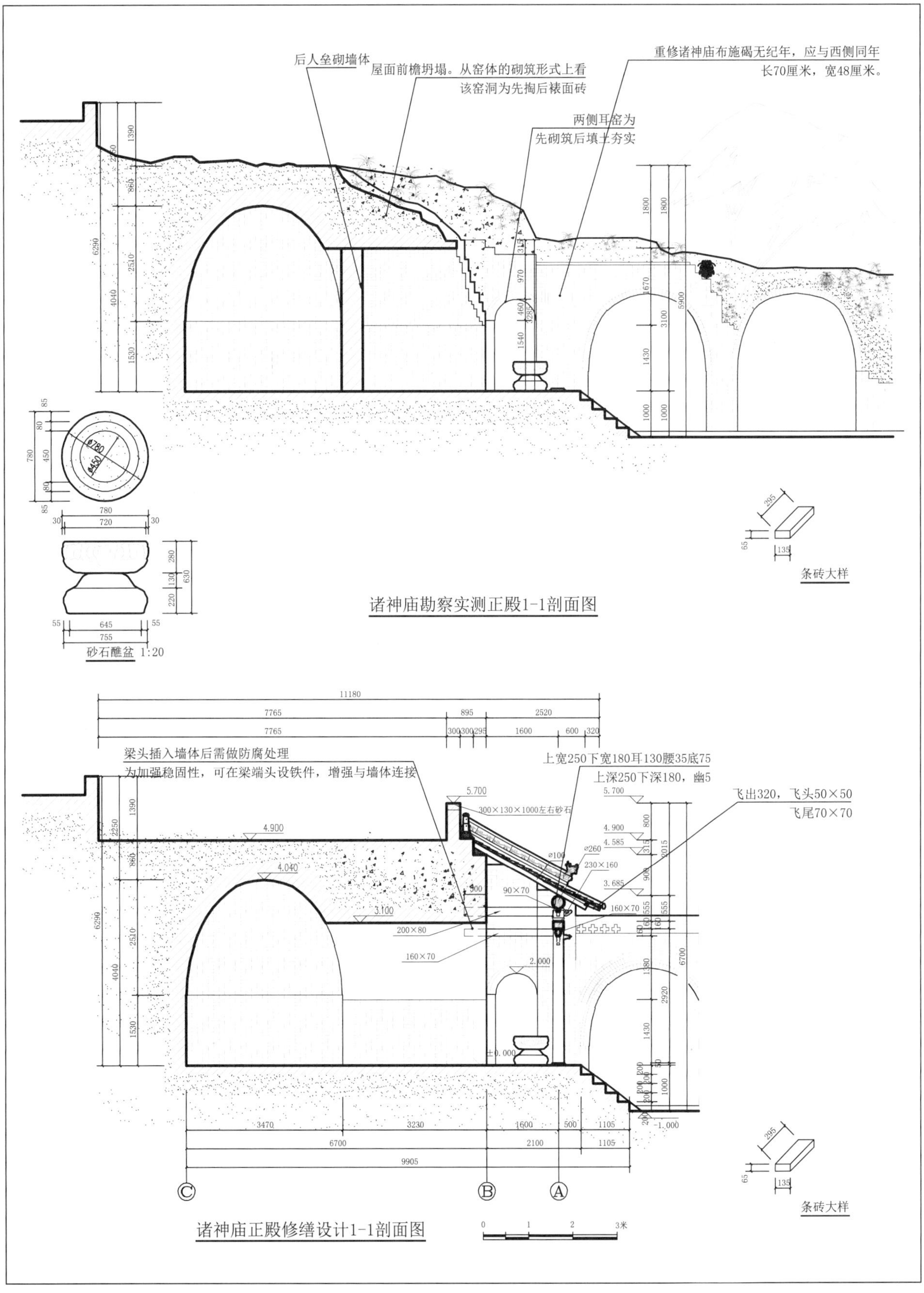
后人垒砌墙体
屋面前檐坍塌。从窑体的砌筑形式上看
该窑洞为先掏后裱面砖
重修诸神庙布施碣无纪年，应与西侧同年
长70厘米，宽48厘米。
两侧耳窑为
先砌筑后填土夯实
砂石醮盆 1:20
条砖大样
诸神庙勘察实测正殿1-1剖面图
梁头插入墙体后需做防腐处理
为加强稳固性，可在梁端头设铁件，增强与墙体连接
上宽250下宽180耳130腰35底75
上深250下深180，幽5
飞出320，飞头50×50
飞尾70×70
300×130×1000左右砂石
条砖大样
诸神庙正殿修缮设计1-1剖面图

一六〇　诸神庙正殿剖面图

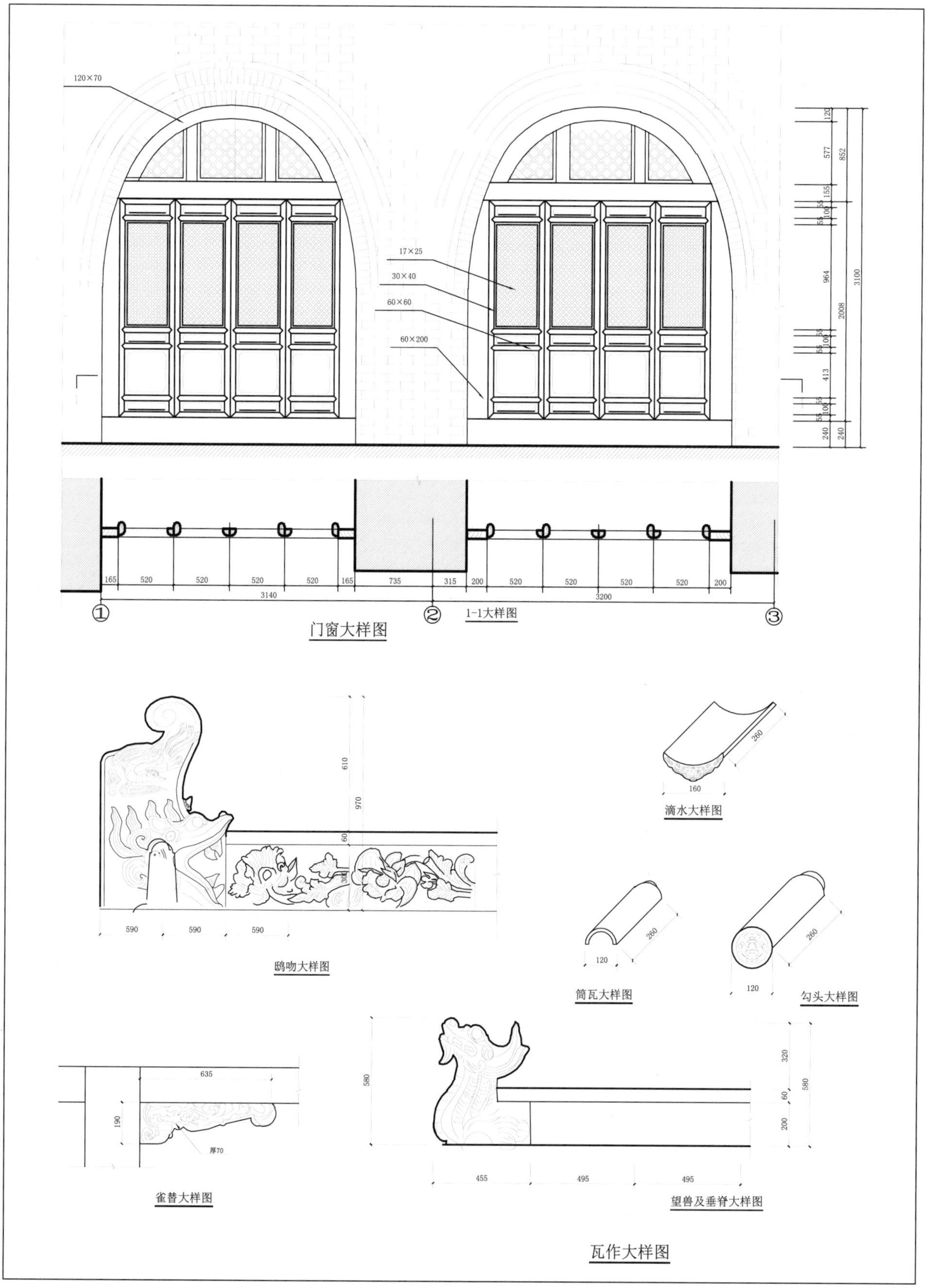

一六一　诸神庙正殿门窗及瓦作大样图

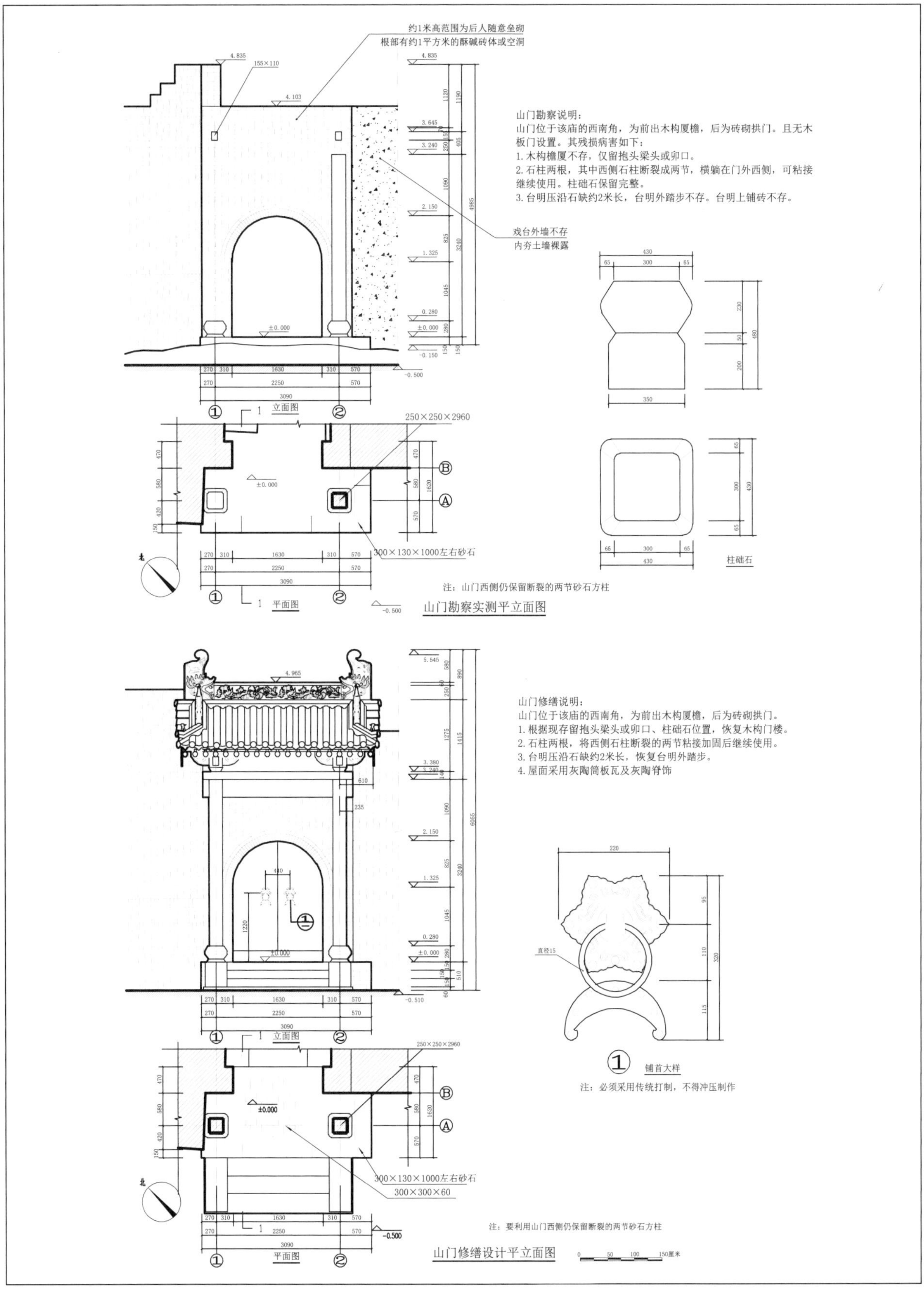
约1米高范围为后人随意垒砌
根部有约1平方米的酥碱砖体或空洞
山门勘察说明：
山门位于该庙的西南角，为前出木构厦檐，后为砖砌拱门。且无木板门设置。其残损病害如下：
1.木构檐厦不存，仅留抱头梁头或卯口。
2.石柱两根，其中西侧石柱断裂成两节，横躺在门外西侧，可粘接继续使用。柱础石保留完整。
3.台明压沿石缺约2米长，台明外踏步不存。台明上铺砖不存。
戏台外墙不存
内夯土墙裸露
立面图
250×250×2960
300×130×1000左右砂石
平面图
柱础石
注：山门西侧仍保留断裂的两节砂石方柱
山门勘察实测平立面图
山门修缮说明：
山门位于该庙的西南角，为前出木构厦檐，后为砖砌拱门。
1.根据现存留抱头梁头或卯口、柱础石位置，恢复木构门楼。
2.石柱两根，将西侧石柱断裂的两节粘接加固后继续使用。
3.台明压沿石缺约2米长，恢复台明外踏步。
4.屋面采用灰陶筒板瓦及灰陶脊饰
铺首大样
注：必须采用传统打制，不得冲压制作
立面图
250×250×2960
300×130×1000左右砂石
300×300×60
注：要利用山门西侧仍保留断裂的两节砂石方柱
平面图
山门修缮设计平立面图
0 50 100 150厘米

一六二　诸神庙大门平立面图

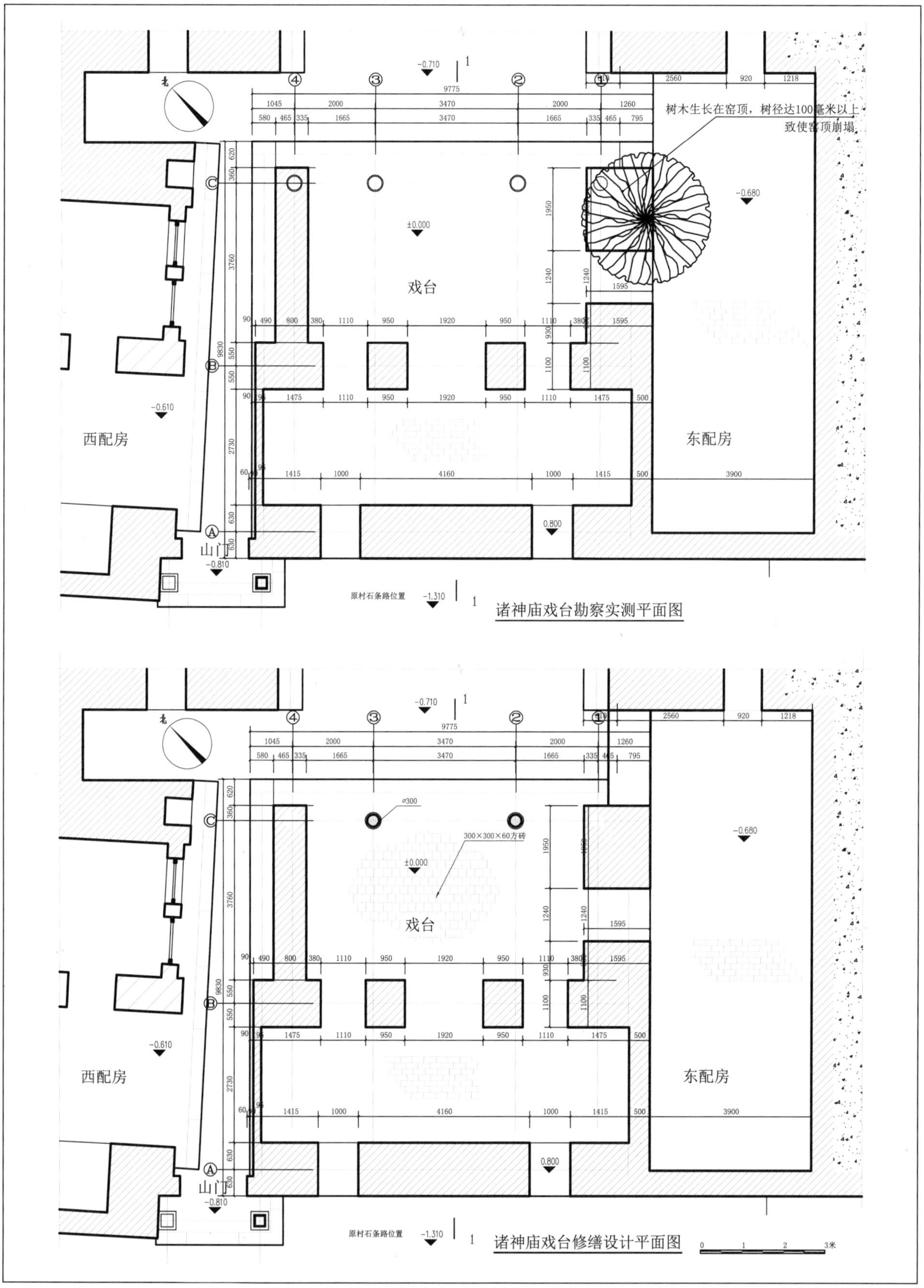

一六三　诸神庙戏台平面图

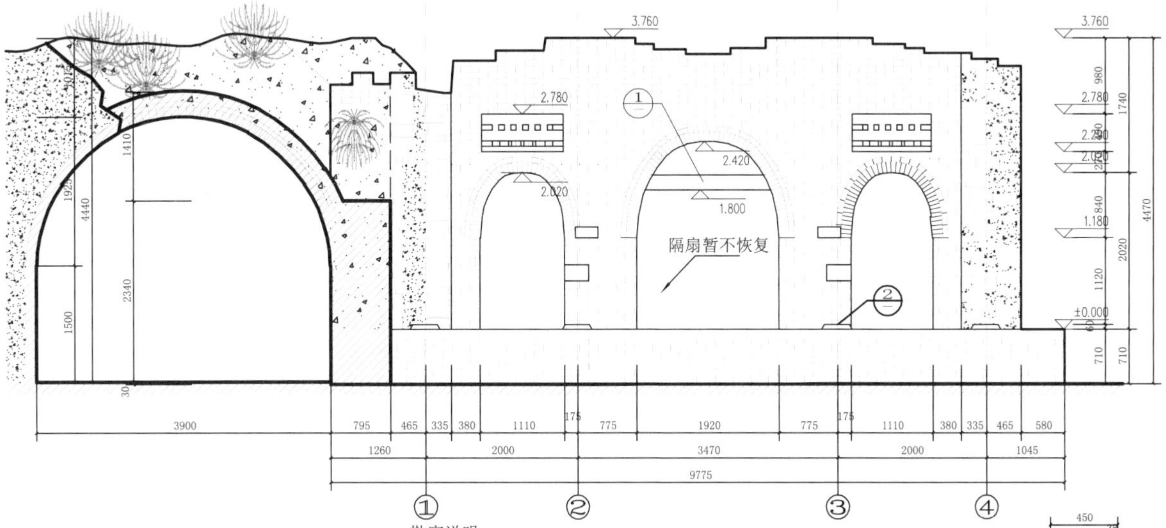

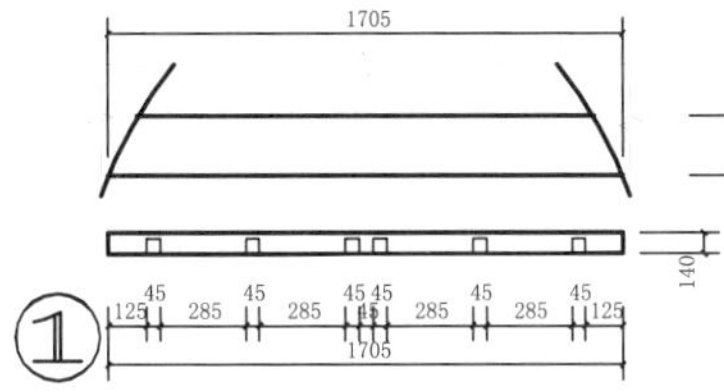

勘察说明：

戏台位于诸神庙的最南端，为木构与窑洞建筑相结合的复合建筑，也是该庙中残损最严重的建筑。残损现状及原因如下：

1. 前部台口的表演区为木构建筑，现仅剩两侧山墙和台明，以及两柱础石。柱础石仍保留原位置，为台口的明次间开间及下出檐留下可靠依据。

2. 后部的窑洞和东侧窑洞为化妆区及演员的休息区。主体结构保存完整，但门窗不存，窑顶杂草丛生，有病害隐患。东侧窑洞的前侧坍塌，为生长的树木根系崩裂所致。

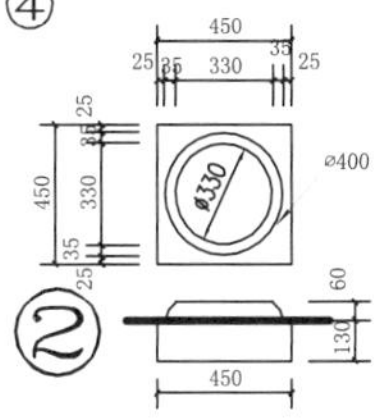

诸神庙戏台勘察实测立面图

修缮说明：

一期工程中仅对戏台现状进行了整修，未恢复坍塌的木构前台。修缮完成后，考虑到今后雨水对暴露在外的台口侵蚀及雨水流入后台等病害，建议恢复前台。

恢复前台严格按照现存柱础石位置、墙体残留卯口确定木构前台尺寸、大小、样式。

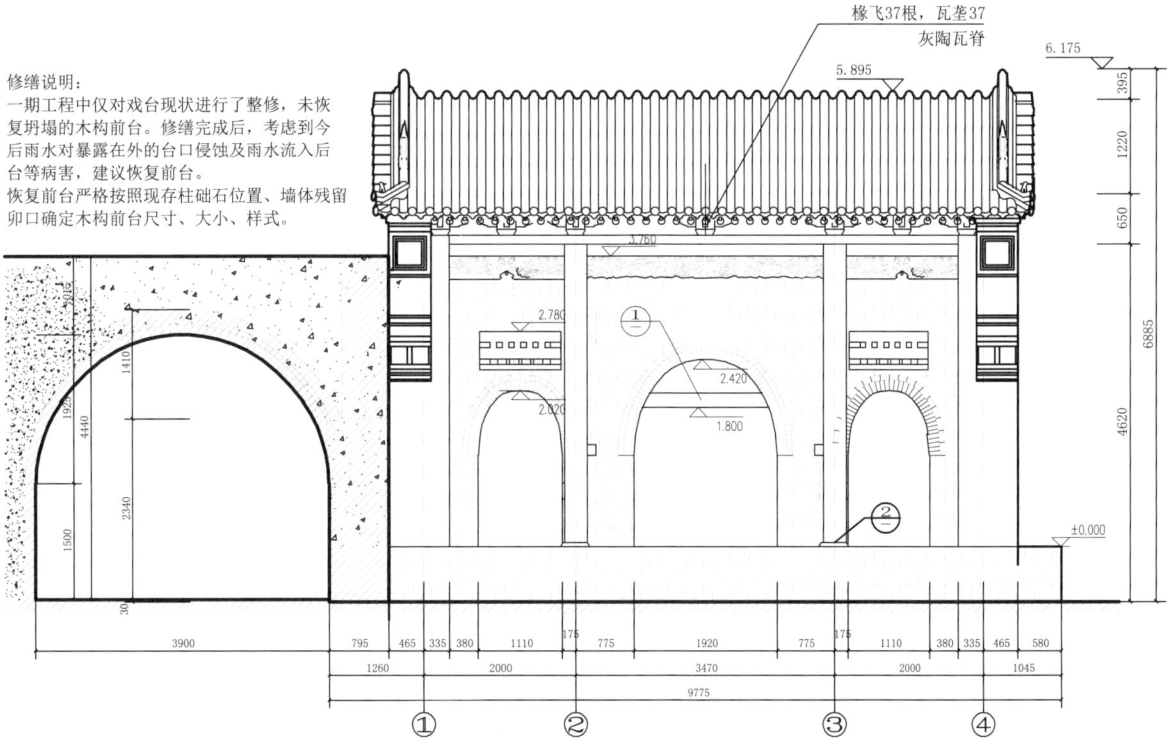

诸神庙戏台修缮设计立面图

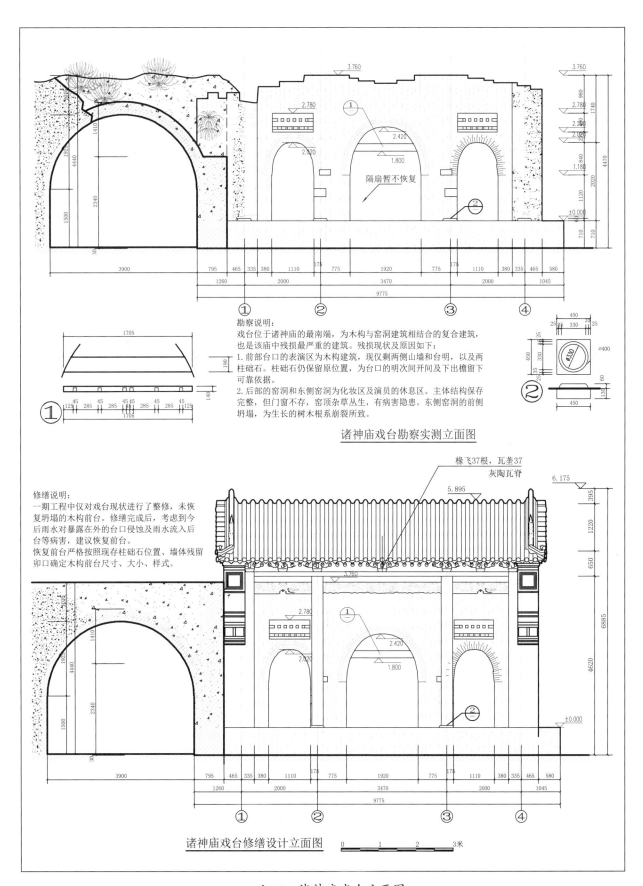

一六四　诸神庙戏台立面图

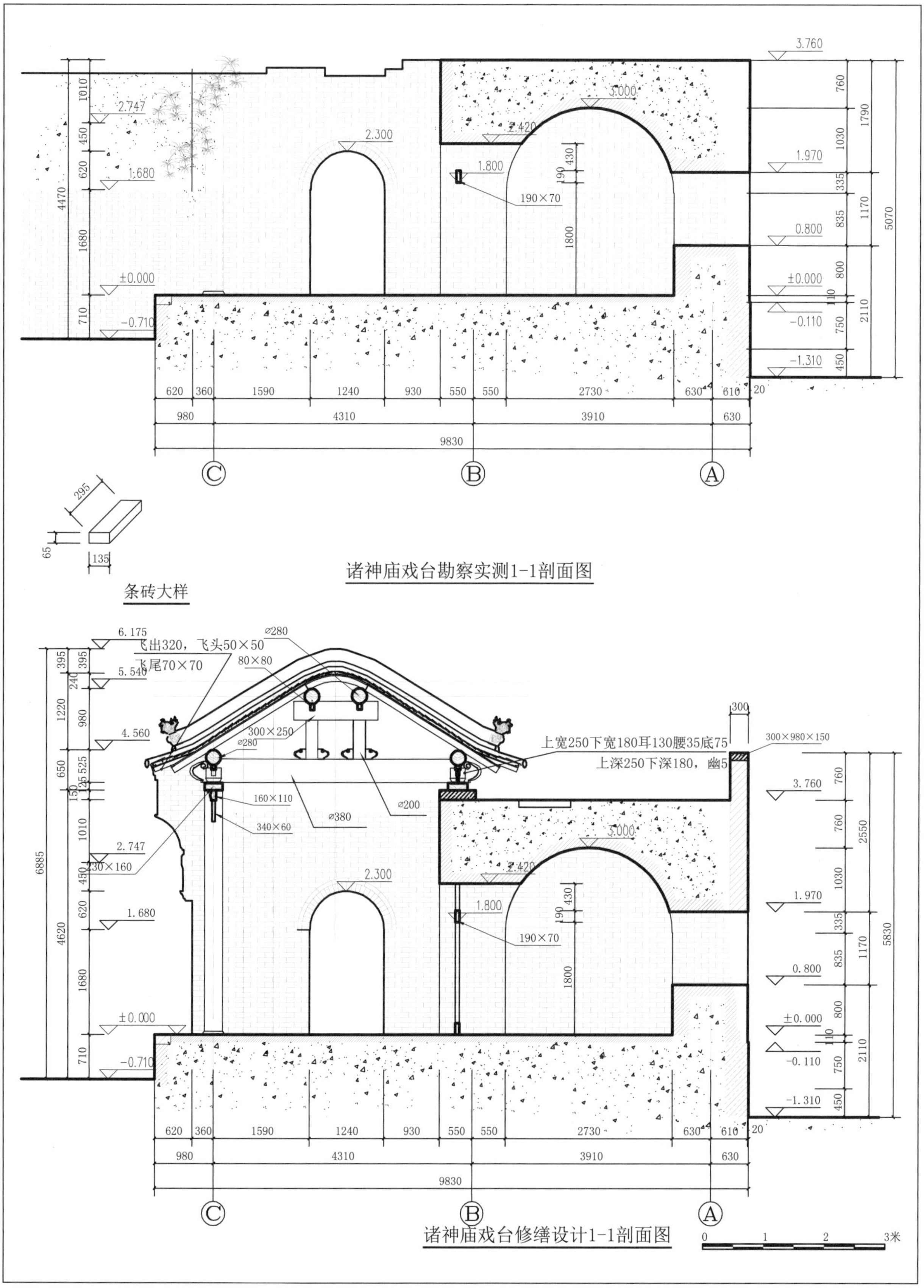

一六五 诸神庙戏台剖面图

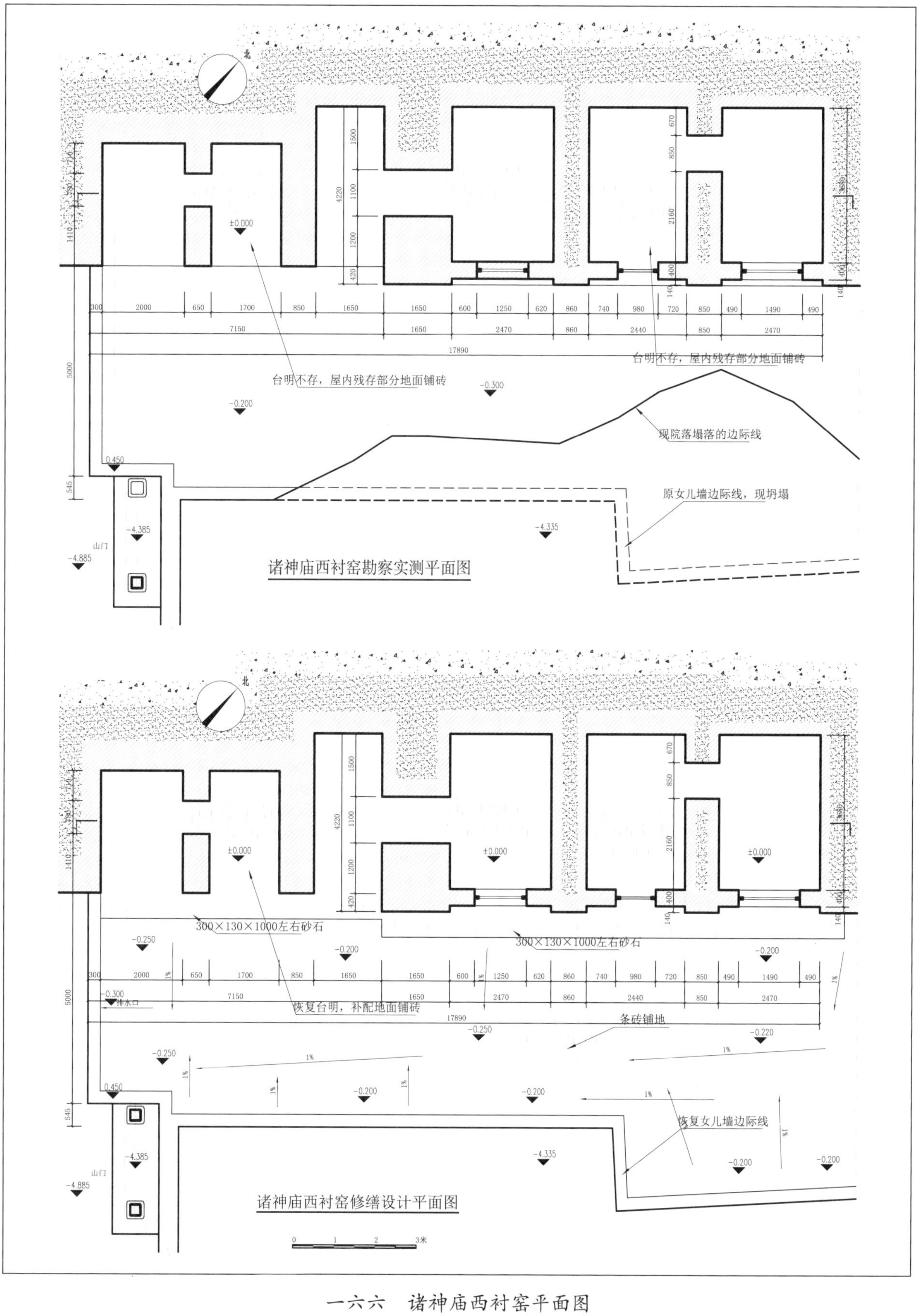

北
±0.000
台明不存，屋内残存部分地面铺砖
-0.300
-0.200
现院落塌落的边际线
0.450
原女儿墙边际线，现坍塌
-4.385
-4.335
山门
-4.885
诸神庙西衬窑勘察实测平面图
±0.000
300×130×1000左右砂石
-0.250
-0.200
恢复台明，补配地面铺砖
排水口
条砖铺地
-0.220
恢复女儿墙边际线
诸神庙西衬窑修缮设计平面图
0 1 2 3米

一六六　诸神庙西衬窑平面图

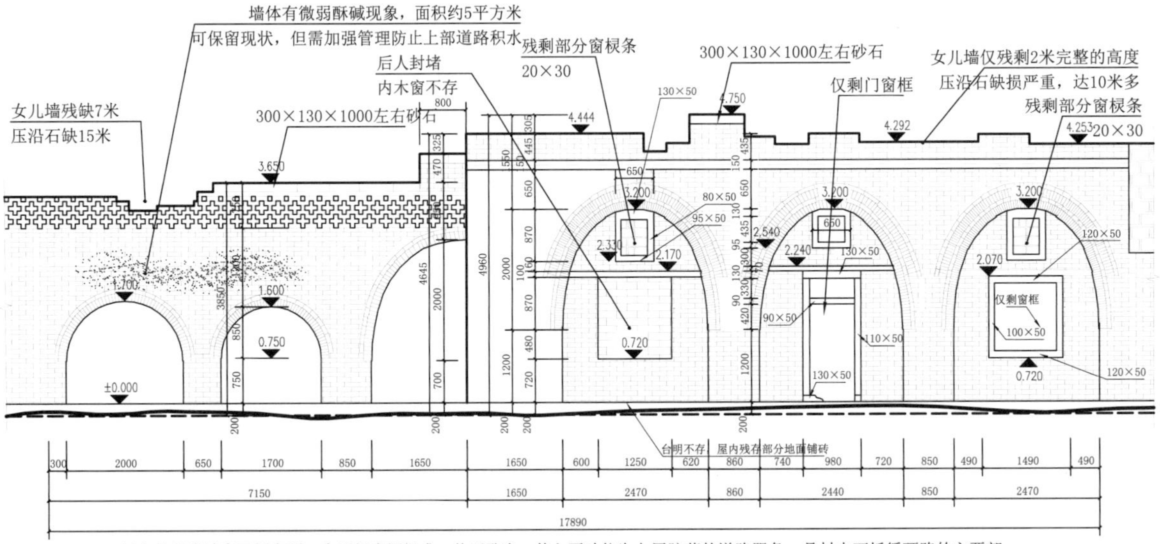

衬窑位于诸神庙西侧窑顶。为两组窑洞组成，共五孔半。其主要功能为上层院落的道路服务，是村中石板循环路的主要部分之一，也是保存最好的道路之一。窑洞主体结构保存较好，其病害为：

1. 台明不存。院落地面不完整。主要原因为诸神庙西配殿的窑顶坍塌所致。室内外地面铺砖不存。
2. 窑顶上檐女儿墙保存不完整，为缺乏日常保养所致。
3. 门窗基本不存，最完整的仅保留门框或窗框。

诸神庙西衬窑勘察实测立面图

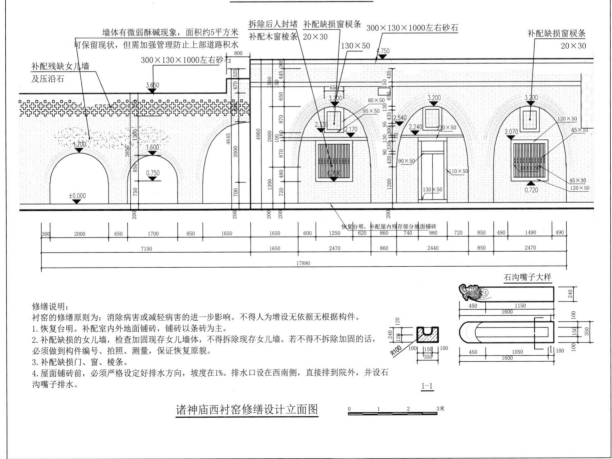

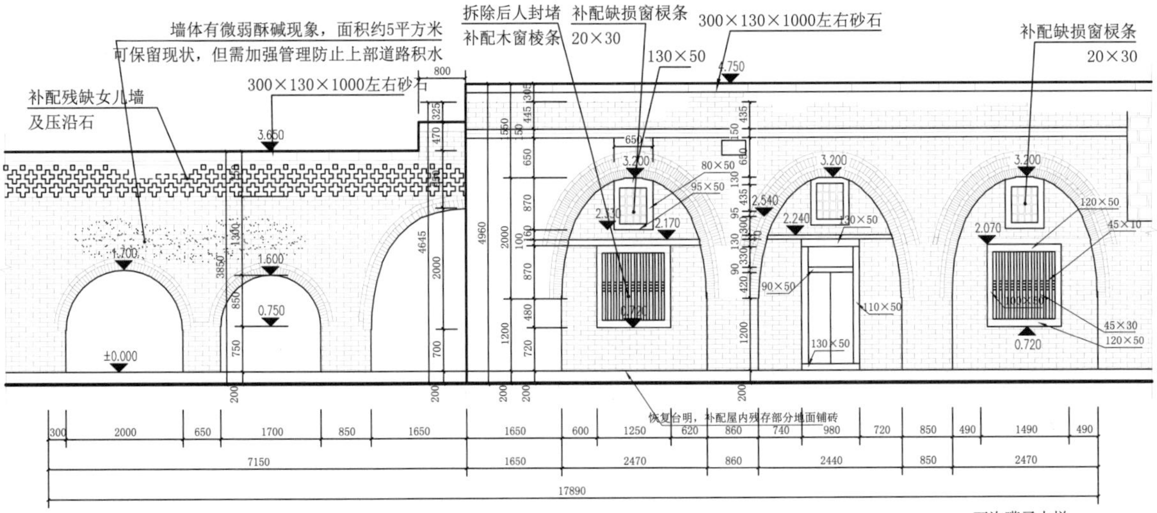

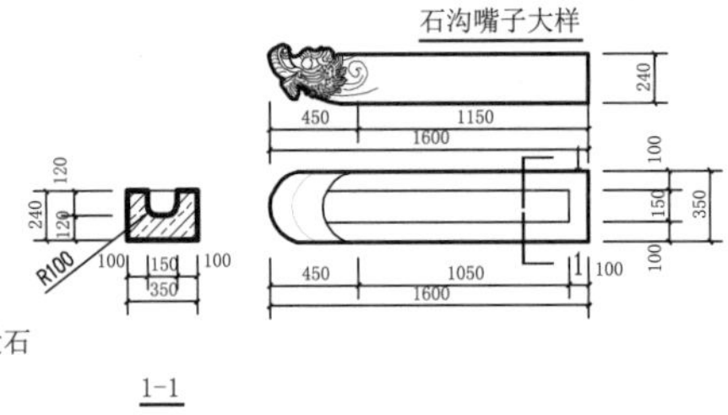

修缮说明：

衬窑的修缮原则为：消除病害或减轻病害的进一步影响。不得人为增设无依据无根据构件。

1. 恢复台明。补配室内外地面铺砖，铺砖以条砖为主。
2. 补配缺损的女儿墙，检查加固现存女儿墙体，不得拆除现存女儿墙。若不得不拆除加固的话，必须做到构件编号、拍照、测量，保证恢复原貌。
3. 补配缺损门、窗、棱条。
4. 屋面铺砖前，必须严格设定好排水方向，坡度在1%。排水口设在西南侧，直接排到院外，并设石沟嘴子排水。

诸神庙西衬窑修缮设计立面图

0 1 2 3米

一六七　诸神庙西衬窑立面图

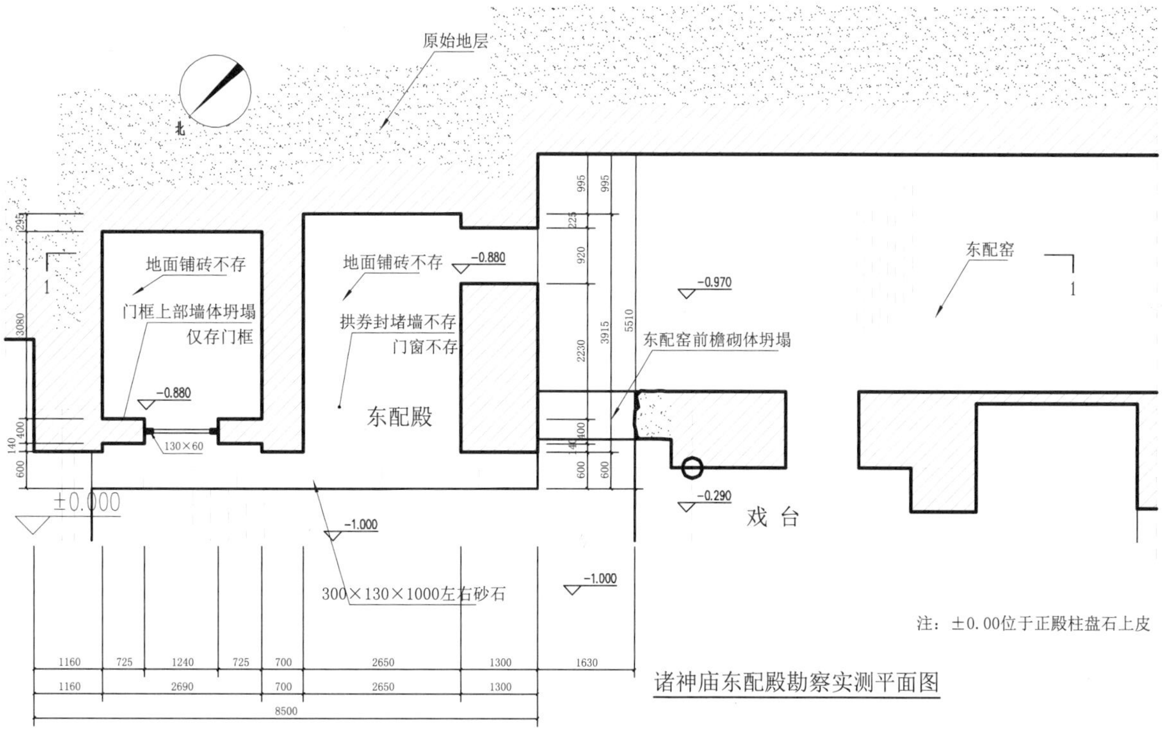

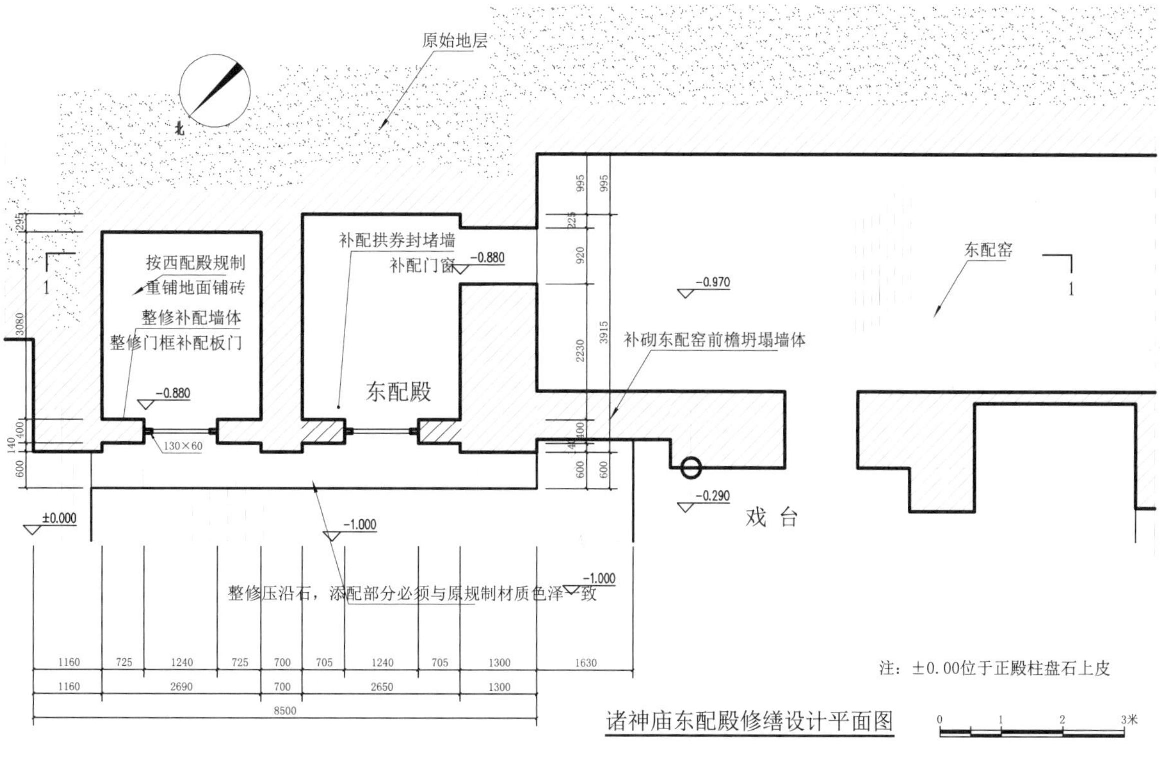

一六八　诸神庙东配殿平面图

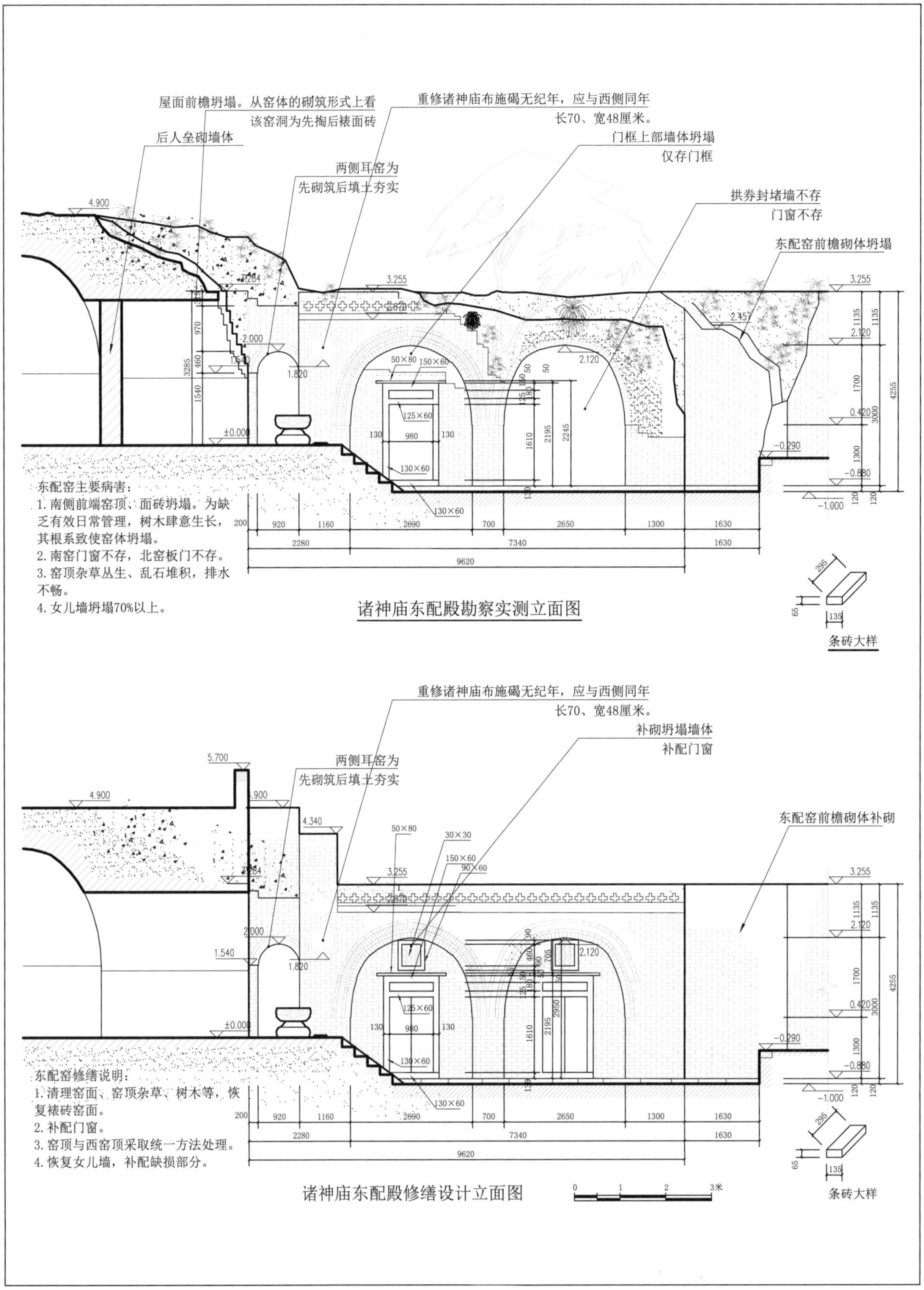

诸神庙东配殿勘察实测立面图

诸神庙东配殿修缮设计立面图

一六九　诸神庙东配殿立面图

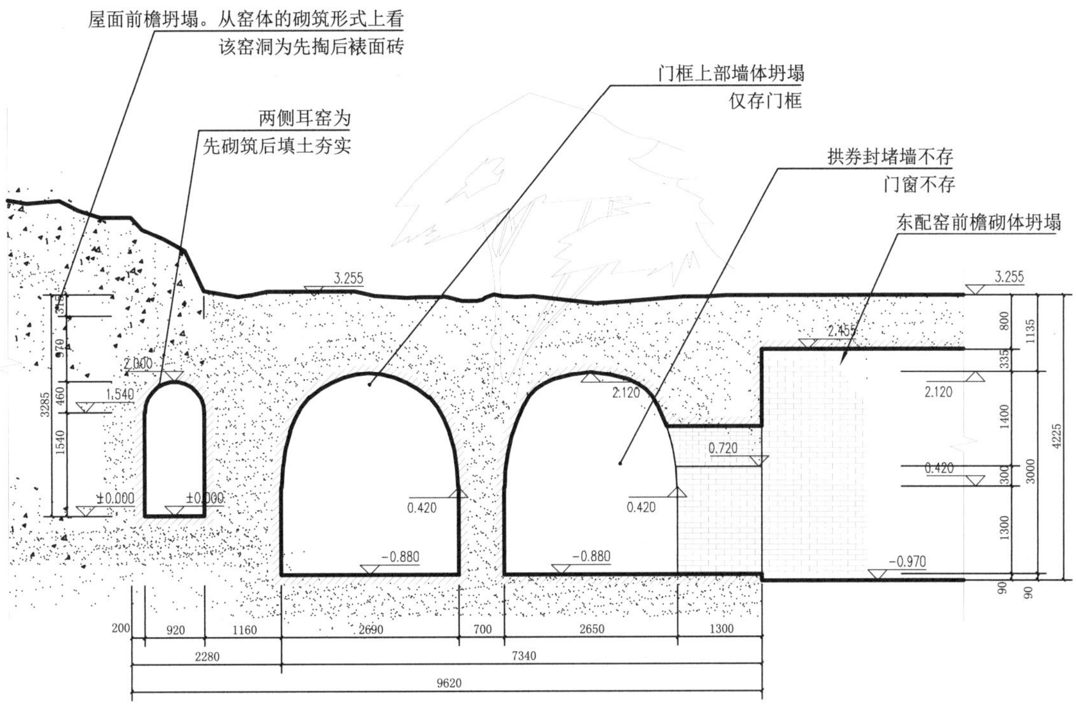

诸神庙东配殿勘察实测1-1剖面图

东配殿、东配窑主要修缮内容：
1. 补配前端窑顶及坍塌的面砖。
2. 依据西配殿北窑门窗，补配门窗。
3. 清理窑顶杂草，疏通排水。为更好地保护建筑及屋面排水，可在屋面铺设青条砖，排水方向由北向南，坡度2%，并在最南端设石质出水口。
4. 按原规制补配缺失的女儿墙。由于大殿屋面与两侧配殿屋面高差为2.23米，故为防止水土流失，破坏建筑，为此在其衔接处设九级砂石踏道。为人员安全起见，在屋面檐口处，随踏道设高低不等的女儿墙。此处原无踏道，为此次设计添加。

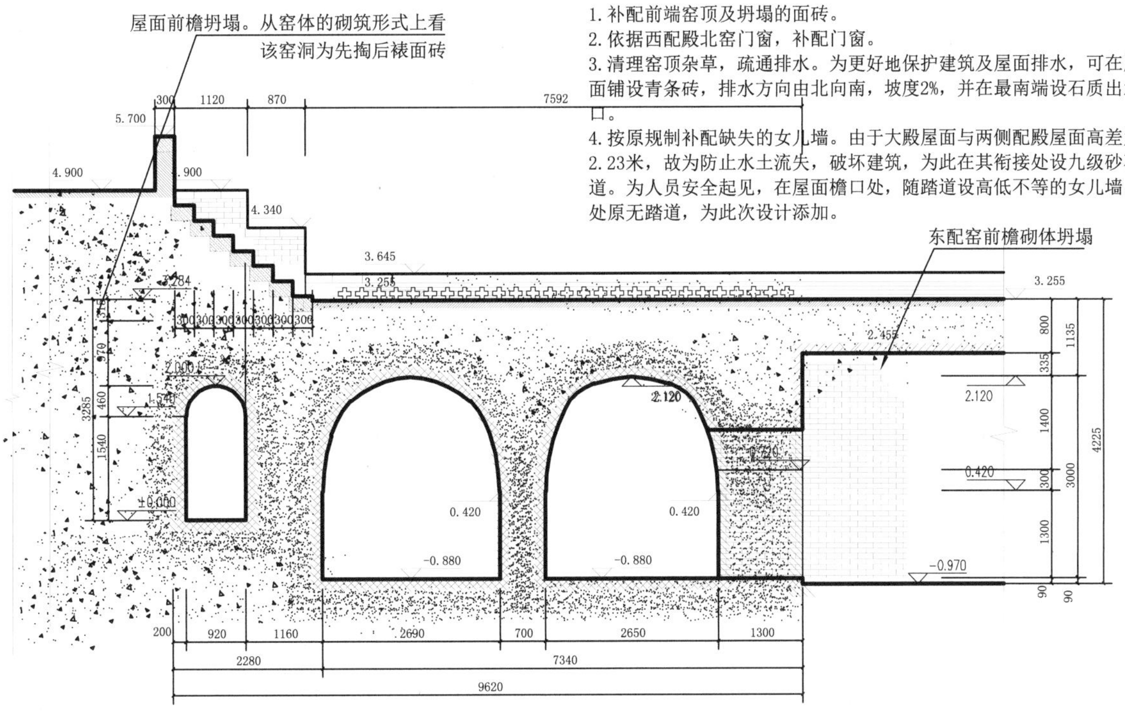

诸神庙东配殿修缮设计1-1剖面图

一七〇 诸神庙东配殿剖面图

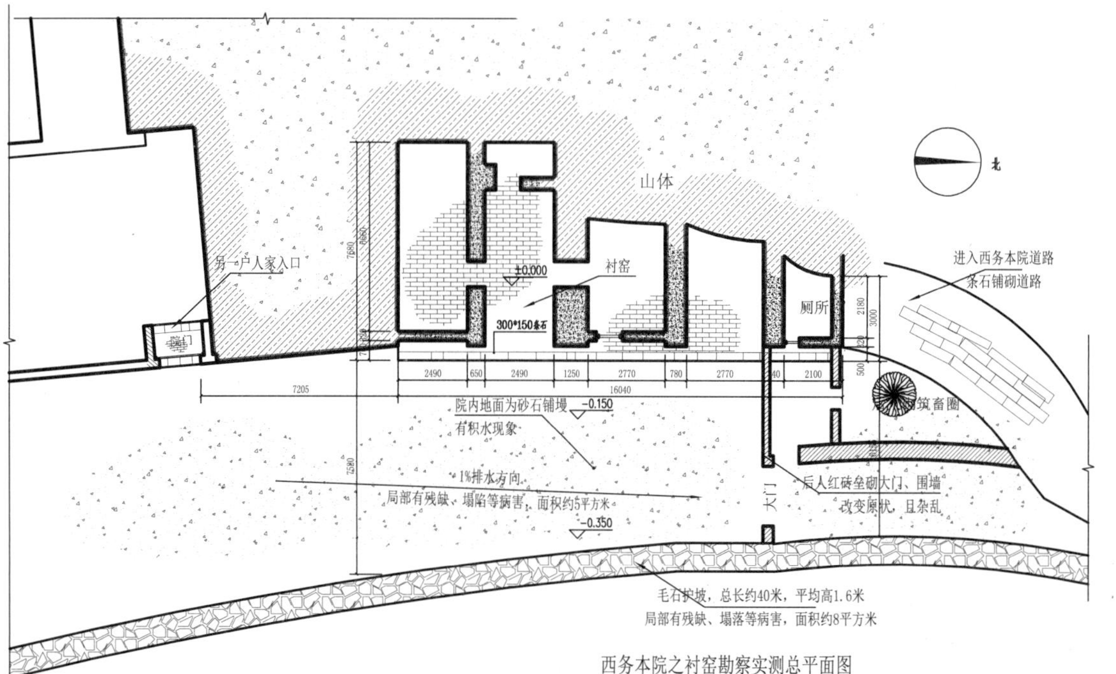

西务本院之衬窑勘察实测总平面图

勘察说明：

西务本院位于村落西北山顶位置。院落有下部衬窑支起平面。务本院为三孔窑、两孔窑呈递进式布局。由于该院落两组建筑，长期有人居住，故保养较好，无明显病害。因此，本次勘察重点为该院落下部衬窑。衬窑为五孔砖窑组成。窑体拱券无塌落、裂缝等危险病害。主要病害集中在窑面上。

1. 窑顶女儿墙杂乱，后人随意补砌。
2. 窑面墙体有酥碱、缺失现象，南窑南侧窑腿有坍塌现象。
3. 衬窑院有后人随意垒砌砖砌围墙、猪圈等，与环境极不相衬。
4. 衬窑东侧护坡为毛石、青砖混合垒砌，整体稳定，但局部有缺失、隆起等病害。坡体上杂草丛生，影响护坡安全。

修缮说明：

修缮原则：以消除安全隐患为最终目的，同时尽最大限度保持残损原状。

1. 依照南次间窑顶女儿墙为准，拆除后人随意砌筑部分，重新砌筑女儿墙。
2. 剔补窑面墙体酥碱、缺失砖体，补砌南窑南侧坍塌的窑腿。剔补原则详见修缮说明。

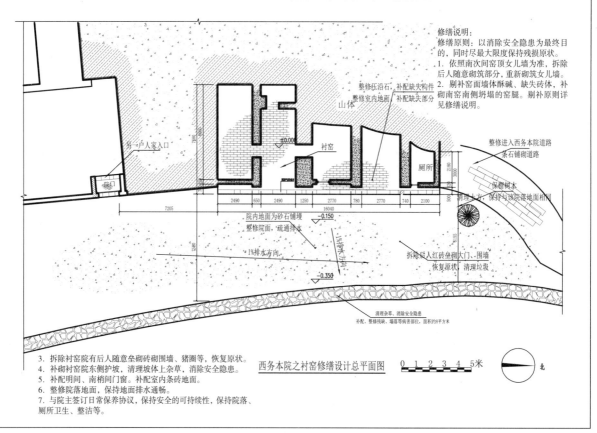

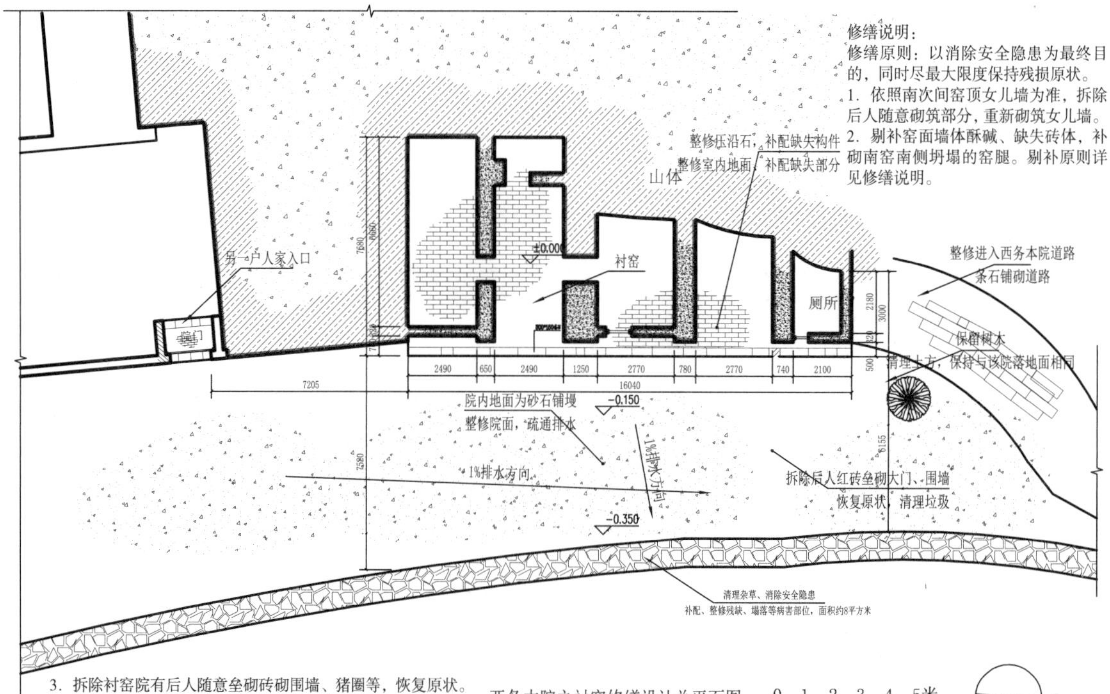

3. 拆除衬窑院有后人随意垒砌砖砌围墙、猪圈等，恢复原状。
4. 补砌衬窑院东侧护坡，清理坡体上杂草，消除安全隐患。
5. 补配明间、南梢间门窗。补配室内条砖地面。
6. 整修院落地面，保持地面排水通畅。
7. 与院主签订日常保养协议，保持安全的可持续性，保持院落、厕所卫生、整洁等。

西务本院之衬窑修缮设计总平面图 0 1 2 3 4 5米 北

一七一　西务本院之衬窑总平面图

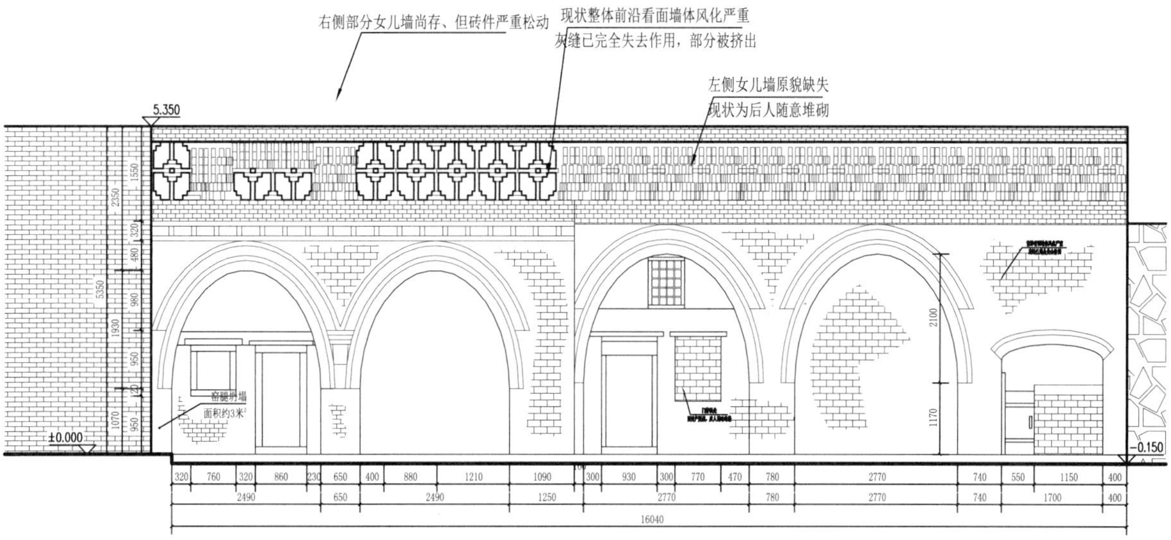

西务本院之衬窑勘察实测立面图

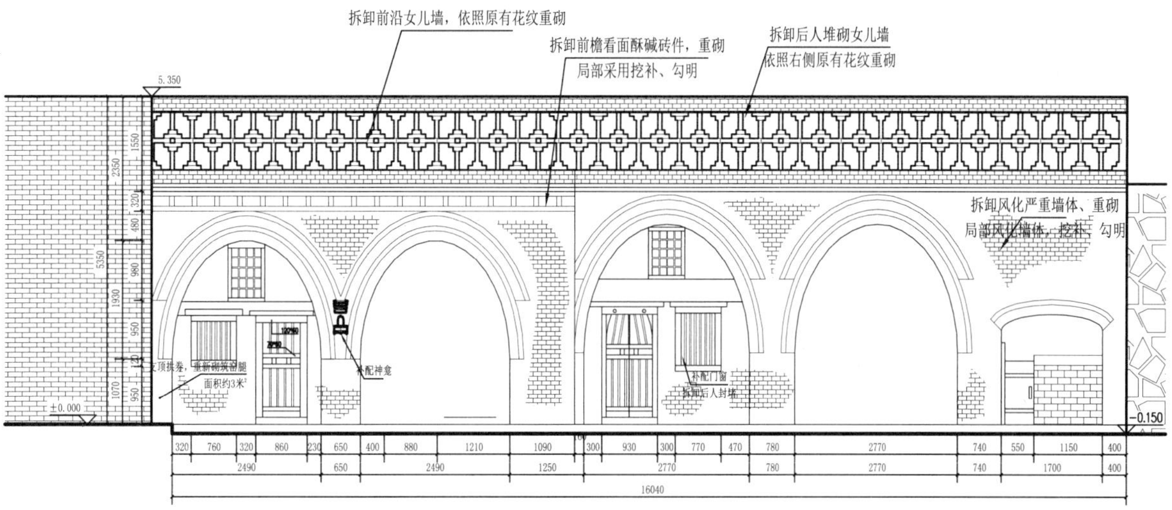

西务本院之衬窑修缮设计立面图 0 1 2 3米

一七二　西务本院之衬窑立面图

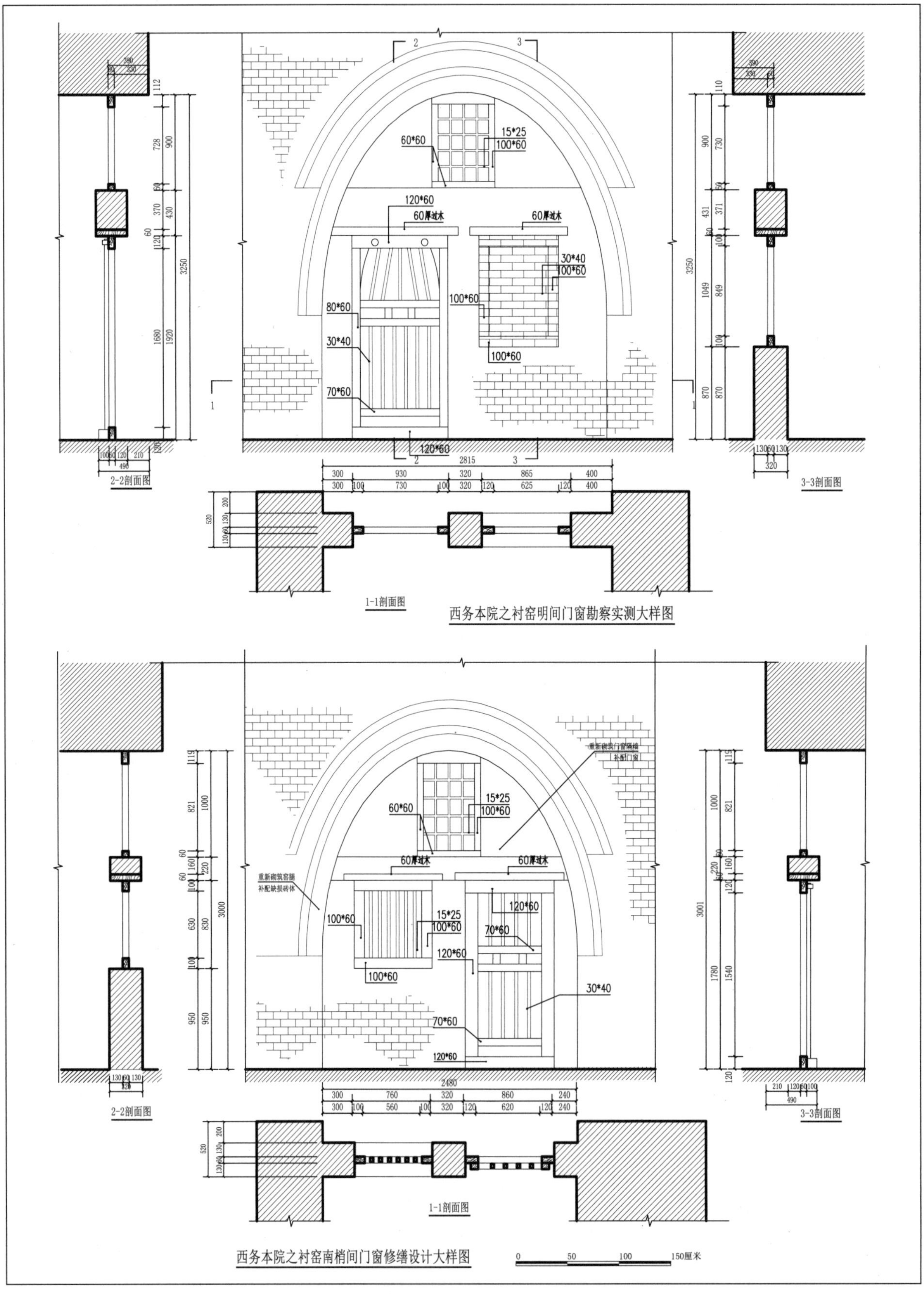

一七三　西务本院之衬窑门窗大样

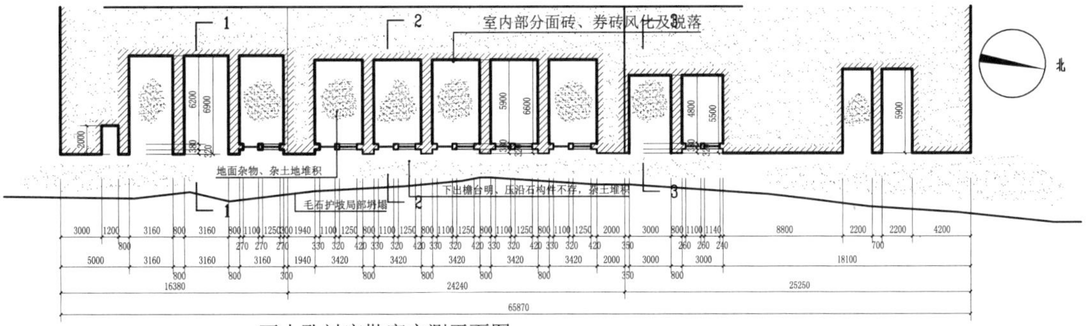

西十孔衬窑勘察实测平面图

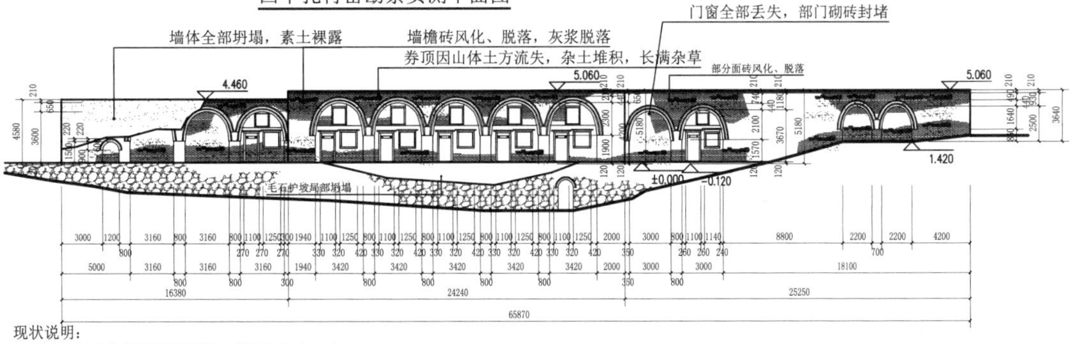

西十孔衬窑勘察实测正立面图

现状说明：

1. 西十孔衬窑位于涵辉院西侧二层台地之上，由南窑、中窑、北窑组成一道连续的窑洞。
2. 西十孔衬窑目前结构基本完整，但因年久失修及长期无人管理墙体局部坍塌，砖面大面积风化、脱落，砖檐风化及局部不完整，门窗大门丢失、改建，窑内券砖部分脱落。
3. 西十孔衬窑与下层台地高差最大为3.4米，在衬窑前砌有毛石护坡，因毛石护坡的坍塌，土方流失，目前窑洞前最窄处仅1.7米，上面行走极不安全。
4. 衬窑前及券顶目前杂土、杂物堆积，长满杂草。
5. 窑顶地面为自然土坡体，排水不畅。

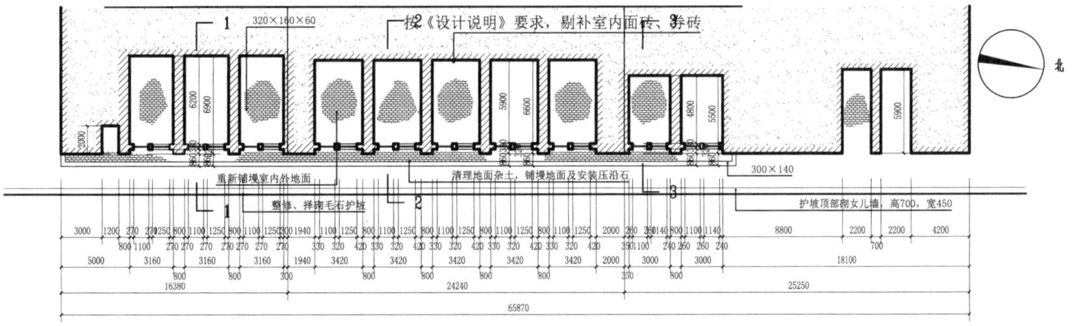

西十孔衬窑修缮设计平面图

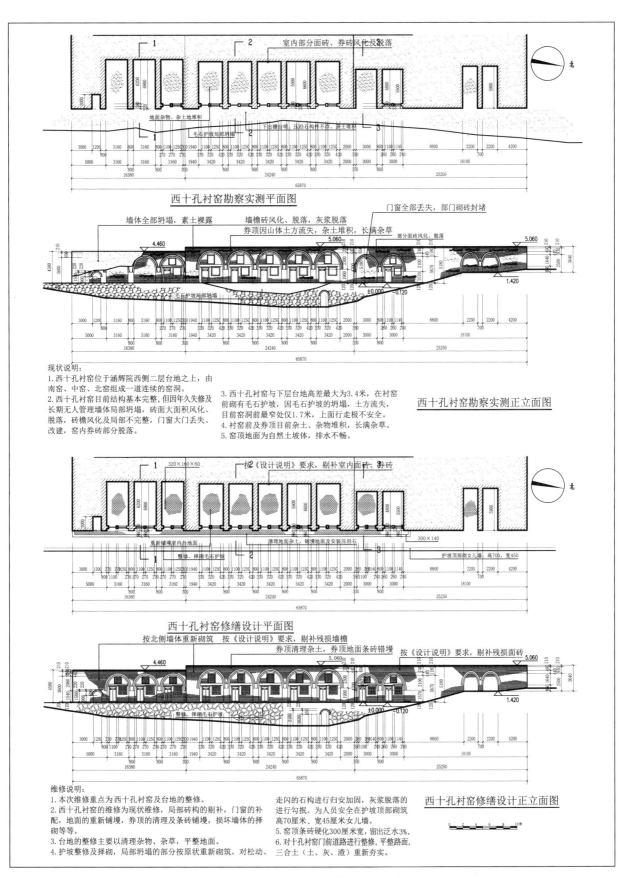

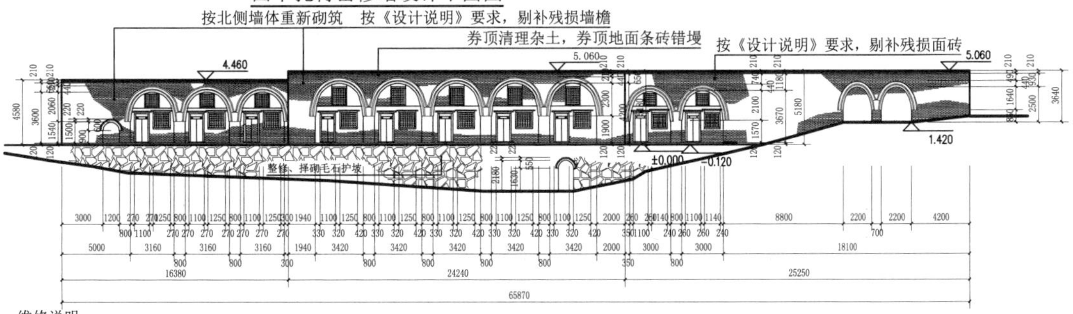

西十孔衬窑修缮设计正立面图

维修说明：

1. 本次维修重点为西十孔衬窑及台地的整修。
2. 西十孔衬窑的维修为现状维修，局部砖构的剔补，门窗的补配，地面的重新铺墁，券顶的清理及条砖铺墁，损坏墙体的择砌等等。
3. 台地的整修主要以清理杂物、杂草，平整地面。
4. 护坡整修及择砌，局部坍塌的部分按原状重新砌筑，对松动、走闪的石构进行归安加固，灰浆脱落的进行勾抿。为人员安全在护坡顶部砌筑高70厘米、宽45厘米女儿墙。
5. 窑顶条砖硬化300厘米宽，留出泛水3%。
6. 对十孔衬窑门前道路进行整修，平整路面，三合土（土、灰、渣）重新夯实。

一七四　西十孔衬窑平立面图

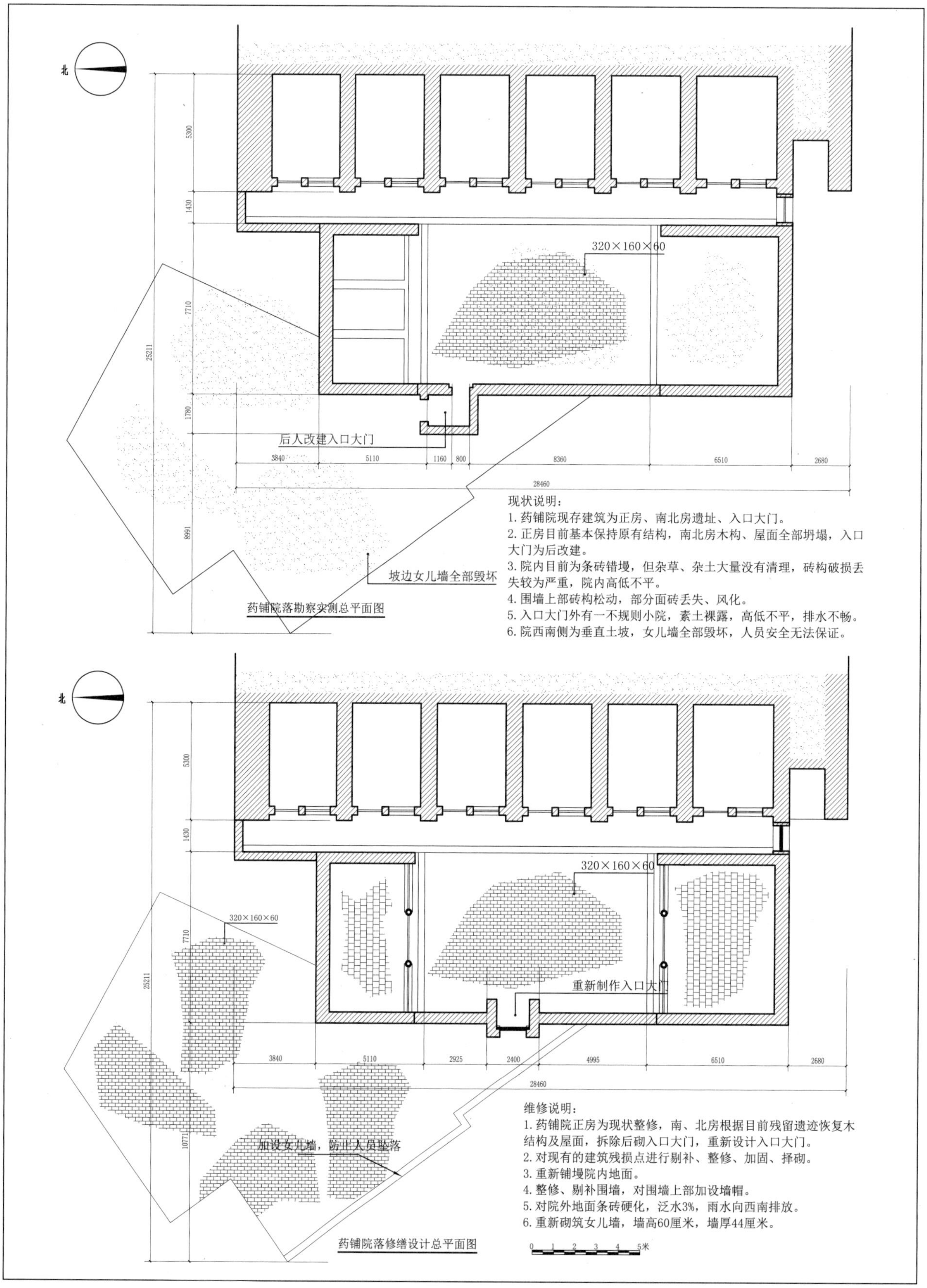
北
5300
1430
7710
1780
8991
25211
320×160×60
后人改建入口大门
3840
5110
1160
800
8360
6510
2680
28460
坡边女儿墙全部毁坏
药铺院落勘察实测总平面图
现状说明：
1. 药铺院现存建筑为正房、南北房遗址、入口大门。
2. 正房目前基本保持原有结构，南北房木构、屋面全部坍塌，入口大门为后改建。
3. 院内目前为条砖错墁，但杂草、杂土大量没有清理，砖构破损丢失较为严重，院内高低不平。
4. 围墙上部砖构松动，部分面砖丢失、风化。
5. 入口大门外有一不规则小院，素土裸露，高低不平，排水不畅。
6. 院西南侧为垂直土坡，女儿墙全部毁坏，人员安全无法保证。
北
5300
1430
7710
10771
25211
320×160×60
320×160×60
重新制作入口大门
3840
5110
2925
2400
4995
6510
2680
28460
加设女儿墙，防止人员坠落
药铺院落修缮设计总平面图
维修说明：
1. 药铺院正房为现状整修，南、北房根据目前残留遗迹恢复木结构及屋面，拆除后砌入口大门，重新设计入口大门。
2. 对现有的建筑残损点进行剔补、整修、加固、择砌。
3. 重新铺墁院内地面。
4. 整修、剔补围墙，对围墙上部加设墙帽。
5. 对院外地面条砖硬化，泛水3%，雨水向西南排放。
6. 重新砌筑女儿墙，墙高60厘米，墙厚44厘米。
0 1 2 3 4 5米

一七五　药铺总平面图

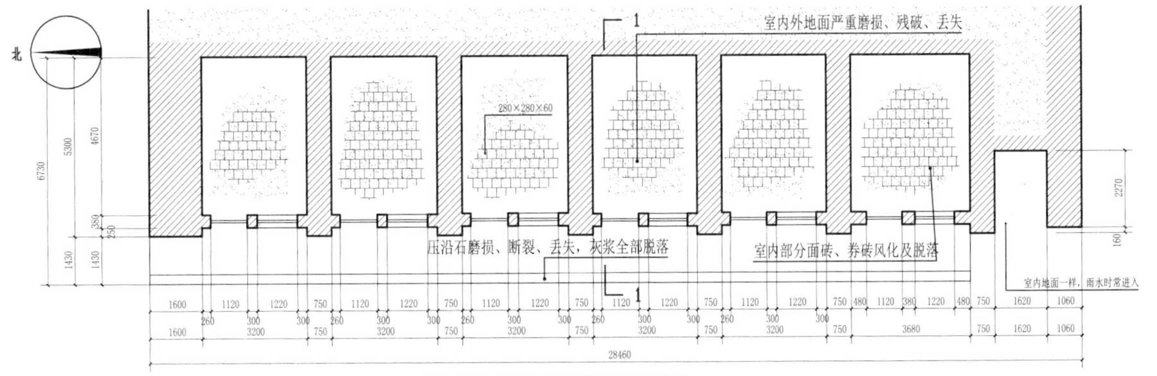

药铺院正房勘察实测平面图

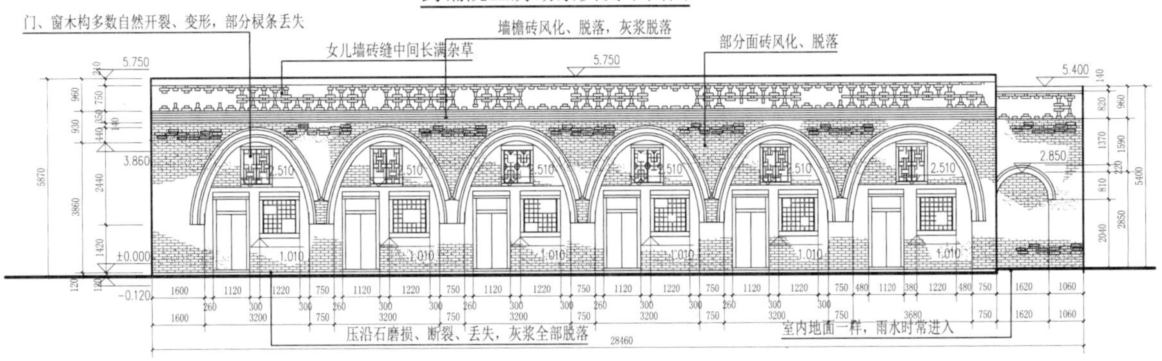

药铺院正房勘察实测正立面图

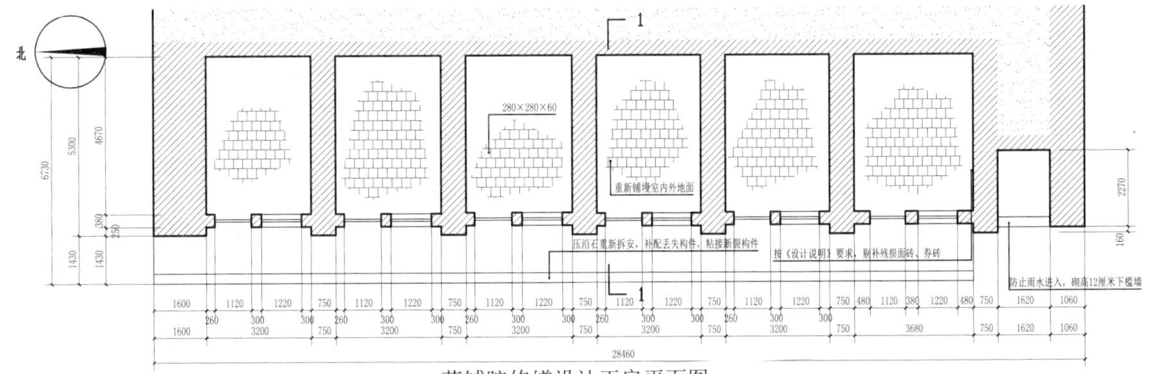

药铺院修缮设计正房平面图

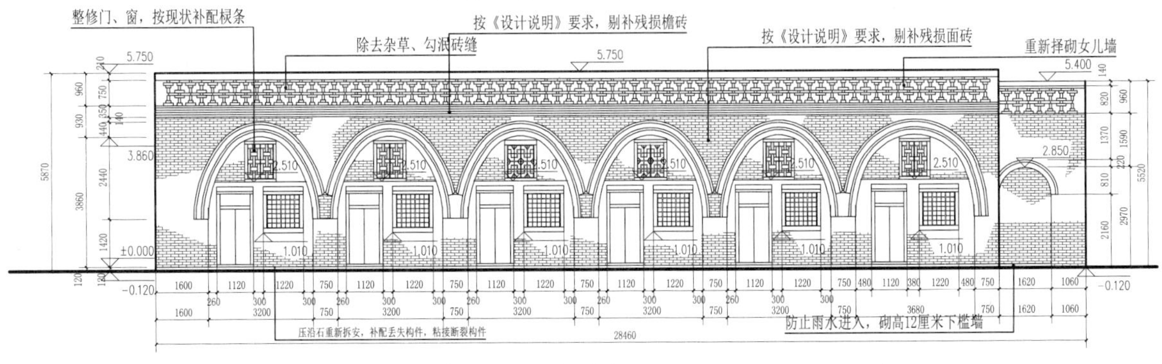

药铺院正房修缮设计正立面图

一七六　药铺正房平立面图

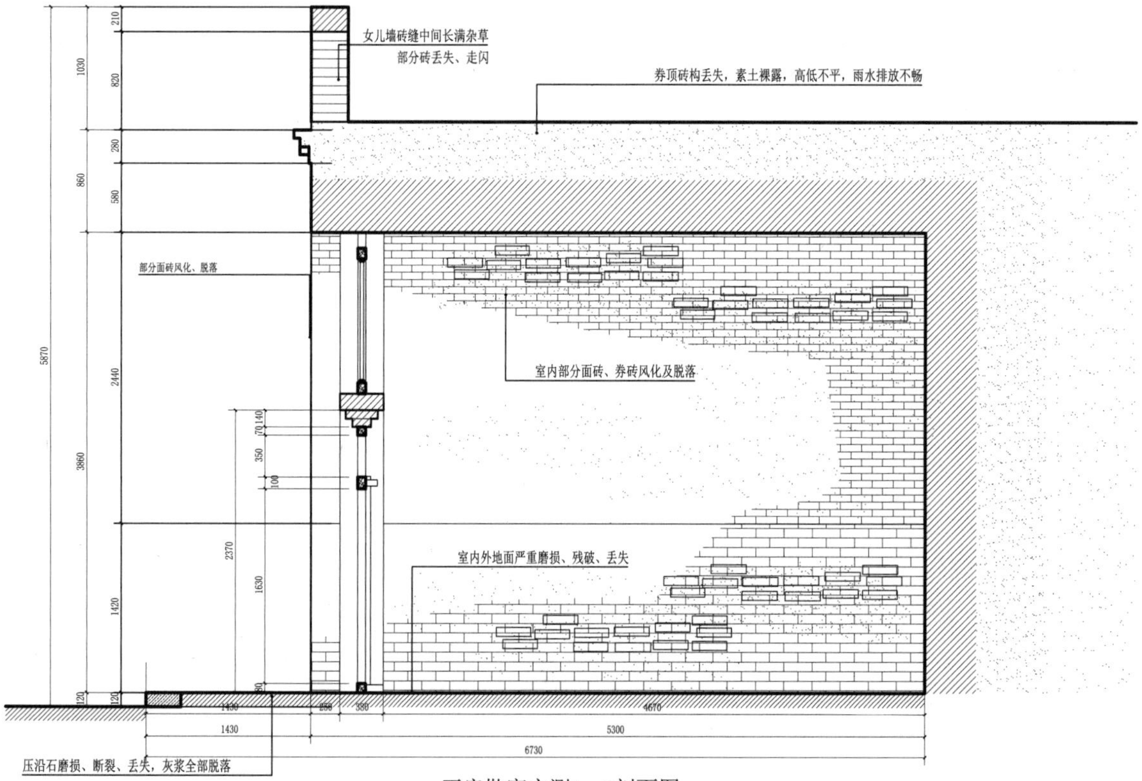

女儿墙砖缝中间长满杂草
部分砖丢失、走闪
券顶砖构丢失，素土裸露，高低不平，雨水排放不畅
部分面砖风化、脱落
室内部分面砖、券砖风化及脱落
室内外地面严重磨损、残破、丢失
压沿石磨损、断裂、丢失，灰浆全部脱落
正房勘察实测1—1剖面图
除去杂草、勾抿砖缝、补配丢失构件
券顶地面方砖（280×280×60）错墁，雨水向两侧排放，泛水3%
按《设计说明》要求，剔补残损面砖
按《设计说明》要求，剔补室内面砖、券砖
重新铺墁室内外地面
压沿石重新拆安，补配丢失构件，粘接断裂构件
正房修缮设计1—1剖面图
0 50 100 150厘米

一七七　药铺正房剖面图

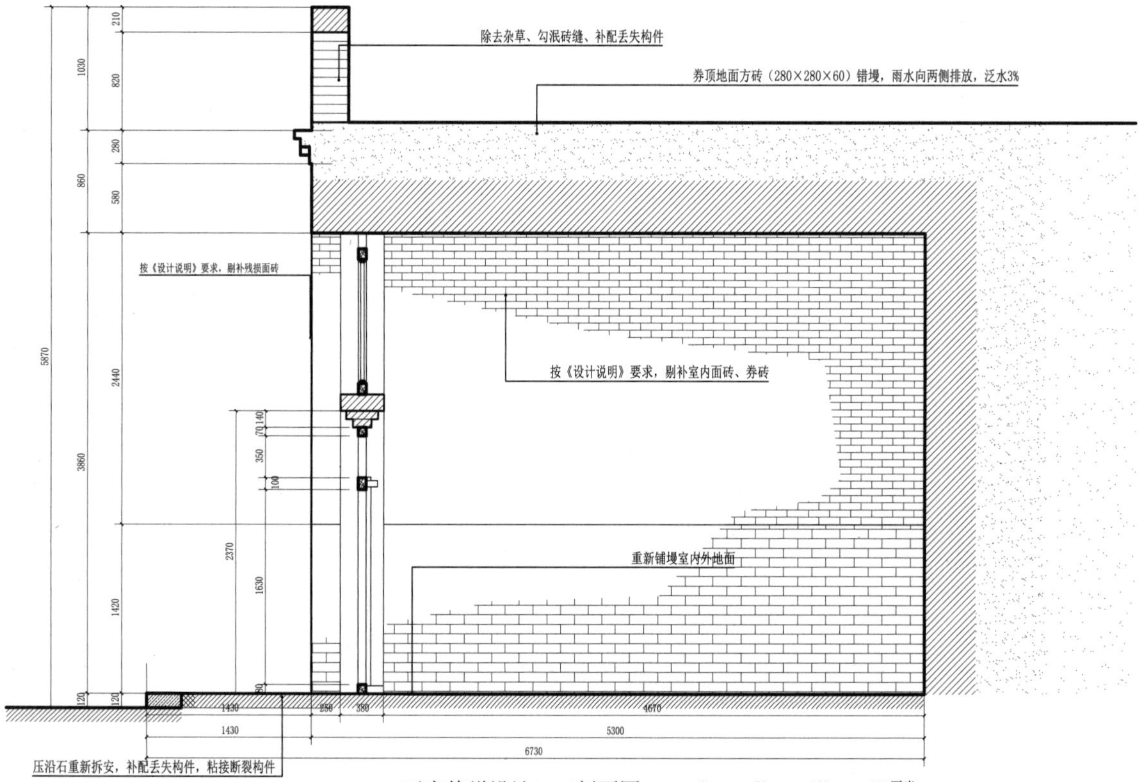

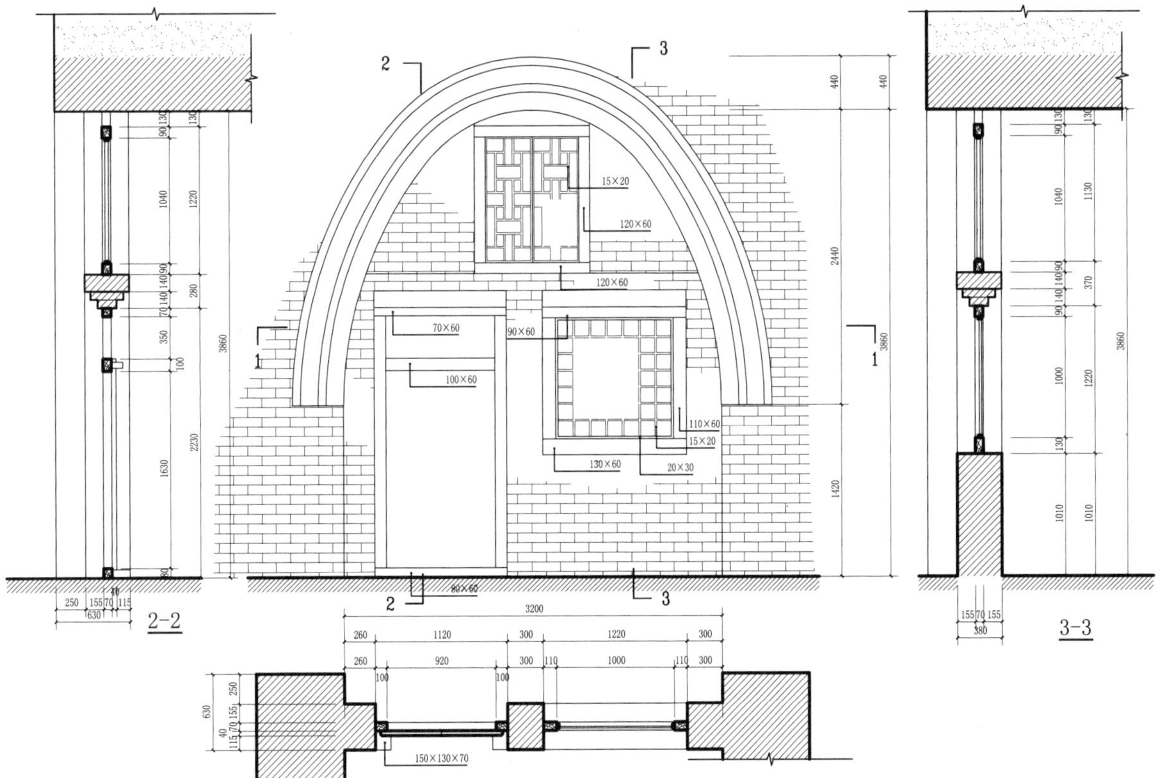

正房次梢间门窗勘察实测大样图

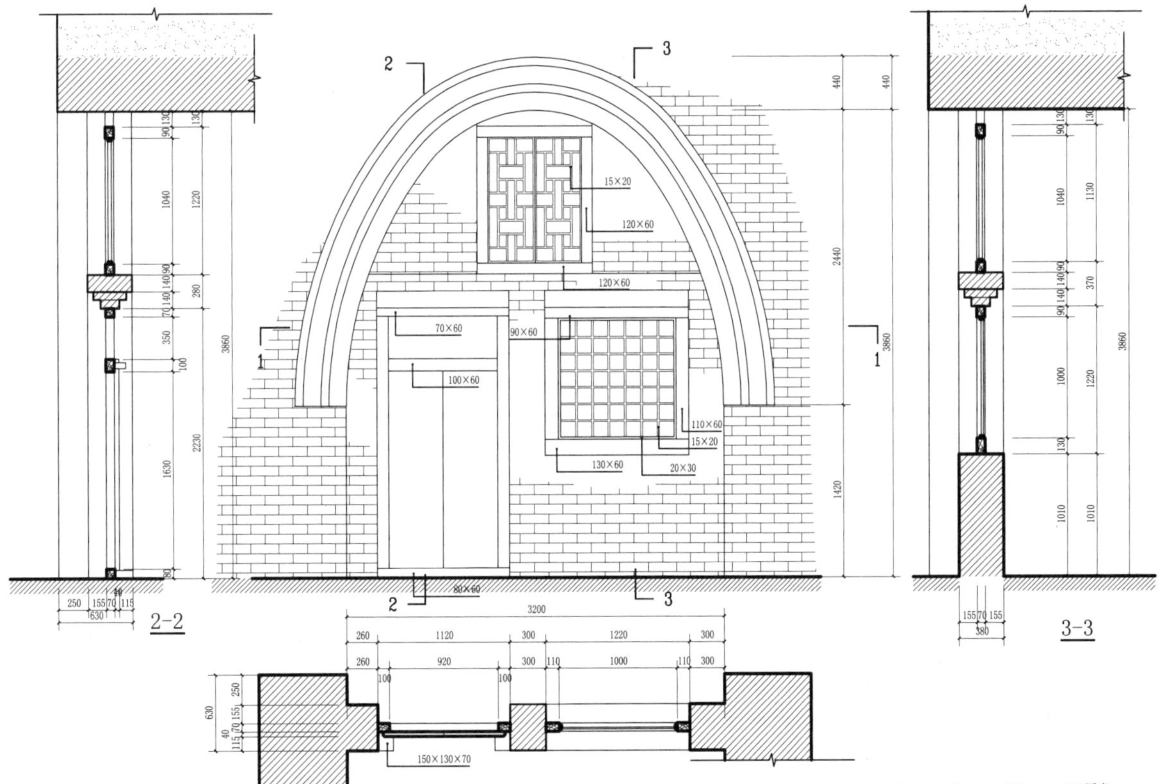

正房次梢间门窗修缮设计大样图

一七八　药铺正房门窗大样图

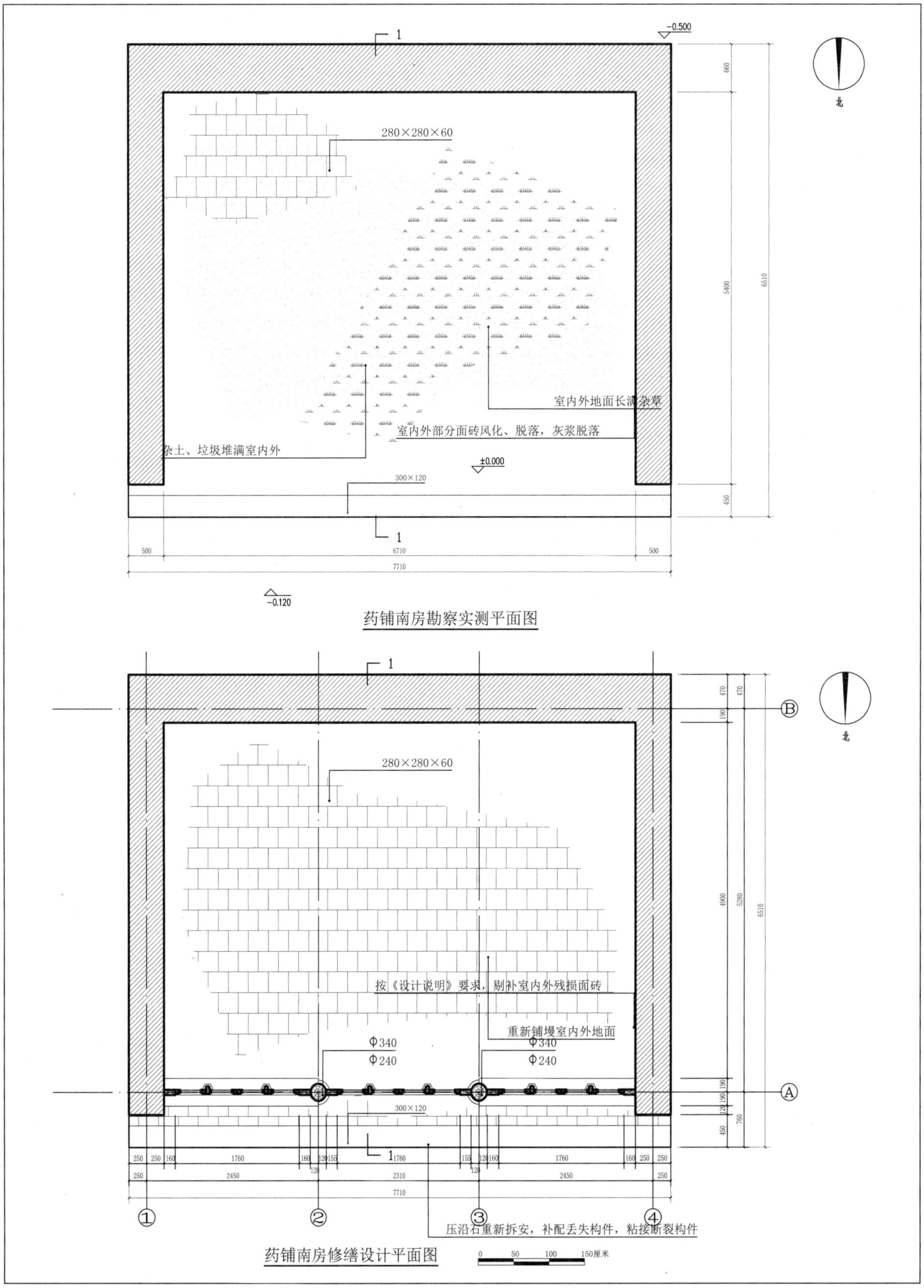
280×280×60
室内外地面长满杂草
室内外部分面砖风化、脱落，灰浆脱落
杂土、垃圾堆满室内外
300×120
±0.000
-0.500
-0.120
药铺南房勘察实测平面图
280×280×60
按《设计说明》要求，剔补室内外残损面砖
重新铺墁室内外地面
Φ340
Φ240
Φ340
Φ240
300×120
压沿石重新拆安，补配丢失构件，粘接断裂构件
药铺南房修缮设计平面图
0 50 100 150厘米

一七九　药铺南房平面图

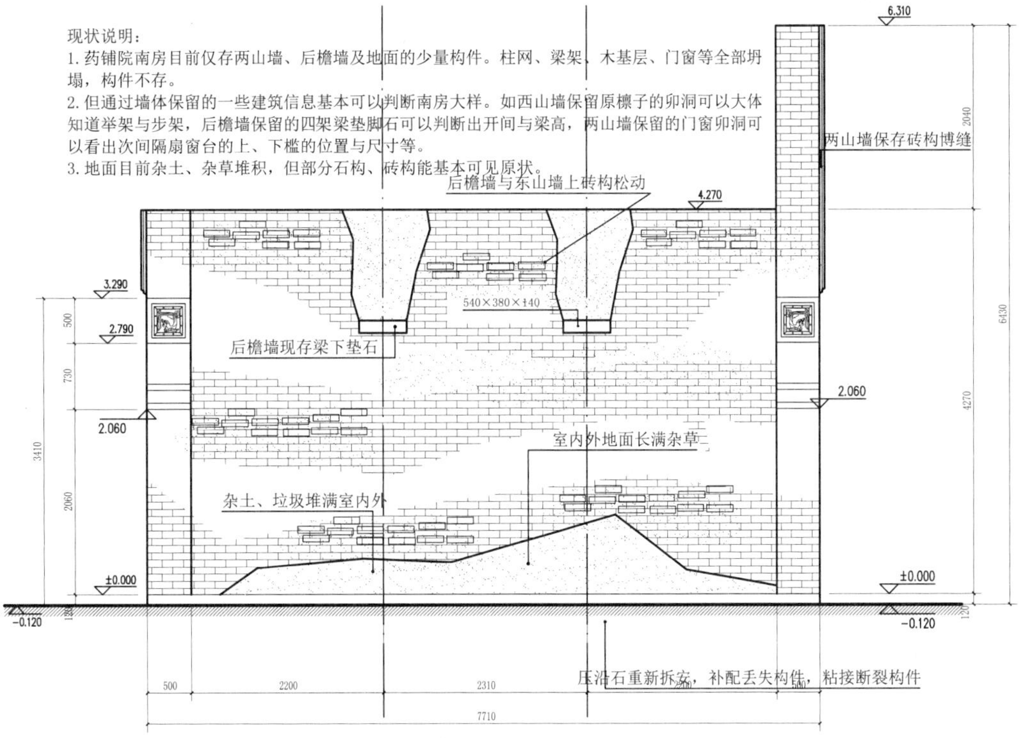
现状说明：
1. 药铺院南房目前仅存两山墙、后檐墙及地面的少量构件。柱网、梁架、木基层、门窗等全部坍塌，构件不存。
2. 但通过墙体保留的一些建筑信息基本可以判断南房大样。如西山墙保留原檩子的卯洞可以大体知道举架与步架，后檐墙保留的四架梁垫脚石可以判断出开间与梁高，两山墙保留的门窗卯洞可以看出次间隔扇窗台的上、下槛的位置与尺寸等。
3. 地面目前杂土、杂草堆积，但部分石构、砖构能基本可见原状。
两山墙保存砖构博缝
后檐墙与东山墙上砖构松动
后檐墙现存梁下垫石
室内外地面长满杂草
杂土、垃圾堆满室内外
压沿石重新拆安，补配丢失构件，粘接断裂构件
540×380×140
6.310
4.270
3.290
2.790
2.060
±0.000
-0.120
500
2200
2310
7710
南房勘察实测正立面图

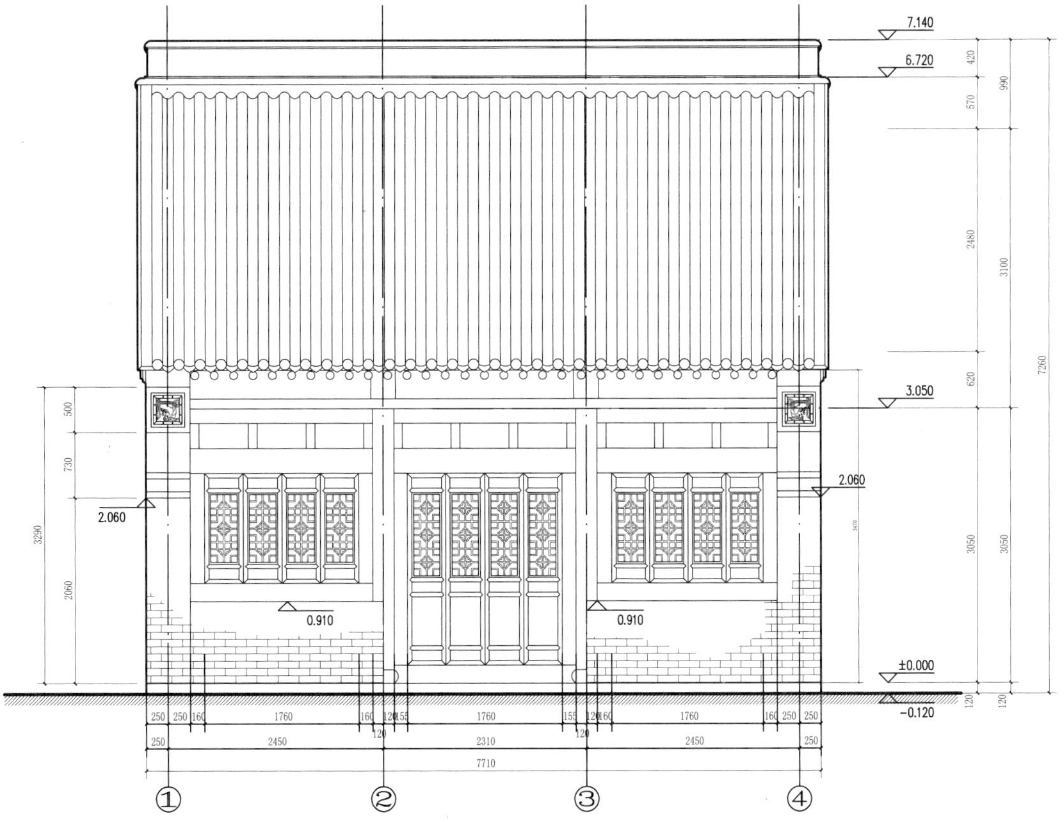
7.140
6.720
3.050
2.060
0.910
±0.000
-0.120
250
2450
2310
1760
7710
①
②
③
④
0 50 100 150厘米
南房修缮设计正立面图

一八〇　药铺南房立面图

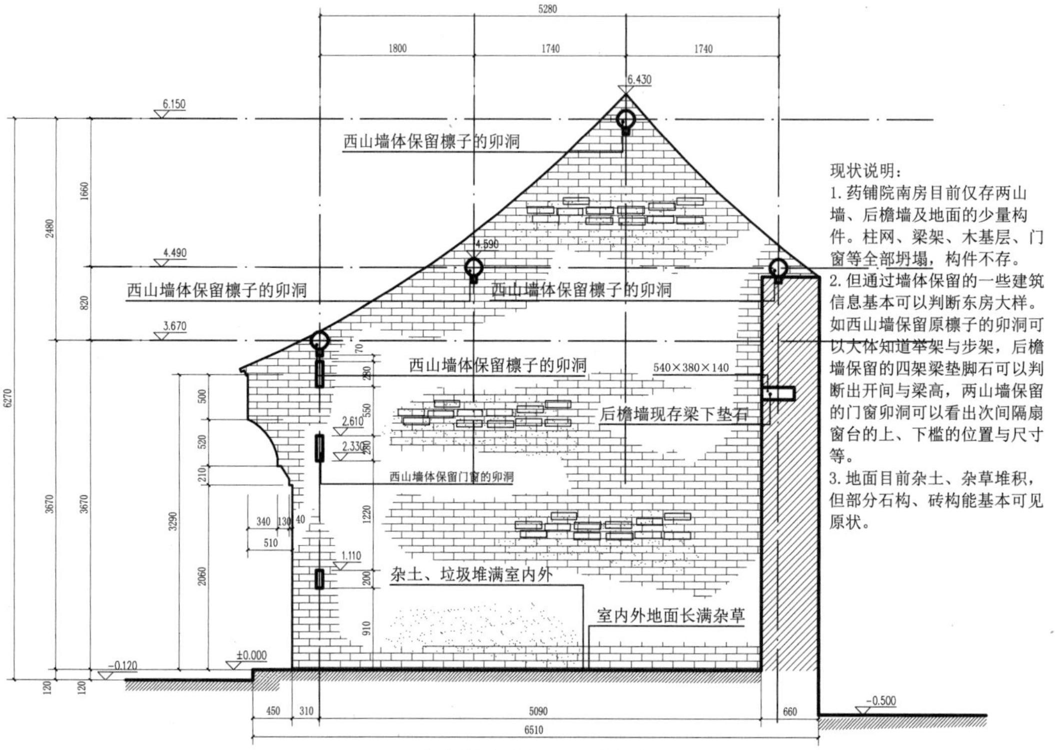

南房勘察实测1—1剖面图

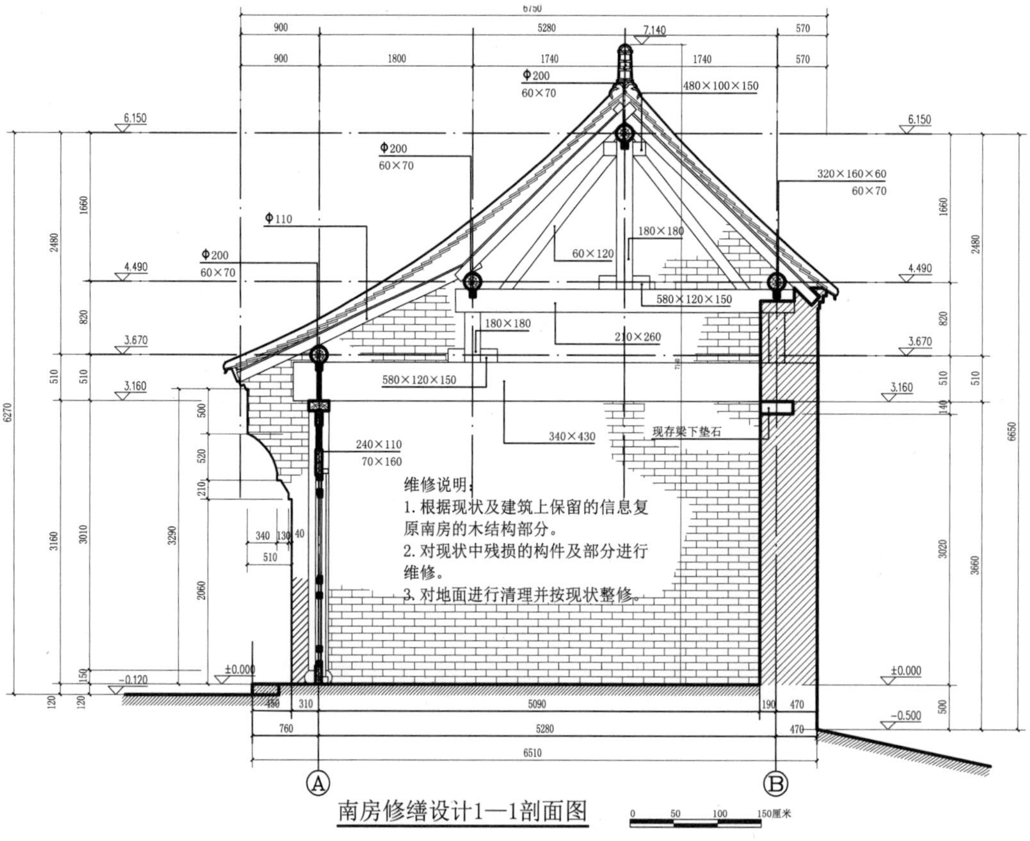

维修说明：
1. 根据现状及建筑上保留的信息复原南房的木结构部分。
2. 对现状中残损的构件及部分进行维修。
3. 对地面进行清理并按现状整修。
现存梁下垫石

南房修缮设计1—1剖面图

一八一　药铺南房剖面图

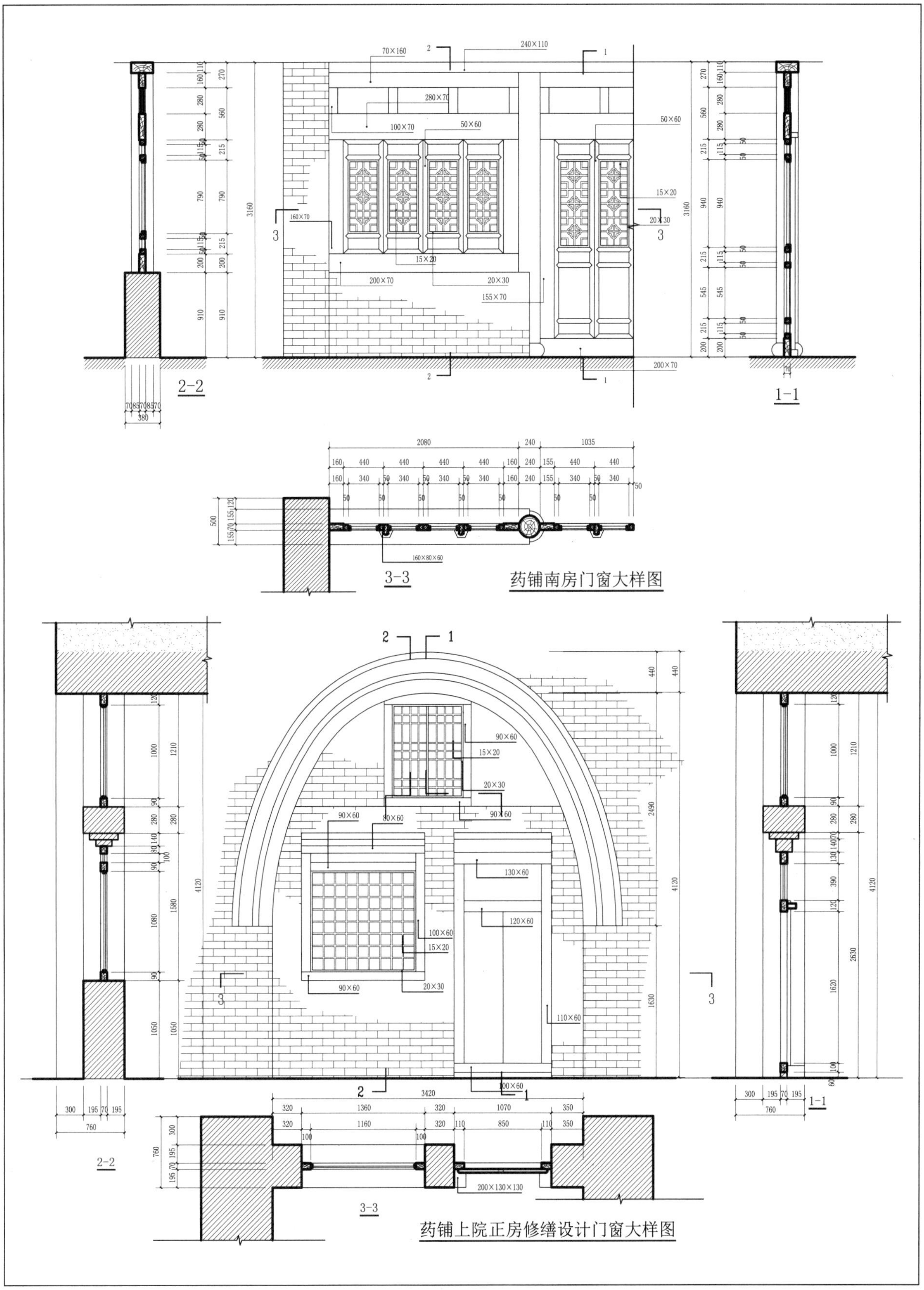

一八二　药铺门窗大样图

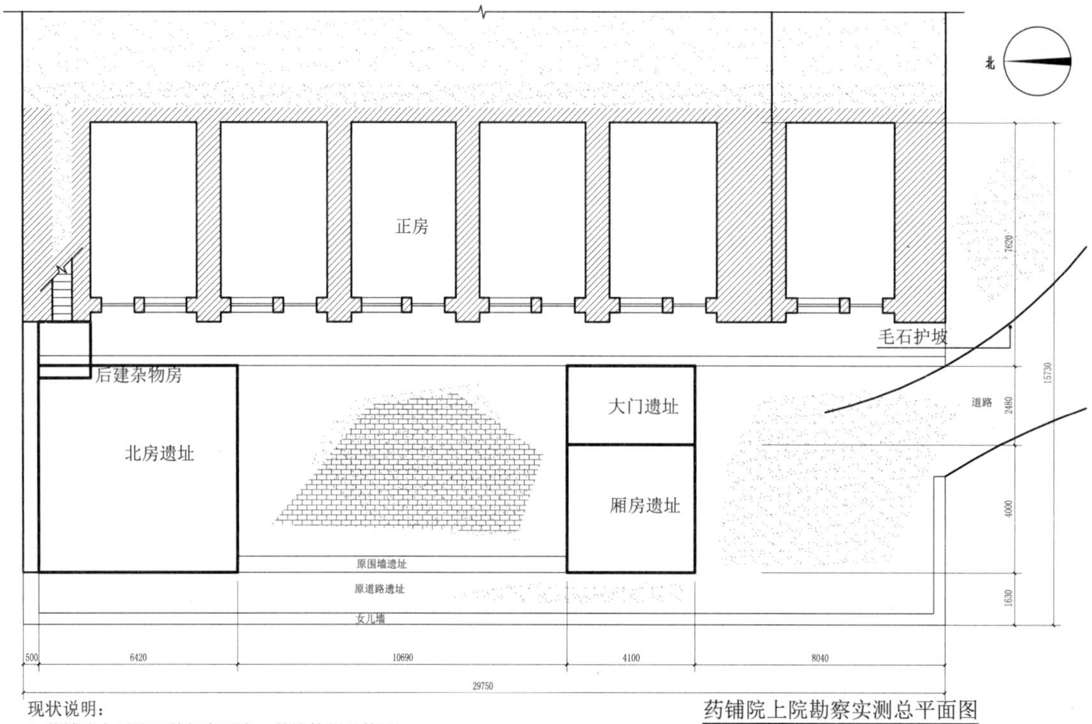

药铺院上院勘察实测总平面图

现状说明：
1. 药铺院上层院目前仅存正房，并比较明显的可见入口大门、北房、厢房的遗址。
2. 正房因年久失修，及后人使用中的局部改动，造成一些建筑残损外，现存基本完整。几处遗址目前清晰可见建筑压沿石及墙体基础。
3. 院内条砖丢失、破损较多，大面积素土裸露。院内高低不平，排水不畅。
4. 入口东侧较高，砌筑一段毛石护坡，目前有部分走闪，脱落的石构，灰浆几乎全部脱落。
5. 建筑周边杂草、杂物较多。

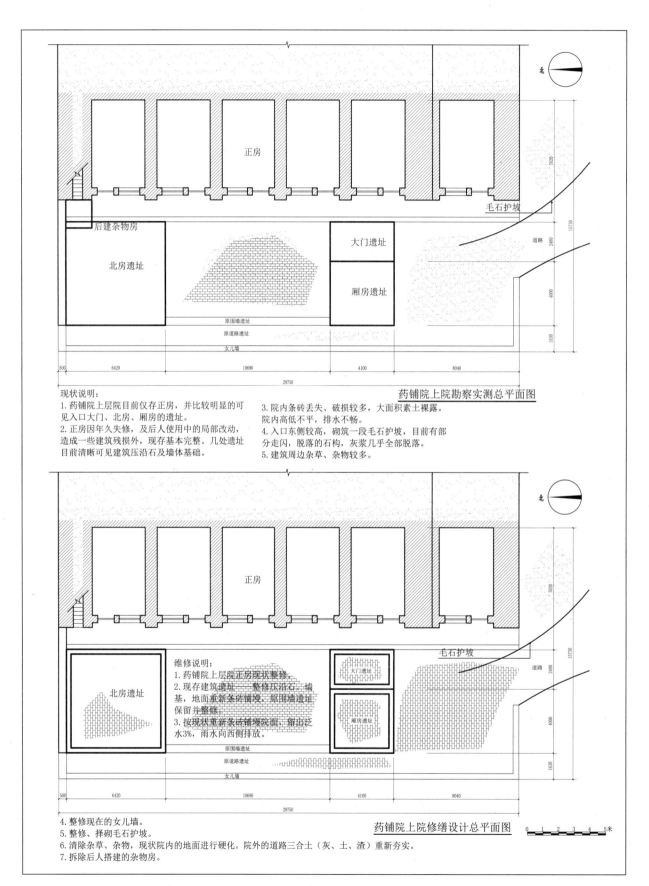

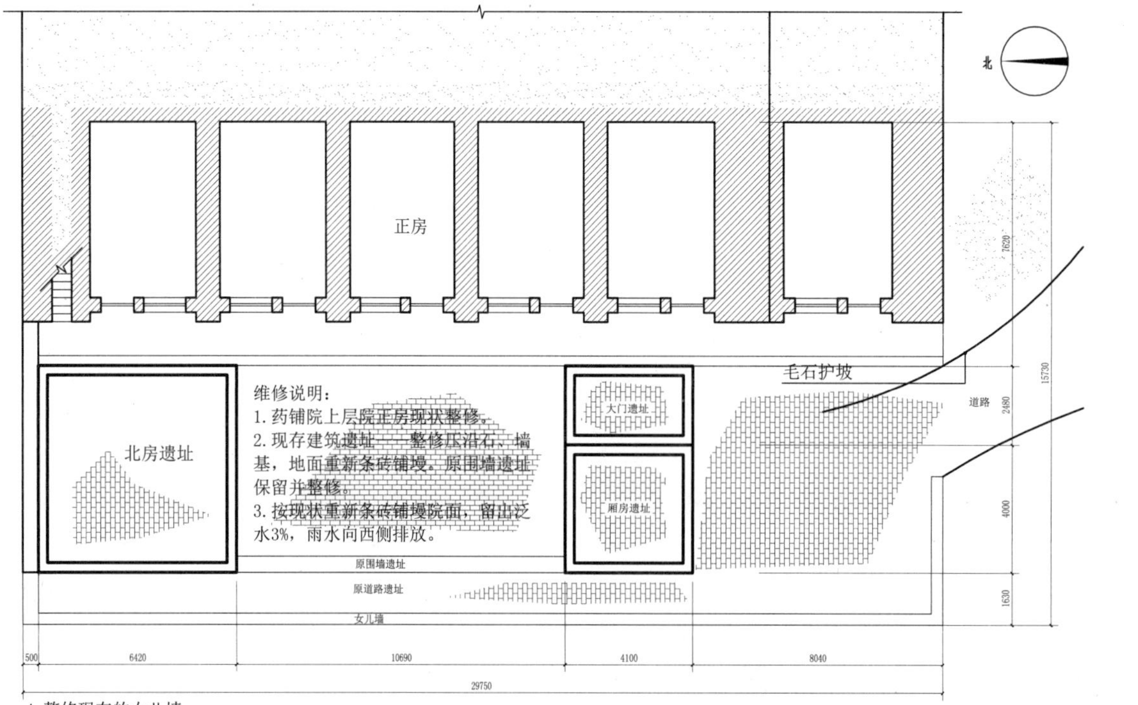

药铺院上院修缮设计总平面图

4. 整修现在的女儿墙。
5. 整修、择砌毛石护坡。
6. 清除杂草、杂物，现状院内的地面进行硬化。院外的道路三合土（灰、土、渣）重新夯实。
7. 拆除后人搭建的杂物房。

一八三　药铺上院平面图

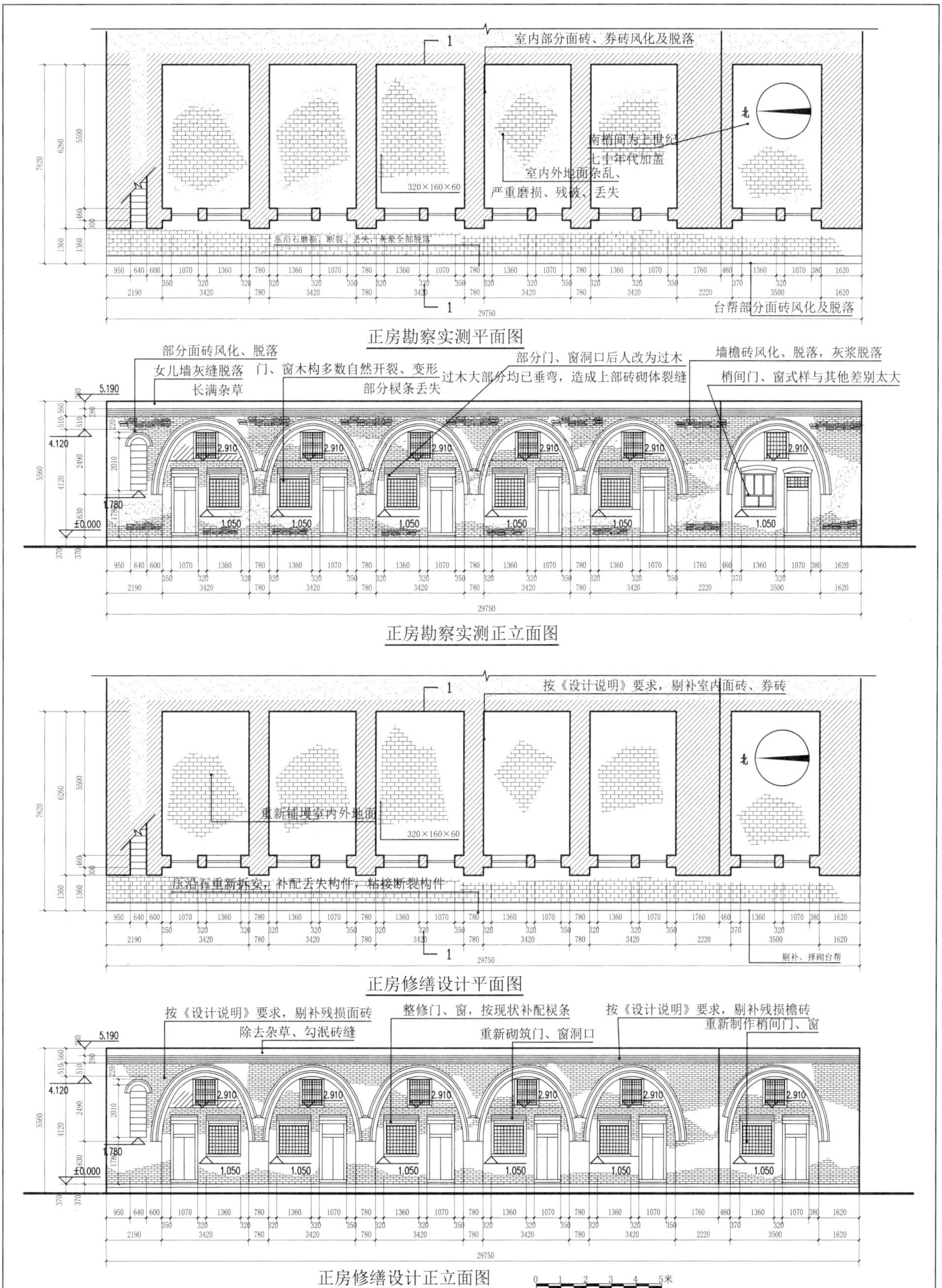

一八四　药铺上院正房平面、立面图

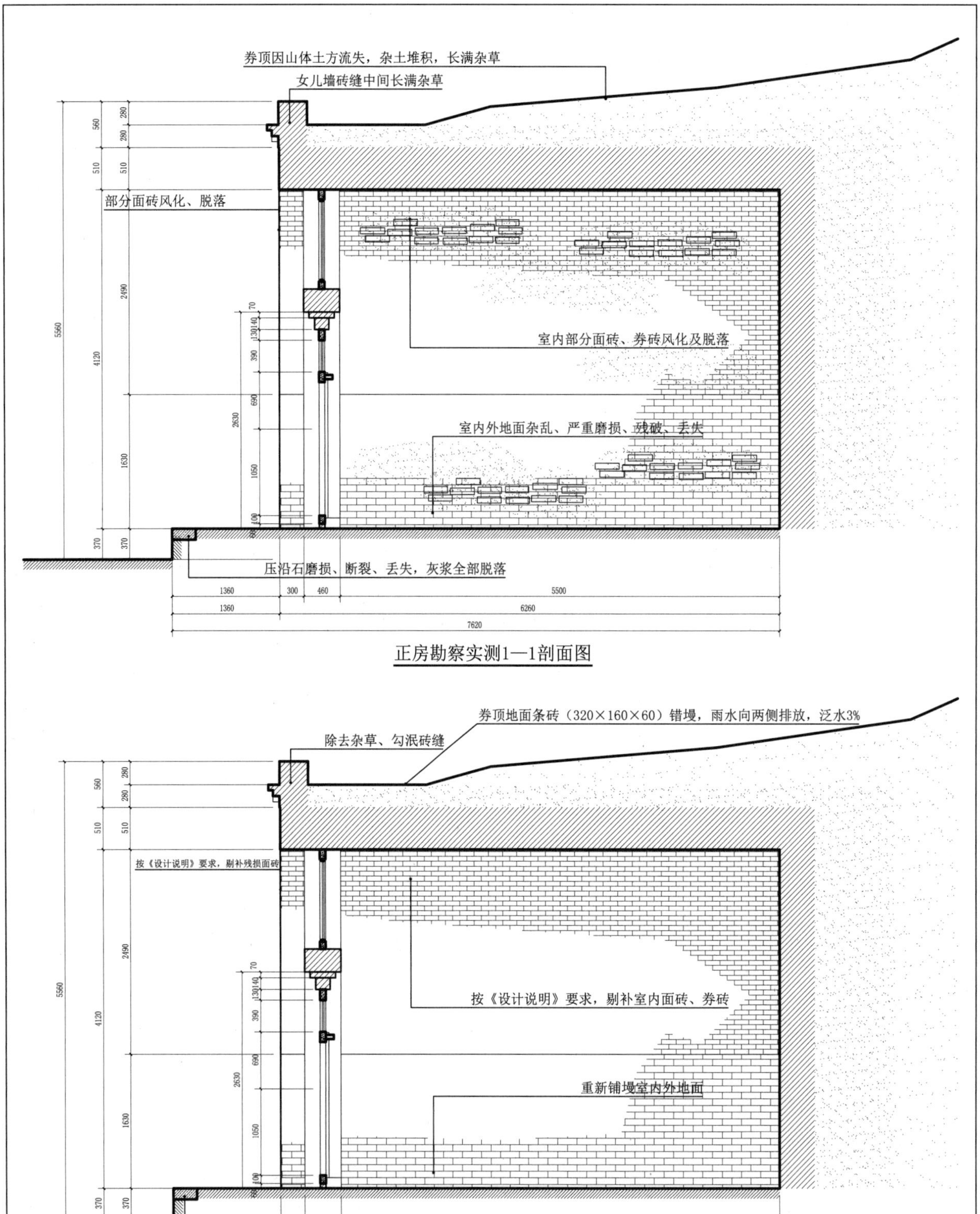
券顶因山体土方流失，杂土堆积，长满杂草
女儿墙砖缝中间长满杂草
部分面砖风化、脱落
室内部分面砖、券砖风化及脱落
室内外地面杂乱、严重磨损、残破、丢失
压沿石磨损、断裂、丢失，灰浆全部脱落
正房勘察实测1—1剖面图
券顶地面条砖（320×160×60）错墁，雨水向两侧排放，泛水3%
除去杂草、勾泯砖缝
按《设计说明》要求，剔补残损面砖
按《设计说明》要求，剔补室内面砖、券砖
重新铺墁室内外地面
压沿石重新拆安，补配丢失构件，粘接断裂构件
正房修缮设计1—1剖面图
0 50 100 150厘米

一八五　药铺上院正房剖面图

彩 色 图 版

一　师家沟巩固院全景

二　树德院正房二层现状

三　树德院二进正房平身科斗栱

四　树德院二进正房柱头两侧云墩

五　树德院二进正房二层梁架结构

六　树德院二进正房二层梁头细部

七　树德院二进正房二层门窗

八　树德院二进正房二层明间匾额

九　树德院二进正房二层明间脊檩题记

一〇　树德院二进正房二层台明

一一　树德院二进正房柱础石

一二　树德院二进正房瓦作

一三　树德院二进东厢房正立面

一四　树德院二进西厢房门窗式样

一五　树德院一进过厅南立面

一六　树德院一进过厅北立面

一七　树德院一进过厅梁架

一八　树德院一进过厅题记

一九　树德院一进过厅墀头

二〇　树德院倒座正立面

二一　树德院倒座梁架

二二　树德院倒座门窗细部

二三　树德院倒座匾额

二四　树德院倒座墀头局部

二五　树德院一进西厢房

二六　树德院一进西厢房神龛

二七　敦本堂院门

二八　敦本堂院门檐部及匾额

二九　敦本堂院门背立面

三〇　敦本堂院二门正立面

三一　竹苞院全景

三二　竹苞院正房正立面

三三　竹苞院正房明间门窗

三四　竹苞院正房次间门窗

三五　竹苞院南厢房

三六　竹苞院北厢房

三七　竹苞院倒座

三八　竹苞院倒座梁架

三九　竹苞院北跨院

四〇　竹苞院南跨院

四一　竹苞院南门

四二　竹苞院二门正立面

四三　竹苞院二门檐部斗栱及木雕

四四　竹苞院二门板门式样

四五　竹苞院大门正立面

四六　竹苞院大门背立面

四七　竹苞院大门外影壁

四八　竹苞院内影壁

四九　竹苞院大门匾额

五〇　竹苞院北门匾额

五一　竹苞院倒座匾额

五二　正房二层勾栏做法

五三　竹苞院倒座墀头及脊饰

五四　竹苞院倒座勾头及滴水脊饰

五五　瑞气凝院落全景

五六　瑞气凝院门

五七　瑞气凝院门门额局部

五八　瑞气凝二层院一进正房与二进正房相接处

五九　瑞气凝院马棚正立面

六〇　瑞气凝院马棚背立面

六一　瑞气凝院马棚明间门廊

六二　瑞气凝院马棚明间门廊背立面

六三　瑞气凝二层二进（赐福院）正房

六四　瑞气凝二层三进（诒穀处）门楼

六五　瑞气凝二层三进（诒穀处）门楼檐部木雕

六六　诒穀院正房

六七　诒穀院南厢房

六八　诒穀院北厢房

六九　诒穀院北厢房二层梁架

七〇　诒穀院北厢房二层平身科斗栱

七一　诒穀院倒座遗址

七二　诒榖院正房踏步

七三　诒榖院正房一层明间门窗

七四　诒榖院正房一层次间门窗

七五　诒穀院正房二层插廊墀头

七六　诒穀院北厢房二层墀头

七七　诒穀院北厢房二层后檐墀头

七八　瑞气凝院一层工院内院正房正立面

七九　瑞气凝院西南角楼

八〇　瑞气凝院三层院正房

八一　瑞气凝院三层院南厢房遗址

八二　诒榖院二层东门外景

八三　师家沟循理、处善院全景

八四　循理大门

八五　循理大门背立面

八六　循理二门

八七　循理二门背立面

八八　循理院正房

八九　循理正房窗大样

九〇　循理正房门上匾额

九一　循理二进院东厢房

九二　循理二进院西厢房

九三　循理一进院西厢房遗址

九四　处善大门背立面

九五　北海风正立面

九六　北海风背立面

九七　处善二门遗址

九八　处善院正房

九九　处善院二进东厢房

一〇〇　循理处善二进院地面铺设规制

一〇一　处善一进院东厢房遗址

一〇二　月亮门

一〇三　循理大门两侧影壁

一〇四　循理大门柱础石

一〇五　循理院院墙脊饰

一〇六　循理一进院东厢房墀头

一〇七　月亮门墀头

一〇八　上马石

一〇九　大门铺首

一一〇　房门门锁

一一一　东山气砖雕匾额

一一二　循理院二门敦厚堂木雕匾额

一一三　循理院正房次间上槛墙做法

一一四　务本院门楼

一一五　务本院门楼檐部砖雕

一一六　务本院门楼背面檐部

一一七　务本院内独立影壁

一一八　务本院工房遗址

一一九　务本院正房

一二〇　务本院东厢房

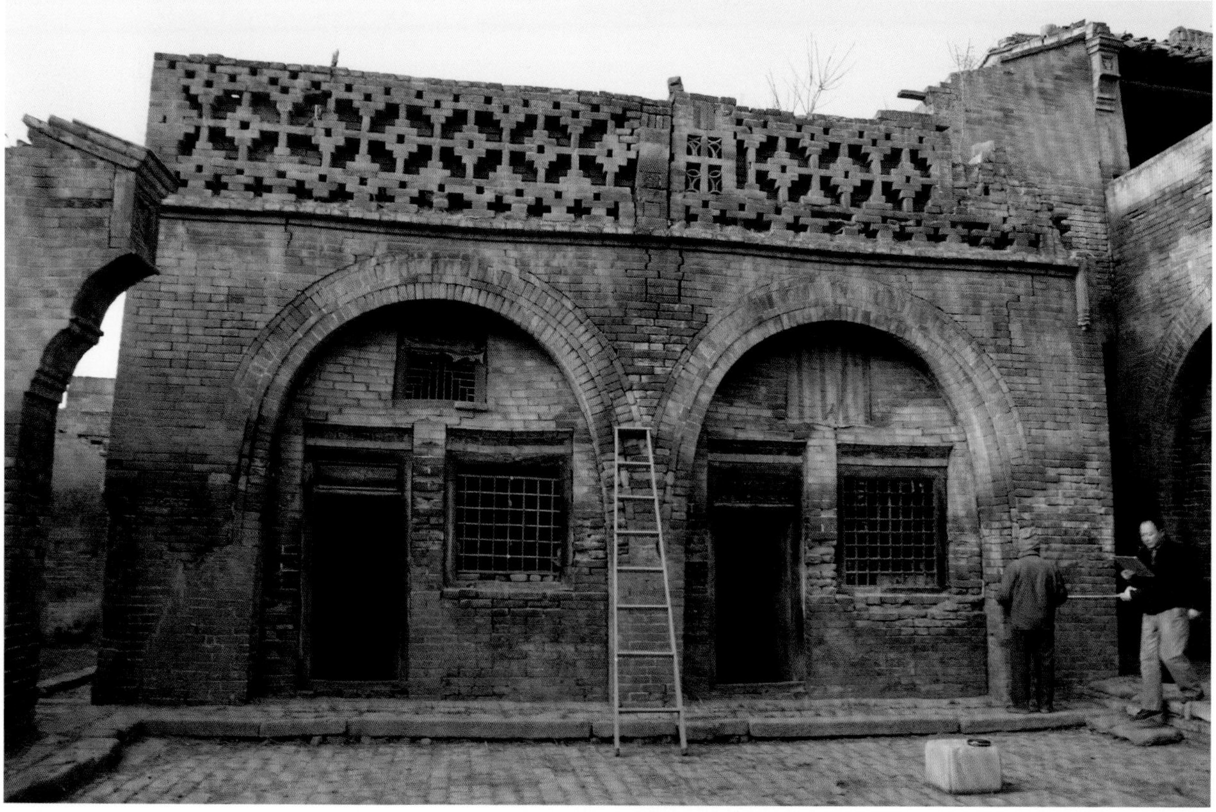

一二一　务本院西厢房

一二二　务本院正房门窗

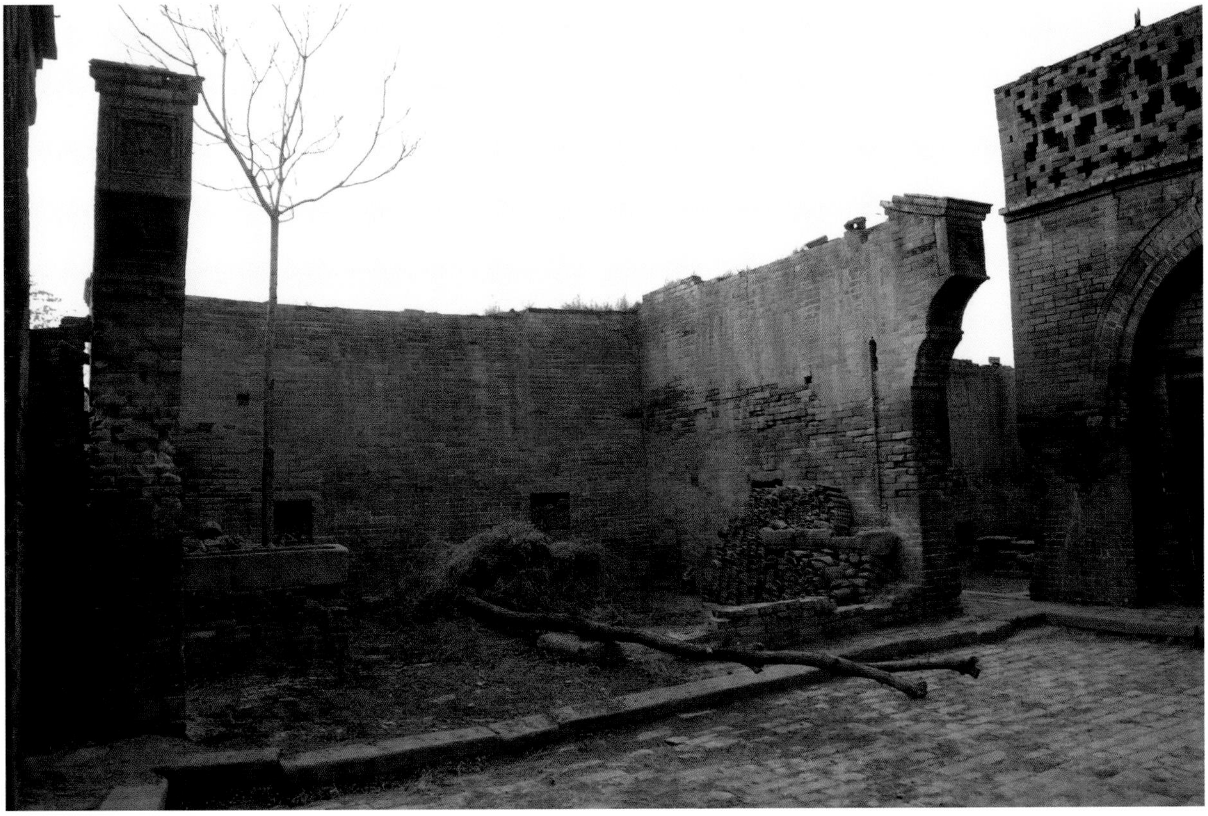

一二三　务本院倒座遗址

一二四　务本院内地面铺墁

一二五　务本院正房窗棂细部

一二六　理达院大门外景

一二七　理达院门楼雀替及匾额

一二八　理达院倒座西山墙嵌入式影壁

一二九　理达院西厢房

一三〇　理达院正房

一三一　理达院倒座

一三二　理达院倒座梁架

一三三　理达院正房明间门窗

一三四　理达院倒座门窗隔扇

一三五　理达院倒座明间匾额

一三六　理达院倒座东次间墀头及匾额

一三七　流芳院外景

一三八　流芳院大门正立面

一三九　流芳院大门背立面

一四〇　流芳院正房一层

一四一　流芳院正房廊下地面

一四二　流芳院正房窗棂大样一

一四三　流芳院正房窗棂大样二

一四四　流芳院正房窗棂大样三

一四五　流芳院正房北侧廊门

一四六　流芳院北厢房遗址

一四七　流芳院院落地面

一四八　流芳南跨院正房

一四九　流芳南跨院南门

一五〇　流芳南跨院衬窑

一五一　流芳院南立面

一五二　成均伟望院鸟瞰

一五三　成均伟望院东立面

一五四　成均伟望院大门南立面

一五五　成均伟望院一进院西厢房

一五六　成均伟望院一进院正房

一五七　成均伟望院西便门

一五八　成均伟望院一进院西角门楼

一五九　成均伟望院一进院西角门楼檐部细部

一六〇　成均伟望院西跨院正房

一六一　成均伟望院西南角门门墩石

一六二 成均伟望院大门西山随墙影壁

一六三 成均伟望院二进院正房

一六四　成均伟望院二进院西厢房

一六五　成均伟望院三进院正房

一六六　成均伟望院三进院东门

一六七　大夫第鸟瞰

一六八　大夫第门楼

一六九　大夫第门墩石之一

一七〇　大夫第门墩石之二

一七一　大夫第随墙影壁

一七二　大夫第正房

一七三　大夫第北厢房

一七四　大夫第南厢房

一七五　大夫第倒座

一七六　大夫第倒座梁架

一七七　大夫第倒座门窗隔扇

一七八　大夫第正房踏步

一七九　大夫第正房明间门窗

一八〇　大夫第正房次间窗棂

一八一　涵辉院及南侧院全景

一八二　涵辉院大门

一八三　涵辉院正房

一八四　涵辉院正房室内

一八五　涵辉院北厢房

一八六　涵辉院南厢房

一八七　涵辉院南厢房梁架

一八八　涵辉院南厢房室内

一八九　南侧院门

一九〇　南侧院正房

一九一　南侧院南厢房

一九二　南侧院外侧石板道路

一九三　涵辉及南侧院正房上部院落及道路

一九四　祠堂内现存碑刻

一九五　祠堂大门外景

一九六　祠堂院内景

一九七　祠堂北厢房

一九八　祠堂南厢房

一九九　祠堂屋顶现状

二〇〇　诸神庙

二〇一　诸神庙外景

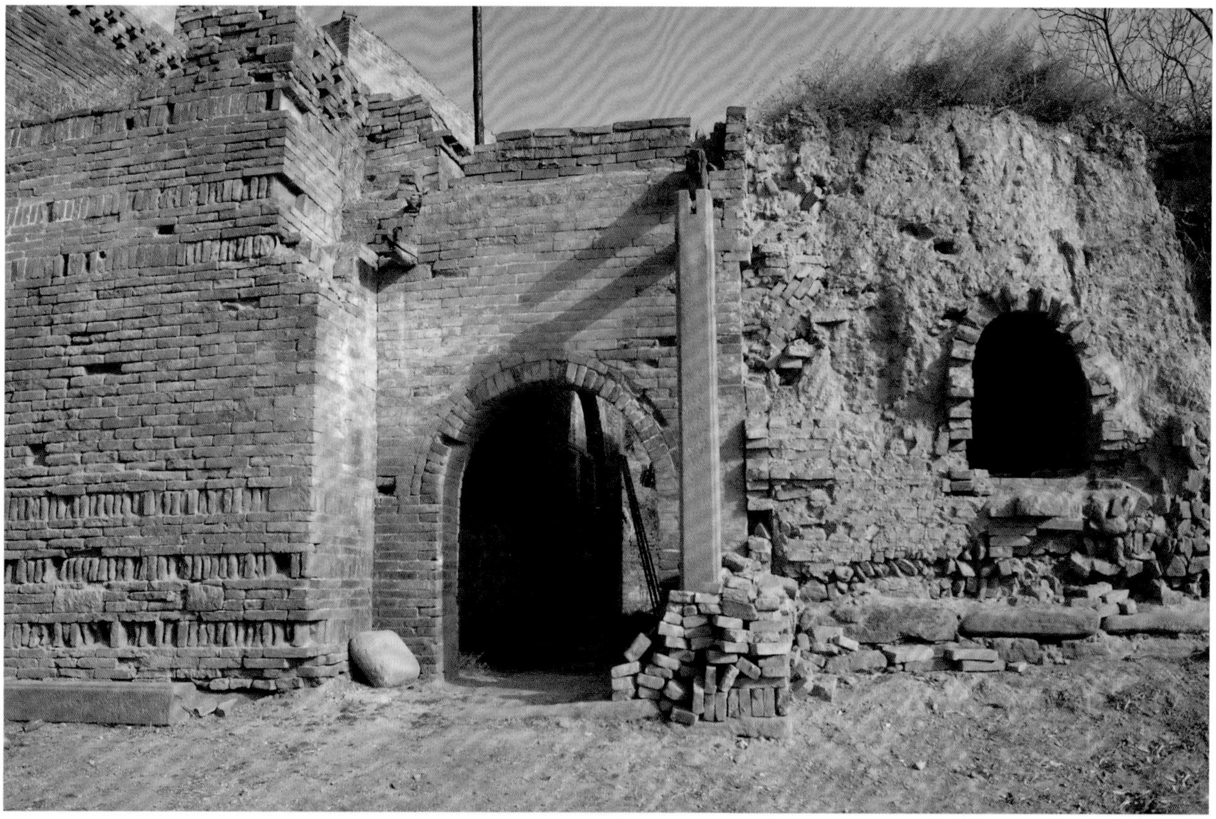

二〇二　诸神庙山门现状

二〇三　诸神庙正殿

二〇四　诸神庙正殿内景

二〇五　诸神庙正殿抱厦柱础石

二〇六　诸神庙正殿前醮盆

二〇七　诸神庙西配殿

二〇八　诸神庙东配殿

二〇九　诸神庙石碣

二一〇　诸神庙戏台正立面

二一一　诸神庙戏台后场枕头窑

二一二　诸神庙戏台后场内景

二一三　诸神庙西耳殿窗

二一四　诸神庙西配殿上部衬窑

二一五　“天章光被”石牌坊

二一六　石牌坊周边环境

二一七　石牌坊屋面脊饰

二一八　明楼夹杆石侧立面

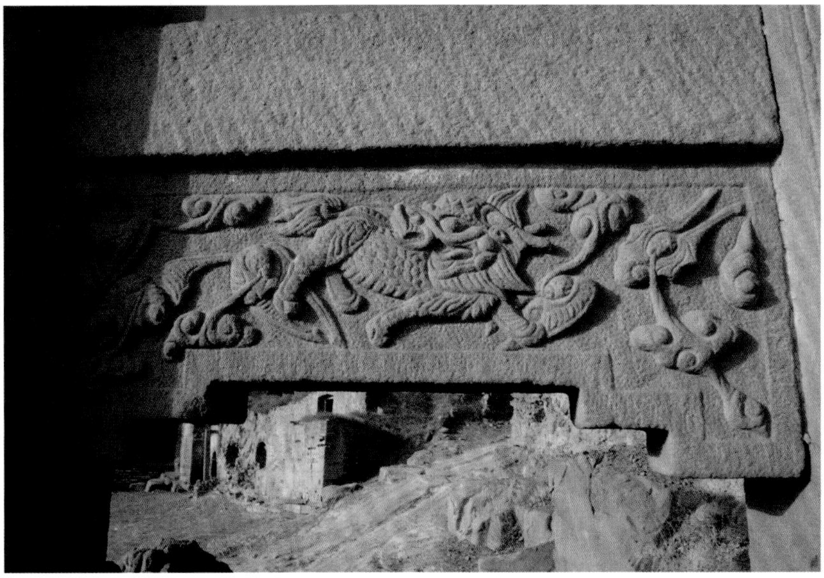

二一九　次楼石雕雀替

二〇〇　明楼石雕雀替

二二一　明楼匾额题记

二二二　北次楼匾额

二二三　南次楼匾额

二二四　村中打麦场

二二五　村北打麦场

二二六　村中石板路

二二七　村中隧道内路面

二二八　村东环形石板路

二二九　村西环形石板路

二三〇　村南环形石板路

二三一　村东环形路拐角构造

二三二　村中隧道口

二三三　西十孔衬窑

二三四　西十孔衬窑酥碱墙体

二三五　流芳院外东侧院

二三六　东务本院正房

二三七　东务本院南厢房

二三八　东务本院北厢房

二三九　竹苞院外东三孔窑

二四〇　西务本院

二四一　师文保宅院正房

二四二　厢房及院内地面

二四三　正房次间窑洞内构造

二四四　药铺院正房

二四五　药铺院南厢房遗址

二四六　药铺院北厢房遗址

二四七　药铺院入口

二四八　药铺院南入口外景

二四九　药铺院正房门额

二五〇　药铺院南厢房墀头

二五一　药铺院上院正房

二五二　竣工后的师家沟全景

二五三　竣工后的贞洁坊

二五四　竣工后的巩固、流芳院落全景

二五五　竣工后的巩固树德院全景

二五六　竣工后的巩固树德院倒座正立面

二五七　竣工后的巩固树德院倒座梁架

二五八　竣工后的巩固树德院一进西厢房正立面

二五九　竣工后的巩固树德院一进东厢房正立面

二六〇　竣工后的巩固树德院过厅正立面

二六一　竣工后的巩固树德院过厅梁架

二六二　竣工后的巩固树德院二进正房正立面

二六三　竣工后的巩固树德院二进正房二层梁架

二六四　竣工后的巩固树德二进院东厢房正立面

二六五　竣工后的巩固院走廊

二六六　竣工后的巩固院敦本堂大门

二六七　竣工后的巩固院敦本堂二门正立面

二六八　竣工后的巩固院敦本堂一进东厢房正立面

二六九　竣工后的巩固院敦本堂二进正房正立面

二七〇　竣工后的巩固院敦本堂二进西厢房正立面

二七一　竣工后的巩固院敦本堂二进东厢房正立面

二七二　竣工后的竹苞院大门

二七三　竣工后的竹苞院南门

二七四　竣工后的竹苞院正房正立面

二七五　竣工后的竹苞院北厢房正立面

二七六　竣工后的竹苞院南厢房正立面

二七七　竣工后的竹苞院倒座正立面

二七八　竣工后的竹苞院二门檐部

二七九　竣工后的竹苞院二门墀头

二八〇　竣工后的竹苞院二门门墩石

二八一　竣工后的竹苞南跨院正房

二八二　竣工后的瑞气凝全景

二八三　竣工后的瑞气凝二进院全景

二八四　竣工后的瑞气凝一进正房

二八五　竣工后的瑞气凝马棚正立面

二八六　竣工后的瑞气凝诒榖处大门正立面

二八七　竣工后的瑞气凝诒榖处大门檐口细部

二八八　竣工后的瑞气凝诒穀处正房正立面

二八九　竣工后的瑞气凝诒穀处东厢房正立面

二九〇　竣工后的瑞气凝诒榖处西厢房正立面

二九一　竣工后的瑞气凝诒榖处倒座遗址

二九二　竣工后的瑞气凝二层正房

二九三　竣工后的瑞气凝诒穀处全景

二九四　竣工后的循理处善院落全景

二九五　竣工后的循理院二门正立面

二九六　竣工后的循理院二进正房正立面

二九七　竣工后的循理院二进地面

二九八　竣工后的循理院处善月亮门

二九九　竣工后的处善大门

三〇〇　竣工后的北海风大门及外景

三〇一　竣工后的务本院正房

三〇二　竣工后的务本院西厢房

三〇三　竣工后的务本院门楼细部

三〇四　竣工后的理达院入口处

三〇五　竣工后的理达院大门门墩石

三〇六　竣工后的理达院正房

三〇七　竣工后的理达院倒座

三〇八　竣工后的理达院倒座梁架

三〇九　竣工后的理达院倒座屋面（仰视）

三一〇　竣工后的理达院南跨院

三一一　竣工后的理达院西厢房

后 记

汾西县位于山西省临汾市。俗话说“地上文明看山西”，在第三次全国文物被普查中，有不可移动文物384处，古建筑类有200余处，其中保存了大量以窑洞建筑为组合的山地传统村落，有僧念镇师家沟古建筑群、团柏乡下团柏民居、永安镇吴家岭民居、永安镇前加楼民居、和平镇河达村民居等等。师家沟古建筑群是汾西民居的典型代表，也是山西吕梁山区窑洞建筑村落的典型代表。师家沟古建筑群的木雕、砖雕装饰丰富多彩、式样繁多，且建筑群整体蕴含着奇特的“108”现象。古建筑群中共有108个门洞（36个大门、72个小门）、108块门额牌匾、108扇“寿”字形窗棂。影壁“五堂闹春”由108块方砖组成、图案由108个人构建，图上两棵柿子树各有108颗硕果。同时，这些数字又对应着师家各地的108家生意商号，对称着山西古代行政建制的108个县（36州署、72县衙），合应着太空中108颗星（36颗天罡星、72颗地煞星），成为采日月之精华、聚天地之灵气、顺宇宙之规律、凝天人合一之精粹的传统风水建筑典范。师家沟古建筑群集中了山西民俗、雕刻艺术等多种风俗与技艺，具有较高的历史、艺术、科学价值。

自汾西师家沟民居古建筑群在1996年被公布为山西省省级文物保护单位至今，我们多次邀请山西省古建筑保护研究所的文物保护专家王春波研究馆员团队对师家沟古建筑群进行勘察测绘、制定修缮方案、实施修缮工程。1996年初冬首次对师家沟古建筑群进行了部分院落勘察测绘，同时初步制定了师家沟古建筑群的保护规划的原则。这次制定的修缮方案院落为成均伟望院落、大夫第院落两处，并于次年实施了修缮工程。随后多年的不断调查、勘察、研究，初步厘清了师家沟村的建筑历史沿革、师家与要家两大家族历史及发家成长史。

2000年以后，分别对师家沟古建筑群的各院落，根据其损坏程度、调查研究成熟度等的轻重缓急制定了多个方案。这期间以巩固院落、竹苞院落为中心进行了详细勘察。2013年国家文物局批复了北京建筑工程学院汤羽扬教授团队制定的《山西省汾西县师家沟古建筑群文物保护规划》。

2013年以来，进行了两次大规模的修缮活动。第一次以师家沟村内环形石板路为中心，分别对巩固院、竹苞院、流芳院、务本和理达院落、瑞气凝院落、循理和处善院落等制定了修缮方案。由北京同兴古建筑工程有限责任公司实施，于2013年底开工，2014年11月竣工。第二次以环形石板路外围院落为主，兼顾环形石板路内未完成的部分建筑，由五台县第二建筑有限公司实施，于2017年3月底开工，2017年12月竣工，主要项目为师家沟西务本院衬窑等14处院落。

当此文稿付梓之际，我怀着十分激动的心情感谢山西省、临汾市文物局各级领导，汾西县委、县政府各级领导给予的关怀与支持！感谢多年来一直跟踪设计的山西省古建筑保护研究所的文物保护工作者同仁们！感谢王春波先生长期以来对师家沟古建筑群的保护与研究！感谢不能逐一提及的在勘察、调查中联系居民、奔走宣传文物保护政策的汾西县文物局的同事们！感谢师家沟村民的积极配合与帮助！

汾西县文化和旅游局局长 王玉富

2020年3月